铝合金精锻成形技术及设备

Precision Forging Technology and Equipment of Aluminium Alloy

夏巨谌　邓　磊　王新云　编著

国防工業出版社

·北京·

图书在版编目(CIP)数据

铝合金精锻成形技术及设备/夏巨谌,邓磊,王新云编著.—北京:国防工业出版社,2019.4

ISBN 978-7-118-11767-7

Ⅰ.①铝… Ⅱ.①夏… ②邓… ③王… Ⅲ.①铝合金-锻造-成形 Ⅳ.①TG319

中国版本图书馆 CIP 数据核字(2018)第 293651 号

※

国防工業出版社出版发行

(北京市海淀区紫竹院南路 23 号 邮政编码 100048)

三河市腾飞印务有限公司印刷

新华书店经售

*

开本 710×1000 1/16 **印张** 28 **字数** 549 千字

2019 年 4 月第 1 版第 1 次印刷 **印数** 1—1500 册 **定价** 160.00 元

(本书如有印装错误,我社负责调换)

国防书店:(010)88540777 发行邮购:(010)88540776

发行传真:(010)88540755 发行业务:(010)88540717

致　读　者

本书由中央军委装备发展部**国防科技图书出版基金**资助出版。

为了促进国防科技和武器装备发展，加强社会主义物质文明和精神文明建设，培养优秀科技人才，确保国防科技优秀图书的出版，原国防科工委于1988年初决定每年拨出专款，设立国防科技图书出版基金，成立评审委员会，扶持、审定出版国防科技优秀图书。这是一项具有深远意义的创举。

国防科技图书出版基金资助的对象是：

1. 在国防科学技术领域中，学术水平高，内容有创见，在学科上居领先地位的基础科学理论图书；在工程技术理论方面有突破的应用科学专著。

2. 学术思想新颖，内容具体、实用，对国防科技和武器装备发展具有较大推动作用的专著；密切结合国防现代化和武器装备现代化需要的高新技术内容的专著。

3. 有重要发展前景和有重大开拓使用价值，密切结合国防现代化和武器装备现代化需要的新工艺、新材料内容的专著。

4. 填补目前我国科技领域空白并具有军事应用前景的薄弱学科和边缘学科的科技图书。

国防科技图书出版基金评审委员会在中央军委装备发展部的领导下开展工作，负责掌握出版基金的使用方向，评审受理的图书选题，决定资助的图书选题和资助金额，以及决定中断或取消资助等。经评审给予资助的图书，由中央军委装备发展部国防工业出版社出版发行。

国防科技和武器装备发展已经取得了举世瞩目的成就。国防科技图书承担着记载和弘扬这些成就，积累和传播科技知识的使命。开展好评审工作，使有限的基金发挥出巨大的效能，需要不断摸索、认真总结和及时改进，更需要国防科技和武器装备建设战线广大科技工作者、专家、教授、以及社会各界朋友的热情支持。

让我们携起手来，为祖国昌盛、科技腾飞、出版繁荣而共同奋斗！

国防科技图书出版基金
评审委员会

国防科技图书出版基金
第七届评审委员会组成人员

前言

铝合金作为首选轻量化金属材料,已由过去基本属于航空、航天的专业范畴扩展到了许多民用工业部门和常规兵器领域,如汽车、高速列车、摩托车、高速舰艇、坦克、装甲车、炮火及枪支、各类发动机制造以及自行车等工业部门。其中,又以汽车制造中的用量最大,因为铝合金作为汽车材料有许多优点,如在满足相同力学性能的条件下,铝合金比钢减重60%,在汽车碰撞试验中,铝合金比钢多吸收50%的能量,而且铝合金不需做防锈处理;同时,由于轻量化效果明显,对于节能、环保意义重大。

早在20世纪90年代初,工业发达国家就大力进行铝合金汽车车身及相关零部件轻量化技术的研发及应用。目前,美国、德国和日本单台轿车的用铝量已达自重的20%。我国每台轿车上铝合金的应用约为12%,但近几年来,对铝合金汽车零件的研发发展迅速,对铝合金精锻成形技术的需求迫切。

华中科技大学精锻技术课题组于20世纪80年代末,在原来开展黑色金属精锻技术研究及应用的基础上,开始进行铝合金精锻技术的研究,至90年代末,随着我国汽车工业的快速发展,围绕轿车安全气囊、往复式空调压缩机、涡旋式空调压缩机铝合金关键零件和枪械超硬铝合金机匣体等多种零件的精锻成形工艺、模具、数字化精锻成形技术及数控精锻成形液压机等成套技术及装备进行了研发,并在相关厂家形成了实际生产力。“十一五”末至“十二五”期间先后承担完成“高档数控机床与基础制造装备”重大专项中“黑色金属与轻合金冷/温锻精密成形技术”项目,建立了两条铝合金精密锻件示范性生产线;还参加完成了“大飞机”及航天飞行器上大型铝合金筋板件精锻成形技术研究项目及多个横向合作项目,取得多项重要理论与应用成果,获得多项国家发明专利。以这些成果为基础,充分吸收国内外铝合金精锻技术最新研究成果及未来发展趋势,撰写成本书,供业内同行和高校“材料成形及控制工程”(简称材控)专业师生参考。

全书共分10章,第1章综述了铝合金的应用及需求分析和铝合金精锻技术的研究及国内外发展动态;第2章论述了铝合金精锻成形技术基础;第3章论述了铝合金精锻成形过程的有限元模拟及数字化精锻成形技术;第4~7章分别论述了长轴类、复杂回转体、枝叉类和大型筋板类铝合金零件精锻成形工艺及模具设计；第8~10章分别介绍了铝合金锻件热处理工艺与生产的配套技术及设备和铝合金精锻设备的种类及选用。

本书具有如下5个方面的特点及创新：

(1) 以工艺为主线，综合模具设计、配套技术和精锻设备的种类及选用等，构成铝合金成套精锻成形技术及装备，可为读者提供完整的知识内容。

(2) 以目前成熟应用的精锻技术及装备为基础，较为详细地论述了高强度铝合金闭式精锻流动控制成形、中高硅铝合金挤压铸造成形、铸锻联合成形、锻模3D打印制造及再制造与新型模锻锤、新型数控精锻液压机及伺服液压机等精锻成形新技术及新装备，有助于启发和培养读者在了解掌握现有精锻技术及装备的基础上，从事新技术及新装备开发的创新能力。

(3) 按照零件结构特点和不同铝合金特性，详细论述了精锻工艺分析、工艺方案制订、工艺参数计算、模具结构设计、成形过程数值模拟、工艺试验及应用实例，有助于读者更加深入地理解、掌握和应用所需的精锻技术。

(4) 在国内首次提出以有限元模拟为基础，以工艺优化为目标的铝合金数字化精锻成形新技术，详细论述了有限元建模及实现有限元模拟的关键技术；给出了数字化成形技术内涵、程序框图及实施步骤，并在大部分精锻工艺的实例中都有详细介绍。这不仅有助于读者掌握和推广应用现代化数值模拟技术，也可为进一步实现精锻成形技术的信息化、网络化和智能化打下基础。

(5) 本书可作为锻造行业内从事铝合金、其他轻合金及黑色金属精锻(包括普通模锻)技术工作的工程技术人员的参考书籍，也可作为从事挤压铸造技术工作的工程技术人员的参考书籍，同时可作为大专院校“材控”专业的教师、本科生、硕士研究生和博士研究生从事教学与科研的参考书籍，读者广泛。

本书由华中科技大学夏巨谌、邓磊和王新云共同编著，其中，邓磊在参加全书总体规划的同时，具体编写了第2、3、7、8章的内容。此外，华中科技大学金俊松参加了第9和第10章编写工作，武汉新威奇科技有限公司冯仪、余俊和夏自力参加了第10章中伺服液压机和螺旋压力机的编写工作。

鉴于作者水平所限，书中难免有不当之处，欢迎读者批评指正。

编著者

2018年4月

目　录

Contents

Chapter 7 Precise Forging Forming Process and Die Design of Large-Scale Rib Aluminum Alloy Forgings ························ 216

第1章 综 述

1.1 铝合金的应用及需求分析

随着铝合金产量不断提高和汽车轻量化与能源及环保政策的变化,铝合金锻件的应用范围越来越广,已经由过去基本属于航空、航天领域的专业范畴扩展到了许多民用工业部门和领域,如汽车、高速列车、航空航天飞行器、摩托车、高速舰艇、各类发动机制造以及自行车等工业部门都在不断地扩大铝合金锻件的使用范围。下面分三个主要行业及其他行业四个领域分别予以介绍。

1.1.1 航空、航天飞行器领域

目前,世界上铝加工材料的产量为3000万t/年,其中板材、带材、箔材占57%,挤压材占38%。由于铝合金锻件成本高,生产技术难度大,仅在特别重要的受力构件采用,因此所占比例较小。但是,随着航空、航天以及汽车行业的飞速发展,对于铝合金锻件的需求不断增长,铝合金锻件在铝材中的比例由1985年的0.5%提高到2008年的2.5%,到2011年达到3.2%。每年的需求量达到80万t,而目前世界铝锻件年产量仅为70万t,不能满足市场需求。在航空领域,铝合金在结构材料中处于垄断地位,多数机型所用铝合金高达50%以上,部分民用飞机甚至高达80%。

在飞机上应用的铝合金零部件如图1-1所示。在大飞机上还有上缘条、下缘条、隔框、支架等大型筋板类零件。铝合金在航天和火箭方面主要用于制造燃料箱、助燃剂箱。此外,火箭和航天器的许多零部件都是用铝合金制造的,如整流罩、卫星安放支架、旋转台支架、承重旋转接头、大型圆环吸能器(管)、低温氦气箱、液氧槽(管)、液氢槽(管)、常温氧气箱、吸能器(管)、箭体外壳、航天器内各构件、操作控制系统的零部件等。

飞机为减少油耗,提高飞行速度,增加载重量以及提高战术性能和经济效益,在结构设计上要求尽可能减轻机体重量,因此一般选用较高比强度的材料。超硬铝合金一般指抗拉强度在500MPa以上的铝合金,其主体是Al-Zn-Mg-Cu(7×××系)铝合金。这些材料既具有很高的抗拉强度,又能保持较高的韧性和耐腐蚀性,且成本较低,成为目前军用和民用飞机等交通运输工具中不可缺少的重要轻质结构材料,超硬铝合金正成为世界各国结构材料开发的热点之一。

图1-2所示为一些典型的飞机用铝合金锻件。目前比较典型的飞机用铝合金锻件有:DC-10飞机的大梁(上、下缘条)高强铝合金锻件,其长度为7.62m,质量

接近 900kg;后发动机支承环,宽 2.7m,重 2359kg;安-22 飞机隔框,投影面积 3.5m^2;“海王”式飞机机翼接头,投影面积 3.35m^2。

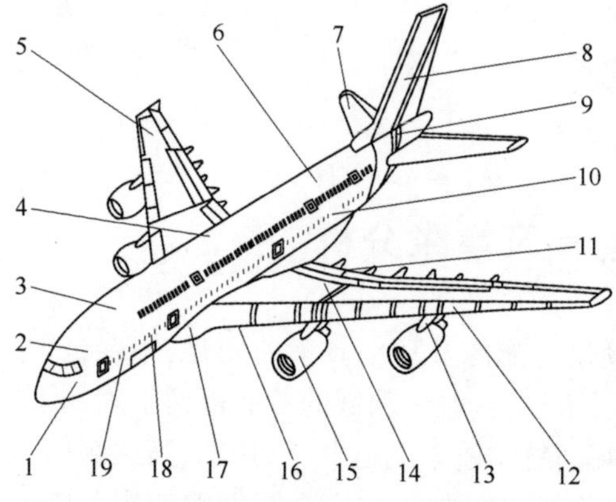

图 1-1 在飞机上应用的铝合金零部件示意图

1—驾驶舱骨架;2—桁条;3—机身蒙皮;
4—机身连接件;5—翼肋;6—机身内桁架;
7—升降舵;8—垂直翼构件;9—机尾骨架;
10—地板梁构件;11—减速风板;12—襟翼紧固件;
13—发动机悬挂架;14—翼内油骨架;
15—发动机外壳;16—起落架构件;
17—机身机翼连接件;18—大梁;19—座椅构件。

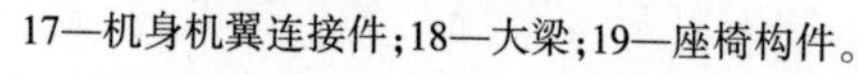

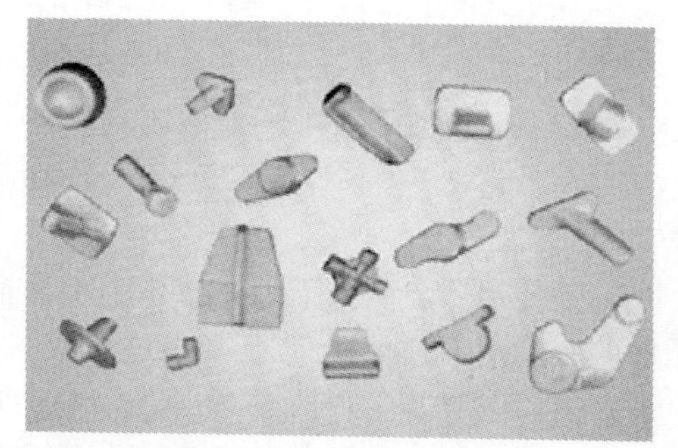

图 1-2 飞机用铝合金锻件

我国自行设计研制的第二代战斗机机体结构用材中铝合金占 80%以上,第三代战斗机机体结构用材中铝合金仍占 60%~70%。

1.1.2 军工兵器领域

国内外军工兵器领域内应用铝合金零件最多的是装甲车、坦克、鱼雷快艇及榴弹炮等,例如,国外某型 105mm 榴弹炮,采用变形铝合金制造的零件有大架、摇架、前座板、左右耳轴托架、瞄准镜支架、牵引杆、平衡机外筒等,采用铸造铝合金制造火炮底盘、托架及其他零件,火炮的质量由 3.7t 降至 1.4t。国外某型坦克采用变形铝合金制造装甲车体、连杆底座、刹车盘、转向节、履带松紧装置、诱导轮、负重轮、炮塔座圈、烟发射器、弹药架、储藏舱、油箱、座椅、管道等,采用铸造铝合金制造坦克柴油机缸盖、缸体、曲轴箱、活塞、压气机叶轮、压气机壳体、增压箱体及传动轴等。在枪械中,采用超硬铝合金制造上下机匣体、枪框缓冲座、击发机座、枪尾闭式机匣尾端、三脚架、榴弹壳体、榴弹发射器(枪管)、火箭发射器(整流罩)等。

1.1.3 汽车及高铁等交通运输车辆领域

铝合金在汽车领域的应用一直不断扩大。无论是从零件种类还是所占比重,都在不断升高。铝合金作为汽车材料有许多优点,如在满足相同力学性能的条件下,铝合金比钢减重 60%;在汽车碰撞试验中,铝合金能比钢多吸收 50%的能量;而且铝合金不需做防锈处理。正是因为铝合金的这些突出优点,其在汽车材料所占比重逐年增加。以美国为例,在 20 世纪 80 年代,其轿车平均使用铝合金为 55kg,到 90 年代就已达到 130kg;目前已超过 200kg,占轿车总自重的 18%以上,并且还在呈现不断增长的势头(表 1-1)。

表 1-1 美国单台汽车平均用铝量

年份/年	1984	1990	2003	2009	2015
单台汽车用铝量/kg	62.1	90.7	115	145	200

图 1-3 所示为 2010 年各国汽车用铝量的比较。由图可见,我国在 2010 年汽车用铝总量为 232 万 t,成为全球汽车用铝最多的国家。但是我国的单台汽车用铝量仅为 127kg,比美国低 12%,比日本及德国约低 13%,发展潜力还很大。随着汽车行业的进一步发展,铝合金在汽车上的应用前景也会日益广阔。

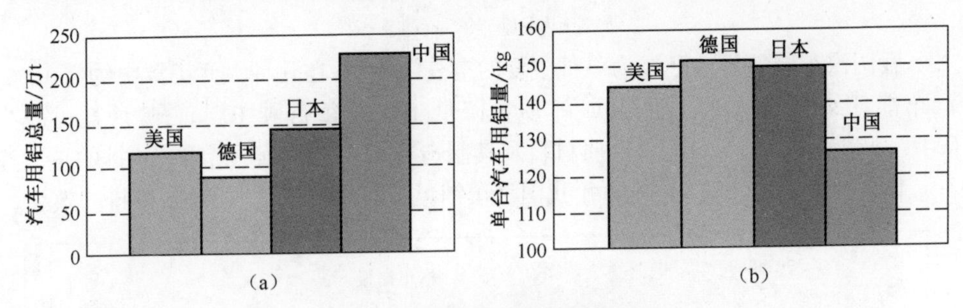

图 1-3 各国汽车用铝量比较

(a)汽车用铝总量;(b)单台汽车用铝量。

美国通用汽车公司采用 7021 铝合金板制造 Saturn 轿车保险杠增强支架,福特汽车公司也采用该材料制造 Lincoln Town 轿车的保险杠增强支架。目前,轿车发动机部件中不仅活塞、散热器、油底壳缸体采用铝合金,而且汽缸盖、曲轴箱也采用铝合金。德国大众 LuPo3LTDI 型轿车采用多种轻质材料,其中 1.2L 发动机汽缸盖等均采用铝合金,使得其总质量仅为 830kg,与其他 LuPo 系列汽车相比减少 230kg。英国 Roves 的高精度铝合金缸盖,其质量仅是铸铁缸盖的 36%。德国奥迪 A8 型高级轿车的整个车身均采用铝合金制造,框架采用立体框架式结构,覆盖件为铝合金板材冲压而成。这种铝车身与钢车身相比,质量降低 30%~50%,油耗降低 5%~8%。日本本田汽车公司生产的 Insight hybrid 轿车车身用铝合金达 162kg,比钢车身减重约 40%。奔驰汽车公司新一代 S 系列轿车前桥拉杆和横向导臂、前桥整体支承结构采用铝合金材料,这种部件的质量只有 10.5kg,仅为钢件的 35%。

在铝合金锻件方面,由于其价格昂贵,目前尚未大范围在汽车上推广使用,只在欧美轿车上少量使用,每辆轿车上使用的铝合金锻件仅 5kg 左右,约占所有汽车铝材总量的 4%。但由于锻造铝合金具有比强度高、热锻时不氧化、表面光洁等优点,在汽车上的应用正在逐渐扩大,在一些高级轿车如奔驰 S 级、本田 NSX 车等的悬挂系统上已采用铝合金锻件。图 1-4 所示为一些典型的汽车用铝合金锻件。铝合金锻件主要用于轿车和轻型车的底盘构件,如轮毂、传动轴、悬挂件、控制臂、左右拉杆、三脚架、转向节等,并开始用于发动机零件,如连杆、活塞等,还有轿车铝合金车门铰链。

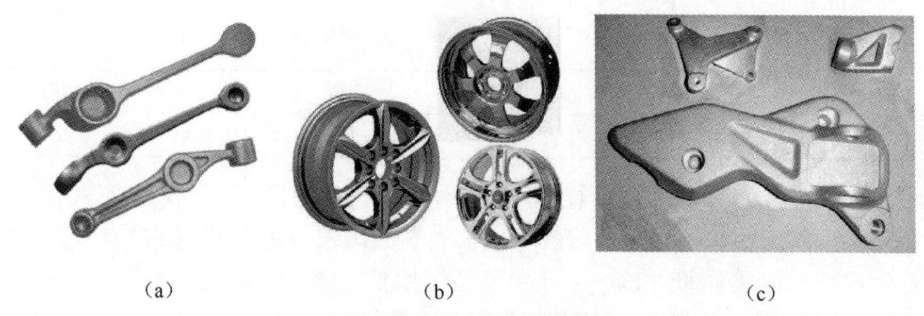

(a)　　　　(b)　　　　(c)

图 1-4　汽车用铝合金锻件

(a)控制臂;(b)轮毂;(c)支撑板。

我国汽车尾气排放已成为一种主要的空气污染源,在几种大污染源中约占 10%。汽车能耗约有 60%消耗于自重,车质量降低 100kg,每行驶 100km,其油耗可减少 0.4L,可减少尾气排放 1kg。轻质材料及其制造技术已成为实现节能、减排的重要途径。图 1-5 所示为 2012—2014 年我国汽车销量及实现轻量化对节能、减排的效果。

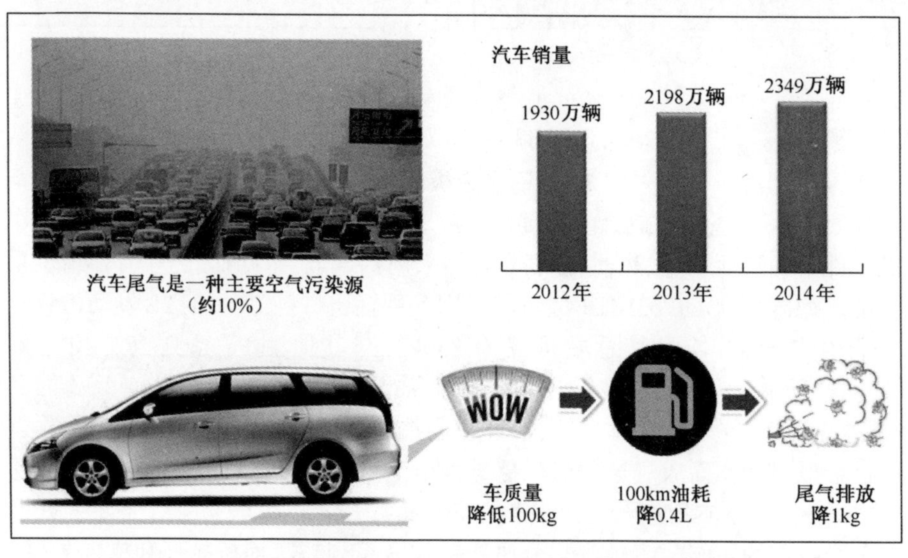

图 1-5　我国汽车销量及实现轻量化对节能、减排的效果示意图

2016 年,我国汽车产量与销量均为 2803 万辆。中国汽车工程学会预测,我国汽车仍会持续增长。其中,发展最快的将是新能源汽车,2009—2012 年为 1.7 万辆,2013 年为 1.7 万辆,2014 年为 8.4 万辆,2015 年为 33.7 万辆,产销两旺,居世界第一位。在“十三五”期间,我国新能源汽车产销量计划为 500 万辆,因此,到“十三五”末即 2020 年时,我国汽车产销量预计为 3500 万辆以上。目前,国产轿车

铝合金锻件使用量较少，其需求与应用前景将非常宽阔。

此外，近些年快速发展的高速列车不仅采用铝合金制造一些车内零件，而且车体即骨架、底板、控制构件及车身覆盖件等几乎全部采用铝合金制造。到“十三五”末即2020年时，我国高速铁路总长将到3万km，所需列车将超过8000列以上，所需铝合金零部件数量巨大。

1.1.4 其他领域

其他领域包括建材、厨具及包装、电工与石油化工设备等，下面分别进行简要介绍。

1. 建筑方面

我国在20世纪80年代开始生产铝合金建筑挤压型材并应用于建筑中。2003年，我国建筑工业用铝达到220万t，其中轧制材为19.5万t、挤压材为138.6万t、棒线材为7.1万t、铸件为28.8万t、其他铝材为26.1万t。

铝合金在建筑业中，主要用于公共设施、工业设施、农业设施和建筑物的构架、屋面、墙面的围护结构、骨架、门窗、吊顶、饰面、地板、遮阳构件以及装饰，储存谷类的粮仓，储存酸、碱和各种液态、气态燃料的储存罐，蓄水池的内壁及输送管材，公路、人行通道和铁路桥梁的跨式结构、护栏及通行大型船舶的江河上的开合式桥梁，都市中的立交桥及横跨街道的天桥，建筑施工与修理用的脚手架、踏板及升降梯等。

2. 包装方面

目前，铝合金在容器包装业中，其主要应用形式有刚性全铝的罐、盒、瓶、壶、桶、锅等，半刚性的盒、杯、罐、浅盘、碟等，家用箔、食品包装箔，各类瓶件的密封片、盖，复合材料容器，软管（牙膏及药类的包装）及其他制品的包装等。

3. 电工方面

铝在纯金属中导电性能仅次于银、金及铜，因而在电工器材方面广泛地用作导体。铝主要以线材、管材、箔材等形式而应用于电力、电信业，也有用板材制造的各种电器外壳与罩体等。铝合金多以各种形状结构的型材用于大功率电器元件的散热器等。

4. 石油化工设备方面

铝材制造的石油化工设备有卧式、立式、方形、矩形和球形等容器、塔器、热交换器及各种管道等。在20世纪60年代，美国就将2014铝合金管应用在石油与天然气的钻探工程中。铝管代替钢管可将钻研机的启钻提升能力提高50%~100%，节约内燃机燃料消耗15%~20%，且每台设备运送的总长度可增加60%。铝合金钻杆的应用，大幅度提高了钻井深度，这对于钻探深井和超深井很有意义。不仅如此，合金钻杆在工作过程中不会因碰撞引起火花，从而保障了油气开发的安全。

1.2 铝合金精锻技术的研究及国内外发展动态

铝合金作为航空航天飞行器、炮火及常规兵器、汽车及高铁动车零部件制造的首选材料,国内外对其精锻成形技术的研究高度重视,且发展很快,已取得多项创新成果并产生了好的应用效果,其研究方向和发展动态可归纳为如下五个方面。

1.2.1 轻量化制造的需求带动铝合金精锻成形技术的快速发展

自20世纪90年代初以来全球汽车产量一直保持在8000万辆以上,汽车轻量化对于节能、减排及环境保护意义重大。90年代初,美国、日本、欧洲等国外十大汽车制造公司联合成立了汽车车身轻量化技术研究机构,专门从事汽车轻量化技术的规划与实施计划。本田汽车公司于2004年10月发表战略报告,计划在轿车上使用200kg铝合金零件,其中40kg为锻件。

根据中国乘用车样本调查,乘用车质量降低10%,其油耗可降低7.5%~9%;电动汽车质量降低10%,其行驶路程可增加5.5%以上。由此可见,铝在汽车上的应用将是大有可为。再以罐装车为例,一个45000L容积的罐装车采用铝合金比传统的钢制罐装车质量降低约2500kg。以耗油量进行评估,汽车质量每降低100kg,同样行驶100km,便可节约油耗0.4~0.5L。若减少1L油耗,便可减少CO_2排放量2.33kg。如果将油罐车的油罐全部铝合金化,那么每年可减少CO_2排放量2150.2万t。

汽车的行驶操控性和舒适性与底盘结构中悬架系统息息相关,现代轿车用的各种独立式悬架,如横臂式、纵臂式、麦弗逊式和多连杆式悬架,都必不可少地用到控制臂,因为控制臂不仅用于对方向进行有效和可靠的控制,还能在复杂的路面工作环境中,调整上下颠簸和平面偏摆产生的振动。除了控制臂外,铝合金还可以用来制作轮毂及其他零件。这些关键零部件必须采用精锻工艺,因而带动了铝合金精锻工艺的快速发展。

1.2.2 高强度铝合金闭式精锻流动控制成形技术

流动控制成形(Flow Control Forming,FCF)是20世纪90年中后由德国和日本学者提出的,它是在常规闭式模锻基础上发展起来的一种闭式精锻新技术。其变形原理及实质是:对于复杂难成形锻件,将毛坯置于封闭的模膛中,在凸模施加模锻力的作用下,在毛坯金属内产生强烈的三向压应力,通过静水压力水准的提高,而提高其塑性成形能力;同时,通过合理配置其控制方式,使得在模膛中最难充满成形的部位至模膛入口处,形成其绝对值由小到大的压应力梯度场,确保精锻过程中在其他部位充满的同时,最难充满的部位也完全充满,从而实现了流动方向的控制,故称为闭式精锻流动控制成形。流动控制成形既适合于黑色金属零件如直齿锥齿轮等零件的精密成形,也适合于各种铝合金尤其是高强度铝合金等难以变形金属复杂零件的精密成形。

1. 流动控制成形技术的特点

(1) 可以精确控制金属材料的非均匀塑性流动,提高其成形性能,可实现更加复杂结构的精密成形。

(2) 可以有效避免折叠、充不满等缺陷的产生,使制件金属流线连续致密,提高产品的力学性能。

(3) 可使制件表面更加光洁,尺寸精度更高,其公差等级达到 IT8~IT9,比一般挤压件尺寸公差等级还高 1 级。

2. 实现流动控制成形的方式

(1) 采用阻尼方式。通过反向作用力即阻尼力与正向挤压成形力的合理配置,在模膛内形成由凹模入口处到最难充满部位的压应力梯度场。

(2) 采用减压方式。即通过在模膛中最难充满部位设置分流腔,使锻件处在分流腔部位的表面为自由表面,从而形成凹模入口处到最难充满部位的压应力梯度场。

(3) 采用阻尼与减压联合方式。主要用于有闭式预锻和终锻两工步精锻成形的情况。

3. 国内外研究与发展动态

日本学者针对铝合金涡旋盘的形状为涡旋形且壁厚从中心到边缘逐渐由厚到薄的结构特点,通过与凸模运动方向相反的作用力即阻尼力与正向挤压力共同作用,迫使金属由中心流向边缘,并保持工件前端平齐。若不施加阻尼力,则工件前端由中心到边缘逐渐变低而产生端部充不满的缺陷。其采用流动控制成形技术和生产线成套装备实现大批量生产。北京机电研究所针对 2014 铝合金涡旋盘阻尼式流动控制成形工艺,研究得到了阻尼力与正向挤压力之间的合理配置。华中科技大学对轿车安全气囊气体发生器压盖和壳体均为多层薄壁圆筒的结构特点及 7A04 超硬铝合金塑性差的特性,提出并研究了减压式流动控制成形技术,包括变形方式、控制腔设置位置的判据及控制腔的设计方法、成形力的计算等,由工艺试验所得到的样件经水爆试验表明完全达到美国安全气囊技术标准。江苏泰州科达精密锻造有限公司设计制造了阻尼式和减压式两种流动控制成形通用模架和模具,成功地实现了多种规格的涡旋盘与压盖及壳体精密锻件的批量生产。

1.2.3 铸造铝合金以锻代铸与铸锻联合精密成形技术

对于含硅(Si)量为 9%~13%甚至更高的中高硅铝合金结构件,其传统生产方法主要是采用挤压铸造工艺,分为间接挤压和直接挤压。间接挤压时的比压一般为 60~100MPa;直接挤压时的比压一般为 25~50MPa。其加压速度对于小的铝铸件为 0.2~0.4mm/s,对于大的铝铸件为 0.1mm/s。采用这两种工艺生产的铝合金零件内部的致密性低、强度不高,不适合用于承力大特别是承受动态载荷的零件,例如,往复式空调压缩机铸件常因内部存在气孔或微裂纹而出现致气密性差的问题。2003 年,日本空调压缩空气机制造商提出采用精锻件代替压铸件的订货要求。华中科技大学受浙江温岭立骅机械有限公司委托,在国内率先成功开发出采用挤压铸造的棒料毛坯通过减压式闭式预锻和平面薄飞边阻尼式终锻成形的工艺,建立了机械化生产线,实现了中高硅铝合金活塞尾、活塞体和斜盘及接头等零件的批量生产。

近年来,国外针对结构复杂且强度要求高的汽车零件如转向节等开始研究含硅量为6%以上的铝合金铸锻联合成形新工艺,其工艺技术路线为铝合金锭或挤压棒材钳锅炉熔化→挤压铸造成形→工件修边及切除浇道冒口→铸件加热→小飞边精锻成形→修边。这种新工艺综合了挤压铸造和模锻两种工艺的优点,具有良好的应用前景。

1.2.4 铝合金精锻成形过程有限元模拟技术

刚塑性有限元是基于在塑性力学中马尔可夫变分原理和 Lee & Kobayashi 的刚塑性有限元拉格朗日方法上建立起来的,该方法具有简单和效率高的特点,在金属成形过程的分析中得到了广泛应用。

20 世纪 90 年代以来,随着二维四边形网格全自动生成算法的成熟,在处理二维问题方面出现了 DEFORM、ABAQUS、MSC/AutoForge 等商业化软件,已成功用于实际生产中。目前,在二维体积成形方面应用刚塑性/刚黏塑性有限元方法已较为成熟,国内外都有较多的研究与应用。

随着计算机技术与有限元方法的发展,形状优化方法已越来越多地应用于复杂结构工程的优化问题。Kobayashi 等提出了一种有限元反向跟踪方法,并应用于实际锻造问题的预成形设计。Han 等将优化方法应用于有限元反向跟踪和预成形设计。赵国群等建立了基于有限元逆向仿真的模具接触跟踪方法和基于有限元灵敏度分析的模具优化设计方法。

塑性成形过程模拟是根据固体力学、材料科学与数值计算的基础理论进行的,因而原则上与工艺试验具有相同的效果。由于模拟是在计算机上虚拟进行的,不需要实际的模具、坯料和压力机,可以减少开发新产品的工艺试验次数,缩短开发周期,降低开发成本,提高市场竞争能力。塑性成形过程模拟将使工艺设计逐步地从传统的"技艺"走向"科学"。

20 世纪 90 年代末以来,有限元模拟技术发展更加迅速,不仅用于锻件形状和塑性力学性能的模拟,还可用于锻件内部金相组织如晶粒的大小及分布状态的模拟;同时,将锻件、锻模的计算机辅助设计与计算机辅助制造(CAD/CAM)同有限元模拟(CAE)实现集成,使得效率更高,效果更好。

本书作者将这一新技术成功应用于 7A04 超硬铝合金轿车安全气囊气体发生器、枪械机匣体、4032 铝合金涡旋盘及 2A14 铝合金连杆等精锻工艺优化,既提高了材料的利用率,又提高了锻件的质量。

1.2.5 新型铝合金精锻设备的研制及应用

传统的铝合金模锻设备均使用黑色金属,如模锻锤、摩擦压力机、热模锻压力机和液压机。模锻锤锻造成形速度为5~6m/s,速度高,用于速度敏感性强的高强度铝合金模锻时易于开裂,只能用于强度低、塑性好的铝合金的开式模锻,但锻件材料利用率低。摩擦压力机与模锻锤的载荷特性相似,因此,也存在相似的问题;热模锻压力机是目前国外使用的主要铝合金模锻设备,但主要适用于塑性好、少品种、多工位、大批量模锻,其特点是效率高,但材料利用率不高。对于飞机用大型铝合金筋板件,国外设计制造大吨位模锻液压机进行模锻生产,国内近年来也研制了800MN模锻液压机进行模锻生产;对于中小型高筋薄壁件的模锻件设计制造了等温精锻液压机,解决高筋薄壁的成形问题,但生产效率低,模具使用寿命低。

针对现有模锻设备不能适应各种铝合金材料性能及不同的铝合金零件结构特点的模锻工艺要求,近十多年来,华中科技大学与武汉新威奇科技有限公司和湖北三环(黄石)锻压设备有限公司合作,分别研制出J58K型数控电动螺旋压力机系列产品,YK34J型双动液压机和YK34J型多向模锻液压机,适应了不同铝合金和不同结构特点铝合金锻件精锻生产的要求,推动了我国铝合金精锻技术的进步和精锻生产的发展。

参考文献

[1] 吴生绪,潘琦俊.变形铝合金及其模锻成形技术手册[M].北京:机械工业出版社,2014.

[2] 韦韡.6082铝合金筋类锻件热变形行为及组织性能研究[D].北京:机械科学研究总院,2013.

[3] 王祝堂,张新华.汽车用铝合金[J].轻合金加工技术,2011,39(2):1-14.

[4] 刘兵,彭超群,王日初.大飞机用铝合金的研究现状及展望[J].中国有色金属学报,2010,20(9):1705-1715.

[5] 刘静安.铝合金锻压生产现状及锻件应用前景分析[J].铝加工,2005,2(161):5-9.

[6] 王乐安.航空工业中的锻压技术及其发展[J].锻压技术,1994(1):57-61.

[7] 华林.汽车新材料与先进制造技术[J].汽车工艺与材料,1999(4):7-9.

[8] 冯美斌.汽车轻量化技术中新材料的发展及应用[J].汽车工程,2006,28(3):4-11.

[9] 黄佩贤.轻质材料铝合金在汽车上的应用[J].上海汽车,2002(1):37-38.

[10] 曾苏民.世界锻造工业的现状与发展前景[J].铝加工,1990(6):54-57.

[11] 马鸣图,马露露.铝合金在汽车轻量化中的应用及前瞻技术[J].新材料产业,2008(9):43-50.

第2章　铝合金精锻成形技术基础

2.1　概　　述

铝合金精锻成形技术与黑色金属精锻成形技术内涵及作用是相同的，即所生产的铝合金锻件其形状和尺寸精度与其成品零件的形状和尺寸精度尽可能接近乃至完全相同，其力学性能也满足成品零件的要求。

与传统的普通模锻成形工艺比较：锻件机械加工余量小，尺寸公差小，模锻斜度小；后续机械加工工时大为减少；因而，材料利用率高，生产效率高，伴随着材料的节省和机械加工工作量的减少而产生了节约能耗及环保的效果。

针对不同铝合金的性能特征和不同铝合金零件结构特点，其精锻成形工艺主要有如下三种方式。

(1) 小飞边精锻成形工艺。也称平面薄飞边精锻成形工艺，与传统的模锻成形工艺的不同之处是，锻件周围的飞边只有桥部而无仓部，因此，其飞边是一圈很薄的结构形式，与传统模锻成形工艺相比，其飞边金属损耗可减少60%以上，这种工艺方法适合于长轴类和复杂外轮廓水平投影面积大、厚度尺寸小的杆类和板类铝合金零件的精锻成形。

(2) 无飞边闭式精锻成形工艺。采用这种精锻成形工艺所生产的铝合金锻件，在锻件周围不产生横向飞边，只有很小的纵向毛刺，对于有内孔的零件可冲出内孔，锻后仅需冲掉冲孔连皮，这种精锻成形工艺适合于回转体和外轮较为简单的非回转体铝合金零件，尤其是高强度铝合金零件的精锻成形。

(3) 铸锻联合成形。对于强度指标要求更高的铝合金枝叉类零件，采用挤压铸造方法得到预成形件，然后采用小飞边模锻终成形得到承载能力更强的精密锻件。

虽然是各具特色的三种不同的精锻成形工艺，但其精锻成形工艺基础是相同或相近的。本章围绕铝合金精锻成形理论、关键技术等工艺基础进行了较为全面系统的阐述，为读者掌握和应用铝合金零件精锻成形工艺知识打下坚实的基础。

2.2　铝合金的种类及其性能分析

铝合金可以分为变形铝合金和铸造铝合金两大类，变形铝合金又分为热处理可强化与热处理不可强化的两个分类，这两个分类根据化学成分配置的不同又各自分为四个系列；铸造铝合金也分为热处理可强化和热处理不可强化的两个分类，详见表 2-1。

表 2-1　铝合金的分类

大类	分类	系列(种)
变形铝合金	热处理可强化型铝合金	Al-Cu 系合金——2×××系,如 2024 合金 Al-Mg-Si 系合金——6×××系,如 6063 合金 Al-Zn-Mg-Cu 系合金——7×××系,如 7075 合金 Al-Li 系合金——8×××系,如 8089 合金
	热处理不可强化型铝合金	纯铝——1×××系,如 1000 合金 Al-Mn 系合金——3×××系,如 3004 合金 Al-Si 系合金——4×××系,如 4043 合金 Al-Mg 系合金——5×××系,如 5083 合金
铸造铝合金	热处理可强化型铝合金	Al-Mg-Si 系铝合金,如 ZL107 合金 Al-Cu-Mg-Si 系合金,如 ZL110 合金 Al-Mg-Si 系合金,如 ZL104 合金 Al-Zn-Mg 系合金,如 ZL402 合金 Al-Zn-Si 系合金,如 ZL401 合金
	热处理不可强化型铝合金	纯铝系 Al-Si 系合金,如 ZL10 合金 Al-Mg 系合金,如 ZL301 合金

图 2-1 所示为 10 种铝合金的可锻性比较,可以看出,各种铝合金的可锻性随着温度的增加而增加,但温度对各种合金的影响程度有所不同。例如,含硅量高的 4032 铝合金的可锻性对温度变化很敏感,而高强度 Al-Zn-Mg-Cu 系 7075 等铝合金受温度影响较小。各种铝合金的可锻性差异很大,其根本原因在于合金元素的种类和含量不同,强化相的性质、数量及分布特点也不相同,从而影响铝合金的塑性及对变形的抵抗能力。

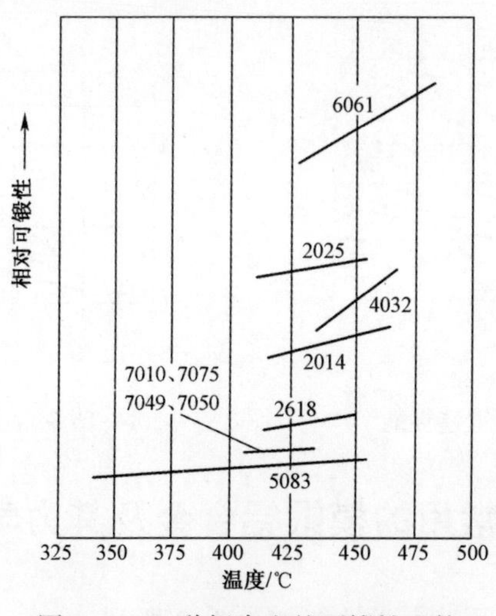

图 2-1　10 种铝合金的可锻性比较

铝合金与其可锻性有关的另一个特点是塑性流动性差,它主要取决于合金的变形抗力和外摩擦系数。变形抗力和外摩擦系数越小,流动性越好。在锻造温度下,高强度铝合金变形抗力比钢的大,而且外摩擦系数也较大,所以铝合金的流动性较差。

常用各系铝合金的锻造性能如表 2-2 所列。可知,6×××系铝合金的锻造性能最好,2×××系铝合金锻造性能居中,5083 和 7×××的铝合金,其锻造成形性能较差。

表 2-2 常用各系铝合金的锻造性能

合金名称	合金系列	特点	锻造性能
2014、2017、2025	Al-Cu	高强度铝合金	良
7049、7050、7075、7079、7175	Al-Zn-Mg	高强度铝合金	较难
5083	Al-Mg	高熔点铝合金	略难
6061	Al-Mg-Si	高熔点铝合金	良
2219、2618	Al-Cu-Mg-Ni	耐热铝合金	良
4032	Al-Si	耐热合金	良

为了对铝合金锻造性能进行定量比较,在图 2-2 中使用了单位能量的变形量即在一定能量下产生一定的变形量表示。不仅如此,铝合金的锻造还要注意锻造比的问题。为了确保铝合金的致密性,铝合金的锻造比应当选定在适当范围内。图 2-3 所示为 2014-T6 铝合金的锻造比与力学性能的关系。

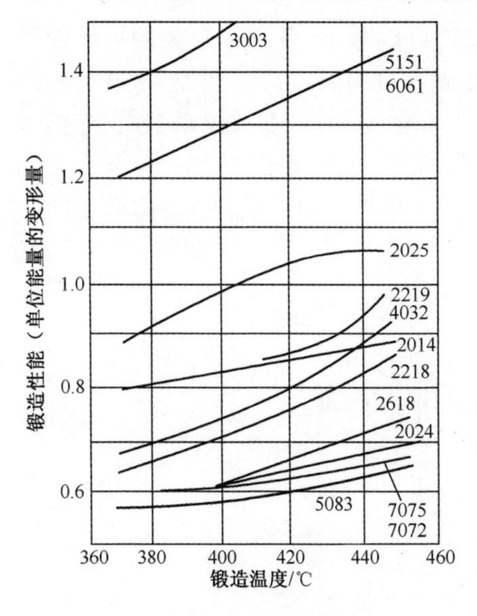

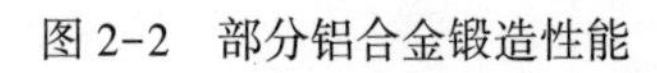
图 2-2 部分铝合金锻造性能

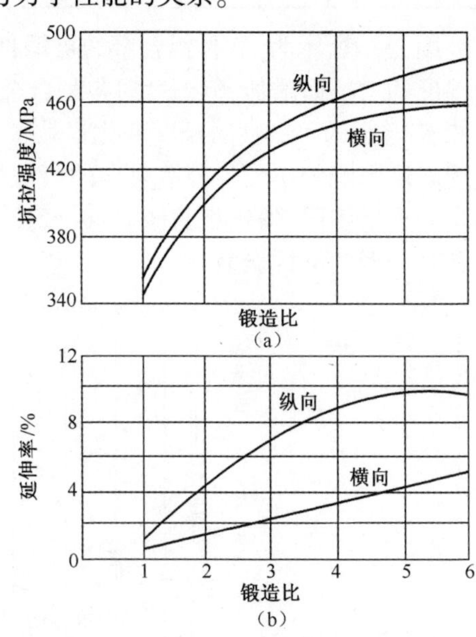

图 2-3 2014-T6 铝合金的锻造比与力学性能的关系

2.3 常用的模锻铝合金及其力学性能

常用的模锻铝合金及其力学性能如表 2-3 所列。

表 2-3　常用的模锻铝合金及其力学性能

组别	合金代号	材料状态	弹性模量 E/GPa	剪切弹性模量 G/GPa	泊松比 μ	抗拉强度 R_m/MPa	规定塑性延伸强度 $R_{p0.2}$/MPa	循环数为 5×10^8 次的疲劳强度/MPa	抗剪强度 σ_τ/MPa	延伸率 A_{11}/%	断面收缩率 Z/%	冲击韧性 a_k/(J/cm^2)	布氏硬度 HBW
锻铝	6A02	0	71	27	0.31	180	—	45	80	30	65	—	30
		T4	71	27	0.31	220	120	75	—	22	50	—	65
		T6	71	27	0.31	330	280	75	210	16	20	—	95
	2A50	T6	71	27	0.31	420	300	—	—	13	—	—	105
	2B50	模锻件 T6	71	27	0.33	410	320	—	260	—	40	—	—
	2A70	T6	71	27	0.31	440	330	—	—	12	—	—	120
	2B70	T6	71	27	0.31	4740	270	—	—	10	—	—	120
	2A90	T6	71	27	0.31	440	280	100	—	13	—	—	115
	2A14	T6	72	27	0.33	490	380	115	290	12	25	10	135
硬铝	2B12、2A12	0	71	27	0.31	210	110	—	—	18	35	—	42
		T4	72	27	0.33	520	380	140	300	13	15	—	131
		棒材(ϕ40mm)T4	72	27	0.33	500	380		260	10	15	—	131
	2A16	挤压半成品 T6	71	27	0.31	400	250	130	—	13	35	—	110
		板材 T6	71	27	0.31	420	300	—	—	12	—	—	—
	2A17	5kg 以下锻件 T6	71	—	—	430	350	—	—	9	18	—	—
	2A01	0	71	27	0.31	16	60	—	—	24	—	—	38
		T4	71	27	0.31	300	170	95	200	24	50	—	70
	2A02	挤压产品 T6	71	27	0.31	490	330	—	—	20	—	—	115
		冲压叶轮 T6	71	27	0.31	440	300	—	—	15	—	—	115
	2A04	线材 T4	70	—	—	460	280	—	290	23	42	—	115
	2A06	包铝板材 T4	68	—	—	440	300	—	—	20	—	—	—
		包铝板材 HX4	68	—	—	540	440	—	—	10	—	—	—
	2A10	T4	71	27	0.31	400	—	—	260	20	—	—	—
	2B11、2A11	0	71	27	0.31	210	110	75	—	18	58	30	45
		T4	71	27	0.31	420	240	105	270	15	30	—	100

（续）

组别	合金代号	材料状态	弹性模量 E/GPa	剪切弹性模量 G/GPa	泊松比 μ	抗拉强度 R_m/MPa	规定塑性延伸强度 $R_{p0.2}$/MPa	循环数为 5×10^8 次的疲劳强度/MPa	抗剪强度 σ_τ/MPa	延伸率 A_{11} /%	断面收缩率 Z/%	冲击韧性 a_k/(J/cm^2)	布氏硬度 HBW
超硬铝	7A03	线材 T6	71	—	—	520	440	—	320	15	45	—	150
	7A04	T6	74	27	0.33	600	550	160	—	12	—	11	150
		0	74	27	0.33	260	130	—	—	13	—	—	—
		包铝板材 T6	74	27	0.33	540	470	—	—	10	23	—	—
		包铝板材 0	74	27	0.33	220	110	—	—	18	50	—	—
防锈铝	5A02	0	70	27	0.30	190	100	120	125	23	64	90	45
		HX4	70	27	0.30	250	210	130	150	6	—	—	60
	5A03	0	70	27	0.30	200	100	110	155	22	—	—	50
		HX4	70	27	0.30	250	130	120	160	3	—	—	70
	5A05	0	70	27	0.30	260	140	140	130	22	—	—	65
		HX4	70	27	0.30	300	200	—	—	14	—	—	80
		HX8	70	27	0.30	420	320	155	220	10	—	—	100
	5A06	0	68	—	—	325	170	130	210	20	25	—	70
	5A12	0	72	—	—	430	220	—	—	25	—	31	—
		F	—	—	—	580	500	—	—	10	—	—	—
	5B05	0	70	27	0.30	270	150	—	190	23	—	—	70
	3A21	0	71	27	0.33	130	50	55	80	23	70	—	30
		HX4	71	27	0.33	160	130	65	100	10	55	—	40
		HX8	71	24	0.33	220	180	70	110	5	50	—	55

此外,近年来还有用于比压 200MPa 左右的挤压铸造和铸锻联合成形并可热处理强化型的铸造铝合金。

2.4 铝合金精锻成形工艺性能及工艺规范

2.4.1 铝合金精锻成形工艺性能分析

前面已对部分变形铝合金的锻造工艺性能作了简要说明,因不同的铝合金其精锻成形工艺性能差别较大,因此,有必要作更加详细的分析。

所有铝合金摩擦系数大,通常认为是钢的 3 倍,导致塑性流动阻力大,成形困难。其不同的铝合金在精锻成形工艺性能方面的差别分别表现在以下几个方面。

1. 锻铝

一般具有中等强度和良好的塑性即精锻成形性能,以使用较多的 6082 锻铝为例,其抗拉强度大于 310MPa,屈服强度大于 260MPa,延伸率大于 10%,适合于用来制造汽车控制臂和拉杆等需多工步模锻成形的长轴类锻件。

2. 硬铝和超硬铝

以应用最多的超硬铝合金 7A04 为例,当为 T6 态时,其抗拉强度达 600MPa,屈服强度为 550MPa,延伸率 12%,强度高,塑性差,变形抗力大,速度敏感性强,自由镦粗及拔长、开式模锻时易产生裂纹,因此,应采用闭式精锻成形工艺。

3. 铸造铝合金

以应用可热处理强化的 Al-Si 系中硅和中高硅铝合金为例,其含硅量分别为 6.5%~7.5%和 9%~13%,因固态下强度高,即使加热到锻造温度,不仅变形抗力大,塑性变形也极为困难,易于脆裂。如前所述,对于这类铸造铝合金,当零件结构较为简单时,可经过挤压的棒料经加热后采用闭式精锻成形;当零件结构复杂时,如汽车转向节,可采用铸锻联合精密成形新工艺。

4. 工业纯铝和防锈铝

工业纯铝和防锈铝因塑性好,可采用冷挤压或冷精锻工艺成形出所需零件,如散热器和散热片等。

2.4.2 锻造加热规范

各种锻造铝合金的锻造温度及加热规范如表 2-4 所列。

表 2-4 铝合金锻造温度和加热规范

合金种类	合金牌号	锻造温度/℃		加热温度/℃	单位厚度热透所需时间/(min/mm)
		始锻	终锻		
锻铝	6A02	480	380	480	

(续)

合金种类	合金牌号	锻造温度/℃		加热温度/℃	单位厚度热透所需时间/(min/mm)
		始锻	终锻		
硬铝	2A50、2B50、2A70、2A80、2A90	470	360	470	1.5
	2A14	460	360	460	
	2A01、2A11、2A16、2A17	470	360	470	
	2A02、2A12	460	360	460	
超硬铝	7A04、7A09	450	380	450	3.0
防锈铝	5A03	470	380	470	1.5
	5A02、3A21	470	360	470	
	5A06	470	400	400	
注:铝合金的锻造温度范围比较窄,一般都在150℃范围内,某些高强度铝合金的锻造温度范围甚至在100℃范围内。锤上锻造温度一般比压力机上锻造温度低20~30℃					

2.4.3 锻造变形速度和变形程度

各种锻造铝合金在不同模锻设备上的允许变形程度如表2-5所列。

表2-5 锻造铝合金的允许变形程度

合金	水压机	锻锤、热模锻曲柄压力机	高速锻锤	挤锻
	镦粗			
低强度和2A50合金	80%~85%	80%~85%	80%~90% 对5A05合金 40%~50%	90%和90%以上
中强度合金	70%	50%~60%	85%~90% 对5A06合金 40%~50%	
高强度合金	70%	50%~60%	85%~90%	
粉末合金	30%~50%	50%~60%	—	80%以上

变形速度对大多数铝合金工艺塑性没有太大的影响,只是个别高合金化的铝合金(如7A04)在高速变形时,塑性才显著下降。但是为了增大允许的变形程度和提高生产效率,降低变形抗力和改善合金充填模具型腔的流动性,选用液压机模锻铝合金比锤锻要好些。对于大型铝合金模锻件尤为如此。另外,由于铝合金的外

摩擦系数大,流动性差,若变形速度太快,容易使锻件产生起皮、折叠和晶粒结构不均匀等缺陷,对于低塑性和高强度铝合金还容易引起锻件开裂。因此,铝合金最适宜于在低速压力机上锻造。

2.5 铝合金锻件的种类

为了便于制订精锻工艺规程和锻模设计,应将各种锻件进行分类,铝合金锻件的分类方法与黑色金属锻件的分类方法相似,即形状相似的锻件,其精锻工艺流程、锻模结构基本相同。目前,比较一致的分类方法是,按照锻件的外形和精锻时毛坯的轴线方向,并考虑不同铝合金的性能差别,将铝合金锻件分为长轴类、复杂回转体、枝叉类和大型筋板类,如表 2-6 所列。

表 2-6 铝合金锻件分类表

类别	组别	编号	锻件图
长轴类	长杆件	1-1	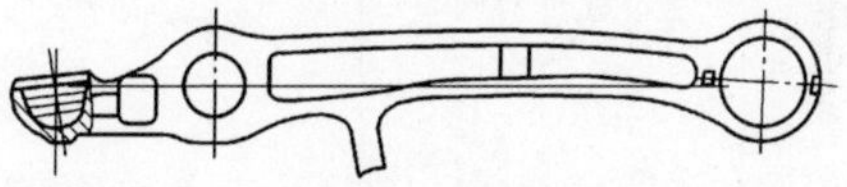
	弯曲长杆件	1-2	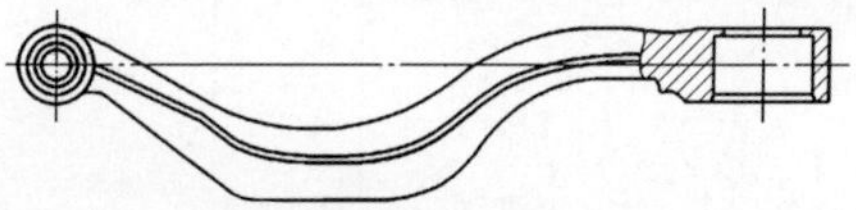
	复杂长形件	1-3	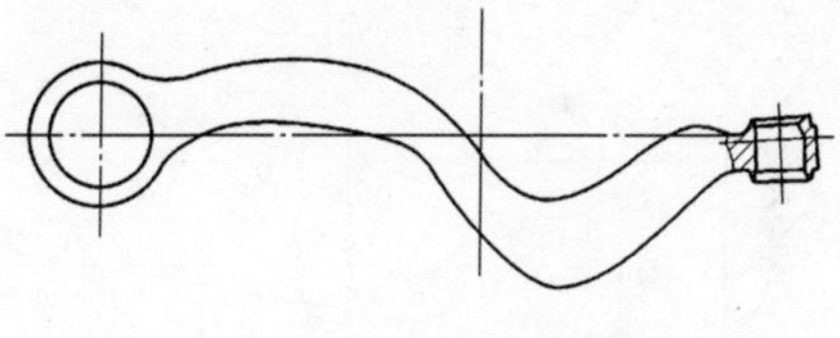
复杂回转体	实体型	2-1	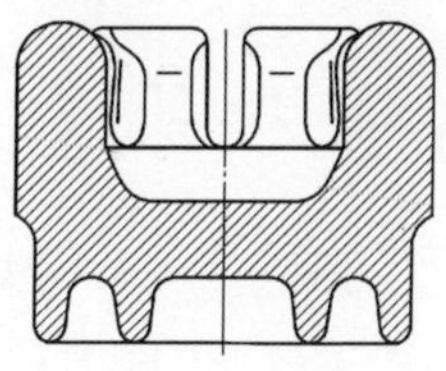
	多层筒	2-2	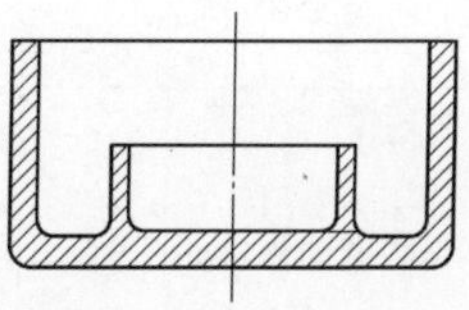

（续）

类别	组别	编号	锻件图
复杂回转体	螺旋筒	2-3	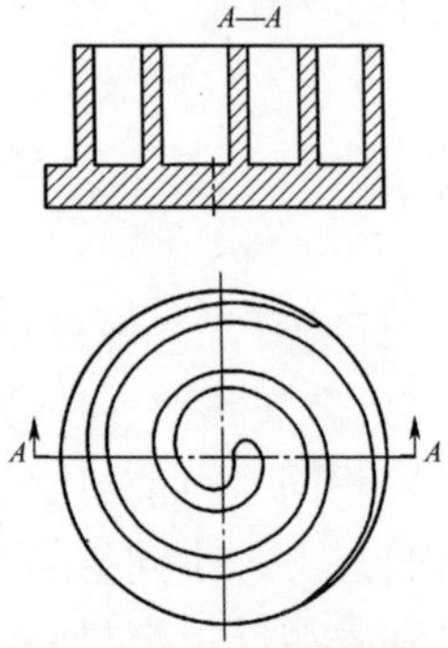
	薄片辐射筒	2-4	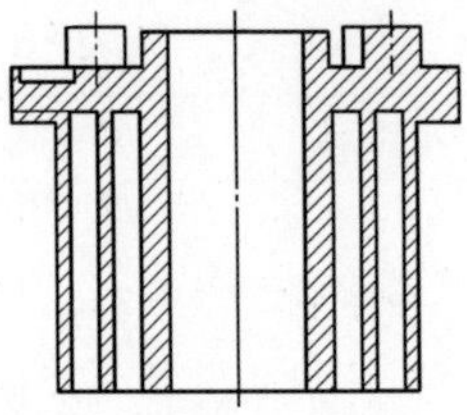
枝叉类	叉形件	3-1	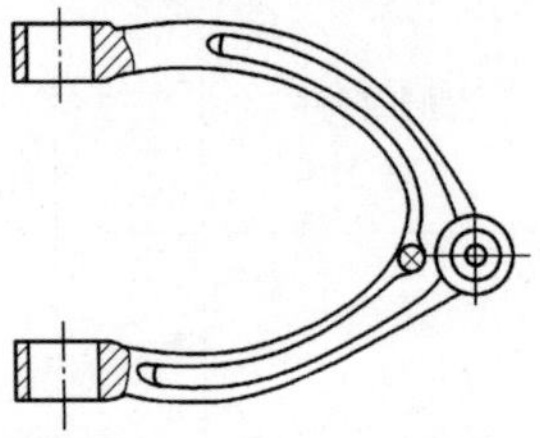
	枝叉件	3-2	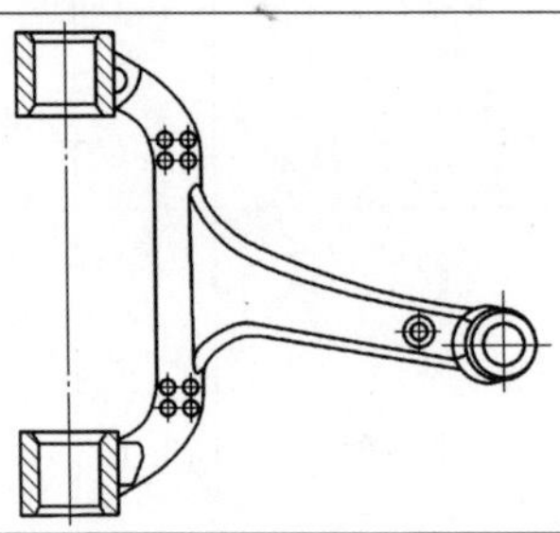
大型筋板类	长条筋板件	4-1	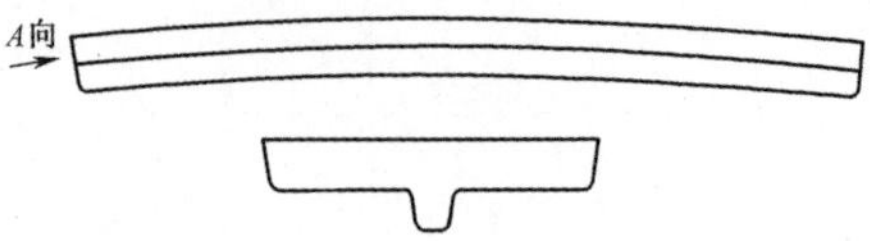
	大投影面筋板件	4-2	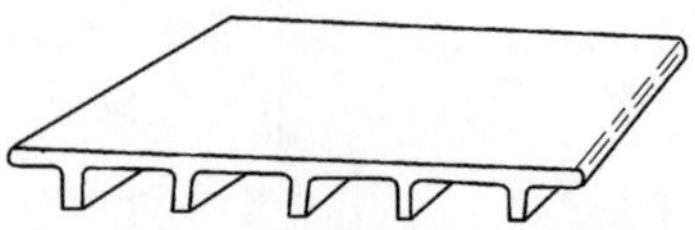

2.5.1 长轴类锻件

长轴类锻件的特点是锻件的长度尺寸与高度或宽度尺寸之比例较大。按锻件外形、主轴线及分模特征,可分为长杆件、弯曲长杆件、典型长形件和复杂长形件。这类锻件在模锻时,毛坯的轴线与模锻力的打击方向垂直,毛坯金属仅在横截面(称为流动平面)内沿高度和宽度方向流动,沿轴线方向流动很小,这是由于金属沿长度方向的流动阻力比沿横向流动阻力大所致,为平面变形的特征。这一特征为长轴类锻件的坯料尺寸确定、制坯及制订模锻成形工艺提供了理论依据。其流动模型如图2-4(a)所示。

2.5.2 复杂回转体锻件

复杂回转体锻件也称为短轴类锻件,其特点是锻件高度方向的尺寸一般比其平面图中的长、宽尺寸小,锻件平面图呈圆形或近似圆形。这类锻件在模锻时,毛坯的轴线与模锻力的打击方向一致,毛坯金属只在它所在的径向平面(称为流动平面)内沿高度和径向同时流动,为轴对称变形特征。这一特征为锻件坯料尺寸确定、制坯及制定模锻成形工艺提供了理论依据,其流动模型如图2-4(b)所示。

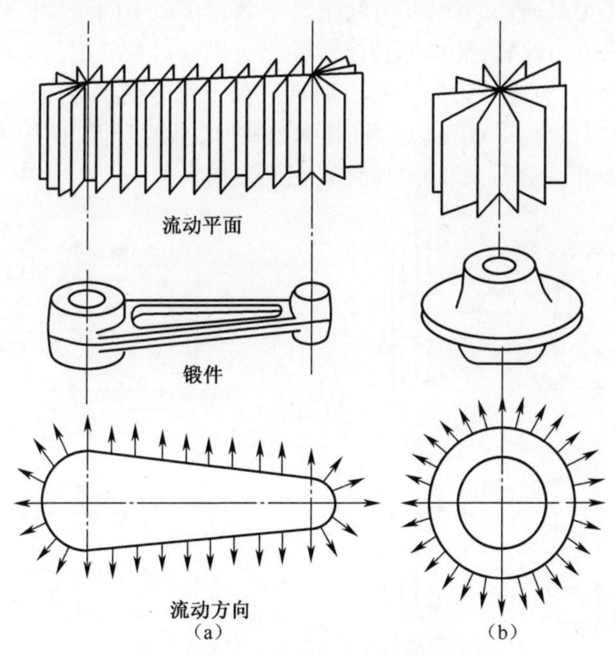

图2-4 普通模锻时的金属流动模型
(a)长轴类锻件;(b)复杂回转锻件。

2.5.3 枝叉类锻件

对于叉形件,一般只能采用传统的开式有飞边模锻成形工艺,所以,也是按长轴类锻件来制订其模锻工艺流程。值得注意的是,在制坯工步后必须设置一道以劈叉为目的的预锻工步;对于枝叉件,当其中一个枝较其他的枝更长且横截面较大时,则仍将其作为长轴类锻件来制订模锻工艺方案;若所有枝的长度相差不大时,则可采用半闭式镦挤工艺制坯,然后直接进行终锻或先预锻后终锻。

2.5.4 大型筋板类锻件

大型筋板类锻件主要用于飞机和航天飞行器。这类锻件的特点是,在长条弧形板或大的投影面积平板上垂直分布有筋条或彼此垂直交叉的筋条。对于这两种筋板件,可直接采用厚板进行挤压模锻成形,也可采用棒料毛坯先压扁后进行模锻成形。至于是否需要预锻成形工步,根据筋条的高度与厚度之比确定,制订模锻成形工艺方案的方法与长轴类锻件相似。当比值较大时,需要预锻成形工步。

2.6 铝合金锻件模锻成形过程分析

2.6.1 开式模锻成形过程分析

开式模锻作为最通用的终锻工序,适合于各种金属不同结构锻件的终锻成形,为了同闭式模锻进行比较,选择回转体锻件作为研究对象分析其成形过程及特点。

如图 2-5 所示,开式模锻时变形金属的流动不完全受模膛限制,多余金属会沿垂直于作用力方向流动形成飞边。随着飞边减薄,温度降低,作用力增大,毛坯金属由于飞边向外流动受阻,最终迫使金属充满型槽。

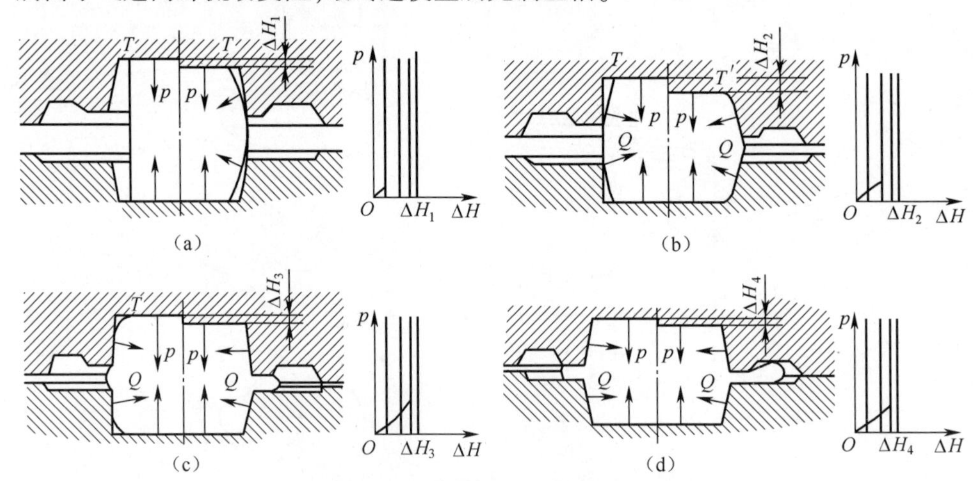

图 2-5 开式模锻金属成形过程

(a)镦粗变形;(b)形成飞边;(c)充满模膛;(d)打靠。

为分析开式模锻变形过程,可将整个变形过程分为四个阶段。

第Ⅰ阶段(图 2-5(a)镦粗变形)。毛坯在模膛中发生镦粗变形,对于某些形状的锻件可能伴有局部压入变形。当被镦粗的毛坯金属与模膛侧壁接触时,此阶段结束。这时变形金属处于较弱的三向压应力状态，变形抗力也较小。

第Ⅱ阶段(图 2-5(b)形成飞边)。第Ⅰ阶段后期金属流动受到模膛壁的阻碍，毛坯在垂直于作用力方向的自由流动受到限制，继续压缩时，金属沿着平行于受力方向流向模膛深处，又继续沿垂直于作用力方向流向飞边槽，形成少许飞边。此时变形抗力明显增大，模膛内的金属处于较强的三向压应力状态。

第Ⅲ阶段(图 2-5(c)充满模膛)。飞边形成后，随着变形的继续进行，飞边逐渐减薄，形成阻力圈，使得金属流向飞边槽的阻力急剧增大。当阻力大于金属流向模膛深处和圆角处的阻力时，迫使金属继续向模膛深处和圆角处流动，直到整个模膛完全充满为止。此阶段变形金属处于更强的三向压应力状态，变形抗力急剧增大。

第Ⅳ阶段(图 2-5(d)打靠)。通常毛坯体积略大于模膛容积，因此，当模膛完全充满后，尚须继续压缩至上、下模接触，即打靠。多余金属全部排入飞边槽，以保证高度尺寸符合要求。这一阶段变形仅发生在分模面附近的区域内。此阶段由于飞边厚度进一步减薄和冷却，多余金属由飞边槽桥口流出的阻力很大，这时变形区处于最强的三向压应力状态，变形抗力也最大。有研究表明，此阶段的压下量虽小于 2mm，它消耗的能量却占总能量的 30%～50%。

2.6.2 闭式模锻成形过程分析

闭式模锻是毛坯在凸、凹模所构成的封闭模膛内成形，回转体锻件整体凹模闭式模锻成形原理及过程如图 2-6 所示，其成形过程可分为三个阶段。

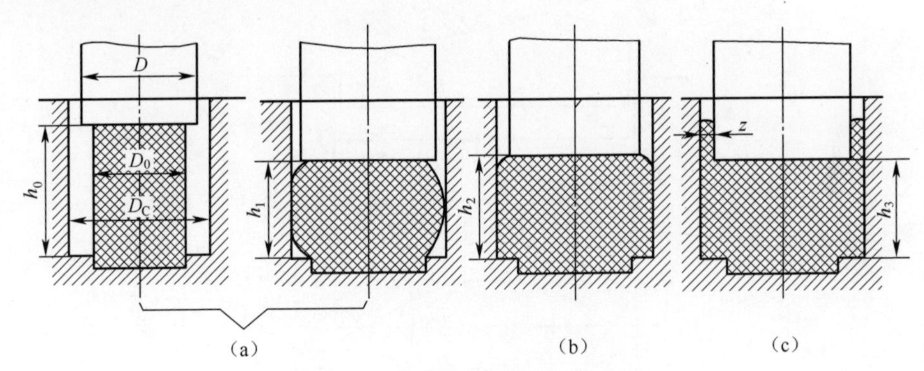

图 2-6 闭式模锻成形原理及过程

(a)镦粗阶段；(b)刻满角隙阶段；(c)挤出端部飞边阶段。

(1) 镦粗阶段(图 2-6(a))，从毛坯与冲头表面接触开始到毛坯金属与凹模模膛最宽处的侧壁接触为止。与开式镦粗一样，闭式镦粗也分整体闭式镦粗和局部闭式镦粗两类，前者都是以毛坯外径定位，而后者都是以毛坯的不变形部分定位。

(2) 充满角隙阶段(图 2-6(b))，即从毛坯的鼓形侧面与凹模侧壁接触开始，到整个侧表面与模壁贴合且模膛角隙完全充满为止，在这一阶段中，变形金属的流动受到模壁的阻碍，变形金属各部分处于不同的三向压应力状态。随着毛坯变形程度的增加，模壁承受的侧向压力逐渐增大，直到模膛完全充满为止。

(3) 挤出端部飞边阶段(图2-6(c)),即充满模膛后的多余金属在继续增大的压力作用下被挤入凸、凹模之间的间隙中,形成薄的纵向飞边。

比较图2-6与图2-5所示开式模锻可知,同样是回转体锻件,开式模锻时在锻件周围产生横向飞边,而闭式模锻时在锻件周围不产生横向飞边,只产生薄的纵向毛刺,有利于提高材料利用率。

2.7 精锻成形力的计算

精锻成形力的计算目的:第一为了选择精锻成形设备的吨位;第二为锻模的强度和刚度核算提供依据。

2.7.1 圆柱体闭式精锻成形力的理论计算

(1) 端部不出现飞边时的单位压力。设模膛下角隙最后充满,即变形区可简化为图2-7所示的半径为ρ、厚度为h的球面与倾斜自由表面围成的球面体。当从变形区内切取一个单元体(图中阴影部分)时,则作用于其上的均布应力为σ_r、σ_θ、$\sigma_r+\mathrm{d}\sigma_\theta$及$\tau_0$,将作用于单元体上的力在$\theta$方向列平衡微分方程,利用塑性条件和边界条件,积分并整理得闭式精锻至端部尚未出现飞边时的单位压力的简化表达式:

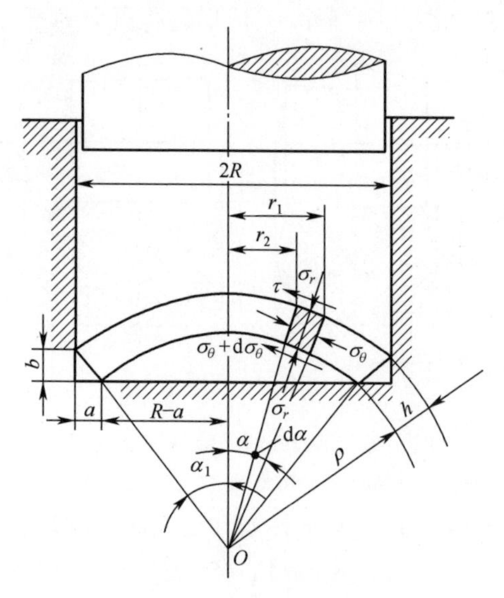

图2-7 端部不出现飞边时的受力分析

$$p=\sigma_s\left[1+\frac{\alpha_1 D}{9a}\left(\frac{D}{D-a}-\frac{2a}{a}\right)\right] \tag{2-1}$$

式中:σ_s为闭式精锻成形条件下的屈服强度,如表2-7所列;α_1为变形区自由表面与凹模壁的夹角;D为凹模工作筒直径;α为角部径向未充满值。

表 2-7　铝合金屈服强度 σ_s 近似值　　(MPa)

合　金	200℃	250℃	300℃	350℃	400℃	450℃	500℃
5A02、5052			80	60	30	25	20
6A02、6061	72	52	39	33	29	20	15
2A50、2B50				57	40	32	25
2A70、2B70、2618			135	75	45	28	20
2A80			90	60	40	30	20
2A14、2014			140	130	90	75	30
2A11、2A12、2024			110	75	55	40	25
7A04、7A09、7075			90	70	55	40	35
3A21、3003、3004			40	30	25	20	15
2A02			210	120	80	50	20

(2) 端部出现纵向飞边时的单位压力。对于端部出现纵向飞边的闭式精锻，其变形过程与反挤相同,计算变形力时需要考虑飞边的影响。若在飞边内取一单元体,如图 2-8 所示,则由平衡方程、塑性条件和边界条件求出 z 方向和 x 方向的正应力:

$$\sigma_z = \frac{4\mu_2\sigma_s}{D-d}(z-\lambda) \tag{2-2}$$

$$\sigma_x = \frac{4\mu_2\sigma_s}{D-d}(z-\lambda) - \sigma_z \tag{2-3}$$

然后可导出端部出现纵向飞边时的单位压力的简化表达式:

$$p = \sigma_s\left[1.7 + \frac{2.7\mu_2\lambda}{D-d} + \frac{\alpha_1 D}{4.5(D-d)}\right] \tag{2-4}$$

式中:μ_2 为变形金属与凸模接触面上的摩擦系数;λ 为纵向飞边高度;D 为凹模直径;d 为凸模直径;σ_s 为闭式镦粗成形条件下的屈服强度,如表 2-7 所示。

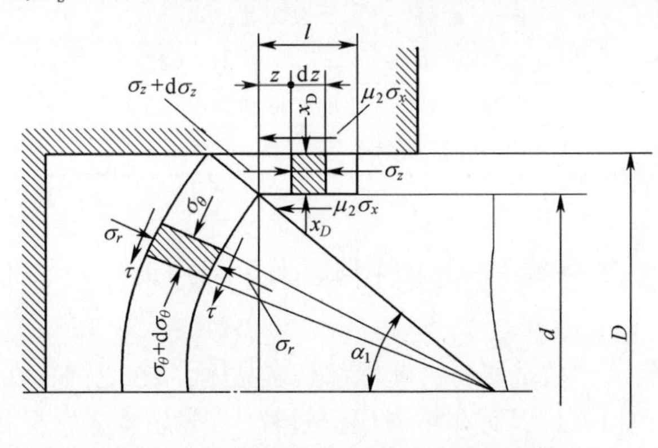

图 2-8　端部出现纵向飞边时受力分析

2.7.2 小飞边精锻成形力的工程计算

下式适用于在各种锻压设备上锻压各种金属材料的小飞边精锻成形为计算。

$$F = An_v\sigma_s n_d \tag{2-5}$$

式中:A 为变形后工具与金属的接触面积(包括小飞边接触面积(图 4-7));n_v 为速度系数,液压机 1.0~1.1,曲柄压力机 1.0~1.3,螺旋压力机 1.3~1.5,锻锤 2~3;σ_s 为金属在变形温度下开始塑性变形时的屈服强度,可取相应温度下的抗拉强度 σ_b 值作为其近似值,包括铝合金在内的轻合金的近似值可参考表 2-7 选取;n_d 为单位压力系数,分别用下式计算。

当镦粗圆形锻件时,有

$$n_d = 1 + \frac{fd}{3h} \tag{2-6}$$

当镦粗矩形锻件时,有

$$n_d = 1 + \frac{(3b - a)fa}{6bh} \tag{2-7}$$

当模锻轴对称件时,有

$$n_d = \frac{\left(1 + f\dfrac{c}{h}\right)F_{mb} + \left(1 + 2f\dfrac{c}{h}\right)F_{dj}}{F_{mb} + F_{dj}} \tag{2-8}$$

式中:d 为圆锻件直径;h 为锻件高度或飞边槽高度;a、b 为矩形锻件的两边长,且 $a \leqslant b$;c 为飞边槽桥部的宽度;F_{mb}、F_{dj} 为飞边槽桥部和模锻件水平投影面积;f 为摩擦系数(参考表 2-8 选取)。

表 2-8 各种变形材料的摩擦系数 f(工具运动速度为 1m/s)

材 料	变形的绝对温度与熔化的热力学温度的比值		
	0.8~0.95	0.5~0.8	0.3~0.5
碳钢	0.4~0.35	0.45~0.40	0.35~0.30
铝合金	0.5~0.48	0.48~0.45	0.35~0.30
镁合金	0.40~0.35	0.38~0.32	0.32~0.24
重有色合金	0.32~0.30	0.34~0.32	0.26~0.24
有色耐热合金	0.28~0.25	0.26~0.22	0.24~0.20
注:表中数据系无润滑的,当使用润滑时,其数值可降低 15%~25%。			

2.8 铝合金精锻成形过程中的微观组织变化机理

铝合金同其他大多数金属材料一样都是多晶体,晶粒之间存在着晶界,晶粒内部存在有亚晶粒和相界。因而在精锻成形过程中,多晶体金属材料的塑性变形机理较单晶体金属材料的塑性变形更复杂。但铝合金尤其工业纯铝可以认为是连续介质结构,这对于采用有限元法模拟其微观演变过程的建模将更加接近于实际的变形机理。

2.8.1 铝合金微观组织的基本概念

1. 晶格与面心立方

为了便于理解和描述晶体中原子的排列情况,常以一些直线将晶体中各原子的中心连接起来使之构成一个空间网格,这种空间网格称为晶格。通常从晶格中选取一个能反映晶格特征的最小几何单元分析晶体中的原子排列规律,这一最小的几何单元称为晶胞。晶胞的棱边长度称晶格常数或点阵常数,通常将度量单位定为 10^{-10}m。

铝是具有面心立方结构的金属,如图 2-9 所示,面心立方晶胞的每一个角点上都有一个原子,每个面的中心也有一个原子,晶胞中的原子数为 4。

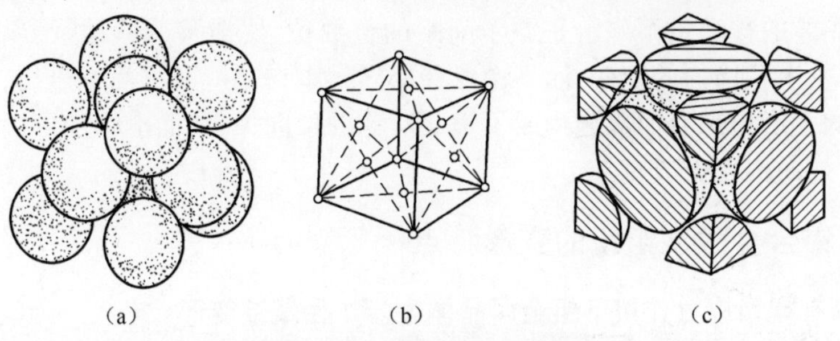

图 2-9 面心立方结构示意图
(a)刚球模型;(b)质点模型;(c)晶胞原子数。

2. 位错

位错是因原子错排在晶体中所形成的一种线缺陷,通常可分为刃型位错和螺型位错,其中,刃型位错如图 2-10 所示。由图可知,在晶体的某一水平以上,多出一个垂直方向的原子面,它中断于水平面上的某处,犹如插入的刀刃一样,使水平面以上与以下两部分晶体之间产生了原子错排,因而称为刃型位错。通常把在晶体上半部多出原子面的位错称为正刃型位错,用符号“⊥”表示;在晶体下半部多出原子面的位错称为负刃型位错,用符号“⊤”表示。应该指出,刃型位错的正或负是相对的。

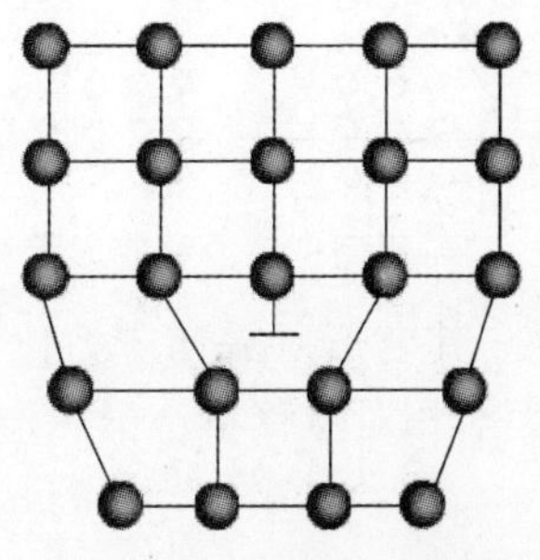

图 2-10 刃位错示意图

3. 滑移

晶体的塑性变形并非均匀地发生在整个晶体中，当应力超过其弹性极限后，晶体的层片之间沿一定的晶面和晶向产生相对位移，即滑移。这种位移在应力除去后是不能恢复的，大量滑移的积累就构成了宏观的塑性变形。滑移是在切应力作用下进行的，当晶体受力时，晶体的某个滑移系是否发生滑移，决定于沿此滑移系切应力的大小。当单晶体金属作轴向拉伸时，对于具有多组滑移面的立方结构金属，其位向趋于45°方向的滑移面将首先发生滑移。

4. 孪生

孪生是以晶体中一定的晶面即孪生面沿着一定的晶向即孪生方向移动而发生的。通常认为，孪生是一个发生在晶体内部的均匀切变过程，各层晶面的位移量是与它离开孪晶面的距离成正比，晶体的变形部分(孪晶)与未变形部分(基体)以孪晶面为分界面，构成了镜面对称关系。与滑移进行比较，其特点是：孪生是一次突变过程，晶体的移动量不一定是原子间距的整数位，比滑移的移动量要小；它使一部分晶体发生了均匀的切变，而不像滑移那样集中在一些滑移面上进行；孪生变形后，晶体的变形与未变形部分构成了镜面对称的位向关系，而滑移变形后晶体各部分的相对位向不发生改变。

2.8.2 铝合金微观组织的变形特点

1. 只有在切应力作用下铝金属晶体才能产生塑性变形

单晶体受力后，外力在任何晶面上都可分解为正应力和切应力。正应力只能引起晶体的弹性变形及断裂，只有在切应力的作用下金属晶体才能产生塑性变形。对于多晶体，同样是只有在切应力的作用下金属晶体才能产生塑性变形。

由于多晶体由不同晶粒取向的晶粒构成，不同晶粒之间存在着晶界，因此多晶体塑性变形主要包括晶粒内部变形和晶界变形。其中，多晶体的晶内变形与单晶体的晶内变形机理是一致的。

2. 铝金属晶体内变形的主要方式是滑移和孪生

晶体内部变形的主要方式是滑移和孪生。滑移是指晶体的一部分沿一定的晶面和晶向相对于另一部分发生滑动位移的现象，如图2-11所示。

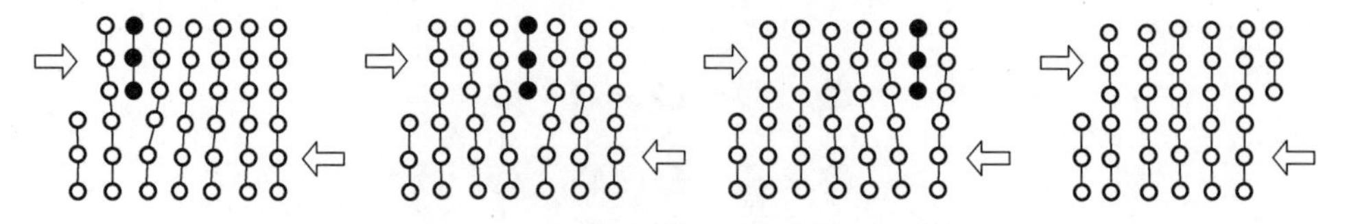

图2-11 刃型位错滑移变形示意图

孪生使晶格位向发生改变，其变形所需切应力比滑移大得多，变形速度极快，接近声速。孪生时相邻原子面对相对位移量小于一个原子间距。面心立方晶格结构孪生变形如图2-12所示。

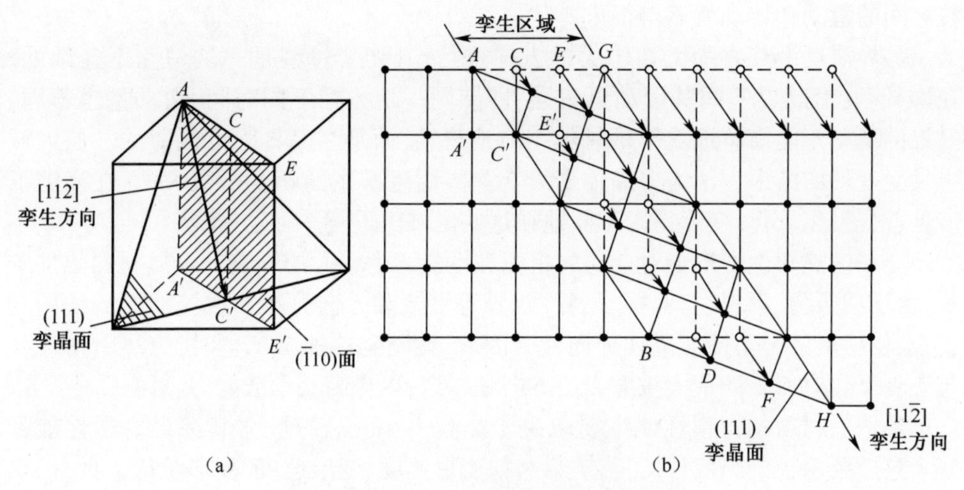

图 2-12 面心立方晶格结构的孪生变形

晶间变形主要是晶粒之间相互滑动和转动,如图 2-13 所示。当晶粒受外力作用下变形时,沿晶粒边界可能产生切应力,当切应力足以克服晶粒之间相对滑动的阻力时,便发生了滑动。此外,当相邻两个晶粒之间产生力偶时,就会造成晶粒之间的相互转动。

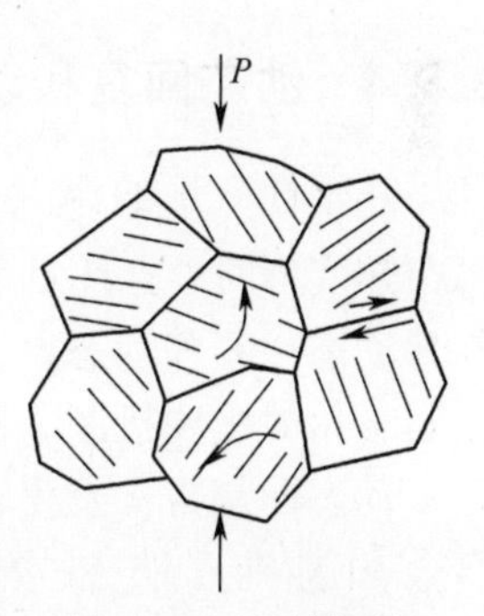

图 2-13 晶粒间的滑动和转动

多晶体中首先发生滑移的是滑移系与外力夹角等于或接近于45°的晶粒。当塞积位错前端的应力达到一定程度时,加上相邻晶粒的转动,使相邻晶粒中原来处于不利位向滑移系上的位错移动,从而使滑移由一批晶粒传递到另一批晶粒;当有大量晶粒发生滑移时,金属便显示出明显的塑性变形。

在冷变形中,多晶体的塑性变形主要是晶内变形,晶间变形只起次要作用,而且还需要其他协调机制。当晶界发生变形时,容易引起晶界结构的破坏和显微裂纹的产生。

2.8.3 热塑性变形的机理和热塑性变形后金属组织性能的变化

包括铝合金在内金属的热塑性变形也可分为晶内变形和晶间变形,晶内变形的主要方式是滑移和孪生。晶间变形的主要形式是晶粒之间的滑动和转动。热塑性变形时,还可能出现另一种变形机制,那就是热塑性或扩散塑性变形机制。当温度升高时,原子热振动加剧,晶格中的原子处于不稳定的状态。当晶体受外力时,原子就沿着应力场梯度方向,非同步地连续地由一个平衡位置转移到另一个平衡位置(并不是沿着一定的晶面和晶向),使金属产生塑性变形。这种变形方式称为热塑性(也称扩散塑性)。扩散塑性需要一定的温度和一定的时间,而通常的热塑性变形速度较快,扩散塑性常常来不及进行,但热塑性变形时,晶界的强度降低,晶粒之间的滑动和转动就显得很重要。

晶界滑动沿具有最大切应力的方向进行，其切变过程是不均匀和不连续的。在加载后，沿晶界不同其滑动量不同，即使同一地方在不同时间，滑动量也不同。晶界的滑动不能简单地看作是晶粒相对地滑动，而是在晶界附近很薄的一层区域内发生变形的结果。因为多晶体变形在晶界附近产生的畸变是很大的，在高温下该处首先发生软化，变形得以不断地在这些区域内进行。

金属的热塑性变形会对金属的组织和性能产生很大的影响。金属材料热加工后，由于夹杂物、第二相、偏析、晶界、相界等沿流动方向分布形成流线。流线的存在，会使材料的力学性能呈现异向性。因此，在制定热加工工艺时，应尽量使流线与工件工作时所受的最大拉应力的方向相一致，以提高其承载能力。

热锻后材料的力学性能主要取决于晶粒大小，晶粒越小，其综合力学性能越好。这就要求控制热变形的工艺参数，如变形温度、变形速度、变形量等。此外，热加工的终止温度不宜过高，热加工后工件还应缓慢冷却。

2.8.4 动态回复和动态再结晶

热塑性变形的温度一般在 $0.6T_m$ 以上，这个温度比再结晶的温度高，因此，金属在热变形时要产生回复和再结晶。通常把在变形过程中发生的回复和再结晶，称为动态回复和动态再结晶。一般认为，动态回复和动态再结晶是热塑性变形时金属软化的重要机制。图 2-14 所示为动、静态再结晶的示意图。

动态回复常常发生在一些层错能较高的金属的热塑性变形过程中，如铝和铝合金、工业纯 α 铁、铁素体钢，以及锌、镁、锡等金属。这类金属在热塑性变形时，其位错的交滑移和攀移比较容易进行，因此一般认为动态回复是这类材料热加工过程中唯一的软化机制，即使在远远高于静态再结晶温度下进行热加工，通常也只有动态回复而不发生动态再结晶。若热变形后迅速冷却到室温，从材料的显微组织中可发现，热锻后晶粒变成沿变形方向伸长而呈纤维状，同时晶粒内出现动态回复所形成的等轴亚晶粒。亚晶粒在变形过程中反复被拆散和组成，其尺寸受变形温度和变形速度的控制。降低变形速度和提高变形温度，亚晶粒尺寸增大，亚组织的位错密度较低。动态回复后的金属位错密度高于相应的冷变形后经静态回复的密度。

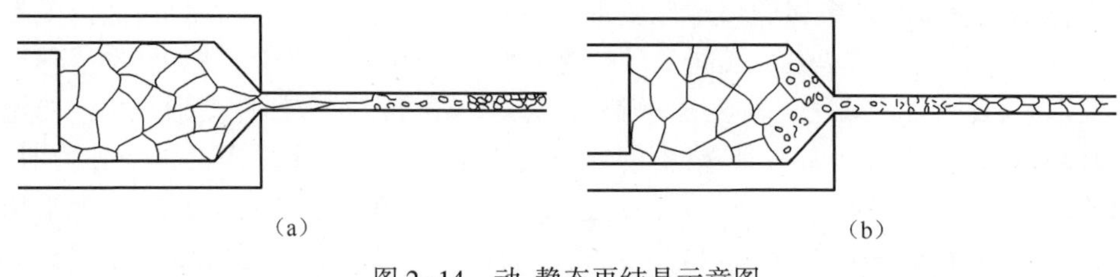

(a)　　　　(b)

图 2-14　动、静态再结晶示意图

(a)静态再结晶；(b)动态再结晶。

动态回复组织要比再结晶组织的强度高得多。将动态回复组织保持下来已成功地用于提高建筑用的铝-镁合金挤压型材的强度。此外,还能使某些铝合金热处理后获得更高的强度。

2.9 铝合金锻件的质量控制

铝合金锻件质量的控制可从锻前、锻中和锻后三个环节进行控制。

2.9.1 锻前质量控制

锻前质量控制主要是对用于生产铝合金锻件的铝合金原材料质量控制,其主要控制内容如下:

(1) 原材料的化学成分应符合 GB 3191—82 的规定,且内部不得有缺陷和化合物偏析存在。

(2) 所采用的挤压棒材或型材,一般不允许内部存在有铸态组织。

(3) 棒材或型材的两端不允许有尾缩内凹或夹层存在。

(4) 棒材或型材表面不得有超标磕、疤、划痕及碰伤等缺陷。

(5) 若为生产大型铝合金锻件需采用铝合金铸锭,则应采用镦粗和拔长等工艺方法进行开坯。

(6) 原材料上必须有炉次及批次号标记,以便锻件质量可追溯。

2.9.2 锻中质量控制

锻中质量控制即为对锻件生产过程的控制,它主要包括模锻工艺方案、工艺参数、模具、设备、润滑及操作节拍等全流程的控制,其质量控制要点如下:

(1) 用于精密模锻件生产的坯料,其尺寸偏差或体积偏差,端面平整度及端面与轴线的垂直度均应达到精锻工艺要求。

(2) 坯料加热要均匀,且严格控制加热温度和始锻温度。

(3) 严格控制锻造温度 T 的范围,即 $T_{始} \geqslant T \geqslant T_{终}$。

(4) 铝合金锻造温度范围窄,一般在 100℃ 以内,因此,模锻前模具应预热到 150~200℃,为了保证预热均匀,宜采用电阻棒插入模块上加工的预热孔内预热,使其热透,且采用温控装置准确控制预热温度。

(5) 制订合理的模锻成形工艺方案,尽可能采用小飞边和无飞边精锻成形工艺方案,尤其是屈服强度 σ_s 高的锻造铝合金应采用闭式精锻成形工艺,以避免裂纹的产生。

(6) 合理配置工艺参数,优化变形程度、变形速度与温度范围三个主要工艺参数的相互关系,对于冷精锻,冷变形金属再结晶以后,金属的性能与冷变形前基本相同。金属的性能能否与变形前完全相同主要取决于金属冷变形前与再结晶后的显微组织是否相同。为了控制再结晶后金属的性能,生产上常常控制再结晶后金属的晶粒大小。影响再结晶晶粒大小的因素很多,主要有变形程度、再结晶温度、原始晶粒大小、杂质等。通常把再结晶退火后的晶粒大小与冷变形程度及再结晶温度间的关系会制成立体图形(称为再结晶图),如图 2-15 所示。此图对于用来控制冷变形后进行退火时金属材料的晶粒大小有重要的参考价值;对于热精锻则根据由上述三个物理参数反映的热力学性能曲线确定。

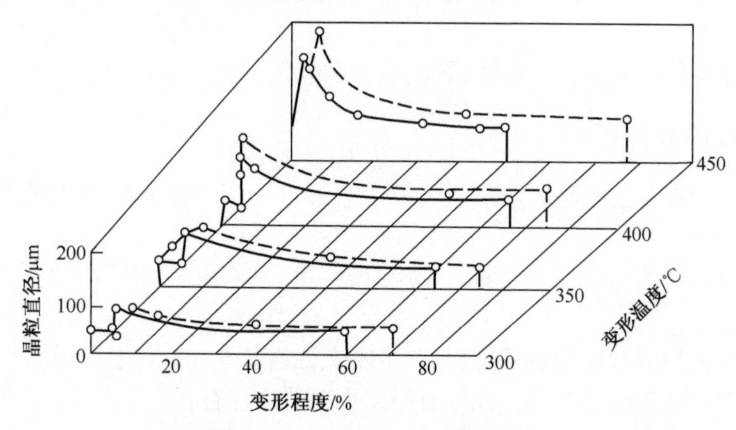

图 2-15　7A04 合金的再结晶图

(虚线为压力机上镦粗;实线为锤上镦粗)

(7) 无论是冷精锻还是热精锻,模锻过程中,必须对模具进行润滑,尤其是热精锻,宜采用自动喷射装置进行润滑,确保润滑质量。

(8) 生产节拍应均匀一致,同样因锻造温度范围窄,宜采用自动化生产线生产,通过操作节拍的一致性,确保工艺参数的稳定性和锻件质量的一致性。

2.9.3　锻后质量控制

锻后质量控制的主要方法如下:

(1) 锻件表面润滑剂残留层的清理,国内生产铝合金锻件的企业主要是采用石墨乳,由于模锻成形时单位压力较大,黑色的石黑乳颗粒牢牢地粘附在锻件表面,严重影响锻件表面质量,应采用碱溶液和硝酸溶液及清水清理干净。

(2) 表面伤痕的修理,尤其热锻时,由于铝合金在高温条件下很软、黏性大,容易产生局部撕裂等表面缺陷,应当及时铲刮或打磨至较为光滑。

(3) 锻件热处理,应严格按照热处理规范进行热处理使锻件质量特别是锻件硬度达到规定的技术要求。

参 考 文 献

[1] 吴生绪,潘琦俊.变形铝合金及其模锻成形技术手册[M].北京:机械工业出版社,2014.

[2] 刘静安,张宏伟,谢水生.铝合金锻造技术[M].北京:冶金工业出版社,2012.

[3] Srivatsan T S,Guruprasad G.The quasi static deformation and fracture behaviour of aluminum alloy

7150[J].Materials & Design,2008,29(4):742-751.

[4] 颜鸣皋,吴学仁,朱知寿.航空材料技术的发展现状与展望[J].航空制造技术,2003(12):19-25.

[5] 田福泉,李念奎,崔建忠.超高强铝合金强韧化的发展过程及方向[J].轻合金加工技术,2005,33(12):1-9.

[6] 何树国,尹波.我国轻武器制作技术发展方向[J].四川兵工学报,2009,30(1):132-135.

[7] He D H,Li X Q,Li D S.Process design for multi-stage stretch forming of aluminum alloy aircraft skin[J].Transactions of Nonferrous Metals Society of china,2010,20(6):1053-1058.

[8] 黄晓艳,刘波.轻合金是武器装备轻量化的首选金属材料[J].轻合金加工技术,2007,35(1):12-15.

[9] 夏巨谌,邓磊.铝合金在汽车轻量化中的需求及应用[C]//中国汽车工程学会材料分会第20届年会论文集,马鞍山,2016.

[10] 刘静安,盛春磊,王文琴.铝合金锻压生产技术及锻件的应用开发[J].轻合金加工技术,2010,38(1):13-17.

[11] 谢谈,贾德伟,尉哲.冷闭塞锻造成套技术产业化[C]//第一届全国精锻学术研讨会论文集,南京,2001.

[12] 齐丕骧.国内外挤压铸造技术发展概况[J].特种铸造及有色合金,2002(2):20-23.

[13] 罗继相,李敏华.挤压铸件品质的综合控制[J].特种铸造及有色合金,2006,26(11):715-718.

[14] Kim M S,Lim T S,Yoon K.Development of cast-forged knuckle using high strength aluminum alloy[J].SAE Technical Paper,2011,2011-01-0537.

[15] Bramley A N,Mynors D J.The use of forging simulation tools[J].Materials and Design,2000,21:279-286.

[16] 赵新海,赵国群,王广春.金属体积成形预成形设计的现状及发展[J].塑性工程学报,1999,7(2):2-6.

[17] 夏巨谌.金属塑性成形工艺及模具设计[M].北京:机械工业出版社,2012.

[18] 国家技术监督局标准化司二处,中国标准出版社第一编辑室.有色金属工业标准汇编:轻金属[M].北京:中国标准出版社,1992.

[19] 闫洪.锻造工艺与模具设计[M].北京:机械工业出版社,2012.

[20] 张志文.锻造工艺学[M].北京:机械化工业出版社,1983.

[21] 夏巨谌.精密塑性成形工艺[M].北京:机械工业出版社,1999.

[22] 肖景容.精密模锻[M].北京:机械工业出版社,1985.

[23] 万胜狄.金属塑性成形原理[M].北京:机械工业出版社,1995.

第3章 有限元模拟与数字化精锻成形技术

3.1 概 述

物理试验法和理论解析法是研究金属塑性变形规律的传统方法,但存在很明显的缺陷。物理试验法主要是指试错法,虽然可靠,但成本太高,且周期长;而理论解析法则只适合于形状简单零件的成形分析,且要诸多假设,精度低,应用受到很大限制。在现代社会激烈竞争、生产节奏越来越快、零件形状复杂的形势下,传统研究方法已经不能满足要求。随着计算机和塑性成形理论的进步,数值模拟在研究金属塑性变形方面显示了巨大的优越性。数值模拟通过建立分析模型,可以模拟金属塑性变形中的应力、应变、组织等,实现取代物理试验和理论解析法来研究塑性变形规律。

有限元法是一种发展成熟并被广泛使用的数值模拟方法,起源于20世纪40年代初期,并被Clough于1960年分析二维平面应力的结构问题时正式使用这一术语。有限元法的基本思想:将具有无限个自由度的连续的求解区域离散为具有有限个自由度,且按一定方式(节点)相互连接在一起的离散体(单元),即将连续体假想划分为数目有限的离散单元,而单元之间只在数目有限的指定点处相互联结,用离散单元的集合体代替原来的连续体。一般情况下,有限元方程是一组以节点位移为未知量的线性方程组,求解方程组可得到连续体上有限个节点上的位移,进而可求得各单元上的应力等分布规律。

1967年,Marcal和King将弹塑性有限元法应用于塑性加工;1968年,Yamada推导出了小变形弹塑性的应力—应变矩阵。这种以小变形理论为基础的弹塑性有限元法不适合处理大变形塑性加工,但促进了大变形弹塑性有限元的发展。大变形基础理论研究可上溯到1959年Hill的工作,但直到1970年,Hibbit等才根据虚功率原理基于拉格朗日描述提出大变形弹塑性有限元列式,Osias和McMeeking等则在20世纪70年代分别用欧拉描述法建立了大变形有限元列式。此后,大变形弹塑性有限元法不断完善发展。弹塑性有限元法是基于有限变形理论基础,采用的是增量型本构关系,每次计算的增量步非常小,故耗时长,效率低。

为了克服弹塑性有限元法的不足,Lung于1971年把体积不可压缩条件通过拉格朗日乘子引入可尔可夫变分原理建立了刚塑性有限元列式;Lee和Kobayashi于1973年分别以矩阵分析法提出了类似的刚塑性有限元法;Zienkiewicz于1979年用罚函数法把体积不可压缩条件引入可尔可夫变分原理,得到了相应的刚塑性有限元列式。刚塑性有限元法只适合于冷加工，热加工中应变硬化效应减弱，而变形速率敏感性增大，需要用到黏塑性本构关系，相应地发展了刚黏塑性有限元法。Zienkiewicz 于 1972 年把热加工中的金属视为不可压缩非牛顿型黏性流体，推导出了刚黏塑性有限元列式；Kobayashi 和 Oh 在刚黏塑性材料的变分原理的基础上，也导出了类似的有限元列式。

随后，金属塑性成形有限元模拟技术突飞猛进。模拟对象已经从简单的二维发展到复杂的三维成形，从宏观模拟到微观组织模拟，涌现出了很多较成熟的有限元模拟分析软件，如 DEFORM、MARC、SIMUFACT 等。

3.2 有限元基本理论

3.2.1 刚黏塑性有限元法

刚黏塑性有限元法对材料的基本假设如下：

(1) 不计材料的弹性变形和不考虑体积力(重力和惯性力等)的影响。

(2) 材料是均质且各向同性，体积不可压缩。

(3) 材料的变形流动服从 Levy-Mises 流动理论。

刚黏塑性材料在塑性变形过程中应满足以下塑性方程和边界条件：

(1) 平衡微分方程：

$$\sigma_{ij,j} = 0 \tag{3-1}$$

式中：$\sigma_{ij,j}$为柯西应力张量。

(2) 几何方程：

$$\dot{\varepsilon}_{ij} = \frac{1}{2}(\dot{u}_{i,j} + \dot{u}_{j,i}) \tag{3-2}$$

式中：$\dot{\varepsilon}_{ij}$为应变速率张量；$\dot{u}_{i,j}$为速度分量。

(3) 本构关系：

$$\sigma'_{ij} = \frac{2}{3}\frac{\bar{\sigma}}{\dot{\bar{\varepsilon}}}\dot{\varepsilon}_{ij} \tag{3-3}$$

式中：σ'_{ij}为应力偏张量；$\bar{\sigma}$ 为等效应力，对刚黏塑性材料，$\bar{\sigma} = \bar{\sigma}(\bar{\varepsilon}, \dot{\bar{\varepsilon}}) = \sqrt{\frac{3}{2}\sigma'_{ij}\sigma'_{ij}}$；

$\dot{\bar{\varepsilon}}$ 为等效应变速率，$\dot{\bar{\varepsilon}} = \sqrt{\frac{2}{3}\dot{\varepsilon}_{ij}\dot{\varepsilon}_{ij}}$；$\dot{\varepsilon}_{ij}$ 为黏塑性应变率。

(4) Mises 屈服条件：

$$f = \bar{\sigma} - Y \tag{3-4}$$

式中：Y 为材料屈服应力，$Y = f(\dot{\bar{\varepsilon}}, \bar{\varepsilon}, T)$ 。

(5) 体积不可压缩条件：

$$\dot{\varepsilon}_v = \dot{\varepsilon}_{ij} \cdot \delta_{ij} = 0 \tag{3-5}$$

式中：$\dot{\varepsilon}_v$ 为体积应变率；δ_{ij}为克罗内克单位张量。

（6）边界条件包括应力边界和速度边界条件：

$$\sigma_{ij} n_j = \bar{p}_i \tag{3-6}$$

$$\dot{u}_i = \dot{\bar{u}}_i \tag{3-7}$$

式中：n_j 为力面 S_p 上任意一点处单位外法线矢量的分量；$\bar{p}_i$ 为表面应力。

3.2.2 热力耦合有限元分析

在金属高温塑性变形过程中，由于金属坯料与模具、工作环境的热交换，以及因塑性变形功、摩擦、工件的几何形状等的随时改变，引起温度场的几何构形、内热源、温度边界条件也同时变化，促使金属坯料和模具内的温度场不断发生变化，因此，温度场的变化对金属坯料和模具有着很大的影响。故只有将变形分析和热分析耦合，才能合理有效地模拟金属材料的成形过程。

金属塑性变形温度场是一个具有内热源的不稳定传热问题，由能量守恒定律，其热分析控制方程为

$$\dot{u} = Q_c + Q_v + Q_\tau \tag{3-8}$$

式中：$\dot{u}$ 为工件内能的变化；Q_c 为热传导转化的热能；Q_v 为塑性应变能转化的热能；Q_τ 为模具—工件界面的摩擦功转化的热能。

对式(3-8)进行变换，得

$$\int_V c_v \rho \dot{T} \mathrm{d}V = \int_V \lambda T_{,i} \mathrm{d}V + \int_V \alpha \bar{\sigma} \dot{\bar{\varepsilon}} \mathrm{d}V + \int_S \beta |\tau_f| |v_r| \mathrm{d}S \tag{3-9}$$

式中：c_v 为定容比热容；ρ 为材料密度；$\dot{T}$ 为温度对时间的变化率，$\dot{T} = \frac{\partial T}{\partial t}$；$\lambda$ 为工件的热导率；$T_{,i}$为温度梯度；α 为应变能转为热能的百分比，一般取 $\alpha = 0.9 \sim 0.95$；$\bar{\sigma}$ 为等效应力；$\dot{\bar{\varepsilon}}$ 为等效塑性应变速率；β 为热分配系数，一般取 $\beta = 0.5$；τ_f 为模具—工件间的摩擦应力；v_r为工件—模具间的相对滑动速度。

锻件的变形分析和热分析的耦合是由锻件材料的本构关系实现的。对于受温度影响的塑性变形过程，变形分析和传热分析相互影响。锻件变形过程中温度的变化会引起屈服应力及一些与温度相关的材料特性发生变化，材料特性的改变又会影响到锻件变形过程的分析。同时，材料的变形过程在很大程度上影响了材料的温度分布，也影响热传导、对流辐射等热边界条件。因此，必须同时求解在给定温度分布下的金属塑性变形速度方程和热传导方程，即进行变形和热分析的耦合计算。

热力耦合的计算步骤如下：

（1）假设或计算初始温度场。

（2）根据初始的变形分析条件，计算初始变形场。

(3) 由(1)和(2)的结果计算初始温度变化率。

(4) 刷新节点坐标和单元等效应变及相关量。

(5) 根据前一步的速度场,计算温度场的第一级温度场近似值。

(6) 计算与第一级温度场近似值对应的新速度场。

(7) 利用新速度场计算温度场和第二级温度场近似值。

(8) 重复(6)和(7),直至获得收敛的解。

(9) 计算新的温度率场。

(10) 重复(3)~(9),直至达到要求的变形程度。

3.3 有限元模拟关键技术

3.3.1 接触摩擦力的计算

设工件与模具之间的摩擦服从库仑定律。由于库仑定律的形式类似于阶跃函数,当相对速度很小而在计算中其方向又发生变化时,或接触点发生黏着状态与滑动状态相互转化时,都容易引起数值计算的不稳定。所以为了避免因接触状态的变化引起摩擦力的突变,采用修正的库仑摩擦定律,使摩擦力随相对滑动速度发生连续变化。

通过引入光顺函数可修正库仑摩擦定律,可克服在工件成形过程中,由于相对速度很小或相对速度方向发生变化、接触状态由黏着到滑动相互转化等所造成的摩擦力大小和方向突变而引起的计算不稳定性。具有很好渐近性的双曲正切函数可选取作为光顺函数,因此摩擦力可按下式计算:

$$\boldsymbol{f}_\tau = -\mu P_n \tanh\left(\frac{\|\dot{\boldsymbol{u}}_x\|}{d}\right)\frac{\dot{\boldsymbol{u}}_x}{\|\dot{\boldsymbol{u}}_x\|} \tag{3-10}$$

式中:μ 为滑动摩擦系数;P_n 为法向接触力;$\dot{\boldsymbol{u}}_x$ 为工件与模具接触点的相对滑动速度;d 为一个较小的正数;$\|\dot{\boldsymbol{u}}_x\| = \sqrt{\dot{u}_{x1}^2 + \dot{u}_{x2}^2 + \dot{u}_{x3}^2}$。

式(3-10)表述的摩擦力与相对速度之间的关系,可用如图 3-1 所示的修正库仑摩擦定律中的连续曲线表示。显然此时摩擦力与相对速度之间的关系是一个光滑连续函数,因而有效地避免了因接触状态变化引起的摩擦力突变。

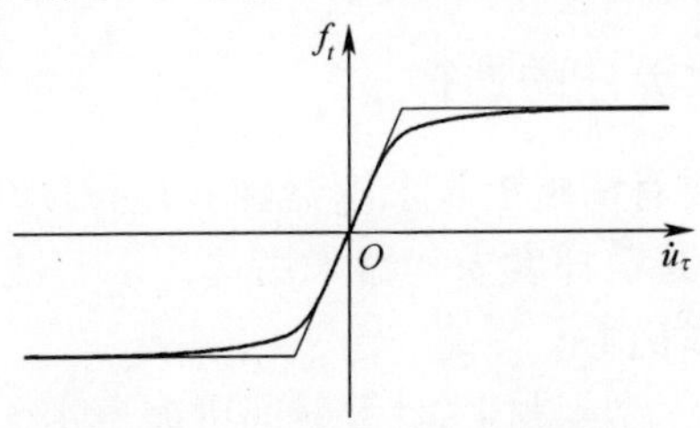

图 3-1 修正库仑摩擦定律

3.3.2 网格划分技术

1. 网格单元类型选择

有限元软件的求解器通常可以支持四面体和六面体网格单元。一般而言,六面体网格比四面体具有更高的效率和计算精度。但是对于复杂形状的几何体,用六面体划分是相当困难的。特别是在锻造过程中,常常会形成飞边、毛刺,这时候用六面体划分网格,无疑是不可行的。相比之下,四面体单元在这方面具有很大的优势。四面体可以用来离散非常复杂的几何体,特别对曲面,小特征及不规则曲面拟合能力相当好,可以方便地进行网格重划分以及自适应划分。虽然四面体单元与同等尺寸的六面体单元相比其精度要低一些,但是可以适当增加单元数目来提高精度。

2. 网格自适应划分技术

网格划分时可以通过权重因子调节不同部位的网格疏密,从而得到相对精度较高的结果。可设置权重因子如下:

(1) 曲率:计算过程中将会在表面曲率大的地方生成相对精细的网格。

(2) 温度:计算过程中将在温度梯度大的地方生成更细密的网格。

(3) 应变:计算过程中将在应变梯度大的地方生成更细密的网格。

(4) 应变速率:计算过程中将在应应速率度大的地方生成更细密的网格。根据所分析问题的重点设置相应的权重因子。

3. 网格局部细化技术

对于锻件小特征需要更为精细的网格来模拟其成形,如果整体划分精细网格会导致计算量大、浪费时间、效率低下,可以进行局部网格细化。只要设定一个细化窗口,并指定窗口内与窗口外网格大小比例,当材料进入所指定窗口后,就会按照设定比例细分。窗口可以根据需要设定可移动或不可移动。

4. 网格自动重划分技术

在锻造模拟计算过程中,变形网格变形非常大,极容易导致网格畸形。当网格畸形过大就会导致计算收敛困难,精度低,此时必须对网格进行重划分。通过设定网格重划分触发器参数,当任意一个参数达到用户指定值后,求解器就会停下来调用网格划分器进行网格重划分,生成比较好的网格,并将原始网格上的数据插值到新的网格上。

3.3.3 求解器与迭代算法的选择

有限元模拟软件主要有稀疏矩阵求解器和共轭梯度求解器,稀疏矩阵求解器采用一种是直接求解法,共轭梯度求解器采用迭代求解法。共轭梯度求解器与稀疏矩阵求解器相比有很大优势。

(1) 计算速度快,在大型问题上,计算时间可缩短 4/5。

(2) 对硬件要求低,使得在普通的计算机上就可实现比较大型的计算。

(3) 能够处理更大规模的计算任务。但同时也有不足,有些时候可以用稀疏矩阵求解器计算能很好收敛,而采用共轭梯度求解器却难以收敛甚至不收敛,特别是处理大的刚性滑移问题时比较严重。

针对两种求解器的优缺点,可以综合利用,在求解开始工件与模具建立接触时,由于容易产生大的刚体滑移,故选择稀疏矩阵求解器;当建立稳定的边界后,停止计算,换用共轭梯度求解器进行计算。

3.4 热力耦合有限元模拟的研究与应用实例

在有限元模拟技术的应用中,热力耦合有限元模拟技术应用更广,其应用难度也更大。下面以 2A12 铝合金为例,介绍作者对其高温流变本构方程、微观组织演化模型的研究情况。

3.4.1 2A12 铝合金的高温流变本构方程

1. 高温单轴压缩试验

建立材料的高温流变本构方程,需要进行材料高温单轴压缩或拉伸试验,以获得不同温度、应变速率、应变条件下的应力值。试验所用材料为西南铝加工厂生产的 2A12 铝合金。为了使材料内部组织均匀,并消除残余应力,进行了完全退火处理。首先将箱式电阻炉加热到 410℃;然后将板材放入电阻炉内保温 2h,再以 30℃/h 的速度随炉冷却至 270℃;最后将板材取出空冷。退火后板材的微观组织呈长轴状晶粒,平均晶粒约为 25μm。

压缩试验在德国 Zwick/Roell Z020 万能材料试验机上进行。试样的加热由试验机配置的加热炉和温控系统实现。试样经 10℃/s 的升温速度加热到设定变形温度,然后保温 3min,随后立即进行压缩变形,完成后快速取出试样并水淬保留高温变形微观组织。温度(T)和应变速率($\dot{\varepsilon}$)是影响材料流动行为的关键因素,试验温度范围为 300~450℃,应变速率范围为 $0.001 \sim 1\mathrm{s}^{-1}$。试样变形时的位移和载荷由试验机实时采集获得,并可直接将数据转换为真实应力-应变曲线。

2. 应力-应变曲线

试验获得的 2A12 铝合金板材压缩应力-应变曲线如图 3-2 所示。从曲线走势看,可以分为两种情况。

(1) 有明显应力峰值点,应力达到峰值后由于动态应变软化效应导致下降,并能够达到一个应力稳定状态,主要在低温或低应变速率条件下发生,如温度 300℃或应变速率 $0.001\mathrm{s}^{-1}$时均出现了明显的应力峰值点。

(2) 无明显应力峰值点,随着应变增加,应力一直增大并达到稳定状态,主要在高温或高应变速率条件下发生。而且,压缩曲线与拉伸曲线一样,随着温度的升高或者应变速率的降低,应力增大,且应力峰值出现得越早。

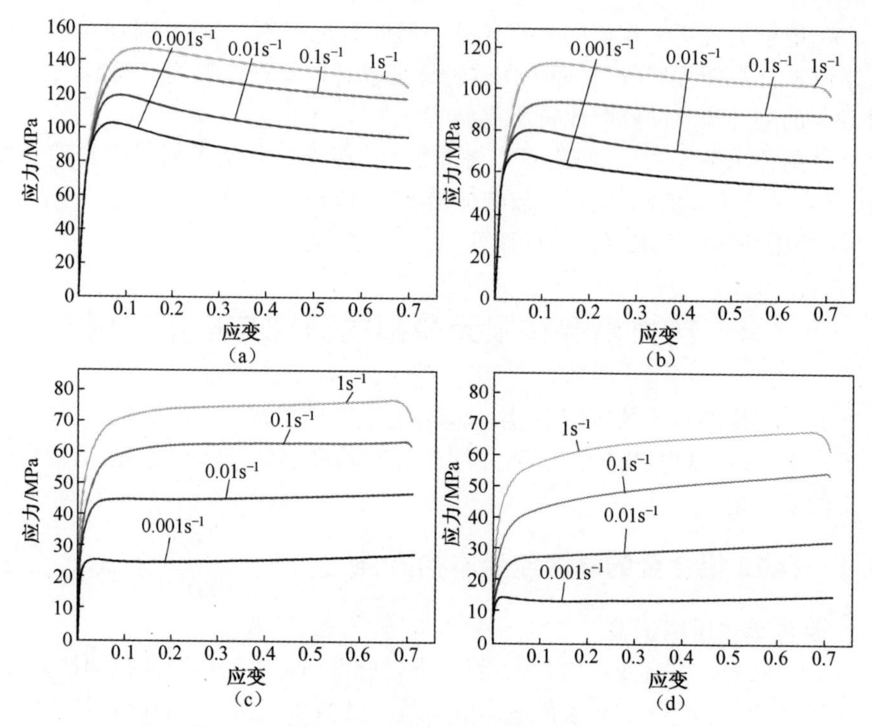

图 3-2　压缩应力-应变曲线

(a) T=300℃；(b) T=350℃；(c) T=400℃；(d) T=450℃。

3. 建立本构方程

一般说来，材料的流变应力主要受金属材料自身的特性(如初始晶粒大小、杂质元素含量等)和变形条件(如变形温度、应变速率、变形量和变形方式等)这两方面的影响。因此材料的流变应力方程可表示为

$$\sigma = f(\varepsilon, \dot{\varepsilon}, T, C, S) \tag{3-11}$$

式中：σ 为流变应力；ε 为真实应变量；$\dot{\varepsilon}$ 为应变速率；T 为变形温度；C、S 为与材料内部化学成分和微观组织结构相关的参量，微观组织结构的演化与变形条件有关。

当材料确定以后，流动应力可以表示为应变量、变形温度和应变速率的函数。所以式(3-11)可以简化为

$$\sigma = f(\varepsilon, \dot{\varepsilon}, T) \tag{3-12}$$

1966 年，Sellars 等在式(3-12)的基础上提出了双曲正弦形式模型，即

$$\dot{\varepsilon} = A_1 F(\sigma) \exp(-Q/RT) \tag{3-13}$$

式中：$F(\sigma)$ 为应力的函数；Q 为变形激活能；R 为气体常数。

在不同的 $\alpha\sigma$ 的取值范围有不同的表达式，式(3-13)可以转化为

$$\begin{cases} \dot{\varepsilon} = A_1 \sigma^{n_1} \exp(-Q/RT) & (\alpha\sigma \leqslant 0.8) \\ \dot{\varepsilon} = A_2 \exp(\beta\sigma) \exp(-Q/RT) & (\alpha\sigma \geqslant 1.2) \\ \dot{\varepsilon} = A[\sinh(\alpha\sigma)]^n \exp(-Q/RT) & (\alpha\sigma \text{ 为任意取值}) \end{cases} \tag{3-14}$$

式中：$A_1 = A\alpha^{n_1}$，$A_2 = \frac{A}{2^n}$，$\beta = \alpha n_1$，R 为气体常数。

1944 年，Zener 和 Hollomon 提出 Z 参数（温度补偿的应变速率参数）表示法，Z 参数表达式为

$$Z = \dot{\varepsilon}\exp(Q/RT) \tag{3-15}$$

式(3-15)是表征变形温度与应变速率对流变应力的综合影响的物理量。

许多研究者利用 Sellar 等提出的模型与 Z 参数建立了多种金属材料的流变应力本构模型，结果表明该模型能非常准确地描述材料的流变行为。

对式(3-14)两边取对数得到以下三个表达式：

$$\ln\dot{\varepsilon} = \ln A_1 + n_1\ln\sigma - Q/RT \tag{3-16}$$

$$\ln\dot{\varepsilon} = \ln A_2 + \beta\sigma - Q/RT \tag{3-17}$$

$$\ln\dot{\varepsilon} = \ln A_2 + n\ln[\sinh(\alpha\sigma)] - Q/RT \tag{3-18}$$

可以得到当温度一定时，$\ln\dot{\varepsilon}$ 与 σ、$\ln\dot{\varepsilon}$ 与 $\ln\sigma$、$\ln\dot{\varepsilon}$ 与 $\ln[\sinh(\alpha\sigma)]$ 都呈线性关系。取 σ 为各变形条件下峰值应力 σ_P，如表 3-1 所列。

表 3-1　压缩变形条件下的峰值应力 σ_P

T/℃	$\dot{\varepsilon}/\mathrm{s}^{-1}$	σ_P/MPa
300	0.001	102.95195
	0.01	119.45512
	0.1	134.57001
	1	146.29618
350	0.001	69.01112
	0.01	80.32269
	0.1	93.85615
	1	112.26091
400	0.001	25.4087
	0.01	44.28371
	0.1	62.39429
	1	75.60369
450	0.001	15.39997
	0.01	32.23896
	0.1	53.64619
	1	66.73369

拟合出各参数间 $\sigma-\ln\dot{\varepsilon}$、$\ln\sigma-\ln\dot{\varepsilon}$、$\ln[\sinh(\alpha\sigma)]-\ln\dot{\varepsilon}$、$\ln[\sinh(\alpha\sigma)]-1\,000/T$ 的关系如图 3-3 所示。得到 $n_1 = 8.142825$，$\beta = 0.14561$，$\alpha = 0.017882$，$n =$

5.913223, Q=262.9543kJ/mol。线性拟合 $\ln Z$ 与 $\ln[\sinh(\alpha\sigma)]$的关系如图 3-4 所示,得到 n=5.65048, $\ln A$=42.7767, A=3.78168×10^{18}。将所求系数值代入本构模型,得到压缩本构模型为

$$\dot{\varepsilon} = 3.78168 \times 10^{18}[\sinh(0.017882\sigma)]^{5.913223} \times \exp\left(-2.629543 \times \frac{10^5}{RT}\right) \quad (3-19)$$

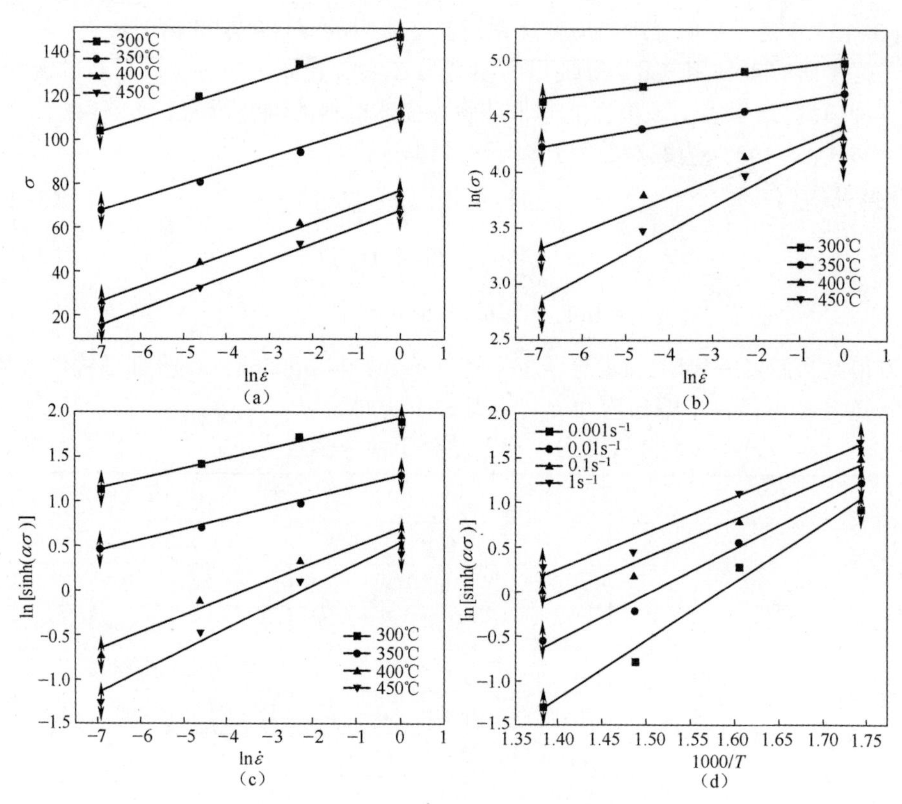

图 3-3 压缩变形各参数间的关系

(a)σ-$\ln\dot{\varepsilon}$;(b)$\ln\sigma$-$\ln\dot{\varepsilon}$;(c)$\ln[\sinh(\alpha\sigma)]$-$\ln\dot{\varepsilon}$;(d)$\ln[\sinh(\alpha\sigma)]$-1000/T。

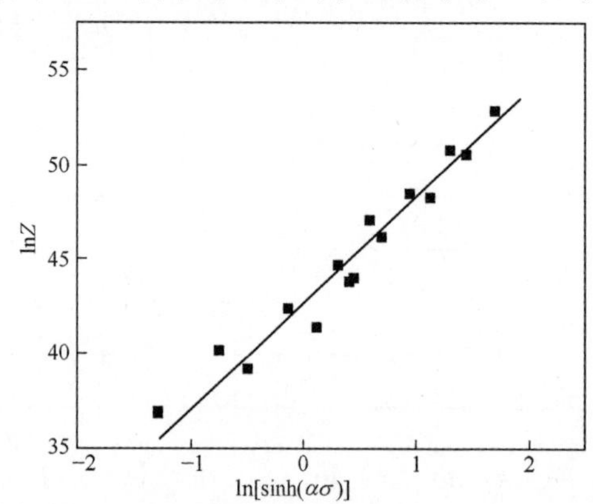

图 3-4 压缩变形 $\ln Z$ 与 $\ln[\sinh(\alpha\sigma)]$的关系图

3.4.2 2A12铝合金的动态再结晶过程组织演化建模

1. 变形及组织观测试验

热变形过程中，微观组织的演化受温度、应变速率和应变的影响。为建立2A12铝合金热冲压过程晶粒尺寸与温度、应变速率和应变量的关系，同样需要进行高温压缩或拉伸试验，试验过程与3.3.1节相同。沿平行于压缩轴的方向将所得到的试样经线切割加工成微观组织观察试样。制备步骤：试样切割→镶样→打磨→机械抛光→取出试样→电解抛光→观测。由于铝合金较软，镶嵌后的试样依次在800号、1000号、2000号砂纸上打磨至没有较明显划痕，机械抛光先后采用粒度为5μm、2.5μm和1μm的金刚石抛光膏抛光。电解抛光参数如表3-2所列。电解抛光后立即进行组织观测。

表3-2 电解抛光参数表

电解液	电压	电解时间	电解温度
10%高氯酸+90%无水乙醇	20V	20s	-20℃

由于金相显微镜难以观测到晶粒尺寸，采用电子背散射衍射技术（Electron Back Scattered Diffraction，EBSD）对试样微观组织进行观测。其原理是电子束沿一定方向轰击观察表面，在晶粒之间或晶粒内部的晶格面上发生衍射，产生衍射菊池花纹，从而获得观察试样中不同晶粒之间的取向差，通过取向成像技术重构出晶粒形貌、大小以及大角度晶界或小角度晶界在宏观试样上的分布情况。与扫描电子显微镜（Scanning Electron Microscope，SEM）分析技术相比，EBSD能得到不同晶粒取向在宏观材料中的分布，在金相组织微观组织演化的研究中更容易得到再结晶晶粒的取向、尺寸、比例等信息。EBSD观测所用设备为Oxford Channel 5 EBSD系统。

在图3-5所示的压缩试样原始组织EBSD图中，粗黑线代表取向差角大于15°的大角度晶界，细白线代表取向差介于2°~15°之间的小角度晶界，用颜色区分的不同区域表示晶粒。2A12铝合金的原始组织为长轴状晶粒，晶界比较直，晶内几乎没有小角度晶界。

图3-5所示为不同条件下压缩试样的EBSD图。可以看出，许多晶界呈现出锯齿状，一些细小的晶粒沿着锯齿状晶界分布。这些细小晶粒是再结晶晶粒。变形晶界的锯齿状特征表明压缩变形过程中的动态再结晶机制主要为晶界迁移。变形初期，晶界迁移导致位错在晶界聚集。同时，原始晶界附近的非平衡位错密度导致应力集中，并引起晶界弓出，晶界迁移区域的位错密度重新分布形成小角度晶界。随着变形的继续，一些小角度晶界吸收位错，逐渐转变为大角度晶界，如图3-5(b)中箭头所指向的晶界，从而在原始晶粒中形成新的晶粒。而且，小角度晶界向内部扩展，与其他小角度晶界相连，也会使原始晶粒分成多个细小晶粒。

对比图3-5(a)、(b)、(c)和(d)中的微观组织可以看出：当温度从350℃升高到450℃时，再结晶晶粒的比例和再结晶晶粒尺寸都增大；当应变速率为0.1s^{-1}时，只有极少的再结晶晶粒产生。随着应变的增加，小角度晶界和细小再结晶晶粒显著增加。利用EBSD测得再结晶晶粒尺寸如图3-6所示。再结晶晶粒尺寸d_{rex}随着应变速率的降低、温度的升高或者应变的增大而增大。随着温度的升高，原子的扩散激活能增加，导致原子扩散速率较快，高温下的位错运动更加容易，提高了晶界迁移能力。在低应变速率条件下，应力集中能够在一定时间内充分释放，使位错充分扩散，能够促进再结晶晶粒的长大。

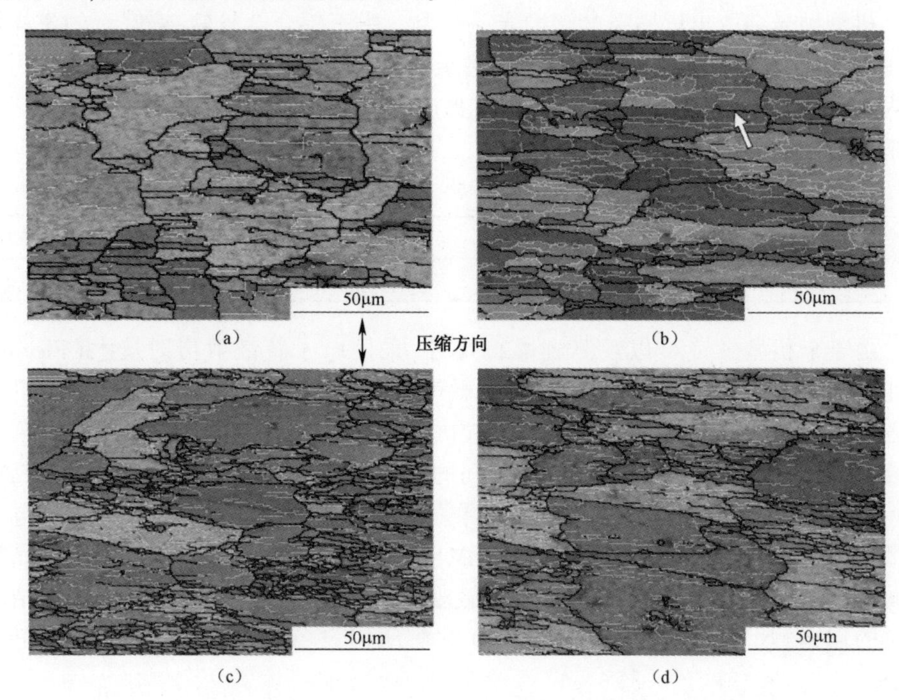

图3-5　压缩试样原始组织的EBSD图

(a)温度450℃、应变速率0.001s^{-1}、应变0.3；(b)温度450℃、应变速率0.001s^{-1}、应变0.7；(c)温度350℃、应变速率0.001s^{-1}、应变0.7；(d)温度450℃、应变速率0.1s^{-1}、应变0.7。

2. 动态再结晶的临界应变模型

动态再结晶理论认为，动态再结晶发生在应力达到峰值之前。根据加工硬化理论，材料的加工硬化率θ随应力σ变化的规律如图3-7所示，一般可以分为5个阶段。第Ⅰ阶段为易滑移段，位错滑移、增殖能力强，加工硬化率很低；第Ⅱ阶段为线性硬化阶段，位错密度迅速增加，发生位错的塞积和缠结，随着形变量的增加，流变应力显著增加；第Ⅲ阶段为动态回复硬化阶段，位错同时增殖和湮灭造成总位错密度仍呈现增加的趋势，但也有动态回复造成的软化作用存在，加工硬化率随着应力的增加呈比例降低；第Ⅳ阶段为大应变硬化阶段，位错运动形成的胞状组织不断吸收位错，形成亚晶，导致加工硬化率达到稳定值；第Ⅴ阶段发生动态再结晶软化，加工硬化率又开始降低。第Ⅳ阶段和第Ⅴ阶段之间的拐点对应的应力为动态再结

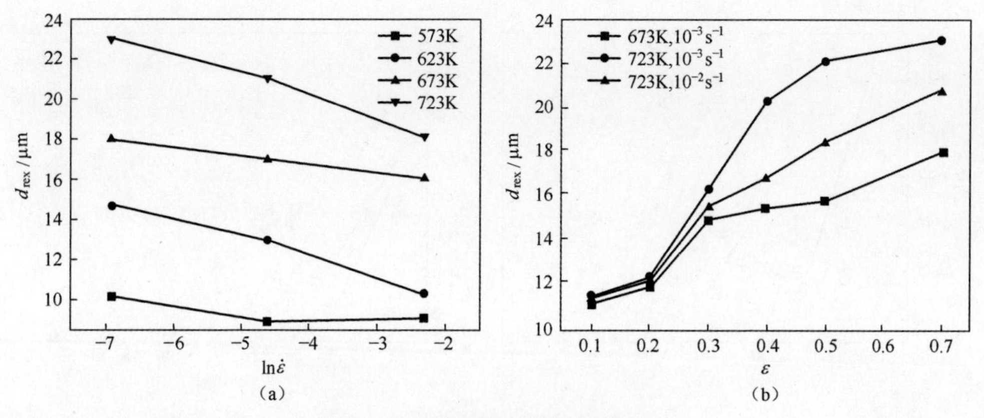

图 3-6　压缩试样再结晶晶粒尺寸

(a)温度和应变速率的影响；(b)应变的影响。

晶临界应力 σ_c。

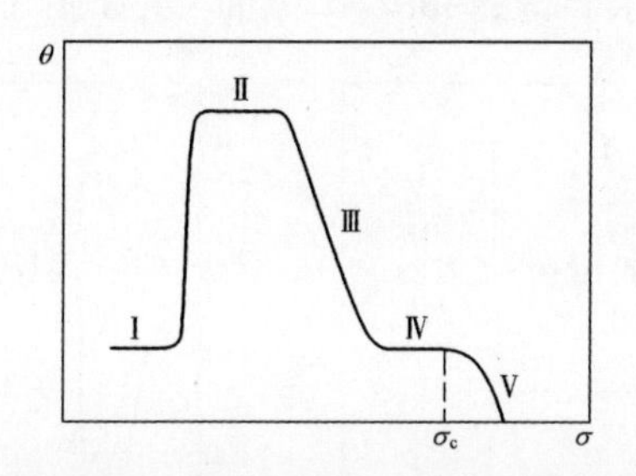

图 3-7　材料加工硬化率 θ 与应力 σ 的关系示意图

获得 2A12 铝合金的加工硬化率曲线，需要计算应力—应变曲线上各点的斜率，而由试验机所采集到的数据点是波动的，需要首先进行拟合。采用九次多项式拟合，以更贴合数据曲线规律。获得拟合方程后再对曲线求导，得到 θ-ε 曲线，最后绘制 θ-σ 曲线，如图 3-8 所示。

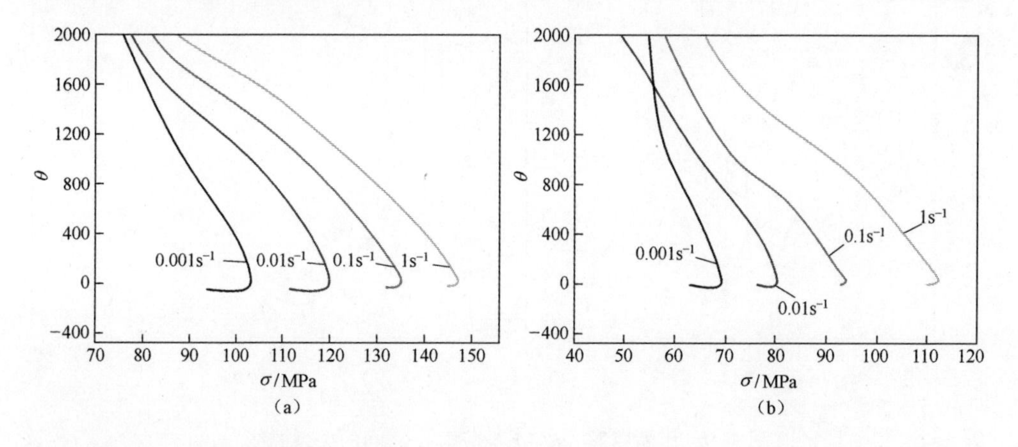

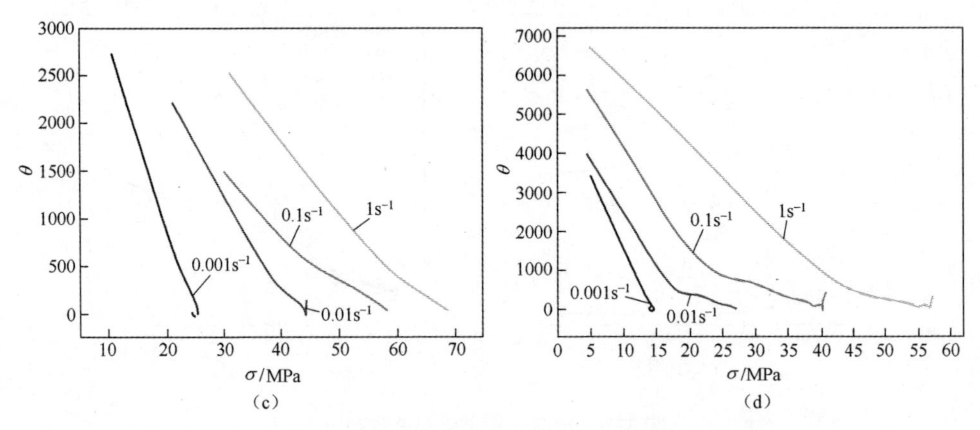

图 3-8　压缩加工硬化率 θ 与应力 σ 之间的关系曲线

(a) $T=300$℃；(b) $T=350$℃；(c) $T=400$℃；(d) $T=450$℃。

对 $\theta-\sigma$ 曲线再一次求导得到 $-\partial\theta/\partial\sigma-\sigma$ 曲线，如图 3-9 所示。曲线最小值拐

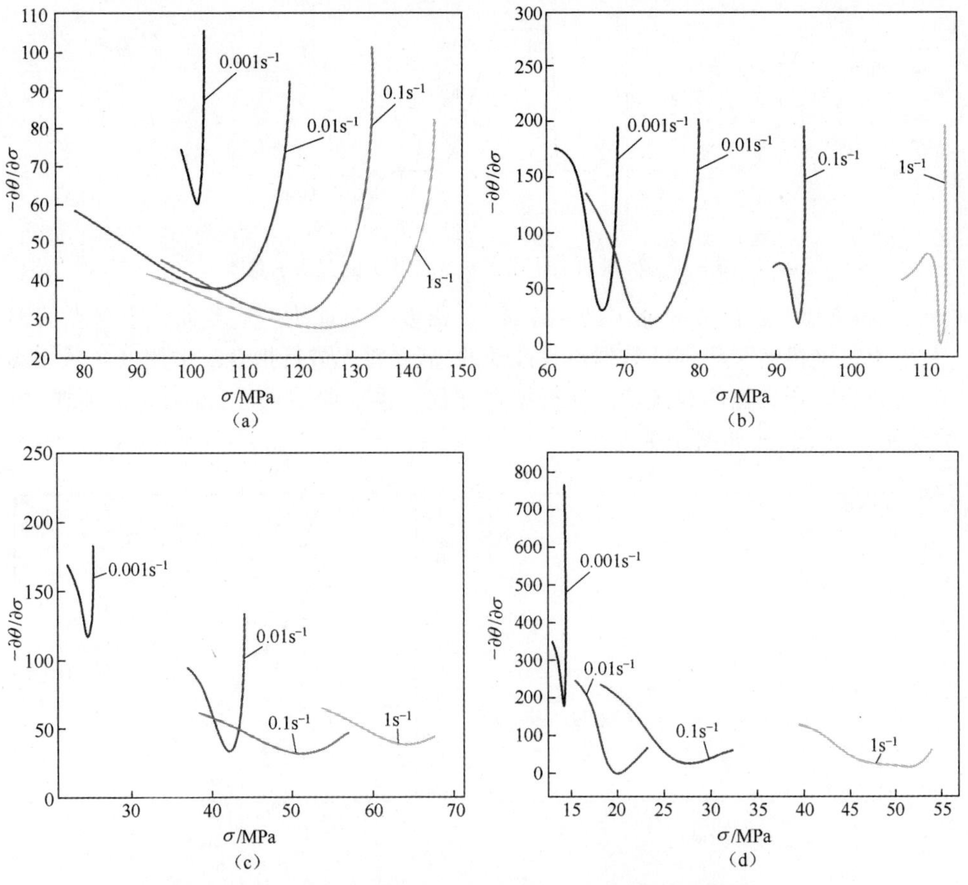

图 3-9　压缩变形 $-\partial\theta/\partial\sigma$ 与应力 σ 之间的关系曲线

(a) $T=300$℃；(b) $T=350$℃；(c) $T=400$℃；(d) $T=450$℃。

点的应力值就是临界应力值，再在拟合曲线上找到相对应的应变值。获得各变形条件下的临界应变如表 3-3 所列。可以看到，随着温度升高，临界应变值减小，说明温度升高有利于 2A12 铝合金动态再结晶的发生；随着应变速率升高，临界应变值增大，动态再结晶开始时间越晚，越不容易发生动态再结晶。

表 3-3 各变形条件下的临界应变值

T/℃ \ $\dot{\varepsilon}$/s^{-1}	0.001	0.01	0.1	1
300	0.03402	0.03801	0.04634	0.0465
350	0.02197	0.02985	0.03384	0.03569
400	0.01962	0.02007	0.02671	0.03646
450	0.01164	0.01587	0.01441	0.01705

临界应变与峰值应变之间呈线性关系，可以表述为 $\varepsilon_C = \alpha\varepsilon_P$。可以得到 α = 0.38593。由应力—应变曲线可知，峰值应变与温度、应变速率、初始组织等有关，峰值应变可以表述为

$$\varepsilon_p = a_1 d_0^{n_1} \dot{\varepsilon}^{m_1} \exp\left(\frac{Q_1}{RT}\right) \tag{3-20}$$

式中：d_0为初始晶粒大小；Q_1为再结晶激活能；$\dot{\varepsilon}$ 为应变速率；R 为气体参数；a_1、n_1、m_1为回归常数。

初始晶粒大小为 25μm，$a_1 d_0^{n_1}$ 可以由常数 A_1代替。对式(3-20)两边取对数，得到如下关系式：

$$\ln\varepsilon_p = \ln A_1 + m_1 \ln\dot{\varepsilon} + \frac{Q_1}{RT} \tag{3-21}$$

恒定温度条件下，对 $\ln\varepsilon_p$ 和 $\ln\dot{\varepsilon}$ 作回归分析，可以得到 $m_1 = \dfrac{\partial(\ln\varepsilon_p)}{\partial(\ln\dot{\varepsilon})}$，$\ln\varepsilon_p$-$\ln\dot{\varepsilon}$ 之间的关系如图 3-10(a)所示。取各直线斜率的平均值得到 m_1 = 0.1371225，恒定应变速率条件下，对 $\ln\varepsilon_p$ 和 $1/T$ 作线性回归，得到 $Q_1 = R\dfrac{\partial(\ln\varepsilon_p)}{\partial(1/T)}$，$\ln\varepsilon_p$ 和 $1000/T$ 的关系如图 3-10(b)所示，各直线斜率的平均值即为 $Q_1/1000$ 的值，Q_1 = 16198.5981。而斜线的截距为 $\ln A_1 + m_1 \ln\dot{\varepsilon}$，从而可以求出 A_1 = 0.008535。所建立的临界应变模型为

$$\varepsilon_c = 0.38593\varepsilon_p \tag{3-22}$$

$$\varepsilon_p = 0.008535 \times \dot{\varepsilon}^{0.1371225} \times \exp(16198.5981/RT) \tag{3-23}$$

3. 动态再结晶体积分数模型

动态再结晶体积分数表征发生动态再结晶的程度大小，假设晶粒为球形，根据阿夫拉米方程，有

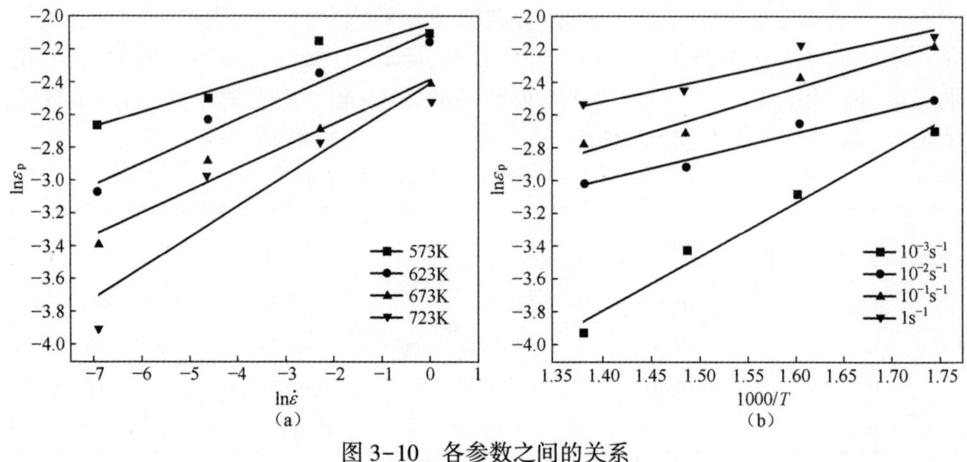

图 3-10　各参数之间的关系

(a)$\ln\varepsilon_p$-$\ln\dot{\varepsilon}$;(b) $\ln\varepsilon_p$-1000/T。

$$X_d = 1 - \exp(-Bt^n) \tag{3-24}$$

式中:X_d 为发生动态再结晶的体积分数;t 为变形时间;B 为常数。

而应变量可以看成是时间的函数,则式(3-24)可以变换为

$$X_{drex} = 1 - \exp\{-\beta_d[(\varepsilon - \varepsilon_c)/\varepsilon_{0.5}]^{k_d}\} \tag{3-25}$$

式中:$\varepsilon_{0.5}$为动态再结晶晶粒所占体积分数为50%时的应变量;β_d、k_d 为材料常数。

确定材料再结晶体积分数的方法有很多,包括能量法、定量金相法和应力-应变曲线求解法。因为材料内部储存能难以测量,所以一般不采用能量法。而定量金相法相对应力-应变曲线求解法工作量大,所以本书介绍应力-应变曲线求解法。

对于应力-应变曲线,若没有发生动态再结晶现象,则应力-应变曲线表现为两部分:一部分为加工硬化,应力迅速增加;另一部分为稳态阶段。而若发生动态再结晶,应力水平会由其造成的软化作用而在达到峰值之后有所下降之后再达到稳态,各应变量条件下的再结晶程度可以通过其软化效果表示,根据应力-应变曲线,可以得到动态再结晶体积分数表达式为

$$X_{drex} = \frac{\sigma_{REC} - \sigma_{DRX}}{\sigma_{sat} - \sigma_{ss}} \tag{3-26}$$

式中:σ_{REC}为瞬时的动态回复流变应力;σ_{sat}为稳态的动态回复流变应力;σ_{DRX}为瞬时的动态再结晶流变应力;σ_{ss}为稳态的动态再结晶流变应力。

动态回复流变应力数学模型可以表述为

$$\sigma = (\sigma_{sat}^2 - (\sigma_{sat}^2 - \sigma_0^2)\exp(-r\varepsilon))^{0.5} \tag{3-27}$$

式中:r 为动态回复率;σ_0 为初始应力。

对应变求导可以得到如下关系:

$$\sigma\frac{d\sigma}{d\varepsilon} = 0.5r\sigma_{sat}^2 - 0.5r\sigma^2 = \theta\sigma \tag{3-28}$$

式中:$-0.5r$ 为 $\theta\sigma$-σ^2 曲线直线段的斜率;σ_{sat}为基于 θ-σ 曲线过动态再结晶临界

点作 $\theta-\sigma$ 曲线的切线,切线与 $\theta=0°$直线相交的点所对应的应力值。

运用以上方法可以得到任何变形条件的动态再结晶体积分数,同样也可以得到在某条件下当再结晶体积分数为50%时的应变值,即 $\varepsilon_{0.5}$。$\varepsilon_{0.5}$与变形温度、应变速率和初始晶粒尺寸有关,可以表述为

$$\varepsilon_{0.5} = a_2 d_0^{h_2} \dot{\varepsilon}^{m_2} \exp\left(\frac{Q_2}{RT}\right) \tag{3-29}$$

式中:a_2、h_2、m_2 为回归系数;Q_2 为激活能。

式(3-29)两边取对数,可以变换为

$$\ln\varepsilon_{0.5} = \ln(a_2 d_0^{h_2}) + m_2 \ln\dot{\varepsilon} + \frac{Q_2}{RT} \tag{3-30}$$

建立 $\ln\varepsilon_{0.5}-\ln\dot{\varepsilon}$ 和 $\ln\varepsilon_{0.5}-1/T$ 的关系,如图 3-11 所示。可以得到 $m_2=0.07191$,$Q_2=28802.178$,$a_2 d_0^{h_2}=0.0023516$。

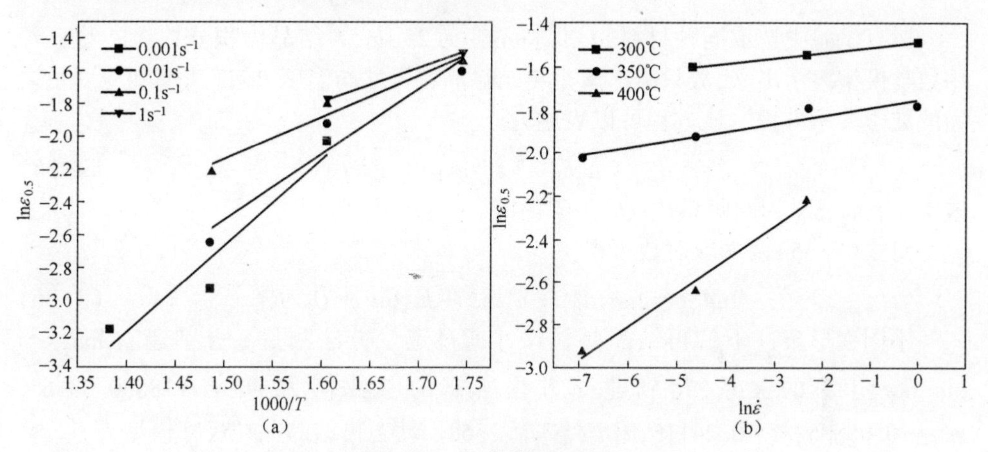

图 3-11 各参数间的关系

(a) $\ln\varepsilon_{0.5}-1/T$;(b) $\ln\varepsilon_{0.5}-\ln\dot{\varepsilon}$。

对式(3-30)两边变形可得

$$\ln[-\ln(1-X_d)] = \ln\beta_d + k_d \ln[(\varepsilon-\varepsilon_c)/\varepsilon_{0.5}] \tag{3-31}$$

建立 $\ln[-\ln(1-X_d)]$与 $\ln[(\varepsilon-\varepsilon_c)/\varepsilon_p]$的关系曲线,如图 3-12 所示。

根据拟合参数得到各直线的斜率和截距,从而得到$\beta_d=0.55265$,$k_d=1.48793$。所得动态再结晶体积分数模型为

$$X_{drex} = 1-\exp\{-0.55265[(\varepsilon-\varepsilon_c)/\varepsilon_{0.5}]^{1.48793}\} \tag{3-32}$$

$$\varepsilon_{0.5} = 0.00023516 \times \dot{\varepsilon}^{0.07191} \exp\left(\frac{28802.178}{RT}\right) \tag{3-33}$$

4. 动态再结晶平均晶粒尺寸模型

动态再结晶平均晶粒尺寸与变形条件和材料内部因素有关,可以表示为一个关于初始平均晶粒尺寸、再结晶晶粒尺寸和再结晶体积分数的方程,即

$$d_{avg} = d_{rex} X_{drex} + d_0(1-X_{drex}) \tag{3-34}$$

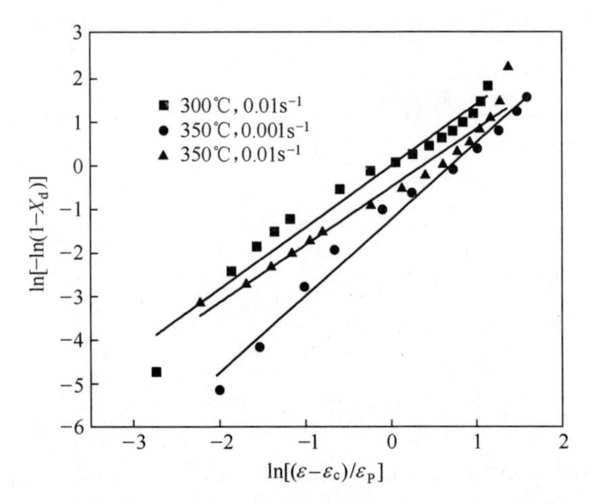

图 3-12 $\ln[-\ln(1-X_d)]$与$\ln[(\varepsilon-\varepsilon_c)/\varepsilon_p]$的关系曲线

所有试验中选取同种材料,d_0 保持不变为 25μm,再结晶体积分数 X_{drex} 也已经用数学模型表示出来,故只需求解出再结晶晶粒尺寸与温度、应变速率和应变量之间的数学关系方程。该方程可以表述为

$$d_{rex} = a_3 d_0^{h_3} \varepsilon^{n_3} \dot{\varepsilon}^{m_3} \exp(Q_3/RT) \tag{3-35}$$

式中:a_3、h_3、m_3 为回归系数;Q_3 为激活能。

对式(3-35)两端取对数可得

$$\ln d_{rex} = \ln a_3 d_0^{h_3} + n_3 \ln\varepsilon + m_3 \ln\dot{\varepsilon} + Q_3/RT \tag{3-36}$$

不同变形条件下的再结晶晶粒尺寸通过定量方法测量。分别建立 $\ln d_{rex}$ 与 $\ln\varepsilon$、$\ln\dot{\varepsilon}$、$1/T$ 的关系,得到建立方程所需的参数值为 $Q_3 = -18630.33165$,$m_3=-0.05805$,$n_3=0.24115$,$a_3 d_0^{h_3}=379.2568$。动态再结晶晶粒尺寸模型为

$$d_{rex} = 379.2568 \times \varepsilon^{0.24115} \dot{\varepsilon}^{-0.05805} \exp\left(\frac{-18630.33165}{RT}\right) \tag{3-37}$$

3.5 数字化精锻成形技术

3.5.1 数字化精锻成形技术的内涵

数字化精锻成形技术是新材料技术、现代模具技术、计算机技术和精密测量技术同传统的锻造(含挤压)成形工艺方法相结合的产物。它使成形加工出的制件达到或接近成品零件的形状和尺寸精度以及力学性能,实现质量与性能的控制和优化,缩短制造周期和降低成本。数字化精锻成形技术是智能化精锻成形技术的基础。

近年来,随着计算机技术和数值模拟分析技术在塑性加工中的应用和发展,人们相应提出了数字化精锻成形的概念。数字化精锻的内涵主要是包括精密塑性加工工艺、数值模拟仿真技术、精密塑性加工模具 CAD/CAM 技术和精密测量技术。

3.5.2 数字化精锻成形技术的两种形式及其实施步骤与方法

基于数值模拟技术为平台的思路,将数字化精锻成形技术分为正向模拟为平台的数字化精锻成形技术和逆向模拟为平台的数字化精锻成形技术,相应的程序框图如图 3-13 所示。

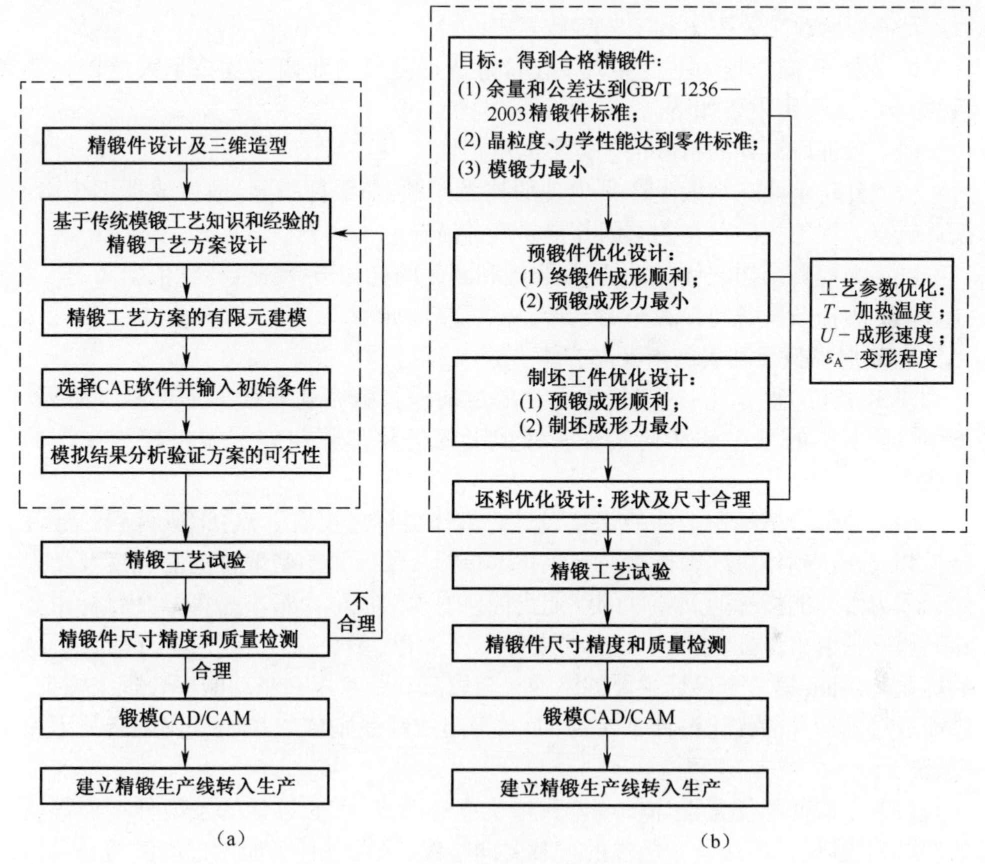

图 3-13 数字化精锻成形 CAE 框图

(a)正向模拟;(b)逆向模拟。

1. 正向模拟及其实施步骤与方法

图 3-13(a)所示为以正向模拟 CAE 为平台的数字化精锻成形的基本思路和步骤如下:

(1) 采用 UG 或 Pro/E 软件对需要加工的零件进行三维造型。

(2) 针对零件的几何形状特点和材料特性,基于传统的塑性加工工艺和经验提出若干个锻造工艺方案。

(3) 针对所要加工的零件建立数值模拟模型,如有限元模型。

(4) 选择合适的模拟软件分别对所提工艺方案进行模拟分析,并根据分析结果，从中选择较优的工艺方案和工艺参数。

（5）以上述工作为基础，选择合适的 CAD/CAM 软件实现模具的结构设计，数字化建模与数字化制造即数控加工。

（6）采用数控塑性加工设备和模具实现零件产品的精锻生产。

（7）采用三坐标测量仪或其他测量仪器对所生产的零件进行尺寸精度与表面粗糙度的精密测量，并将测量结果反馈到入口处，是保持既定的工艺方案和工艺参数还是需要修改工艺方案和工艺参数。

可以说，正向模拟为平台的数字化精锻成形是目前业内工程技术人员较为熟悉的方法，其作用主要如下：

（1）验证所设计的精锻工艺方案的可行性。

（2）针对企业在精锻生产中出现的技术问题，如锻件折叠、锻件成形不饱满、模具破损等现象找出存在的原因并提出改进措施。

（3）为模具结构的优化设计，如强度和刚度的优化选择提供科学依据。

（4）为精锻设备吨位大小的选择提供可靠依据等。

2. 逆向模拟及其实施步骤与方法

图 3-13(b)所示为以 CAE 为平台的逆向模拟数字化精锻成形的基本思路。下面按照框图的顺序就如何实现精锻成形的优化步骤与方法做出较为深入的阐述。

（1）获得合格精密锻件的优化设计。具体目标主要有三点：①所得到的锻件余量和公差达到相应的国标中精密级技术指标。②所得精密锻件的晶粒度及微观组织和力学性能指标达到零件的性能指标。③模锻成形力最小。第一个目标主要靠锻模的精度来保证；第二个目标主要靠工艺参数（图 3-13(b)右边小框图所示）的优化来保证；第三个目标主要靠终锻时金属流动距离短和流动顺序合理来保证，进而通过预锻件的优化设计来实现，而对于闭式精锻则依靠采用分流锻造技术来保证。

（2）预锻件的优化设计。具体目标主要有两点：①所设计的预锻件在终锻时成形顺利，其设计方法是预锻件的形状要同终锻件形状相似，加大过渡圆角和模锻斜度，对于带工字形断面的锻件和枝叉类锻件应遵循前面所论述的原则，这样的设计也兼顾了制坯工件的设计；②预锻成形力最小，仍然是以金属流动距离短和流动顺序合理来实现，当预锻为开式模锻时很容易保证，但为闭式预锻时也应采取分流锻造技术来保证。

（3）制坯工件的优化设计。具体目标有两点：①所设计的制坯工件预锻时成形顺利；②制坯成形力最小。其设计方法是，应使制坯工件放入预锻模膛中定位准确、外轮廓与预锻模膛内壁间的间隙均匀；尽可能设计成以镦粗的方式成形。

（4）坯料的优化设计。其具体目标是，坯料的形状及尺寸的合理配置。如前所述，制坯主要有开式镦粗及闭式镦粗、辊锻及楔横轧、正向挤压等方式，只要遵循相应的工艺准则及计算方法得到原毛坯即坯料尺寸即可。

按照这种逆向模拟得到优化的精锻工艺方案,进行工艺试验及实际生产的工艺顺序是坯料→加热→制坯→预锻→终锻→切边、冲孔。通过应用实例表明,所得锻件成形饱满,轮廓清晰。进而表明,其优化工艺方案实现了锻件几何形状的准确控制,即所谓的“控形”。

(5) 工艺参数的优化。具体目标是实现模锻温度 T、成形速度 v、变形程度 ε_A 三个关键模锻工艺参数的合理选择及配置即优化。

① 模锻温度 T。模锻温度 T 是从始锻温度 $T_{始}$ 至终锻温度 $T_{终}$ 的温度范围($T=T_{始}-T_{终}$)。黑色金属特别是碳素结构钢和中低合金结构钢的模锻温度范围一般为 400~350℃,即温度范围宽,模锻时温度有小的波动影响较小甚至可以忽略不计。而铝合金的模锻温度范围窄,一般不超过 100℃,必须特别注意。若始锻温度过高,容易出现黏模现象,导致锻件表面撕裂;若终锻温度过低,因迅速硬化而产生裂纹。对于硬铝和超硬铝等高强度铝合金特别敏感。

② 成形速度。同样,黑色金属特别是碳素结构钢和中低合金结构钢的成形速度范围宽,对各种模锻设备的适应性强。铝合金特别是高强度铝合金的速度敏感性强,即随着成形速度的提高,其冷却硬化加快而导致开裂;但若成形速度过低,因温度范围窄锻件冷却快同样会产生开裂。因此,国内外开发出等温精锻技术解决这一难题,但存在的突出问题是生产效率和模具使用寿命低。针对这两个问题,通过研究发现,模锻前将锻模预热到 200℃左右,选择成形速度为 30~40mm/s 的精锻液压机作为模锻设备,模锻时依靠铝合金的摩擦发热,使塑性能转变为热能,达到弥补散热而保持温度不明显降低甚至局部略有升高近似于等温精锻的效果,而模锻生产效率和模具使用寿命都能显著提高。

③ 变形程度 ε_A。不同性能特点的铝合金只要遵循不同成形工艺一次许用变形程度 $[\varepsilon_A]$ 即可,特别是锻造铝合金在热态下的变形程度可以取得较大,当然应遵循 $\varepsilon_A \leqslant [\varepsilon_A]$。

通过工艺参数的优化可确保铝合金精密锻件微观组织及力学性能达到零件的相应技术要求,即实现锻件质量的控制,即“控质”。

(6) 采用有限元方法及 DEFORM-3D 软件,按照坯料至精密锻件的顺序,对所分析设计的工艺方案进行模拟,模拟时以前述工序模拟的结果作为后一道工序模拟的输入信息。以此,对所设计的优化方案进行验证。

综上所述,通过逆向模拟平台的优化设计,可以达到控形控质的效果。通过对两种模拟方法的比较不难发现:正向模拟主要对工程技术人员设计的方案进行验证,为进一步优化打下基础,而逆向模拟可直接得到优化的结果。

3.5.3 逆向模拟优化方法的应用

华中科技大学精锻技术研究课题组在同江苏太平洋精锻科技股份有限公司、东风精工齿轮有限公司等企业的合作中,采用逆向模拟优化方法实现了轿车差速器直锥齿轮、自动变速器结合齿轮、掘土机支重轮等黑色金属零件精锻工艺的优化设计,取得了明显的效果。

参考文献

[1] 陈如欣,胡忠民.塑性有限元法及其在金属成形法中的应用[M].1 版.重庆:重庆大学出版社,1989.

[2] Chenot J L.Recent contributions to the finite element modeling of metal forming processes[J].Journal of Materials Processing Technology,1992,34:9-18.

[3] 李尚健.金属塑性成形过程模拟[M].北京:机械工业出版社,1995.

[4] 李俊,游理华.热锻过程中变形与热传导的耦合分析[J].机械研究与应用,1999,12(2):19-21.

[5] 张凯峰,魏艳红,魏尊杰.材料热加工过程的数值模拟[M].哈尔滨:哈尔滨工业大学出版社,2000.

[6] 刘建生,陈慧琴,郭晓霞.金属塑性加工有限元模拟技术与应用[M].北京:冶金工业出版社,2003.

[7] 董湘怀.材料成形计算机模拟[M].2 版.北京:机械工业出版社,2006.

[8] Bochniak W,Korbel A,Szyndler R.New forging method of bevel gears from structural steel[J].Journal of Materials Processing Technology,2006,173:75-83.

[9] Song J,Imb Y.Process design for closed-die forging of bevel gear by finite element analyses[J].Journal of Materials Processing Technology,2007(192-193):1-7.

[10] Lee Y K,Lee S R,Lee C H.Process modification of bevel gear forging using three dimensional finite element analysis[J].Journal of Materials Processing Technology,2001,113:59-63.

[11] Mamalis A G,Manolakos D E,Baldoukas A K.Simulation of the precision forging of bevel gears using implicit and explicit FE techniques[J].Journal of Materials Processing Technology,1996,57:164-171.

[12] 陈永禄,傅高升,陈文哲.铝及其合金高温流变应力模型的研究现状[J].铸造技术锻压,2008,29(9):1223-1226.

[13] Sellars C M,Tegart W J.On the mechanism of hot deformation[J].Acta Metallurgica,1966,14(9):1136-1138.

[14] 戴俊,李鑫,鲁世强.TC21 钛合金高温变形本构方程研究[J].精密成形工程,2014(6):116-121.

[15] 贾耀军.7050 铝合金热变形和动态再结晶行为的实验研究和数值模拟[D].重庆:重庆大学,2013.

[16] Zener C,Hollomon J H.Effect of strain-rate upon the plastic flow of steel[J].Journal of Applied Physics,1944,15(1):22-27.

[17] Sakai T,Belyakov A,Kaibyshev R,et al.Dynamic recrystallization:mechanical and microstructural considerations[J].Progress in Materials Science,2014,60:130-209.

[18] Shen B,Deng L,Wang X Y.A new dynamic recrystallization model of an extruded Al-Cu-Li alloy during high-temperature deformation[J].Materials Science and Engineering A,2015,625:288-295.

[19] Yin D L, Zhang K F, Wang G F, et al. Warm deformation behavior of hot-rolled AZ31 Mg alloy[J]. Materials Science and Engineering A, 2005, 392: 320-325.

[20] Estrin Y, STóth L, Molinari A. A dislocation-based model for all hardening stages in large strain deformation[J]. Acta Materialia, 1998, 46(15): 5509-5522.

[21] Gottstein G, Frommert M, Goerdeler M. Prediction of the critical conditions for dynamic recrystallization in the austenitic steel 800H[J]. Materials Science and Engineering A, 2004: 604-608.

[22] Ungár T, Zehetbauer M. Stage IV work hardening in cell forming materials, part II: A new mechanism[J]. Scripta Materialia, 1996, 35(12): 1467-1473.

[23] Nabarro F R N, Basinski Z S. The plasticity of pure single crystals[J]. Advances in Physics, 1964, 13(50): 193-323.

[24] Mecking H, Kocks U F. Kinetics of flow and strain-hardening[J]. Acta Metallurgica, 1981, 29(11): 1865-1875.

[25] Kocks U F. Laws for work-hardening and low-temperature creep[J]. ASME, Transactions, Series H-Journal of Engineering Materials and Technology, 1976, 98: 76-85.

[26] Jonas J J, Quelennec X, Jiang L. The Avrami kinetics of dynamic recrystallization[J]. Acta Materialia, 2009, 57(9): 2748-2756.

[27] 夏巨谌.金属材料精密塑性加工方法[M].北京:国防工业出版社,2007.

第4章　长轴类铝合金模锻件小飞边精锻工艺及模具设计

4.1　概　　述

4.1.1　长轴类铝合金锻件结构特点及变形特征

长轴类铝合金模锻件与长轴类钢质模锻件的分类方法及定义相同,即模锻件的长度与宽度或高度尺寸的比例较大。长轴类铝合金模锻在各种铝合金模锻件中所占比例较大,其中,以汽车用铝合金控制臂最为典型,可进一步分为常用的平面连杆、多方向连杆、枝芽形连杆、多方向弯曲连杆、弓形连杆等直长轴线和弯曲轴线的长轴类模锻件,人字形、多孔翼展形和翼展形控制臂等复杂长轴类模锻件,如图4-1所示。

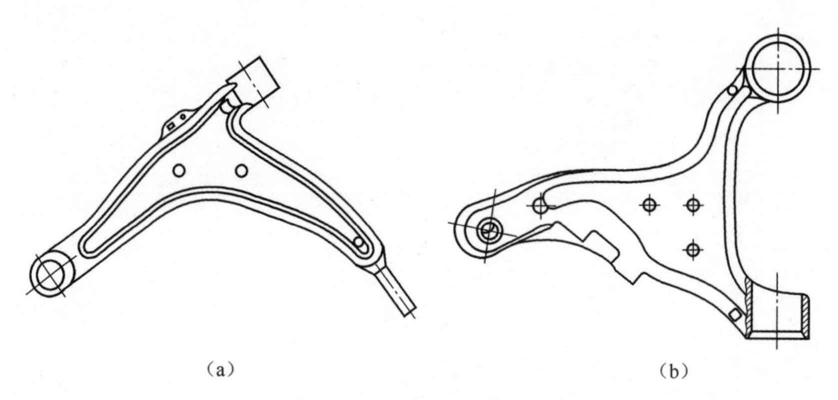

(a)　　　　　　　　　　(b)

图4-1　汽车用长轴类铝合金锻件
(a)人字形;(b)多孔翼展形。

这类锻件在模锻时,坯料的轴线与模锻成形力的方向垂直,因此,可以近似地认为,金属基本上只在它所在的垂直于轴线的平面即流动面内沿高度和宽度两个方向流动,在锻件两端半圆形部分的金属流动情况与短轴类轴对称件的流动情况相同。

4.1.2　工艺和模具设计内容及步骤

由传统的钢质长轴类模锻工艺可知,长轴类铝合金模锻的通用模锻工艺流程为下料→加热→拔长→弯曲(对于弯曲轴线锻件)→预锻(对于复杂长轴类锻件)→终锻→切边、冲孔→校正。

下料和加热方法及设备放在第9章内进行介绍,在此不再赘述。下面首先讲述终锻、预锻及制坯工艺及模具设计;然后对切边、冲孔与校正工艺及模具设计作简要介绍。

无论是采用手工与计算机辅助混合设计,还是完全采用CAD,长轴类铝合金锻件模锻工艺及模具设计框图如图4-2所示。

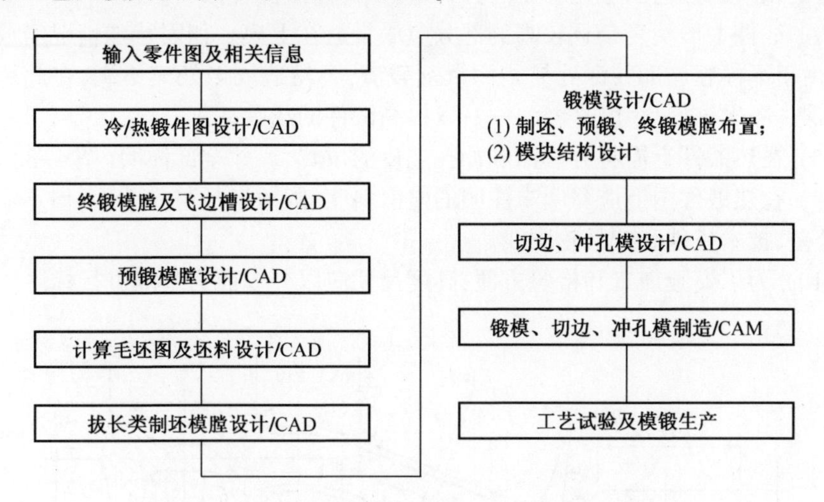

图4-2　长轴类铝合金锻件模锻工艺及模具设计框图

4.2　终锻工艺及终锻模膛设计

对于长轴类铝合金锻件,与钢质长轴类锻件一样,其终锻成形很难采用闭式无飞边模锻成形,只能采用开式有飞边模锻成形。终锻成形是通过终锻模膛来完成的。终锻模膛是由按热锻件图设计与制造的模膛和在模膛沿分模面周围设置的飞边槽所组成。

4.2.1　热锻件图设计

(1) 热锻件图依据冷锻件图设计,热锻件图上的尺寸比冷锻件图上的相应尺寸有所放大,理论上加放收缩率后的尺寸按下式计算:

$$L = l(1 + \delta)$$

式中:l为冷锻件尺寸(mm);δ为终锻温度时金属的收缩率,铝合金为1%,对于细长件可取0.8%~0.9%。

(2) 当吨位不足易产生模锻不足(打不靠)时,应使热锻件的高度尺寸减小一些,其值可接近负偏差,以提高锻件的成品率。

(3) 当锻模承击面不足,易产生承击面塌陷时,可适当增加热锻件的高度尺寸。其值可接近于正偏差,以便在承击面下陷以后仍能生产出合格的锻件。

(4) 模膛容易磨损处,应在锻件负公差的范围内增加一层磨损量,以提高锻模寿命。

(5) 当锻件的形状不能保证坯料在下模膛内或切边凹模内准确定位时,则应在热锻件图上增加必要的定位余块,然后在切边或切削加工时去除。

(6) 锻件的某些部位在切边或冲孔时易产生变形而影响加工余量时,则应在热锻件的相应部位适当考虑一定的弥补量,以提高锻件合格率。

(7) 锻件上形状复杂且较高的部分应尽量放在上模。如因特殊情况需放在下模时,由于下模膛局部较深处易积润滑剂残渣,容易造成该处充不满,在此种情况下,热锻件图上该处尺寸应增大一些,以提高锻件的成品率。

(8) 在热锻件上需将分模面和冲孔连皮的位置、尺寸全部注明(图 4-3)。

(9) 在热锻件图上应写明未注明的模锻斜度、圆角半径与收缩率,但不需注出锻件公差、技术条件和产品轮廓线。

(10) 为了模膛加工和检验方便,高度尺寸应以分模面为基准进行标注。

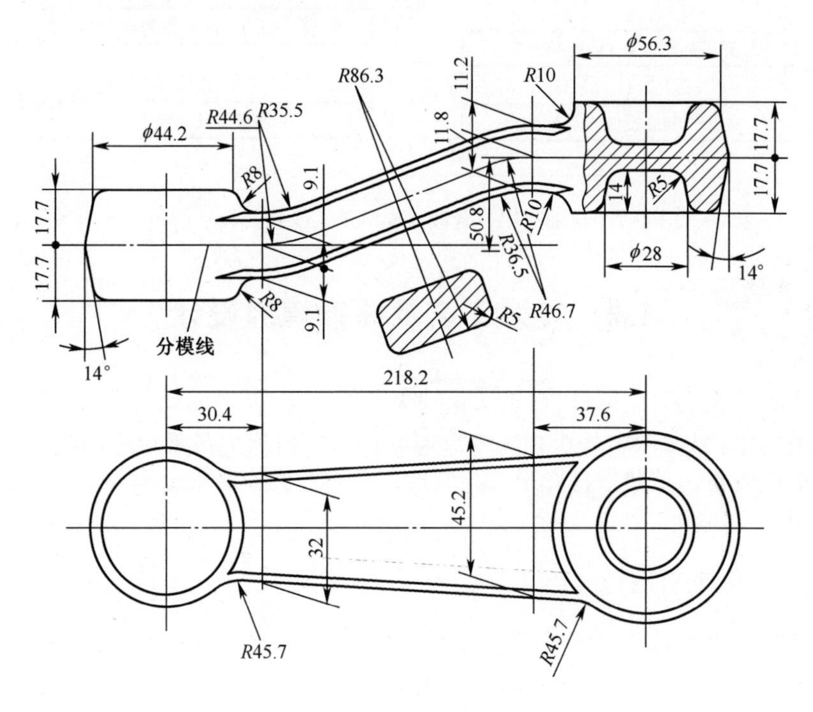

图 4-3　热锻件图

4.2.2　飞边槽设计

1. 飞边槽的作用

由第 2 章中有关铝合金开式模锻的变形机理及流动特征的分析可知,飞边槽的作用有如下三点:

(1) 造成足够大的横向金属流动阻力,促使金属沿纵向流动使模膛充满。

(2) 容纳坯料上的多余金属,对坯料体积波动和模膛磨损引起的体积变化起到补偿与调节作用。

(3) 对于冲击类模锻设备(如模锻锤)还有缓冲作用,可避免上、下模块对击,从而防止分模面过早压塌或崩裂。

2. 飞边槽的结构形式

如图4-4所示,飞边槽由桥部和仓部组成。其基本结构形式有三种:

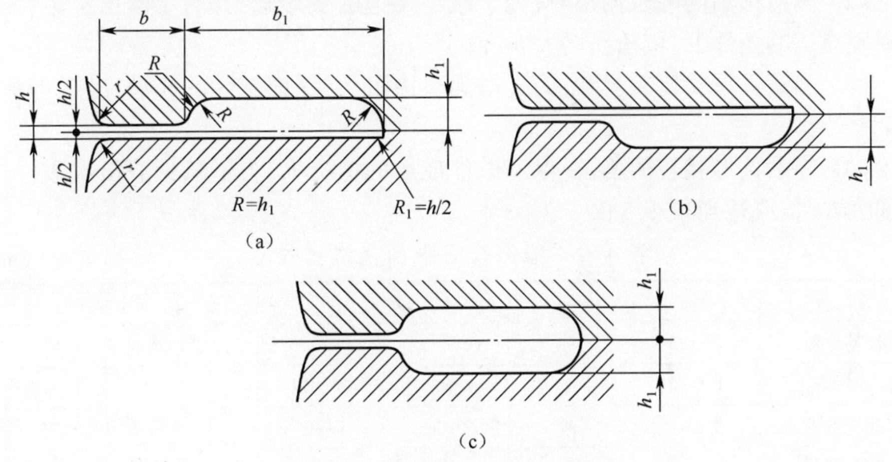

图4-4 飞边槽的三种结构形式

(a)形式Ⅰ;(b)形式Ⅱ;(c)形式Ⅲ。

(1) 形式Ⅰ是使用最广泛的一种,其优点是桥部设在上模,这样可减少受热,桥部不易磨损和压塌。

(2) 形式Ⅱ用于高度方向不对称的锻件。在锤上和螺旋压力机上模锻时,为了有利于充填成形,常把锻件形状复杂的部分置于上模。但切边时应把出模的锻件翻转180°,以便简化切边模的冲头形状,为此,只好把桥部设在下模。此外,当整个锻件在下模成形时,为了简化上模而加工成平面,也应采用这种形式的飞边槽。

(3) 形式Ⅲ适用形状复杂和坯料体积难免偏大的铝合金锻件,以容纳更多的金属。

3. 飞边槽尺寸的确定

飞边槽最主要的尺寸是桥部高度$h_{飞}$及宽度b。当b不变时,$h_{飞}$增大,阻力减小;$h_{飞}$减小,阻力增大。当$h_{飞}$不变时,b增大,阻力增大;b减小,阻力减小。

锻件的尺寸(准确地说是锻件在分模面上的投影面积)既是选定飞边槽尺寸,也是选定设备吨位的主要依据,故生产中通常按模锻设备吨位选定飞边槽尺寸,常用模锻锤、螺旋压力机和热模锻压力机终锻模飞边槽尺寸分别列于表4-1~表4-3。

除了用吨位法确定飞边槽尺寸以外,还有用计算的方法,桥部高度可用下式确定:

$$h_{飞} = 0.015\sqrt{F}$$

式中:F 为锻件在分模面上的投影面积(mm^2)。

表 4-1~表 4-3 中的数值适用于一般情况,遇有下列特殊情况时,应作适当修正。

(1) 当所选用的设备吨位偏大时,为了防止金属向飞边槽流动过快而影响锻件成形,应适当减小 $h_飞$ 值。

(2) 当所选用的吨位偏小时,为了减小飞边的变形阻力,防止模压不足,在保证模膛充满的条件下,应适当增大 $h_飞$ 值。

(3) 当锻件形状比较复杂,为了增加飞边阻力,保证模膛的充满,应适当加大 b 值。

(4) 当锻件形状较简单,在保证锻件成形的情况下,为了减少锻击次数,可适当加大 $h_飞$ 值或适当减小 b 值。

表 4-1　模锻锤终锻模飞边槽尺寸　(mm)

锤吨位	$h_飞$	h_1	b	b_1	备　注
1t 模锻锤	1~1.6	4	8	25	齿轮锁扣 $b_1=30$
1.5t 模锻锤	1.6~2	4	8	25~30	
2t 模锻锤	2	4	10	30~35	齿轮锁扣 $b_1=40$
3t 模锻锤	3	5	12	30~40	齿轮锁扣 $b_1=45$
5t 模锻锤	3	6×2	12	50	齿轮锁扣 $b_1=55$
10t 模锻锤	5	6×2	16	50	
16t 模锻锤	7	8×2	18	65	

表 4-2　螺旋压力机终锻模飞边槽尺寸　(mm)

设备吨位/kN	h	h_1	b	b_1	r	R
≤1600	1.2	4	6	25	1.5	4
1600~4000	1.5	4	8	30	2.0	4
4000~6300	2.0	5	8	35	2.0	5
6300~10000	2.5	6	10	35	2.5	6
10000~25000	3.0	7	12	40	3.5	7

表 4-3　热模锻压力机终锻飞边槽尺寸　(mm)

设备吨位/kN 尺寸/mm	10000	16000	20000	25000	31500	40000	63000	80000	120000
h	2	2	3	4	5	5	6	6	8
b	10	10	10	12	15	15	20	20	24
B	10	10	10	10	10	10	10	12	18
L	40	40	40	50	50	50	60	60	60
r_1	1	1	1.5	1.5	2	2	2.5	2.5	3
r_2	2	2	2	2	3	3	4	4	4

热模锻压力机上模锻时,锻件的高度由锻压机的行程来保证,不靠上、下模面的闭合。因而滑块在下死点时,上、下模面之间要有一定的间隙,用以调整模具的闭合高度,并可抵消锻压机的一部分弹性变形,保证锻件高度方向的尺寸精度。上、下模面之间留有间隙还可防止锻压机发生"闷车"。间隙的大小根据飞边槽的高度尺寸确定,当飞边槽仓部到模块边缘的距离小于20~25mm时,可将仓部直接开通至模块边缘。

4.3 小飞边精(终)锻工艺及其飞边槽设计

4.3.1 飞边桥部尺寸对应力状态的影响

飞边桥部尺寸对模膛内应力状态及金属流动情况的影响如图4-5所示。飞边桥部宽度 b 不相同时,模膛内压力 σ_z 变化的近似理论分析表明:当飞边桥部宽度 $b_3 > b_2 > b_1$ 时,则型槽中心的最大压应力 $\sigma_{z3\max} > \sigma_{z2\max} > \sigma_{z1\max}$;径向应力 σ_r 的变化情况与此相似。

飞边桥部厚度 h(或飞边槽桥部高度)不同,模膛内压应力 σ_z 也将发生变化。当飞边桥部高度 $h_1 > h_2 > h_3$ 时,模膛中压应力的变化情况与毛边桥部宽度 b 变化时的情况相同。

以上说明,随着飞边桥部高度的减小或宽度的增大,终锻成形时模膛内的三向压应力状态更为强烈,越有助于金属纵向流动使锻件充满成形。

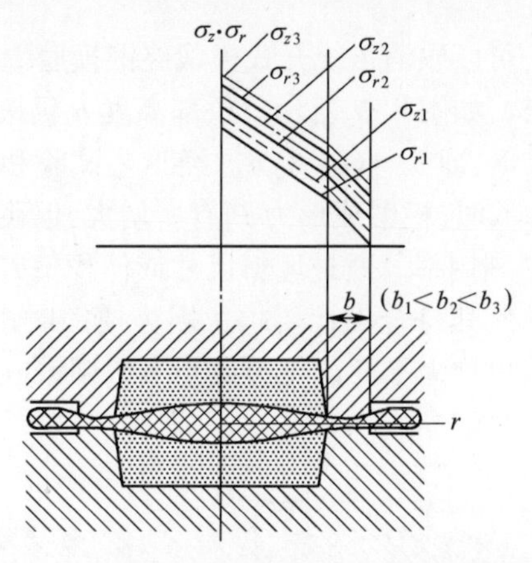

图4-5 飞边桥宽对模膛内应力状态的影响

飞边槽的形状尺寸与锻件的形状尺寸有关,甚至与终锻前毛坯的体积及形状也有关系。合适的飞边槽形状及尺寸大小,应当是既保证锻件充满成形和能容纳多余金属,还应当使锻模有较长的工作寿命。

飞边槽结构形式都是由桥部和仓部组成。为了在飞边槽内产生足够大的径向阻力,并容纳下所有的多余金属,以及便于切除飞边,飞边槽的桥部高度应小些,宽度大些，仓部的高度和宽度都应适当。

4.3.2 飞边桥部尺寸同飞边金属体积的关系

图 4-4(a)为常用的飞边槽结构，图 4-6 所示为模锻成形力 P、飞边金属体积 $U_{飞}$与飞边桥部宽高比 b/h 的关系曲线。可以看出，随着飞边桥部宽高比 b/h 的增加，飞边金属体积减小(曲线 1)而模锻成形力增大(曲线 2)；当 $4<b/h<6$ 时，曲线 1 和曲线 2 相交，表明在交点下的 b/h 为最佳值。

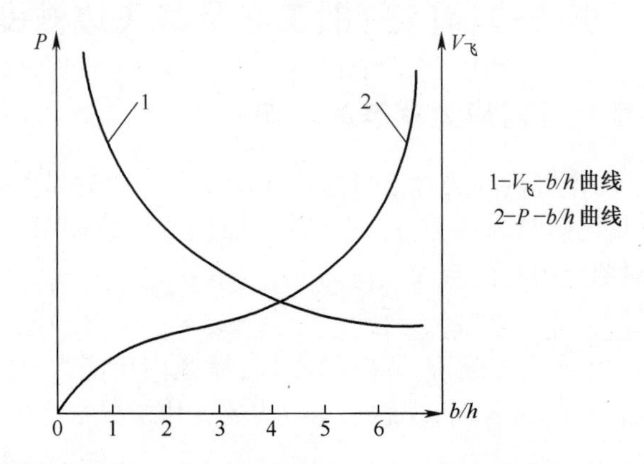

图 4-6　模锻成形力 P、飞边金属体积 $V_{飞}$与飞边桥部宽高比 b/h 的关系曲线

4.3.3 小飞边槽的优化设计

基于上述研究分析，可以取消传统开式模锻终锻模膛上飞边槽的仓部，设计成只有桥部的飞边槽新结构，如图 4-7 所示。桥部高度 h 仍按上述设计方法确定，宽度 b_1取为高度 h 的 6~8 倍，即 $b_1=(6\sim8)h$。经工艺试验和生产实践表明，当锻件上实际飞边宽高比 $b/h\geqslant6$ 时，模锻成形力 P 有所增大，但飞边金属体积 $V_{飞}$可减少约 60%，可有效提高材料利用率。通过坯料尺寸或体积偏差的控制，完全可控制模锻时使锻件上飞边尺寸，使其符合设计要求。因为模锻时沿锻件分模面周围形成一圈薄而平的飞边，所以也称为平面薄飞边或小飞边精锻成形。

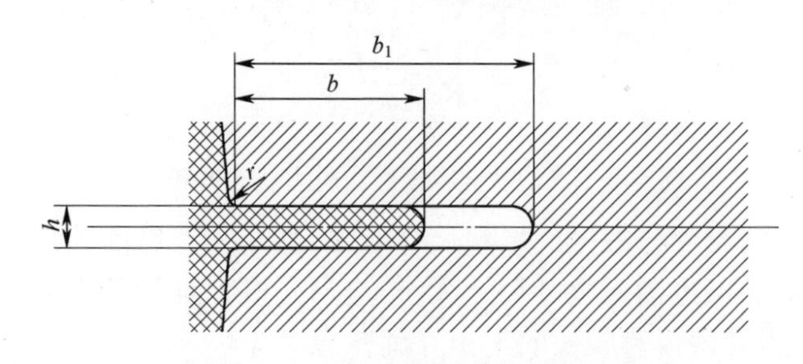

图 4-7　小飞边槽及小飞边槽结构图

我们与湖北三环锻造有限公司合作成功开发出多种复杂长轴类钢质锻件平面

薄飞边热精锻工艺，其中，在J58K-2500型数控电动螺旋压力机上实现的轨链节三工位精锻工艺，其终锻就是采用的平面薄飞边精锻成形，如图4-8所示，图(a)为锻件，(b)为飞边。同传统模锻工艺生产相比较，材料利用率由73%提高到90%以上，且锻件质量更好。

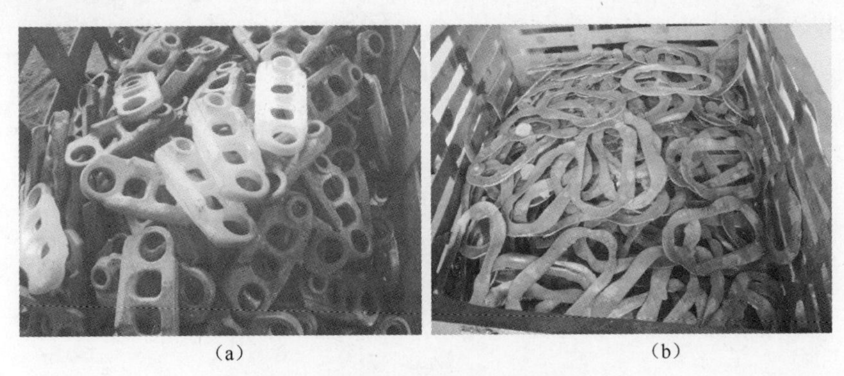

(a)　　　　　　(b)

图4-8　轨链节平面薄飞边精锻成形

铝合金材料价格远比钢材的价格贵，因此，开发和采用平面薄飞边精锻工艺实现长轴类铝合金锻件精锻生产，其经济效益将更好。

4.4　预锻工艺及预锻模膛设计

4.4.1　预锻工艺与预锻模膛的作用及选择

1. 作用

(1) 使制坯后的毛坯进一步变形，保证终锻时获得成形饱满、无折叠、裂纹等缺陷的优质锻件。

(2) 有助于减少终锻模膛的负荷和磨损，提高使用寿命。

2. 选择原则

(1) 锻件结构复杂，带有工字形断面和筋板类，如连杆、人字形转向控制臂和翼展形构件等，只有通过预锻工步，终锻才能顺利成形。

(2) 虽然锻件形状不复杂，但因铝合金塑性差，且生产批量大时，也应采用预锻。

4.4.2　预锻模膛的设计

预锻模膛是以终锻模膛或热锻件图为基础进行设计的，但两者间有所区别，其设计要点如下：

(1) 模膛的宽与高。预锻模膛应尽可能做到预锻后的毛坯在终锻时以镦粗成形为主，因此，预锻模膛高度应比终锻模膛的大2~5mm，宽度应小1~2mm。另外，预锻模膛不设飞边槽，所以预锻模膛的横截面面积应稍大于终锻模膛相应的横截面积。预锻形状与终锻形状的差别如图4-9所示，图中锻件左部为预锻成形，锻件右部为终锻成形。

(2) 模锻斜度。预锻模膛的斜度一般应与终锻模膛的相同。至于预锻模膛中依靠终锻成形的部位，习惯上以增大模锻斜度来解决成形困难问题。实践证明，按图 4-10 设计更为合理，即取 $h' = (0.8 \sim 0.9)h$，若肋的高宽比 h/a 较大，取小的系数；反之则取大的系数。取 $a' = a$，在模锻斜度相等的条件下，则有 $c' < c$。为了使终锻时肋部顺利成形，应使预锻件肋部的模截面面积小于终锻的相应面积，则应适当加大底部的圆角半径 R' 补偿，且增大 R' 有利于预锻时金属向肋部流动。

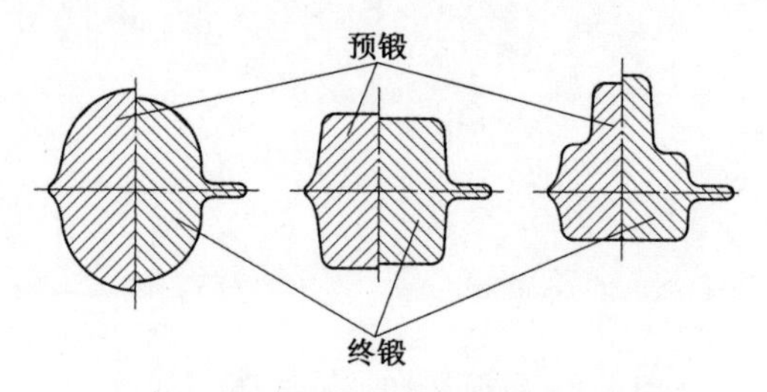

图 4-9　预锻形状与终锻形状的差别

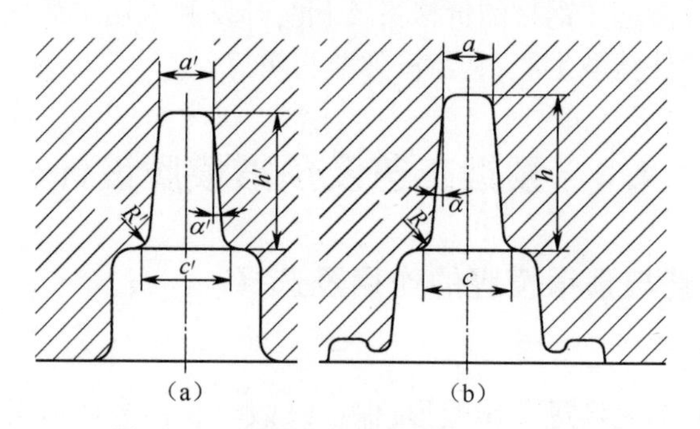

图 4-10　预锻与终锻模膛的尺寸关系

(a) 预锻模腔；(b) 终锻模腔。

(3) 圆角半径。预锻模膛内的圆角半径应比终锻模膛的大，其目的是减少金属流动阻力，促进肋部预锻成形，同时可防止产生折叠。其凸圆角半径可按下式计算：

$$R' = R + c$$

式中：R 为终锻模膛相应部位上的圆角半径；c 为系数，终锻模膛深 $H<100\text{mm}$，$c=2$，$H=20\sim25\text{mm}$，$c=3$，$H=25\sim50\text{mm}$，$c=4$，$H>50\text{mm}$，$c=5$。

预锻模膛在水平面上拐角处的圆角半径 $R_{选}$ 应适当增大，使毛坯变形逐渐过渡，以防预锻和终锻时产生折叠，如图 4-11 所示。

(4) 带枝芽锻件的预锻模膛。为了便于金属流入枝芽处，预锻模膛的枝芽形状可以简化，与枝芽连接处的圆角半径应适当增大，必要时可在分模面上设阻力沟，加大预锻时金属流向飞边槽的横向阻力，如图 4-12 所示。

(5) 叉形锻件的预锻模膛。锻件叉间距离不大时，必须在预锻时使用劈料台。预锻时依靠劈料台把金属劈开挤向两侧，流入叉形部模膛内。一般情况下用图 4-13(a) 形式，当叉形部较窄时，可使用图 4-13(b) 形式。图 4-13 中的有关尺寸按下式确定：

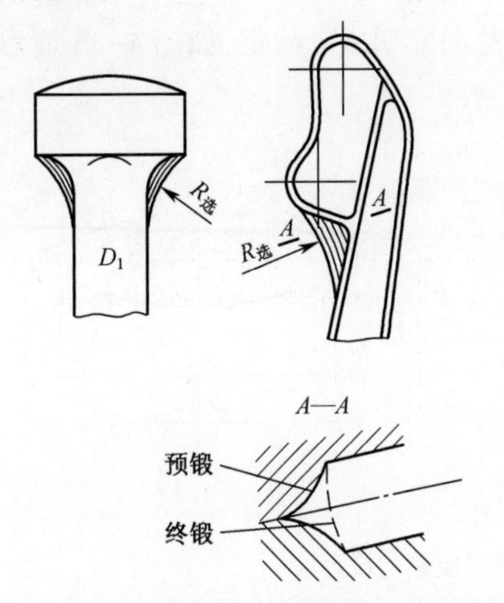

图 4-11　预锻模膛水平面上拐角处的圆角形式

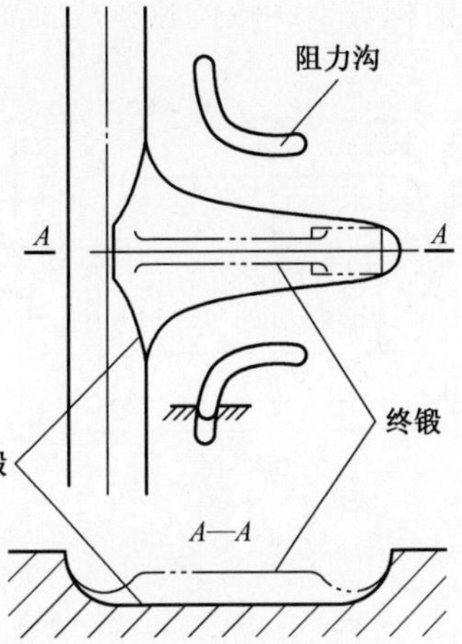

阻力沟

A

A

终锻

预锻

A—A

图 4-12　带枝芽锻件的预锻模膛

$$A = 0.25B \quad (8\text{mm} < A < 30\text{mm})$$

$$h = (0.4 \sim 0.7)H$$

$\alpha = 10° \sim 45°$，当 $\alpha = 45°$时，建议采用图 4-13 的形式。

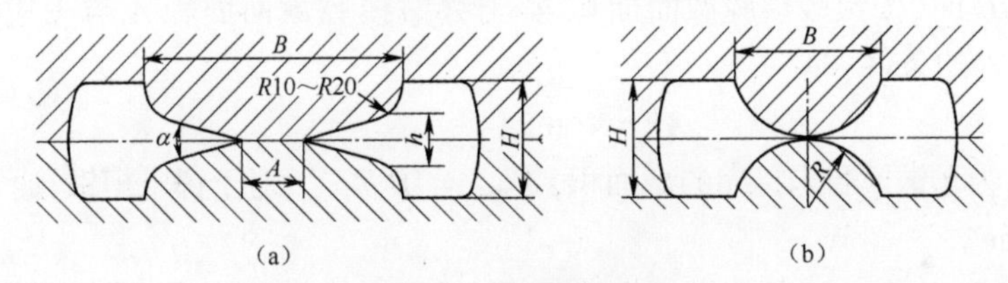

图 4-13　壁料台形式

(a) 叉部较宽的劈料台；(b) 叉部较窄的劈料台。

(6) 工字形截面锻件的预锻模膛。例如，各种连杆锻件，习惯上根据肋的相对高度，采用图 4-14 所示不同预锻方法设计预锻模膛。

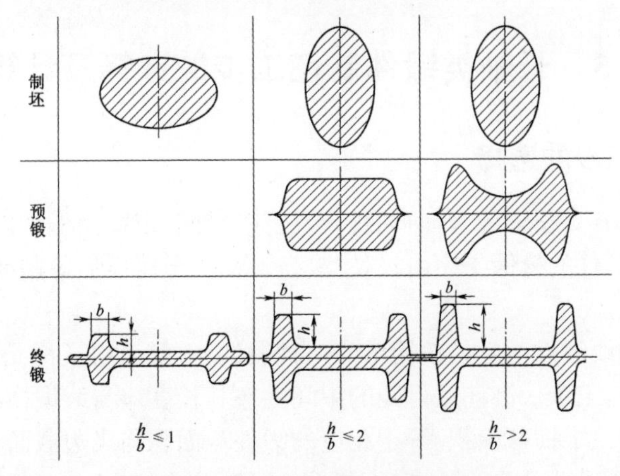

图 4-14　工字形截面的不同预锻方法

当 $h \leqslant 2b$ 时,预锻模膛宽度 $B' = B - (2 \sim 3)\text{mm}$ 。高度 h' 根据预锻模膛的横截面面积等于终锻模膛横截面面积与飞边横截面面积之和确定,如图 4-15 所示。

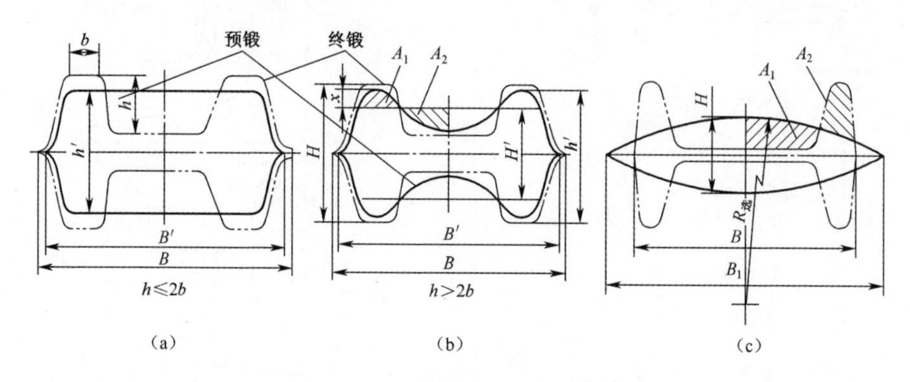

图 4-15　工字形截面预锻模膛的设计

(a)$h \leqslant 2b$ 时预锻截面为矩形;(b)$h>2b$ 时预锻截面为马鞍形;(c)高筋簿腹板预锻截面为椭圆形。

当 $h > 2b$ 时,取 $B' = B - (2 \sim 3)\text{mm}$ 。h' 的确定方法是,假设预锻模膛为梯形截面求出 H' ,按 $x = (H - H')/4$ 求解后,用圆弧线做出预锻模膛的形状,从而得到 h' 值。作图时,应使腹板部分减少的面积 A_2 与肋部增高的面积 A_1 相等,如图 4-15(b)所示。

计算 H' 时,按预锻模膛截面面积 A' 与终锻模膛截面面积 A 与飞边截面面积 $A_{飞}$之和相等的条件,即

$$A' = A + 2A_{飞} - A_{欠压}$$

式中:$A_{欠压}$为预锻模膛未打靠的截面积, $A_{欠压} = B'h_{欠压}$,对于锤上模锻,通常 $h_{欠压} = (1 \sim 5)\text{mm}$ 。

图 4-15(c)为一种新的设计方法:首先根据终锻模膛宽度 B 确定预锻模膛的宽度 B_1,即 $B_1 = B + (10 \sim 20)\text{mm}$;然后作圆弧,使面积 $A_1 = (1.0 \sim 1.1)A_2$。令 $B_1 > B_2$ 的目的是,使终锻时首先产生飞边,然后充满模膛。实践表明,采用新方法设计的预锻模膛,避免了涡流和穿肋的产生,提高了锻件质量,方便了模膛制造。

4.5　长轴类锻件制坯工步的选择及计算

4.5.1　制坯工步的选择

长轴类锻件有直长轴线、弯曲轴线、带枝芽形件和带杆叉形件四种。由于形状的需要,长轴类锻件的模锻工序由拔长、滚挤、弯曲、卡压成形等制坯工步和预锻及终锻工步所组成。

(1) 直长轴线锻件。它是较简单的一种锻件,一般采用拔长、滚挤(图 4-16)、卡压、成形等制坯工步。制坯后得到的中间毛坯其长度应与终锻模膛的长度相等,沿锻件轴线的每一个横截面积,等于相应的锻件截面积与飞边截面积之和。

对于毛坯可简化为一头一杆的直长轴锻件可采用镦头或正挤杆部的制坯工步。

(2) 弯曲轴线锻件。除采用上述制坯工步外，还需增加一步弯曲工步(图 4-16)，使所得中间毛坯的外形接近终锻(或预锻)模膛分模面上的形状。

(3) 带枝芽的长轴锻件。所需制坯工步与前面的大致相同，但需增加一道成形工步(图 4-17)或非对称滚挤工步，以保证预锻时枝芽模膛得以充满。

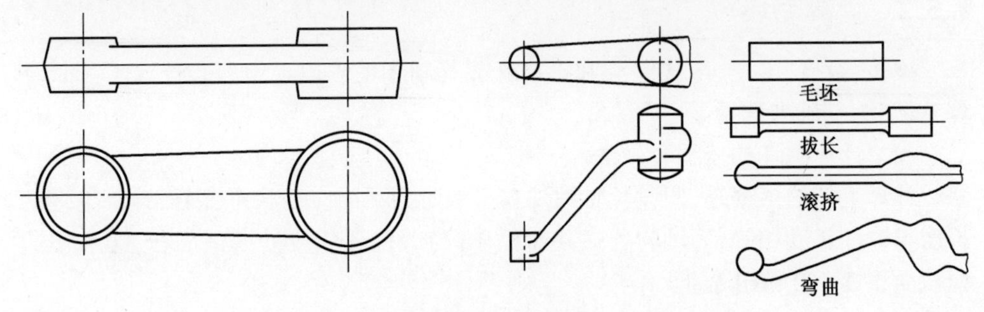

图 4-16　直长轴线和弯曲轴线锻件的制坯工步

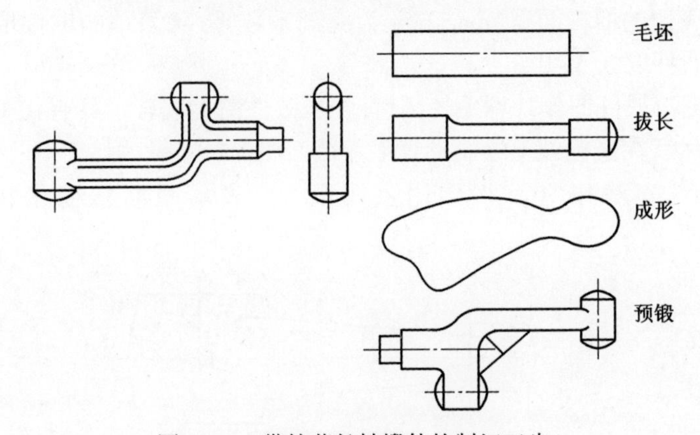

图 4-17　带枝芽长轴锻件的制坯工步

(4) 带枝叉形锻件。除采用直长轴线锻件的制坯工步外，一般还需预锻劈叉工步，来达到叉形部分的成形目的，如图 4-18 所示。

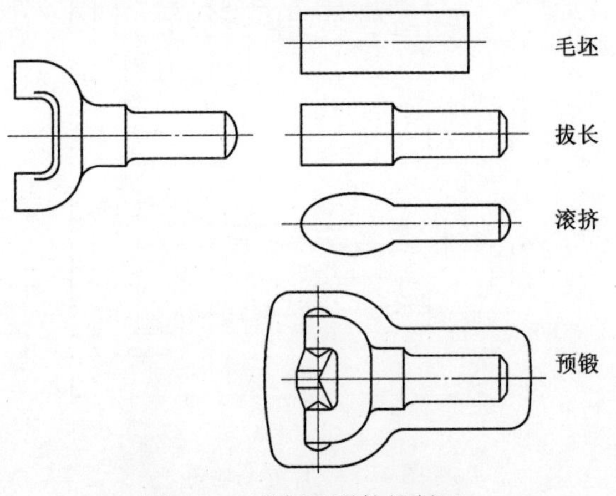

图 4-18　带杆叉形件的制坯

不难看出，长轴类锻件制坯工步是根据锻件轴向横截面面积的变化特点，使毛坯在终锻前金属分布与锻件的要求相一致确定的。按金属流动效率，制坯工步优先次序是拔长、滚挤、卡压工步。

4.5.2 计算毛坯

拔长、滚挤、卡压、闭式镦头和正挤杆部等制坯工步通常用经验计算法，即“计算毛坯”为基础来选择。

(1) 计算毛坯的依据和做法。

计算毛坯的依据是，假设长轴锻件在模锻时为平面应变状态，因而计算毛坯的长度与锻件长度相等，而轴向各横截面积 $A_{计}$ 与锻件各相应处横截面积 $A_{锻}$ 和飞边横截面积 $A_{飞}$ 之和相等，即

$$A_{计} = A_{锻} + 2\eta A_{飞}$$

式中：$A_{飞}$ 为飞边的横截面积(mm^2)；η 为充满系数，形状简单的锻件取 0.3~0.5，形状复杂的锻件取 0.5~0.8。

一般根据冷锻件图作计算毛坯图，首先从锻件图上取若干具有代表性的截面，计算出 $A_{计}$；然后在坐标纸上绘制计算毛坯截面图。一般做法如下：

用缩尺比 M 除以 $A_{计}$，得到用直线段 $h_{计}$ 表示截面积变化特征的图形(图 4-19)，即

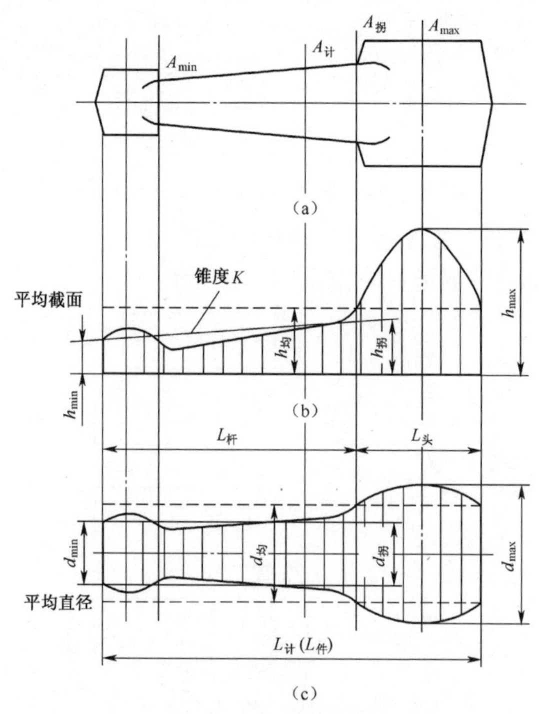

图 4-19 计算毛坯图
(a)锻件图；(b)计算毛坯截面图；(c)计算毛坯直径图。

$$h_{计} = A_{计} / M$$

式中：M 为缩尺比，一般取 $3 \sim 5 \mathrm{mm}^2/\mathrm{mm}$。

可以看出，计算毛坯截面图上每一处的高度代表计算毛坯的截面积，因而截面图曲线下的整个面积就是计算毛坯（锻件与飞边）的体积，即

$$V_{计} = MA_{计}$$

式中：$A_{计}$ 为计算毛坯截面图曲线下的面积（mm^2）；M 为缩尺比（$\mathrm{mm}^2/\mathrm{mm}$）。

因此，计算毛坯上任意部分的直径可由下式计算：

$$d_{计} = 1.13\sqrt{A_{计}}$$

计算了各个具有代表性的直径 $d_{计}$ 后，同样地用坐标纸绘制出计算毛坯的直径图，如图 4-19(c)所示。从图中可以看到，完整的计算毛坯图包括锻件图、截面图和直径图。截面图和直径图是均匀圆滑地连接而成的。

根据计算毛坯图可确定坯料尺寸、制坯工步及设计有关的制坯模膛。为此，尚需作如下必要的运算。

(2) 平均截面积 $A_{均}$ 和平均直径 $d_{均}$ 的计算：

$$A_{均} = \frac{V_{计}}{L_{计}} = \frac{V_{计}}{L_{件}}, \quad h_{均} = \frac{A_{均}}{M}, \quad d_{均} = 1.13\sqrt{A_{均}}$$

式中：$A_{均}$ 为平均截面积（mm^2）；$h_{均}$ 为平均截面图纵坐标值（mm）；$d_{均}$ 为平均直径（mm）。

(3) 确定计算毛坯的头部和杆部。用虚线绘出平均截面图和平均直径图，如图 4-19 所示。对于截面图，凡大于虚线的部分称为头部，小于虚线的部分称为杆部。对应于直径图上，当 $d_{计} > d_{均}$时，称为头部；当 $d_{计} < d_{均}$时，称为杆部。

(4) 几项繁重系数的计算。制坯工步的选择取决于如下几项繁重系数：①金属流入头部的繁重系数 α；②金属沿轴向流动的繁重系数 β；③杆部斜率 K；④锻件质量 m。

繁重系数 α、β、K 的计算公式分别为

$$\alpha = \frac{d_{max}}{d_{均}}, \quad \beta = \frac{L_{计}}{d_{均}}, \quad K = \frac{d_{拐} - d_{min}}{L_{杆}}$$

式中：d_{max}为计算毛坯的最大直径；d_{min}为计算毛坯的最小直径；$d_{拐}$ 为杆部与头部交接处的直径（$d_{拐} = 1.13\sqrt{h_{拐} M}$）。

α 值越大，表明流入头部的金属体积越多；β 值越大，金属沿轴向流动的距离越长；K 值越大，表明杆部锥度越大，小头或杆部的金属越过剩；m 越大，表明锻件质量越大，制坯更难。图 4-20 所示为根据生产经验而绘制的制坯工步图表。由计算得到的繁重系数可从图表中查找出制坯工步的初步方案。然后，根据生产实际或试验情况对方案进行必要的修改。

上述长轴类锻件的各制坯工步，完全适合于锤上模锻选用。对于螺旋压力机上模锻，这些制坯工序原则上均可选用，但对于拔长和滚挤工步，目前主要采用辊

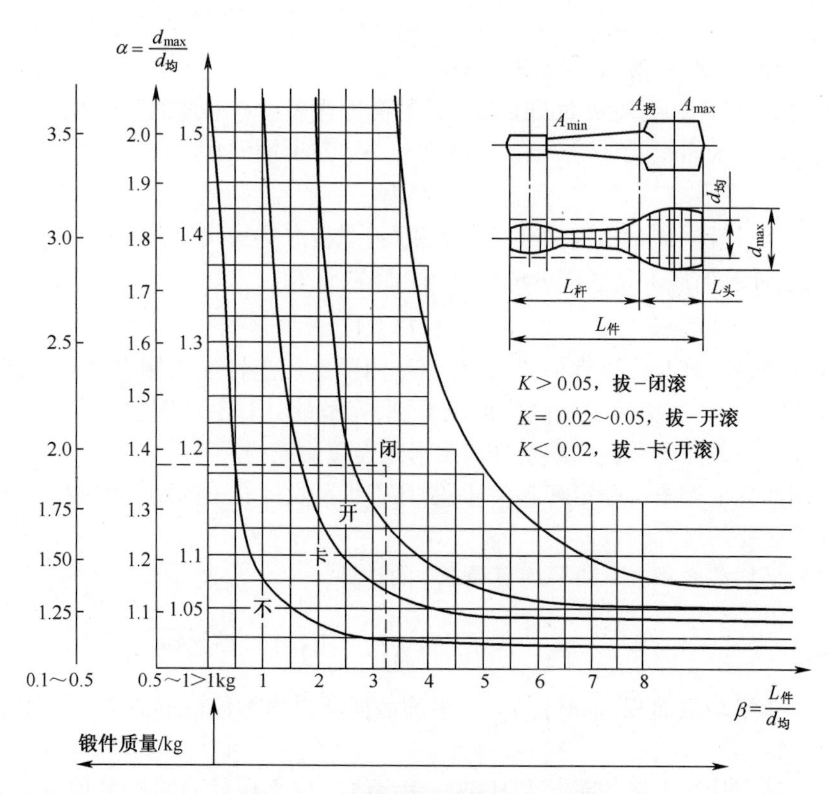

图 4-20　长轴类锻件制坯工步图表

不—不需制坯工步,可直接模锻成形;卡—需卡压制坯;开—需开式滚挤制坯;闭—需闭式滚挤制坯;拔—闭滚,当 $K>0.05$ 时,宜用拔长闭式滚挤制坯;拔—开滚,当 $K=0.02\sim0.05$ 时,宜用拔长或开式滚挤制坯;拔—卡(开滚),当 $K<0.02$ 时,可用拔长加卡压制坯。

锻机制坯,然后在热模锻压力机或数控电动螺旋压力机上模锻成形。

4.6　辊锻制坯工艺、模具及设备

采用辊锻制坯的铝合金主要用于塑性较好的锻造铝合金,虽然其摩擦阻力较黑色金属大,但其成形工艺仍然相近,因此还是按黑色金属辊锻制坯工艺、模具及设备来介绍。

4.6.1　辊锻成形原理及特点

辊锻是由轧制工艺发展起来的一种锻造工艺(图 4-21),其变形实质是局部变形连续进行。必须指出,辊锻不同于一般轧制,因为后者的孔型直接刻在轧辊上,而辊锻的扇形模块可以从轧辊上装拆更换。轧制送进的是长坯料,而辊锻的坯料一般都比较短。

辊锻变形过程是一个连续的静压过程,没有冲击和振动。它与锤上模锻比较,

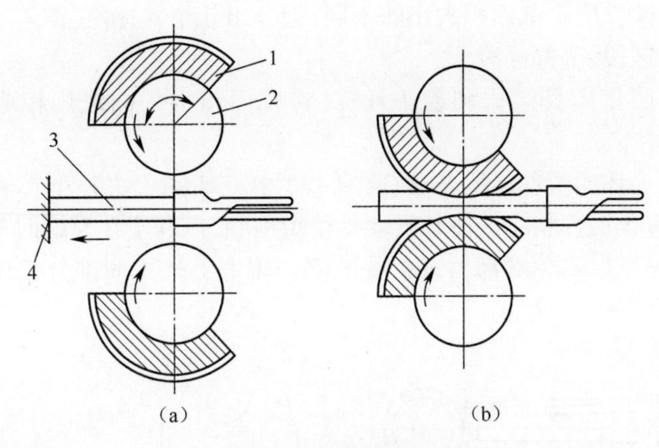

图 4-21　辊锻工作过程
(a)初始状态;(b)工作状态。
1—扇形模块;2—轧辊;3—坯料;4—挡板。

具有下列特点:

(1) 生产率高,据已有资料统计,辊锻生产率为锤上模锻的 5~10 倍。

(2) 节约金属材料,采用多型槽辊锻成形,坯料的金属耗量比锤上多型槽模锻降低 6%~10%。

(3) 劳动条件好,易于实现机械化、自动化。

(4) 设备结构简单,对厂房地基条件要求低。

(5) 节约模具钢材,用球墨铸铁或冷硬铸铁制造模具,可节约模具钢,减少模具机械加工工时。

因强度较高和高的铝合金在模锻锤上制坯存在速度敏感性强而易于出现裂纹的问题,而热模锻压力机和螺旋压力机上又不适宜进行拔长制坯,因此,近年来,国内外铝合金锻件生产行业对于长轴类锻铝合金锻件普遍开展辊锻制坯工艺、模具及设备的研究和应用。

4.6.2　制坯辊锻模具设计

制坯辊锻的任务是采用辊锻工艺的方法成形出供模锻用的毛坯。在生产中辊锻机常与热模锻压机、电液锤、螺旋压力机或模锻锤等各种锻压设备组成模锻机组,辊锻机承担模锻前的制坯任务。采用辊锻工艺为模锻制坯具有效率高、质量好、劳动条件好等优点。

1. 辊锻毛坯图设计

制坯辊锻工艺设计的第一项任务是设计辊锻毛坯图。设计时,首先是根据锻件图绘出计算毛坯截面图和计算毛坯直径图(简称计算毛坯)。其做法前面已有介绍,在此不再重复。

绘出锻件的截面图后,便可在锻件截面图的基础上设计辊锻毛坯图。在设计时要注意以下几个问题:

(1) 按锻件长度上截面积大小的不同,划分出几个特征段(图 4-22(b)),如连杆锻件的杆部区段、头部区段。

(2) 为了简化模具结构和易于计算,将截面图上的曲线用相应的直线代替(图 4-22(c))。

(3) 辊锻毛坯的端部区段长度(图 4-22 中毛坯的大头和小头部分长度),在一般情况下,应比锻件相应区段长度取得稍短一些,以利于在模锻时易于将毛坯放入模膛中,同时可以避免端部出现折叠缺陷。辊锻毛坯中间部分长度应取和锻件相同。

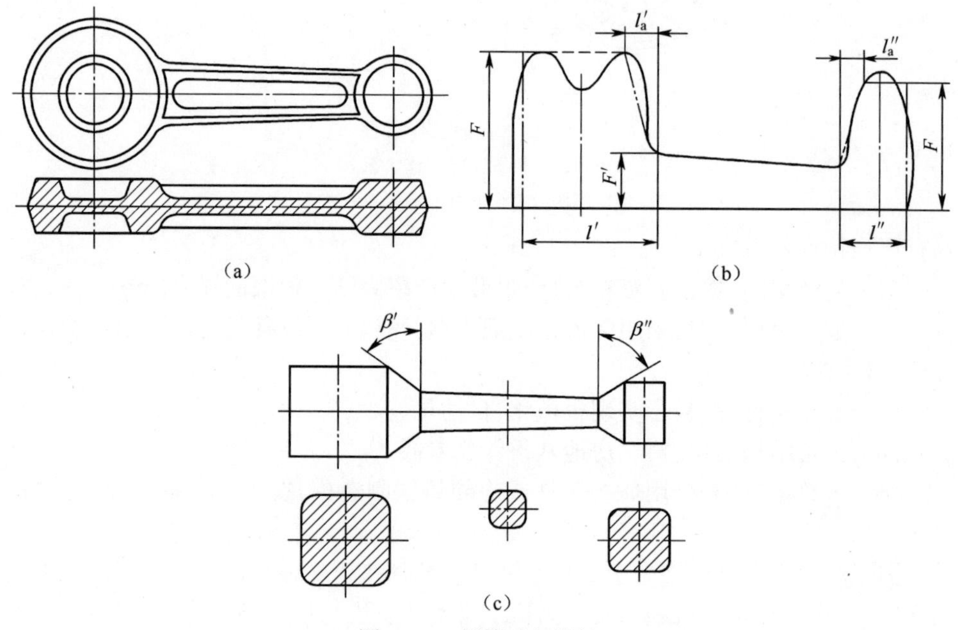

图 4-22　辊锻毛坯设计

(a)锻件图;(b)截面图;(c)辊锻毛坯图。

各特征段之间相连接的区域,应圆滑过渡,否则将会辊锻及其后的模锻工步中产生折叠。此过渡区域一般划入截面较大的特征段内,过渡区段的斜度一般取 45°~60°。其区段长度为

$$l_a' = (0.5 \sim 0.86)(\sqrt{F} - \sqrt{F'})$$

式中:F、F'为过渡区段的两个特征截面积。

(4) 原始毛坯尺寸是按锻件的最大截面选取的,有两种可能的情况。

① 最大截面的区段位于坯料的端部,是毛坯的头部,如图 4-22(c)所示。这个区段在辊锻时不变形,毛坯尺寸就按此头部选择。圆形原始毛坯的直径按 $d_0 = 1.13\sqrt{F_0}$ 确定,而方形原始的边长按 $C_0 = \sqrt{F_0}$ 确定。计算出 d_0、C_0 后,按相近的标准钢材选定原始毛坯尺寸。在重新计算已选定的原始毛坯截面积后,按体积不变定律对头部长度重新计算确定。

根据辊锻时夹钳夹持坯料的条件,位于端部供夹持用的坯料长度不得小于该

部分边长或直径的 1/2。在坯料端部不变形的情况下,可利用它作为辊锻时的夹持部位,但其长度也必须满足上述夹持条件。

② 不变形区段位于毛坯的中间,如图 4-23(b)所示,此时可能有两种辊锻方案:第一种方案是掉头部,辊完这一端,再辊另一端;第二种方案是在坯料的一端专门留有钳口位置,按顺序进行辊锻而无须掉头。在比较这两种方案时可以看出:第一种方案节省金属,但需掉头,劳动强度大;第二种方案不需掉头,劳动强度小,但浪费金属。

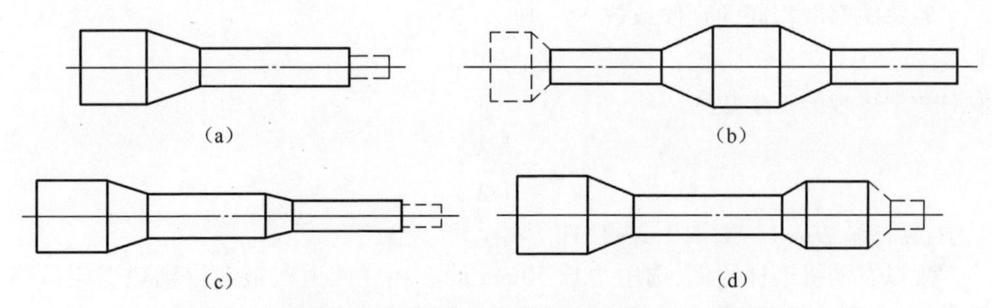

图 4-23　辊锻毛坯的几种典型形式(图中虚线表示夹钳料头)

原始毛坯体积 V_0 按锻件截面图计算。原始坯料长度按下式计算,即

$$l_0 = \frac{V_0}{F_0}K_y$$

式中:K_y 为烧损系数。

(5) 辊坯截面图与辊锻毛坯图。

如上所述,根据锻件加飞边作出截面图,并加以简化,目的是使辊锻型槽的形状不致太复杂。简化的原则是将曲线改为直线,并保持体积基本不变。简化后的截面图就称为辊锻毛坯截面图,再根据这个截面图做出辊锻毛坯图,如图 4-24 所示。辊锻毛坯图是进行模具设计计算的依据。

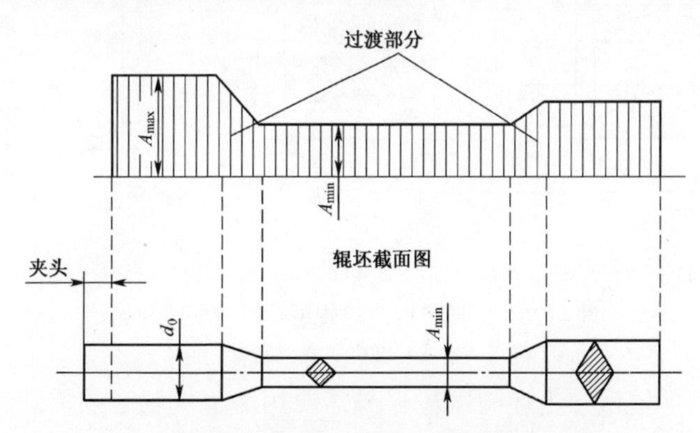

图 4-24　辊坯截面图与辊锻毛坯图

2. 辊锻工步数的确定

工步数 n 说明要辊几次才能达到所要求的辊坯形状和尺寸。总延伸系数按下

式计算：

$$\lambda_{总} = \frac{A_0}{A_{min}}$$

式中：A_0 为原毛坯的截面积，辊锻时所用原毛坯的直径应按辊坯大头部分再外加烧损量确定；A_{min} 为辊坯最小截面图。

总延伸系数为每次辊锻延伸系数的乘积，即

$$\lambda_{总} = \lambda_1 \lambda_2 \cdots \lambda_n$$

若每次都取相同的延伸系数 $\lambda_{平}$，则

$$\lambda_{总} = \lambda_{平}^n$$

取对数则得辊锻工步数为

$$n = \frac{\lg\lambda_{总}}{\lg\lambda_{平}}$$

式中：延伸系数 $\lambda_{平}$ 一般取 1.3~1.7。

现以发动机连杆为例，选用边长 50mm 的方坯经四道次辊锻得到热态辊锻连杆毛坯，如图 4-25 所示。对图中的区段Ⅱ和区段Ⅳ分别采用椭圆—方—椭圆—方和椭圆—圆的模膛系，这两段的前三道辊锻毛坯及模膛的截面和尺寸分别如图 4-26 和图 4-27 所示。

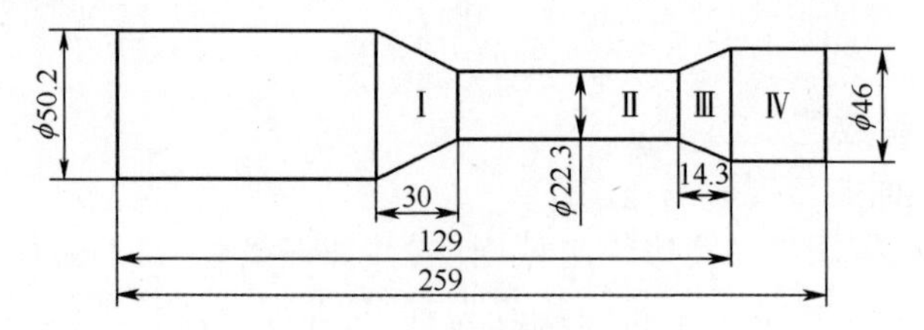

图 4-25　连杆辊锻热毛坯图

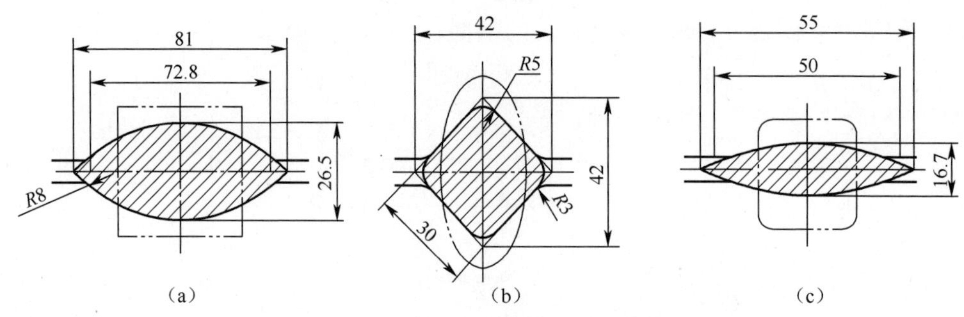

图 4-26　区段Ⅱ前三道辊锻毛坯和模膛截面

(a)第一道次；(b)第二道次；(c)第三道次。

图 4-27 表明辊锻热毛坯的区段Ⅳ只需要用两道次辊锻的椭圆—圆模膛系即可完成，第三道次仅是 R 处改变为与区段Ⅱ的 R 值相同，其他部分的模膛与第二道次相同。图 4-28 所示为前三道辊锻热毛坯的工步简图。图 4-29 所示为辊锻毛坯的第四道次辊锻模外形结构及其纵向剖视图。

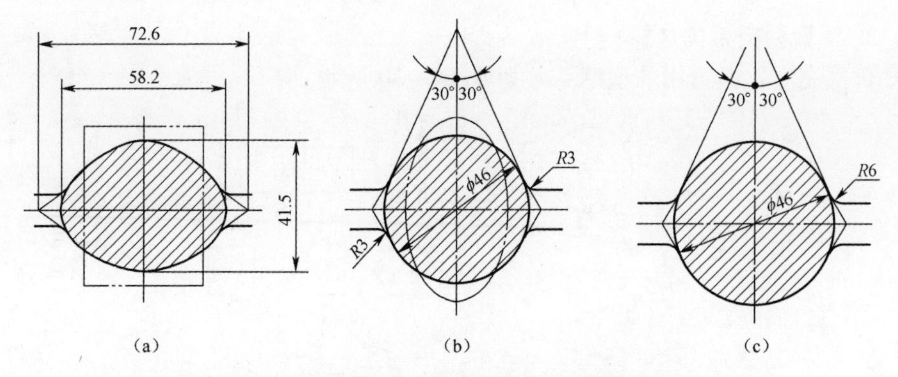

图 4-27　区段Ⅳ前三道辊锻毛坯和模膛截面

(a)第一道次;(b)第二道次;(c)第三道次。

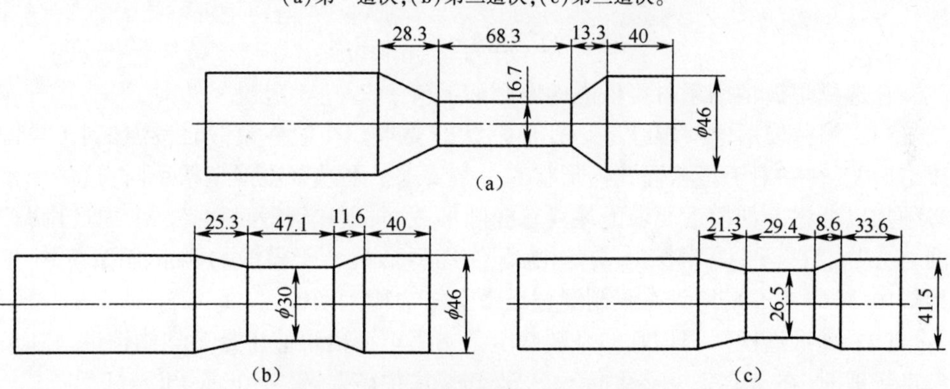

图 4-28　前三道辊锻热毛坯工步简图

(a)第一道次;(b)第二道次;(c)第三道次。

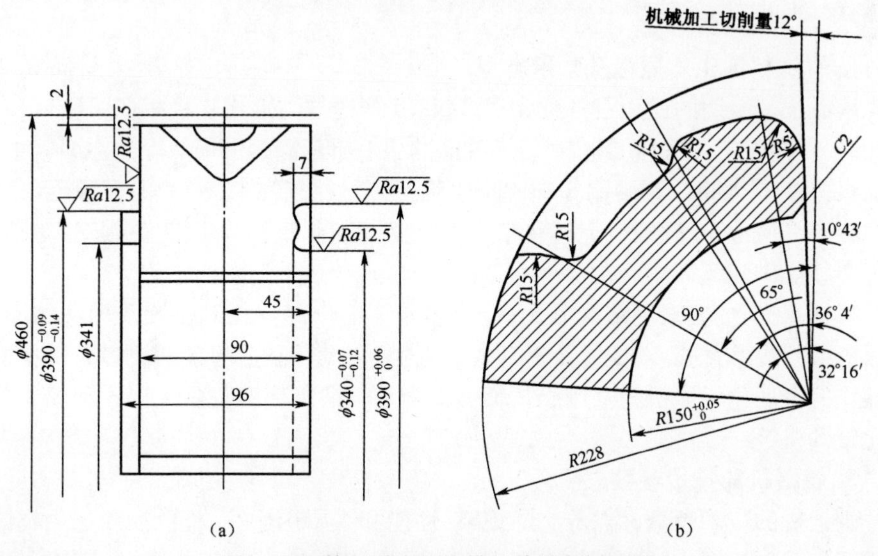

图 4-29　第四道次辊锻模及其纵向剖视图

(a)第四道次辊锻模;(b)纵向剖视图。

3. 辊锻型槽系的选择

可供制坯辊锻选用的型槽系方案如图 4-30 所示。

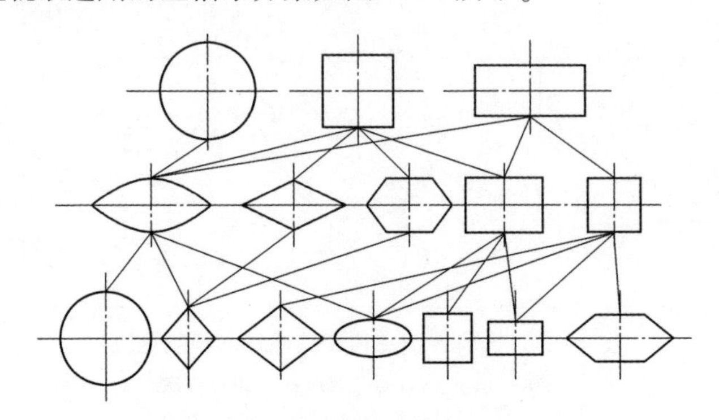

图 4-30　辊锻型槽系方案图

在选择辊锻型槽系时要考虑的原则如下：

(1) 锻件模锻时对辊锻毛坯几何形状的要求。在锻件模锻时,从有利于模锻成形出发,往往对毛坯截面几何形状有一定要求。在选择辊锻型槽系时,这一因素必须加以考虑。如模锻要求毛坯具有椭圆形截面,则在辊锻时就必须考虑选用"椭圆—方"或"椭圆—圆"槽系。有时为了使坯料形状合于模锻的要求,在最后一道型槽中,可以考虑采用具有限制展宽或带有飞边槽的型槽。

(2) 辊锻道次。根据延伸系数确定是选用单型槽辊锻还是多型槽辊锻。在多型槽辊锻时,在每辊完一道移向下一道槽时,往往需要翻转 90°或 45°。

(3) 要考虑原始毛坯的几何形状(方形、圆形或矩形等)。

4.6.3　辊锻机的选用

1. 辊锻机的工作原理及常用类型

辊锻工艺采用的锻压设备称为辊锻机,其结构与两辊式轧机相似,具有一对转速相同、转向相反的锻辊,其工作原理如图 4-31 所示。辊锻模 2 固定在锻辊 1 上,电动机 7 经传动带 5、齿辊副 8 和 4 减速后,再通过齿轮副 3 带动上下锻辊作等速反向旋转。通常,在辊锻机上还有摩擦离合器 6 和制动器 9,以获得点动、单动、连动等多种操作规范。

根据送进方向,锻辊结构形式、传动部分与工作部分相对位置及用途的不同,辊锻机可分成悬臂式、双支承及复合式。近年来,设计制造的辊锻机多为带有机械手操作的自动化辊锻机组。用于长轴类铝合金辊锻制坯的主要悬臂式和双支承自动化辊锻机组。

2. 辊锻机的技术参数

辊锻机的技术参数标志着它的规格、性能和主要用途等,是设计和选用辊锻机的重要依据。辊锻机的主要技术参数是辊锻模公称直径 D,其他还有公称压力 P_g、锻辊直径 d、锻辊可用长度 B、锻辊转数 n、锻辊中心距调节量 ΔA 及可锻方坯边长

H 等技术参数,如图 4-32 所示。

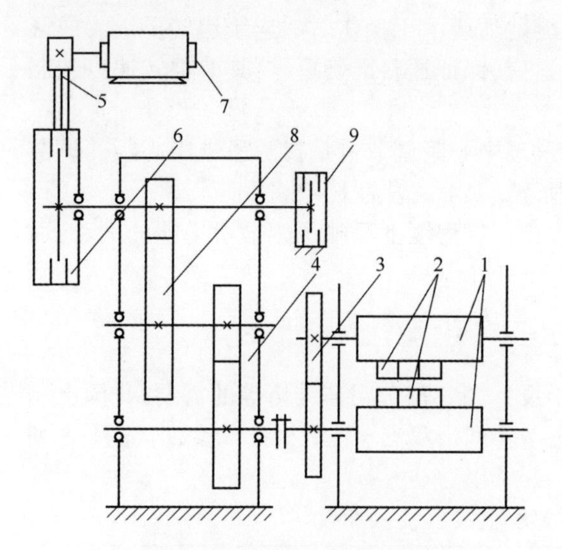

图 4-31　辊锻机工作原理

1—锻辊;2—辊锻模;3、4、8—齿轮副;5—传动带;
6—摩擦离合器;7—电动机;9—制动器。

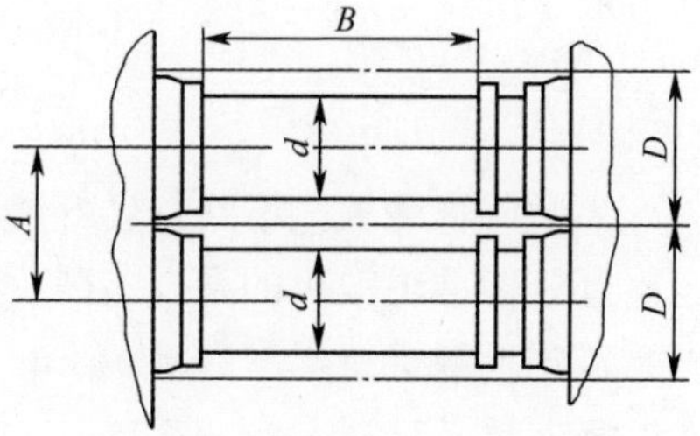

图 4-32　辊锻机部分技术参数

(1) 锻模公称直径 D。锻模公称直径是指锻模分模面处的公称回转直径,其值等于两锻辊的公称中心距 A。锻模公称直径选取得越大,金属越易咬入。但增大公称直径后,变形区尺寸随之增大,导致辊锻力能参数明显提高,不仅使辊锻机尺寸增大,还使辊锻时的能耗上升。因此,对一定的辊锻件来说,必须合理地选定锻模公称直径,使之既能满足辊锻工艺要求,又要设备结构合理。

选择锻模公称直径的方法可按辊制锻件的尺寸、形状用类比法确定,也可根据选用的坯料直径 d_0 作概略的计算。

制坯辊锻时,有

$$D=(6\sim8)d_0$$

成形辊锻时,有

$$D=(8\sim15)d_0$$

式中:d_0 为坯料直径(mm)。

(2) 公称压力 p_g。公称压力是指机器所能承受的最大锻辊径向负荷值。它是设计和选用机器的主要依据,并与锻模公称直径相适应。

(3) 锻辊直径 d。锻辊直径是指安装辊锻模处的锻辊直径。锻辊直径的大小决定了辊锻模的厚度尺寸与锻辊的刚性。

(4) 锻辊可用长度 B。锻辊可用长度是指锻辊上不包括两端夹紧固定装置在内的可供安装模具部分的轴向长度,其数值大时,虽能安装的模具数量多,提高了通用性,但却减小了锻辊的刚性。故锻辊的可用长度不宜过大,通常取 $B=D$。

(5) 锻辊转数 n。制坯辊锻对转速有不同的要求。前者的转速应与其配套模锻设备的行程次数相协调,并应尽可能地适应手工操作时的连续运转要求。成形辊锻时,锻辊转速要与其送料装置相适应,保证送料准确可靠,其锻辊转速以较制坯辊锻低些为宜。

(6) 锻辊的中心距调节量 ΔA。锻辊中心距调节量是指两锻辊中心距的调节范围,其数值视机器调节机构的形式而异。ΔA 一般为 10~20mm。

(7) 可锻方坯边长 H。这一参数在一定程度上反映了辊锻机力能的大小,通常可取

$$H = \frac{D}{6 \sim 8}$$

为适应辊锻工艺不断发展并便于设计、制造、选用与维修等的需要,我国已制定出部分标准辊锻机的系列参数。表 4-4 列出双支承辊锻机技术参数。表 4-5 列出悬臂式辊锻机技术参数。

表 4-4 双支承辊锻机技术参数

参数 \ 数值 \ 型号		D42-160①	D42-250	D42-400	D42-500	D42-630	D42-800	D42-1000
锻模公称直径/mm		160	250	400	500	630	800	1000
公称压力/kN		125	320	800	1250	2000	3200	4000
锻辊直径/mm		105	170	260	330	430	540	680
锻辊可用长度/mm		160	250	400	500	630	800	1000
锻辊转速/(r/min)	Ⅰ挡	100	80	60	50	40	30	25
	Ⅱ挡	—	—	40	32	25	20	—
锻辊中心距调节量/mm		<8	<10	<12	<14	<16	<18	<20
可锻方坯边长/mm		20	35	60	80	100	125	150

①D42-160 为辊锻机型号与规格,按照我国锻压设备的分类方法,每一种锻压设备都用汉语拼音字母与数字表示:

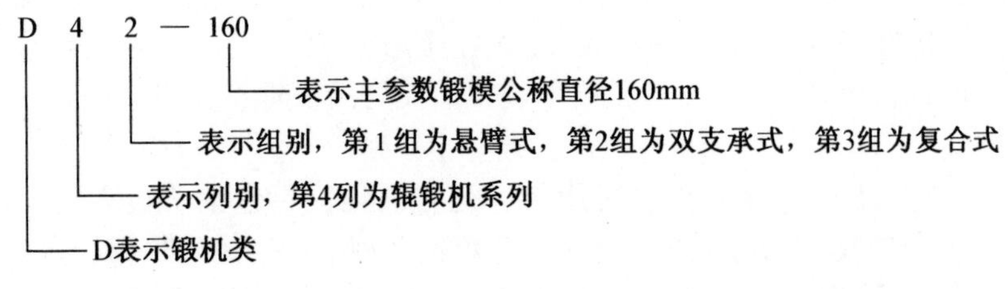

表 4-5　悬臂式辊锻机技术参数

参数 \ 数值 \ 型号	D41-200	D41-250	D41-315	D41-400	D41-500
锻模公称直径/mm	200	250	315	400	500
公称压力/kN	160	250	400	630	1000
锻辊直径/mm	110	140	180	220	280
锻辊转速/(r/mm)	125	100	80	63	50
锻辊中心距调节量/mm	10	12	14	16	18
锻辊可用长度/mm	200	250	315	400	500
可锻方坯边长/mm	32	45	63	90	125

3. ZGD 系列自动辊锻机

图 4-33 所示为中国机械进出口(集团)有限公司制造的 ZGD 系列辊锻机中的一个自动化机组,其主要技术参数如表 4-6 所示,其制造技术是从德国 Eumuco 公司引进的主要用在汽车前轴、连杆和汽轮机叶片等零件的生产中,也适合用于长轴类铝合金锻件的多工位辊锻制坯。

图 4-33　ZGD 自动辊锻机

表 4-6　ZGD 自动辊锻机

参数 \ 数值 \ 型号	ZGD-370	ZGD-460	ZGD-560	ZGD-680	ZGD-1000	ZGD-1250
辊锻模外径/mm	370	460	560	680	1000	1250
辊锻可使用宽度/mm	500	570	700	850	1200	1400
辊锻件最大长度/mm	570	710	870	1050	1920	2500
辊锻中心距可调整量/mm	15	17	20	25	25	20

（续）

型号 / 数值 / 参数	ZGD-370	ZGD-460	ZGD-560	ZGD-680	ZGD-1000	ZGD-1250
轧辊转速/(r/min)	62	56	52	40	30	8
最大坯料尺寸/mm×mm	ϕ55×55	ϕ75×65	ϕ100×90	ϕ125×110	ϕ160×140	ϕ200×180
手臂纵向行程/mm	490	630	758	1400	7000	7000
手臂横向行程/mm	435	505	550	750	800	1420
可夹持最大质量/kg	12	15	30	50	150	250
机组主电机功率/kW	18.5	22	55	75	250	355
设备总重/t	10	12.5	22	60	70	120

4.6.4 辊锻制坯模设计应用实例

鉴于长轴类铝合金锻件多工步辊锻制坯的重要性，下面选择与汽车铝合金简单长轴类零件相似的汽车取力箱操纵杆为例，进一步掌握和应用上面介绍的知识。虽然该锻件材料为结构钢，但仍有参考作用。

载重汽车取力箱操纵杆锻件如图 4-34 所示，采用辊锻制坯，然后模锻成形。

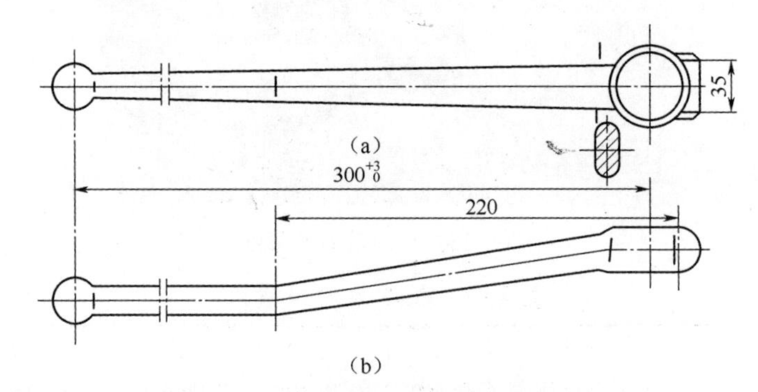

图 4-34　汽车取力箱操纵杆锻件图

生产工艺过程：①将直径为 ϕ40 的圆钢下料后在中频感应炉内加热到 1220℃以上；②在直径为 ϕ400 的辊锻机上进行三道次辊锻制坯；③在 20000kN 热模锻压力机上终锻；④在 2500kN 曲柄压力机上进行热切边和压弯工步。

汽车取力箱操纵杆辊锻工步与辊锻模具分别如图 4-35 和图 4-36 所示。

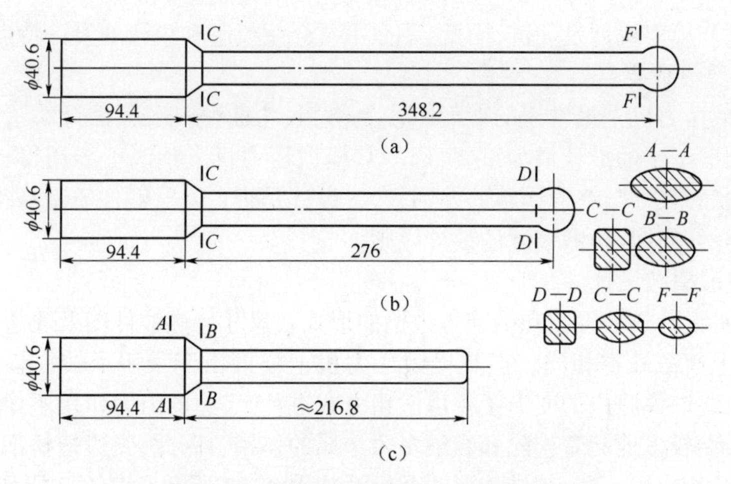

图 4-35　汽车取力箱操纵杆辊锻工步图

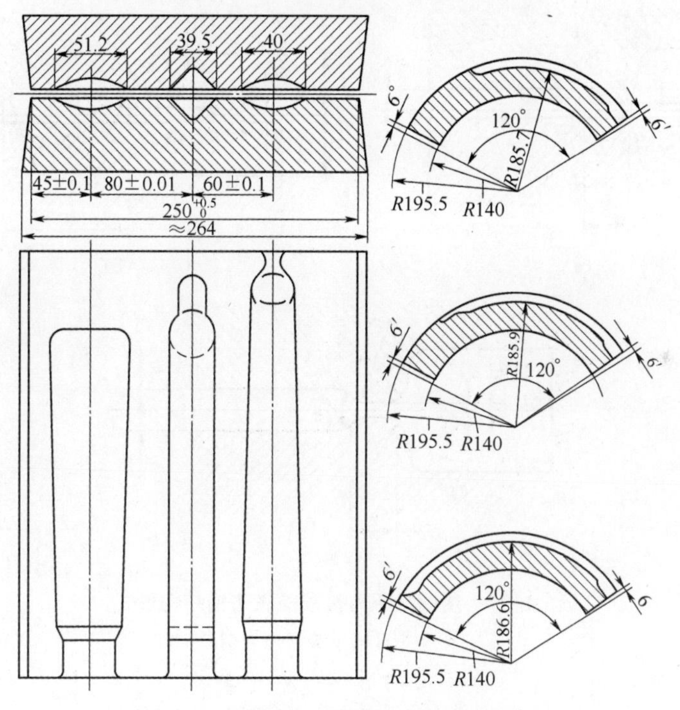

图 4-36　汽车取力箱操纵杆辊锻模具图

4.7　模 具 设 计

4.7.1　热模锻压力机用锻模结构设计

热模锻压力机属于静载设备且模锻速度低,故常采用多工序模具实现锻件生产。多工序模具由各工序对应的模具单元和通用模架组成,且均采用组合结构。

其中,模膛和模架设计是关键,因此,下面主要介绍模膛和模架的设计特点。

1. 模膛设计要点

热模锻压力机上最常用的变形工步是镦粗、弯曲、挤压、预锻及终锻。这些工步中,以预锻工步的设计最为重要,因为热模锻压力机上预锻工步用得较多,预锻模膛的形状和尺寸与终锻模膛的差别较大,设计是否正确对锻件质量有很大影响。本节着重介绍终锻、预锻模膛的设计原则。

1) 终锻模膛设计

主要是设计热锻件图和确定飞边槽的形式及尺寸。热锻件图及飞边槽的设计原则与锤上模锻基本相同。但热模锻压力机上模锻由于采用了较完备的制坯工步,金属在终锻模膛内的变形主要以镦粗方式进行,飞边的阻力作用不像锤上显得那么重要,而较多地起着排除和容纳多余金属的作用。因此,飞边槽桥部及仓部高度比锤上的相应大一些,其结构形式及尺寸如图 4-37 所示及表 4-7 所列。

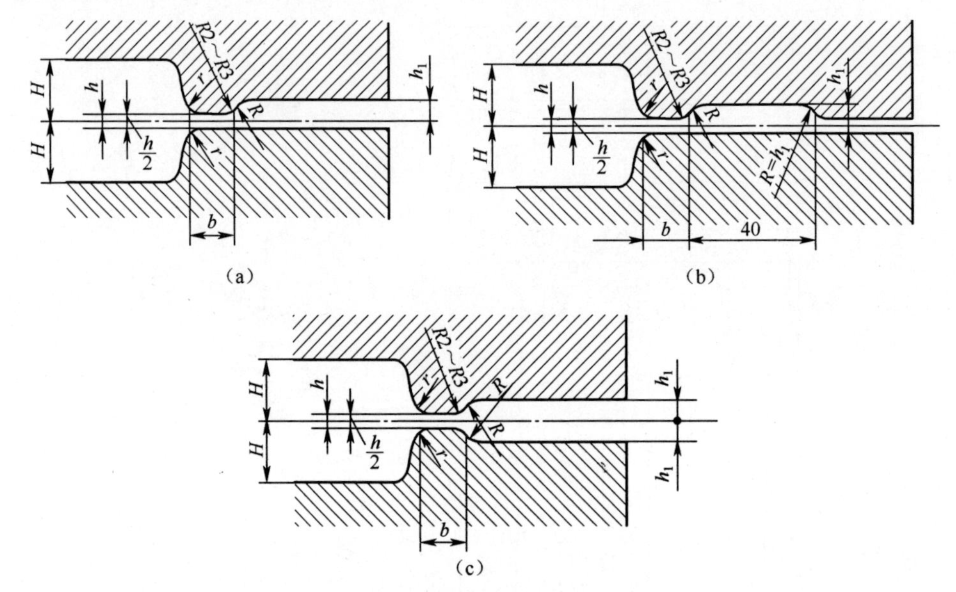

图 4-37　热模锻压力机锻模飞边槽结构形式

(a) Ⅰ型;(b) Ⅱ型;(c) Ⅲ型。

表 4-7　飞边槽尺寸

锻压机吨位/kN	h/mm	b/mm	h_1/mm	R/mm	r/mm
6300	1.0~1.5	4~5	5	15	0.5~1.0
10000	1.5~2.0	4~6	6	15	1.0~1.5
16000	2.0~2.5	5~6	6	20	1.5~2.0
20000	2.5~3.0	6	6~8	20	2.0~3.0
25000	2.5~3.0	6	6~8	20	3.0
31500~40000	3.5~4.0	6~8	8	25	3.5~4.0

在热模锻压力机上模锻时，锻件的高度由锻压机的行程来保证，不靠上、下分模面的靠合，因而滑块在下止点时，上、下分模面之间要有一定的间隙，用于调整模具闭合高度，并可抵消压力机的一部分弹性变形，保证锻件高度方向的尺寸精度。上、下分模面之间留有间隙还可防止热模压机力发生闷车。间隙大小根据飞边槽尺寸而定。当飞边槽仓部至模块边缘的距离小于20~25mm时，可将仓部直接开通至模块边(图4-37(a)、(b))。

由于上、下模闭合后存在间隙，不发生碰撞，模锻只承受金属塑性变形的抗力，因此可采用尺寸较小而硬度较高的镶块锻模代替整体锻模。

2) 预锻模膛设计

预锻模膛是根据预锻件图设计的，而预锻件图是根据终锻件图设计的，它的形状、尺寸与终锻工步图可能接近或有较大的差别，设计预锻件图总的原则就是使预锻后的工件在终模膛里尽可能以镦粗方式成形。具体说来，要考虑以下几点：

(1) 预锻件图的高度尺寸比终锻工步图相应大2~5mm，而宽度尺寸适当减小，并使预锻件的横截面积稍大于终锻件相应的横截面积。

(2) 若终锻件的横截面呈圆形，则相应的预锻件横截面也为椭圆形，横截面的圆度约为终锻件相应截面直径的4%~5%。

(3) 应考虑预锻件在终锻模膛中的定位问题。为此，预锻工步图中某些部位的形状和尺寸应与终锻件基本吻合。

2. 模架设计

1) 模架设计的内容及基本要求

模架设计主要包括以下部件的设计：上下模板、上下垫板、上下模块、顶料装置、导向装置以及某些紧固件等。

对模架的基本要求如下：

(1) 模架的结构形式力求具有较大的通用性，以适应多品种生产。

(2) 模架应具有足够的强度、刚度，使设备在锻造过程中引起的弹性变形不致影响锻件高度方向的尺寸，为此，模架内各种承受锻造负荷的部件，包括上、下模板均应采用合金钢制造，并经适当的热处理。

(3) 模架上所有的零件形状尽可能地简单，以便于加工制造。

(4) 模架内设置的顶料装置应可靠、耐用，并便于修理和更换。

(5) 模架的结构应保证在安装、调整和更换模块时，不需要从锻压机上卸下来，以节省时间，减少工作量。

(6) 模架上所有的紧固件位置都要布排得当，使其紧固时操作方便。

(7) 模架上应设有起重孔或起重棒，使吊装时安全可靠。

2) 长轴类锻件模架

图4-38所示为20000~25000kN锻压机上生产长轴类锻件所用的模架总图，其特点如下：

(1) 预锻模和终锻模内分别设三组顶杆，因此模架的上、下模板内都装有两个三臂顶料杠杆,同时相应增设了 4 个可分的轴承座。

(2) 上、下模板内部采用两个侧压板,这是为了取代一个整压板而减轻质量。

(3) 上模板设有 4 个螺孔用作紧固,而下模板上却设 8 个螺孔,把模架紧固在设备工作台上只需 4 个螺孔,其余 4 个螺孔是为了可紧固在同吨位而不同技术参数的锻压机上作迂回生产使用而设置的。

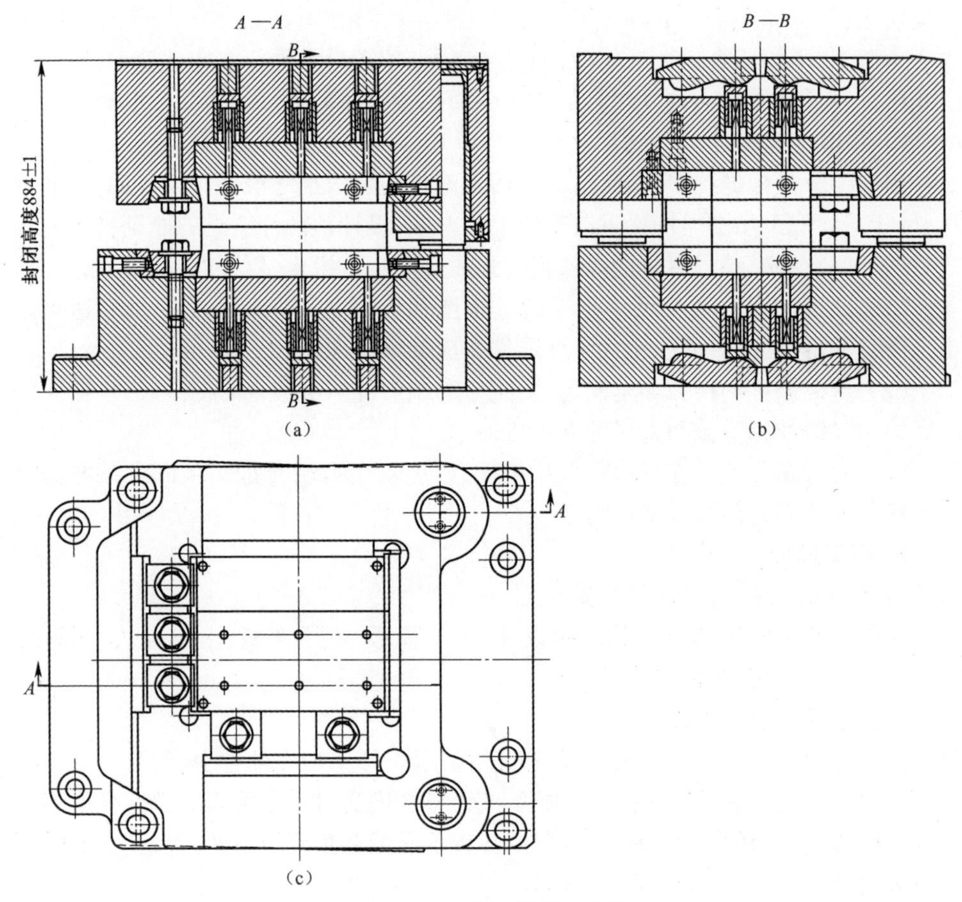

图 4-38　长杆类锻件使用的模架

3) 模具封闭高度的确定

锻压力机模具的总体结构如图 4-39 所示。下模架 7 和上模架 1 以及中间垫板 2、8,上、下模块 4、5,紧固压板 3、6、9、11,导向装置 10 等是锻压机模具的主要部件。一般应符合下列的比例关系:

(1) 比例关系 1:

$$H = A + 0.75a$$

式中:H 为模具封闭高度;A 为锻压最小封闭高度;a 为锻压机封闭高度调节量。

锻压机的封闭高度调节量是较小的,考虑到模架的修复要磨底平面,为抵消(或被偿)锻压机因加载而造成机身、曲轴、连杆等部件的弹性变形和某些游隙(一

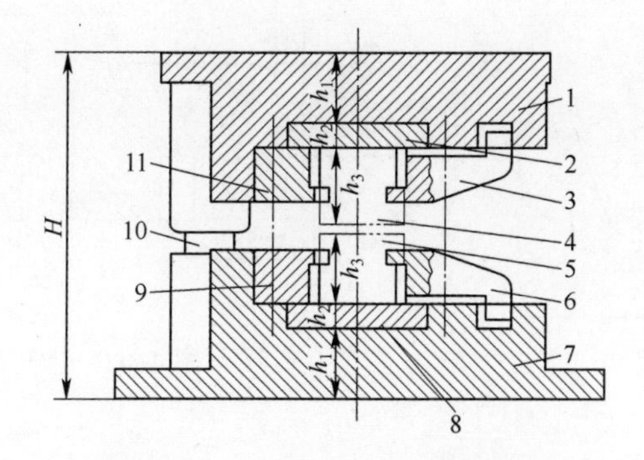

图 4-39　热模锻压力机模具总图

1—上模架；2、8—中间垫板；3、6、9、11—紧固压板；
4—上模板；5—下模块；7—下模架；10—导向装置。

般占调节量的 35%左右），所以调节量 a 应力求取高值，推荐采用 75%的调节量，不用 100%是因为考虑到锻压机和模架的制造都会有误差所致。

（2）比例关系 2：

$$2(h_1 + h_2) = (0.6 - 0.65)H \text{ 或 } h_1 + h_2 = (0.3 - 0.325)H$$

式中：h_1 为模架的底板厚度；h_2 为垫板厚度。

模架的底板、垫板和模块的厚度 h_1、h_2、h_3 是相互联系的，在一定的模具封闭高度 H 范围内根据强度条件而确定。当 h_2 不变而增大 h_1 就会减薄 h_3，减少翻新量；反之，h_3 增大就会削弱整个框架的强度，因此要使这些数据有一个合适的比例是必要的。

（3）比例关系 3：

$$h_n = h_{飞}$$

（4）比例关系 4：

$$H = 2(h_1 + h_2 + h_3) + h_n$$

式中：h_n 为上、下模块间的间隙；$h_{飞}$ 为飞边槽的桥部厚度。

4）镶块

镶块有圆柱形和矩形（或方形）两种。圆板形镶块加工方便、节省材料，适用于形状简单的回转体锻件；矩形镶块可适用于任何形状的锻件。镶块的平面尺寸决定于模膛尺寸及模壁厚度（图 4-40）。模壁厚度 t 可按下式确定：

$$t = (1 \sim 1.5h) \geqslant 40\text{mm}$$

式中：h 为模膛最宽处深度。

镶块底面距模膛最深处厚度 s 应不小于（0.6~0.65）h，确定镶块高度时应留有翻新的余量，但总高度应不大于（0.35~0.4）H。

镶块的终锻模膛中如有较深的腔，应在深腔中金属最后充满处开设排气孔（图 4-41）。孔径为 1.2~2mm，孔深 20~30mm，然后与直径为 8~20mm 的孔相连，直至镶块底部。当模膛底部有顶出器或其他能排气的缝隙时，可不另开排气孔。

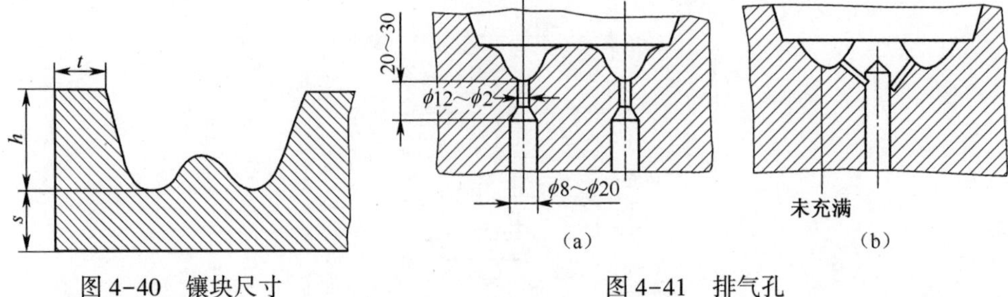

图 4-40　镶块尺寸　　　　图 4-41　排气孔

3. 顶出装置

锻模镶块中一般都有顶出器,用来顶出模膛中的锻件。顶出器的配置应根据锻件的形状和尺寸而定。图 4-42 所示为在三种不同形状锻件上顶出器的位置。图 4-42(a)表示在一般情况下顶出器应顶在飞边上;图 4-42(b)表示顶出器顶在具有较大孔径的冲孔连皮上;图 4-42(c)为连杆锻件,其顶出器分别顶在小头及大头叉部上。

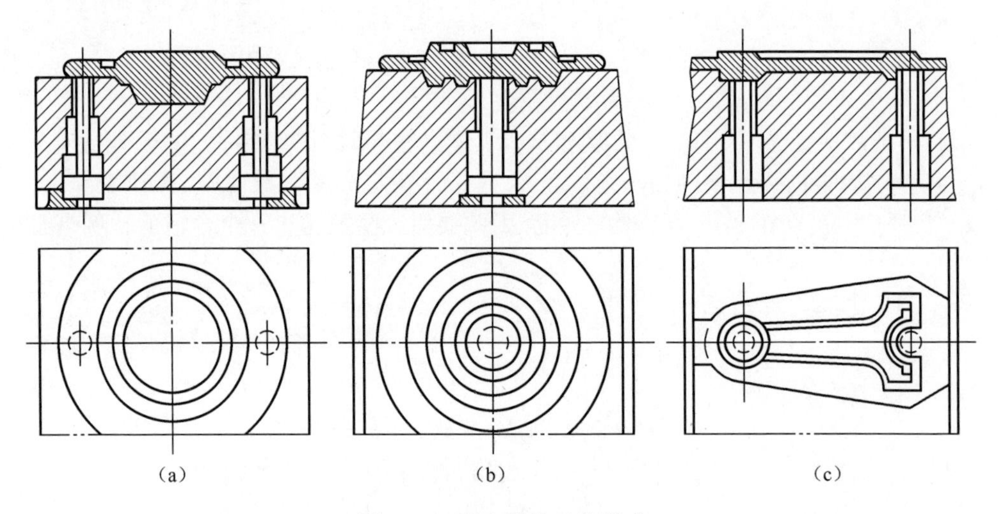

图 4-42　顶出器的三种形式

(a)大型饼盘件双顶出器;(b)中小型饼盘件中心顶出器;(c)连杆双顶出器。

顶出器直径不能太细,否则易弯曲变形,一般为 ϕ10~30mm。镶块上应有足够长度的导向部分,与推杆之间留有 0.1~0.3mm 的间隙,表面粗糙度不大于 Ra3.2μm。

推杆有各种结构形式,图 4-43 所示为三模膛单推杆结构简图。由顶杆 6 将推出力通过杠杆 3 及托板 2 传给 3 个顶出器 1。

4. 导向装置

热模锻压力机的导向装置由导柱、导套等零件所组成。大多数锻模上采用双导柱,设在模座后。导柱、导套分别与上、下模座过渡配合。导套与导柱间的间隙为 0.25~0.50mm,并设有润滑装置,导套上端有封盖,下部有油封圆,以防氧化皮

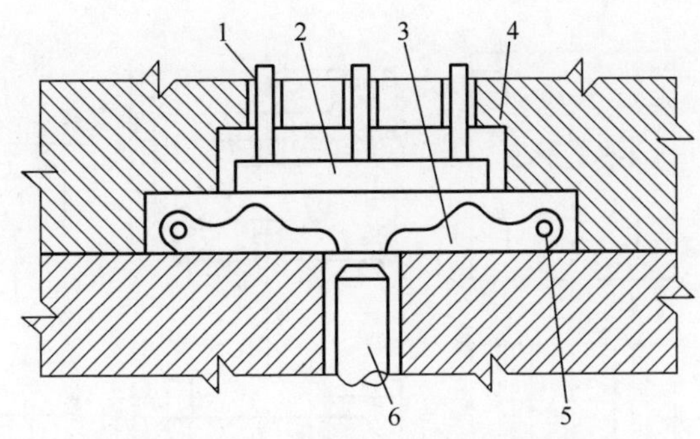

图 4-43　三模膛单推杆结构简图

1—顶出器;2—托板;3—杠杆;4—下模;5—绕轴;6—顶杆。

入内及润滑油漏出,导向装置如图 4-44 所示。

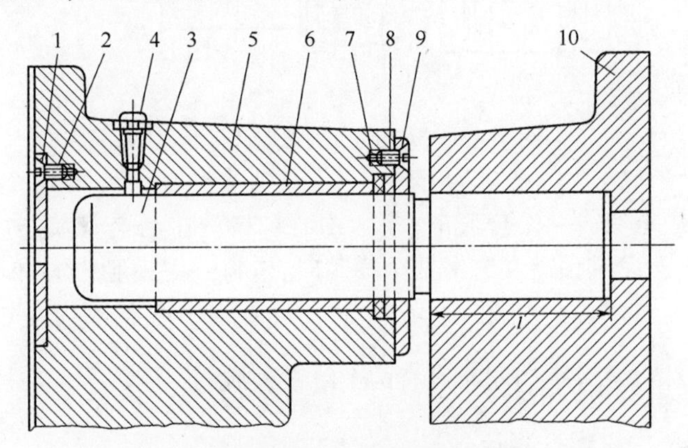

图 4-44　导向装置

1—盖板;2、8—螺钉;3—导柱;4—塞子;5—上模板;6—导套;

7—油封;9—油封端盖;10—下模板。

4.7.2　螺旋压力机用锻模结构设计

1. 锻模结构形式的选择

螺旋压力机的载荷特性虽然更具冲击载荷的特性,但总的来讲,介于模锻锤和热模锻压力机之间,因此,其模具结构既可采用整体式(图 4-45(a)、(b)),也可采用组合式(图 4-45(c)、(d))。因组合式锻模节省模具钢,便于模具零件标准化,缩短生产周期,降低成本,所以中小型锻件的批量生产多用组合模具结构,而大吨位螺旋压力机上多用整体式模具结构。

2. 模膛和模块设计

1) 设计原则及技术要求

(1) 根据热锻件图进行模膛和模块设计。热锻件图是以冷锻件图为依据,将所有尺寸增加冷收缩值。热锻件图与冷锻件图在外形上,一般完全相同。有时为保证锻件成形质量,允许在个别部位作适当修整。

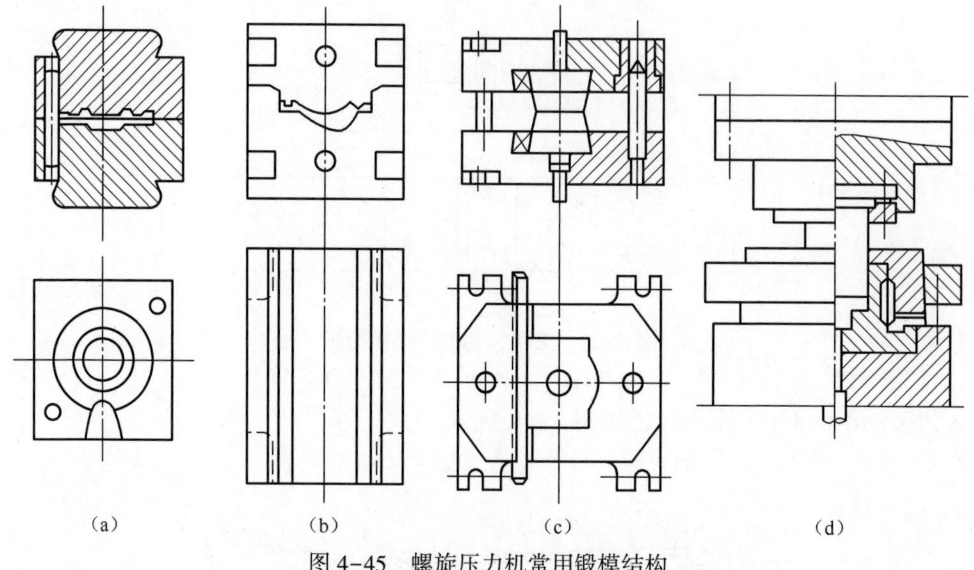

图 4-45　螺旋压力机常用锻模结构

(a)、(b)整体式;(c)、(d)组合式。

(2) 当模块上只有一个模膛时,模膛中心和模块中心与螺旋压力机主螺杆中心重合;当模块上设有预锻和终锻两个模膛时,应将终锻模膛中心和预锻模膛中心处置于模膛中心的两侧,如图 4-46 所示。两模膛中心相对模块中心的距离为 $a/b \leqslant \dfrac{1}{2}$,且 $a/b \leqslant \dfrac{D}{2}$。当同时设有两个终锻模膛时,应使 $\dfrac{a}{b}=1$,且 $a+b \leqslant \dfrac{D}{2}$,其中 D 为螺旋压力机螺杆直径。

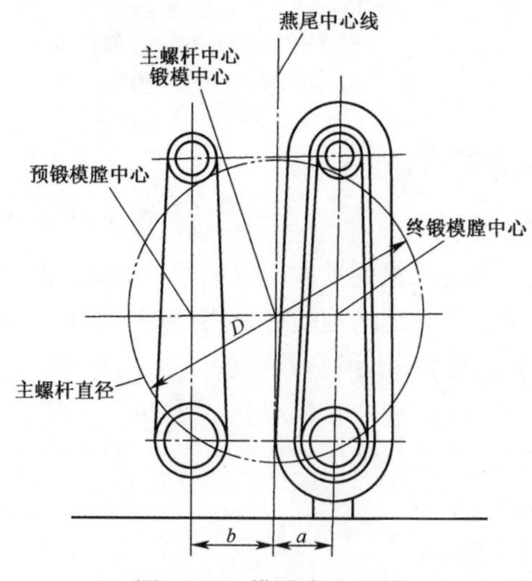

图 4-46　模膛中心安排

(3) 因螺旋压力机行程速度较模锻锤慢,模具受力条件较好,所以开式模锻模块的承击面积一般可为锤上模锻的 1/3。

(4) 螺旋压力机都具有下顶料装置而无上顶料装置，所以在设计模膛时，形状比较复杂的设置在下模上，有意地让锻件粘在下模上，以便用下顶杆顶出；但现代大吨位电动螺旋压力机在滑块上也设有顶出装置。

(5) 螺旋压力机的行程不是固定的，上行程结束所处的位置也不是固定的，所以在锻模模块上设计的顶出器结构在保证强度的条件下要留有足够的空间，以防顶出器把整个模架顶出(图 4-47(a))。一般采用图 4-47(b)所示的预料形式。

(6) 模膛及模块设计时要考虑锻模结构形式的选择，在保证强度的条件下应力求结构简单，制造方便，生产周期短，力争达到最佳的经济效果。

(7) 对于模膛比较深、形状比较复杂、金属难以充满的部位，要设置排气孔。

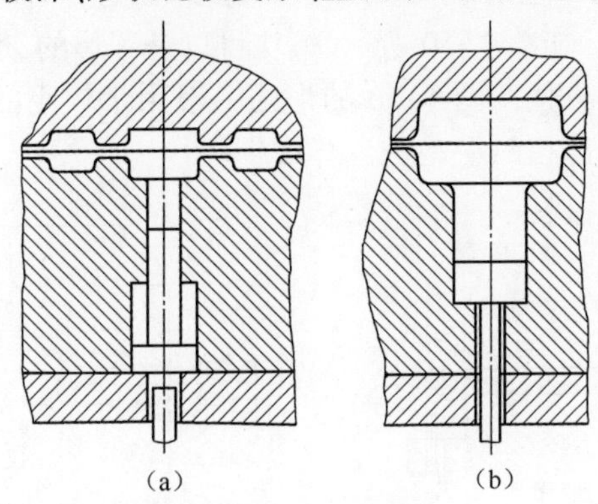

图 4-47　顶出器结构

(a)间接顶出器；(b)直接顶出器。

2) 飞边槽结构形式及尺寸确定

飞边槽的基本形式如图 4-48 所示。若采用制坯工艺使金属体积分配合理和采用小飞边模锻时，可采用图 4-48(a)飞边槽形式；对于一些小锻件模锻时，可采用图 4-48(b)飞边槽形式；对复杂形状的锻件和制坯后金属体积与锻件的体积相差较大时，可采用图 4-48(c)飞边槽形式。飞边槽尺寸如表 4-8 所列。

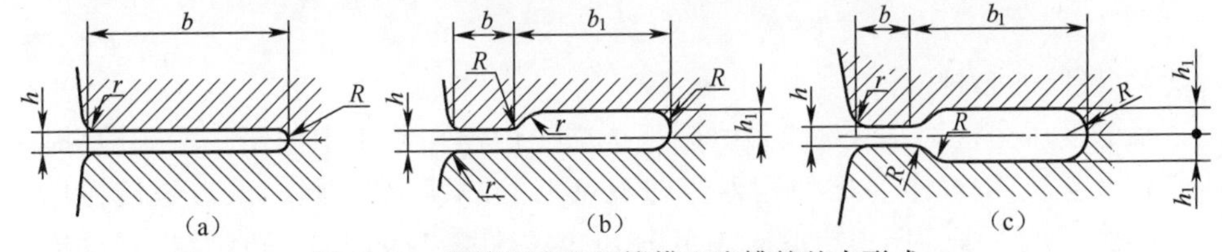

图 4-48　螺旋压力机用锻模飞边槽的基本形式

表 4-8　铝合金属锻件飞边槽尺寸

设备吨位/kN	h	h_1	b	b_1	r	R
≤1600	1.4	4	6	25	1.5	4
1600~4000	1.5	4	8	30	2.0	4
4000~6300	2.0	5	8	35	2.0	5
6300~10000	2.5	6	10	35	2.5	6
10000~25000	3.0	7	12	40	3.5	7

3）模块紧固形式

为了安全生产，正确选择模块紧固形式是非常重要的。螺旋压力机模锻常用的紧固方法有以下几种：

（1）用楔紧固。这种紧固方法与锤上锻模固定相同。模块上有燕尾，靠楔紧固在模座上，模座借助于T形螺钉分别固定在螺旋压力机的滑块和工作台面上。这种紧固方法方便可靠，一般用于较大的模块。在批量小、供货周期短的情况，也可采用这种紧固方法。

（2）用压圈紧固（压板紧固）。如图4-49所示，这种紧固方法只适合圆形模块，紧固方便可靠，对于需用顶杆的圆形模具，多采用这种方法。

（3）用螺栓紧固。如图4-50所示，模块可以是圆形的，也可以是矩形的，它的优点是结构简单，制造方便。图4-50的形式一般用于较小的模块，在锻造的过程中螺栓易松动，特别是出模时松动更为严重。

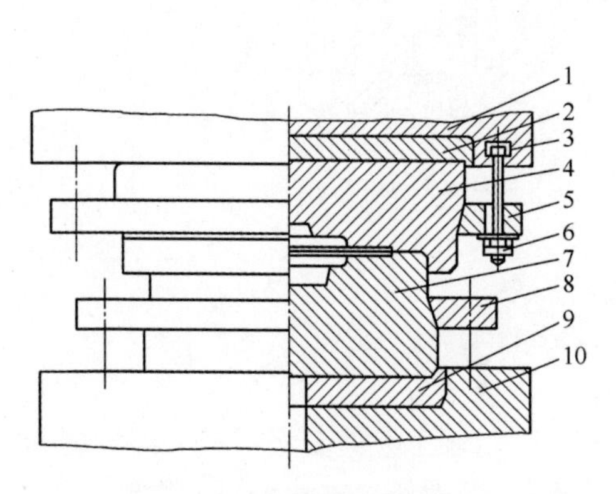

图4-49　用压圈紧固模块形式

1—上底板；2—上垫块；3—紧固螺钉；4—上模块；5—上压圈；6—紧固螺母；7—下模块；8—下压圈；9—下垫块；10—下底板。

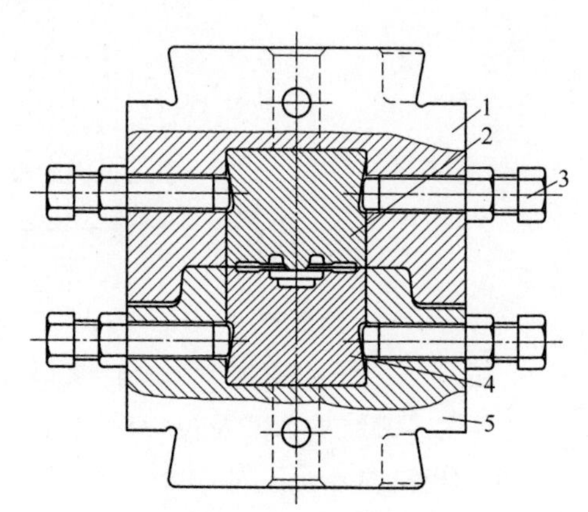

图4-50　用螺栓紧固模块形式

1—上模套；2—上模块；3—螺栓；4—下模块；5—下模套。

4）模膛的布排

从螺旋压力机工作特性及最大限度地减少锻模在使用中的错移量，以及提高主螺杆及导轨、锻模本身的使用寿命的观点出发，采用单模膛的锻造是最为合理的。但为了扩大螺旋压力机的应用范围，根据锻件本身的工艺特点及提高设备的利用率往往采用双模膛的锻造，一般是一个预锻模膛，一个是终锻模膛或一个制坯模膛，有时采用两个终模膛，现代大吨位电动螺旋压力机已发展到三工位锻，即有3个模膛。

当锻模为单模膛时，模膛中心要与主螺杆中心重合；当模块上有两块上模膛时，其布排法见本节设计原则第（2）条。

5）导向部分设计特点

为了平衡模锻过程中出现的错移力，减少锻件错移，提高锻精度和便于模具安装、调整,可采用导向装置。螺旋压力机锻模的导向种类有导锁、导销、导柱、导套和凸凹模自身导向四种。

6) 无飞边闭式锻模设计特点

图 4-45(d)所示为闭式镦粗成形的一种锻模结构。该类锻模在凸模和凹模、顶杆和凹模之间要能自由地滑动,为此要有适当的间隙。间隙过大,在金属流动时,此处将产生纵向飞边,加速模具磨损和造成顶件困难;间隙过小,温度的影响和模具的变形,将使凸模和凹模、顶杆和凹模之间运动困难。通常顶杆和凹模间的间隙按间隙配合精度选用。凸模和凹模间的间隙如表 4-9 所列。

表 4-9　凸模和凹模的间隙值　(mm)

冲头直径	间隙值	冲头直径	间隙值
<20	0.10	40~60	0.15~0.20
20~40	0.10~0.15	>60	0.20~0.30

4.7.3　切边模与冲孔模设计

如上所述,无论是传统的开式模锻还是新型小飞边精密模锻所得锻件,沿分模面周围有一圈飞边,内孔有连皮,模锻后需在切边压力机上用切边模和冲孔模切掉飞边和连皮。铝合金锻件热切、热冲容易产生纵向毛刺,故通常采用冷切、冷冲。

1. 切边与冲孔的方式及模具类型

如图 4-51 所示,切边模和冲孔模主要由凸模(冲头)和凹模组成。切边时,锻件放在凹模上,在凸模的推压下锻件的飞边被凹模刃口剪切而与锻件分离。冲孔时,情况则相反,冲孔凹模只起支承作用,而冲孔凸模起剪切作用。

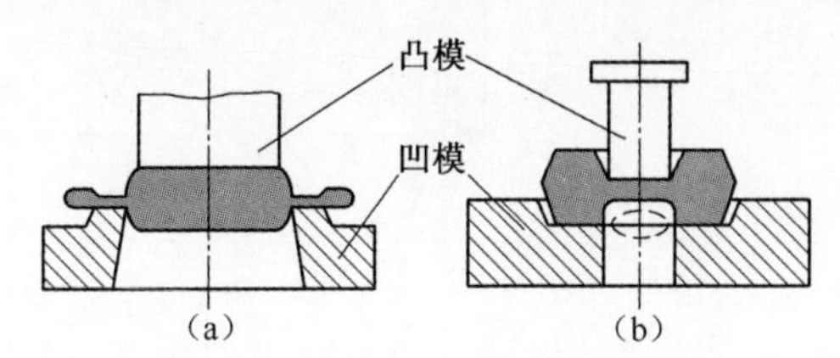

图 4-51　切边模和冲孔模简图

(a)切边模;(b)冲孔模。

切边、冲孔模分为简单模、连续模和复合模三种类型。简单模用来完成切边或冲孔(图 4-51)。连续模是在压力机的一次行程内同时进行一个锻件的切边和另一个锻件的冲孔(图 4-52)。复合模是在压力机的一次行程中,先后完成切边和冲孔(图 4-53)。

选择模具结构类型主要依据生产指标和切边冲孔方式等因素而定。锻件生产批量不大时,宜采用简单模;锻件大批量生产时,对提高劳动生产率具有特别重大的意义,应采用连续模或复合模。

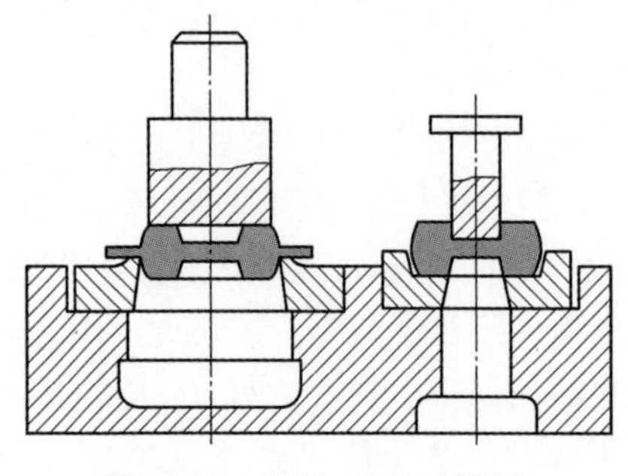
图 4-52　切边、冲孔连续模

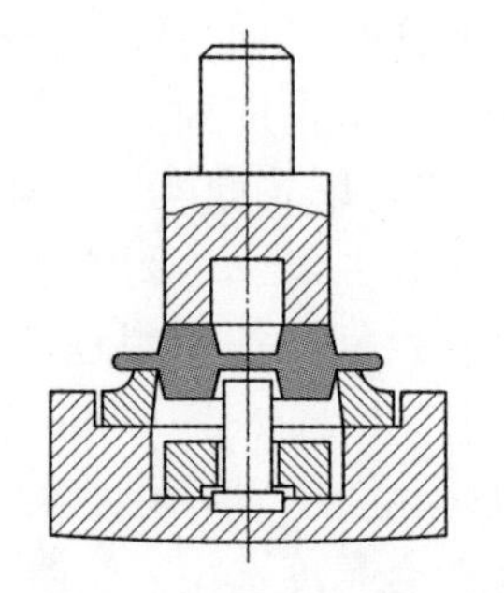
图 4-53　切边、冲孔复合模

2. 切边模

切边模一般由切边凹模、切边凸模、模座、卸飞边装置等零件组成。

1) 切边凹模的结构尺寸

切边凹模有整体式(图 4-54)和组合式(图 4-55)两种。整体式凹模适用于中小型锻件,特别是形状简单、对称的锻件。组合式凹模由两块以上的凹模组成,制造比较容易,热处理时不易淬裂,变形小,便于修磨、调整、更换,多用于大型或形状复杂的锻件。

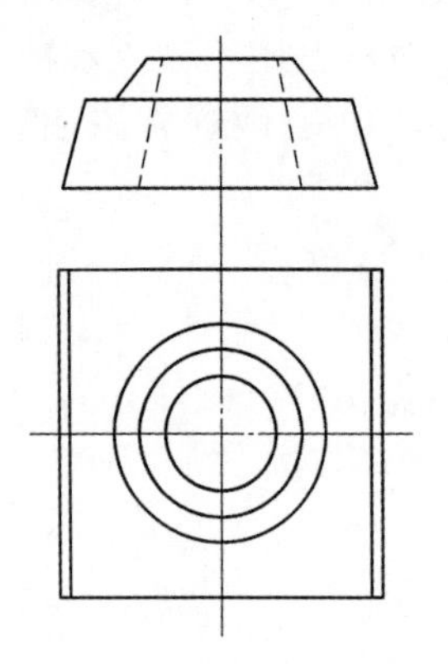
图 4-54　整体式切边凹模

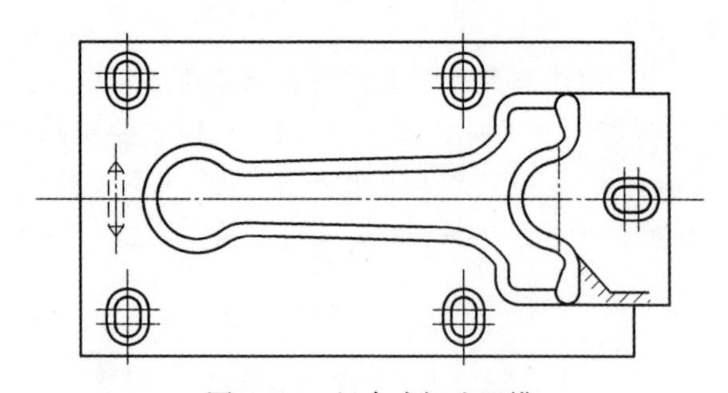
图 4-55　组合式切边凹模

凹模刃口有三种形式:图 4-56(a)为直刃口,当刃口磨损后,将顶面磨去一层,即可恢复锋利,并且刃口轮廓尺寸保持不变。直刃口维修虽然方便,但是切边力较

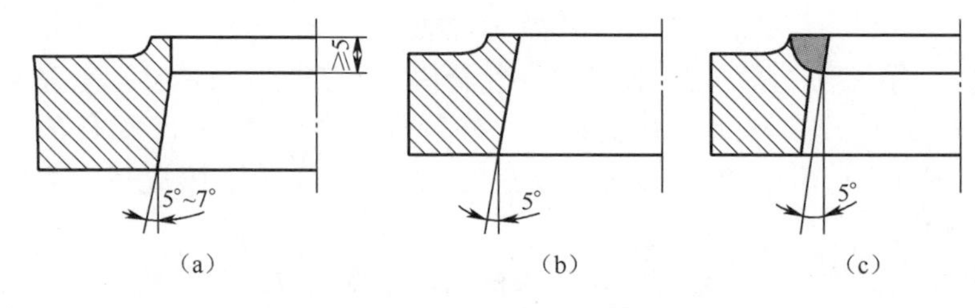

图 4-56　凹模刃口形式
(a)直刃口;(b)斜刃口;(c)堆焊刃口。

大，一般用于整体式凹模。图 4-56(b)为斜刃口，可用插床加工，切边省力，但易磨损，主要用于组合式凹模。刃口磨损后，轮廓尺寸扩大，可将分块凹模的接合面磨去一层，重新调整，或用堆焊方法修补。图 4-56(c)为堆焊刃口，其凹模体用铸钢浇注而成，刃口则用模具钢堆焊，可大为降低模具成本。

为了使锻件平稳地放在凹模刃口上，刃口顶面应做成凸台形式。切边凹模的结构和尺寸可参见图 4-57 和表 4-10。图表中的 $B_{\min}$ 为最小壁厚，$H_{\min}$ 为凹模许可的最小高度，E 等于(或小于)终锻模膛前端至钳口的距离，L' 等于飞边槽桥部宽度 b 或 $b-(1\sim2)$ mm。

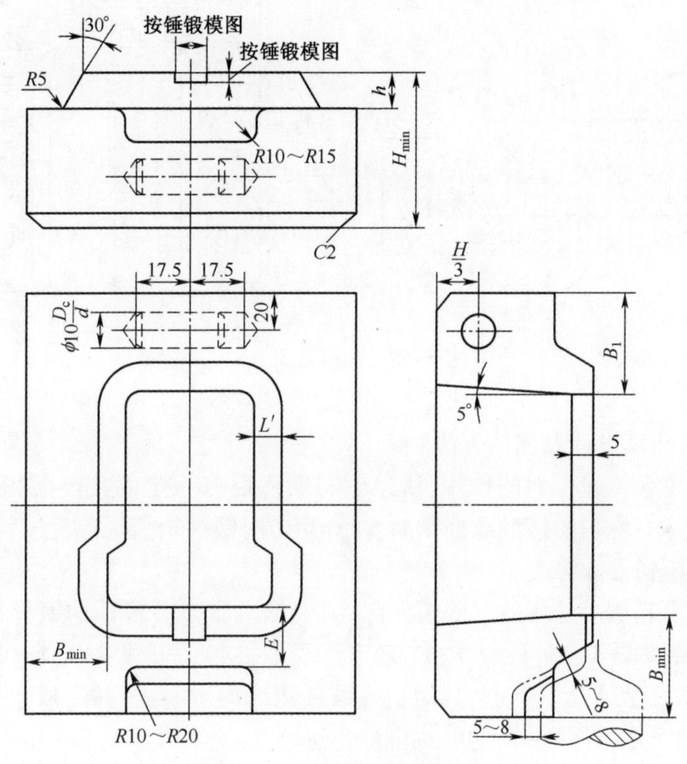

图 4-57 切边凹模的结构

表 4-10 切边凹模尺寸

飞边桥部高度	$H_{\min}$	H	B_1	$B_{\min}$	备注
<1.5	50	10	35	30	1000kN 切边压力机
1.5~2.5	55	12	40	35	3150kN 切边压力机
>3	60	15	50	40	3150kN 切边压力机

切边凹模多用楔铁或螺钉紧固在凹模底座上(图 4-58)。用楔铁紧固较简单、牢固，用于整体凹模或两块组成的凹模。螺钉紧固的方法多用于 3 块以上的组合凹模，便于调整刃口的位置。

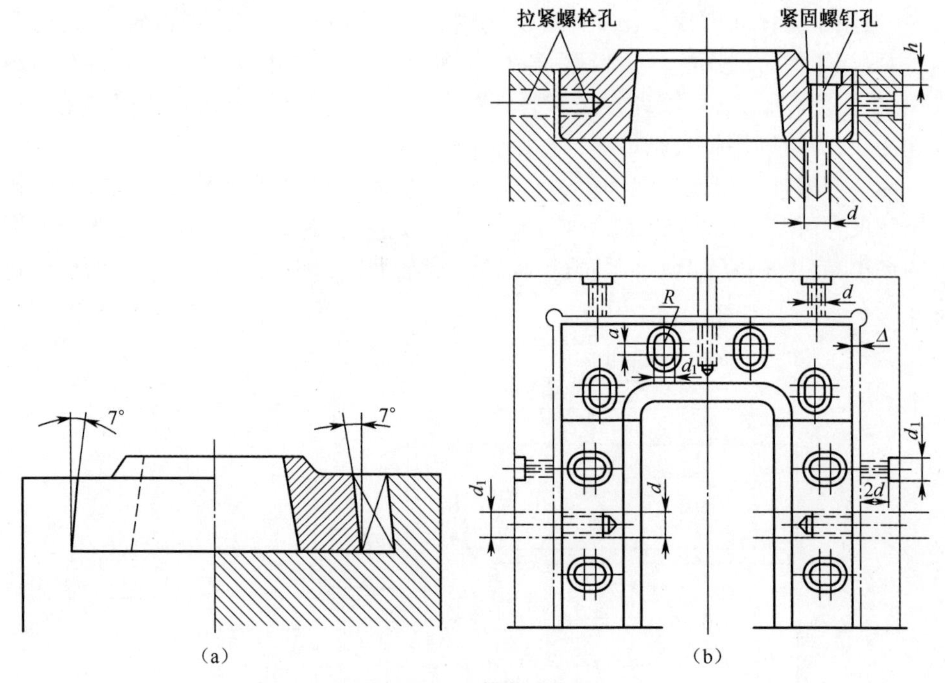

图 4-58　凹模紧固方法

(a)用楔铁紧固;(b)用螺钉紧固。

2) 切边凸模设计及固定方法

切边凸模起传递压力的作用,所以它与锻件需有一定的接触面积(推压面),且形状吻合。不均匀的接触或推压面太小,切边时锻件会因局部受压而发生弯曲、扭曲和表面压伤等缺陷。

对于凹模起切刃作用的凸凹模间隙 δ ,根据垂直于分模面的锻件横截面形状及尺寸不同,按图 4-59 及表 4-11 确定。当锻件模锻斜度大于 15°时(图 4-59(c)),间隙 δ 不宜太大,以免切边时造成锻件边缘向上卷起,并形成较大的残留毛刺。为此,凸模应按图 4-59 的形式设计。

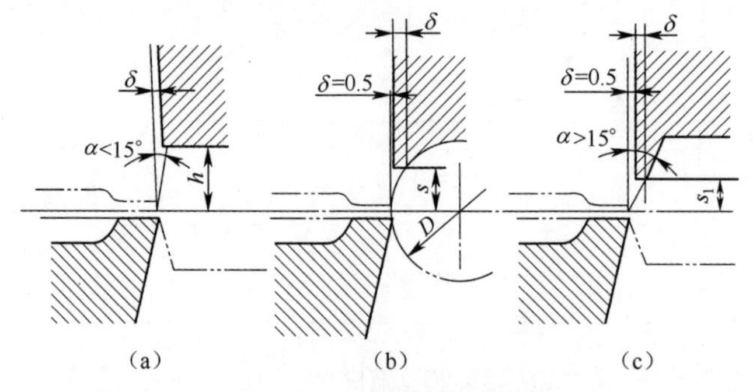

图 4-59　切边凸模的间隙

(a)锻件斜度小于 15°时的凸凹模间隙;(b)圆形截面锻件凸凹模间隙;

(c)锻件斜度大于 15°时的凸凹模间隙。

表 4-11　切边凸凹模的间隙 δ　(mm)

图 4-59(a)		图 4-59(b)	
h	δ	D	δ
<10	0.5	<30	0.5
10~8	0.8	30~47	0.8
19~23	1.0	48~58	1.0
35~30	1.2	59~70	1.2
>30	1.5	>70	1.5

切边时,凸模一般进入凹模内,凸凹模之间应有适当的间隙 δ。间隙靠减小凸模轮廓尺寸保证。间隙过大,不利于凸凹模位置对准,易产生偏心切边和不均匀的残余毛刺;间隙过小,飞边不易从凸模上取下,而且凸凹模有互啃的危险。与锻件配合,并每边保持 0.5mm 左右的最小间隙。对于凸凹模同时起切刃作用的凸凹模间隙,可按下式计算:

$$\delta = kt$$

式中:δ 为凸凹模单边间隙(mm);t 为切边厚度(mm);k 为材料系数:硬铝 $k=0.08\sim0.1$,铝合金 $k=0.04\sim0.06$。

为了便于模具调整,沿整个轮廓间隙应按最小值取成一致。凸模下端不可有锐边,应从 s 和 s_1 高处削平(图 4-59(b)、(c))。s 和 s_1 的大小可用作图法确定,并使凹模下端削平后的宽度 b 选择如下:小型锻件宽度为 1.5~2.5mm,中型锻件宽度为 2~3mm,大型锻件宽度为 3~5mm。

凸模紧固的方式主要有两种:一是将凸模直接紧固在切边压力机滑块上,如图 4-59(a)所示,用楔将凸模燕尾直接紧固在滑块上,前后用中心键定位。这种方式夹持牢固,适用于紧固大型锻件的切边凸模。对于特别大的锻件可用压板,螺栓直接紧固在滑块上(图 4-60(b))。二是用压力机上的紧固装置直接将凸模尾柄紧固在滑块上,如图 4-60(c)所示。其特点是夹持方便,牢固程度尚可,适用于紧固中小型锻件的切边凸模。中小型锻件的切边凸模,也常传用键槽和螺钉或燕尾和楔固定在模座上,再将模座固定在切边压力机的滑块上,这样可减小凸模的高度,节省模具钢。

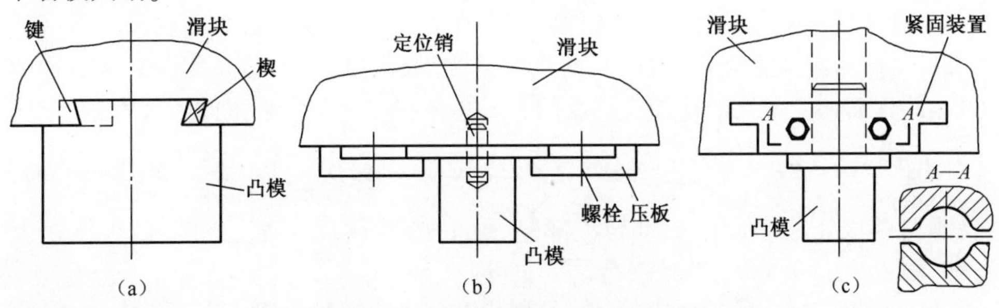

图 4-60　凸模直接紧固在滑块上

(a)楔块固定;(b)螺栓压板固定;(c)专用紧固装置固定。

3) 卸飞边装置

若凸凹模之间的间隙小,切边时又需凸模进入凹模,则切边后飞边常常卡在凸模上不易卸除。所以当冷切边的间隙$\delta<0.5$mm、热切边的间隙小于1mm时,就需在切边模上设置卸装置。

卸飞边装置有刚性的(图4-61(a)、(b))和弹性(图4-61(c))两种。图4-61(a)是常用的一种结构,适用于中小锻件的冷、热切边。图4-61(b)是爪形卸飞边装置,适用于大中锻件的冷、热切边,结构简单,广为采用。对于高度较大的锻件,若计算结果表明模具闭合后凸模的肩部会碰到卸料板,可用图4-61(c)所示的弹性卸飞边装置。

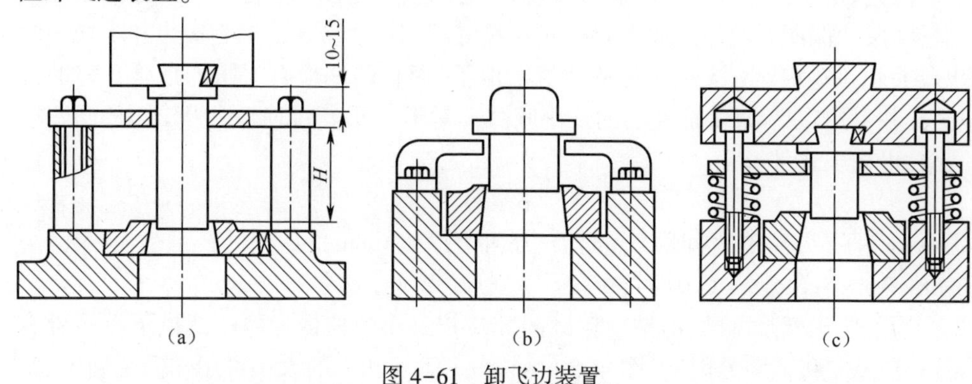

图4-61　卸飞边装置

(a)封闭式刚性卸边装置;(b)双爪形刚性卸边装置;(c)封闭式弹性卸边装置。

卸料板与凹模刃口之间的距离,H应能保证锻件自由放入;当模具闭合时,凸模的肩部与卸料板之间应有10~15mm的距离;卸料板孔形尺寸按凸模尺寸每边加大1~2mm。孔形制成封闭的,或为了方便放置锻件或观察时,也可制成开口的。卸料板厚度一般为10~20mm。

3. 冲孔模和切边冲孔复合模

1) 冲孔模

单独冲除孔内连皮时,可将锻件放在冲孔凹模内,靠冲孔凸模端面的刃口将连皮冲掉,如图4-62所示。凸模刃口部分的尺寸按锻件冲孔尺寸确定,凸凹模之间的间隙靠扩大凹模孔尺寸来保证。

冲孔凹模起支承锻件作用,锻件以凹模和凹穴定位,其垂直方向的尺寸按锻件上相应部分基本尺寸确定,但凹穴的最大深度不必超过锻件的高度。形状对称的锻件,凹穴的深度可比锻件相应高度的1/2小一些。凹穴水平方向的尺寸,在定位部分(图4-63中的尺寸C)的侧面与锻件间应有间隙Δ,间隙为$\frac{e}{2}+0.3\sim0.5$mm,e为锻件在该处的正偏差;在非定位部分(图4-63中的尺寸B),间隙Δ_1可比Δ大一些,取$\Delta_1=\Delta+0.5$mm,该处制造精度也可低一些。

锻件底面应全部支承在凹模上,故凹模孔径d应稍小于锻件底面内孔的直径。凹模孔的最小高度$H_{\min}$应不小于$s+15$mm,s为连皮厚度。

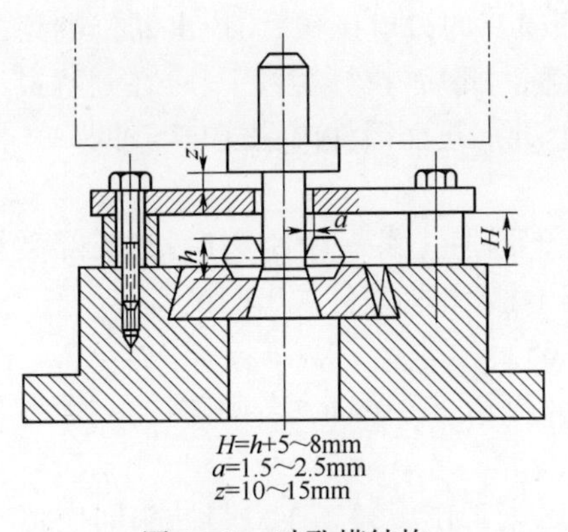

图 4-62　冲孔模结构

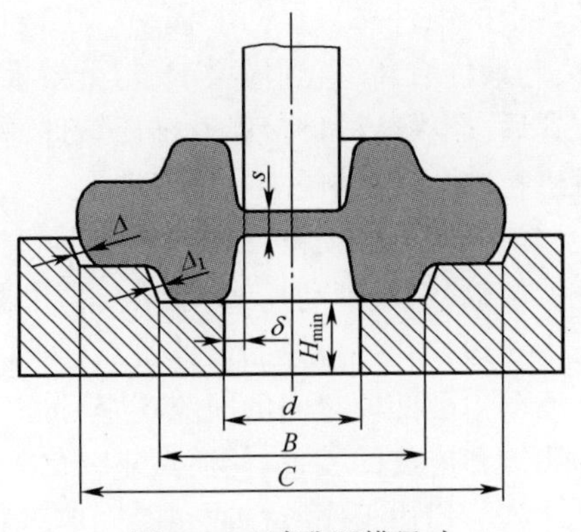

图 4-63　冲孔凹模尺寸

2）切边冲孔复合模

切边冲孔复合模的结构与工作过程如图 4-64 所示。压力机滑块处于最上位置时，拉杆 5 通过其头部将托架 6 托住，使横梁 15 及顶出器 12 处于最高位置，将锻件置于顶出器上。滑块下行时，拉杆与凸模 7 同时向下移动，托架、横梁、顶出器

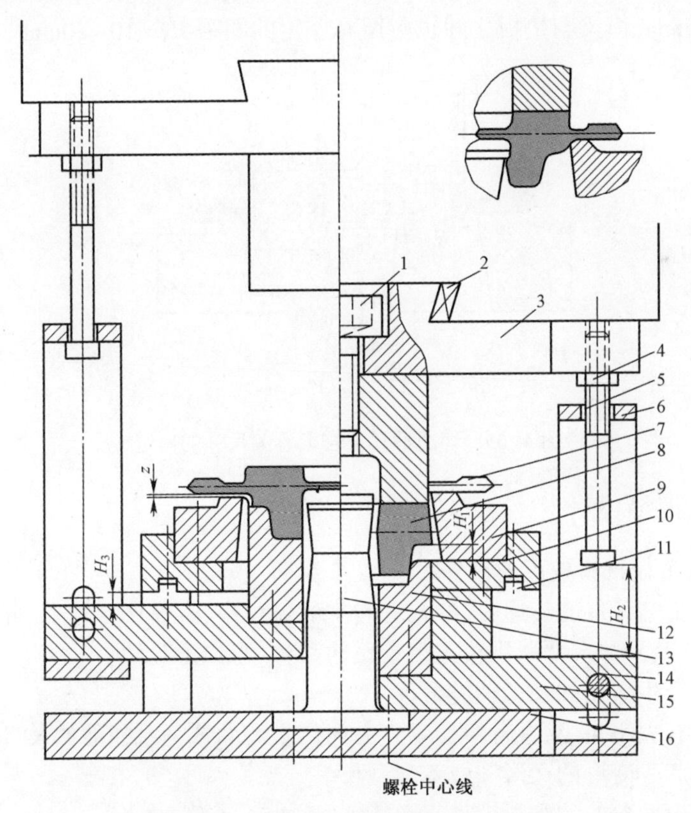

图 4-64　切边冲孔复合模结构与工作过程

1—螺栓；2—楔；3—上模板；4—螺帽；5—拉杆；6—托架；7—凸模；8—锻件；9—凹模；10—垫板；11—支撑板；12—顶出器；13—冲头；14—螺栓；15—横梁；16—下模板。

及其上的锻件靠自重向下移动。当锻件与凹模 9 的刃口接触后，顶出器仍继续下移，与锻件脱离，直到横梁 15 与下模板 16 接触。此后，拉杆继续下移，在到达最下位置后，凸模与锻件接触并推压锻件，将飞边切除，进而锻件内孔连皮与冲头 13 接触进行冲孔，锻件便落在顶出器上。

滑块向上移动时，凸模与拉杆同时上移，当拉杆上移一段距离后，其头部又与托架接触，然后带动托架、横梁与顶出器一起上移，并将锻件顶出凹模。

切边冲孔复合模的设计要点如下(图 4-65)：

(1) 凸凹模之间的间隙 $\delta_1 \geqslant 1mm$，冲孔间隙 $\delta_2 \geqslant 0.6mm$。若间隙过小，需设置卸飞边和连皮的装置，使模具复杂化。

(2) 切边工序应在冲孔前完成，以减轻压床工作压力。连皮与冲头间应留有适当的间隙，间隙 $\lambda' = 5 \sim 15mm$。

(3) 切移量 e 的大小应能保证切净飞边和连皮，距离 $\lambda'' = 10 \sim 15mm$。

(4) 应考虑到凹模刃口及冲头的磨损会导致模具闭合高度减小，有可能使锻件在凸模和顶出器间受到压伤，必须在其间留出适当的间隙 $H_1 = 10 \sim 20mm$。

(5) 当滑块处于最高位置时，为保证锻件容易取出，飞边与凹模刃口之间留有间隙 $t = 2 \sim 5mm$，横梁与垫板之间也应留有一定的间距 $H_3 = 10 \sim 20mm$。

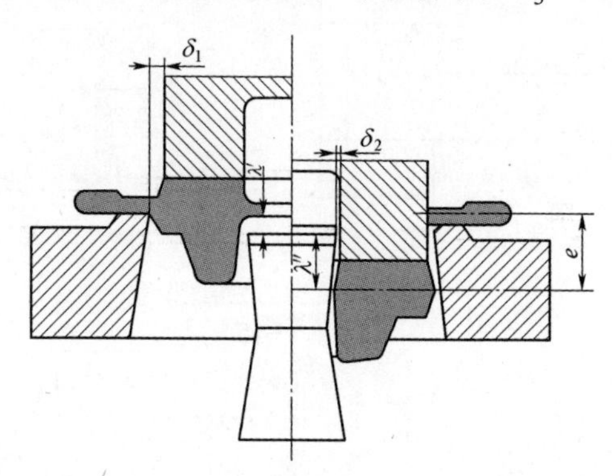

图 4-65　切边冲孔复合模有关尺寸的确定

4.7.4　校正模设计

1. 需采用校正模校正的锻件

在铝合金精锻件的传递，或冲孔去连皮的过程中，容易产生弯曲、扭转等变形。在实际生产中，一般需要采用校正模校正的锻件，有如下几种：

(1) 易产生弯曲的细长轴类锻件。

(2) 易有大小头、易在分模面垂直方向产生弯曲或两端扭曲的长杆类锻件。

(3) 易产生变形的叉形和枝芽形锻件。

(4) 分模面弯曲的细长锻件。

(5) 具有落差的锻件。

(6) 具有薄法兰盘的锻件。

(7) 冲孔的锻件。

(8) 形状复杂的锻件,如变速叉、曲轴和凸轮轴等。

锻件的校正可采用热校正或冷校正:热校正通常与模锻同一火次,在切飞边和冲连皮后进行,一般用于大型锻件和在模锻后及切边孔中易产生变形的形状复杂、室温下塑性较低的锻件;冷校正是作为最后工序,一般用于中小型锻件和在切飞边、冲连皮的过程中易产生变形的锻件。

2. 校正模的设计

1) 校正模膛的设计

校正模膛是根据锻件图(热的或冷的)来设计的。在保证校正要求的情况下,应力求模膛形状简化、定位可靠、操作方便和制造简单。

为了使锻件放入或取出模膛时方便,并考虑到锻件在高度方向上有欠压现象时在校正过程中锻件横向尺寸会增大,所以在水平方向模膛与锻件之间应留有一定间隙 Δ_1,其值与锻件的断面形状和大小有关,可按表 4-12 选用。对于凸起部分较高的锻件($H/D>1$),其间隙可取大一些,或根据具体情况取不同间隙值。对于易变形的叉形锻件,为了校正得好,在叉形的顶部某一些高度范围内应不留间隙。

表 4-12　校正模膛与锻件之间的间隙　　(mm)

断面形状	间隙 Δ_1					
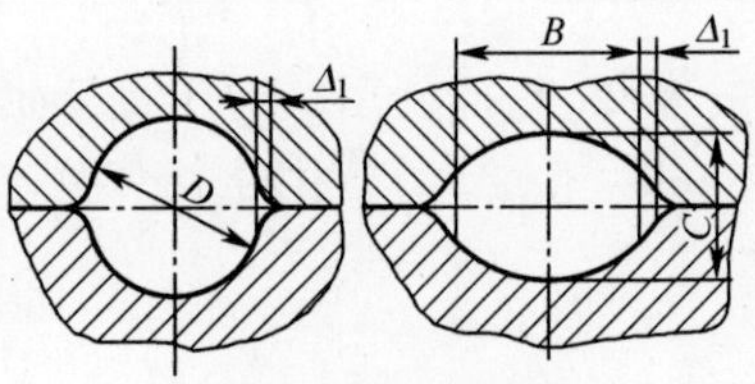 圆形与椭圆形断面	D 或 B	≤10	11~20	21~40	41~60	>60
	Δ_1	0.8	1.0	1.5	2.0	2.5
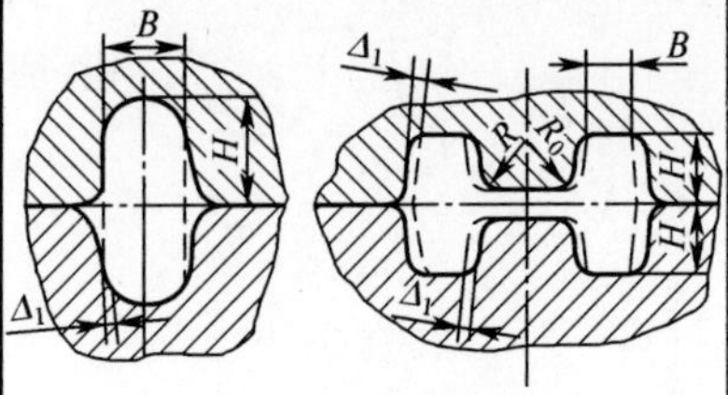 工字形与肋筋断面	H	≤10	11~20	21~30	31~40	
	Δ_1	1.2	1.5	2.0	2.5	
	$R=R_0+(2\sim5)$ mm					
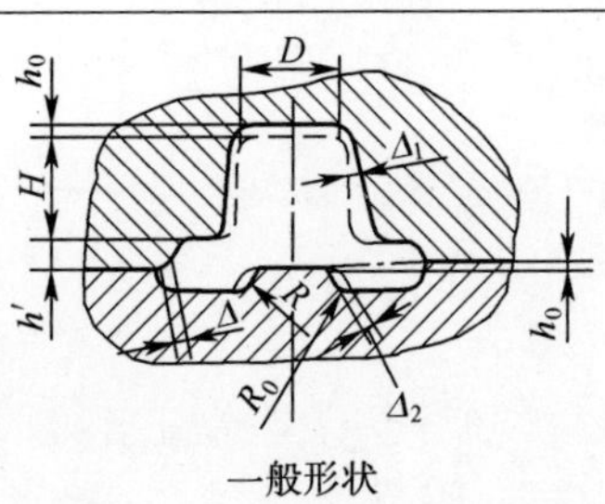 一般形状	H	≤30	31~45	46~60	>60	
	Δ_1	1.5	2.0	2.5	3.0	
	Δ_2	0.8	1.0	1.0	1.0	
	$H/D\leq1$ 时适用,$h_0=1\sim4$mm,R 同工字形与肋筋断面					

校正模膛的高度，对于小锻件，因锻件欠压现象不严重，模膛的高度可取等于锻件的高度。对于大中型锻件，校正模模膛高度比锻件高度要小一些，其差值为锻件的负偏差。

在校正模的模膛边缘应作出圆角 $R=3\sim5\text{mm}$，模膛的表面粗糙度 R_a 为 $1.6\mu\text{m}$，其制造公差可按表 4-13 选取。

表 4-13　校正模膛公差

模膛尺寸/mm	深度尺寸公差/mm	长或宽尺寸公差/mm
≤15	+0.1	+0.6
	-0.2	-0.2
16~30	+0.1	+0.8
	-0.3	-0.3
31~60	+0.2	+1.1
	-0.4	-0.4
61~120	—	+1.4
		-0.5
>120	—	+1.5
		-0.6

对于小型锻件，可在一个模块上做两个相同的模膛，轮换使用。对于复杂形状的锻件，如曲轴、凸轮轴等，必须在两个方向（一般相差 90°）用两个模膛来校正。

2）校正模模膛的间距和壁厚

模膛的间距和壁厚是按校正部分的形状确定的。对于平面校正的情况，其壁厚和模膛间距可按图 4-66 选取。如校正部分为鞋面时，模膛侧面与锻件接触，其壁厚与模膛间距可按图 4-67 选取。锁扣部分与模膛间距的间距 s 如图 4-68 所示，根据相邻模膛深度决定，一般 $s=25\sim35\text{mm}$。

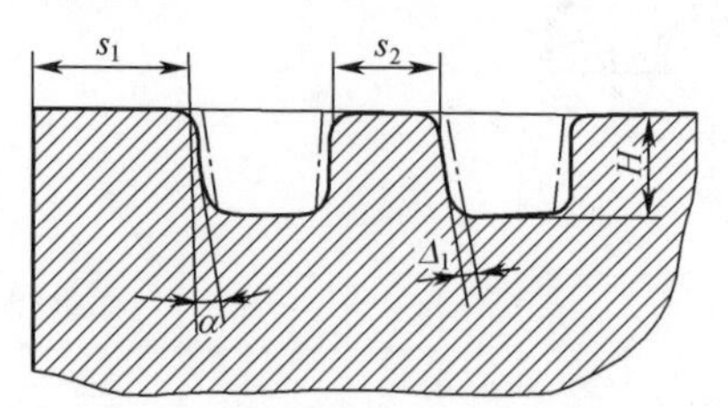

图 4-66　平面校正时的模膛间距与壁厚

（$s_1\geqslant H, s_1\geqslant 30\text{mm}; s_2\geqslant H, s_2\geqslant 20\text{mm}$）

3）校正模结构

机械压力机和螺旋压力机用校正模结构与终锻模类似，也要考虑适当的承压面。在校正模的上、下模之间，即在分模面上留有 1~2mm 间隙。

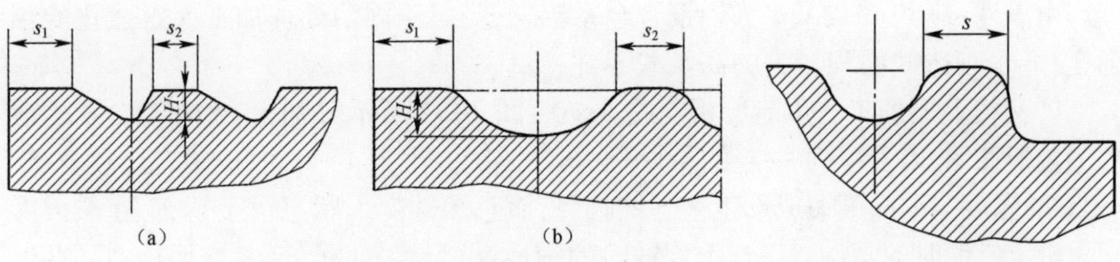

图 4-67　具有斜面的锻件校正时,模膛间距与壁厚

($s_1 \geqslant 1.5H, s_1 \geqslant 40\text{mm}; s_2 \geqslant H, s_2 \geqslant 30\text{mm}$)

图 4-68　锁扣与模膛间距

4.8　实　　例

如前所述,长轴类铝合金锻件品种多,形状各异,这里力求选择几个具有代表性的实例,介绍其基本工艺过程、关键技术、工艺试验及生产应用情况。

4.8.1　空气压缩机连杆多工位精锻

空气压缩机连杆如图 4-69 所示,由图可以看出,它属于平面连杆结构。要求锻件经固溶处理即 T6 热处理后,抗拉强度 $\sigma_b = 390 \sim 440\text{MPa}$,硬度达到 110~130HB,延伸率 $\delta \geqslant 10\%$。

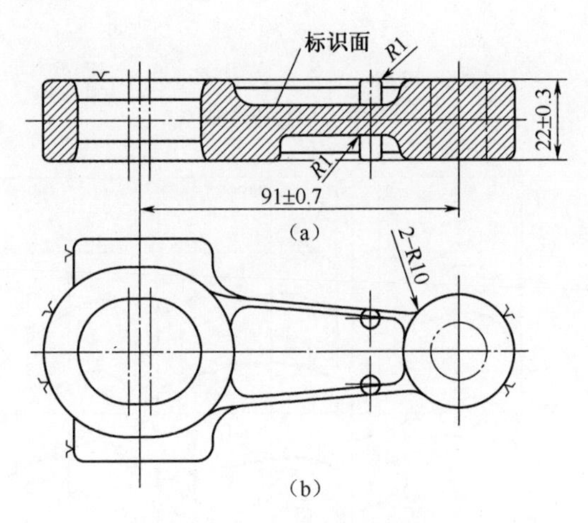

图 4-69　空气压缩机连杆

(a)剖面图;(b)连杆毛坯图。

1. 2A14 铝合金化学成分及模锻成形工艺生能分析

(1) 2A14 铝合金化学成分如表 4-14 所列。

表 4-14　2A14 铝合金化学成分

成分	Si	Fe	Cu	Mn	Mg	Ni	Zn	Ti
含量/%	0.6~1.2	0.7	3.9~4.8	0.4~1.0	0.4~0.8	0.1	0.3	0.15

由表 4-14 可知,2A14 为铝铜合金系铝合金,属于固溶处理加工人工强化的铝合金,适于制造截面积较大的高承载零件。

(2) 模锻成形工艺生能分析。图 4-70~图 4-72 所示分别为 2A14 铝合金的成形工艺塑性图,以及应力—应变曲线图和再结晶图。由图 4-70 可知,该合金在 300~450℃的温度范围内模锻成形工艺性能较好,而且塑性变形状态优于铸态,在热模锻压力机上模锻时的塑性高于锤上模锻时的塑性;由图 4-71 可知,其变形抗力随变形温度的降低和应变速率的提高而提高,这与其他铝合金相同;比较图 4-72中热模锻压力机上镦粗和模锻锤上镦粗试样的再结晶图可知,两者的差别不大,其临界变形程度在 15%以下,这表明,2A14 铝合金可在较大的变形程度范围内变形。

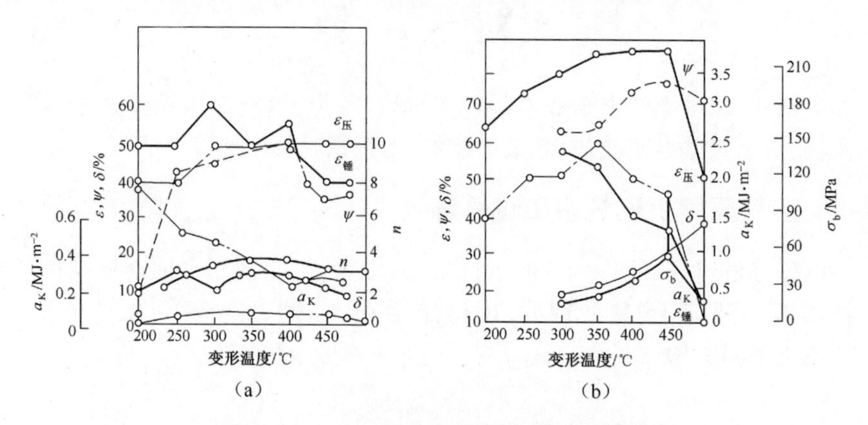

图 4-70 2A14 铝合金的成形工艺塑性图

(a)铸态;(b)塑性变形态。

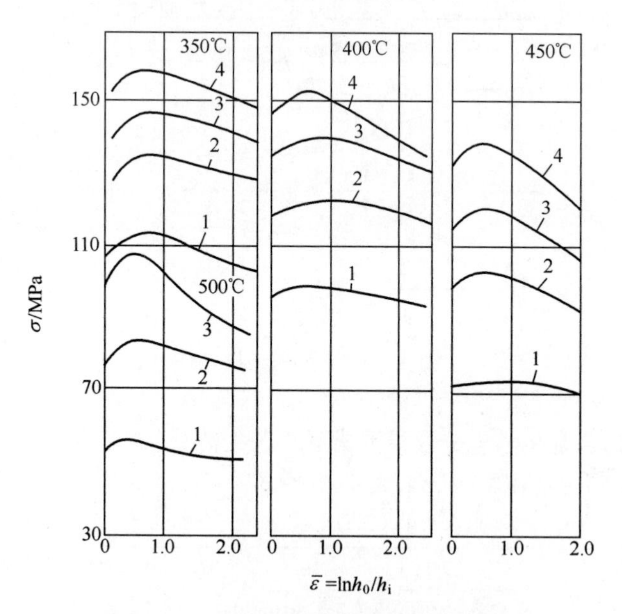

图 4-71 2A14 铝合金应力—应变曲线

应变速率:1~0.45/s;2~9/s;3~101/s;4~311/s

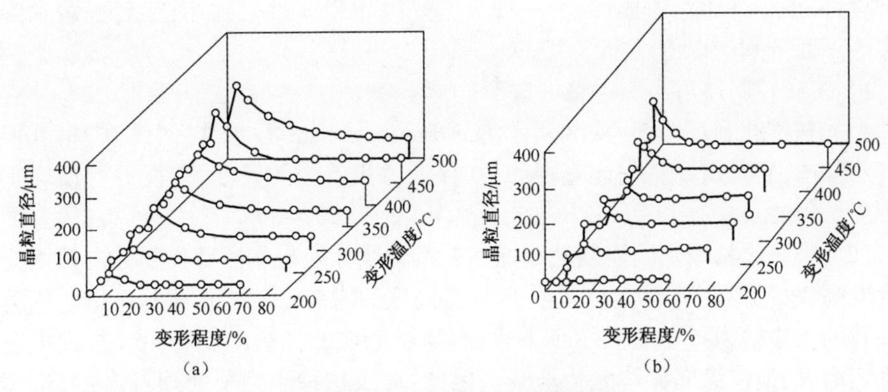

图 4-72 2A14 铝合金再结晶图

(a)压力机上镦粗;(b)模锻锤上镦粗。

2. 模锻工艺流程及工序说明

(1) 下料。采用带锯床下料,当为楔横轧制坯时,其下料规格为 ϕ40mm×80mm,当为闭式镦头制坯时为 ϕ30mm×150mm。

(2) 加热。采用带强制空气循环装置和温控系统的箱式电阻炉或网带式电阻炉加热,加热温度不大于 450℃,保温 60min 左右。

(3) 制坯。可采用楔横轧制坯,也可采用闭式镦粗制坯,根据生产批量的大小选择。

(4) 第二次加热。当采用楔横轧制坯时:一个坯料可轧制成两个毛坯,先进入后续模锻时毛坯可直接模锻;另一个毛坯需再次加热,加热温度不大于 450℃,保温 35~40min。

(5) 模锻。一般为预锻加终锻,对于杆部和头部工字形断面内部斜度和过渡圆角较大的连杆,采用 4000kN 螺旋压力机,先将毛坯大头在压扁台上压扁至高度为 20mm,然后在终锻模膛内模锻成形;对于杆部和头部工字形断内部斜度和过渡圆角小且侧筋板高厚比较大的连杆,可采用 6300~10000kN 的螺旋压力机,进行头部压扁、预锻和终锻成形。

(6) 冷切边、冲孔。采用 600~1000kN 冲床和切边与冲孔连续模或复合模进行切边与冲孔。

(7) 冷校正。采用 4000kN 螺旋压力机进行冷校正,滑除切边、冲孔时产生的变形。

(8) 酸洗。去除表面残留润滑剂,使表面光亮。

(9) 打磨。当切边出现纵向毛刺状,应采用颗粒细小的砂轮将毛刺磨光。

(10) 热处理。T6 处理,其处理硬度为 110~130HB。

(11) 质检。主要检查力学性能、表面质量和尺寸精度。

3. 两种模锻工艺方案的研究及应用

对于平面型 2A14 铝合金连杆有两种模锻工艺方案:一种方案是采用楔横轧制

坯,然后采用小飞边精锻成形;另一种方案是采用闭式镦头制坯,然后预锻和终锻成形。下面分别予以阐述。

1) 楔横轧制坯与小飞边精锻成形(方案 1)

(1) 楔横轧制坯。图 4-73 所示为 ϕ40mm×158mm 的坯料(两件)楔横轧所得制坯工件图,它是由计算毛坯直径图,在保证体积不变的条件下,根据楔横轧工艺原则所做出的。

(2) 小飞边精锻。因楔横轧制坯坯料沿轴线分配与连杆沿长度方向截面变化吻合度高,故可将轧制毛坯大、小头压扁至高度约为 20mm,然后进行终锻。因为终锻模膛的飞边槽为图 4-7 所示小飞边槽,当所形成的飞边的 $b/h \geq 5$ 时,其横向阻力迅速增大,迫使纵向流动大为增强。因此,对于这种小型平面连杆,应当采用楔横轧精密制坯,加上采用小飞边终锻,可以不采用预锻工步。

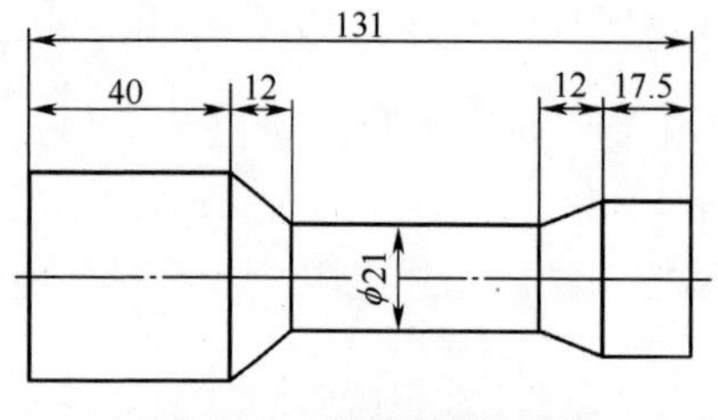

图 4-73 楔横轧制坯图

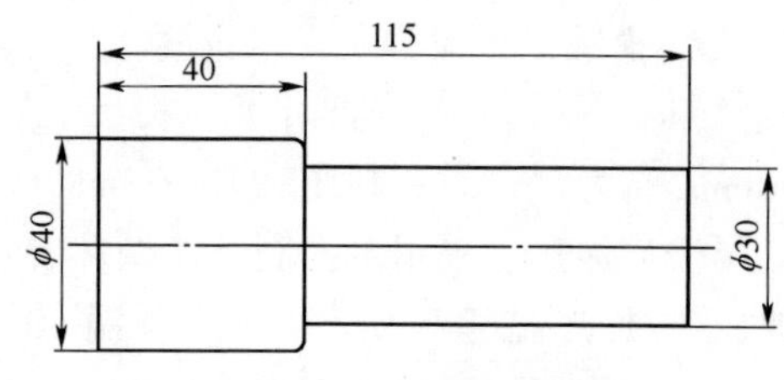

图 4-74 闭式镦头制坯图

(3) 优缺点分析。优点是材料利用可提高到 88%以上;缺点是因需要专用的楔横轧制坯设备,故设备费用投入较大,其次是加热火次数可能增加。这种工艺方案适合于大批大量生产。

2) 闭式镦头制坯与预锻及终锻成形(方案 2)

(1) 闭式镦头制坯。图 4-74 所示为 ϕ30mm×150mm 的坯料经闭式镦头后所得的制坯工件图,它是由计算毛坯直径图,在保证体积不变的条件下,简化为头-杆的简单毛坯。对应于头部坯料镦粗的高径比 $m=75/30=2.5$ 大于螺旋压力机允许自由镦粗的$[m] \leq 2.0$,所以需采用闭式镦粗。

(2) 预锻和终锻。考虑到连杆计算毛坯直径图的杆部是按小头简化的,与连杆杆部实际结构差别较大,因而增加了预锻工步;因杆部多余金属较多,因此,终锻工步只有须采用传统的模锻成形工艺,即终锻模膛的飞边槽带有仓部(图 4-4(a))。

(3) 方案 2 的工艺试验及应用

湖北三环锻造有限公司通过对两个工艺方案的分析比较,决定以公司现有的电动螺旋压力机为主要设备及下料、加热、切边、冲孔、校正及热处理等配套设备为基础,对方案 2 进行工艺试验。

(1) 有限元模拟试验。在工艺试验和模具设计制造之前,采用热力耦合有限元法和 DEFORM-3D 软件,经过二次开发后,闭式镦粗后的毛坯进行预锻和终锻成形过程进行了模拟分析。

预锻成形过程模拟如图 4-75 所示,图 4-75(a)为闭式镦头毛坯;图 4-75(b)

为预锻件成形情况。由图可以看出,预锻成形良好,最大成形力为1600kN,等效应力、等效应变及温度分布场均在合理范围内,表明闭式镦头制坯合理可行。

终锻成形过程模拟如图4-76所示。由图可以看出,锻件成形良好,最大成形力为2300kN,等效应力、等效应变及温度分布场均在合理范围内,表明该工艺方案合理可行。

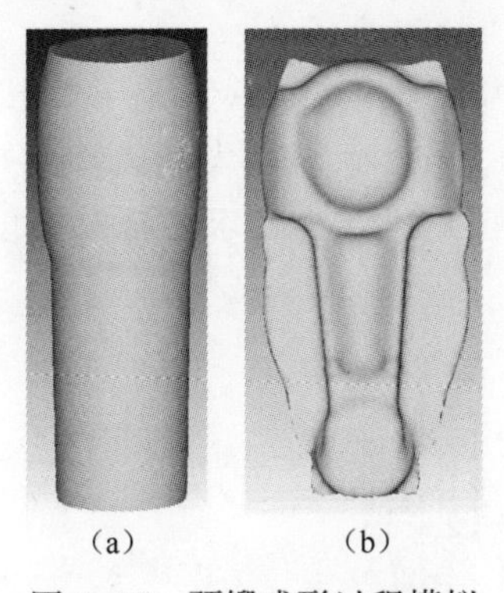

(a)　　(b)

图4-75　预锻成形过程模拟

(a)预锻前初始状态;(b)预锻成形结束状态。

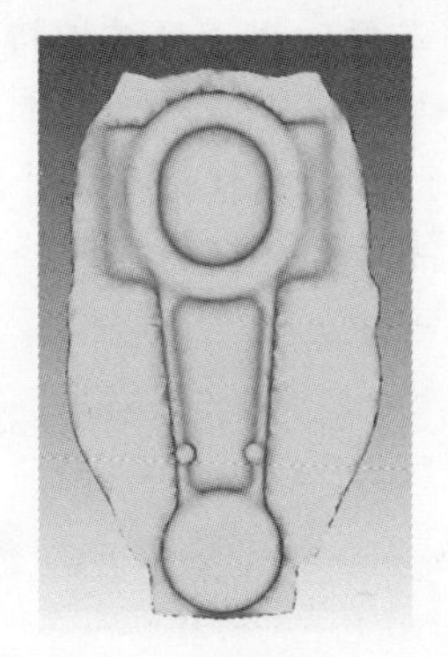

图4-76　终锻成形过程模拟

(2) 工艺试验及应用按照方案2进行了工艺试验及应用,具体工艺流程为下料 ϕ30mm×150mm→加热(450~480℃)→闭式镦头制坯→预锻→终锻→切边、冲孔→校正→固溶处理→质检。所得试验样件如图4-77所示。

(a)　　(b)

图4-77　2A14铝合金连杆

(a)带飞边和冲孔连皮的终锻件;(b)切边、冲孔并校正后的锻件。

锻件经过质量检查表明,内部无缺陷,尺寸精度及表面质量、硬度及力学性能指标均达到了规定的技术标准。

方案2的锻件材料利用率为75%,不如方案1(材料利用率88%)的高,但其制造成本远比方案1的低,因此,当锻件批量不是很大时,该方案具有较好的应用价值。

4.8.2 汽车发动机 2A50 铝合金连杆辊锻制坯与模锻成形

俄罗斯等国家已初步完成铝合金模锻汽车发动机连杆以代替 40Cr 连杆的科学研究，研究表明，采用 2A50 铝合金制造连杆同 40Cr 连杆相比，总的制造费用高出 10%～12%，但在轻量化及其他方面的间接好处更多。

1. 汽车发动机连杆结构特点及 2A50 铝合金特性

汽车发动机连杆如图 4-78 所示，其结构形状与上述空气压缩机连杆(图 4-69)相似，但其轮廓尺寸和水平投影面积要大得多。汽车发动机转速一般高达 3000r/min，连杆高频次承受拉、压交变载荷及扭矩，因此，要求连杆的强度和抗疲劳性能要好。

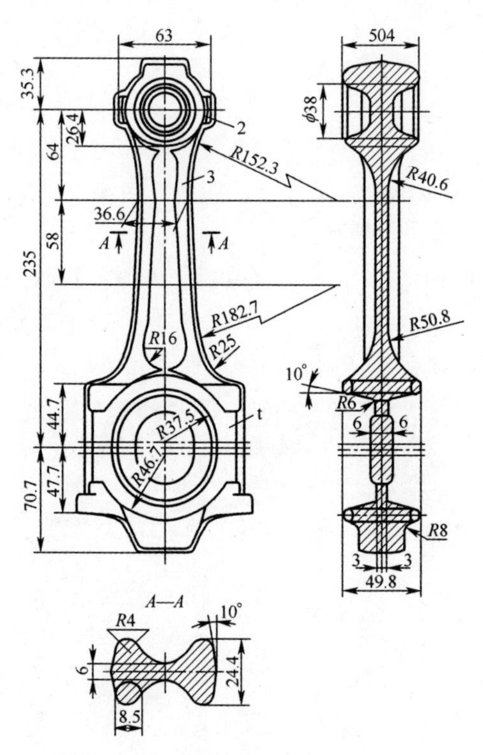

图 4-78 某汽车发动机连杆锻件

2A50 铝合金是使用较多的锻造铝合金，处于 T6 态的 2A50 铝合金的弹性模量 $E=71\text{GPa}$，泊松比 $\mu=0.31$，抗拉强度 $R_m=420\text{MPa}$，规定塑性延伸强度 $R_{p0.2}=300\text{MPa}$，延伸率 $A_{11}=13\%$，硬度为 95HBW。不难看出，这种铝合金属于中等强度的铝合金，其塑性成形性能和力学性能均较好。

2. 发动机连杆模锻工艺

1) 制坯及模锻成形过程

2A50 铝合金连杆的模锻工艺方案为下料→加热→第一道辊锻制坯(其孔形为“圆—方”)翻转 90°→第二道辊锻制坯(其孔形为“方—圆”)→预锻→终锻→切

边、冲孔→热处理。

第一道辊锻制坯，坯料沿对称轴的中间部位辊压至厚度为22.6mm，小头段长57mm，辊压至厚度为48mm，辊锻后总长270mm，相对于坯料增长率为30%。

第二道辊锻制坯后的毛坯长度为345mm，相对于第一道的长度延伸率为29%。

第二道辊锻毛坯温度下降不多，直接进入25MN热模锻压力机进行预锻和终锻。

2）几项关键技术

（1）预锻件及终锻飞边设计。2A50铝合金预锻件相对40Cr预锻件，其厚度尺寸增加1.5~2mm，以弥补铝合金塑性流动性能较差的问题；终锻模膛飞边桥部高度取4mm。试验结果表明，飞边重量较原型砧制坯减少10%，仅占锻件重量的12%，材料利用率提高幅度大。

（2）模具预热。模锻前预锻与终锻模膛预热到250℃，因辊锻工件温度降低不多，加上预锻和锻时锻件内部的塑性变形能又转化为热能，所以，终锻温度可控制在350℃以上的合理范围内。

（3）模具润滑。在模锻过程中，采用汽缸油+胶体石墨润滑剂润滑模具，效果较好。

（4）锻件热处理。方法一：锻件515℃保温30min，冷水中淬火；方法二：人工时效，加热到155℃保温10h，出炉冷却，硬度为134~129HB。

3. 锻件质量及效果分析

为了深入了解辊锻制坯后，进行预锻和终锻所得连杆锻件的质量，将采用传统的型砧制坯后进行预锻和终锻所得连杆锻件进行了主要的力学性能检测，检测数据如表4-15所列。

表4-15　两种制坯工艺生产的2A50连杆锻件力学性能

模锻工艺 制坯+模锻	变形程度/ε/%		抗拉强度 R_m/MPa	延伸率 A_{11}/%
	制坯	模锻		
型砧制坯	40~55	25~29	345~265	7~10
辊锻制坯	40~55	25~29	410~450	16~18

由表4-15中数据可清楚地看出，两种制坯工艺所生产相同的模锻件，其制坯和模锻工步的变形程度完全相同，而辊锻制坯所生产的模锻件的抗拉强度和延伸率分别为型砧制坯工艺所生产模锻件的1.19~1.48倍和2.29~1.8倍。很好地满足了GJB235—1995技术标准和要求。

经过对辊锻制坯再进行模锻所得锻件的宏观、微观和力学性能的综合分析表明，采用辊锻制坯再进行模锻的工艺方法同型砧制坯再精锻相比，有如下优点：

（1）改善了2A50铝合金的金相组织，在辊锻过程中，坯料压缩变形程度大幅增加，保证了坯料中心区域良好的组织及晶粒细化的程度。

（2）辊锻毛坯的形状和尺寸与预锻模膛吻合度较高，不仅有利于预锻成形，而且可使锻模使用寿命提高 20%~35%。

（3）提高材料利用率 10%~25%。

（4）减少加工工作量 15%~35%。

（5）降低制造成本 25%~35%。

4.8.3 6061 铝合金转向臂辊锻制坯与模锻成形

1. 转向臂的功能、结构特点及 6061 铝合金特性

1）转向臂的功能特点

转向臂即转向控制臂，是汽车悬挂系统（图 4-79）中的主要结构和受力部件，形状极其复杂，具有长轴类、盘形类和枝芽类锻件的综合结构特点。按照结构形式，转向壁可分为 A 形转向臂和 L 形转向臂；又可分为箱形转向臂、靠背形转向臂加强形转向臂等。在工作过程中，汽车转向臂不仅要求支承车体重量，而且要承受转向力矩以及刹车时的制动力矩，其工作环境恶劣，是汽车上非常重要的安全部件。因此，其组织性能、力学性能和外形尺寸的要求极为严格，制造难度大。

2）转向臂的结构分析

铝合金转向臂的冷锻件图如图 4-80 所示。从图中可以看出，锻件形状复杂，具有如下结构特征：

图 4-79　汽车悬挂系统

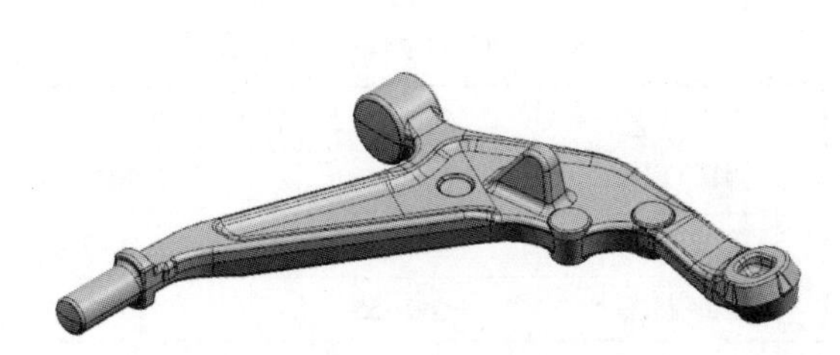

图 4-80　铝合金转向臂三维造型

（1）属于形状复杂的长轴类锻件，锻件沿轴线方向的截面积变化明显，基本的分布规律是中间截面积大，两端截面积小。

（2）锻件的主体为 H 形结构体。

（3）锻件在多个方向和平面上都存在弯曲，属于三维弯曲的锻件，无法平面分模，可以采用折线分模。

（4）锻件中间的拐角部分有一个圆柱体枝芽，该处的入口狭小，金属向该部位的转移很困难。

（5）H 形结构体的中间有一个高大的“山峰状”凸起，该处的金属量很大。

3）6061 铝合金特性

6061 铝合金属于 6000 系列铝合金,6000 系铝合金属于可热处理强化的中高强度铝合金,是汽车上大量使用的轻量化材料。6000 系列铝合金在热状态下塑性很好,成形性能优良,可用于模锻、挤压、拉伸、深冲及其他各种变形程度很大的塑性成形工艺,同时耐蚀性强,成本较低。在 6000 系列铝合金中,6061 铝合金和 6082 铝合金在汽车零件的锻造生产中应用最为广泛,两种铝合金的性能差异不大,不同厂商主要根据各自习惯选用,其中日系车企多采用 6061 铝合金而欧美车企多采用 6082 铝合金。本节研发的转向臂采用 6061 铝合金,其化学成分和拉伸力学性能分别如表 4-16 及表 4-17 所列。

表 4-16　6061 铝合金的化学成分

成分	Si	Fe	Cu	Mn	Mg	Cr	Zn	Ti	Al
质量分数	0.4~0.8	0.7	0.15~0.4	0.15	0.8~1.2	0.04~0.35	0.25	0.15	余量

表 4-17　6061 合金的拉伸力学性能

试样取向		6061 合金		
		抗拉强度 R_m/MPa	规定塑性延伸强度 $R_{p0.2}$/MPa	延伸率 A /%
T4	纵向	296	186	23
	横向及 45°方向	290	172	24
T6	纵向	386	372	11
	横向及 45°方向	379	352	12

2. 模锻工艺方案设计

本书中的铝合金转向臂形状复杂,模锻时需要设置预锻工序,一般的工艺路线如图 4-81 所示。

图 4-81　工艺路线

对于长轴类锻件,其工艺设计的第一步是绘制计算毛坯图,得到金属沿锻件轴线方向的分布情况。绘制锻件图的方法是:利用 UG 在特征截面处生成断面图,测出断面的面积,以特征截面距轴线起点的距离为横坐标,以换算截面积为纵坐标,完成计算毛坯图的绘制。铝合金转向臂的计算毛坯图如图 4-82 所示。

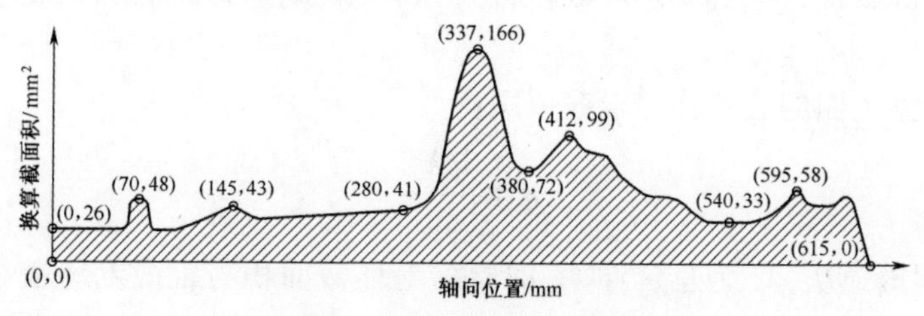

图 4-82　铝合金转向臂计算毛坯图

从图 4-82 中可以看出,铝合金转向臂的截面积沿轴线变化得非常剧烈,而且中间的截面积最大。由于锻件的截面积沿轴线变化非常明显,金属的转移量非常大,采用制坯模膛制坯的效果不会很理想,因此不太可取。辊锻工艺非常适合这种长轴类、沿轴线截面积变化明显的锻件的制坯工艺,采用辊锻制坯工艺是一种可行的方案。

1) 辊锻工艺设计

(1) 辊锻毛坯设计。

① 根据计算毛坯图,将毛坯划分成几个特征段,如头部、杆部等。

② 计算毛坯图上的曲线用直线来代替,但是要保证体积不变。

③ 辊锻毛坯端部区段的长度应稍短于锻件端部区段的长度,使毛坯在模锻时更容易放入锻模中,并可以避免在端部产生折叠。中间各区段的长度应与锻件上对应区段的长度相同。

④ 各特征段之间需要设置过渡段,过渡段的斜度一般为 45°~60°,过渡段的长度可根据如下公式进行计算:

$$l'_a = (0.5 \sim 0.86)(\sqrt{A} - \sqrt{A'})$$

⑤ 原始毛坯的尺寸以最大截面积为依据选取。

首先需要确定锻造余量,按照经验,锻造余量一般为 5%~10%,考虑到铝合金转向臂的形状复杂,故取上限 10%。根据上述规则,完成辊锻毛坯的设计,设计结果如图 4-83 所示。

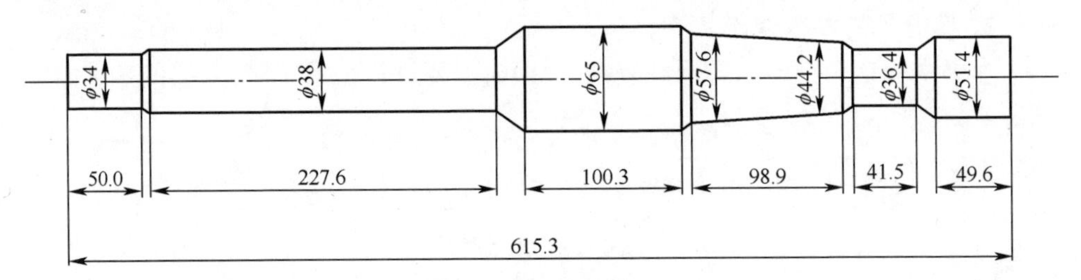

图 4-83 辊锻毛坯

(2) 辊锻型槽系的选择。在制坯辊锻中,常用的型槽系有椭圆-圆、椭圆-方、六角-方、菱形-方、箱-矩形等。考虑到铝合金转向臂的结构特点,设计的辊锻毛坯的截面为圆截面,而且选定原始坯料为棒料,因此选择最为常用的椭圆-圆型槽系。

可以根据下面的公式确定辊锻道次:

$$n = \frac{\lg\lambda_z}{\lg\lambda_{eq}}$$

式中:n 为辊锻道次;λ_z 为总延伸率,即原始毛坯截面积与辊锻毛坯最小截面积之比;λ_{eq}为平均延伸率,一般取 1.4~1.6。

总延伸率 λ_z 的计算公式如下:

$$\lambda_z = \frac{A_0}{A_{\min}}$$

式中:A_1 为原始毛坯截面积;$A_{\min}$ 为辊锻毛坯的最小截面积。

铝合金转向臂的辊锻毛坯的最小截面为 ϕ34mm,中间不变形区段的截面为 ϕ65mm 时,总延伸率为

$$\lambda_z = \frac{A_0}{A_{\min}} = \frac{\pi \times 32.5^2}{\pi \times 17^2} \approx 3.65$$

椭圆-圆型槽系的平均延伸率一般不超过 1.5,取 $\lambda_{eq}=1.5$ 计算辊锻道次:

$$n = \frac{\lg\lambda_z}{\lg\lambda_{eq}} = \frac{\lg 3.65}{\lg 1.5} \approx 3.19$$

因此,辊锻道次为 4。

同理,中间不变形区段的截面为 ϕ70mm 时,总延伸率为

$$\lambda_z = \frac{A_0}{A_{\min}} = \frac{\pi \times 35^2}{\pi \times 17^2} \approx 4.24$$

则辊锻道次为

$$n = \frac{\lg\lambda_z}{\lg\lambda_{eq}} = \frac{\lg 4.24}{\lg 1.5} \approx 3.56$$

因此,辊锻道次为 4。

中间不变形区段的截面为 ϕ75mm 时,总延伸率为

$$\lambda_z = \frac{A_0}{A_{\min}} = \frac{\pi \times 37.5^2}{\pi \times 17^2} \approx 4.87$$

则辊锻道次为

$$n = \frac{\lg\lambda_z}{\lg\lambda_{eq}} = \frac{\lg 4.87}{\lg 1.5} \approx 3.9$$

因此,辊锻道次为 4。

三组坯料的辊锻道次均为 4 道次,它们的辊锻工艺流程也基本相同,因此中间截面为 ϕ65mm 的坯料具有很强的代表性,以该组的模拟结果评判 ϕ70mm 和 ϕ75mm 坯料的辊锻工艺是可靠的。

(3) 辊锻总体工艺方案。辊锻毛坯中间具有一个较长的不变形段,对于不变形段位于中间的毛坯,有两种工艺方案:第一种方案是掉头辊锻,即先辊如图 4-84 所示辊锻毛坯的右侧,辊完右侧之后以最右端的等截面区段为夹持端,掉头之后再辊毛坯的左侧;第二种方案是在辊锻毛坯的一端设置夹钳料头,这样可以顺序辊锻无须掉头,但是比较浪费材料。

随着自动化装置的广泛应用,在实际生产中实现掉头已经比较容易,而且劳动强度低,因此优先考虑采用掉头辊锻。辊锻工艺过程如图 4-84 所示。

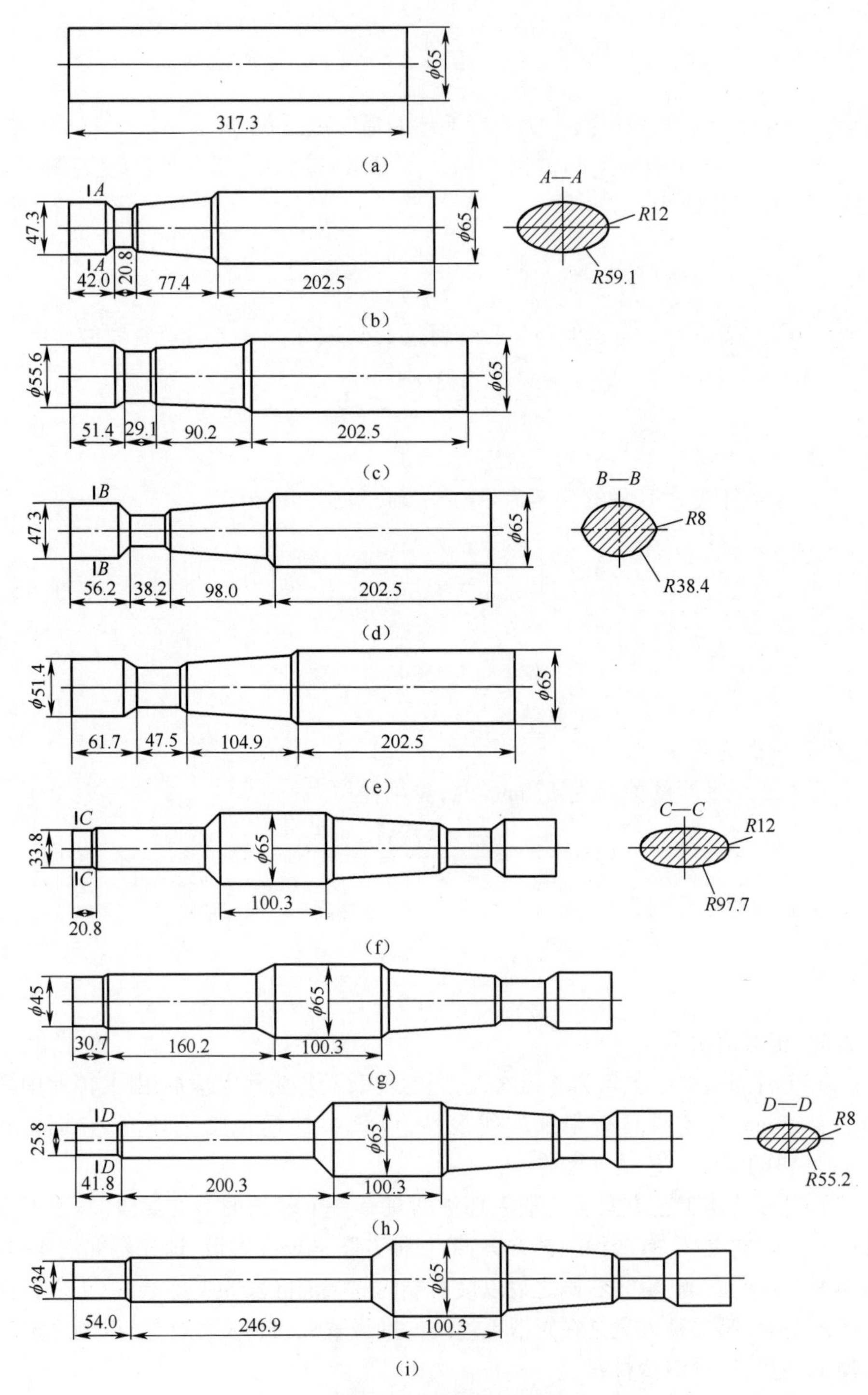

图 4-84 辊锻工艺过程

(a)原始坯料;(b)第 1 道次;(c)第 2 道次;(d)第 3 道次;(e)第 4 道次;
(f)第 5 道次;(g)第 6 道次;(h)第 7 道次;(i)第 8 道次。

将 4 道次锻模分解为 8 道次锻模之后，每一块锻模的工作包角比较小，因此可以考虑在锻辊上安装两个模块，辊锻模具如图 4-85 所示。

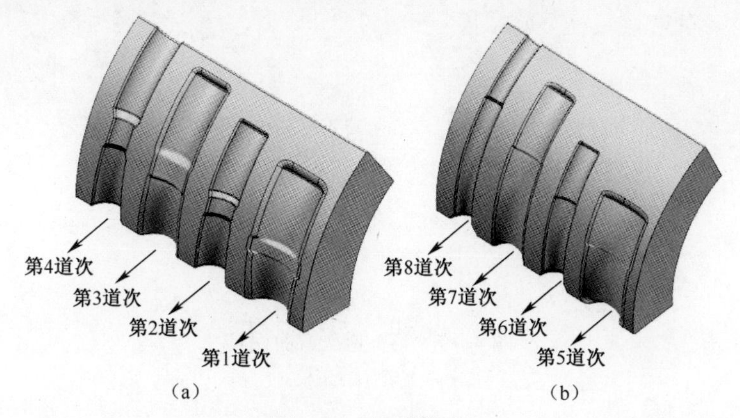

图 4-85　辊锻模具

2）弯曲工艺及弯曲模具设计

辊锻毛坯不应该在弯曲模膛中发生显著的拉伸，因此，决定采用自由弯曲式弯曲模膛。自由弯曲式弯曲模膛的设计应注意以下问题：

（1）在弯曲模膛的弯角处应有足够大的圆角，以防止坯料在模锻过程中产生折叠缺陷。

（2）弯曲模膛的下模上应设置两个支承点，且应使坯料放入弯曲模膛时保持水平。

（3）弯曲模膛应具有足够的强度，尤其要注意模膛凸出部位的强度。

（4）弯曲模膛的结构应利于坯料的取放。

铝合金转向节的毛坯具有两个弯角，弯角分别为 23°和 66°。弯角的定义及弯曲模具如图 4-86 所示，图中 α 为弯曲后的总弯角，α_1 为左侧弯角，α_2 为右侧弯角。采用两道次弯曲工艺，如图 4-87 和图 4-88 所示。

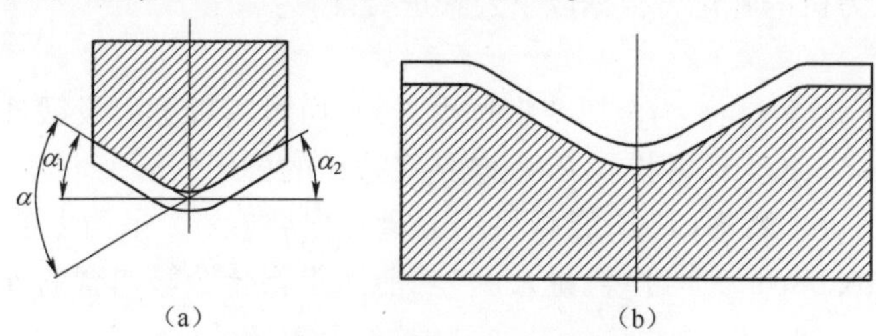

图 4-86　弯角的定义及弯曲模具

(a)弯曲上模；(b)弯曲下模。

3）模锻设备的选择

热模锻压力机适应于自动化生产。因此，决定采用热模锻压力机上模锻的工艺方案，下面确定热模锻压力机的型号。

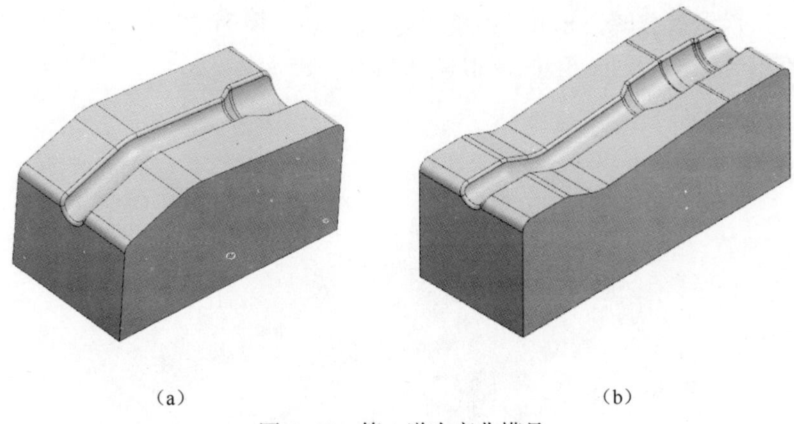

(a) (b)

图 4-87 第 1 道次弯曲模具
(a)上模;(b)下模。

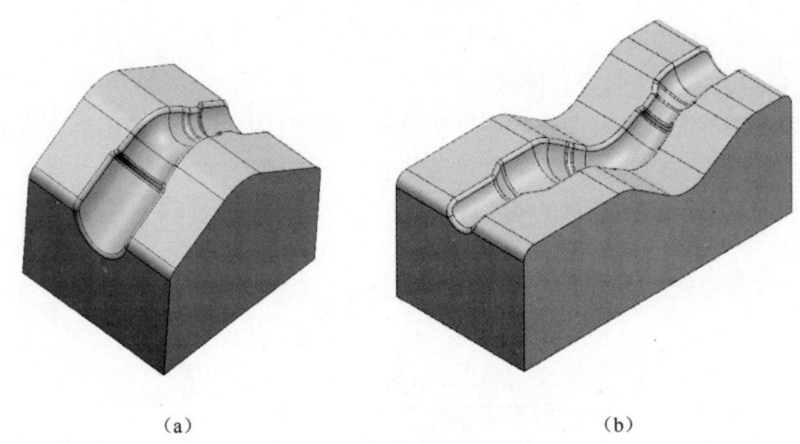

(a) (b)

图 4-88 第 2 道次弯曲模具
(a)上模;(b)下模。

热模锻压力机的吨位可根据以下公式进行计算:

$$F = KA$$

式中:F 为锻造力(kN);K 为金属变形抗力系数,由材料种类以及锻件形状复杂程度决定(kN/cm^2);A 为锻件投影面积,包括飞边槽的桥部(cm^2)。

通过 UG 中的“测量面”功能测得铝合金转向臂在 XY 平面上的投影面积为 42608mm^2 = 426.08cm^2,通过“测量长度”功能测得铝合金转向臂的外轮廓周长为 1487mm,则

$$A = 426.08 + 1487 \times 12 \div 100 = 604.52\text{cm}^2$$

因此

$$F = KA = 64 \times 604.52 \approx 38689\text{kN}$$

但是,在选用设备时,热模锻压力机的工作压力一般不能超过公称压力的 80%,因此选用设备的公称压力应大于 48362kN,查表可确定热模锻压力机的公称

压力为 63000kN。

4）终锻工艺及终锻模具设计

（1）终锻件分模面的确定。锻件的主体部分保持水平，可由 *XY* 平面分模，但是右侧的弯臂是一个向上倾斜的斜面，需要采用折线分模，不同的平面之间通过圆角平滑过渡，终锻件分模方案如图 4-89 所示。

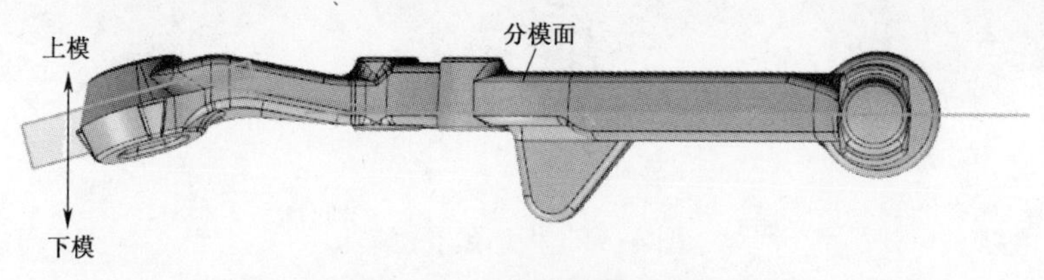

图 4-89　终锻件分模方案

（2）终锻模具的模型如图 4-90 所示。模膛周围设置有平面满飞边槽。

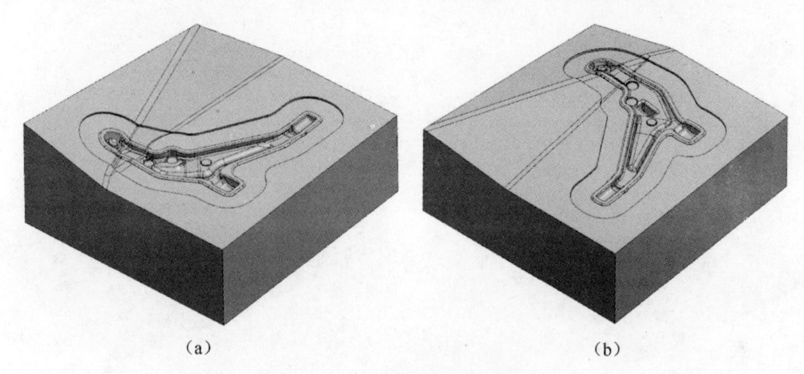

图 4-90　终锻模具的模型
(a)终锻上模；(b)终锻下模。

5）预锻工艺及预锻模具设计

在热模锻压力机上模锻时，金属沿水平方向流动剧烈，沿高度方向流动平缓，因此，预锻模膛设计时应遵循以下原则：

（1）预锻模膛的高度尺寸应大于终锻模膛相应位置的高度尺寸，而宽度尺寸应略小于终锻模膛相应位置。

（2）终锻时为圆截面的部位在预锻时应设计为椭圆截面。

（3）应合理分配金属体积，避免出现诸如折叠、回流等缺陷。

（4）预锻件的结构应有利于其在终锻模膛中的定位。

板坯预锻模具如图 4-91 所示。

对于辊锻毛坯，预锻时会产生较大的飞边，必须设置飞边槽，辊锻毛坯预锻模具如图 4-92 所示。

6）预锻与终锻成形过程的模拟验证

（1）预锻成形过程的模拟验证。模拟结果如图 4-93 所示，从图 4-93(a)中可

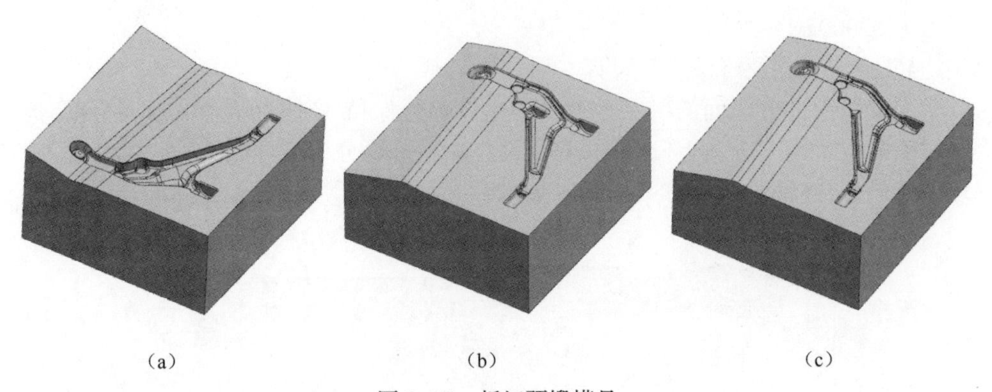

(a)　　(b)　　(c)

图 4-91　板坯预锻模具

(a)预锻上模;(b)预锻下模(成形凸起);(c)预锻下模(不成形凸起)。

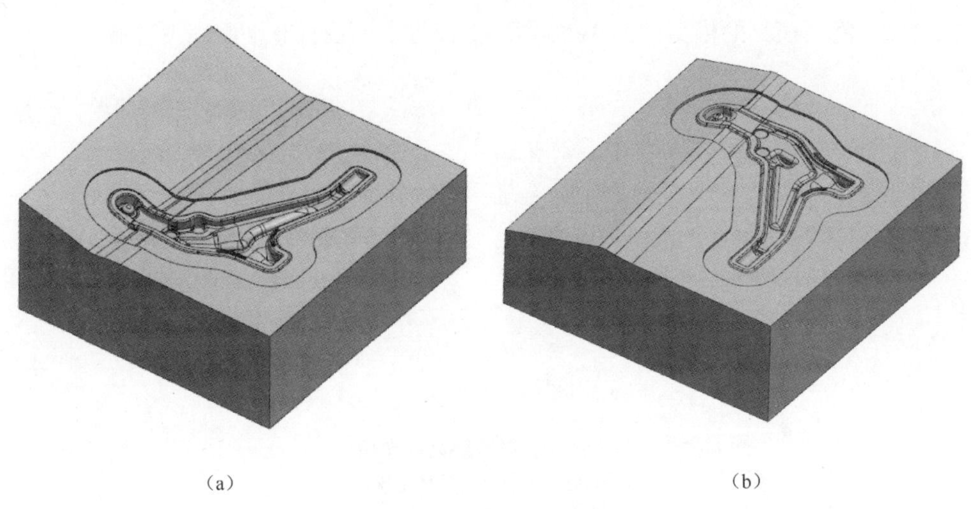

(a)　　(b)

图 4-92　辊锻毛坯预锻模具

(a)预锻上模;(b)预锻下模。

以看出:优化辊锻毛坯的结构之后,中间段与长楔形段之间的过渡平稳,在该处金属的流动方向不再发生剧变,最终避免了折叠缺陷的产生。中间段加大之后,成形情况也大有改观,圆柱体枝芽处的充满程度继续提高,但是同时飞边也厚大了很多。

图 4-93(b)为预锻结束时的金属流动情况,金属在向左侧的圆柱体枝芽处以及右侧的飞边槽处快速流动,在圆柱体枝芽充满程度提高的同时,右侧飞边槽中的金属量也在快速增长。

(2) 终锻成形过程的模拟验证。为提高终锻过程中圆柱体枝芽处的充型能力,在终锻模具中设置了阻尼沟,模拟结果如图 4-94 所示。从图中可以看出:由于阻尼沟的作用,圆柱体枝芽附近的飞边有所减小,圆柱枝芽处的充型程度得到提高,锻件实现成形。

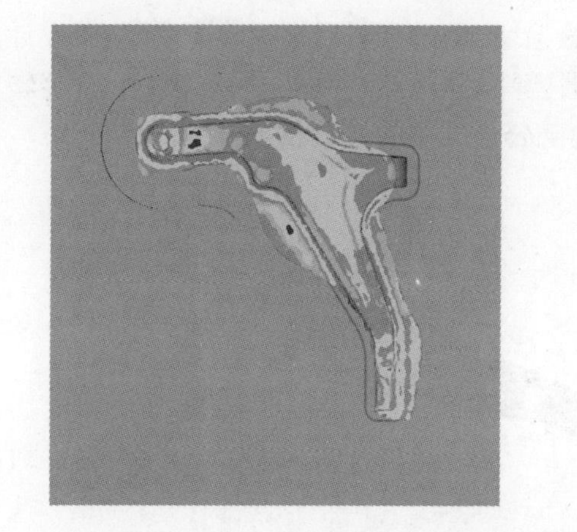

(a)

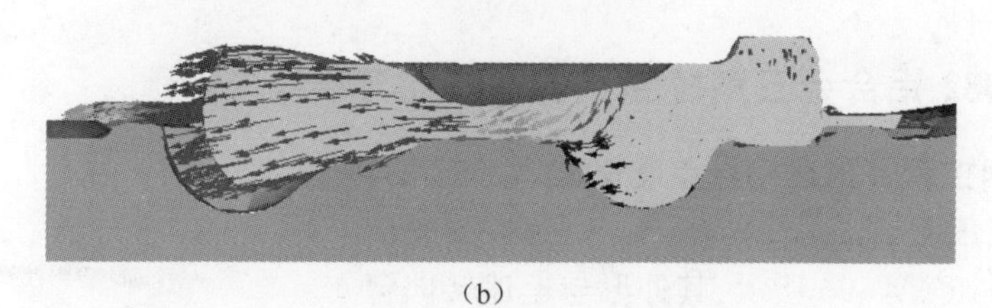

(b)

图 4-93　预锻件充型情况

(a)整体充型情况;(b)剖面图及金属流动情况。

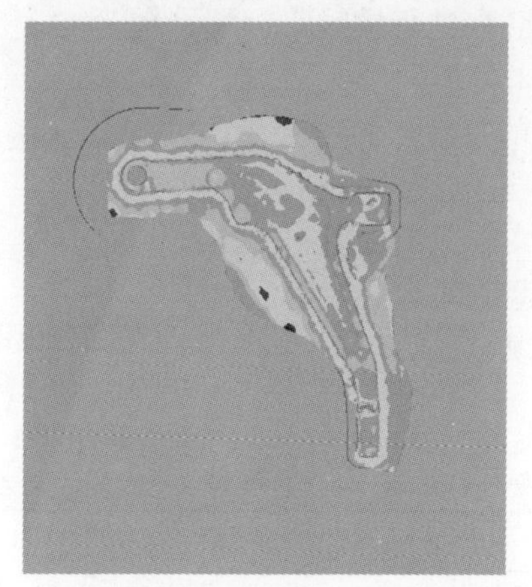

(a)

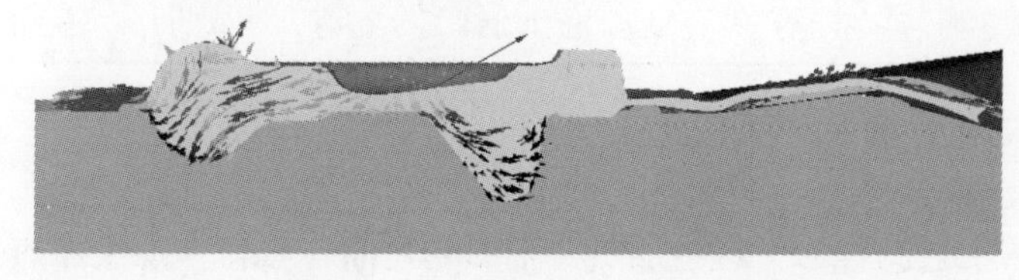

(b)

图 4-94　终锻件充型情况

(a)整体充型情况;(b)剖面图及金属流动情况。

采用辊锻和弯曲所得的毛坯,经过有限元模拟验证表明,所设计的预锻工艺及预锻模具和终锻工艺及终锻模具是可行的,可以用于6061铝合金转向臂锻件的开发和应用。图4-95所示为某公司提供的进行技术开发的样件。

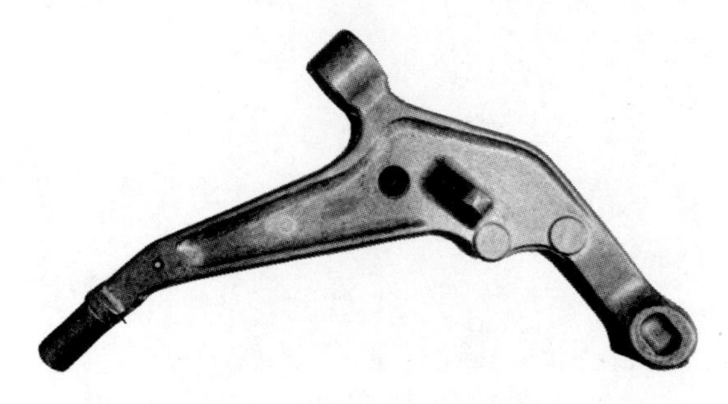

图4-95　铝合金转向臂锻件

4.8.4　6082铝合金三角控制臂辊锻制坯与模锻成形

1. 三角控制臂的结构特点及6082铝合金的特性

(1) 三角控制臂的结构特点。三角控制臂锻件三维造型如图4-96所示,其外形与上述转向臂相似,为“人”字形弯曲件,周边为筋板,筋板之间为多孔薄辐板,具有明显的筋板锻件特征,因长度尺寸比宽度和厚度尺寸大得多,因此,在进行模锻工艺方案设计时应作为长轴类锻件来处理。

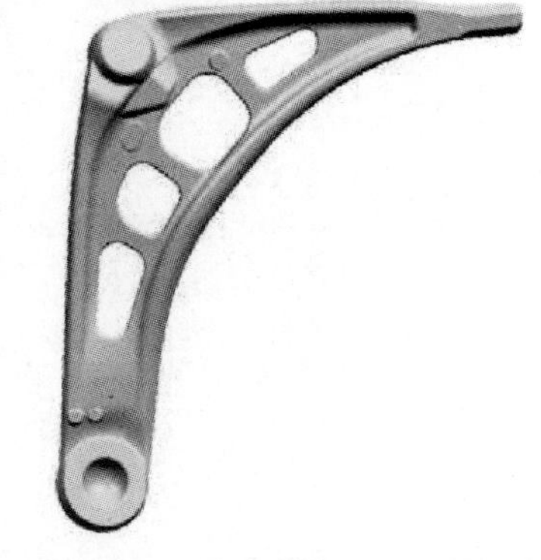

图4-96　三角控制臂锻件三维造型

(2) 6082铝合金模锻塑性变形的特性。6082铝合金的化学成分如表4-18所列。它是一种Al-Mg-Si合金,可经热处理强化。由于具有比强度高、可加工性好、耐腐蚀性强等优良的综合性能,其模锻件在汽车、建筑、造船等领域已得到广泛应用。

表4-18　6082铝合金化学成分

成分	Si	Fe	Cu	Mn	Mg	Ni	Zn	Ti
标准值	0.7~1.3	≤0.5	≤0.1	0.4~1.0	0.6~1.2	0.25	≤0.2	≤0.1
实测值	0.93	0.165	0.056	0.454	0.65	0.117	0.002	0.03

2. 模锻工艺方案设计及试验

1) 工艺流程

所设计的工艺流程为下料→加热→辊锻→弯曲→压扁→二次加热→预锻→终锻→切边、冲孔、校正。

(1) 辊锻模。根据长轴类锻件辊锻工艺设计的结果,建立辊锻模块,然后运用布尔运算,通过扫掠、放样、缝合、增补和剪切等造型方法生成型腔,并对过渡交线变为圆角,最后得到4个道次的辊锻模模型和制造出的辊锻模如图4-97和图4-98所示。

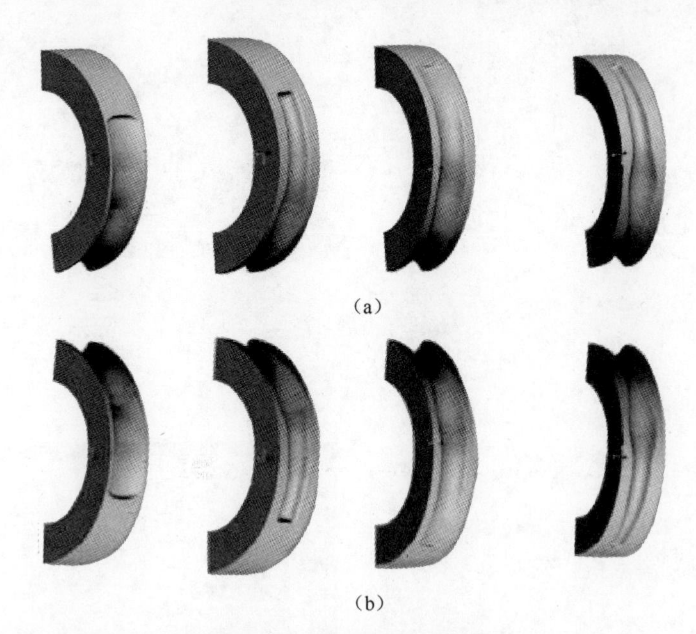

(a)

(b)

图4-97　辊锻模三维模型

图4-98　实际辊锻模和辊锻机

(2) 弯曲模。弯曲模的数字化建模根据辊锻件三维模型(图4-97)沿弯曲线中性线弯曲,对部分模膛进行曲面的延伸和修剪,最后得到弯曲模的三维模型和实物如图4-99(a)、(b)所示。

(3) 锻模。图4-100和图4-101所示分别为6082铝合金三角控制臂锻模三维模型和用于模锻生产的实际锻模。由图可看出,左边为预锻模膛,右边为终锻模膛。

(a)

(b)

图 4-99 弯曲模
(a)三维模型;(b)实际模具。

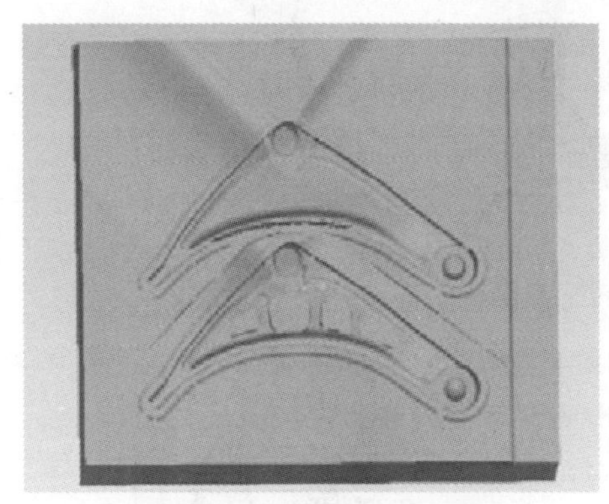

图 4-100 锻模件三维模型

图 4-101 锻模

(4) 切边、冲孔、校正模。图 4-102 和图 4-103 分别为 6082 铝合金三角控制臂切边、冲孔及校正模的三维造型和用于生产的实际模具。这是一副切边、冲孔与校正三种功能与一体的复合模,在滑块的一次行程中,首先切边、冲孔,然后校正。这相对于单工步工作其生产效率高。

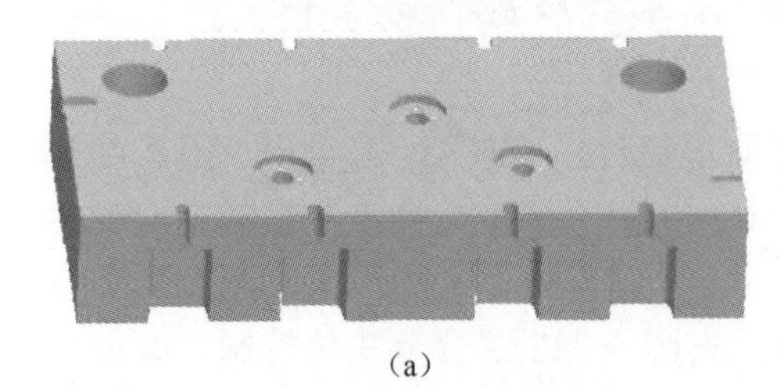

(a)

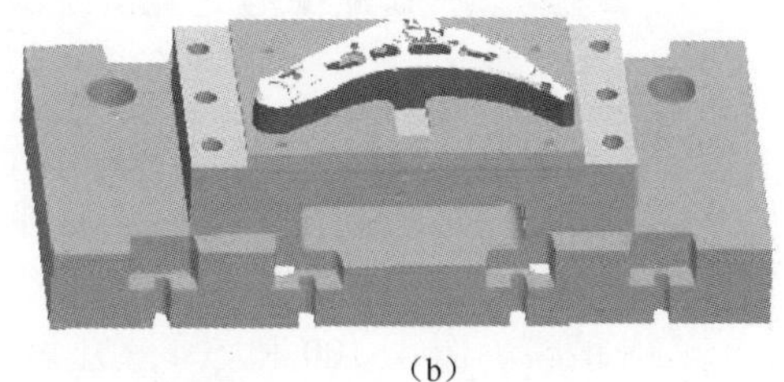

(b)

图 4-102 切边冲孔校正模三维模型
(a)上模;(b)下模。

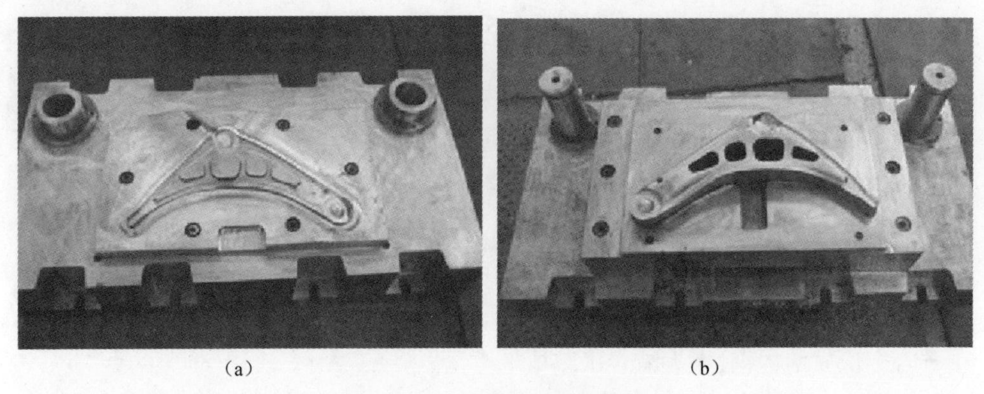

（a）　　（b）

图 4-103　切边冲孔校正模具

(a)上模;(b)下模。

2）工艺试验

在理论分析计算及有限元模拟所得结果的基础上,设计制造了成套试验模具,进行了完整的工艺试验,所得辊锻件、弯曲件、压扁件、预锻件及终锻件的试验样件如图 4-104 所示。

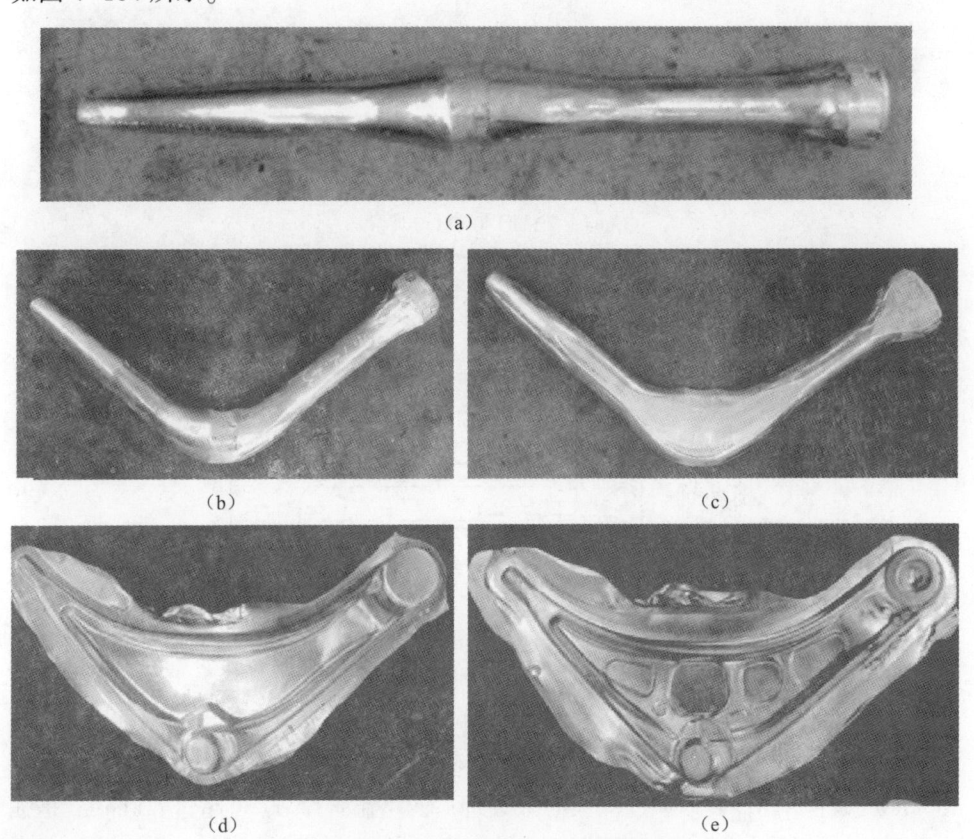

（a）

（b）　　（c）

（d）　　（e）

图 4-104　三角控制臂成套试验样件

(a)辊锻件;(b)弯曲件;(c)压扁件;(d)预锻件;(e)终锻件。

经观察和检测表明,锻件充填饱满,轮廓清晰,各项尺寸均达到技术标准,没有出现折叠,充不满及穿筋等缺陷。

4.8.5 7A04 超硬铝合金机匣体多向精锻成形

1. 机匣体的结构特点及 7A04 超硬铝合金的特性

(1) 机匣体的结构特点。机匣体是枪械上的关键零件,用于容纳和保护自动机构,其尺寸精度、力学性能、表面质量、耐腐蚀性等对整枪的性能都有着至关重要的影响。某系列自动步枪的机匣体采用 7A04 超硬铝合金制成,该合金的采用取代中碳合金优质结构钢,大大减轻了整枪的重量。

由图 4-105 可以看出,三种型号的机匣体均为带 U 形槽的长板条几何形状,具有明显的长轴类锻件的结构特点,因此,需按平面变形设计其精锻工艺方案。本书主要以Ⅲ型机匣体为例,详细讨论其多向精锻工艺与优化方案,Ⅲ型机匣体的二维图和剖视图如图 4-106 所示。

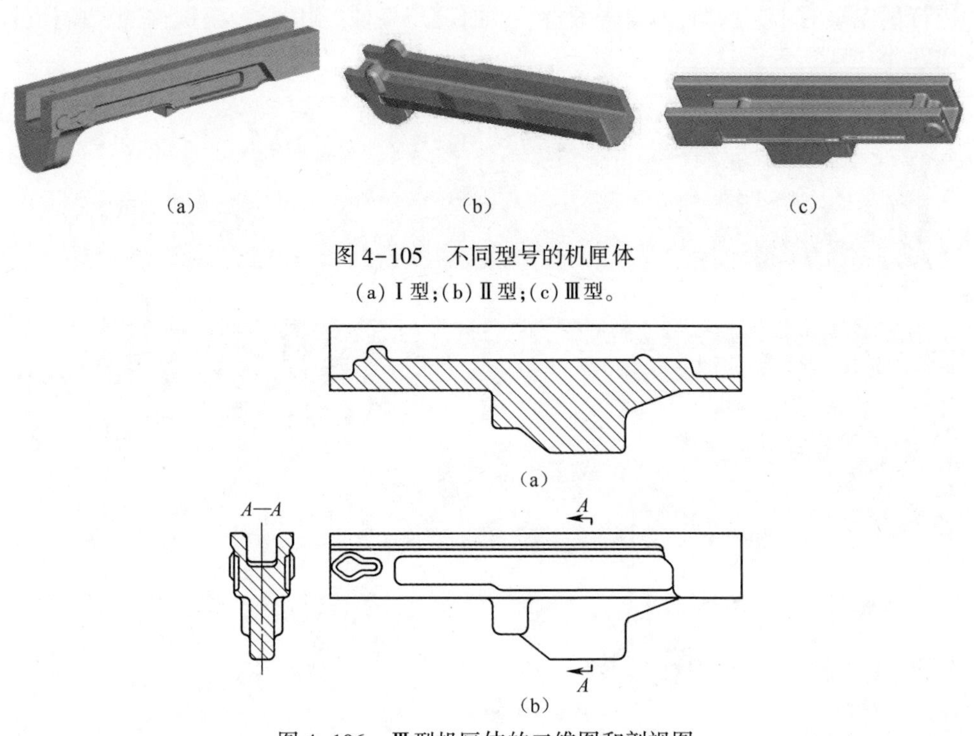

图 4-105 不同型号的机匣体

(a) Ⅰ型;(b) Ⅱ型;(c) Ⅲ型。

图 4-106 Ⅲ型机匣体的二维图和剖视图

(2) 7A04 超硬铝合金的塑性变形特性。7A04 铝合金的化学成分如表 4-19 所列。其主要力学性能指标:抗拉强度 $\sigma_b \geqslant 530\text{mPa}$,条件屈服强度 $\sigma_s \geqslant 400\text{mPa}$,延伸率 $\delta_{10} \geqslant 5\%$。淬火时效处理后的室温强度 σ_b 可超过 600mPa,是强度最高的一种变形铝合金。其优点是强度高,所生产的锻件不易变形,尺寸精度高,耐化学腐蚀性能和耐磨损性能好;其缺点是抗疲劳性能差,速度敏感性强,在锻造温度下，其变形抗力比钢的大，外摩擦系数比较大，所以，流动性较差，开式模锻时易于开裂。

表 4-19　7A04 铝合金化学成分

成分	Al	Si	Cu	Mg	Zn	Mn	Ti	Cr	Fe
数值	余量	≤0.5	1.4~2.0	1.8~2.8	5.0~7.0	0.2~0.6	≤0.1	0.1~0.25	0.0~0.5

2. 精锻工艺流程设计

其工艺流程为下料→加热→制坯→预锻→终锻→喷砂→去毛刺。

(1) 下料。为保证精确下料，拟采用卧式高速自动带锯床，这种下料方法断口平齐、无塌角等缺陷。

从铝厂购买的铝棒材一般是挤压棒材，在棒材的表面有一层氧化皮，如果不去除就进入锻造工序，坚硬的氧化皮会加速锻模的磨损，降低模具的寿命，还会降低锻件的表面光洁度。所以从锯床上加工的棒料还需要在车床上粗车外圆，去掉氧化皮。

(2) 加热。加热拟采用悬链通过式加热炉，这种加热炉不仅加热均匀、温度控制智能化，而且带有驱动装置，容易实现自动化和连续生产。

在锻造之前，毛坯应在430℃温度下保温1~1.5h，悬链通过式加热炉具有较长的轨道，可以支持多批次同时加热，通过实时或间歇的传动，从而实现连续不间断地生产。

(3) 制坯。采用热挤压工艺制坯的原理如图 4-107 所示，将加热好的棒料放置在凹模型腔里，左右凸模对向挤压迫使毛坯成为所需的形状，采用上下可分式的凹模，以便毛坯的放入和取出。

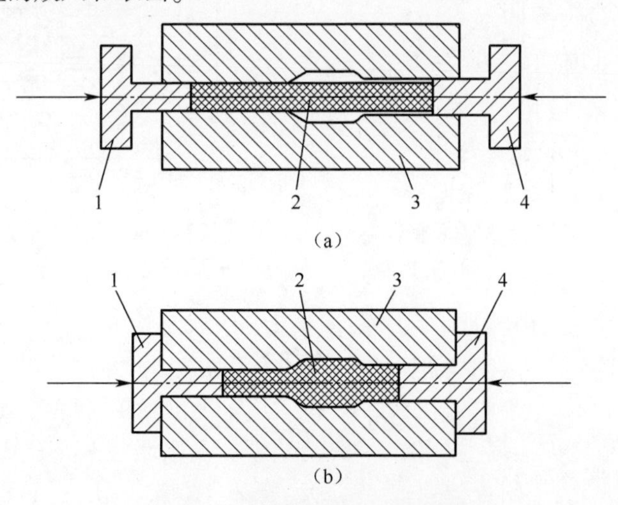

图 4-107　热挤压工艺制坯原理图

(a)挤压开始；(b)挤压完成。

1—左凸模；2—毛坯；3—上、下凹模；4—右凸模。

热挤压工艺可以在多向模锻压力机上进行,挤压时工件处于三向压应力状态,有利于7A04超硬铝合金变形,热挤压工艺制坯尺寸精确、表面质量好,更换模具可生产不同尺寸和形状的毛坯。与辊锻和楔横轧相比,热挤压的生产效率稍低,但是如果压力机吨位足够,可以在一副模具上开多个型腔,实现一模多件,提高生产效率。因此,选择热挤压作为机匣体的制坯工序。

(4) 预锻和终锻。预锻和终锻在同一工序中分两个工步分别完成,在同一副模具上并列设置预锻型腔和终锻型腔,预锻结束后通过人工翻转直接进行终锻成形。这样不仅能减少重加热次数、缩短工艺流程、提高生产效率,还可以较少设备、模具和人工的投入,大大降低生产成本。

(5) 喷砂和去毛刺。模锻结束后需要对锻件进行表面清理,去除锻件表面的润滑剂和飞刺,主要分为喷砂和去毛刺两个步骤。

喷砂是利用高速砂流的冲击和切削作用,使工件表面获得一定的清洁度和光洁度。喷砂可以使用干喷砂机和液体喷砂机,机匣体为大批量生产零件,因此选用液体喷砂机,以降低粉尘污染、改善操作环境。

由于机匣体锻件的飞刺小而薄,无须采用专门的切边设备,仅需手工去毛刺,不仅可以使用钢锉、砂纸、修边刀,还可以使用气动或电动吊磨机以提高效率。

3. 预锻和终锻二工位多向可分凹模精锻方案

机匣体的多向精锻有两种分模方案:垂直分模和水平分模,如图4-108和图4-109所示。

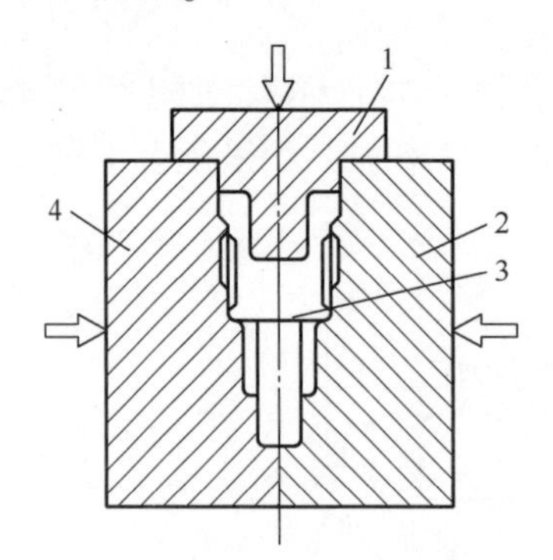

图4-108　垂直分模原理图

1—凸模;2—右凹模;3—锻件;4—左凹模。

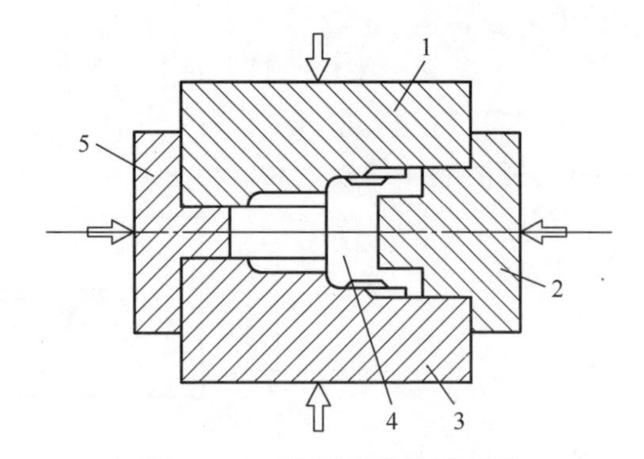

图4-109　水平分模具原理图

1—上凹模;2—凸模;3—下凹模;4—锻件;5—平衡凸模。

(1) 垂直可分凹模与水平可分凹模精锻工艺原理。成形开始时,右凹模2和左凹模4相向运动成半合拢状态,将加热好的毛坯放入半合拢的凹模中,由于左右凹模的底部呈L形,毛坯将被含在凹模中而不落下,继而再将两凹模合拢成为一个整体凹模同时毛坯被压扁,主机滑块带动凸模1下行,毛坯被挤压成为机匣体锻件3,成形结束后,凸模1回程,左右凹模张开,将锻件取出,完成一个工作循环。

(2) 水平可分凹模模具结构。成形开始时,将加热好的毛坯放置于下凹模3上,主机滑块带动上凹模1下行,上下凹模合拢为一个整体凹模同时将毛坯压扁,然后,平衡凸模 5 向右运动至极限位置,凸模 2 在液压机右滑块的带动下向左移动迫使在封闭的模腔内的毛坯被挤压成为机匣体锻件 4,成形结束后,凸模与平衡块回程,主机滑块带动上凹模回程至上限位置,取出锻件,完成一个工作循环。不难看出,凸模 5 主要是平衡凸模 2 的作用力。

两种方案比较:垂直分模比较适合于一个工位的模锻成形,如等温精锻的制坯、预成形和终成形;水平分模允许在同一台压力机上完成制坯或预锻和终锻多个工步的生产,生产效率高。同时,由于机匣体侧向投影面积大于水平投影面积,即在机匣体的侧向需要更大的成形力,因此水平分模将机匣体侧向水平放置更容易发挥液压机主滑块吨位大而产生较大的合模力的优点。因此,机匣体的多向精锻工艺应采用水平分模方案。

经过对机匣体结构特点和工艺路线的分析,针对Ⅲ型机匣体,模具结构可以采用上、下可分凹模及左、右对向挤压的结构形式,如图 4-110 所示。模具分为上凹模、下凹模、预锻凸模、终锻凸模、导向键和加热棒几部分。凸模和凹模用于组成封闭模具型腔成形锻件。导向键起两个作用:一是在合模阶段保证上、下凹模不错位;二是在挤压阶段将上、下凹模联为一体共同承受模锻力。加热棒插入上、下凹模的孔中,用于模具的初始预热,下凹模中还插有热电偶和下顶杆,热电偶和加热棒连接于液压机的温控系统用于监测和控制模具温度,顶杆在顶出缸的作用下向上运动可顶出锻件。

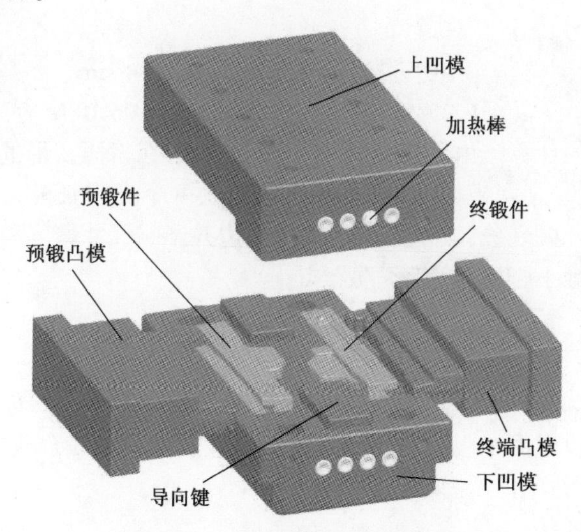

图 4-110　多向精锻模具结构图

4. 成形力与合模力的计算及多向精锻压力机的选用

(1) 成形力的计算。在成形过程中影响成形力的因素很多,如成形速度、毛坯温度、模具温度、润滑条件、锻件的形状、材料的属性等。因此要精确地计算成形力是非常的困难事情,但可以根据经验公式进行估算:

$$F_{成} = KA_{成}p$$

式中：$F_{成}$为成形力(N)；K 为安全系数(压力机机身设计的安全系数，一般取 1.25)；$A_{成}$为锻件在变形方向的投影面积(mm^2)；p 为 单位压力(MPa)。

带方肋板条类锻件闭式模锻应力状态模型：

$$p = \sigma_s \left[4 + \frac{H}{A} + \frac{2(B - A)}{B} + \frac{(B - A)^2}{4Bh} \right]$$

式中：各参数表示的尺寸如图 4-111 所示。

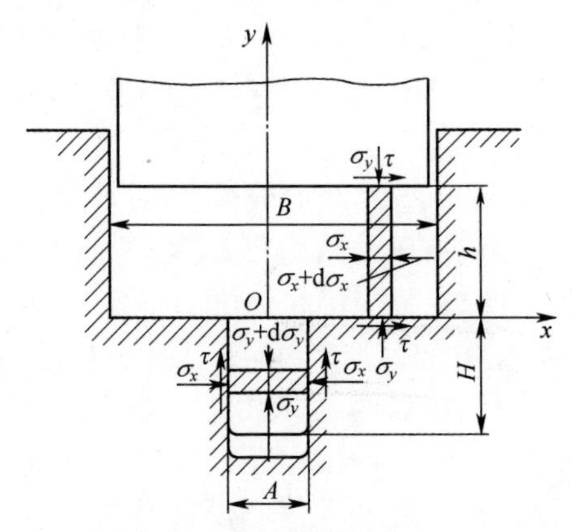

图 4-111　带方肋板条的闭式模锻单位压力计算示意图

所得成形力为

$$A_{成} = (40 - 1) \times (256 - 1) = 9945\text{mm}^2$$

$$F_{成} = 1.25 \times 9945 \times 7.78 \times 100 = 9670\text{kN}$$

(2) 合模力的计算。由于模具为水平可分凹模，在挤压变形的过程中，毛坯将对上、下模壁产生一个张模力，因此设备必须提供一个克服张模力的合模力，合模力不足将会导致开模现象，锻件会产生横向飞边并影响尺寸精度和成形效果。

根据合模力等于张模力，有经验公式：

$$F_{合} = F_{张} = K_{合} A_{合} p_{合}$$

$$p_{合} = (0.8 \sim 1)p$$

式中：$F_{合}$为合模力(N)；$F_{张}$为张模力(N)；$K_{合}$为安全系数，一般取 1.3；$A_{合}$为锻件在合模方向的投影面积(mm^2)；$p_{合}$为变形金属对凹模壁在合模方向上的平均单位压力(MPa)；p 为单位压力(MPa)。

所得成形力为

$$F_{合} = 1.3 \times 13388 \times 0.9 \times 7.78 \times 100 = 12190\text{kN}$$

(3) 多向精锻压力机的选用。根据对机匣体多向工艺过程的分析和成形力及合模力的估算，机匣体多向精锻工艺采用 YK34J-1600/C1250 型数控多向模锻液压机。该液压机的主缸公称压力为 1600t，两侧水平挤压油缸均为 1250t，可以满足Ⅲ型机匣体合模力 1219t 和成形力 967t 的需求。该液压机采用专用液压系统可以实现压力返程和位移返程，并配备快速缸，在空载时可以快进，加快生产节拍，提高生产效率。

5. 预锻和终锻成形过程有限元模拟

1）几何模型的建立

以Ⅲ型机匣体的实际尺寸建立数值模拟几何模型，如图 4-112 所示，模具和工件在 Pro/E 中建模，将生成 STL 数据图形数据文件导入到 DEFORM 中。为减少计算量，不计算模具的变形，将凸模和凹模都设置为刚性体。由于 DEFORM 自带的材料库中没有 7A04 流变应力模型，因此将材料设置成为与 7A04 成分和性能相似的美国牌号 7075，运用热力耦合刚黏塑性有限元对Ⅲ型机匣体进行数值模拟。

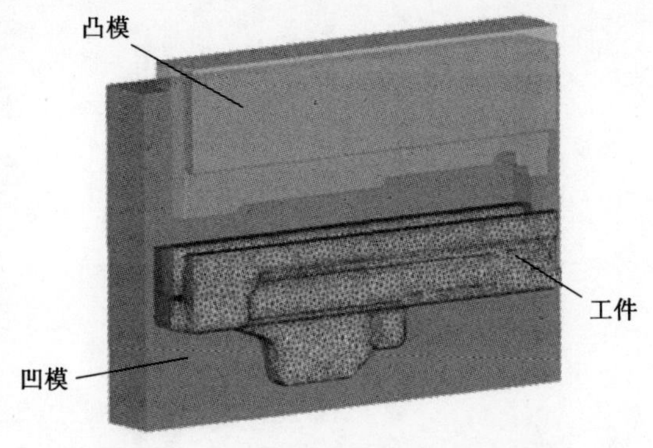

图 4-112　Ⅲ型机匣体有限元三维模型

2）主要参数的设置

采用三维四面体网格分别对毛坯和模具进行网格划分，毛坯网格数为 100000 个，凹模网格数为 150000 个；凸模网格数为 8000 个，毛坯材料为 7075，模具材料为 H13；设置毛坯初始温度为 430℃，凹模温度为 200℃，凸模温度为 50℃，环境温度为 20℃；摩擦系数选取 0.3，凸模速度设置为 30mm/s，模拟步长 0.5mm/步。

3）模拟结果分析

（1）成形过程和形力。Ⅲ型机匣体的成形过程可以分为预锻和终锻两个部分，如图 4-113 所示，预锻合模阶段，毛坯中间直径较大的部位被压扁，之后随着预锻凸模的挤压，回转体毛坯逐渐变形成为近似机匣体的形状。终锻过程完成锻件细节特征的成形，为保证异形凸台和细长筋成形“饱满”、多重台阶轮廓成形清晰，

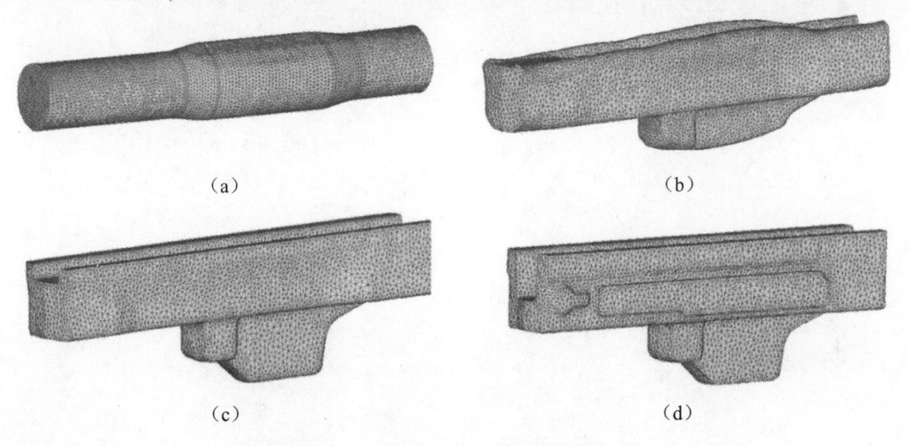

图 4-113　Ⅲ型机匣体的成形过程模拟

(a)预锻合模；(b)预锻挤压；(c)预锻结束；(d)终锻结束。

在锻件成形终了时刻,需要较大的成形力和合模力使锻件处于强烈的三向压应力状态,迫使金属流向模具的边角、缝隙等难填充部位。

(2) 等效应力和等效应变。成形过程中的等效应力和等效应变分布情况,如图 4-114 和图 4-115 所示。

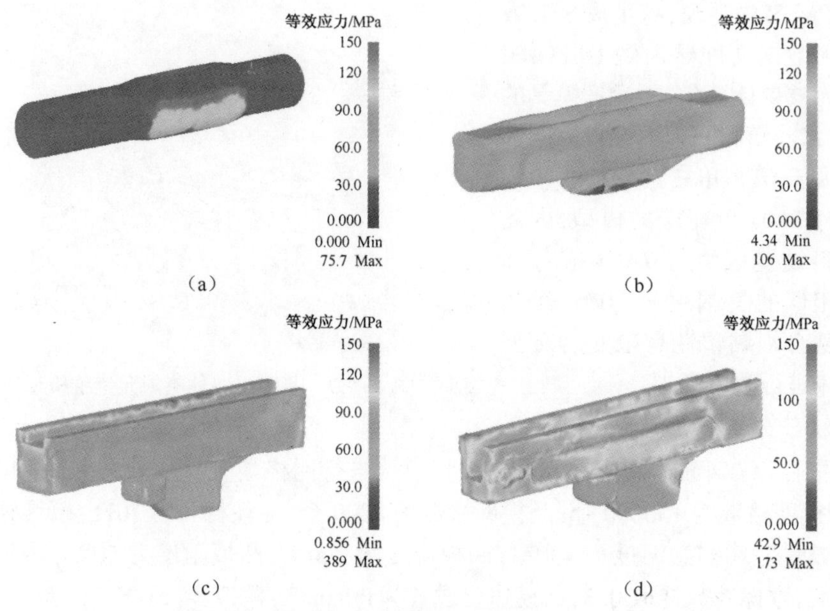

图 4-114　等效应力分布云图

(a)第 81 步;(b)第 158 步;(c)第 200 步;(d)第 262 步。

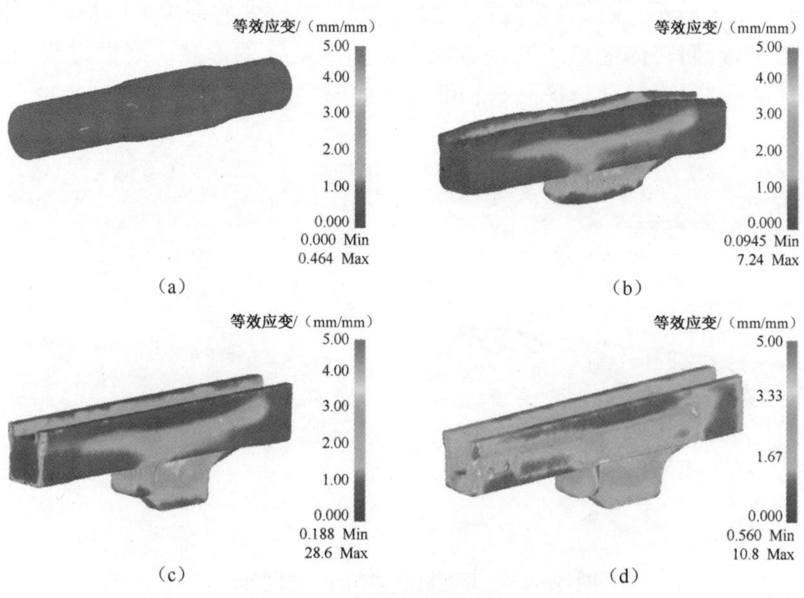

图 4-115　等效应变分布云图

(a)第 81 步;(b)第 168 步;(c)第 181 步;(d)第 270 步。

等效应力和等效应变分布图表明：预锻过程中，材料的变形主要集中在下肋板和U形槽部位，下肋板靠正挤压成形，U形槽靠反挤压成形；终锻时材料的变形主要集中在异形凸台、细长筋、多重台阶以及锻件边缘等细节部位，终锻过程中锻件的变形量小，但对锻件最终成形效果起决定性作用。

(3) 锻件和模具的温度场。成形过程中的锻件温度场和模具的温度场分布情况，如图4-116和图4-117所示。

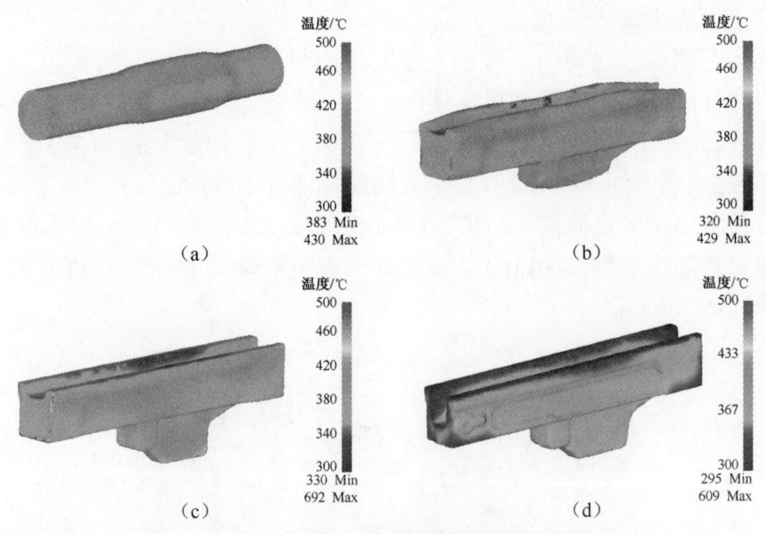

图4-116　锻件温度场分布

(a)第46步；(b)第168步；(c)第182步；(d)第268步。

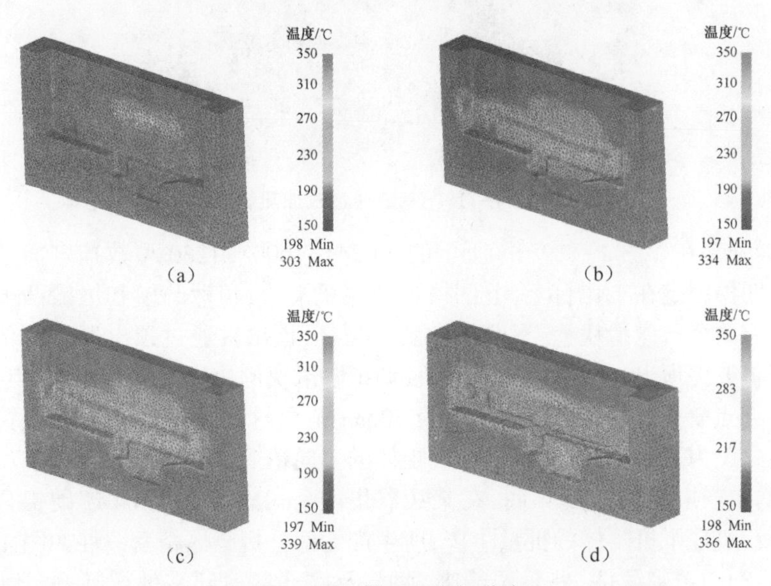

图4-117　模具温度场分布

(a)第81步；(b)第168步；(c)第190步；(d)第268步。

锻件的温度场和模具的温度场分布图表明：由于锻件和模具之间存在热传递，随着变形的进行，锻件的温度整体上逐渐降低，但变形程度较大的部位温度下降较为缓慢，有些部位的温度还会随着变形的进行而升高，这是由于塑性变形功和摩擦功转化为热能，抵消了部分热量的散失。模具的型腔温度将迅速升高，较高的型腔温度有利于材料的进一步流动，但同时也要控制模具的温度不能过高，以防发生软化而使模具磨损过快，同时模具温度过高也会导致润滑剂失去作用。

6. 工艺试验及生产应用

（1）工艺试验。在理论分析和有限元成形模拟的基础上，利用前述的方法设计毛坯、预锻件和模具，对Ⅲ型机匣体进行多向精锻工艺试验。在确定最终毛坯尺寸之前，试验先采用机械加工毛坯，以便于调整尺寸。原始材料为7A04铝合金挤压棒材，通过高速带锯下料，然后按照毛坯尺寸进行车削加工。

在进行多向精锻试验前，毛坯应在430℃温度下保温1~1.5h，加热保温设备采用悬链通过式加热炉（图4-118）。装配好的多向精锻模具如图4-119（a）所示，将模具加热到约250℃。

图4-118　悬链通过式加热炉

模具安装在如图4-119（b）所示的YK34J-1600/C1250型数控多向模锻液压机上，下凹模固定在工作台上，上凹模连接主机滑块，预锻凸模和终锻凸模分别连接在左、右两个挤压滑块上，下凹模内装有顶杆，顶出缸通过顶出器把力传递给顶杆，顶杆将锻件顶出。空载运行液压机，调试各滑块的快进始点、快进终点、工进始点、工进终点等数值，将工进速率设为30mm/s，将这些参数存入液压机控制系统中，将模式设为自动模式，即可进行机匣体的多向精锻试验。

（2）生产应用。2009年底，在某兵器集团公司建立了7A04超硬铝合金机匣体生产线，实现了机匣体的批量生产，所生产的部分机匣体精密锻件如图4-120所示。所生产的精密锻件，外轮廓清晰，两侧及底部均达到零件产品的尺寸精度要求，表面光滑、美观。

(a)

(b)

图 4-119　多向精锻设备及模具

(a)多向精锻模具;(b)多向精锻液压机。

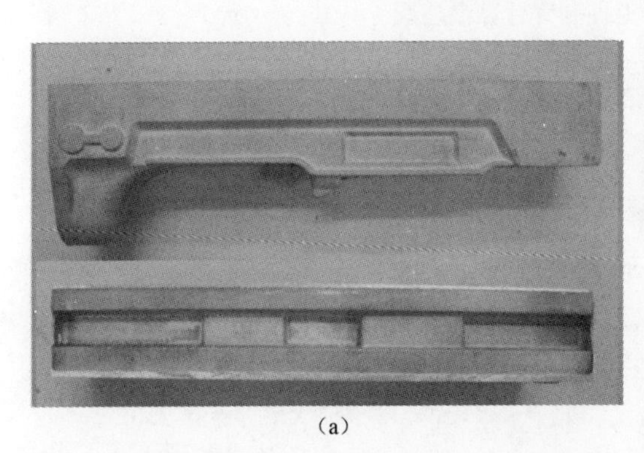

(a)

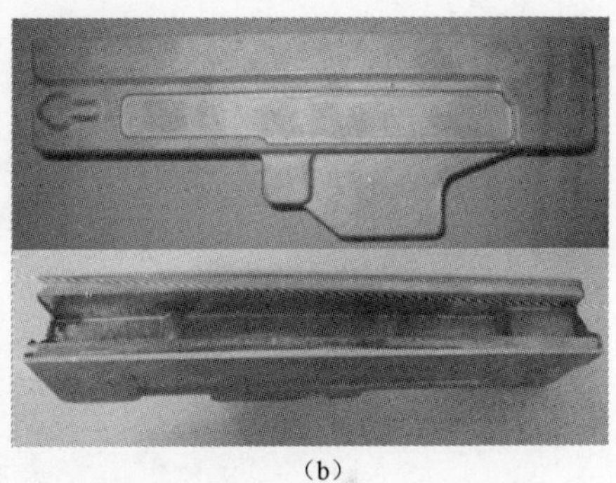

(b)

图 4-120　常用某型机匣体精密锻件

(a)头杆形机匣体;(b)筋板形机匣体。

7. 技术经济效率分析

(1) 同传统的锤上模锻相比。加热火次由 3 次减为 1 次,加上利用锻件余热进行热处理,节约加热能耗 50%~60%;材料利用率由 48%提高到 80%~85%;机械加工工作量大幅减少。

(2) 同等温精锻相比。材料利用率由 74%提高到 80%~85%;大幅度节约加热能耗,提高生产效率 7~8 倍以上,模具寿命显著提高。

4.8.6　HS7 后上控制臂小飞边精锻成形工艺及模具设计

由华中科技大学与中国第一汽车集团有限公司技术中心精密模锻研发项目组共同研发的 HS7 后,上控制臂小飞边精锻成形工艺,模具结构及工艺试验情况分别介绍如下。

1. 锻件及模锻工艺方案设计

HS7 后上控制臂零件三维实体造型如图 4-121 所示。

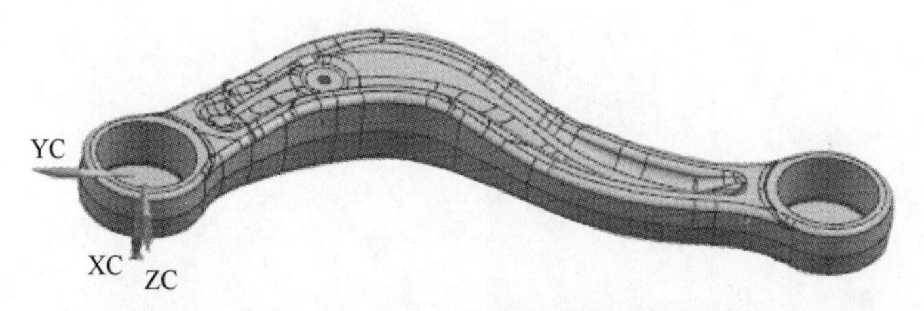

图 4-121 HS7 后上控制臂零件三维造型

基于小飞边精锻成形工艺及前述计算毛坯图设计方法所设计的计算毛坯图如图 4-122 所示。

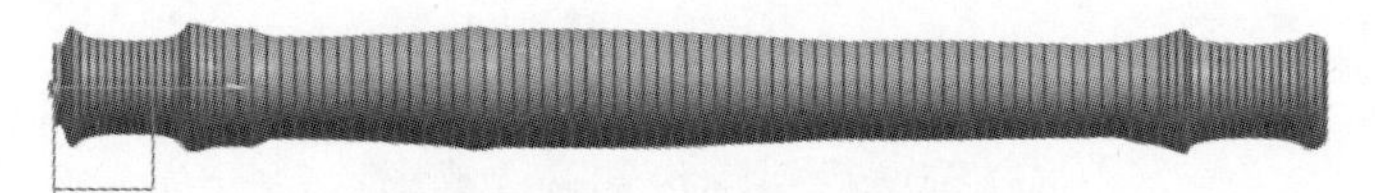

图 4-122 后上控制臂计算毛坯图

制订的后上控制臂小飞边精锻工艺流程为下料→加热→弯曲→小飞边精锻终成形→切边→冲孔→校正。

2. 成形过程热力耦合有限元模拟

由直棒料弯曲成形所需制坯工件(目标件)的弯曲贴模情况、弯曲件与目标件的对比情况如图 4-123 所示。实际成形工件与目标件有一定的差别,但差别很小,不影响终锻成形。弯曲工件上的温度范围约为 450~500℃,仅与模具接触部分表面温度降低了约 50℃,工件温度仍处在合理的模锻温度范围以内。

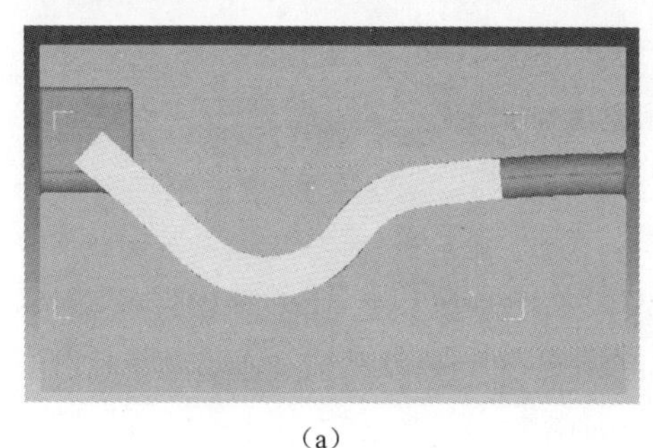

(a)

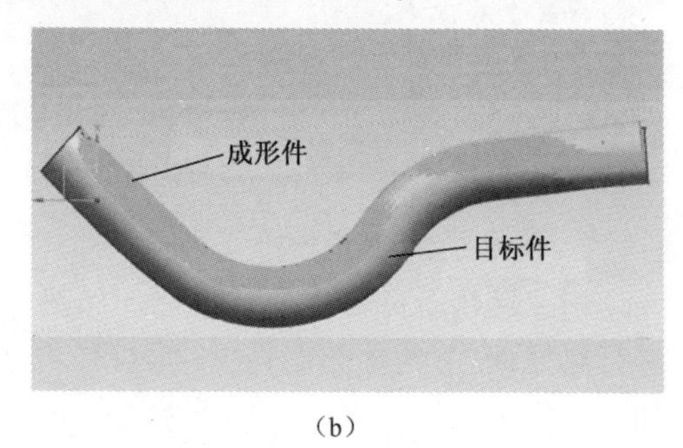

(b)

图 4-123 弯曲成形模拟结果显示图
(a)弯曲件贴模情况;(b)弯曲件与目标件对比。

3. 终锻成形过程模拟的结果分析

图 4-124 所示为小飞边精锻终成形结束状态,锻件典型截面的充满情况。可以看出,终锻成形良好,这正是小飞边即平面薄飞边桥部增大了金属横向流入飞边槽的阻力,而提高其纵向充满模膛的效果,由图 4-124(a)所形成的飞边也可以看出其飞边很小,有利于提高材料利用率。锻件温度范围为 450~475℃,飞边温度范围为 490~500℃,这是因为变曲成形后就进入终锻,没有预锻工步,工件温度降低

慢，另外，试验选择的模锻设备为摩擦压力机，打击速度超过 0.7m/s，且为动载力；另外，铝合金摩擦阻力大，锻件内部发热所至。终锻成形力为 674t，为选择模锻设备的规格提供了可靠依据。模拟结果验证了所设计的小飞边精锻工艺方案是合理的。

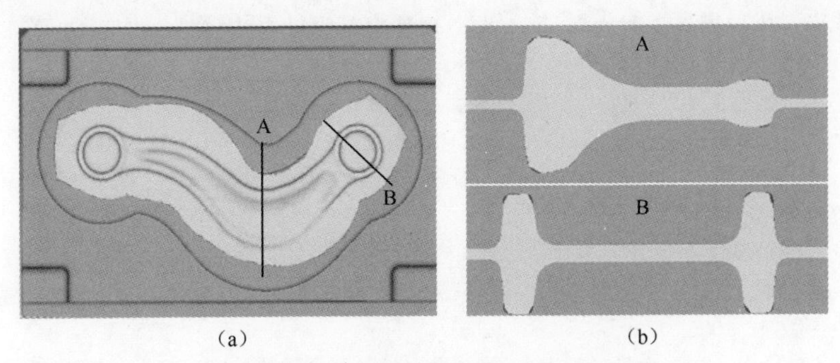

（a）　（b）

图 4-124　终锻成形过程模拟结果显示图

（a）终锻成形情况；（b）锻件头部充满情况。

4. 工艺试验

中国第一汽车集团有限公司技术研发中心精锻技术开发小组按照所设计的工艺流程，将制造好的弯曲、终锻和切边模具（图 4-125）分别安装在 400t 液压机、630t 摩擦压力机和 200t 液压机上进行了试验，所试验出的 HS7 后上控制臂锻件如图 4-126 所示。可以看出，锻件成形饱满，轮廓清晰，飞边小，表明所设计的工艺方案切实可行。

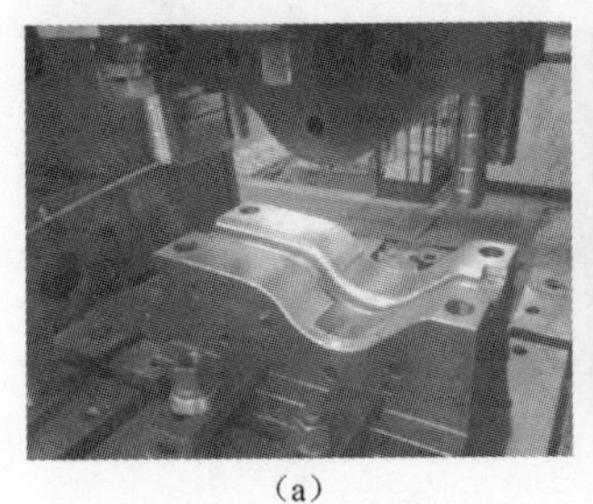
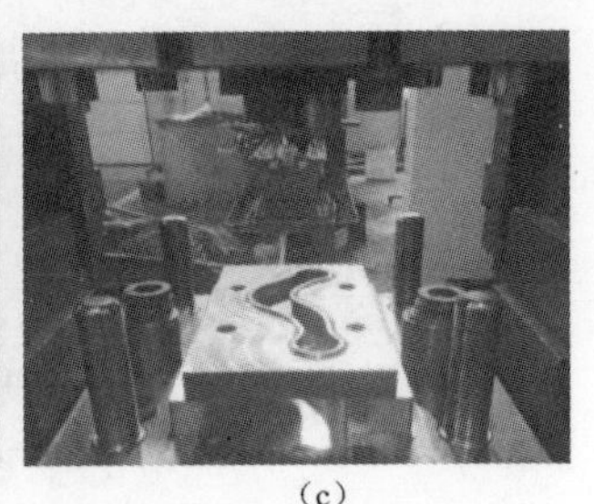
（a）　（b）　（c）

图 4-125　成套试验模具

（a）弯曲模；（b）终锻模；（c）切边模。

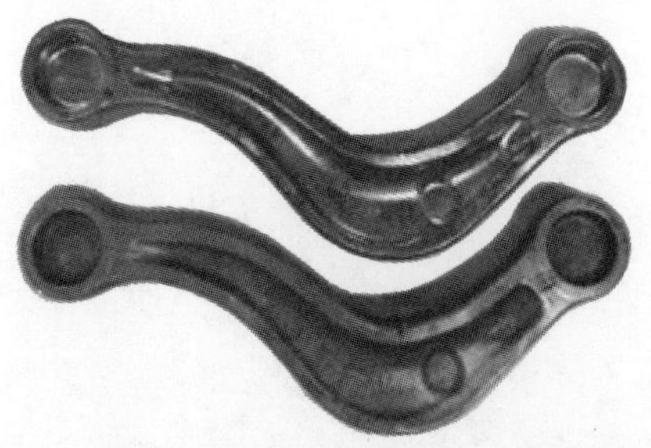

图 4-126　已切边的 HS7 后上控制臂锻件

参 考 文 献

[1] 李志刚. 模具CAD/CAM[M]. 北京：机械工业出版社，1994.
[2] 李志刚. 中国模具工程大典：第1卷 现代模具设计方法[M]. 北京：电子工业出版社，2007.
[3] 张志文. 锻造工业学[M]. 北京：机械工业出版社，1983.
[4] 夏巨谌. 金属塑性成形工艺及模具设计[M]. 北京：机械工业出版社，2008.
[5] 夏巨谌. 中国模具设计大典：第4卷 锻模与粉末冶金模具设计[M]. 南昌：江西科学技术出版社，2003.
[6] 吕炎. 锻模设计手册[M]. 2版. 北京：机械工业出版社，2006.
[7] 胡正寰，夏巨谌. 中国材料工程大典：第21卷 材料塑性成形工程：下册[M]. 北京：化学工业出版社，2006.
[8] 熊惟皓，周理. 中国模具工程大典：第2卷 模具材料及热处理[M]. 北京：电子工业出版社，2007.
[9] 闫洪. 锻造工艺与模具设计[M]. 北京：机械工业出版社，2012.
[10] 刘安静，张宏伟，谢水生. 铝合金锻造技术[M]. 北京：冶金工业出版社，2012.
[11] 王以华，魏康中，林健. 用辊锻工艺制造铝合金毛坯[C]//第5届全国精密锻造学术研讨会论文集，济南，2013.
[12] Holtz M A, Davis J, Crawford D. Selecting forged aluminum for automotive applications[R]. SAE Technical Paper, 1984, 84-01-24.
[13] 周杰，王泽文，徐戊娇. 汽车铝合转向臂锻造成形过程的数值模拟和实验研究[J]. 热加工工艺，2010，39(3)：85-87.
[14] 韦韡. 6082铝合金筋类锻件热变形行为及组织性能研究[D]. 北京：机械科学研究总院，2013.
[15] 包其华，潘琦俊，吴绪生. 汽车铝合金控制臂的模锻成形[J]. 金属加工，2011 (5)：16-18.
[16] 吕春龙，夏巨谌，程俊伟. 机匣体多向模锻热力耦合数值模拟[J]，锻压技术，2007 (3)：12-15.
[17] 邓磊，夏巨谌，王新云. 机匣体多向模锻工艺研究[J]. 中国机械工程，2009(7)：869-871.
[18] 李庆杰，夏巨谌，邓磊. 铝合金机匣体多向模锻工艺优化[J]. 锻压技术，2010(5)：24-28.

第5章 复杂回转体铝合金锻件闭式精锻成形工艺及模具设计

5.1 概 述

复杂铝合金回转体锻件在结构上的特点是以简单轴对称回转体为基体，有的是在顶端或底部具有凸台或凹坑，或上、下同时具有凸台或凹坑；有的侧面具有枝芽或凹坑；有的是壁厚不同而高度相等的多层薄壁筒形结构；有的是壁厚和高度都不相同的多层筒形结构。

复杂铝合金回转体锻件在材质上也是多种多样的，有的是锻造铝合金，有的是硬铝或超硬铝合金，有的是含硅量较高的中高硅铝合金，还有的是铝镁合金。

复杂回转体铝合金锻件基本上都可采用整体凹模闭式精锻或可分凹模闭式精锻。闭式精锻成形的工艺原理是，铝合金毛坯在由凸凹模组成的封闭模膛内通过凸模施加作用力使其成形为所需锻件。因此，闭式模锻可以使得锻件的几何形状、尺寸精度和表面质量最大限度地接近于成品零件。

1. 闭式模锻的特点

闭式模锻与开式模锻相比较，具有以下特点：

(1) 金属材料利用率高。闭式模锻，特别是可分凹模闭式模锻不产生飞边，模锻斜度为1°~3°，甚至无斜度，可以锻出垂直于锻击方向的凹坑。这些优点能使金属材料利用率平均提高20%以上。

(2) 提高劳动生产率。采用可分凹模精锻，常常可减少甚至取消模锻制坯工艺，使模锻工步数由2~4个减少到1个或2个，而且还可省去切边工步和一些辅助工步，生产率平均可提高25%~50%。由于减少了制坯工步，省去了切边工步和辅助工步，并能保证坯料在模膛内良好的定位，因而比较容易实现精锻生产自动化。

(3) 提高锻件质量。闭式模锻能使锻件与成品零件的形状非常接近或完全一致，使金属纤维沿零件轮廓连续分布，变形金属处于三向压应力状态，有利于提高金属材料的塑性，能够防止零件内部出现疏松，因此产品力学性能较一般开式模锻件可提高25%以上。此外，由于锻件无飞边，不会因切边而形成纤维外露，这对应力腐蚀敏感的材料和零件抗腐蚀气氛是有利的，对于航空、航天和舰船用铝合金零件特别有意义。

(4) 节约加热能耗。节约加热能耗是伴随着提高材料利用率而产生的。

(5) 提高铝合金的塑性成形性能。闭式精锻时，在毛坯内产生强烈的三向压应力,通过提高静水压力和将塑性功转变为热能,可有效提高铝合金尤其是高强度铝合金的塑性流动成形性能。

(6) 节省机械加工成本。闭式精锻锻件不仅余量公差小,而且不存在切离飞边时留下的残余飞边,可有效地减少后续的机械加工工时,减少机床和刀具消耗,从而有利于节省机械加工成本。

(7) 模具寿命的比较。对于一些中小型锻件,无论是整体凹模闭式精锻(形状简单的锻件)还是可分凹模闭式精锻(形状复杂的锻件),因铝合金闭式精锻单位压力较钢的单位压力低得多,且加上分流锻造技术的应用,使模具使用寿命大为提高。

当前,可分凹模闭式精锻主要沿两条技术路线发展:一是由通用模架和可更换的凸、凹模镶块构成可分凹模组合结构,安装在通用锻压设备如热模锻压力机或普通曲柄压力机、液压机和螺旋压力机上使用,实现一些中小型锻件的可分凹模精锻;二是采用专用设备,如机械式、液压式或机械-液压联合式的双动和多向模锻压力机,实现各种复杂锻件的多向精锻。

2. 高强度铝合金流动控制成形

高强度铝合金其强度高、塑性差,闭式模锻时不仅其成形力会迅速增大,而且模膛内一些窄而深的部位极难充满。针对这一难题提出了流动控制成形新工艺,其原理是:通过设置不同的控制方式,在闭式模锻时,从凹模入口处到模膛最难充满的地方形成一个绝对值由大到小的压应力梯度场,以确保在模膛其他部位都充满时,最难充满的部位也同时充满。因实现了流动方向的控制,故称为流动控制成形。

5.2 7A04 铝合金压盖与壳体减压式闭式热精锻成形

5.2.1 锻件的结构特点及成形工艺方案的制订

图 5-1 所示为压盖与壳体精密锻件图,材料为 7A04 超硬铝合金,它们是构成轿车安全气囊气体发生器的两个关键零件。由图可知,均为多层杯筒形结构,其差别是,压盖的中间还有一直径为 19mm 的圆台,底部带有法兰。

根据两个锻件的结构特点,既可采用正挤压成形,也可采用反挤压成形,其中压盖的挤压成形原理如图 5-2 所示(壳体的方案与此相似),到底采用哪一种挤压工艺,需要通过分析才能做出判断。若采用图 5-2(b)所示的正挤压工艺,则挤压凸模结构简单,挤压凹模必须采用径向分层组合结构,需要设置薄壁筒形顶出器。其顶出行程必须按锻件的最大高度设计,于是组合凹模的多层杯筒模腔变得窄而很深,这不仅使凹模结构复杂,而且也导致锻件顶出困难。若采用图 5-2(a)所示的反挤压工艺,则凹模结构简单,凸模必须采用径向分层组合结构。这时,可将组合凸模的外层同时作为卸件器使用,其多层杯筒型腔设在组合凸模内,模腔深度只

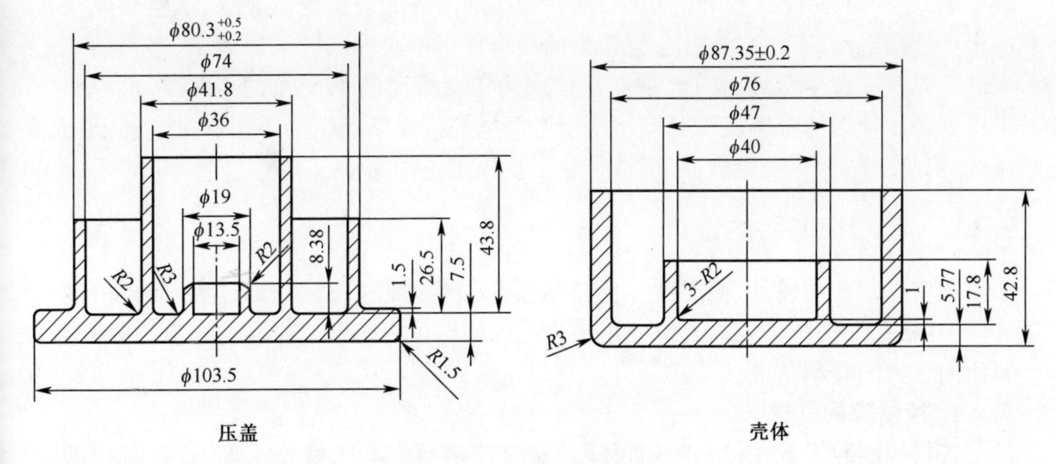

图 5-1　压盖与壳体锻件图

需按锻件对应的高度尺寸设计即可。该方案使模具结构的复杂程度大为降低，锻件从组合凸模上卸下容易。其不足无处，就是反挤成形力要大于正挤成形力。由以上分析不难看出，应选择反挤成形方案。

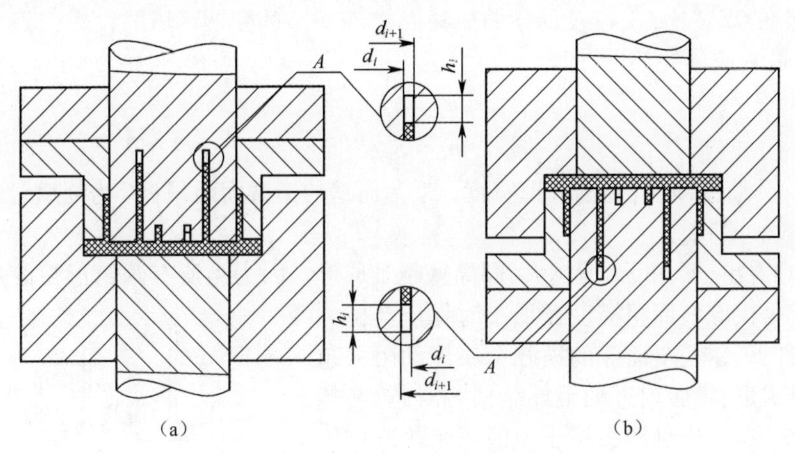

图 5-2　反挤压与正挤压原理图

(a)反挤压；(b)正挤压。

是否能一次反挤压成形，通过计算其挤压变形程度进行判断。对于压盖，$\varepsilon_A = \frac{\pi}{4}[103.5^2 - (80^2 - 74^2) - (41.8^2 - 36)^2 - 19^2] \Big/ \frac{\pi}{4} \times 103.5^2 = 83.8\%$。其变形程度小于 7A04 高强度铝合金的许用变形程度$[\varepsilon_A] = 90\% \sim 95\%$，表明完全可一次反挤压成形。

选择反挤压成形方案后，我们还对冷反挤和热反挤进行了比较，通过有限元模拟和试验研究两种方法，所得结果相互吻合，即冷反挤时，完全可以成形出基本合格的锻件，但挤压成形力显著增大，为热挤压成形力的 4 倍以上；锻件底厚需比热挤增加 2~3mm,降低了材料利用率;锻件每层圆筒的下段出现微裂纹,虽然裂纹深度很小且在机械加工余量之内,但作为商品锻件是不允许的。其原因是,经表面处理的金属首先发生变形而向上刚性平移成为各层圆筒的上段,而下段是坯料内部未得到表面处理的金属流动时同挤压模腔侧壁的接触摩擦阻力所引起的。热反挤压则不存在这些问题,显然,应当选择热反挤压工艺作为生产工艺。

5.2.2 流动控制腔的设计

通过控制腔的设计,使工件在反挤压模腔最难即最后充满的部位形成自由表面,这样就在反挤压型腔的入口处至最难充满的部位之间形成压应力梯度,造成金属流向该处的有利条件。

1. 控制腔的位置

若将控制腔设置在模具圆筒形模腔中金属最后充满的模腔端部,首先必须做出判断,即对于厚度不同、高度也不同的模腔,到底是其中哪个模腔最后充满?通常容易造成高度最大的模腔最后充满的错觉。

根据塑性成形最小流动阻力定律和试验观测,应当主要由模腔对变形金属的流动阻力的大小判断,因为金属总是向流动阻力最小的方向流动。为此,提出了通过圆筒壁的高宽比 k_i ,以及筒壁的横截面 S_i^p 与对应的变形区域的投影面积 S_i^f 之比 m_i 判断最后成形的部位,即

$$k_i = h_i/t_i \tag{5-1}$$

$$m_i = S_i^p/S_i^f \tag{5-2}$$

式中: h_i 为筒壁高度; t_i 为筒壁宽度; S_i^p 为筒壁的横截面面积; S_i^f 为筒壁对应变形区域的投影面积。

不难看出, k_i 和 m_i 值越大,圆筒壁越难成形。因为当所有圆筒形模腔尺寸精度,尤其是模腔表面粗糙度在加工时保证严格一致的条件下,越是窄而深的模腔金属流动阻力越大,越难成形;模腔附近的毛坯金属相对越少,越不容易成形;无论是冷态挤压模锻还是热态挤压模锻,均是如此。

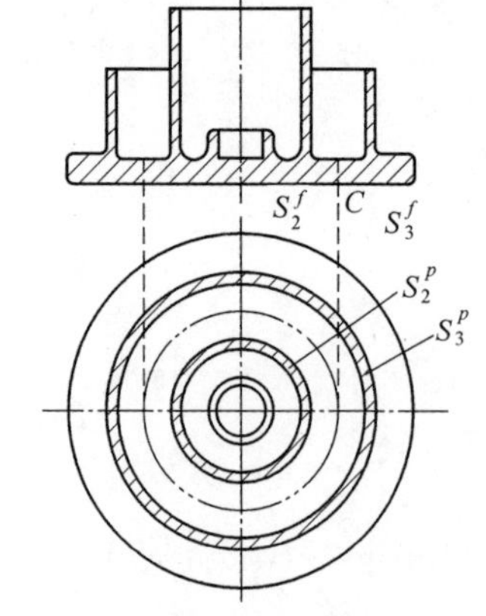

图 5-3 压盖毛坯分流面示意图

对于图 5-1 所示的壳体锻件,内层筒壁的高度低,在变形的初期即被成形。在外层和中层筒壁被稳定挤出模口时,在毛坯的外层和中层筒壁之间存在一个分流圆柱面 C(图 5-3),C 面的两侧金属的流动速度方向相反。假设 C 面位于外层和中层筒壁的中间位置,那么 S_2^f= 2331.6mm^2,S_3^f= 5777.5mm^2(以最内层为第一层); S_2^p = 354.2mm^2,S_3^p = 725.3mm^2,故有 m_2 = 0.152, m_3 = 0.126。

对中层和外层筒壁，有 $k_2 = 15.1$，$k_3 = 8.3$。显然，模具的第二层模腔在最后被充满，即控制腔应设计在其末端。

2. 控制腔的体积

横向环形控制腔方案如图 5-2(b)所示。可得到环形控制腔的高度尺寸 h_c 与法兰模腔半径 r_0 的近似关系为

$$h_c = 0.082 \cdot r_0 \tag{5-3}$$

环形控制腔外半径的大小为

$$r_c = (1.1 \sim 1.15) \cdot r_0 \tag{5-4}$$

相应的环形控制腔的体积为

$$V_k = 0.06 \cdot r_0^3 \tag{5-5}$$

按式(5-5)计算出的环形控制腔的体积约等于坯料多余金属体积的 2 倍，而多余金属的体积为坯料的上偏差与锻件体积的下偏差值之差。

3. 高度尺寸的确定

当最后被充满的圆筒形模腔被确定后，则相应的控制腔的内径为 $d_2 - 2t_2$（若外径为 d_2）。因此，仅需要确定圆筒形控制腔的高度尺寸 Δh_2 即可。根据控制腔的体积约等于坯料上多余金属的体积 2 倍，即

$$\frac{\pi}{4}[d_2^2 - (d_2 - 2t_2)^2] \cdot \Delta h_2 \approx V_k$$

可得

$$\Delta h_2 \approx \frac{V_k}{\pi t_2 \cdot (d_2 - t_2)} \tag{5-6}$$

由式(5-5)及式(5-6)，可得

$$\Delta h_2 = 15 \tag{5-7}$$

5.2.3 流动控制成形力的计算

流动控制成形力可采用如下经验公式进行估算：

$$p_b = cn\sigma_b F_m / F_b \tag{5-8}$$

式中：p_b为凸模上的单位压力(MPa)；σ_b为锻件材料热挤终了温度时的强度极限(MPa)；F_m为坯料横截面积(mm^2)；F_b为凸模作用于坯料的横截面积(mm^2)；c 为挤压终了时的硬化系数；n 为拘束系数。

以压盖为例，计算其反挤压流动控制成形时作用于凸模上的单位压力。由图 5-2(a)得 $F_m = \frac{\pi}{4}103.5^2 = \frac{\pi}{4} \times 10712.25mm^2$；由图 5-2(b)得 $F_b = \frac{\pi}{4}[103.5^2 - (41.8^2 - 36^2)] = \frac{\pi}{4} \times 10261.01mm^2$；由文献查得 $c=0.4$，$n=1.8$；由相关手册查得 $\sigma_b = 70MPa$。将这些数据代入式(5-8)得 $p_b = 4 \times 1.8 \times 70 \times \frac{\pi}{4} \times 10712.25 / \frac{\pi}{4} \times$

$10261.01 = 526.2\text{MPa}$。继而得到总的成形力 $P = F_b \cdot p_b = \frac{\pi}{4} \times 10261.01 \times 526.2 = 4240.6\text{kN}$。可以该数据并考虑安全系数作为选择设备吨位的依据。

5.2.4 流动控制成形过程的有限元模拟

1. 有限元模型及参数设置

压盖的流动控制成形过程的模拟模型如图 5-4 所示,该模型与实际热反挤工艺一致,即将中心小圆筒简化为小圆台。

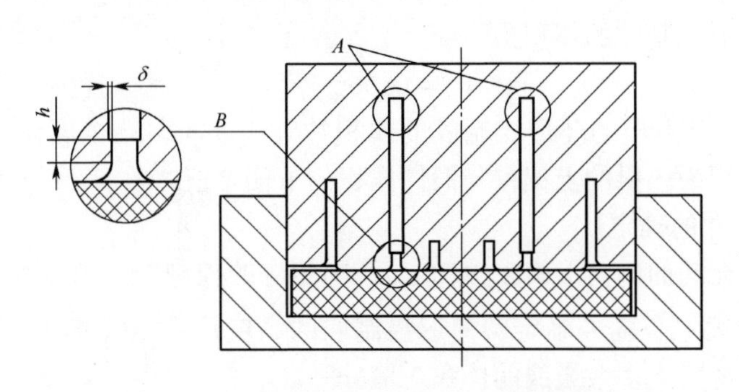

图 5-4 压盖的流动控制成形过程模拟模型

模拟参数设置如下:采用黏塑性与热力耦合的有限元模型;材料为 7075 超硬铝合金(因为 7075 超硬铝合金与 7A04 超硬铝合金的化学成分相近);坯料温度为 420℃,模具温度为 230℃;动模的工作速度为 20mm/s;轴对称几何形状;剪切摩擦模型,摩擦系数为 0.3;坯料、凸模、凹模的网格数均为 1000,且网格畸变较大时,系统自动重画网格;步长为 0.2mm;模拟过程中,应力、应变等变量场前后继承。

2. 模拟结果分析

(1) 控制腔的作用。在上面论述流动控制成形时,指出这种成形方法有两个关键点,其中一个关键点就是控制模锻成形力的大小,使其不能过分增大而影响模具的寿命,同时节约设备运行费用。通过计算机数值模拟研究,比较有无控制腔对成形力的影响。模拟结果如图 5-5 所示。

图 5-5 展示了成形中的三个主要过程,图(a)所示为外层圆筒形模膛未充满时刻;图(b)所示为控制腔刚刚充满时刻,这时的成形力与图(a)基本持平;之后多余金属流入模膛空隙,当锻件的顶端与分流控制腔顶部接触时,成形力急剧增加,如图(c)所示。比较图(b)和图(c),我们发现,在上模向下运动 0.09mm 时,成形力从 2510kN 急增到 3020kN,增幅为 20%。之后成形力基本保持直线规律急剧增加,这是因为锻件的圆筒部分在对应的型腔内被镦粗所造成的。

通过上述分析,充分验证了分流控制腔的设置确实对成形力的大小起到了控制作用。

(2) 网格与速度及温度的变化规律。下面着重分析以压盖为典型件的多层薄壁筒形件反向热挤压过程中的速度场及网格变化的情况。

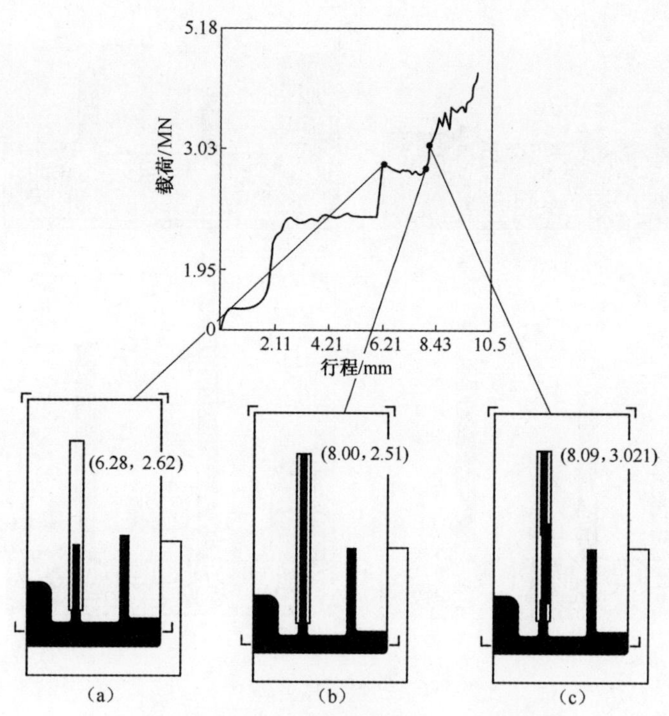

图 5-5　无分流控制腔的力—行程曲线

(a)控制腔未充满;(b)控制腔刚充满;(c)控制腔顶部被镦粗。

从图 5-6 中看出:压盖锻件的成形过程大致分为三个阶段:第一阶段是中间的小圆台在变形初期就已完全成形;第二阶段是外层圆筒完全成形;第三阶段是内层圆筒完全成形,多余金属流入控制腔。

在内、外层模腔入口处金属流动剧烈,该处网格变形大,系统不断重划网格。由于毛坯的高径比较小($h_0/d_0 = 12.65/102 = 0.124 \ll 1$),在挤压的初期凸模附近的坯料金属处于稳态流动状态。随着凸模继续下移,在外层模膛充满后,整个坯料处于非稳态流动状态(图 5-7)。另外,和凹模接触的金属也参与了变形。

从图 5-7 速度矢量分布图可以看出,在凸模完全与坯料接触到外层圆筒完全充满阶段,在内、外层圆筒之间存在一个临界面,临界面两边的金属流动方向相反,分别流向内、外层圆筒形模腔,和前面分析的结果一致。

5.2.5　流动控制成形模具设计及工艺试验

压盖锻件的模具结构示意图如图 5-8 所示。凸模为组合凸模,由件 13、14、15 组成,件 15 兼作卸料器,把锻件从凸模中卸下来。凹模也为组合式凹模,由件 4、5、16 组成,件 4 为顶出器,负责把锻件从凹模中顶出来。件 17 把件 16(凹模 2)固定在下模板上,同时在凹模 2 内形成一定的压应力,以利于提高凹模的寿命。

压盖和壳体共用一副模架,挤压压盖时,件 4、5、13、14、16 换成相应的压盖挤压模具的顶出器、凹模 1、凸模 1、凸模 2 及凹模 2。

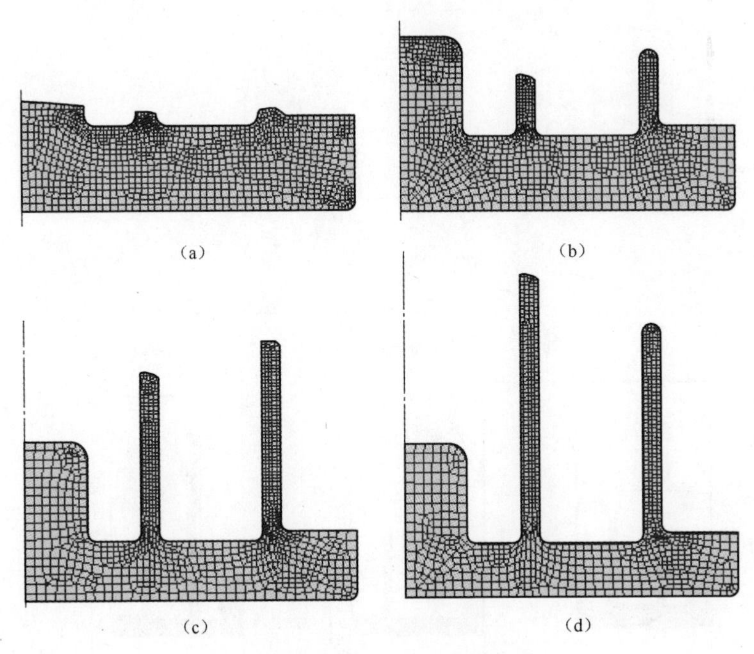

图 5-6　网格变化示意图

(a)第 11 步;(b)第 20 步;(c)第 34 步;(d)第 40 步。

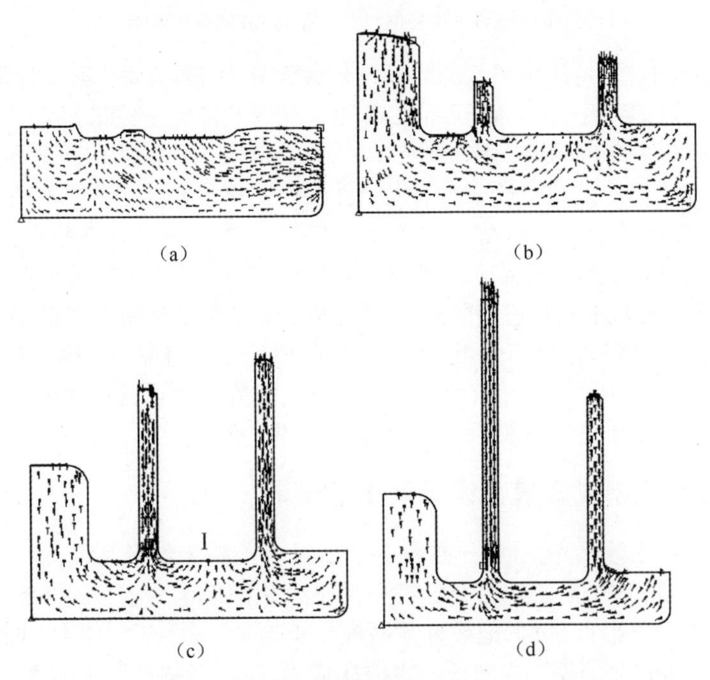

图 5-7　速度矢量分布图

(a)第 9 步;(b)第 19 步;(c)第 35 步;(d)第 44 步。

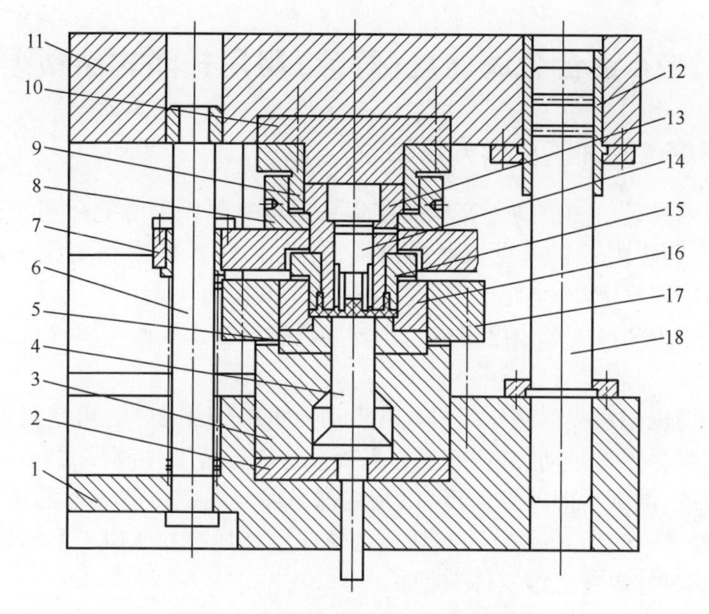

图 5-8　压盖锻件的模具结构示意图

1—下模板;2—顶出器垫板;3—凹模座;4—顶出器;5—凹模 1;6—卸料拉杆;7—卸料板;
8—凸模固定螺钉;9—凸模固定圈;10—凸模垫板;11—上模板;12—导套;13—凸模 1;
14—凸模 2;15—凸模 3;16—凹模 2;17—凹模压圈;18—导柱。

模具安装在 Y28-400/400 型数控双动液压机(图 10-13)。Y28-400/400 型数控双动液压机有内、外两个滑块,公称压力分别为 4000kN,可分别使用;内外滑块可锁紧联动使用,公称压力为 8000kN。液压机的顶出缸的公称压力为 100kN,通过顶杆把动力传给顶出器,把锻件从凹模中顶出来。

压盖、壳体锻件的圆柱毛坯的尺寸规格分别为 ϕ102mm×12.65mm、ϕ86mm×18.7mm,用带锯下料,然后车平两端面。坯料用箱式电炉加热,装炉前,应去除油污和其他污物,电炉先预热到 300℃,放入坯料并加热到 420℃,保温 1h。所得到的压盖和壳体锻件如图 5-9 所示,其尺寸精度和经水爆试验测得的耐压程度均达到美国安全气囊的技术标准。

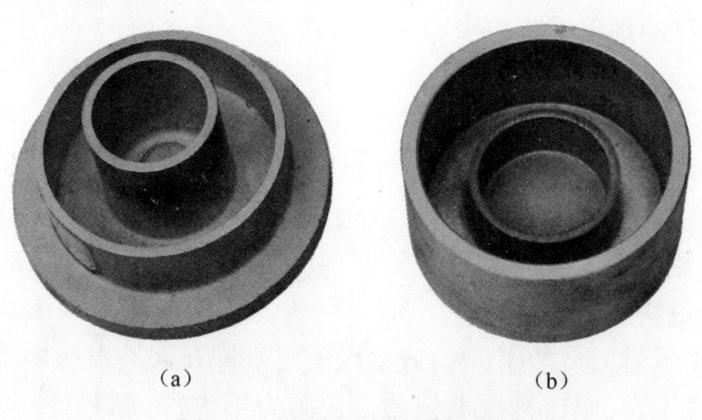

图 5-9　压盖和壳体锻件照片

5.3 2014 铝合金涡旋盘(静盘)阻尼式闭式热精锻成形

5.3.1 涡旋盘的加工成形方法比较

涡旋压缩机是一种借助于容积的变化来实现气体压缩的流体机械,这种思想是 20 世纪初期法国工程师克拉斯提出来的,并于 1905 年取得美国发明专利权。美国与日本等国家于 20 世纪 70 至 80 年代成功开发出空调用涡旋压缩机,我国的开发工作始于 1986 年,至今已形成了比较成熟的涡旋式空调与制冷压缩机设计制造技术。

涡旋压缩机相对于活塞压缩机具有启动力矩小,工作连续,可获得更高的压力等特点。其主要零件是动、静涡旋盘。涡旋盘的加工精度,特别是涡旋体的形位公差有很高要求,端部平面的平面度,以及端部平面与涡旋体侧壁面的垂直度,应控制在微米级。图 5-10 所示为日本某公司轿车空调压缩机 KC88 上的涡旋盘锻件的外形、轮廓尺寸以及三维实体造型。

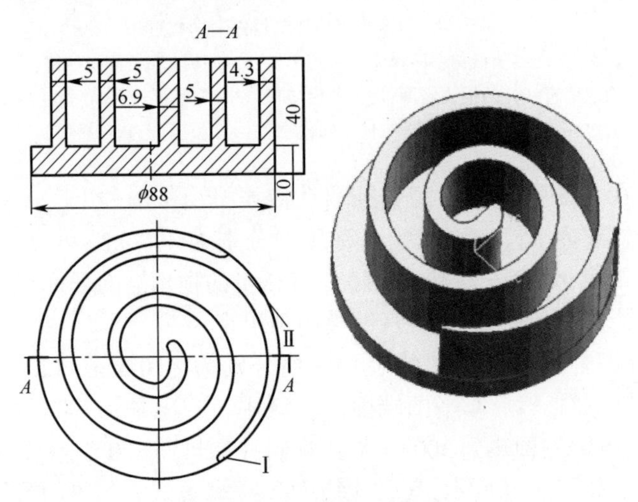

图 5-10 涡旋盘结构图

目前,涡旋盘的加工成形主要有三种方法。

(1) 展成法或数值逼近法数控加工。把涡旋型线离散成一系列坐标点,依次取几个坐标点为已知点,用已知点去拟合新的曲线的加工方法。采用专用机械加工或数控加工中心,此方法可以满足涡旋盘零件要求,但材料利用率低,仅为 25%。

(2) 挤压铸造成形。通过装固在挤压铸造机上的挤压铸造模具实现,可以得到形状、尺寸以及内部组织较为理想的制件,但是工作效率低,且正常操作一般需要三人当班,使得生产成本加大。

(3) 施加背压阻尼力的闭(塞)式模锻成形。即在涡旋盘的涡旋壁已成形端施加反向压力即背压力,使材料流动快的部位阻力增大,抑制其材料的流动,从而使涡旋的端部高度保持平齐。

上述三种方法中:(1)、(2)由于存在材料利用率低、加工成本高等问题,没有得到广泛应用;(3)虽然克服了上述缺点,但是仍旧存在很多问题有待解决,如成形力和背压力的确定、模具热膨胀和弹性变形补偿、坯料和模具的润滑方式等。

本章通过工艺分析及数值模拟,对上述这些技术难题进行探讨。

5.3.2 背压式流动控制成形过程的有限元模拟

1. 有限元模型及模拟条件的设置

背压流动控制成形的模拟模型如图 5-11 所示。

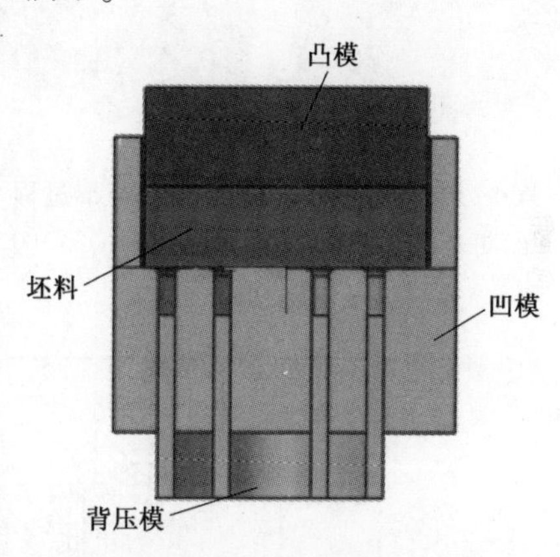

图 5-11 背压流动控制成形的模拟模型

结合锻件体积 $V_{锻} \approx 108876\text{mm}^3$,根据计算结果选择坯料大小为直径 $d = 86\text{mm}$,高度 $h = 18.8\text{mm}$。采用 DFEORM-3D 软件,模拟背压流动控制成形过程。模拟条件的设置如下:采用刚黏塑性与热耦合有限元模型;材料为 2014 铝合金;凸模的工作速度为 20mm/s;加背压力时,背压力为 50kN;坯料温度为 470℃,模具温度为 300℃;剪切摩擦模型,摩擦系数为 0.3;坯料的网格数为 60000,凸模、凹模和背压模的网格数均为 5000,且网格畸变较大时,系统自动重画网格;步长为 0.1mm;模拟过程中,应力、应变等变量场前后继承。

2. 模拟结果分析

为了说明施加反向作用力,即以背压的方式实现涡旋盘的正向挤压流动控制成形工艺,同时也对无背压力的正向挤压成形过程进行了模拟。

(1) 无背压力的正挤压成形过程。观察图 5-12 可以看到,常规正挤压工艺不能正确成形锻件,金属流动极不均匀,且端面很不平整。

(2) 有背压力时的模拟结果。通过与图 5-13 所示有背压时挤压模锻模拟分析结果比较不难看出,对于涡旋盘锻件应当采用带背压的正向闭(塞)式挤压模锻成形工艺方案。一是保证锻件端部平整;二是造成强烈的三向压应力状态,以提高 2014 铝合金的塑性成形性能,并能改善锻造前成块状初晶硅在 $\alpha-\text{Al}$ 中的分布情况。

5.3.3 涡旋盘背压式正向挤压模设计及生产应用

根据图 5-13 所示背压式正向挤压成形原理所设计的涡旋盘挤压试验模具结构如图 5-14 所示。该模具分为上模、下模和背压及顶出装置三部分。上模由凸模 16、凸模固定圈 17、凸模座 19、凸模垫 20、上模座 21 和上模座垫块 23 等零件组成;

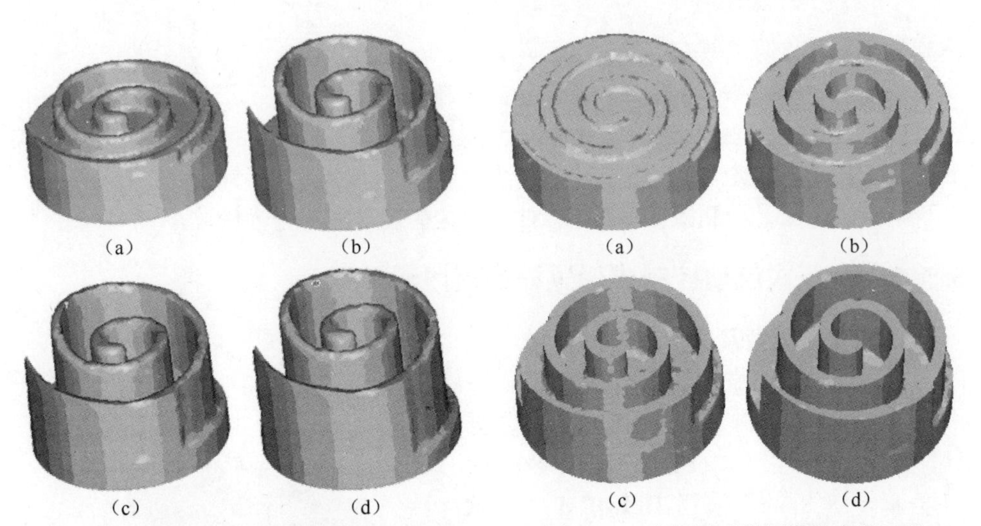

图 5-12　无背压力时挤压模锻成形过程

(a)第 20 步;(b)第 40 步;(c)第 70 步;(d)第 100 步。

图 5-13　有背压时挤压模锻成形过程

(a)第 10 步;(b)第 40 步;(c)第 70 步;(d)第 100 步。

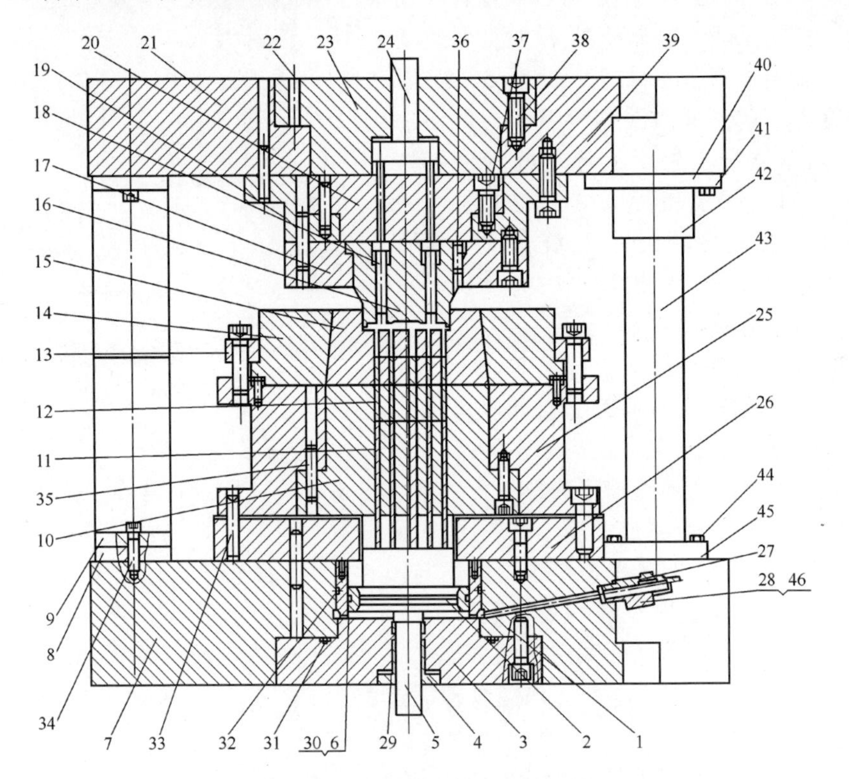

图 5-14　涡旋盘挤压试验模具结构

1—衬套; 2—活塞; 3—缸底; 4—顶杆导向套; 5—顶杆; 6、31、32—密封圈; 7—下模座;8—垫块; 9—限位块; 10—凹模垫; 11—下顶杆; 12—涡旋体; 13—压圈; 14—预紧圈; 15—凹模; 16—凸模; 17—凸模固定圈; 18—上顶杆; 19—凸模座; 20—凸模垫; 21—上模座; 22—螺孔; 23—上模垫块 ; 24—上顶出器; 25—凹模座; 26—下垫板; 27、28、46—液压管接头组件; 29—顶杆导向圈;30—缸套; 33、35、36、41、44—销钉; 34、37、38—螺钉; 39—上模板; 40、45—固定圈;42—导套 43—导柱。

下模由凹模 15、预紧圈 14、涡旋体 12、凹模垫 10、凹模座 25、下垫板 26、下模座 7 等零件组成；背压及顶出装置由衬套 1、活塞 2、缸底 3、密封圈 31、32 及下顶杆 11 等零件组成；上模与下模通过导柱 43 和导套 42 导向。

进行涡旋盘热挤压时，由油(汽)缸活塞 2 下腔中压力油产生的背压，通过下顶杆 11 及涡旋体 12 对工件施加反作用力，迫使变形金属向难于充满的 I 区流动。背压力的大小通过溢流阀调节。挤压成形结束后，上模随压力机滑块回程，油(汽)缸活塞 2 的下腔通压力油(汽)使活塞 2 下顶杆 11 及涡旋体 12 上移，将涡旋盘锻件从凹模 15 中顶出。值得注意的是，该模具结构极为复杂，加工精度及表面质量要求很高，特别是涡旋体 12 同凹模 15 中涡旋模腔的配合精度是最关键的一环，应采用精密精数控加工中心通过编程加工解决。模具的整体结构及加工制造方法均有待进一步完善。

轿车安全气囊压盖及壳体和轿车空调压缩机涡旋盘闭式精锻成形为国家科技重大专项项目“高档数控机床与基础制造装备”中“黑色金属与轻合金冷/温锻精密成形技术”子项目的重要组成部分，其研究成果于 2011 年在江苏飞船股份有限公司在国内首次建立两条示范性生产线，实现了这些关键零件的批量生产，示范性生产线及精密锻件如图 5-15 和图 5-16 所示。

图 5-15　示范性生产线

图 5-16　精密锻件

5.4　尾座减压式闭式热精锻成形

5.4.1　工艺分析

图 5-17 和图 5-18 所示为尾座精密锻件图和三维锻件，锻件材料为超硬铝合金 7A04，毛坯质量为 0.64kg。模锻时，其温度范围为 380~450℃。由图可知，该零件热精锻时存在着两种方案：一种是以下端 ϕ74mm 作为坯料直径；另一种是以上端 ϕ84.5mm 作为坯料直径。当采用前一种方案时，其模锻成形过程：下端底部为正挤压成形，上端为镦粗反挤复合成形；当采用第二种方案时，其下端为正挤压成形，而上端为反挤压成形。因 7A04 超硬铝合金，其塑性成形性能较差，当采用前一种方案时，上端处于开式镦粗阶段时，外表面处于拉应力状态，有产生裂纹的可能性；而采用后一种方案时，就不会出现这种危险性。其所以最终以闭式模锻结束，

就是为给变形金属造成强烈的三向压应力状态,以提高其塑性成形性能。

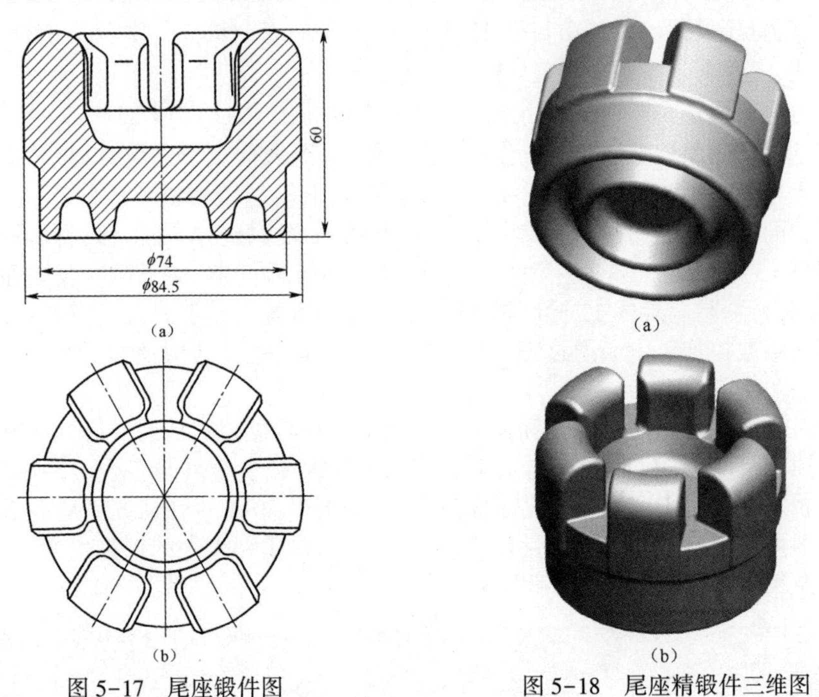

图 5-17　尾座锻件图　　图 5-18　尾座精锻件三维图

5.4.2　成形过程模拟

通过热力耦合有限元模拟结果可知,其成形过程可分为如下三个阶段。

第一阶段:反挤阶段,因凹模底部的两个环形模膛窄而深,坯料底部的金属挤入时流动阻力大。

第二阶段:为正反复合挤压阶段,当 6 个横截面为矩形的凸台反挤到一定高度时,反挤流动阻力增大,坯料顶部金属继续被反挤向上流动的同时,底部的金属被挤入两个环形模膛,即为正反复合挤压,此阶段为主要的变形阶段。

第三阶段:为模膛充满阶段,凹模底部对环模膛为最后充满部位。

鉴于外环最后充满,可将外环模膛底部向下加深 3~4mm,作为减压分流腔。这样以来,模锻结束时,锻件底部同凹模的接触面积就由 $\frac{\pi}{4} \times 84.5^2 \approx 5608\text{mm}^2$ 减小为 $\frac{\pi}{4} \times 74^2 \approx 4300.8\text{mm}^2$,其有效接触面积为全接触面积的 76.7%。相应地,其模锻成形力约减小了 1/4。既减少了设备运行的能耗,又减少了模具负荷有利于提高模具使用寿命。

5.4.3　模具结构

图 5-19 所示为尾座热精锻模具结构,该模具分为上模和下模两部分。上模由

打杆 1、上模座 2、推杆 3、垫板 4、上冲头 5、冲头固定板 6 和上顶杆 7 组成；下模由凹模固定圈 8、凹模 9、下模座 10、下冲头 11、垫板 12、弹簧 13、下顶杆 14 和顶出器 15 组成。该模具既可安装在机械压力机上使用，也可安装在螺旋压力机上使用。由于坯料体积的变化，模锻时，可能会在上冲头 5 和凹模 9 之间的环形间隙中形成纵向毛边。因为既有可能卡在冲头 5 上，也有可能卡在凹模 9 中，所以，模具中同时设置有上顶杆 7 和下顶杆 14。

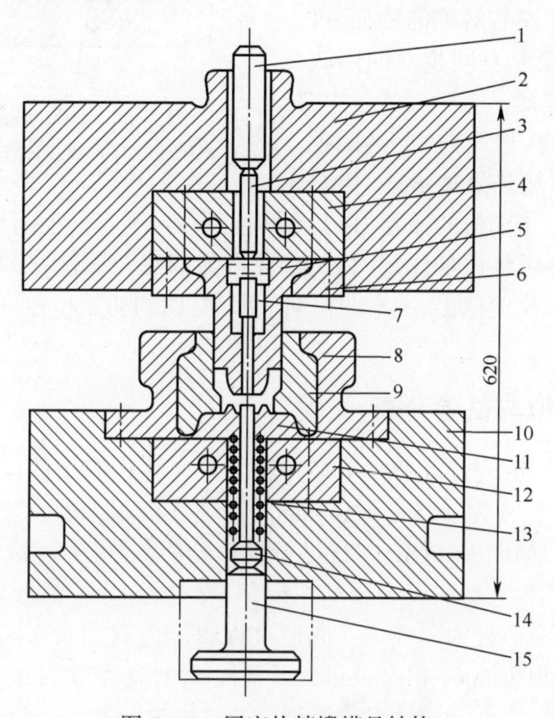

图 5-19　尾座热精锻模具结构

1—打杆；2—上模座；3—推杆；4—垫板；5—上冲头；6—冲头固定板；7—上顶杆；8—凹模固定圈；9—凹模；10—下模座；11—下冲头；12—垫板；13—弹簧；14—下顶杆；15—顶出器。

因 7A04 超硬铝合金始锻温度为 430～450℃，为了避免开始模锻时，毛坯温度降低过快而影响其成形性能，所以，在上垫板 4 和下垫板 12 中均设置有 U 形电垫管。模锻时，首先，利用 U 形电热管预热锻模，其预热温度不低于 180℃。模锻时，可采用二硫化钠加热机油或水剂石墨作润滑剂，但这两种润滑剂影响锻件表面质量，采用高分子润滑剂效果更好。

5.5　6061 铝合金双法兰锻件双向闭式热挤压

5.5.1　工艺方案的制订

6061 铝合金锻件双向闭式挤压工艺原理如图 5-20 所示。制订工艺方案时：

首先计算出锻件的体积，再加上冲孔连皮的体积即为坯料体积，以锻件中间最小直径作为坯料直径；然后根据体积相等原理确定坯料长度，得到坯料尺寸为 ϕ25mm×144mm。双法兰锻件除了具有回转体轴对称的特征外，还具有以冲孔连皮中间为分界面左右对称的特征，可采用水平可分凹模左右同步双向闭式挤压成形的工艺方案。

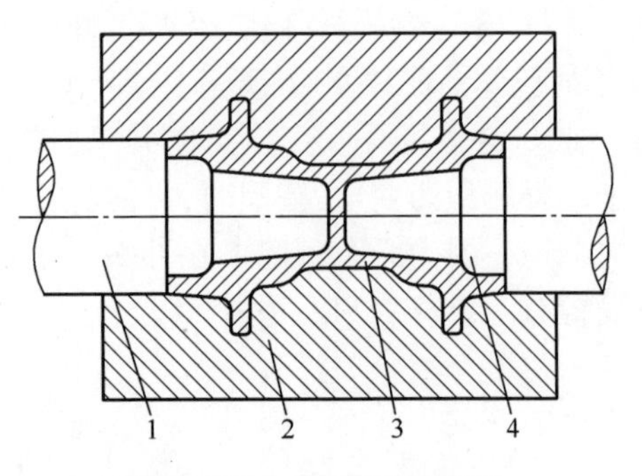

图 5-20　6061 铝合金锻件
1—左凸模；2—凹模；3—锻件；4—右凸模。

挤压成形过程：挤压前，上半凹模处在张开状态，将加热好的 6061 铝合金棒料毛坯置于下半凹模的模膛中，上半凹模下行与下半凹模闭合并压紧；左右两个凸模同时对棒料毛坯施加作用力，使其成形为双法兰锻件；成形结束后，左右凸模同时从锻件和凹模中退出，上半凹模向上移动，回到初始位置，取出锻件，一个工作循环结束。

5.5.2　数值模拟与试验分析

模拟和试验之前，先计算所需毛坯体积及毛坯在模腔中的位置。考虑收缩率的影响，确定毛坯尺寸为 ϕ25mm×144mm。毛坯在模膛中的位置通过左右凸模自动对中确定。然后借助 DEFORM 2D 进行模拟分析。如图 5-21 所示为数值模拟的有限元模型。模拟坯料假设为刚塑性模型，材料为 6061 铝合金，毛坯成形温度 480℃。凹模与冲头假设为刚性体。成形过程假设为双冲头对向挤压成形。采用常应变摩擦模型，根据 6061 铝合金热成形条件，摩擦系数设为 0.2。由于零件和毛坯是几何轴对称的，因而采用轴对称模型。取过中轴面的 1/2 为研究对象，工件初始网格为 1041 个，节点 1161 个。

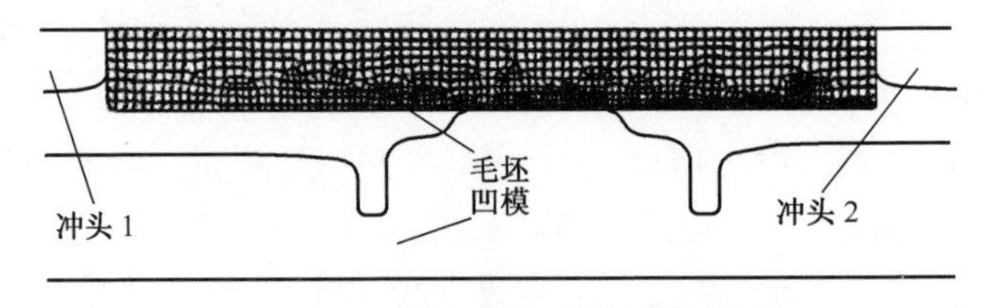

图 5-21　双向挤压成形的有限元模拟

1. 变形分析

通过模拟结果可把成形过程依次分为以下几个阶段：镦粗与反挤复合变形、镦粗与径向挤压复合变形、径向挤压变形等。图 5-22 和图 5-23 所示分别为数值模拟分析得出的成形最后阶段的网格变形图和速度矢量场分布图。在起始变形阶段，坯料两端部金属发生镦粗与反挤变形，而中间与凹模接触的金属处于刚性状态，不发生塑性变形。然后，反挤停止，镦粗变形继续加强，并伴随径向挤压变形。在变形最后阶段，下模模膛凹先充满，材料的速度矢量很小，该部分金属已不再流动，而上凹模模膛金属的径向速度矢量还很大。说明上半凹模径向凸缘的形成较困难，金属流动性差，所需变形抗力变大。主要是因为上半凹模法兰部分相对窄而深，从而增加金属流动的阻力。另外，随着金属的径向流动，若模具设计及工艺参数确定不当，还会在图 5-22 所示位置 1 和位置 2 造成拉缩缺陷。

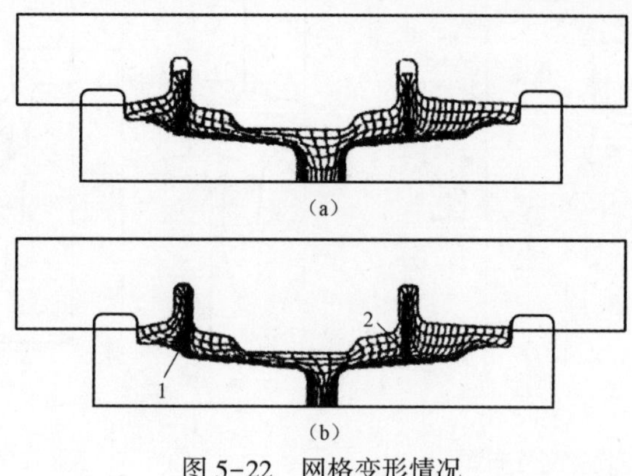

图 5-22　网格变形情况

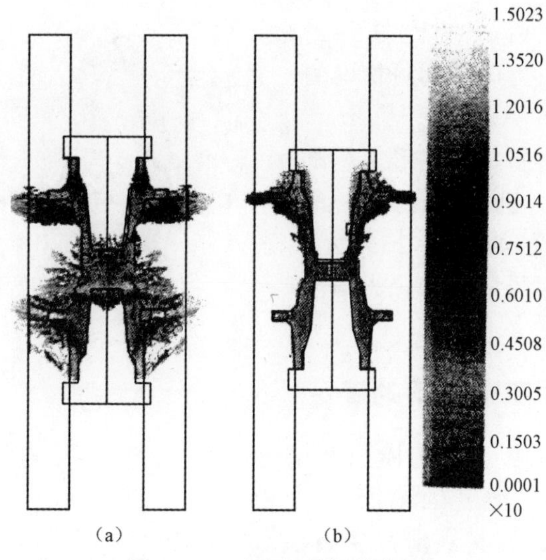

图 5-23　速度矢量场分布图

2. 力应变场分布

图 5-24 所示为模拟得到的工件中轴面上等效应变分布图。图 5-25 所示为等效应力分布。从第 385 步的应力分布看，有几个区域应力较大。其他几个区由于金属处于三向压应力状态，不会对成形质量造成太大影响。最需要引起注意的是工件上凸缘位置的应力分布，该处金属由于向凹模膛作径向流动，很容易在工件对

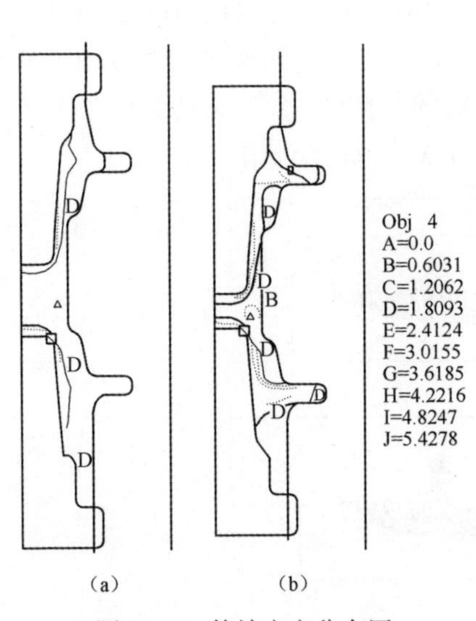

图 5-24 等效应变分布图

(a)第 350 步;(b)第 380 步。

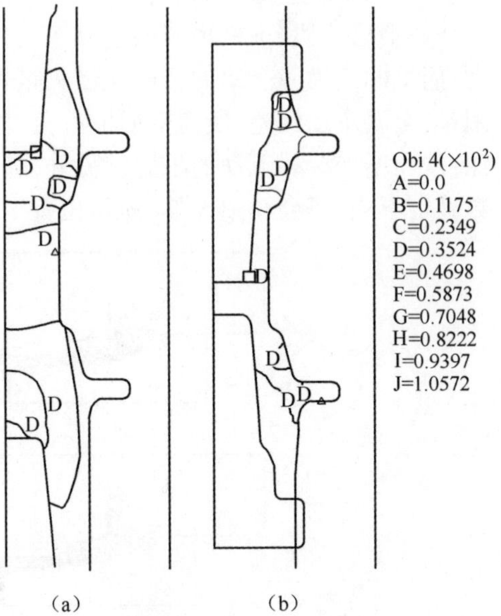

图 5-25 等效应力分布图

(a)第 200 步;(b)第 385 步。

应内壁处造成拉缩缺陷。对比图 5-23 材料的速度矢量图,可以得到更精确的分析结果。

根据模拟结果,制定了成形工艺试验方案,在通用压力机上进行试验,试验所得双法兰精锻件如图 5-26 所示,锻件尺寸精度、表面质量及综合力学性能都满足使用要求。

图 5-26 铝合金双法兰锻件

5.5.3 生产应用工艺方案的确定

根据刚塑性有限元数值模拟及试验结果,工艺方案确定如下:毛坯尺寸 ϕ25mm×144mm,预热温度(480±5)℃。模具预热 180~200℃,模具润滑采用石墨水剂。试验设备为通用液压机(侧缸运动速度为 160mm,主缸压力 2000kN,侧缸压力为 1500kN)。成形工艺采用温-热成形法。凸模采用优化后的凸圆圆角,$R_1=5$,$R_2=6$mm,冲头基本形状及尺寸如图 5-27 所示与锻件内腔一致(修正前 $R_1=1$,$R_2=8$;修正后 $R_1=5$,$R_2=6$)。

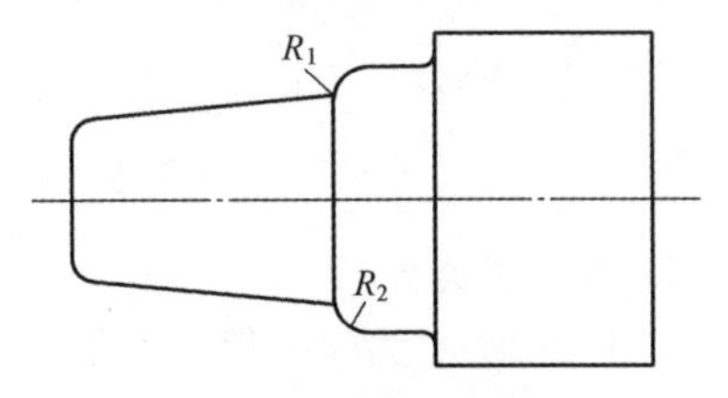

图 5-27 凸模设计

5.6 铝合金轮毂闭式热精锻成形工艺及模具设计

5.6.1 锻造铝合金汽车轮毂的优缺点分析

锻造是铝轮毂应用较早的成形工艺之一。锻造铝轮毂具有强度高、抗蚀性好、尺寸精确、加工量小,晶粒流向与受力的方向一致,其强度、韧性与疲劳强度均显著优于铸造铝轮毂。同时,性能具有很好地再现性,几乎每个轮毂具有同样的力学性能。锻造铝轮毂的典型伸长率为12%~17%,因而能很好地吸收道路的震动和应力。通常铸造轮毂具有相当强的承受压缩力的能力,但承受冲击、剪切与拉伸截荷的能力则远不如锻造铝轮毂。锻造轮毂具有更高的强度质量比。另外,锻造铝轮毂表面无气孔,因而具有很好的表面处理能力,不但能保证涂层均匀一致,结合牢靠,而且色彩也好。锻造铝轮毂的最大缺点是生产工序多,生产成本比铸造的高得较多。

目前,国内外采用锻工艺生产铝合金轮毂的工艺方法主要有等温闭式模锻和常规闭式模锻,随着技术的进步又以常规闭式模锻为主。

5.6.2 垂直可分凹模闭式精锻

1. 零件结构及工艺性分析

铝轮毂零件几何形状、尺寸如图5-28所示。

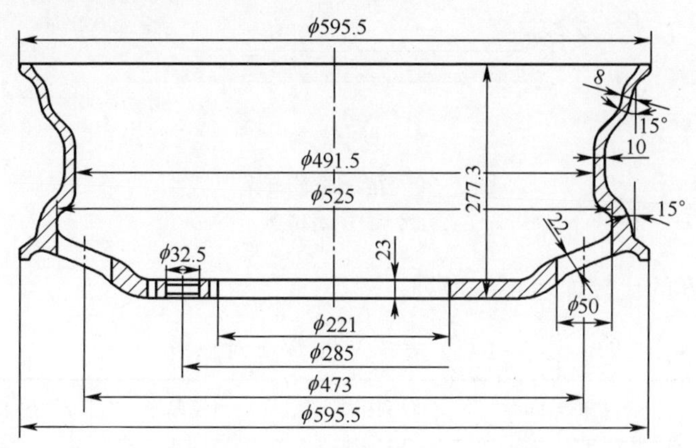

图5-28 轮毂零件几何形状、尺寸

零件材料为A6061-T6,零件质量为26.5kg。从图5-28可以看出,该零件基本形状为杯状,但外侧轮廓为一侧立马鞍面,壁厚为8~30mm,中部截面较小,上下端截面较大,类似于自由锻造时镦粗工步中常出现的双鼓肚(称为双鼓形)。若按一般的锻件设计原则,应将锻件的分模面取在最上端(口部)较大截面处(方案1),如图5-29(a)所示。如按此形状设计锻件,使锻件由最下端(底部)向分模面保持一定的模锻斜度,保证锻件顺利出模。在机械加工去除多余敷料时,会造成零件流线被切断，降低敷料添加部位的强度水平和抗应力腐蚀能力。经分析认为，若沿零件外形均匀添加加工余量（方案 2），如图 5-29(b) 所示。此时锻件重量轻，材料利用率大大提高，进行机械加工后零件流线基本连续，但存在锻件成形后因外形限制而无法出模。

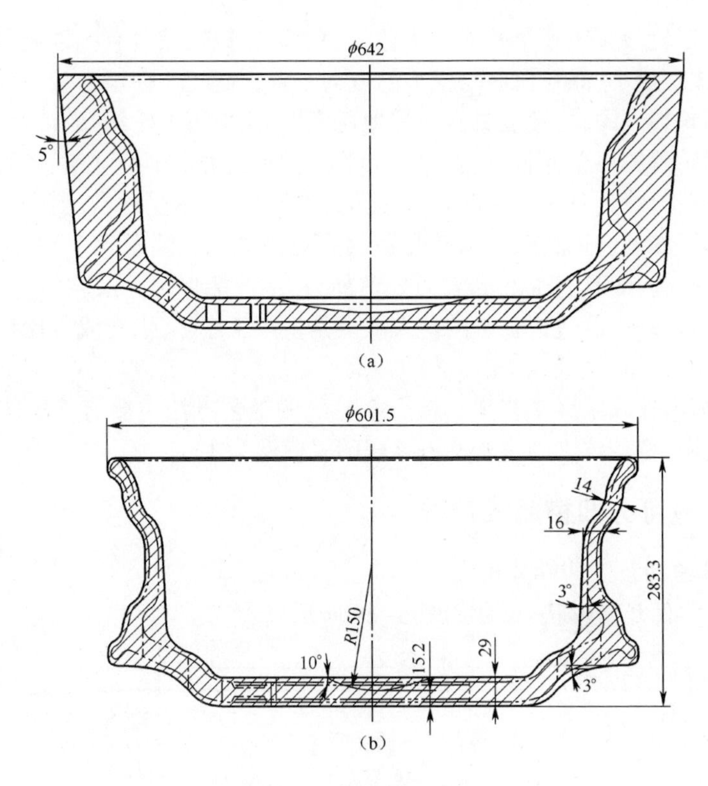

图 5-29　精锻工艺方案
(a) 方案 1；(b) 方案 2。

对两种方案的比较如表 5-1 所列。

表 5-1　方案 1 与方案 2 对比表

方案	锻件质量/kg	材料利用率	出模程度	加工零件质量
方案 1	86.3	31%	良好	一般
方案 2	44.5	60%	不能	良好

从经济性、适用性及表 5-1 对两种方案的对比可以看出，如能设计特殊结构的模具及工装，解决出模问题，方案 2 应当是一个较佳方案。

该套模具使用 PZS900 型 80000kN 电动螺旋压力机作为精锻设备，在解决整体锻模不能出模的同时，保证产品的成形精度。值得一提的是，该设备为德国 WEIN-

GARTEN 公司生产的具有 20 世纪 90 年代先进水平的精密自动化锻压设备,该设备的设计导向精度为 2mm,能量以 30%~100%额定打击能量无级可调,是铝轮毂精密模锻较为合适的设备。

2. 模具工作原理及存在问题

1) 模具装配及工作过程

装配时首先将上模及镶块匣合模,在下模座表面和上模底面装入定位健,对准键槽将模具放入下模座,用螺栓将镶块匣紧固,下落锤头(滑块),对准上模与上模座键槽后紧固上模,抬起锤头及上模,在镶块匣内依次装入左、右镶块,插入挡销,完成装配。

工作时,把加热后坯料放入镶块模内,压力机以额定打击能量的 30%~50%进行第一次打击行程,待坯料有一定预充填后,再以额定打击能量的 80%~95%进行后续打击行程。由于锻件为双鼓形,因此必须在一个火次完成锻件的充填成形,否则由于形状限制,锻件二次加热后无法再次放入模具。完成锻件成形后,取出挡销,启动顶出器,将镶块模及其中锻件一同顶出下模,左、右镶块模在导向槽作用下自动在水平方向分离锻件,同时将锻件托出下模,实现锻件的顺利出模。

2) 存在问题及原因分析

在试制生产中,该套模具出现以下几个方面的问题:

(1) 锻件与镶块模的分离,即锻件出模。由于锻造过程中巨大压力和摩擦力作用,锻件与镶块模之间形成巨大黏着力,并且顶出行程中顶杆端面与镶块模底面处于平面接触的滑动摩擦状态,随顶出力的增大,摩擦力不断攀升,降低了顶出效率,造成镶块模与锻件不易顶出,分离困难。

(2) 左、右镶块配合不紧密,使坯料沿左、右镶块结构处形成毛刺,尤其以底部较为严重,毛刺达 30~50mm,影响了产品质量,并对模具产生了楔紧作用,增加了顶出的难度。

(3) 坯料温降快,锻件存在欠压。铝合金加热温度低,模具预热不足,以及锻件壁厚小,且锻件与模具型腔接触面大,导致模锻时工件散热冷却过快。虽然设备打击能量强,但仍造成模具不能完全闭合,锻件存在一定欠压。

3) 结构设计的改进

(1) 改进顶出机构,提高顶出效率。由于顶出器对锻件及模具的有效顶出力与导向槽与水平面的倾角成正比关系,根据顶出行程及锻件出模所需空间,将原导向槽倾角由 45°增大至 65°,使有效顶出力由 70%提高到 90%;将顶杆与镶块模之间的滑动摩擦改为滚动摩擦,设计了滚柱式顶出导板,大大降低了摩擦损失,提高了顶出效率。

(2) 调整镶块模侧定位斜面,改进挡销结构,提高模具定位面加工精度,减小制造和装配间隙。在保证锻件有足够出模空间的条件下,应适当增大接触角 α,当接触角由 45°增大至 65°时,可使左右镶块模的张开力由 70%降至 40%。

3. 锻件及模具设计

根据零件结构分析,决定采用方案 2 进行铝轮毂精密模锻件的设计(图 5-29(b)),即按零件尺寸单边均匀加放 3mm 加工余量及少量必要的工艺余料,在保证锻件成形工艺性的同时,把锻件质量及机械加工量降到最低。

考虑到锻件外形为双鼓形,使用整体锻模时,锻件无法取出。因此,将下模设计为组合式,要求在使用时模具可准确定位、锁紧,完成生产后能自动分离,最终保证锻件的模锻成形及锻后出模。要使数吨重的模具完成自动定位及分离,唯有借助设备的顶出机构及合理的模具运动、装夹和定位方式。根据这一思路,将下模型腔设计为分体式镶块模,并利用镶块匣进行组合定位、导向分离。设计的分体组合式锻模结构如图 5-30 所示。

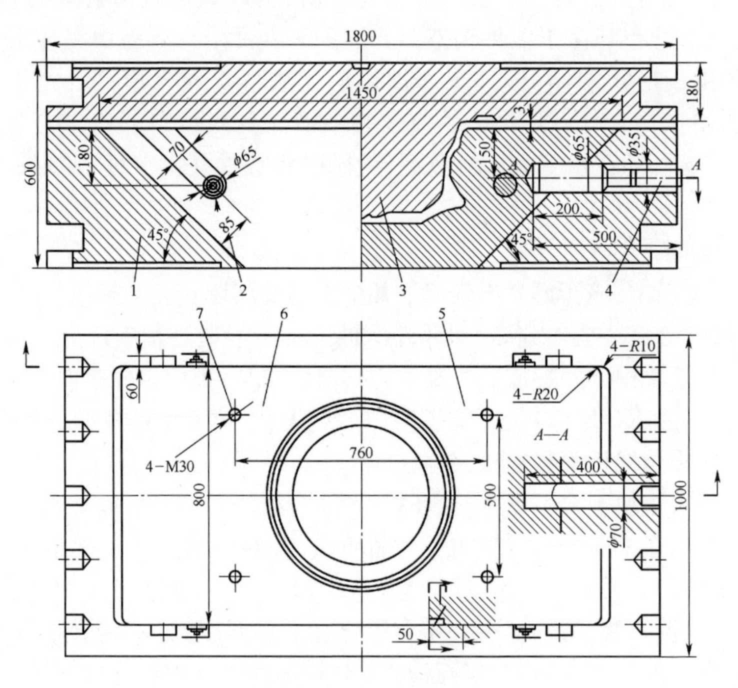

图 5-30 分体组合式锻模结构

1—凹模座;2—导柱;3—上模;4—挡销;5—右镶块模;6—左镶块模;7—吊环螺钉。

改进后的模具结构如图 5-31 所示。

4. 工艺试验条件及效果

(1) 采用专用润滑剂进行模具型腔润滑,提高材料流动性,减少粘模,改善锻件成形。

镦粗试验表明,铝合金用各种润滑剂时摩擦系数为 0.06~0.24,而不用润滑剂时的摩擦系数为 0.48,改善模具润滑不仅可以改善金属流动、避免粘模,并可使模锻时的压力降低 9%~15%。

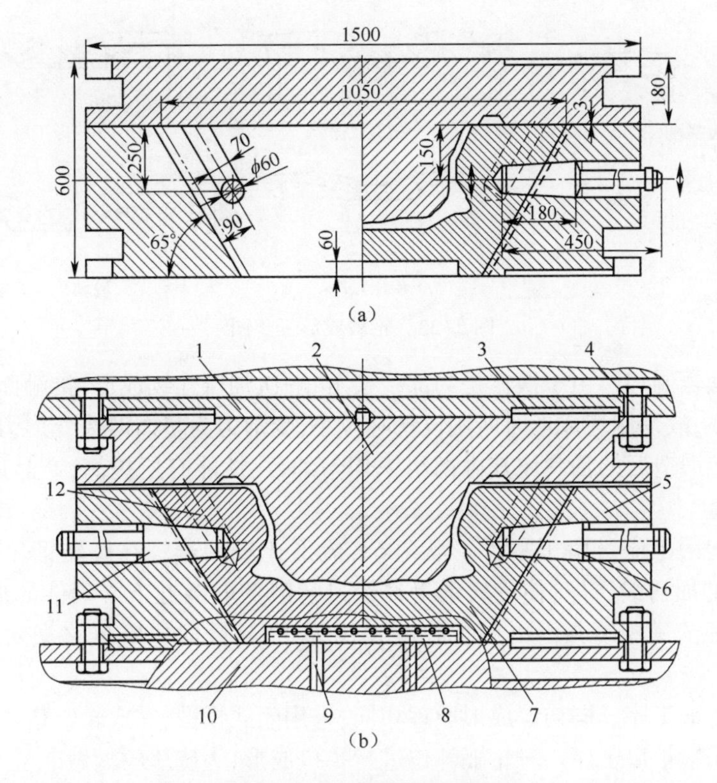

图 5-31　改进后模具结构

(a)改进后模具图;(b)锻模装配示意图。

1—上模座;2—上模;3—定位键;4—连接螺栓;5—镶块匣;6—右挡销;7—右镶块;8—顶出导板;9—顶杆;10—下模座;11—左挡销;12—左镶块。

(2) 模具预热温度由原来的150~200℃提高至250~350℃,这个温度接近A6061超硬铝合金的终锻温度(380℃),可有效减少坯料温降。

经过对模具结构及生产工艺进行改进和调整,使用这套分体组合式模具,我们进行了小批量样件试制,取得了比较满意的结果,样件力学性能合格,完全满足加工要求,加工后零件如图5-32所示。

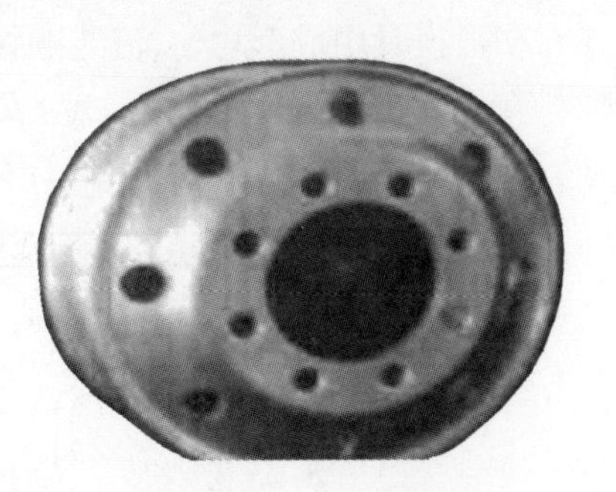

图 5-32　成品零件图

5.6.3　整体凹模闭式精锻

1. 闭式模锻工艺过程

铝合金轮毂闭式模锻成形工艺过程由摆辗制坯、初锻、终锻/扩口、旋压5道工序完成,如图5-33所示。各工步特点如下:

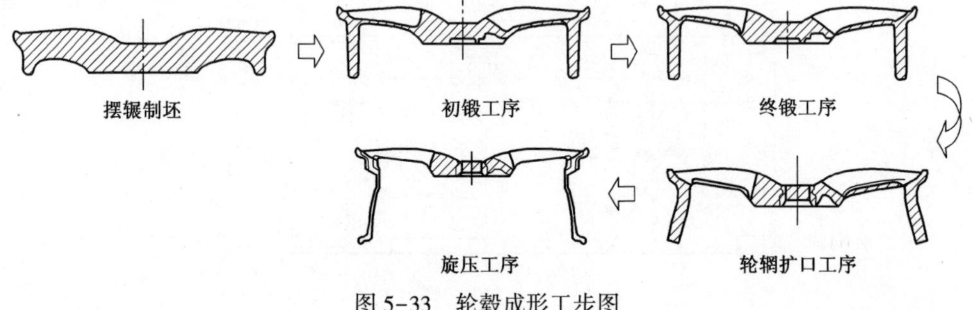

图 5-33　轮毂成形工步图

(1) 摆辗制坯。由于摆辗是局部线接触,顺次加压连续成形,接触面积和单位压力都较小,故预制坯成形时所用设备吨位小,变形力为整体锻造变形力的 1/20~1/5,经旋转锻造后的预制坯其内部组织均匀细致,性能有所提高,产品质量好,不易开裂。

(2) 初锻工序。由于零件形状复杂,成形比较困难。在旋转锻工序和终锻工序之间增加初锻工序,使旋转锻毛坯经过初锻变形接近于终锻件的形状,以便终锻时保证充满模膛并不出现折叠或裂纹等缺陷,同时也降低终锻对设备吨位的要求。

(3) 终锻工序。同初锻成形原理相同,采用闭式模锻,完成轮辐精整成形。

(4) 轮辋扩口工序。对轮辋部位进行扩口成形,为旋压轮辋做准备。

(5) 旋压工序。对轮辋部位进行最终旋压成形。其中,初锻工序是轮毂整个锻造成形中的最关键工序。本章针对该工序进行模具设计及工艺优化分析。

2. 模具结构设计

初锻模具图要以工步图和锻造工艺为基础进行设计。设计的原则是旋转锻毛坯在初锻模具中成形均匀、流线顺畅,同时在终锻最终成形时成形均匀,充填性好。模具在压力机上工作顺畅、稳定,安装方便。本次设计参考现有开式初锻模具设计,利用人机交互技术,使用 UG 三维造型。初锻模具装配图如图 5-34 所示。闭

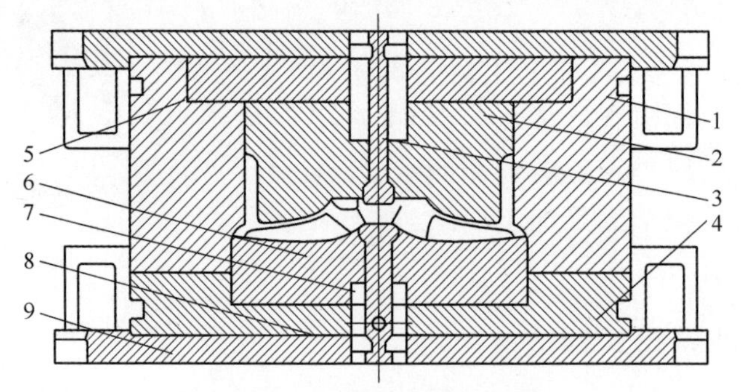

图 5-34　初锻模具装配图

1—上模座;2—上模芯;3—上顶料器;4—下模座;5—承压板;6—下模芯;7—下顶料器;8—卡板;9—模板。

式模锻与开式模锻的区别为:去掉了开式的桥口飞边设计,节省了飞边的多余材料。闭式模锻过程中需提前使型腔闭合,旋转锻毛坯在封闭的初锻模具型腔内成形。触变成形前上模座1和下模芯6提前闭合,保证模具型腔封闭成形。

3. 工艺试验及优化方案

按闭式模锻模具结构首次进行了20件试验。试验材料采用6082铝合金,棒料直径为203mm。试验工艺参数如表5-2所列。试验过程中,出现窗口折叠、轮辋充型不饱满、轮辐变形、内壁折叠等缺陷。经过分析和多次工艺试验优化改进,缺陷问题最终得以解决,并能进行生产。铝合金轮毂精密锻件如图5-35所示。

表5-2 试验工艺参数

坯料温度/℃	模具温度/℃	压制速度/(mm·s^{-1})	锻造压力/kN	润滑系数
480	400	3	40000	0.5

4. 工艺优化方法

具体工艺优化方法包括摆辗毛坯形状优化和模具关键部位 R 圆角优化。

图5-35 铝合金轮毂精密锻件图

(1) 摆辗毛坯形状优化。针对轮辋充型不满缺陷进行分析,缺陷属于轮辋局部充型不饱满。闭式模锻属于精密模锻,摆辗制坯所得毛坯在初锻模具上的定位需要精确。机械手上料误差满足不了精确定位要求。因此,针对初锻模具造型特征,对摆辗毛坯进行随形修改,做到毛坯与初锻模具自适应定位。锻造型面配合公差达到0.8mm以内,最终轮辋充型不足缺陷得到解决。摆辗毛坯优化工艺如图5-36所示,摆辗毛坯与初锻模具匹配自适应定位示意图如图5-37所示,轮辋充型不足图如图5-38(a),轮辋充型饱满图如图5-38(b)所示。

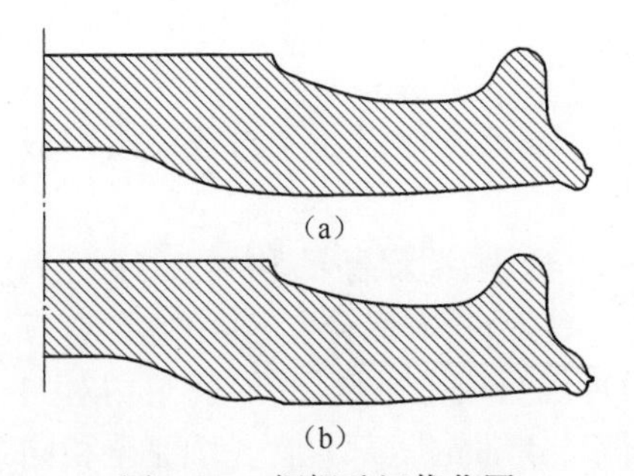

图5-36 摆辗毛坯优化图

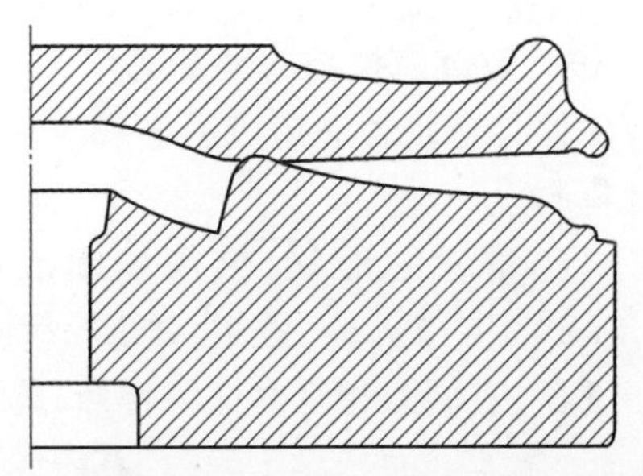

图5-37 摆辗毛坯与初锻模具匹配自适应定位示意图

(a)

(b)

图 5-38　轮辋充型状态图
(a)充型不足;(b)充型饱满。

(2) 模具关键部位 R 圆角优化。铝合金轮毂在开式模锻中窗口 R 圆角通常取 3~5mm。但在闭式模锻中,因金属回流的存在,R 圆角就不能像开式模锻那样小,否则易产生折叠、紊流等缺陷。这里原设计窗口 R 圆角的大小为 8mm,金属在闭式锻模中有一个先充满、后挤压回流的过程,这是一个聚拢回流的过程,流向锻件内部的金属速度很大,所以形成折叠较大。为了防止金属回流速度过大造成锻件内部金属流线紊乱、折叠等缺陷,其圆角值修改为 R20mm,如图 5-39 所示,窗口无缺陷即合格锻件如图 5-40 所示。

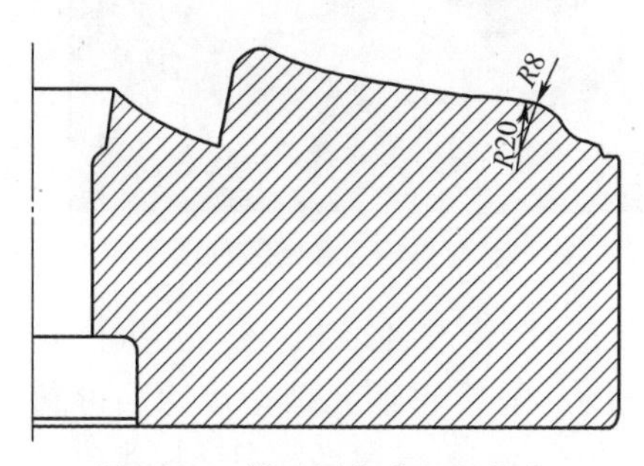

图 5-39　模具圆角半径的优化

图 5-40　合格锻件图

5.6.4　铝合金轮毂锻造成形过程数值模拟

1. 进行数值模拟前的准备工作

要对铝合金轮毂锻造成形过程进行数值模拟,需先进行铝合金轮毂模锻终锻工步及模膛设计。

铝合金轮毂的形状、结构如图 5-41 所示,轮辋名义直径和宽度分别为 406.4mm 及 190.5mm。另外,对于轮毂而言,其材料为 6061 铝合金,其中包含窗口与筋各 5 个,它们互相之间交替排布,此外,窗口可以分成上下两层;而筋则相对匀称,无显著偏差。而且对于轮毂,其内偏距的数值是 45mm,盘部包含 5 个完全相同的螺栓孔,中心孔径的变化范围处于 57~70mm 之间。轮辋同样构成相对均匀,其厚度最低值是3.7mm。此轮毂轮辐构造相对复杂,而且其轴向剖面为U形,轮辋则是长且薄,故而经过锻造之后其成形难度很高,而且出现问题的概率较大。

(a) (b)

图5-41 铝合金轮毂的形状、结构

首先确定分模面,铝合金轮毂呈周期对称,选取轮腹处投影面积最大处为分模面;然后铝合金轮毂在热模锻液压机上锻造成形,并且采用顶杆将锻件顶出,鉴于终锻轮辋型腔较深且铝合金具有较强的黏性,以及锻件的热胀冷缩,为方便锻件脱模,模锻斜度可取外斜度为1°,内斜度为2°;最后确定终锻工步各工艺参数。

(1) 轮毂由6061铝合金构成,外加1.2%的收缩率达到进一步的需求,进而计算出与之对应的体积:

$$V_{锻件} = (V_{飞边} + V_{连皮} + V_{产品轮} + V_{机械加工})(1 + 1.2\%) = 3878073.8(mm^3)$$

(2) 开式模锻的终锻模膛周边必须开设飞边槽,为了能够同时进行扩口和切飞边,其飞边槽的相关参数为:桥部的高与宽度各自数值为1.5mm及15mm,入口圆角半径2mm、仓高为12mm。

(3) 根据经验公式推导其锻造过程所需压力为:

$$P = (50 - 80)A$$

式中:P为变形力(N);A为投影面积(cm^2)。

最终经计算,变形力为20.4MN。采用40MN的热模锻压力机以保证其整个过程的安全。

本书制定的铝合金轮毂锻造工艺,终锻采用开式锻造。在设计过程中,鉴于其轮辐的正面不需要再做任何处理,仅仅是背面以及轮辋仍待一步的处理,因此需要添加加工余量;最终凭借成品车轮的相关参数绘制出图5-42中的几何造型。由终锻热锻件图设计出终锻模具装配图如图5-43所示。

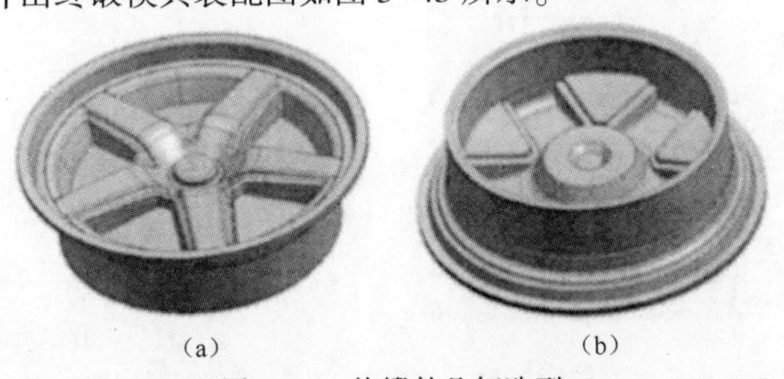

(a) (b)

图5-42 终锻件几何造型

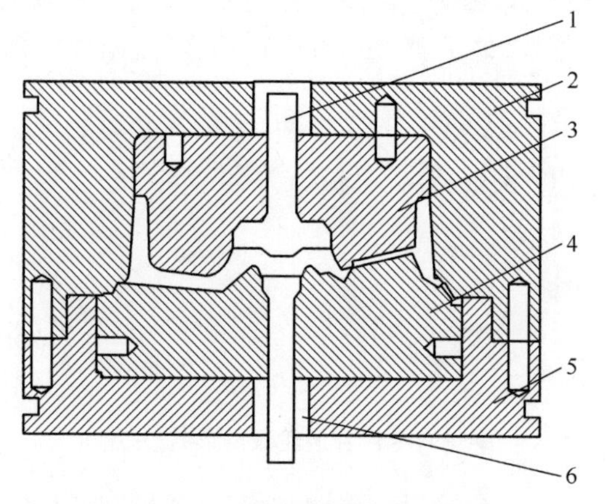

图 5-43　终锻模具装配图

1—上顶杆;2—上模套;3—上模;4—下模;5—下模套;6—下顶杆。

2. 汽车铝合金轮毂锻造过程数值模拟

1）终锻工步数值模拟

在此过程的起始阶段,毛坯为前一部分工序完成后坯料的形状。另外,所谓终锻工步的数值模拟,实质是对整个过程当中坯料在模具之内的分布状况进行相关的模拟。

2）终锻有限元模型

明确与之对应的相关参数,将 STL 格式的三维模型导入至 DEFORM 之内实现进一步的分析,构建轮毂终锻工序的三维模型(图 5-44)。为了保证整个模拟过程不会出现较大的误差,需假设预锻件是不存在飞边的,其主要目标是为了避免网格发生剧烈的畸变。

3）终锻成形过程分析

设定坯料的始锻温度为 450℃,模具在 300℃的条件下进行预热,且其运动速度取 10mm/s,借助对轮毂终锻的相关模拟,最终实现其全部行程的跟踪(图 5-45)。该过程及与之对应的流动情况皆和预锻基本一致。同样分成三步,如图 5-46 所示。

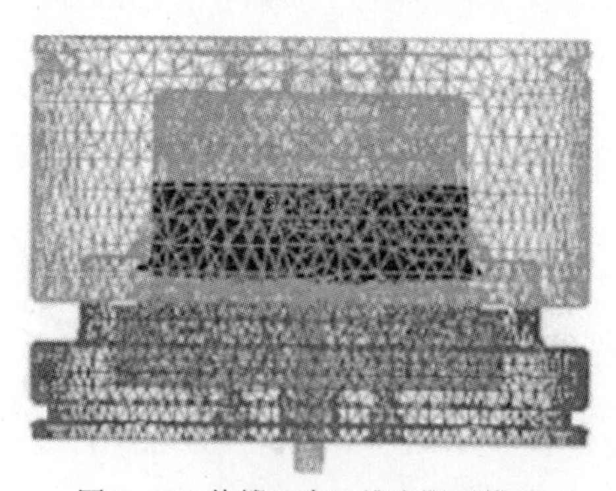

图 5-44　终锻工序三维有限元模型

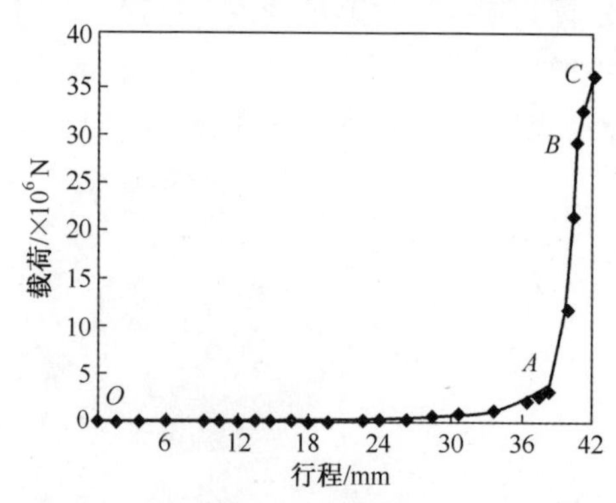

图 5-45　终锻成形过程行程—载荷曲线

借助对应图可得出如下规律:变形力在全期持续增大,在变形之初始,载荷随行程增大而小幅度上升,而到了后期,载荷急剧增加,变形力增速加快,且有愈演愈烈之趋势,由此可见,该过程随发展而越来越困难。

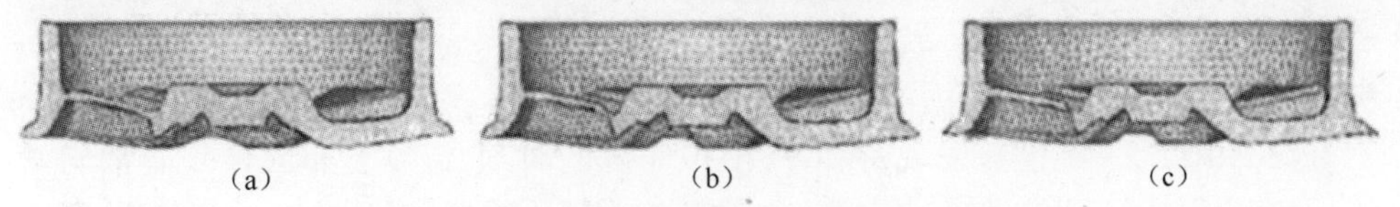

图 5-46　终锻成形过程金属流动情况

(a)镦粗成形阶段;(b)挤压成形阶段;(c)最终成形阶段。

4) 模拟结果与分析

在终锻成形的过程中,各类参数均伴随变形程度的改变而持续发生变化。相关的结果及进一步的分析如下:

(1) 借助图 5-47 能够发掘出变形金属在终锻成形时期与之对应的流动规律。其中,在镦粗成形期内,其相关流动的初步效果是消除锻件和模膛两者之间的间隙。接下来,伴随更深层次的变动,塑性区的范围也随之变得越来越大。当到达挤压阶段,流速会发生更大的提升,而与之对应的金属的流向分布则为轮辋和轮辐居

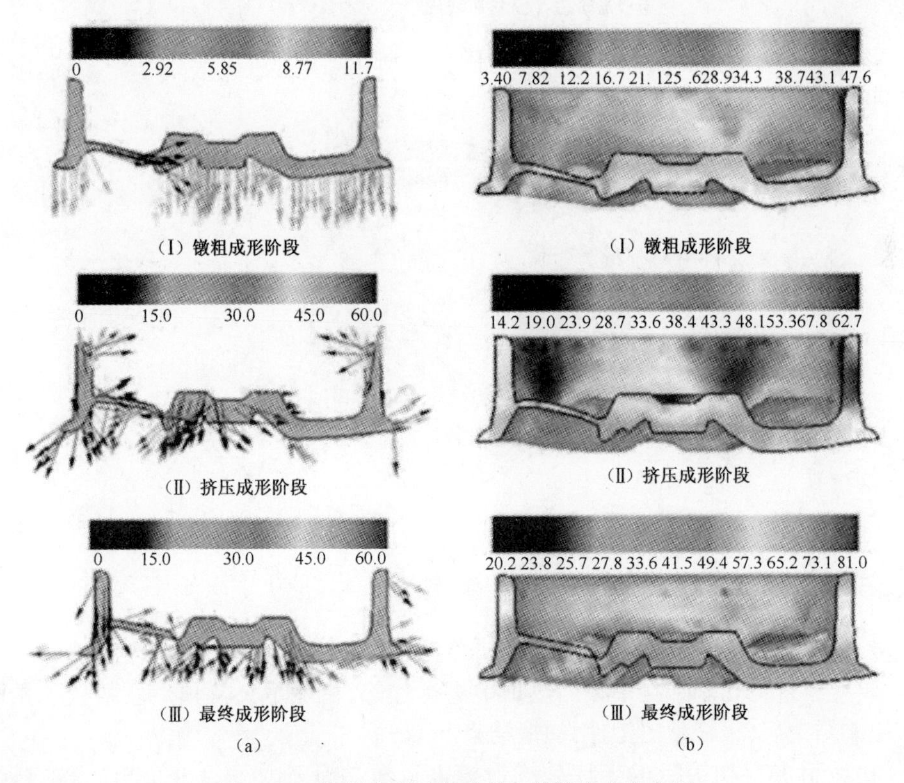

图 5-47　终锻成形过程速度与等效应力分布图

(a)速度分布图;(b)等效应力分布图。

多,飞边占据一小部分。随着时间的推移,在最后的过程当中金属主要流向了飞边槽。

(2) 借助图 5-47 提供的应力场分布图可以知,在模拟结束时应力的整体分布是相对匀称的,并无过于凸出的区域存在,可见其设计是比较科学的,在将其进一步完善之后具有较大的应用潜力。

(3) 由图 5-48 能够发现,在最终模拟完成的时刻,温度分布同样是非常均匀的,没有出现大幅度的偏差。此外,在镦粗以及挤压成形的阶段内,中部的温度比其他位置要更高一些,可见此部分的塑性变形较为严重。虽然在最终成形的一段时间内,飞边处的该项参数提升速度非常快;然而观其全局,轮毂中的温度分布还是大体均匀的,由此能够为锻件实现优良的性能提供保障。

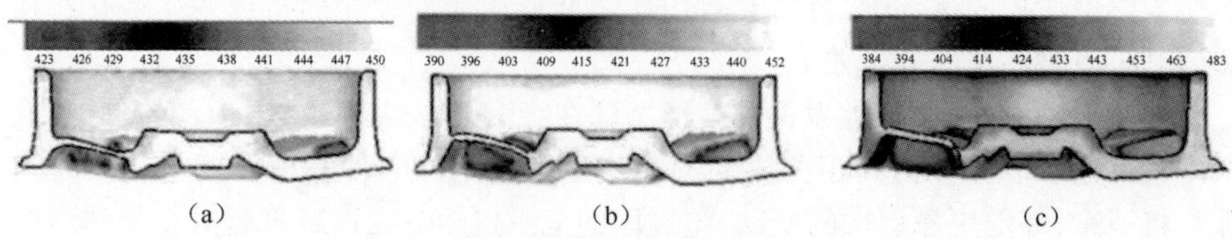

图 5-48　终锻成形过程温度场分布图

(a)镦粗成形阶段;(b)挤压成形阶段;(c)最终成形阶段。

图 5-49 所示为浙江戴卡鑫科技有限公司所生产的汽车铝合金轮毂照片,由照片可以看出,零件轮廓清晰,表面光亮,质量好。

图 5-49　汽车铝合金轮毂照片

5.6.5　铝合金轮毂锻造成形数控生产线

1. 锻造成形及辅助加工工艺路线介绍

将坯料进行切割并在中频加热炉中进行加热,机械手夹持预热坯料放入预锻模,压制结束后,顶杆顶出工件,初锻结束。

机械手夹持初锻后的毛坯到终锻模进行压制,压制后,顶杆顶出工件,终锻结束。

机械手夹持终锻工件到冲孔胀型模中,压机滑块下行,凸模先接触工件进行定位处胀型，滑块继续下行开始冲孔和同步胀型到位。滑块上行，脱料机构顶住工件脱出凸模，胀型冲孔结束。具体成形工艺路线如图 5-50 所示。

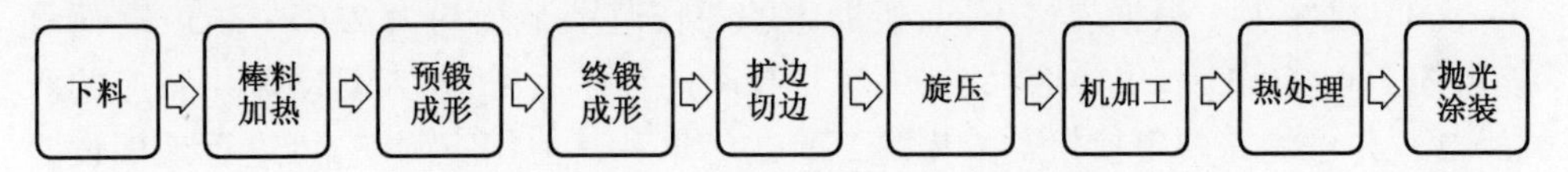

图 5-50 铝合金汽车轮毂成形工艺路线图

2. 锻造成形数控生产线介绍

铝合金汽车轮毂锻造成形数控生产线是集铝合金轮毂的成形、液压、检测与控制等多种技术为一体的成套工艺装备，主要由 3 台主机、辅机及模具等组成，该项目采用一火加热、连续成形工艺方法，打破了传统轮毂成形中的耗工、费时、费料的问题。

1）主机

3 台主机分别为预锻成形液压机、终锻成形液压机、冲孔胀形液压机。

为满足用户对汽车轮毂制件高精度的成形要求，在机身结构设计、加工工艺上采用如下方案：

（1）大吨位压机机身采用组合预紧框架式结构。由上横梁、左立柱、右立柱和下横梁组成，通过 4 根拉紧螺栓预紧形成封闭的受力框架，承受压机的全部工作载荷。小吨位压机采用整体机身。

（2）主工作油缸为柱塞式带缸滑块结构，缸体和柱塞位于滑块中，加大了导向，节省了空间。

（3）滑块为带缸滑块置于机身中间。滑块以机身左右支柱的导轨为导向作上下运动。导向形式为 X 形，导轨间隙可调。滑块的位置控制采用进口位移传感器检测，数字显示及控制；测量和显示精度达到 0.01mm，并设有上、下极限行程限位装置。

（4）在上、下模具安装面下布置有隔热板，防止模具和工件在压制过程中热量散失到设备上，影响设备精度。

（5）设置了上、下顶料杆装置，避免了锻件在模锻后滞留在上、下模中，便于将制件从模具取出。

2）辅机

辅机主要包括棒料气割机、中频加热炉、机械手、喷淋润滑系统、坯料传送辊道、排烟除雾装置等。

（1）棒料气割机。主要对坯料按照用于设定的尺寸与要求进行切割，用于后续预锻成形。

（2）中频加热炉。针对轮毂坯料加热的配套产品，主要是采用交—直—交静止变频方式，通过闭合的电流产生的热量把金属材料加热。加热炉的电路设计采用数字化智能控制系统扫频启动方式，与其他线路相比，且有结构简单、性能稳定可靠、调试维修简单方便等优点。对于工作电源电压过低、三相电源缺相、功率元件过热等问题具备自动报警保护功能。

(3) 机械手。根据规格不同,机器人的工作范围半径约为 2.65~3.50m,荷重能力约 260~600kg。更换产品时,人工选择新的程序后,机器人自动调用相应的产品程序,并可能需要更换机器人末端工具的卡爪和其他相应调整,可进行地面设置和倒挂设置。

(4) 喷淋润滑系统。每套润滑系统主要包含油站、空气处理单元、喷射阀组合单元、伸缩机械手等;本润滑系统,对锻压机的锻压模具的承载面(上、下模)定期自动进行喷射润滑;本系统自带控制系统,可设定喷射次数和时间。

(5) 坯料传送辊道。传送辊道主要由架体、传动辊筒、驱动系统等组成。架体由碳钢型材焊接而成,传动辊筒由无缝铜管焊接加工而成(或不锈钢辊筒)。当驱动电动机转动时,通过链轮链条装置带动整个传送辊道转动,从而完成板料的送进。辊道传送方向两侧,设有挡板,用于送进方向辅助导向。

(6) 排烟除雾装置。采用等离子体工业油烟废气净化机。需要处理的油烟废气经过管道、吸风罩集中收集后,进入等离子体净化机,通过预处理过滤装置、多重等离子体净化装置、活性催化氧化装置的多层净化后,随风机排放净化后的空气,以此达到排放标准。

3) 模具

模具主要用于铝合金轮毂毛坯锻压成形,其主要由预锻、终锻、冲孔胀型等模具组成。

(1) 预锻模。模具由上下模板、模芯、模套、下模及顶杆等组成。主要用于对金属进行预分配。模具设有上、下顶杆,保证成形后的工件能自动顶出型腔。此道模具压制后的工件,除顶杆圆周部位有少量毛刺外,其余部位不允许有毛边出现,金属分配到位。

(2) 终锻模。该模具由上下模板、上下模芯、模套及顶杆等组成。主要用于对工件的终锻成形。模具设有上下顶杆,保证成形后的工件能自动顶出型腔。

(3) 冲孔胀型。该模具由上下模板、凸凹模、冲头及脱料机构等组成。主要用于对工件的胀型和冲孔。模具设有脱料机构,保证胀型后的工件能自动脱模。此道工序压制的产品为锻压的最终形态。

山东固德镁铝公司所建立的汽车轮毂生产线所用设备参数如表 5-3 所列。

表 5-3　山东固德镁铝公司 100000kN、36000kN、6300kN 汽车轮毂生产线

规　格	100000kN	36000kN	6300kN
公称压力/kN	100000	36000	6300
回程力/kN	5000	3600	630
上卸料力/kN	1500		

（续）

<table>
<tr><th colspan="2">规　格</th><th>100000kN</th><th>36000kN</th><th>6300kN</th></tr>
<tr><td colspan="2">上卸料行程/mm</td><td>100</td><td></td><td></td></tr>
<tr><td colspan="2">上卸料速度/(mm/s)</td><td>100</td><td></td><td></td></tr>
<tr><td colspan="2">下卸料力/kN</td><td>1500</td><td>1500</td><td>1000</td></tr>
<tr><td colspan="2">下卸料行程/mm</td><td>300</td><td>350</td><td>200</td></tr>
<tr><td colspan="2">下卸料速度/(mm/s)</td><td>100</td><td>120</td><td>100</td></tr>
<tr><td colspan="2">上冲载力/kN</td><td></td><td></td><td>2000</td></tr>
<tr><td colspan="2">上冲载行程/mm</td><td></td><td></td><td>200</td></tr>
<tr><td colspan="2">上冲裁速度/(mm/s)</td><td></td><td></td><td>100</td></tr>
<tr><td colspan="2">下工作台尺寸(左右×前后)/(mm×mm)</td><td>2000×1900</td><td>1800×1600</td><td>1500×1200</td></tr>
<tr><td colspan="2">隔热板尺寸/(mm×mm×mm)</td><td>1800×1800×250</td><td></td><td></td></tr>
<tr><td rowspan="5">滑块</td><td>快速下行速度/(mm/s)</td><td>200</td><td>200</td><td>160</td></tr>
<tr><td>回程速度/(mm/s)</td><td>200</td><td>200</td><td>160</td></tr>
<tr><td>工作速度/(mm/s)</td><td>0~15</td><td>8~15</td><td>4~12</td></tr>
<tr><td>最大行程/mm</td><td>1200</td><td>1000</td><td>1000</td></tr>
<tr><td>工作台尺寸
(左右×前后)/(mm×mm)</td><td>2000×2000</td><td></td><td></td></tr>
<tr><td colspan="2">压力机最大开口/mm</td><td>1700</td><td>1500</td><td>1500</td></tr>
<tr><td colspan="2">压力机最小开口/mm</td><td></td><td>500</td><td></td></tr>
<tr><td colspan="2">下工作台平面距地面高度/mm</td><td></td><td>500</td><td></td></tr>
<tr><td colspan="2">液体工作压力/MPa</td><td>31.5</td><td>25</td><td>25</td></tr>
<tr><td colspan="2">控制方式</td><td></td><td>定压、定程</td><td></td></tr>
</table>

5.7　铝合金等温挤压与等温闭式精锻

5.7.1　7075 铝合金活塞等温挤压成形

活塞件具有结构复杂、形状特殊的特点，传统的加工方法为铸造成形，铸件组织晶粒相对粗大，力学性能差，使用寿命短，而等温挤压成形铝合金活塞过程中，发生连续动态再结晶，细化组织晶粒度，提高其力学性能。通过理论计算、数值模拟与试验相结合的方法，对 7075 铝合金活塞等温挤压成形工艺的可行性及挤压后组织晶粒度预报研究。研究主要通过四个途径：一是通过理论计算确定活塞件挤压工艺方案；二是利用有限元模拟和试验验证挤压工艺方案的可行性；三是利用 7075

铝合金动态再结晶晶粒演化模型预报活塞件挤压变形过程中各部分晶粒尺寸的变化趋势;四是进行活塞挤压成形试验分析晶粒尺寸变化规律。

1. 成形工艺方案的制订

(1) 零件结构特点分析。这里研究的铝合金典型构件为桑塔纳汽车活塞,活塞零件图如图5-51所示。活塞的裙部、筋板和销孔部相连接形成一个封闭的不规则环形。活塞的裙部和筋板部的厚度较薄;活塞筋板处的外形轮廓呈轴对称相等,零件属于复杂回转体构件。

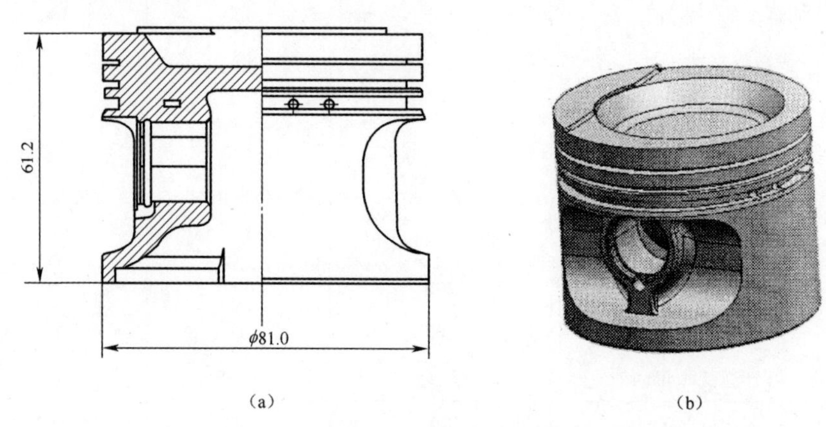

图5-51 活塞零件图

(a)二维平面图;(b)三维实体图。

(2) 工艺方案的确定。活塞的整体外轮廓为杯形件,两筋板处的外形轮廓较为复杂,且带有通孔。活塞裙部内腔可通过反挤压成形;对于两侧的复杂结构,若通过后续的机械加工得到,不但生产效率和材料利用率低,而且机械加工会切断金属流线,影响产品强度和刚度等性能。因此,采用多向挤压工艺来实现对活塞的成形加工。挤压过程共分为两阶段:第一阶段为垂直反向挤压,成形活塞的内腔部分;第二阶段为水平方向挤压,成形活塞两侧的筋板复杂机构。多向挤压模具结构简图如图5-52所示。

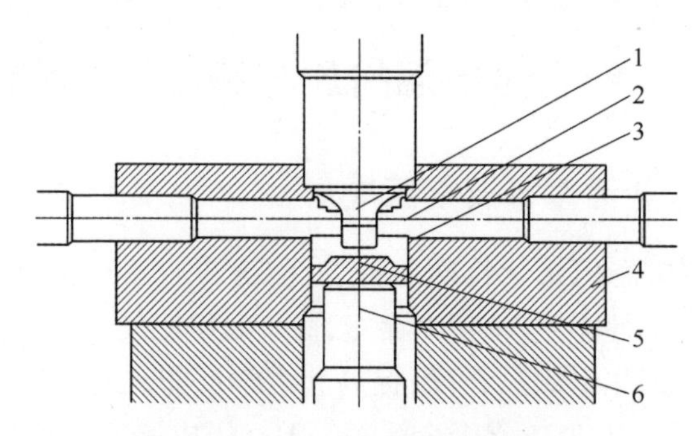

图5-52 多向挤压模具结构简图

1—垂直挤压凸模;2—水平挤压凸模;3—挤压件;4—凹模;5—卸料板;6—下顶杆。

为了确保在成形过程中不产生裂纹等缺陷,挤压的变形程度要在铝合金允许变形程度内,若一次挤压的变形程度超过材料的许用变形程度,则应考虑采用多次挤压成形或者增加预挤压工序。下面分别计算纵向挤压和横向挤压的变化程度,进而确定挤压次数。铝合金反挤压许用断面缩减率 $\varepsilon_f = 90\% \sim 99\%$ 。经过计算得纵向挤压和横向挤压的断面缩减率分别为 52.3%和 47.4%。因此,通过理论计算确定活塞挤压成形工艺为:一次纵向挤压和一次横向挤压。

2. 成形过程金属流情况及动态再结晶的数值模拟

1) 有限元模型的建立

在三维有限元软件中建立有限元模型,为简化模型,做出以下假设:不考虑坯料的弹性变形,模具是刚性的;不考虑热量的损失,模具温度为恒定,温度的范围为 390~450℃;在模拟过程中摩擦系数始终恒定;凸模运动速度范围为 0.125~1.25mm/s。两次挤压有限元模型如图 5-53 所示。

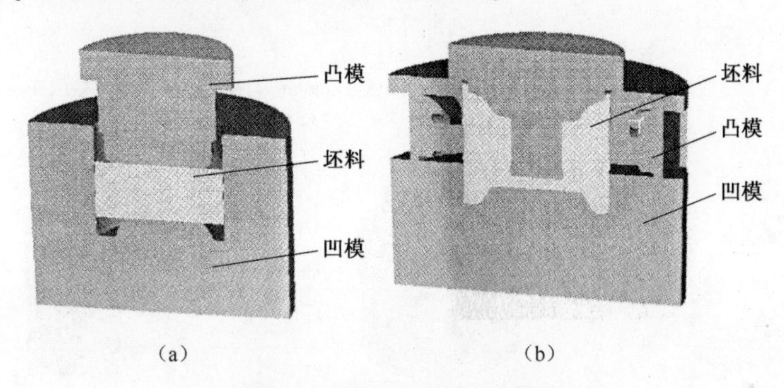

图 5-53 两次挤压有限元模型
(a)第一次挤压;(b)第二次挤压。

2) 成形过程分析

(1) 工件在不同阶段的成形情况。图 5-54 所示为不同阶段的成形图。图 5-54(a)步数为 30 时,反向挤压成形活塞内腔;图 5-54(b)步数为 60 时,第一次反向挤压完成,内腔成形完成。可以看出第一次反挤压时筋板处比活塞裙侧薄边金属的上升速度快,裙部出现较大缺口;图 5-54(c)步数为 105 时,水平横向挤压成形两侧的销孔及筋板结构,同时裙部缺口逐渐缩小;图 5-54(d)步数为 135 时,活塞件最终完全成形,金属填充完整。结果表明金属流动顺利,活塞的各个部位

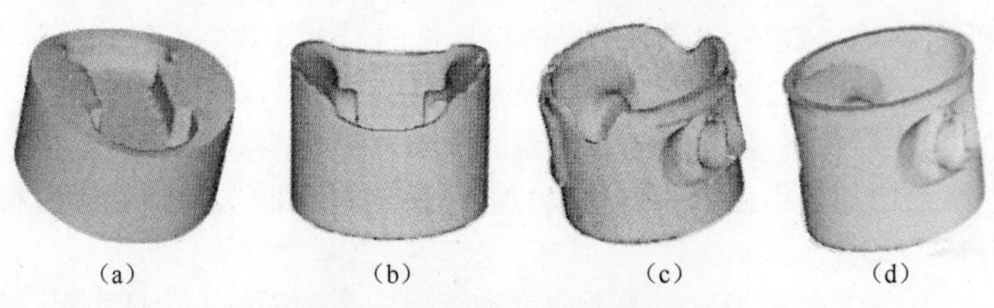

图 5-54 工件在不同阶段的成形图
(a)第 30 步;(b)第 60 步;(c)第 105 步;(d)第 135 步。

冲型完整,没有出现折叠,冲型不满的缺陷,说明采用等温挤压方法成形活塞薄壁零件是可行的。

(2) 应力应变及金属流动速率分析。图 5-55(a)、(b)、(c)分别为终了步时的等效应力图、等效应变图和金属流动速率分布图。从等效应力图中可看出,应力集中的部位主要是凸模圆角过渡的区域,在筋板的边缘处,销孔外侧的圆环面上存在较大的应力集中。气门口底而后应力较小,活塞整体应力分布较均匀,约50MPa。整个变形过程的最大等效应力为129MPa。从等效应变图上可以看出,同等效应力的分布情况类似,凸模圆角处的金属变形程度较大,应变较大。活塞顶的销孔部和活塞裙两侧薄边应变较小,销孔外侧的圆环面和筋板边缘处的应变最大。整个变形过程的最大等效应变为 14.8。从金属流动速率分布图上可以看出,在筋板边缘处,销孔外侧圆环上的流动速率较大。活塞裙两侧薄边处的流动速率较小,这是由于该处的变形程度较大,挤压时金属向上运动的阻力较大,导致金属流动困难。

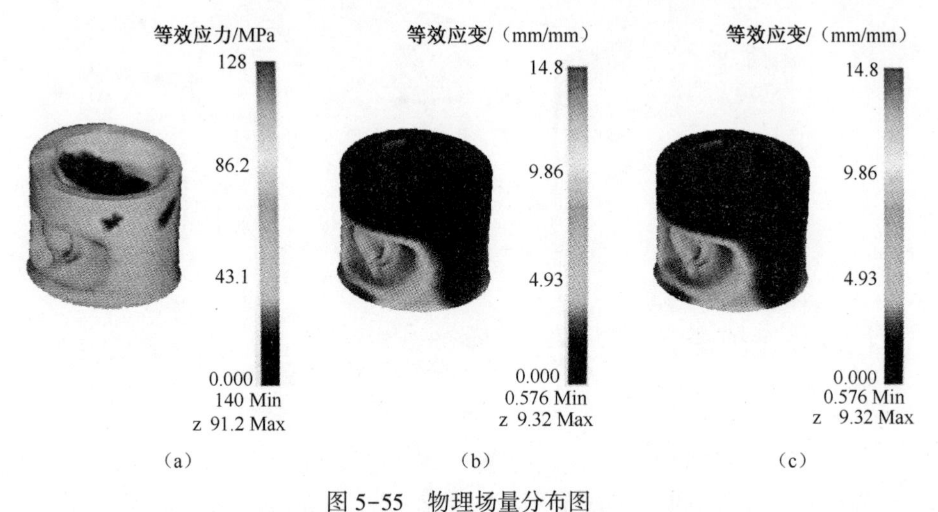

图 5-55　物理场量分布图

(a)等效应力分布图;(b)等效应变分布图;(c)金属流动速率分布图。

(3) 挤压工艺参数分析。在等温挤压工艺中,应变速率和挤压温度是两个主要的工艺参数,在后处理中得到应变速率为 0.005/s、0.01/s、0.02/s、0.03/s、0.04/s、0.05/s 对应的挤压件的最大等效应变和等效应力,挤压温度为 390℃、400℃、410℃、420℃、430℃、440℃对应的挤压件的最大等效应变和等效应力。

图 5-56 所示为应变速率对等效应变和等效应力的影响。从总体上看,应变速率对等效应变的影响不显著,对等效应力的影响较明显,这是因为在等温挤压成形时,应变速率的增加使得位错密度增大,加工硬化程度加剧,导致变形区材料的等效应力有所升高。

图 5-57 所示为挤压温度对等效应变和等效应力的影响。由图可见,挤压温度对等效应变的影响不明显。尽管当应变速率不变时,材料流动应力随变形温度的

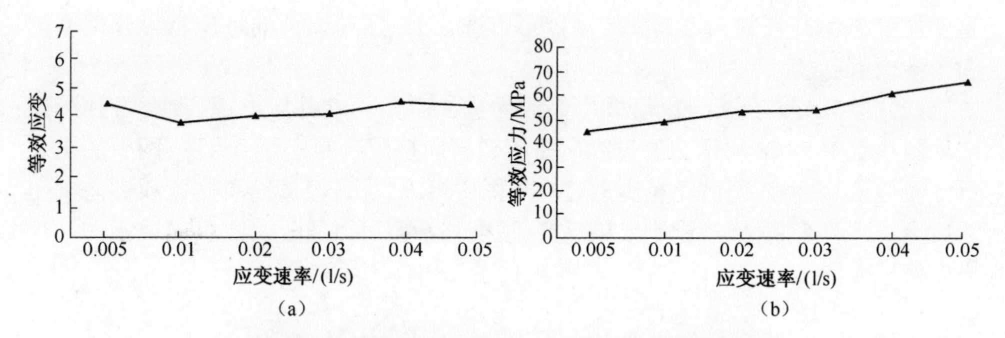

图 5-56　应变速率对等效应力和等效应变的影响

(a)应变速率对等效应变的影响;(b)应变速率对等效应力的影响。

升高而降低,考虑到工件与模具间的摩擦阻力影响,当二者作用相当时,等效应变的变化很小。与等效应变不同,挤压温度对等效应力的影响显著。随着挤压温度的升高,铝合金位错能高,在挤压过程中容易发生动态回复现象。导致变形过程中的软化作用增强,所以等效应力随之减小。

结果表明金属流动顺利,活塞的各个部位冲型完整,没有出现折叠、充型不满的缺陷,说明采用等温挤压方法成形活塞薄壁零件是可行的。

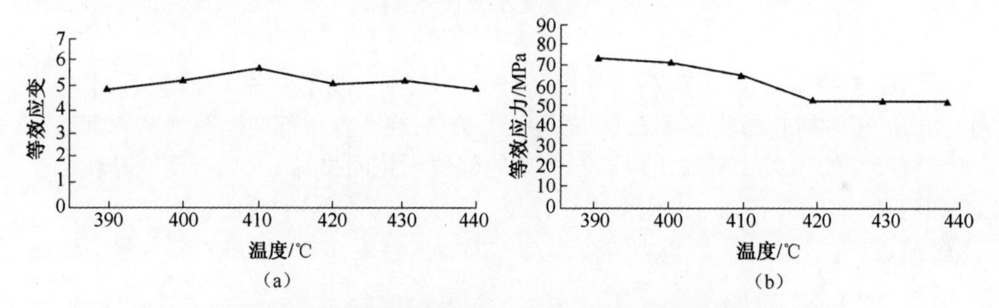

图 5-57　挤压温度对等效应力和等效应变的影响

(a)挤压温度对等效应变的影响;(b)挤压温度对等效应力的影响。

3）成形过程中动态再结晶组织演变情况的模拟

(1) 有限元模型的建立。随塑性变形的进行,连续动态再结晶组织的晶粒尺寸呈负指数型曲线迅速降低,使用基于唯象理论的指数模型可以描述连续动态再结晶过程中平均晶粒尺寸的演化模型:

$$d_{\mathrm{CDRX}} = a d_0^n \dot{\varepsilon}^m \varepsilon^p \cdot \exp\left(\frac{Q}{RT}\right)$$

式中: d_{CDRX} 为动态再结晶后的材料平均晶粒度; d_0 为初始晶粒度; $\dot{\varepsilon}$ 为应变速率; ε 为塑性应变; T 为温度; Q 为激活能; n、m、p 为指数项。

对初始晶粒尺寸为 $d_0=40\mu\mathrm{m}$ 的 7075 铝合金材料进行热模拟压缩试验,经试验拟合得到各项参数为 $n=0, m=-0.2, p=-0.3, Q=-11300\mathrm{J/mol}, a=150$。将上述动态再结晶晶粒度演化模型嵌入有限元软件中,材料为 7075 铝合金,材料与模具温度均为 380℃,坯料和模具间的摩擦系数选 0.12,所建立两向挤压有限元模型与图 5-53 相同。

(2) 模拟结果分析。数值模拟完成后进入有限元软件后处理模块,得到模拟结果图片。图 5-58 所示为经过纵向挤压和横向挤压后的成形结果图,图中的点表示已经与模具接触,即已经充满型腔。从图中可以看出,经过纵向挤压和横向挤压之后金属已经充满型腔,成形效果良好,说明该活塞可以通过一次纵向挤压和一次横向挤压成形。

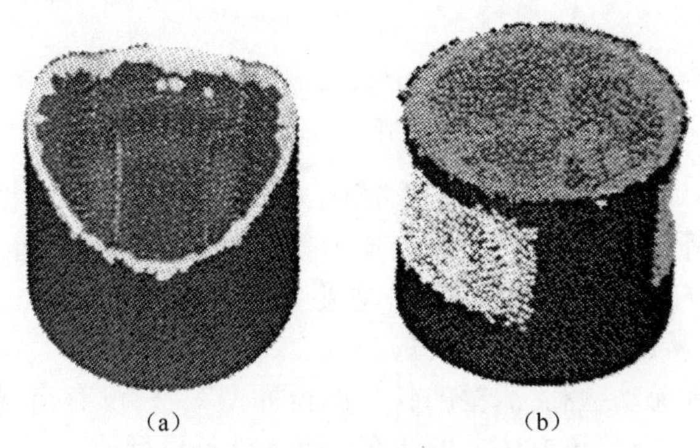

图 5-58　成形结果图
(a)纵向;(b)横向。

从图 5-59(a)、(b)、(c)可以看出:活塞挤压成形后平均晶粒尺寸约为 17.8μm,相对初始晶粒明显减小,细化率达 55%;在活塞裙部两侧及活塞内部底板处晶粒尺寸约为 28μm,细化效果不如其他部位细化明显;在活塞销孔处晶粒细化更加明显,细化到 13μm,细化率达 67.5%。这是由于在纵向挤压过程中,活塞裙通过反挤成形,塑性变形大,此剧烈变形提供的能量导致该中心区域材料大量位错缠

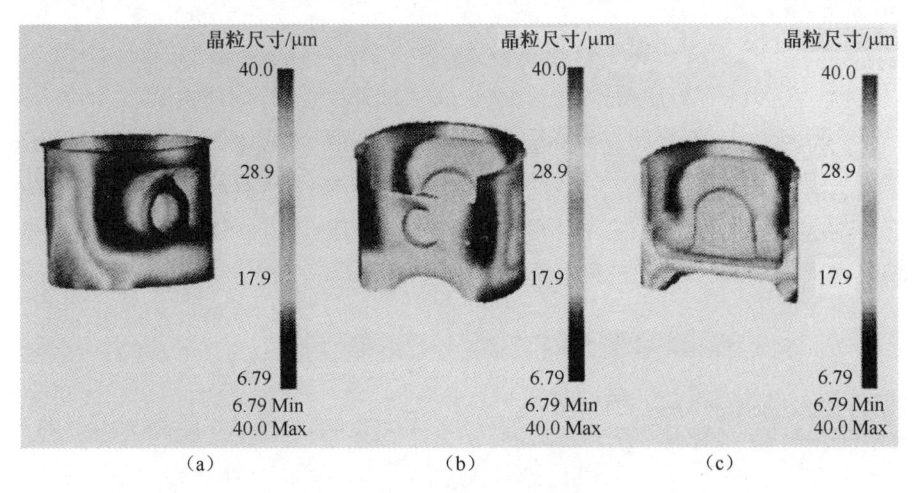

(a)　(b)　(c)

图 5-59　晶粒度预报结果
(a)整体视图;(b)半剖视图;(c)1/3 剖视图。

结,高度缠结的位错间存在较大的应力场。根据低能位错结构理论,这些位错之间会相互作用并重新排列,形成亚晶结构,而亚晶界会进一步演化为小角度晶界和大角度晶界,引起动态再结晶,从而细化晶粒,使晶粒细化至 28μm。但是在横向挤压中,与销孔垂直的裙部基本没有发生变形,不再发生动态再结晶现象。而在销孔处,首先在纵向挤压过程中变形与裙部变形一致发生剧烈变形,同时在横向挤压过程中,该处塑性变形更加剧烈,使得位错高度缠结,位错相互作用并重新排列,形成亚晶结构,进而发生动态再结晶,以致细化晶粒。

(3) 等温挤压试验与分析。材料为 7075 铝合金挤压棒料,化学成分如表 5-4 所列,下料尺寸为 φ82mm×27.5mm,图 5-60 所示为材料的初始金相组织。可见晶粒明显沿挤压方向伸长,呈"纺锤形",垂直于挤压方向晶粒呈现等轴状,用金相定量法测得其初始晶粒尺寸为 40μm。坯料在液压机上经过一次纵向挤压和一次横向挤压,并通过后续加工后得到的铝合金活塞件如图 5-61 所示。

表 5-4 7075 铝合金成分/与质量分数

成分	Al	Zn	Mg	Cu	Fe
含量/%	余量	5.1~6.4	2.0~2.3	1.2~2.0	0.4~0.8

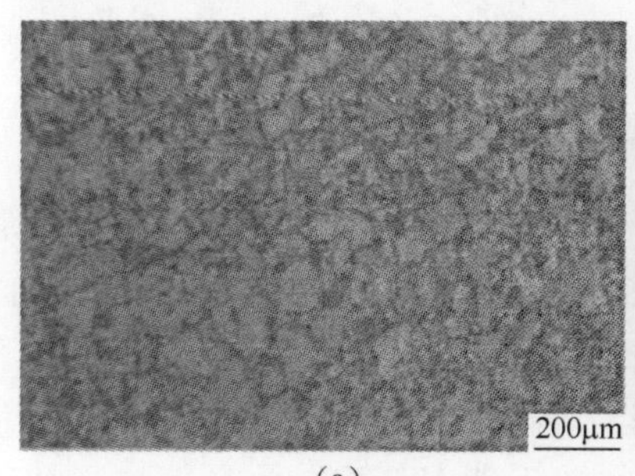

(a)

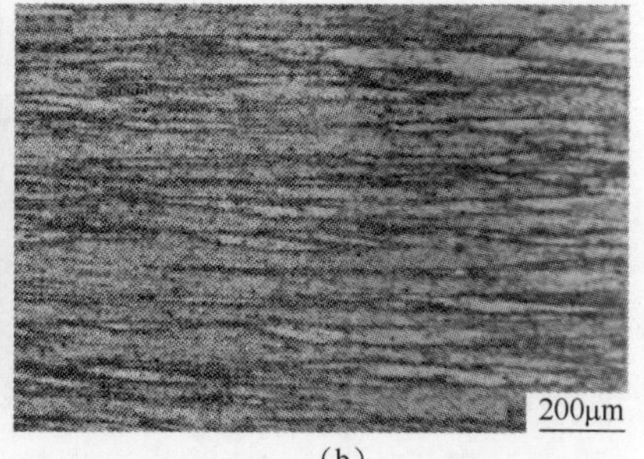

(b)

图 5-60 7075 铝合金棒料初始金相组织

(a)横截面上的组织;(b)纵截面上的组织。

活塞等温挤压试验完成后,分别对活塞的裙部两侧和活塞销孔处取样,采用砂纸打磨—光面布金刚石粗抛—绒面布氧化铝细抛—科勒腐蚀剂腐蚀后得到的金相组织照片,如图 5-62(a)、(b)所示。

图 5-61 活塞零件

图 5-62(a)所示为活塞裙部两侧处的金相照片,组织比初始组织明显细化,通过金相定量测量得到该处的晶粒度为 26μm,与有限元预报结果接近。该裙部是纵向挤压时反挤成形的,由于大塑性变形的作用,小角度晶界彻底地转化为大角度晶界,已经无法看到初始组织中

的原有大角度晶界，这是由于 7075 铝合金在反挤压过程中发生了连续性动态再结晶。

图 5-62(b)所示为活塞销孔处的金相组织照片，与活塞裙部相比组织细化更加明显，金相定量测量法晶粒度为 14μm，与预报结果非常接近。这是由于该处在纵向挤压和横向挤压过程中均发生大塑性变形，相应的位错缠结最大，连续动态再结晶进行更加彻底，晶粒细化程度最高。由上述有限元分析结果可见，该处的晶粒度为 13μm，与上述有限元模型的预报结果是一致的。

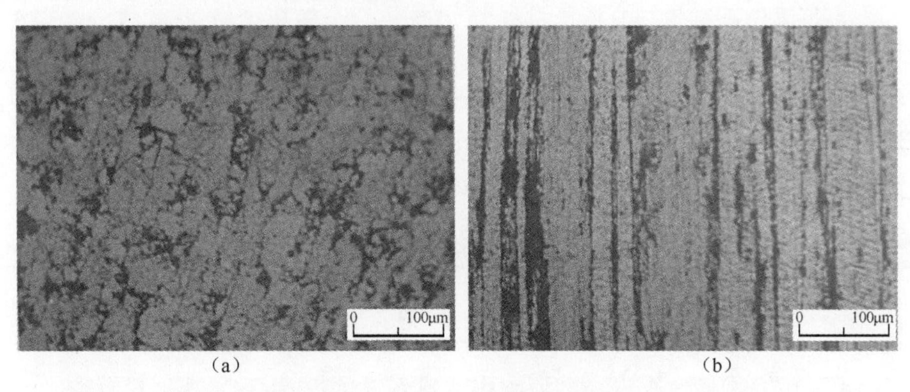

(a) (b)

图 5-62 活塞锻件不同部位金相组织

(a)裙部；(b)销孔。

通过动态再结晶演化模型对 7075 铝合金挤压成形组织晶粒度预报，结果表明：活塞挤压成形后平均晶粒尺寸约为 19μm，相对初始晶粒明显减小，细化率达 52%；在活塞裙部两侧及活塞气门口底板处晶粒尺寸约为 27μm，细化效果不如其他部位细化明显；在活塞销孔处晶粒细化更加明显，细化到 13μm，细化率达 67. 5%；试验观测与模拟分析两者在晶粒度细化程度上相互吻合良好。其研究结果为该项工艺在生产中的应用提供了技术平台。

5. 7. 2 铝合金等温闭式精锻成形

1. 铝合金等温闭式精锻成形技术的特点

等温闭式精锻(以下简称等温精锻)是近年发展起来的一种先进的锻造技术，它是指模锻的整个成形过程中，将模具和坯料温度保持相同或相近的恒定值，并用较慢的成形速度完成的成形方法。在较高温度条件下，锻件以较低的应变速率变形，变形材料能够充分再结晶，从而可以大部分或全部克服加工硬化的影响。

等温精锻工艺的关键是要求坯料在一定温度点或者在一定温度段发生变形，而且对不同变形坯料来说，其最佳变形温度有所不同，所以在等温精锻过程中温度的控制十分重要。锻模的温度要控制在和毛坯加热温度大致相同的范围内，使毛坯在温度基本不变的条件下完成锻造。等温精锻的成形速度很慢，一般在专用设备上进行，而且需要特殊的模具加热装置。采用等温精锻加工得到的锻件，组织均

匀、力学性能优良,锻件无回弹、尺寸稳定、材料的利用率高、表面质量好。等温精锻与常规锻造相比,具有以下优点:

(1) 变形速度低,变形温度恒定,克服了模冷、局部过热和变形不均匀等不足,且动态再结晶进行充分,锻件的微观组织和综合性能具有良好的均匀性和一致性。

(2) 显著提高金属材料的塑性,毛坯的冷却速度或变形速度均降低,因而大大降低了材料的变形抗力。

(3) 由于减少或消除了模具激冷和材料应变硬化的影响,不仅锻造载荷小,设备吨位大大降低,而且还有助于简化成形过程,因而可以锻造出形状复杂的大型结构件和精密锻件。

等温条件使模锻过程在最佳的热力规范下进行,且成形工艺参数可以被精确控制,所以产品具有均匀一致的微观组织和优良的力学性能,并能使少切削或完全无切削加工的优质复杂零件的生产成为可能。

2. 国内外铝合金闭式等温精锻成形技术的进展

(1) 国外的进展。1964 年,美国国际商务机器公司开始用等温精锻成形零件,在 20 世纪 70 年代就使用特种等温精锻设备和热锻模技术生产航空飞机发动机涡轮盘、燃料箱以及其他薄壁骨架件。美国魏曼·戈登、来迪思、卡曼伦三大航空锻件生产厂拥有能够生产优质精密粉末涡轮盘、高温合金及飞机用大型结构锻件的精密设备和先进技术。80 年代初期,苏联系列生产了等温精锻专用液压机,如 250t、630t、1600t 和 4000t 液压机。这些设备均安装在现俄罗斯有关厂所院校,进行铝合金叶片、飞机结构件和粉末高温合金涡轮盘等零件的等温精锻研究和应用。90 年代,美国相继开发了 5000t 和 10000t 的液压机,10000t 的液压机为当时世界上最大的等温精锻液压机,如图 5-63 所示。

图 5-63　10000t 等温精锻液压机

(2) 国内的进展。哈尔滨工业大学的刘润广、王仲仁、吕炎教授等从 20 世纪 80 年代开始研究铝合金等温精锻工艺。1987 年,刘润广、王仲仁等对 LD5 锻铝合金叶片等温精锻进行了研究。1993 年,刘润广对 2618A 铝合金作动筒铰链接头的成形工艺进行研究,生产出的零件晶粒度达到 1.0 级,金属的填充性好,可以模压出形状复杂、清晰的特高筋薄腹板型精锻件,其加工余量较小,尺寸精度较高,最大筋高/筋宽为 16.25。90 年代,景德镇航空锻铸公司生产出国内最早装要贩铝合金精密锻件。

1999 年,刘润广等对 2214、2618 等多种铝合金摇臂等温精锻工艺进行了研究。在进行的几次试验中,坯料加热到 455℃,初始应变速率和最终应变速率分别为 $9.6\times10^{-4}\sim1.2\times10^{-2}s^{-1}$,分三次等温模压时,金属的流动性和充填性好,变形抗力小。等温精锻出形状复杂且满足尺寸精度要求的纵向摇臂,避免了锻件的外表面和内部的冶金缺陷,锻件质量达到或超过当时法国锻件的技术要求。

2000 年开始,北京航空材料研究院的李惠曲等对 4032 铝合金等温精锻进行了研究,发现变形温度升高,变形抗力降低,有利于锻造成形,但过高易使合金发生过烧,在 380~450℃和 $0.005\sim0.05s^{-1}$范围内变形较为合适。低应变速率变形时,发生动态再结晶且更充分,在高应变速率变形时动态再结晶不明显。

图 5-64 所示为某火箭发动机上重要的受力零件,该零件形状复杂,尺寸较大,叶片薄而长,长度与厚度之比最大达 10∶1,采用普通锻造方法不仅难以成形,而且扭曲的叶片使得分模面难以选取,锻造后锻件无法脱模,叶片部分金属难以充满,并且分模面不好选择。2005 年,哈尔滨工业大学的单德杉、吕炎等对该零件成形进行了研究,设计了如图 5-65 所示的模具,利用等温精锻和闭式精锻相结合的方法,采用 MD6 型水剂石墨润滑剂,模具和坯料的锻造温度设定为(420±5)℃,采用锥底凸模,压力设定为 1800kN,保压 5min 可以得到成形质量良好的锻件。流线完全按照叶片几何外形分布,无穿流、窝旋等缺陷,结晶组织为完全结晶组织,晶粒基本呈等轴状,晶粒大小为 8~9 级,对叶片上试样进行强度测试,抗拉强度 σ_b =

图 5-64 铝合金转子

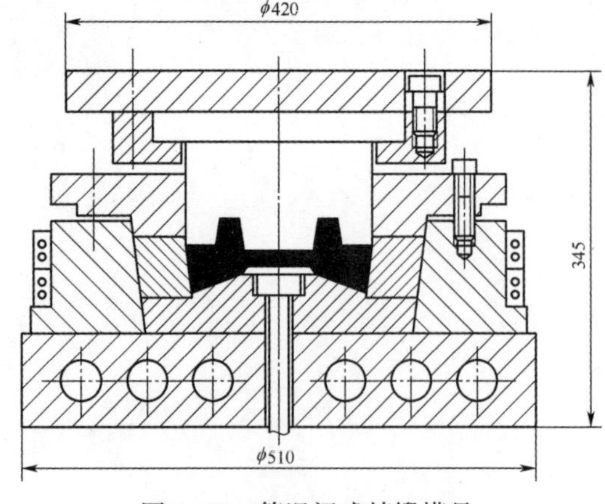

图 5-65 等温闭式精锻模具

413.5MPa，延伸率$\delta=29.13\%$。

目前，我国最大的等温锻造油压机为10000t，位于陕西三原的红原航空锻铸工业公司。2005年，该公司利用万吨油压机、数控镗铣机床等先进设备，生产出目前国内最大铝合金等温锻件。

2008年，西北工业大学的刘鸣等研究了不同等温精锻温度对2B70铝合金显微组织与力学性能的影响。研究表明，等温精锻及固溶时效处理后，显微组织不具有明显的方向性，晶粒多为等轴晶，具有优良的组织均匀性和稳定性。在450~480℃，S(A12CuMg)和Mg2Si等强化相析出明显增多，480℃时晶粒明显长大。

2008年，首都航天机械公司对2A13、7A04等铝合金的等温精锻进行研究。采用水基石墨润滑剂，锻件纤维流线完整，呈各向同性，经过检测，内、外部质量的可靠性，零件尺寸公差为±0.2mm，表面粗糙度$Ra\leqslant3.2\mu m$。材料利用率由10%提高到80%，切削加工量降低到原来的20%以下。

3. 铝合金等温闭式精锻成形的应用

铝合金由于具有比强度高、比刚度高、导热性好等特点，成为飞机和航天器轻量化的首选材料，图5-66所示为某型号直升机的铝合金筒式绝缘套。每架空中客车飞机上使用了180t厚铝板，大多数巡航导弹的壳体是用优质的铝合金铸锻件制造的。目前，铝材在民用飞机结构上的用量为70%~80%，在军用飞机结构上的用量为40%~60%。在新型B-777客机上，铝合金也占了机体结构质量的70%以上。由于用途特殊，大多数零件都具有结构复杂、形状特殊，且性能要求高，而铝合金材料在热加工时，因其成形温度范围窄、热导率大、加上产品成形加工时变形程度较大，导致其成形加工性差。因此，对复杂铝合金零件，特别是高强度铝合金零件的成形加工大多采用等温精锻的方法来完成。

图5-66　铝合金筒式绝缘套

目前，等温闭式精锻用于产品的一次加工，产品微观结构均匀一致，力学性能良好。作为成形加工工艺，希望铝合金产品具有多种力学性能时，可通过控制变形温度、变形速度、变形程度实现这一目标。

目前，铝合金锻件已经逐渐应用于航天航空、汽车和电子等行业中，通过加工工艺和模具结构的优化，将进一步扩大铝合金锻件在生产中的应用。

5.8　复杂回转体铝合金零件冷挤压工艺及模具设计

5.8.1　硬铝主动轮冷挤压成形

1. 主动轮的结构特点与成形工艺分析

(1) 结构特点分析。主动轮形状与尺寸如图5-67所示，它是电动工具上的一个关键零件。该零件材料为2A12硬铝,外圆周上分布有梯形齿(齿数40),通过同步皮带以一定的速比传递扭矩。零件上端内孔底部为内六角沉孔,用于安放紧固螺钉。梯形齿及内六角沉孔由于其形状特殊,无法采用一般的机械加工成形,只能采用冷挤压成形工艺。

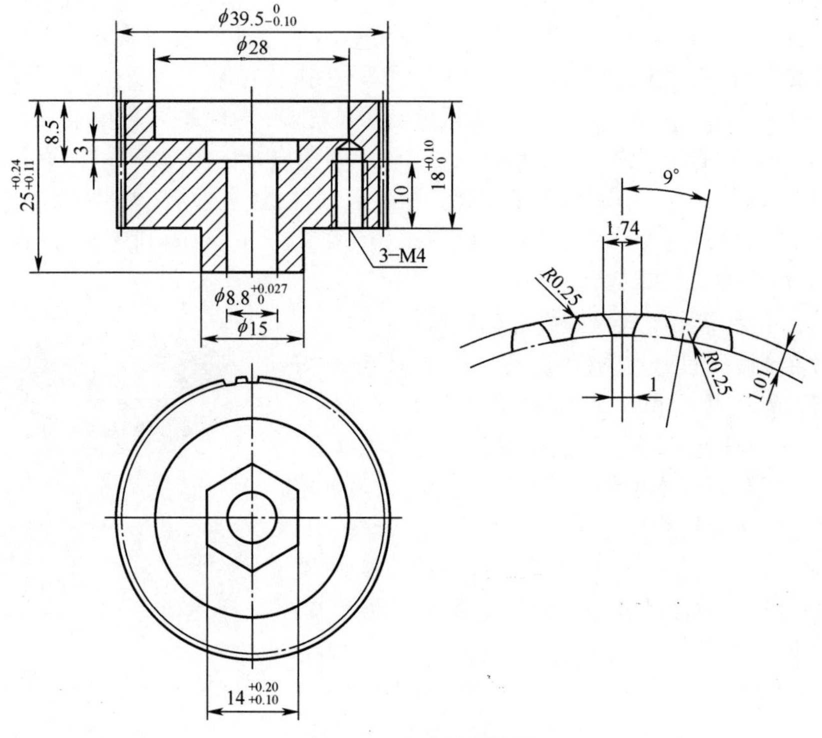

图5-67 主动轮零件图

(2) 主动轮成形工艺分析。主动轮材料的主要化学成分为铝、铜、镁,除了含量为91.2%~93.%的铝外,铜和镁的含量分别为3.8%~4.9%及1.2%~1.6%。由于铜、镁的含量较高,只能部分与铝互溶,多余的则形成铜铝和铝铜镁化合物。这些化合物在提高硬铝强度的同时,又使材料的塑性大大下降,因此供货状态下的LY12硬铝强度高、变形抗力大、塑性差,并且具有加工硬化现象,难以进行具有较大变形程度的冷挤压成形。根据试验和有关文献资料,如果硬铝通过充分的退火软化处理,其塑性提高,变形抗力也大大下降;单位挤压力比低碳钢还低,如果采用有效的表面及润滑处理,该零件采用冷挤压成形是完全可行的。

主动轮零件采用冷挤压工艺成形的关键部分是梯形齿部分的成形,其齿型尺寸精度为IT11,其他部位为自由公差,零件表面粗糙度最高为 *Ra* 为1.6μm,而冷挤压成形的尺寸精度可达IT7~IT8级,表面粗糙度可达 *Ra* 为0.4~0.8μm,因此采用冷挤压工艺完全可以满足该零件的尺寸精度及表面粗糙度要求。

2. 成形工艺设计

(1) 零件冷挤压工序件图的制定。根据主动轮零件图及冷挤压工艺的特点,对于零件外径上的梯形齿、ϕ28mm 凹孔及其底部的内六角沉孔予以直接挤压成形,下端 ϕ15mm 凸台也可挤压成形。考虑到产品外形美观需要,ϕ15mm 轴外径及端面、ϕ15mm 轴与外径齿轮的台阶面均留出一定的机械加工余量。零件 ϕ8.8mm 内孔由于直径小,如用空心坯料挤压,从降低生产成本角度考虑也无多大意义,况且内孔与梯形齿有同心度要求,挤压也难以保证,因此内孔与三个 M4mm 螺钉孔一起以加工出来。零件上端为挤压自由端,留出一定的机械加工余量。图 5-68 所示为主动轮冷挤压工序件图。

(2) 冷挤压工艺方案。根据冷挤压零件工序件图的外形尺寸,尝试了两种工艺方案:一种方案为两步挤压,即先正挤压梯形齿,然后机械加工去除上端挤压余量,再放入有梯形齿形的凹模型腔中,进行正反复合挤压,形成上端 ϕ28mm 内孔与内六角沉孔,同时又形成下端凸台。由于上述方案不但增加机械加工工序,又要增加一道表面及润滑处理工序,因此工艺较复杂。另一种方案考虑同步梯形齿齿形较浅的特点,采用直径与零件齿形底径相同的坯料,一次挤压成形。挤压时:一部分金属材料反挤向上流动,同时又径向向外流动,形成梯形齿;另一部分金属则向下流动,形成正挤。在工艺试验时,发现靠近下端处的梯形齿齿顶部略有挤不满现象。为了保证齿形的尺寸精度,增加了一道精推挤齿形工序。该工序在第一次挤压时,齿形再进行齿形精推挤。经精推挤后零件的齿形饱满光洁,完全满足零件的使用要求。权衡各方面因素,最后决定采用后一道工艺方案。

(3) 毛坯体积及尺寸确定。零件毛坯体积按冷挤压变形前后体积不变的原理进行计算,其体积为 20750mm^3,质量为 58g。根据零件的形状特点,采用直径 ϕ37.5mm 的圆棒,锯切成长 18.8mm 的坯料。

(4)许用变形程度的校核。冷挤压时,过大的变形程度使得材料的变形抗力急剧增加,造成模具使用寿命下降甚至破坏,因此必须严格控制材料挤压时的变形程度。冷挤压的变形程度一般采用断面收缩率表示。零件正挤压的变形程度一般采用断面收缩率来表示。零件正挤压 ϕ15mm 凸台时,其断面缩减率为 82%,反挤断面缩减率为 55.7%,2A12 硬铝的正、反挤的许可断面缩减率分别为 90%、75%,显然该零件冷挤压方案所采用的断面缩减率均满足以上要求。

(5) 毛坯软化及表面润滑处理。根据 2A12 硬铝冷挤压工艺的要求,要进行软化退火处理,软化退火处理规范如图 5-69 所示。退火后 2A12 硬铝毛坯的硬度控制为 50~60HB。

硬铝在挤压中,必须使坯料和模具型腔之间处于良好的润滑状态。由于挤压时单位挤压力较高,一般润滑剂都被挤掉,不能很好地起到润滑作用,因此在润滑处理前必须进行表面处理。表面处理采用常用的氧化处理,经氧化处理后,坯料表面形成一层多孔的氧化膜结晶层。挤压时,该结晶层可随坯料一起变形,并紧密地附在坯料表面,形成润滑剂支承层。该润滑剂支承层在挤压中不断地释放出润滑

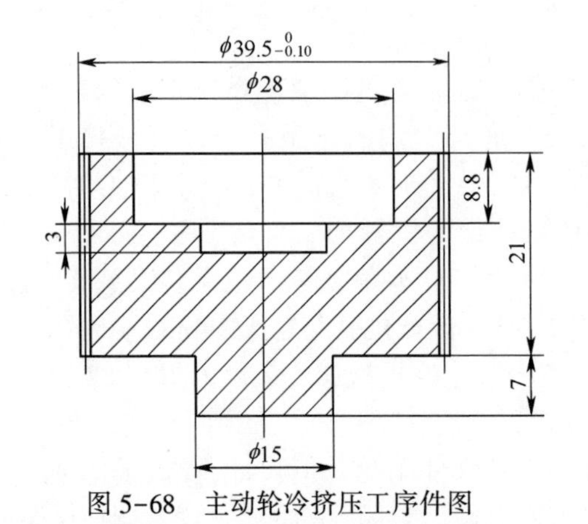

图 5-68　主动轮冷挤压工序件图

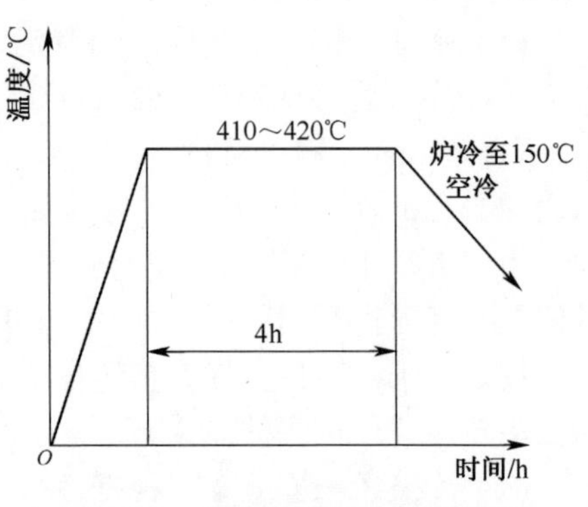

图 5-69　硬铝软化退火处理规范

剂，以保证变形材料与模具型腔之间始终处于良好的润滑状态。氧化处理工艺规范为：氢氧化钠（NaOH）40～60g/L，处理温度为 50～70℃，处理时间 1～3min。

根据资料介绍，润滑处理采用工业菜油作为润滑剂，不但挤压力较低，而且挤压零件表面光洁，因此，主动轮润滑处理采用坯料表面涂工业菜油。

（6）挤压吨位计算。主动轮的挤压为正反复合挤形成，由于正挤部分封闭，因此挤压吨位只需按反挤压计算。反挤压的断面收缩率为 53%，可算出单位挤压力为 1100MPa，总挤压力为 680kN，考虑到零件外径为齿形，实际单位挤压力肯定有所提高，因此决定采用 1000kN 的油压机进行挤压。经挤压时实测，实际挤压力为 900kN 左右。

3. 模具结构设计

硬铝主动轮挤压采用正反复合挤压模和梯形齿精推挤模成形，由于精推挤模具结构简单，不再介绍。

正反复合挤压模采用现有的通用冷挤压模架，只需调换凸模、凹模、顶杆等少量零件就可以挤压不同形状的零件，可大大降低挤压件的生产成本。图 5-70 所示

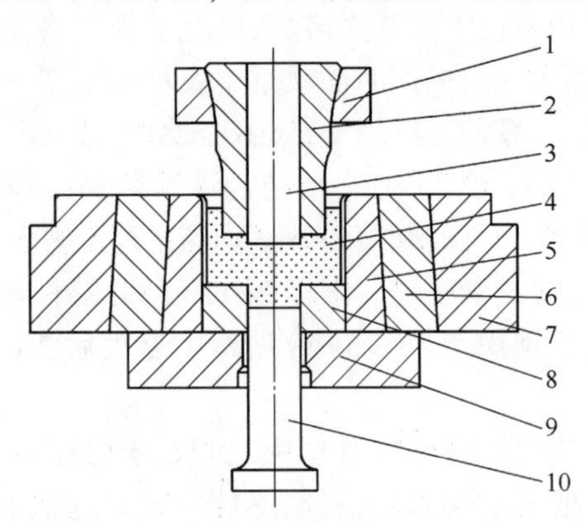

图 5-70　正反复合挤压模局部结构示意图

1—固定圈；2—凸模；3—六角心轴；4—工件；5—内凹模；
6—中加强圈；7—外加强圈；8—凹模镶块；9—垫板；10—顶杆。

为正反复合挤压模局部结构示意图。凹模采用模架中现有的三层组合凹模形式。内凹模采用纵向分割,其型腔采用线切割加工出梯形齿形,其外形尺寸与凹模镶块均采用 Cr12MoV 钢,热处理硬度 HRC 为 61~63,中加强圈材料为 35CrMoA 合金钢,中加强圈热处理硬度 HRC 为 42~44,外加强圈 HRC 为 38~40。

凸模采用组合结构,其六角心轴部分采用线切割加工,与其配合的凸模型孔也采用线切割加工,两者应有足够的过盈量,以免挤压结束时凸模回程中,心轴松动。凸模和心轴采用机油加热后热套。

4. 应用效果

硬铝主动轮采用复合挤压及精推挤工艺,能成功地挤压出零件上一般机械加工能以成形的梯形齿及内六角沉孔。零件经过测量,其外径上梯形齿精度达 IT10 级,完全符合使用要求。生产效率高,材料损耗少,零件材料的内在质量得到较大的提高。该零件的挤压成功,可为电动工具中的其他类似产品采用冷挤压成形工艺提供借鉴。

5.8.2 铝合金花键壳体冷挤压成形

1. 花键壳体冷挤压工艺方案的制订

6061 铝合金花键壳体是一种常用零件。长期以来该零件都是通过机械加工方法生产的,花费工时较多,材料利用率不足 20%,产品的力学性能也达不到使用要求。为了节约材料,减少加工工时,提高产品质量,则尝试采用冷挤压工艺生产该零件。

图 5-71 所示为花键壳体挤压零件图,表面镀铬,该零件冷挤压工艺的主要难点如下:

(1) 零件的外形轮廓部位要求棱角清晰,内外六处花键部位要求定位准确,花键同轴度 0.12,对称度 0.04,不能有裂纹。花键与根圆相交处不允许有大于 0.1mm 的圆角。

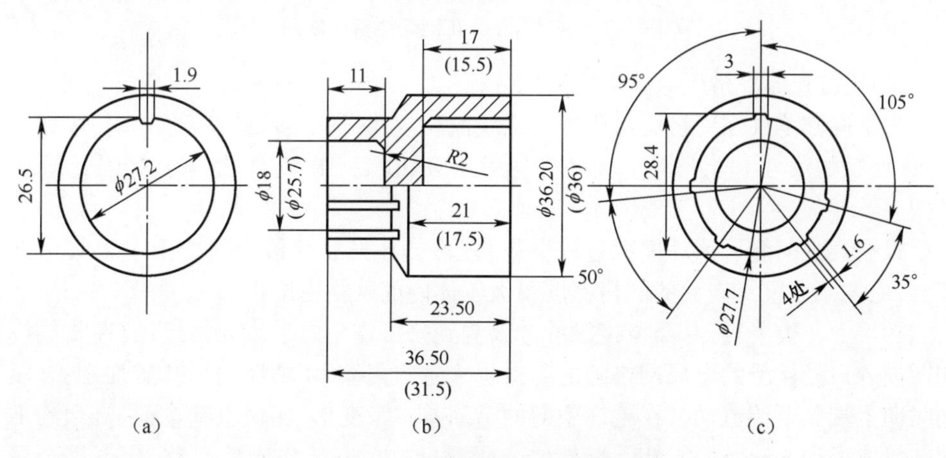

图 5-71　花键壳体冷挤压零件图

(2) 零件的非后序加工表面要求不能有明显拉毛现象,而对于 6061 铝合金来说,目前还没有很有效的冷挤压润滑措施,冷挤压件拉毛现象普遍。如何达到零件的表面质量要求是该零件冷挤压工艺的另一个难点。

综合分析了几种工艺方案后,决定采用实心毛坯进行冷挤双杯类件的工艺方案,杯底壁厚为 4.85mm,考虑到轴向端面部位成形较差,需要后序机械加工,则轴向加工余量为 5mm。该零件冷挤压主要工艺流程:锯床下料→软化退火→毛坯机械加工→酸洗、润滑→冷挤→后序机械加工、表面处理→入库。

2. 花键壳体冷挤压缺陷数值模拟分析

1) 花键壳体冷挤压缺陷分析

对 6061 铝合金花键壳体进行了试生产,冷挤后的零件出现了如图 5-72 所示的缺陷:

(1) 零件的内花键部分成形良好,但是 5 条外花键成形质量不好,5 条键均有拉裂现象,键的侧面凸凹不平,键的前端不能成形,其中 4 条小键成形情况尤其不好。

(2) ϕ27.2mm 外花键根圆处有严重拉毛现象,表面质量差,不能满足零件要求。

(3) 零件的前端面充填效果不好,倾斜严重,导致键的长度不够而报废,废品率较高。

图 5-72　6061 铝合金花键壳体挤压缺陷

2) 花键壳体冷挤压缺陷数值模拟分析

为掌握该零件在冷挤压过程中的金属流动规律,进一步解决成形缺陷,按现有模具、坯料的尺寸和实际生产条件,利用 DEFORM-3D 软件建立了有限元分析模型。

根据直观的金属流动模拟过程分析:在冷挤压开始阶段金属变形主要集中在表层,毛坯接近模具表面的网格密度要大于体内的网格密度。

随着上凸模下行,与凸模接触的金属受到挤压作用向毛坯内部运动,在与凸模和凹模入口处接触的金属网格随之变得越来越密集,金属塑性变形开始加剧,金属同时向上端和下端流动。在毛坯中部的金属基本没变形,网格也基本保持原状;下端花键成形到 6mm 时,零件上端部位金属在反挤后开始作刚性平移,而下端金属却一直处于塑性变形状态,变形金属的等效应力呈明显的层状分布。

当上端金属已经成形到规定尺寸,下端金属并未充填满下凸模和凹模构成的型腔,导致花键前端部位不能成形,此时测量花键盘长度为10mm。另外,在成形花键处的网格密度要紧密,等效应力值,拉应力值要明显大于其他变形区域。这个现象说明成形花键处金属塑性变形情况复杂,与模具接触时间长,变形条件苛刻,容易产生拉毛、拉裂等缺陷,实际生产情况也证明了这一点。

上凸模继续挤压金属,迫使金属向下端充填的过程,此时冷挤压力上升很快。该冷挤压力突然上升的现象对实际生产中模具受力和模具寿命影响会很大。

由 DEFORM-3D 最终的模拟零件可知:花键壳体的5条外键成形不是太好,外花键的侧面有凸凹不平的情况,键也有不连续、断裂的现象。在成键部位选取跟踪点进行全程损伤因子预测,模拟结果显示在变形前期成键部位的损伤因子数值保持在0.171以下,变形后期损伤因子急剧上升并超过了安全值,表明外花键部位是成形的一个危险点,金属在此处容易产生断裂等缺陷,应采取有效措施避免缺陷产生。

3) 改进方案制定及数值模拟分析

根据以上的模拟分析结果与零件的试生产情况,分析该零件冷挤压缺陷的产生原因如下:6061铝合金毛坯材质硬而脆,塑性较差,在冷挤压过程中,极易产生裂纹;金属在凹模键槽处和键槽周围部位的变形条件苛刻,摩擦应力较大,加上润滑剂在高压下容易被挤跑,成键的新生金属表面处于干摩擦状态,导致金属受到的拉应力过大,使得外花键部位产生了拉毛、拉裂等缺陷;由于凸模挤压行程、模具的对正、毛坯表面处理、放料定位及润滑膜少且不均匀等原因使得很多零件的端面不平,倾斜严重,最终导致成键长度不够的废品。

根据以上有限元数值模拟分析结果和冷挤压缺陷的成因分析,提出改进方案如下:

(1) 适当加大轴向加工余量,增大上凸模的行程,延长下端花键部位的充满和精整过程,以增大压应力改善花键部位的拉应力状态。

(2) 改进模具结构和毛坯形状,综合模具寿命和生产实际情况,把原来的平底圆柱体毛坯改为具有120°锥角的毛坯,并要求严格倒圆角,下凸模的成形端锥角由7°改为10°,凸模和凹模的相关工作部位严格抛光,减小金属向下流动的阻力,利于下端花键部位的尽早成形。

(3) 提高毛坯的表面处理和挤压润滑措施,保护新生金属表面,有效地降低摩擦应力。

为验证改进方案的可行性,重新建立有限元模型进行模拟分析:由于毛坯的锥角改变、模具结构的优化和摩擦系数的降低,在进入变形阶段后,金属向下端流动的速度加快,金属几乎同时充满上、下两端。并且在冷挤压过程中,成键部位的损伤因子值下降了许多,能保持0.2以下,应力场分布也得到了改善,挤压载荷也降低了很多。方案的改进可以有效地解决金属前端面充填问题,对提高模具的寿命和外花键的成形质量有很大的帮助。但是,也还发现外花键部位仍有轻微的凸凹不平情况和断裂缺陷,还没有彻底解决该零件在成形中存在的缺陷问题,该模拟结果也和后来的实际生产验证情况相吻合。

4) 6061 铝合金毛坯表面处理和润滑试验

为进一步解决 6061 铝合金外花键部位拉毛,拉裂问题,进行了 6061 铝合金毛坯表面处理和润滑试验。在试验中,对多组毛坯分别进行氧化,磷化和氟硅化处理后涂抹高分子润滑剂进行挤压,对比试验结果如表 5-5 所列。

表 5-5　6061 铝合金毛坯表面处理和润滑试验

处理方式	拉毛情况	成键质量	脱模情况	表面粗糙度(Ra)/μm
碱氧化	严重	有裂纹	难	3.2~6.4
磷化	轻	好	容易	0.8~1.6
氟硅化	稍严重	较好	稍难	1.6~3.2

根据多次试验结果,结合实际生产情况,决定采用磷化和高分子润滑措施对 6061 铝合金毛坯进行挤压前处理,具体工艺步骤:稀硝酸酸洗(毛坯浸泡至表面光亮为止)→过凉水清洗→对铝磷化高分了润滑剂加热,温度保持 70°左右→处理过的毛坯放入润滑剂中,保持时间 5~10min,迅速取出→干燥→若在毛坯端面涂再涂抹羊毛脂、工业菜油,则挤压润滑效果会更好,表面粗糙度 Ra 为 0.8~1.6μm。

3. 最终生产情况

根据数值模拟分析结果和 6061 铝合金毛坯表面处理和润滑试验,结合实际生产情况,进一步完善了 6061 铝合金花键壳体精密冷挤压工艺方案,成功解决了该零件的冷挤压中花键的拉裂、拉毛缺陷,最终产品满足零件要求。实际生产结果表明,通过精密冷挤压工艺生产该零件是可行的,该工艺的优点在:通过冷挤的花键壳体加工余量小,节省材料,材料利用率可提高 60%以上,零件制件性能也得到提高;零件的尺寸精度高,表面质量较好;内外花键一次冷挤成形,无需后序机械加工,生产效率得到提高。

5.8.3　5A02 铝镁合金多层薄壁筒形件冷挤压成形

1. 零件结构特点及冷压工艺分析

图 5-73 所示为 5A02 铝镁合金多层薄壁零件,隔板下部为 3 层薄壁筒形结构。中心孔径 ϕ4mm,内层壁厚及中间层与内层间距均为 0.9mm,中间层与外层壁厚均为 0.3mm,中间与外层间距为 0.9mm。隔板上部中间壁厚为 0.75mm 的圆环凸台,凸台外沿 ϕ9.5mm 的圆周上均匀分布有 3 个直径 ϕ1.7mm 的凸圆台,结构比较复杂。

5A02 铝镁合金具有较好的塑性成形性能,根据多层薄壁筒形结构的特点,可采用孔径 ϕ4mm 外径 ϕ13.4mm 厚度为 3.6mm(根据体积相等原则得到的厚度)的环形毛坯(图 5-74),采用正反复合挤压工艺一次成形出所需零件。

很明显,该零件在复合挤压成形时,下部 3 层薄壁筒正挤压是关键,是否能一

次挤压成形，需通过计算其变形程度来检验。其计算公式为

$$\varepsilon_A = (A_0 - A)/A_0 \times 100\%$$

式中：ε_A为变形程度即断面收缩率；A_0为挤压前坯料的横截面积，$A_0 = \frac{\pi}{4}(13.4^2 - 4^2) = \frac{\pi}{4} \times 163.56\text{mm}^2$；$A$ 为挤压工件的横截面积，$A = \frac{\pi}{4}[(10.6^2 - 10^2) + (8.2^2 - 7.6^2) + (5.8^2 - 4^2)] = \frac{\pi}{4} \times 39.48\text{mm}^2$。

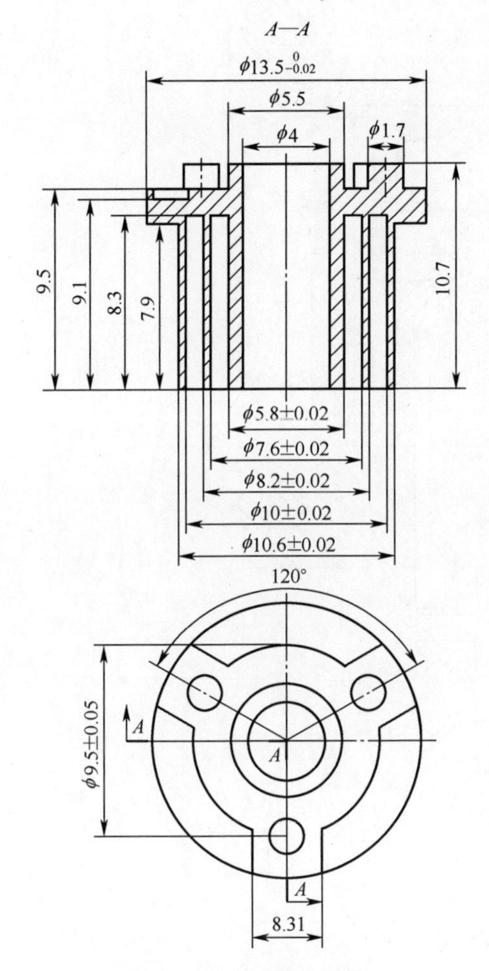

图 5-73　多层薄壁零件

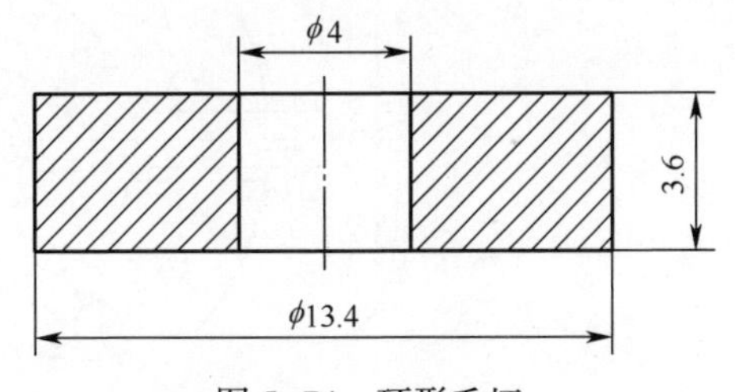

图 5-74　环形毛坯

将有关数据代入断面收缩率公式，得

$$\varepsilon_A = \frac{\frac{\pi}{4}(163.56 - 39.48)}{\frac{\pi}{4} \times 163.56} \times 100\% = 75.9\% \leqslant \varepsilon_{A许} = 95\%$$

由计算表明,其正挤压变形程度远小于许用变形程度,完全可一次挤压成形。

2. 模具结构及工作过程

多层薄壁零件冷挤模具结构如图 5-75 所示。上模用压板固定在液压机活动横梁上。固定板 1 通过弹性夹套 2 和螺纹压板 3 使凸模 17 定位和紧固。由于弹性夹套 2 与固定板 1 锥度配合,使凸模 17 具有很好的对中性,且凸模 17 上部的紧固段为圆柱形,无锥度,便于制造和拆装更换凸模。

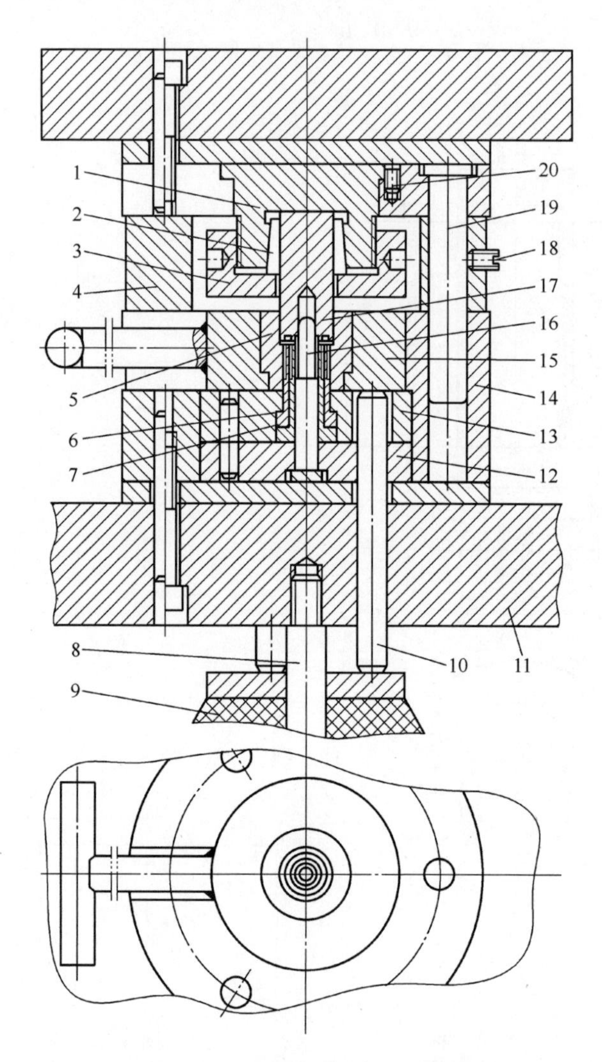

图 5-75　多层薄壁零件冷挤模具

1—固定板;2—弹性夹套;3—螺纹压板;4—限位环;5—凹模镶块;6、7—镶套;8—螺杆;9—橡胶;10—顶杆;11—下模座;12—心轴固定板;13—镶套固定板;14—护套;15—凹模套;16—心轴;17—凸模;18—紧定螺钉;19—导柱;20—圆柱销。

限位环 4 与导柱 19 间隙配合,两者通过 3 个紧定螺钉 18(对应 3 个导柱)固连，便于拆装；凹模镶块5（大直径部分）与凹模套15过盈配合，两者组成预应力组合凹模。凹模套15与护套14间隙配合；顶杆10和导柱19都是3件，分别沿周向均布。导柱19和护套14的配合为H7/h6；镶套6、7和心轴16一起构成组合凸、凹模，便于制造，三者的孔轴配合均为H7/k6。

该模具的新颖之处在于：采用镶套式组合凸、凹模结构使之便于制造，采用浮动凹模和弹性顶料装置相结合的工件脱模方法使工件平稳脱模。

模具工作过程　多层薄壁零件冷挤压模工作过程如下：

（1）坯料定位。上、下模闭合前，顶杆10在橡胶9张力（弹顶力）作用下处于其上极限位置，组合凹模（件5、件15）被顶杆10顶离固定板13，上浮距离为11mm，此时凹模套15与护套14的轴向结合长度为6mm，即凹模套15并未脱离护套14。将毛坯入在镶块5内，依靠毛坯外圆定位。

（2）零件挤压成形。上模下行，导柱19插入护套14，进而凸模17插入镶块5的模口，凸模17推着组合凹模下移，并通过顶杆10使橡胶9压缩。当组合凹模移至其下极限位置时（与固定板13接触），毛坯开始被挤压变形。当限位环4接触护套14时，工件挤压成形结束。

（3）工件与镶套及心轴分离。上模抬起，橡胶9的弹顶力使组合凹模上浮，上浮的凹模推着工件平稳脱离镶套6、7及心轴16。

（4）工件与凹模分离。从冷挤压模中取出组合凹模，将其与事先制作的压头和漏盘按图5-76所示置放，对压头施力（用手锤轻击压头或用液压机缓慢施压），工件则脱离凹模镶块5落入漏盘。

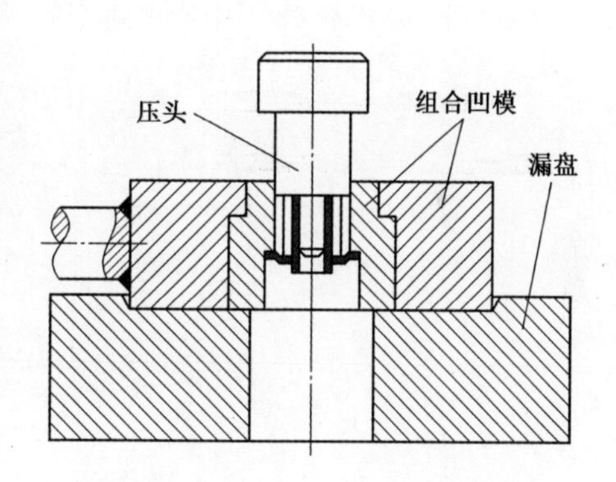

图5-76　工件与凹模分离

为提高工作效率，可备制两副组合凹模，交替使用，使工件成形工序和工件与凹模分离工序同时进行。还可以把漏盘固定在挤压模旁边，在同一台设备的一次行程中完成工件成形及工件与整个模具分离（出模）。即上模下行过程中，工件被挤压成形，同时上一个成形的工件被压头推离凹模镶块5。上模抬起时，工件与镶套6、7及心轴16分离。

3. 设计要点

（1）组合凹模。凹模套15与凹模镶块5过盈配合，配合面斜度为1°~1°15′。凹模套15与护套14的配合为H7/g6。凹模镶块5材质采用Cr12MoV钢。凹模套15上需焊手柄，应有一定的焊接性能，强度又较好，因此材质选用40Cr钢。

（2）组合凸、凹模。镶套6、镶套7和心轴16构成组合凸、凹模，其材质均采用高速钢W18Cr4V，热处理硬度HRC为60~64，三者的孔轴配合均为H7/m6。为了避免模腔内形成封闭气体影响金属流动，需要在镶套6、7和心轴16的下部侧面磨出 1 条气槽,气槽深度为 0.2~0.3mm。

模具寿命和挤压件精度取决于镶套 6 和镶套 7 的耐磨性和精度。挤压件尺寸精度为 IT9 级。镶套精度为 IT7 级时,挤压件精度即可达到要求。为了提高镶套寿命,除了应保证镶套材质、热处理质量和表面粗糙度(Ra 为 0.4μm)外,镶套工作部分的外径和内径尺寸分别按凸、凹模分开加工时的冲孔凸模和落料凹模设计原则设计,以使镶套有较大的"磨损余量"。按上述原则设计,镶套 6 和镶套 7 工作部分的外径和内径尺寸依次为 $\phi\ 10.02_{-0.015}^{\ 0}$ mm、$\phi\ 8.19_{\ 0}^{+0.015}$ mm、$\phi\ 7.26_{-0.015}^{\ 0}$ mm、$\phi 5.79_{\ 0}^{+0.012}$ mm。

(3) 弹性夹套。图 5-75 模具中弹性夹套 2 材质采用优质弹簧钢 60Si2Mn。弹性夹套有单槽夹套和多槽夹套。由于凸模 17 直径较小,因此弹性夹套 2 采用单槽夹套。如图 5-77 所示,单槽夹套将豁口开通,制造简单,但是径向弹性比多槽夹套小。多槽夹套的豁口不开通,豁口数为不小于 4 的偶数,均匀分布,豁口的方向间隙颠倒排列。豁口一般为 8 个或 6 个。

按未开槽前的弹性夹套与凸模过盈配合(P7/h6)确定弹性夹套内径。热处理前开槽,内、外径留有精磨余量,热处理后精磨至设计尺寸。先将凸模 17 装入弹性夹套,再一起装入固定板 1,将螺纹压板 3 旋紧后,固定板 1 的斜面使弹性夹套产生的收缩量与装入凸模时弹性夹套产生的膨胀量基本抵消,从而保证了弹性夹套内孔与外锥面同轴度不变。因弹性夹套内径小于其夹持的凸模紧固段直径,为便于凸模装入,夹套孔大端有 30°倒角。

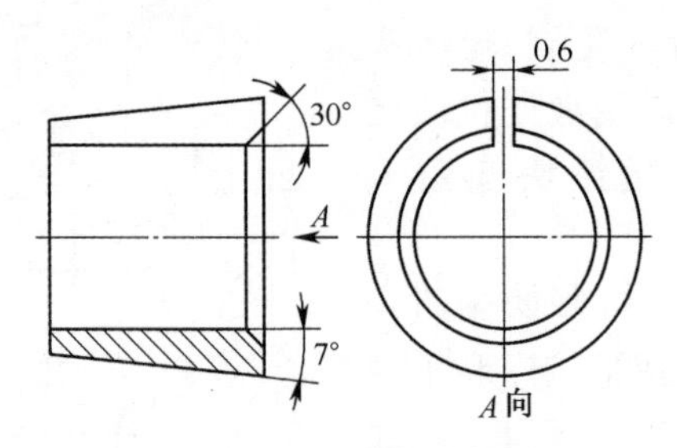

图 5-77　单槽弹性夹套

生产实践证明,达到上述设计要求的模具,生产的零件符合产品要求,每副镶套可生产多层薄壁零件 3000 件以上。

5.8.4　纯铝带隔层的方盒冷挤压成形

1. 零件结构特点及工艺分析

图 5-78 所示为一个六格带底的纯铝罩壳零件,其壁厚为 0.6mm,底厚为 0.6~1.0mm。该零件底部 6 个方格的中心各有高 1.1mm、直径 ϕ6.6mm 的凸起部分,这样的零件用其他加工方法比较困难。

这个有隔层的底部有 6 个带孔凸起的方形杯形件。其壁厚为 0.6mm,底厚为 0.6~1.0mm,可以采用反挤压方法加工。其反挤变形程度为

$$\varepsilon_F = \frac{F_0 - F_1}{F_0} \times 100\% = \frac{31 \times 46 - [(31 \times 46) - 6 \times 14.5^2]}{31 \times 46} \times 100\% \approx 86\%$$

式中:F_0、F_1为毛坯和零件(成形部分)的断面积。

对纯铝来说,变形程度86%的反挤压是不成问题的。因此,底部6个带孔的凸部起部分完全可以采用图5-78(a)所示毛坯一次挤压出来。

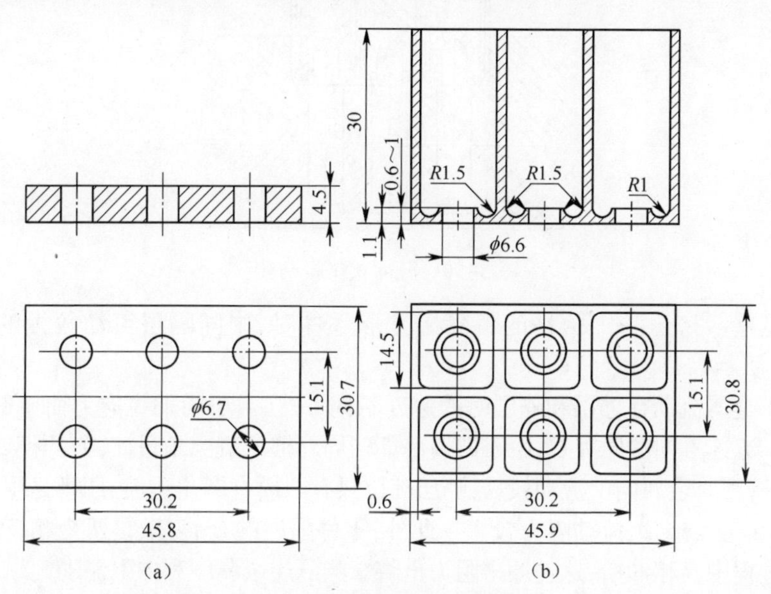

图5-78　带隔层的方形罩

(a)毛坯;(b)挤压件。

2. 模具工作部分的结构设计

图5-78所示为带隔层的方形罩,其零件带有隔层,因此,在凸模上应当有相应的凹槽,以便挤压时金属可向凸模的凹槽内流动,构成零件的隔层。开始试验时曾把凸模做成整体式,铣出凹槽。在反挤时,6个“脚”很易折断。后来改成如图5-79所示的分体式镶拼凸模形式,凸模由6块组合镶拼而成。这使凸模牢固地固定在上模板上,凸模的上端部带有2°~3°的斜度。采用这种带锥度的固定凸模方法,可以保证凸模在工作时的稳定性。此外,凸模装配在模板上时,要有足够的过盈量,为此在凸模未压入前,要求凸模比凸模固定板高出5~6mm;为了防止凸模压入后固定板产生变形 ,固定板的厚度不应小于25mm。固定板的外形尺寸也应适当地放大,使凸模在工作时更为稳定。

在设计凸模时,应注意中间隔槽不能设计得太深,一般凸模上隔槽的深度为零件隔层高度再增加2~3mm,如图5-79所示,否则槽太深,会影响凸模的稳定性,使反挤出的零件在隔层上发生破裂,像在隔层上开窗口一样。

3. 带隔层方形零件反挤时的金属流动

当挤压这类零件时,外层金属流动较快,而中间隔层部分金属流动较慢,高度

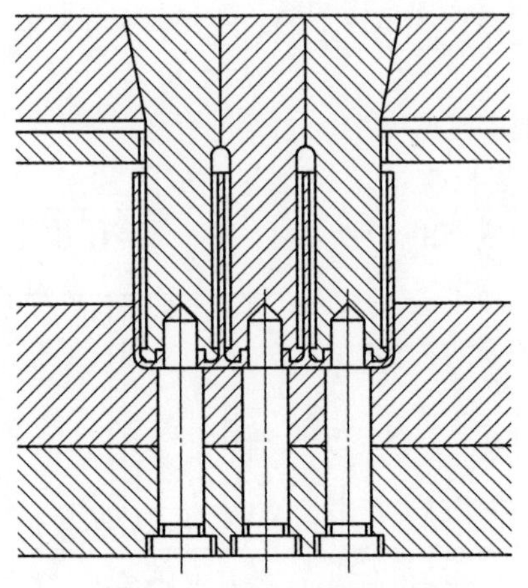

图 5-79　分体式镶拼凸模

也显得低些。挤压一个两格的带隔层方形零件时，中间隔层流动较慢的情况如图 5-80 所示。

由于金属流动在外层和隔层时的速度不同，往往由于附加拉应力而使壁与壁之间裂开。流速不同的原因是，由于凹模底部四周外框处有圆角过渡，而凸模四周同样有圆角，挤压时金属向上流动较易；隔层部位只有凸模有圆角过渡，凹模是平底，使挤压时挤压时金属向上流动阻力较大。此外，零件隔层的金属，来自两个相反的方向，在流动过程中互相冲击，这种冲击阻力也将影响隔层金属顺利向上流动。

为了解决外框与隔层金属流速不一致的问题，在允许更改零件设计的前提下可采用如下措施：

(1) 在凸模工作端面上，近隔层的两端给予一定的斜度，如图 5-81 所示。本凸模采用 3°锥角。

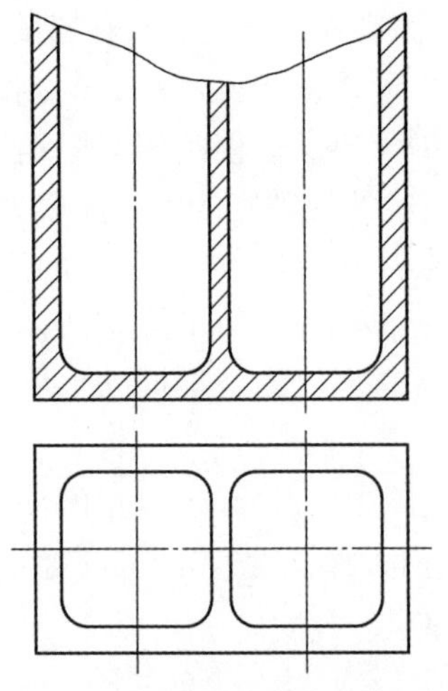

图 5-80　中间隔层金属流动较慢情况

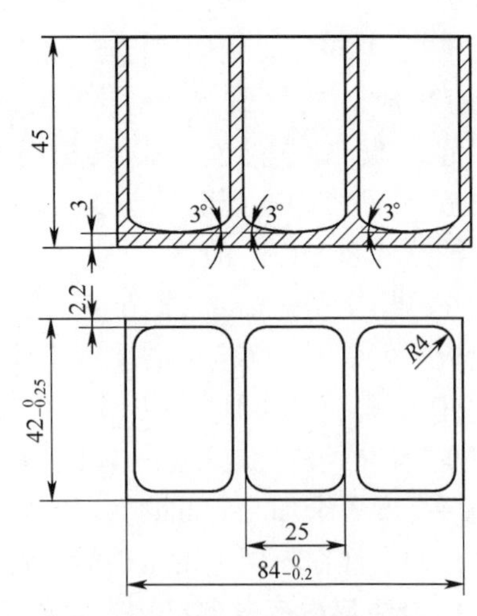

图 5-81　3 个方格的薄壁零件

(2) 使零件隔层的壁厚比外框的壁厚稍厚一些。本零件使壁厚在约相差0.05~0.1mm。

(3) 有意将凸模工作带设计成不等长度。本零件隔层处的凸模工作带为外框处凸模工作带长度的1/2。

(4) 在隔层转角处,凸模工作部分的圆角半径适当放大。本零件在隔层处凸模工作部分圆角半径为1.5mm,而外框处为1.0mm。

5.8.5 铝合金尾翼冷挤压成形研究

1. 尾翼结构特点分析及成形工艺的制订

(1) 结构特点分析。某铝合金尾翼三维造型如图5-82所示,尾翼总高为42mm,圆柱部分直径为10mm、高度为15mm,5个翼片部分厚为1.2mm。原采用圆棒料机械加工生产,存在生产效率低、材料利用率低等问题,难以满足大批量生产的要求。为了提高生产效率,曾对采用7A04超硬铝合金精铸的方法进行研究,但铸造后产品的力学性能难以满足使用要求。

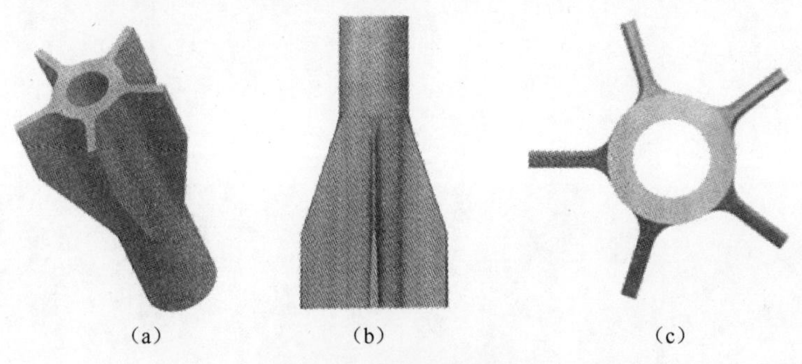

图5-82 尾翼三维造型

(2) 成形工艺的制订。由于该零件直径为10mm的圆柱部分公差为0.09mm,1.2mm翼片部分公差为0.05mm,两部分尺寸精度要求高,且机构加工困难,故拟用冷挤压的方法对其成形。中心孔直径较小且较深,机械加工也比较容易,故中心圆柱部分挤成实心。尾翼挤压件如图5-83所示。

若对该尾翼采用闭式冷挤压成形,需要对下料重量精确控制,且要使零件充填饱满需要较大的成形力。为了降低下料精度和减小成形力,在翼片外部设置了0.2mm的飞边槽。

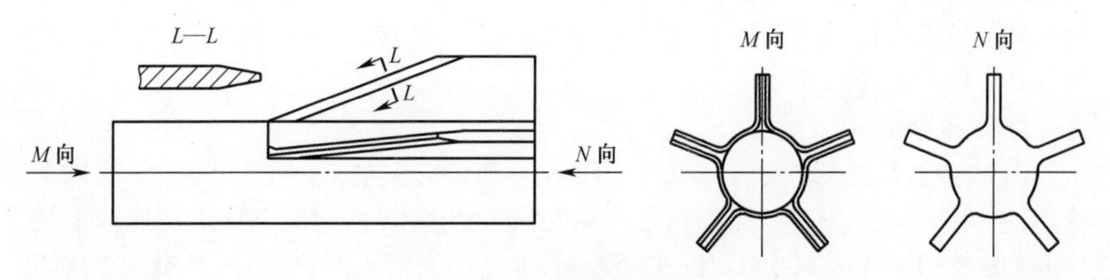

图5-83 尾翼挤压件图

对该零件拟用直径 10mm 的棒料进行径向挤压成形,分别对从小端挤压和大端挤压两种成形方式进行了数值模拟。从小端挤压时,小端先充填满,大端端面角部最后充满(图 5-84),且挤压力较大;从大端挤压时,大端和小端几乎同时充满,且挤压力较小。造成挤压力大小不同的主要原因是金属流动距离不同,从小端挤压时金属流动距离较长,受到的摩擦阻力较大,摩擦的存在也造成了大端端面角部充填的困难。从大端挤压时,由于金属流向大端角部与小端的距离差缩小,且由于 0.2mm 飞边槽的存在,使大端和小端几乎同时充满。故采用直径为 10mm 的坯料从大端挤压的方式对尾翼进行成形试验。

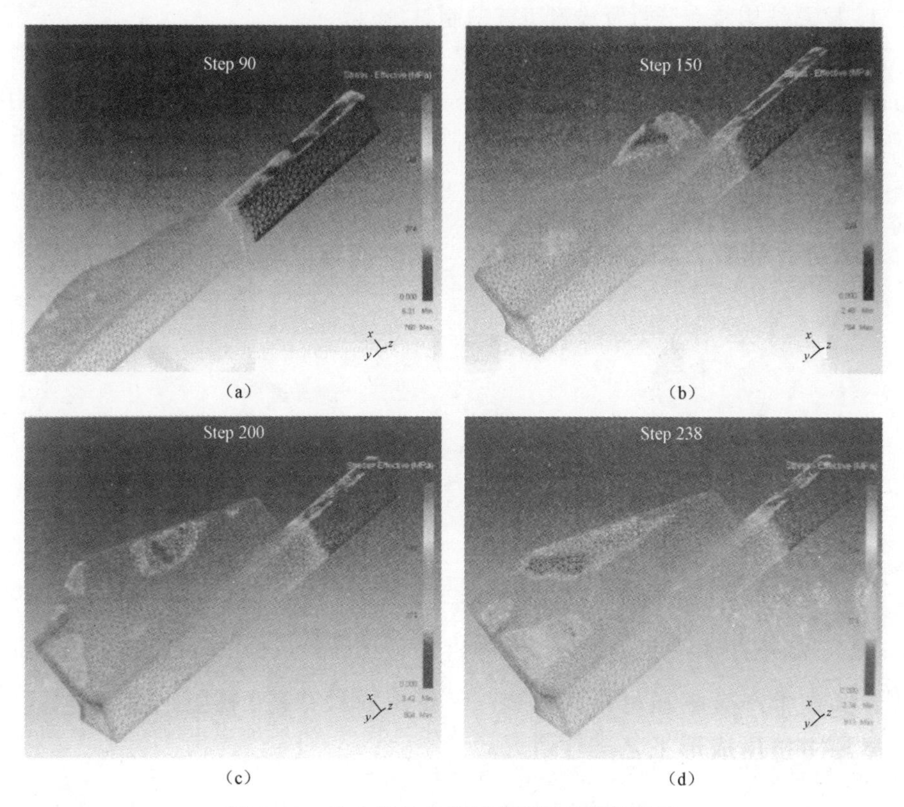

(a) (b) (c) (d)

图 5-84　从小端径向挤压成形过程模拟结果

若采用整体式凹模,只能通过中心圆柱部分将工件顶出,由于该零件翼片部分厚度只有 1.2mm,在顶出过程中很容易造成翼片变形,甚至造成其与中心圆柱部分的分离。故凹模将采用可分凹模,工件挤压成形后脱模时,先将凹模顶出,再将凹模分开后取出工件。

2. 试验验证

(1) 试验条件。试验材料:2A12 铝合金;坯料退火工艺:420℃保温 4h 后随炉冷却;坯料表面处理工艺:洗衣粉水洗→70~80℃热水洗→50~70℃ NaOH 溶液洗(40~60g/L)3~5min→70~80℃热水洗→冷水洗→自然干燥;冷挤压润滑剂:豆油;

试验设备：THP-6300kN 油压机；试验模具如图 5-85 所示。

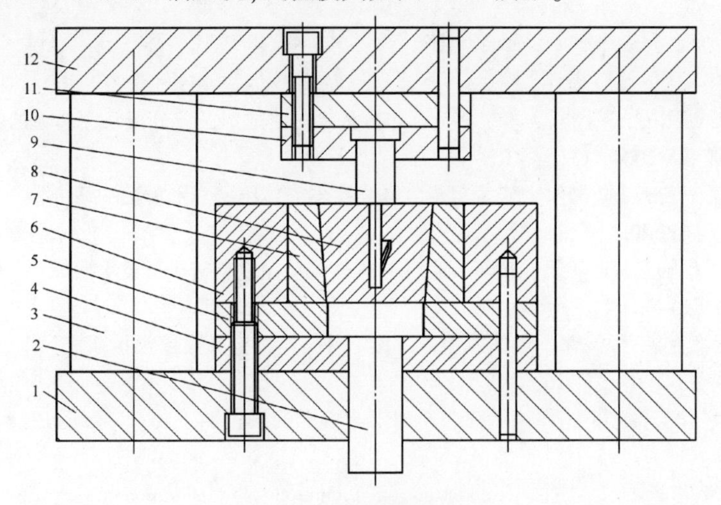

图 5-85　试验模具简图

1—下模板；2—顶杆；3—限位柱；4—下垫板；5—上垫板；6—外预应力圈；7—内预应力圈；8—分瓣凹模；9—凸模；10—凸模固定板；11—凸模垫板；12—上模板。

（2）试验过程。将棒料退火后加工成直径为 9.9mm 长度为 56mm 的坯料，质量控制为（11.64±0.1）g，然后进行表面处理，挤压前坯料表面涂豆油进行润滑。将分瓣模放入预应力圈后，为保证凹模端面在同一平面和减小分瓣模之间的缝隙，先用平块将凹模压平。坯料放入凹模挤压时，通过模具上的限位柱控制下死点的位置。挤压结束后，将凹模顶出后用手工方法分开取出工件，然后将分瓣模间的毛刺、润滑剂等杂物擦拭后放入预应力圈进行下一次挤压。

（3）试验结果与分析。冷挤压所得工件经检测其直径为 10mm 的圆柱部分及厚度为 1.2mm 翼片部分的尺寸精度达到了产品要求。将挤压工件进行了 180℃保温 8h 去应力退火，退火后工件的抗拉强度为 215MPa，硬度为 64.9HBW5/250。挤压件机械加工后进行了实际考核试验，未产生裂纹、变形等问题，满足了产品使用要求，达到了提高和平效率、材料利用率的目的。

挤压时需严格控制坯料质量，如果坯料质量过大，翼片飞边、分瓣模接合面及凸凹模间的轴向毛刺将很大，后续加工中去除困难；如果坯料质量过小，翼片部分将充填不满。为保证成形后工件坯料质量，公差应控制在±0.1g。

内预应力圈与外预应力圈之间应有一定的轴向压合量，挤压前将分瓣凹模放入预应力圈后压平时，也应有一定的轴向压合量，否则挤压时坯料流入翼片部分时将撑开分瓣模，使翼片厚度超差，且流入分瓣模间的毛刺将增多。

采用从尾翼大端冷径向挤压的工艺成形出了翼片及中心圆柱部分尺寸及精度达到产品要求的尾翼，挤压件去应力退火后，经实际考核试验未产生变形开裂纹，达到了产品使用要求，提高了该零件的生产效率和材料利用率，为该类零件冷挤压成形工艺的应用提供了参考。

参 考 文 献

[1] 夏巨谌，胡国安，王新云．多层杯筒形零件流动控制成形工艺分析及成形力的计算[J]．中国机械工程，2004，15(1)：91-93.

[2] 夏巨谌，王新云，胡国安．安全气囊气体发生器壳体精密成形方法的研究[J]．汽车技术，2004(8)：37-40.

[3] 夏巨谌，胡国安，王新云．轿车安全气囊零件流动控制精密成形技术研究[J]．锻压技术，2004，29(1)：1-3.

[4] 张亚蕊，夏巨谌，程俊伟．气体发生器关键零件挤压工艺及数值模拟研究[J]．塑性工程学报，2007，14(2)：73-76.

[5] 王涛，桑伟波，蒋立军．涡旋盘在普通加工中心上的编程加工[J]．压缩机技术，2006(2)：36-37.

[6] Shiomi M，Takano D，Motsu K. Forming of aluminium alloy at temperatures just below melting point[J]. International Journal of Machine Tools & Manufacture，2003，43(3)：229-235.

[7] 张小光，钟志平，边翊．阻尼在金属塑性加工中的应用[J]．锻压技术，2002，27(4)：42-43.

[8] 杨红亮，林新波，张良质．铝合金双凸圆锻件温热精密成形数值模拟[C]//第1届全国精密锻造学术研讨会论文集，南京：2004.

[9] 赖华清，范宏训．汽车铝合金轮毂成形工艺[J]．金属成形工艺，2002(6)：38-42.

[10] 周晓虎，贾庆祥．大型双鼓形铝合金轮毂精密锻模设计与改进[J]．锻压技术，2004，29(1)：70-73.

[11] 马泽云．锻造铝轮毂闭式模锻成形工艺研究[J]．锻压技术，2015，40(8)：1-4.

[12] 吴明清，鲍梅连．基于DEFORM的汽车铝合金锻造过程数值模拟[J]．铸造技术，2016(6)：1239-1241.

[13] 郝雪峰，刘丹丹，冯晶晶．高性能铝合金汽车轮毂锻造成形数控生产线[C]//第5届全国精密锻造学术研究会论文集，济南，2013.

[14] 周瑞，沙奔，陈文琳．铝合金典型结构件等温挤压工艺研究[C]//第5届全国精密锻造学术研讨会论文集，济南，2013.

[15] 杨栋，陈文琳，周瑞．7075铝合金活塞等温挤压成形组织晶粒度预报[C]//第5届全国精密锻造学术研究会论文集，济南，2013.

[16] 龚小涛，周杰，徐戊娇，等．铝合金等温精锻技术发展[D]//第3届全国精密锻造学术研讨会论文集，盐城，2008.

[17] 张宝红，李大旭，李慧娟．精密锻造研究与应用[M]．北京：机械工业出版社，2016.

第6章　枝叉类及轮毂铝合金锻件铸锻联合精密成形工艺及模具设计

6.1　概　　述

汽车铝合金转向节、左右控制臂及右后控制臂等典型的枝叉类锻件,此外还有汽车铝合金轮毂,均为三维空间构造、结构复杂、强度和尺寸精度要求高。若采用强度高的变形铝合金棒料毛坯通过传统的模锻工艺生产,其优点是强度高、质量好,但会存在制坯工步多,加热火次多,不仅导致生产周期长、效率低,而且还会导致材料利用率低、能耗高。若采用含硅量较高的铝合金通过压力铸造工艺生产,其优点是熔化的铝合金流动性能好,成形容易,但会在铸件内部出现气孔、疏松及粗大晶粒,导致密度低,强度等力学性能指标不能满足使用要求。近年来,国内外为解决这两个方面的技术难题,开展了如下两个方面的研究,并取得了显著的进步。

(1) 采用挤压铸造毛坯作为预成形件,然后进行半闭式精密模锻终成形,即铸锻联合精密成形。

(2) 采用铸造棒料或铸造块料为毛坯,直接采用闭式精锻成形。

下面围绕这两个方面进行论述。

6.2　铝合金汽车轮毂铸锻一体化精密成形

6.2.1　工艺方案及模具结构

1. 铸锻一体化精密成形工艺的简介

铸锻一体化成形工艺是基于挤压铸造和连铸连轧技术发展起来的一种先进的成形工艺。其利用同一套模具实现先铸造,待工件冷却凝固后,再进行锻造的铸锻联合,该工艺又称为双重挤压铸造或铸锻联合工艺。其核心在于锻造,铸造只需保证铝合金液体顺利充满型腔即可,后续的锻造将消除铸造过程中出现的缩松、气孔等缺陷,对工件性能进行改善,合理的工艺参数可以将工件的铸造力学性能转换成锻造力学性能。铸锻一体化精密成形工艺流程如图6-1所示,主要分为四步,压射活塞将合金液压铸到型腔中;合金液在压射活塞的压力下结晶、凝固;冲头对已凝固的工件进行锻造(锻造量通常较小);开模、取件,通过推动压射活塞下移将锻造过程中产生的余料从进出料口处挤出。

挤压铸造工艺获得的工件组织属于铸造组织，与之相比，铸锻一体化成形工艺获得的工件组织致密效果明显，工件性能得到明显改善。此外，该工艺能够消除成形件的缩孔、气孔，力学性能接近锻件；可成形结构复杂的薄壁件，实现近净成形；无需浇口浇道系统，生产效率高；始锻温度高，所需锻造力比一般锻造小；锻造时工件在封闭模内处于三向压应力状态，不易产生裂纹，在锻造力作用下工件表面与模壁紧密相贴，表面质量较高，尺寸精确。

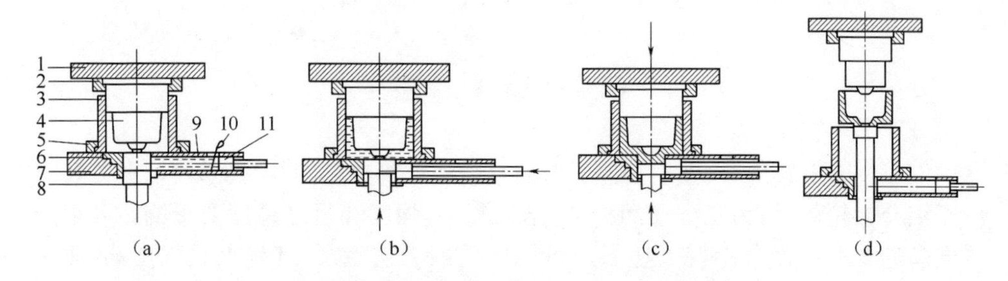

图 6-1　铸锻一体化精密成形工艺流程

(a)合模、浇注；(b)充型、凝固；(c)锻造；(d)开模、取件。

1—上模板；2—上模压板；3—下模；4—上模；5—下模压板；6—料筒；

7—下模板；8—压射活塞；9—输液管；10—定量勺；11—输液管压头。

2. 轮毂零件的拓扑优化及其模具结构

1）轮毂零件的拓扑优化

铸锻一体化工艺能提高零件的力学性能，因此，有必要对原铸造的铝合金轮毂进行轻量化设计，降低生产成本。

研究的汽车铝合金轮毂毛坯最大直径为 341.8mm，高 151mm，轮毂的轮芯部位、轮辐部位、轮辐和轮辋交界处较厚，轮辋部位较薄。轮毂壁厚最厚处为轮芯凸台部位，近轮毂中心部位较厚。

(1) 定义材料属性。按照材料性能对软件中的各项参数进行设置，轮毂材料为铝合金 A356，其物理性能如表 6-1 所列。

表 6-1　A356 的物理性能

密度 /$kg \cdot m^{-3}$	熔化范围 /℃	导热率 /$W \cdot (m^{-1} \cdot K^{-1})$	线膨胀系数 /$\times 10^{-6} K^{-1}$	弹性模量 /MPa	泊松比	屈服强度 /MPa
2680	557~613	150.7	21.5	69000	0.33	240

(2) 定义载荷及边界条件。由轮毂受力分析可知，轮毂正常状态下，其受力可等效为轮毂轴向 $7800mm^2$ 的面积上并在轮毂局部施加 0.9MPa 的比压，在轮毂中心装配轴承孔处建立 RBE2 刚性单元，并约束该单元的 6 个自由度，从而实现轮毂的固定，利用 Hyperworks 进行优化分析，其有限元模型如图 6-2 所示。

根据建立的轮毂拓扑优化设计数学模型，设定拓扑优化设计的相关参数，优化区域为轮毂的 7 个轮辐区及轮毂中心区域，优化变量为优化区域离散单元的假想密度，优化目标为应变能最小，约束为体积上、下限值。为使优化出的结构便于制造，在 Hyperworks 的 Optistrucl 模块中设置最大、最小尺寸，避免优化后结构的材料过度集中或出现网线化；添加拔模方向约束使优化后的结构便于铸造；添加模型重复约束，保证优化后 7 个轮辐的结构一致性。以轮辐优化后的模型对轮毂中心进行优化。

密度值为 0.3kg/cm^3 的轮辐部位和轮毂中心部位的拓扑优化结果分别如图 6-3和图 6-4 所示，轮辐中间区域与轮毂中心 5 个螺栓全孔之间区域的材料因密度值低于 0.3kg/cm^3 而被去除。

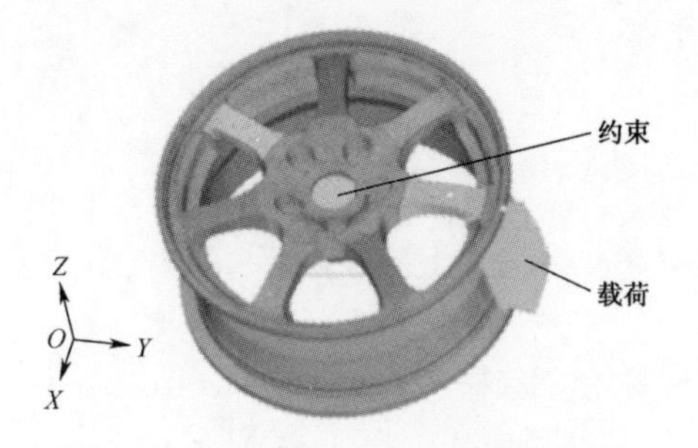

图 6-2　成形用汽车轮毂的有限元模型

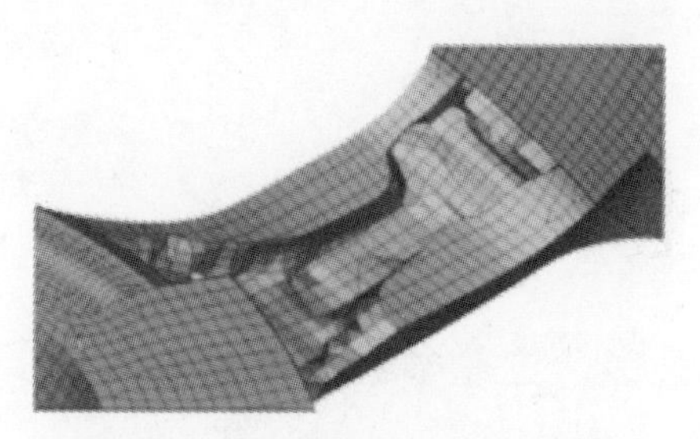

图 6-3　轮辐部位的拓扑优化结构

应用旋压工艺提高轮毂铸锻一体化工艺成形件轮辋部位的性能，并按体积不变原理对轮辋部位进行旋压预留量的设计。根据优化结构对轮毂重新建模，与优化前相比，轮毂质量减少 10%，如图 6-5 所示，并以此模型作为铸锻一体化工艺的成形模型。

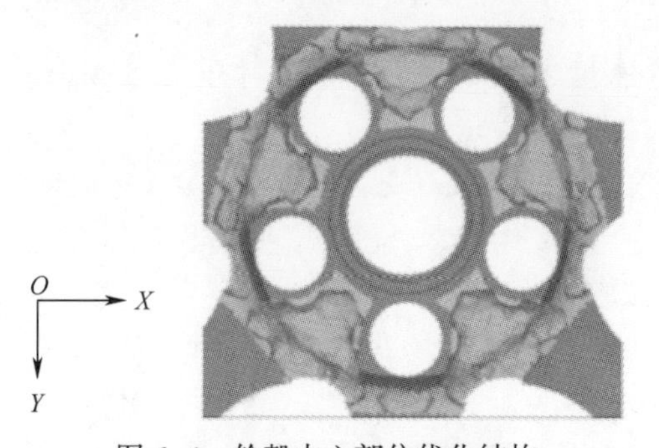

图 6-4　轮毂中心部位优化结构

图 6-5　拓扑优化后的轮毂模型

2）铸锻一体化成形模具结构

汽车轮毂铸锻一体化成形工艺需要使用结构复杂的铸锻复合模具，铸锻复合模具中锻造功能的实现对轮毂零件的成形性能有重要影响。轮毂铸锻一体化成形模具结构如图 6-6 所示，合模后由冲头、上模、侧模、底模、浮动模组成封闭型腔。

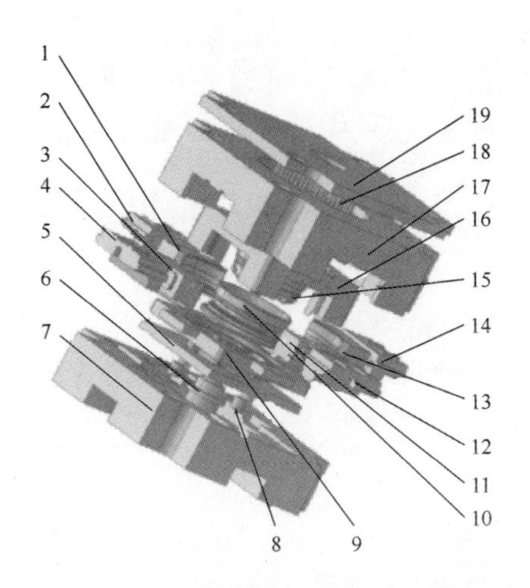

图 6-6　轮毂铸锻一体化成形模具结构

1、3、11、13—侧模镶块；2、4、12、14—侧模抽芯滑块；5—浮动模；6—进出料套；7—下模架；8—氮气弹簧；9—底模；10—轮毂工件；15—冲头；16—上模；17—上模架；18—推杆；19—推杆压板。

6.2.2　工艺参数对铸锻一体化精密成形的影响

在铸锻一体化成形工艺中，模具温度、活塞压射预压力、锻造时间是重要的影响因素。这里采用 FORGE 软件对各参数的影响规律进行分析。锻造区域为轮芯和轮辐部位。假设压铸工序中合金液瞬间充满型腔，工件在模具内冷却，浇注温度均为 700℃，始锻温度 480℃，锻造压下量均为 3mm，采用如下 3 个模拟方案。

模拟方案 1：活塞压射压力 100MPa，铸造速度 0.1mm/s，模具温度 150℃、200℃、250℃、300℃。

模拟方案 2：模具温度 300℃，锻造速度 0.1mm/s，活塞压射压力 50MPa、100MPa、150MPa、200MPa。

模拟方案 3：模具温度 300℃，锻造速度 0.05mm/s、0.1mm/s、0.15mm/s、0.2mm/s。

1. 模具温度对铸锻一体化精密成形工艺的影响

在铸锻一体化成形中，不同模具温度下工件的温度场变化，所需待锻时间及锻造力均不同。这里采用的压铸成形方式模具温度为 150～300℃。获得不同模具温度为 150℃、200℃、250℃、300℃下（见模拟方案 1）工件温度场的分布，并确定不同模具温度下所需的锻造力。模具温度为 200℃时，待锻时间内轮毂工件典型时刻的温度场分布如图 6-7 所示，壁厚位置冷却较慢，易出现缩松、缩孔等缺陷。4 种模具温度下锻造力随时间的变化关系如图 6-8 所示。

由图 6-8 可知，模具温度为 150℃时需要 2800t 左右的锻造力，模具温度为 300℃时需要 1500t 左右的锻造力，轮毂铸锻一体化工艺所需锻造力的大小随着模具温度的升高明显下降。因此，在一定的温度范围内，较高的模具温度可以降低锻

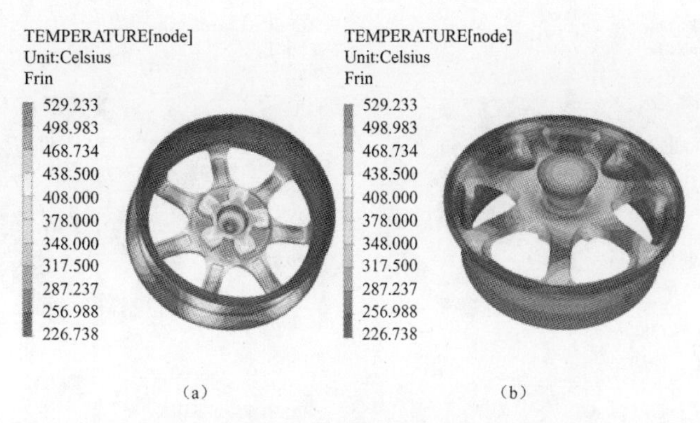

图 6-7　待锻时间内典型时刻温度场的分布

(a)正面;(b)反面。

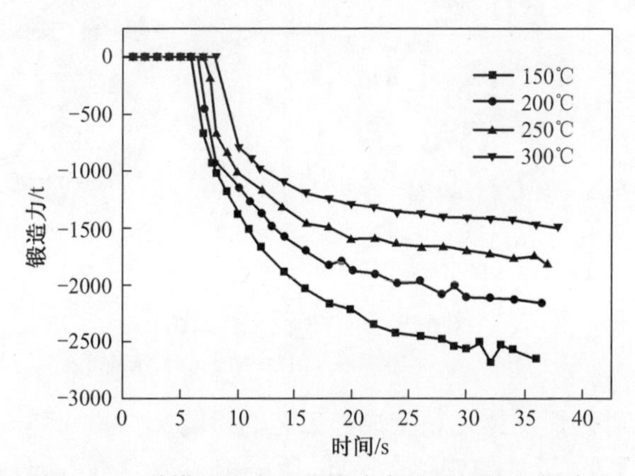

图 6-8　4 种模具温度下的锻造力随时间的变化关系

造力,节省能源。

2. 活塞压射压力对铸锻一体化精密成形工艺的影响

铸锻一体化精密成形工艺在铸造充型后,其压射活塞将继续对金属施加一定的预压力,以获得致密度高的轮毂件。工件凝固后,锻造过程产生的余料将从进出料口处被挤出模具。按照模拟方案 2 建立 4 组有限元模型。由于工件所受压强直接影响成形组织的致密性及均匀性和锻造效果的好坏,故对不同压强下的工件所受压强云图进行模拟分析,如图 6-9 所示。轮芯及轮辐所受压强较其余部位高,因此可预测这两处的组织比其他部位致密。

由有限元模型模拟分析可知,活塞压射压力较小时,锻造力和工件所受三向压力也较小,此时,锻造余料易被从进出料套挤出,难以提高工件的性能。随着活塞压力的增大,工件所受三向压力显著增大,此时,工件的致密性增强,性能提高,但活塞预压力超过 150MPa 后,工件所受三向力增加幅度较小,锻造余料从模具接触面处挤出,易产生飞边现象。此时,模具处于高温下,内部压力过大易使其变形或损坏,影响使用寿命,因此活塞预压力应取 100~150MPa。

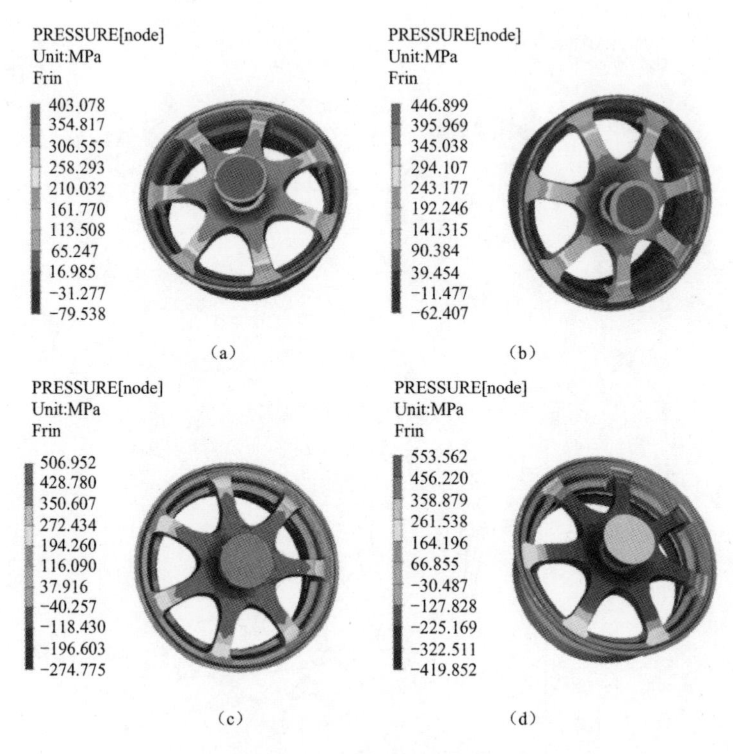

图 6-9　工件所受压强云图

(a)50MPa;(b)100MPa;(c)150MPa;(d)200MPa。

3. 锻造速度对铸锻一体化精密成形工艺的影响

不同锻造速度下,工件的变形率不同,所需的锻造力也不同。按照模拟方案 3 进行模拟,结果如图 6-10 所示。在相同工艺条件下,锻造速度越小,所需锻造时间越长,锻造力越小。由于模具具有保温作用,温度对锻造力的影响很小,因此工件变形率才是影响锻造力的主要因素。而锻造速度越小,工件变形率和所需锻造力也

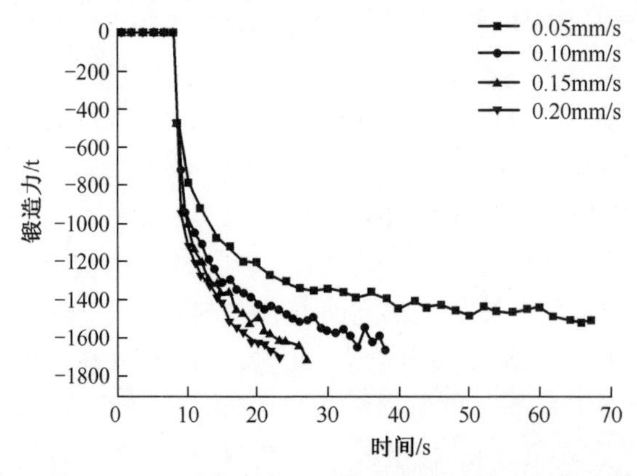

图 6-10　不同锻造速度下锻造力随时间的变化关系

越小。过小的锻造速度不利于产品的成形;较大的锻造速度影响模具的性能和使用寿命,同时剧烈的金属塑性变形可能会使金属局部过热。因此,汽车轮毂的锻造速度取 0.1~0.15mm/s。

6.2.3 试验研究及性能分析

为了研究铸锻一体化成形工艺对轮毂组织和性能改善情况,在苏州三基铸造装备股份有限公司完成了 A356 铝合金汽车轮毂铸锻一体化成形试验研究,并对其金相组织进行分析。

1. 试验条件

使用该公司的 SCV-2000 立式挤压铸造机,采用压铸充型。依据模拟结果设置试验参数,即充型时合金液浇注温度 700℃,模具温度 300℃,锻造压下量 3mm,锻造速度 0.12mm/s,活塞压力 100t,充型 8s 后开始锻造,成形的铝合金轮毂铸锻一体化成形件如图 6-11 所示。

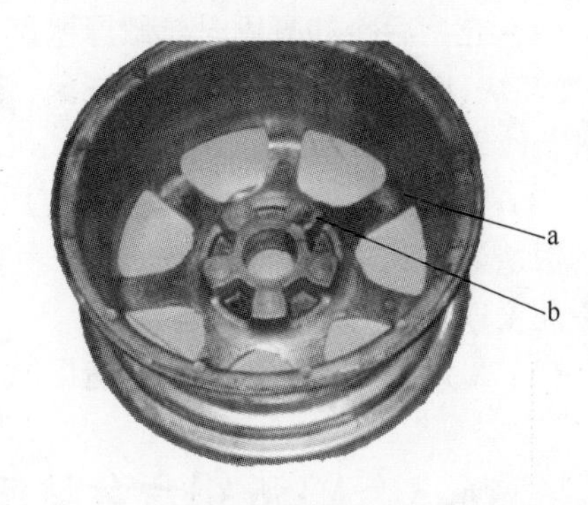

图 6-11 铸锻一体化轮毂成形件及取样位置

2. 试验结果分析

对图 6-11 所示轮毂样件锻造区域的轮芯凸台部位和未锻造区域的轮辐与轮辋连接部位取样观察,其金相组织如图 6-12 所示。

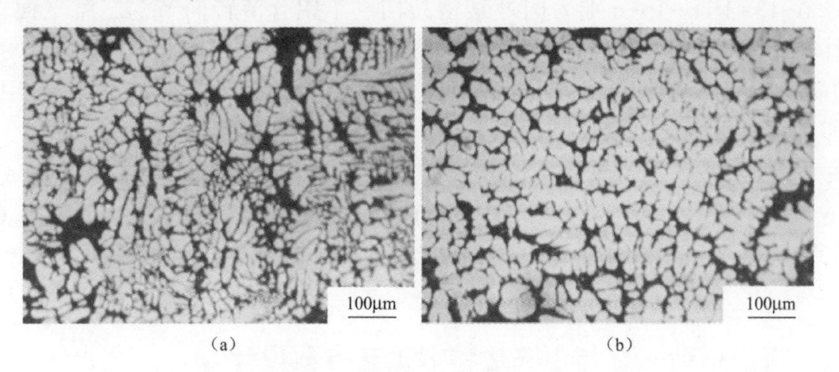

图 6-12 轮毂试样的金相组织

(a)未锻造区域的金相组织;(b)锻造区域的金相组织。

轮辐与轮辋连接处的金相组织中 α-Al 以树枝状结构为主(图 6-12(a)),组织分布疏松,属于典型的铸造组织。缩孔率为 0.5%。这是因为,该位置没有经过锻造,组织未能得到改善。轮芯凸台部位的壁厚较厚、冷却慢,易生成缩松、缩孔等缺陷,且锻造时易产生过热现象,因此该处的组织(图 6-12(b))比较粗大,但是组织中的 α-Al 多为粒子状或玫瑰花状,且分布均匀,结构致密。该处的铸造组织已转化为锻造组织,缩孔率为 0.30%。零件的性能得到改善。这与上述的仿真结果一致，表明铸锻一体化成形工艺可通过锻造来改善锻造区域的铸造组织，提高轮毂工件锻造区域的性能。

3. 结论

对轮廓尺寸为 341.8mmA356 铝合金汽车轮毂进行了拓扑优化，实现汽车轮毂的轻量化设计。对铸锻一体化成形工艺进行研究，获得了模具温度、压射活塞压力和锻造速度对轮毂连铸连锻工艺的影响规律，并通过试验验证了连铸连锻工艺对工件性能的改善情况。

(1) 用拓扑优化来对原铸造零件进行轻量化设计，轮毂的重量可减轻 10%。

(2) 充型后冷却凝固时轮毂厚壁部位温度较高，冷却速度慢，薄壁部位温度较低，冷却快，因金属凝固出现缩松现象，轮毂壁厚部位易产生铸造缺陷，需要后续锻造进行改善。

(3) 锻造过程中适当的压射活塞压力可提高轮毂的致密性，锻造速度影响轮毂的锻造效率及工件的变形率，综合考虑各因素，压射活塞压力取 100~150MPa、锻造速度取 0.1~0.15mm/s 较合适。

(4) 采用冲头锻造能改善锻造区域(轮芯凸台部位)的组织，提高工件的性能。

6.3 A356 铝合金转向节铸锻一体化精密成形

6.3.1 结构特点及性能

图 6-13~图 6-15 分别为国外某型高档汽车铝合节转向节的二维平面图、三维实体造型和零件实物照片。经光学三维精密测量其轮廓尺寸为 290.98mm×264.3mm×120mm，中间为 ϕ90mm 的圆孔，零件上具有多个凸台和小圆孔，用于与其他零部件进行连接。零件结构复杂。

根据对图 6-15 转向节零件实物的化学成分和力学性能的测试，其化学成分分别为 6.538% Si、0.084% Fe、0.002% Cu、0.004% Ma、0.4% Mg、0.001% Cr、0.001% Ni、0.023%Zn；T6 态下的主要力学性能指标分别为 $R_m \geqslant 234$MPa、$R_e \geqslant 165$MPa，$A \geqslant 3\%$，材料为美国 A356 铝合金，对应于我国的 ZL101A 铝合金。

6.3.2 挤压铸造工艺与小飞边精锻工艺方案设计

1. 挤压铸造工艺

经过对图 6-15 转向节零件的观测，以及原材料属于铸造铝合金，所以其转向节零件是由挤压铸造毛坯经过精密机械加工而成的。不难判断，所采用的挤压铸造工艺及模具装置应当与图 6-9 及图 6-10 相似，仅尺寸不同，因此，不再重复叙述。

2. 小飞边精锻工艺方案设计

图 6-16 所示为铝合金转向节小飞边精锻工艺示意图，图中虚线所示为挤压铸件 2，实线为锻件 4。小飞边精锻工艺的设计思路是，挤压铸件 2 在终锻过程中主

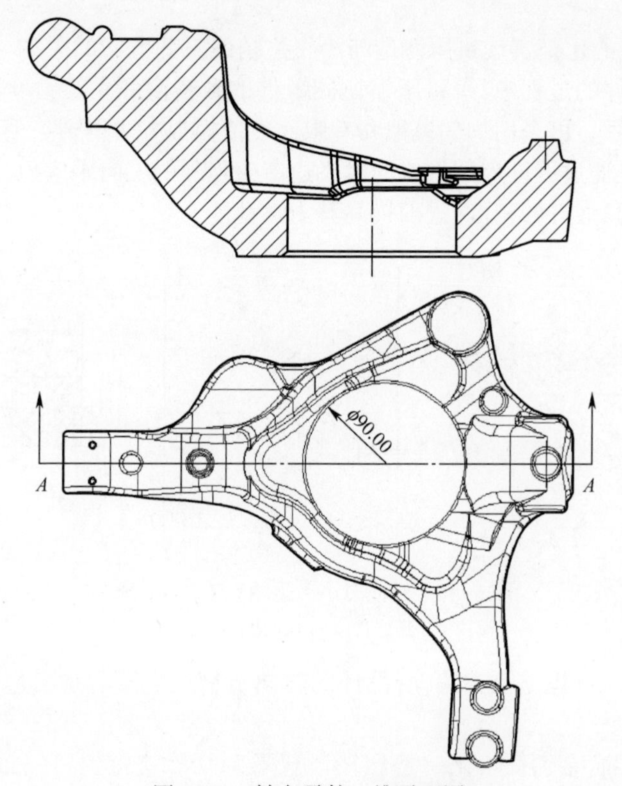

图 6-13 转向零件二维平面图

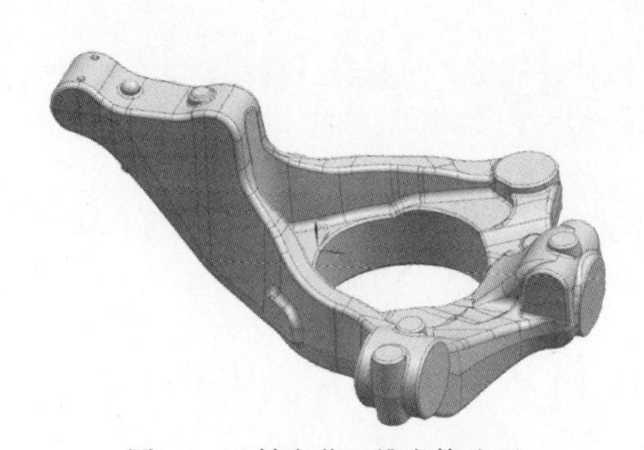

图 6-14 转向节三维实体造型

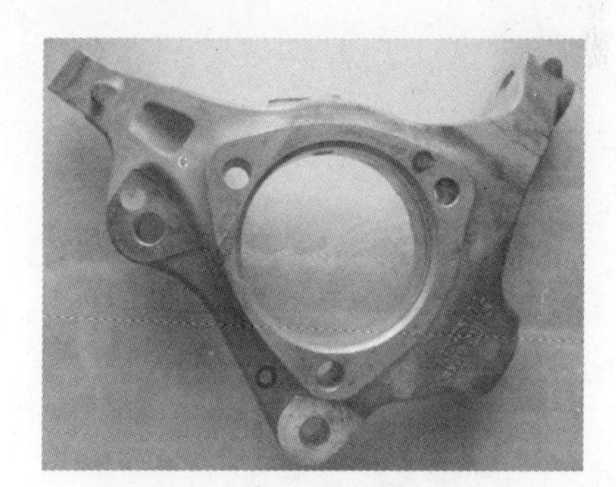

图 6-15 转向节零件照片

要是镦粗压缩的变形过程。图 6-16 中 A-A 为转向节上任意垂直方向铸件截面(虚线)与锻件截面(实线)及小飞边的相互关系,其关系为

$$A_1 = h_1 \cdot b_1 = A_2 + 2A_{飞} = h_2 \cdot b_2 + 2A_{飞}$$

式中:A_1、h_1、b_1 为挤压铸件截面积、高度及宽度;A_2、h_2、b_2 为锻件截面积、高度及宽度。

根据设计思路，挤压铸件与锻件截面高、宽尺寸的关系为

$$h_1 > h_2, b_1 < b_2$$

h_1/h_2 或 b_2/b_1 的比是实现挤压铸造与小飞边精锻工艺方案的关键，即由挤压铸件变为精密模锻件的过程中，镦粗压缩比同锻件的致密度和主要力学性能应当是正向线性比例关系。可采用物理模拟和有限元数值模拟方法得到。采用小飞边精锻成形，其目的是通过锻件周围形成的薄飞边产生强烈的三向压应力，通过提高塑性成形性能来提高锻件的密度，进而提高其力学性能。

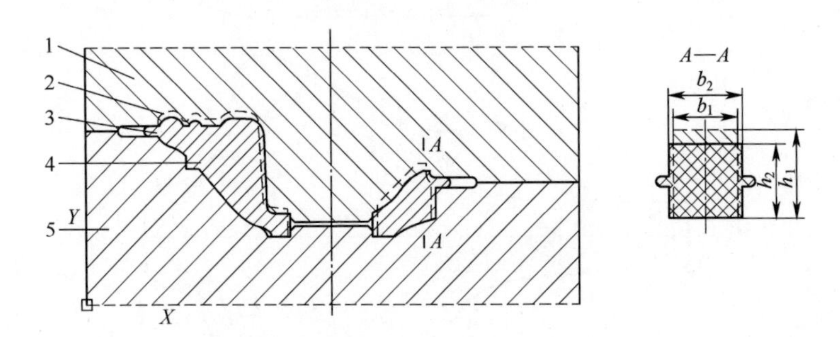

图 6-16　转向节小飞边精锻工艺示意图

1—上模;2—挤压铸件;3—小飞边;4—锻件;5—下模。

基于上述设计思路及方法，所设计的转向节挤压铸造与小飞边精锻工艺流程如下：

ZL101A 铝合金铸锭熔化→挤压铸造成形→切除浇道冒口→预成件（挤压铸件）加热→小飞边精锻成形→切除小飞边→热处理→机械加工。

该方案的突出优点如下：

（1）将 ZL101A 铝合金在熔融状态下流动性能好，可通过挤压铸造成形为转向节等枝叉类制件，和小飞边精锻可有效消除铸件内部缺陷，细化晶粒，提高其力学性能两种优点综合于一体。

（2）挤压铸件切除浇道、冒口后，铸件的温度应仍保持在 450℃左右，可直接进行小飞边热精锻成形，可减少一道加热工序，不仅可以节约加热能耗，还可以提高生产效率，达到短流程绿色铸锻的效果。

（3）从铸件上切下的浇道、冒口和从锻件上切下的小飞边，可以熔化后再次利用，材料利用率显著提高。

6.4　空调压缩机中高硅铝合金零件闭式精锻成形工艺及模具设计

6.4.1　空调压缩机对中高硅铝合金零件的性能要求

汽车往复式运动的空调压缩机结构及工作原理如图 6-17 所示，由图可知，其

关键零部件为筒壁即活塞体、活塞即活塞尾和斜盘等,这些零件在工作时是做高速往复运动,因此,要求强度高和耐磨性好。这些零件中,活塞尾和活塞体采用的材料是含硅量达 9.5%~11.0%的中高硅铝合金,如我国的 ZL108、ZL109 铝合金和日本新近开发的活塞材料 SC100,而斜盘采用的材料是含硅量高达 17%以上的高硅铝合金。

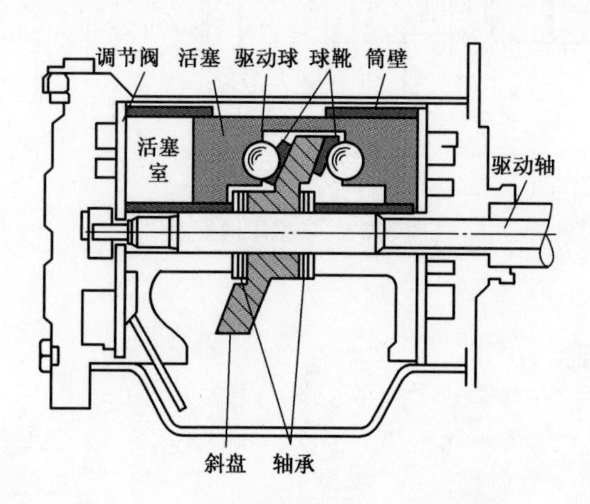

图 6-17　空调压缩机结构及工作原理图

中高硅铝合金在固态时塑性差,但在液态时的流动性能好,因此传统的生产方法是采用压铸成型。然而,压铸件内部存在有气孔和疏松,不仅降低了零件的强度,而且影响了运动时的气密性,降低了压缩空气机的效率和压力。

近年来,随着汽车特别是轿车性能的不断提高,压铸工艺已经不能满足其使用要求,用户提出采用精密模锻工艺来制造质量更高的这类零件。2004—2005 年,华中科技大学同浙江温领立华机械有限公司合作成功开发出这些中高硅铝合金关键零件闭式精锻成形及模具,并实现了批量生产,产品质量达到了日本用户所提出的技术指标。

6.4.2　活塞尾精锻工艺

1. 精锻工艺分析

轿车某型号空调压缩机 KC88 上的活塞尾锻件的轮廓尺寸如图 6-18 所示;图 6-19 所示为其三维实体造型(该锻件为一模两件,关于中心面左右对称)。锻件的外形较为规则,整个外形关于前后中心面、左右中心面对称;但是,其横截面的面积沿轴线 x 方向在接近两端部处变化突然,整个锻件呈现两端大、中间小结构,且在中间 3.6mm 的长度上横界面的面积最小,约为 178.3mm^2,在两端部最大横界面的面积为 904.2mm^2,二者数值相差超过 4 倍;最大横界面面积的长度占总长度仅为 1/5(1−27.8×2/70×100%≈20.6%);在锻件中部近 4/5 的长度上金属分布相对比较均匀,外形也较为简单。

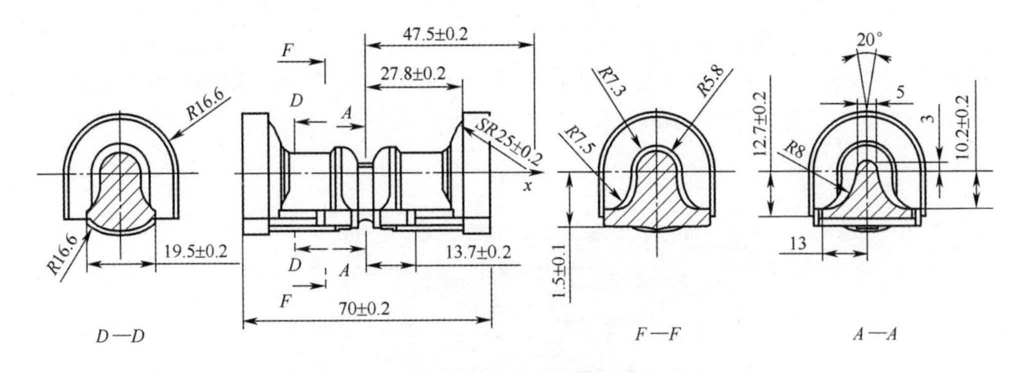

图 6-18　活塞尾锻件图

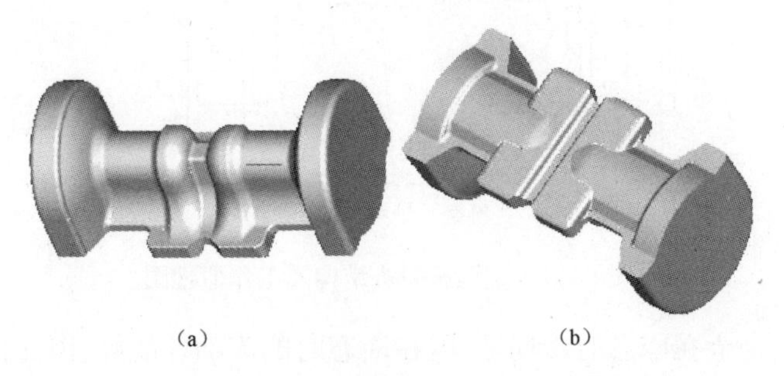

（a）　（b）

图 6-19　活塞尾锻件三维实体造型

截面沿 x 方向分布的不均匀性,使金属在锻造成形时流动剧烈且不均匀,这不仅增大了成形力,加剧了模具的磨损,还可能使锻件产生充不满、折叠、锻造裂纹等缺陷。根据活塞尾锻件的截面分布特点,其锻造工艺设计为:楔形凸模闭式预锻、开式小飞边终锻、切飞边 3 个工步。在预锻工步,成形锻件的圆弧形面,并且使金属在 x 方向进行较为合理的分布,为终锻工步成形合格的锻件作准备。

2. 减压式闭式预锻成形

活塞尾预锻成形就是尽量使棒料毛坯中部的材料在模具楔形工作面的作用下向两端流动,在 x 方向形成合理分布。楔形预锻凸模示意图如图 6-20 所示。

预锻成形在凸模和凹模形成的封闭型腔内完成。如图 6-20 所示,凸模的工作型面是一个带有一定斜度的楔形面,在此面的作用下,棒料毛坯的中部金属更容易向两侧流动,从而在毛坯的两端聚集较多的金属以利于终锻成形;另外,闭式成形有利于在模腔内形成强大的三向压应力,提高变形材料的塑性和流动性。在闭式模锻成形时,材料最后达到流动控制腔(如图 6-20 中 A 处所示);该腔不仅能控制成形力的大小,保护模具和设备的正常运行,而且能避免形成较大的纵向毛刺,为终锻成形做好准备。

3. 减压式预锻成形过程的有限元模拟

活塞尾的模锻过程为热模锻成形过程,因此选用刚黏塑性有限元模型,图 6-

21 所示为模拟模型。由于锻件关于前后、左右对称面对称，为了减少计算量，取 1/4坯料计算；坯料划分 10000 个网格单元；同样，凸模和凹模取相应的 1/4 部分划分网格，网格数量为 15000 个。在整个模拟过程中坯料的应力、应变场等变量前后继承。

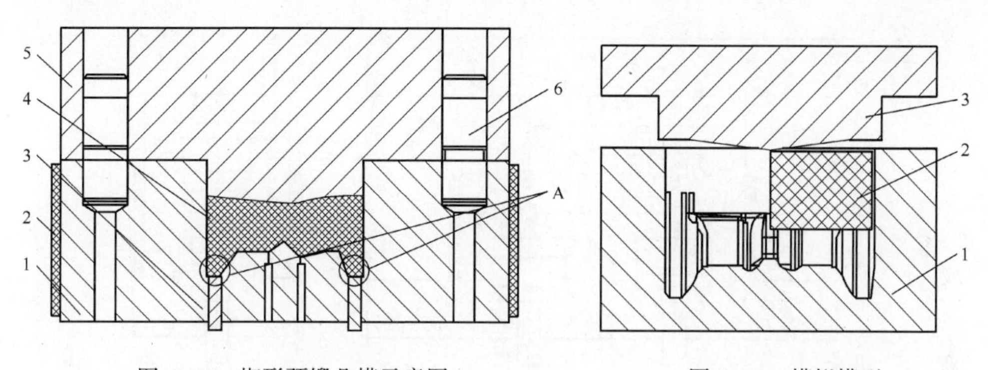

图 6-20　楔形预锻凸模示意图

1—凹模；2—加热圈；3—顶出器；4—毛坯；5—凸模；6—导向销。

图 6-21　模拟模型

1—凹模；2—坯料；3—楔形凸模。

图 6-22 所示为预锻成形过程的等效应变分布图，从该图可以看出，在楔形凸模的作用下，毛坯中部的金属能较为容易地向两端流动，毛坯塑性区域的范围较大，使棒料毛坯的金属较为合理地沿轴线分配。坯料变形区域可划分为 3 个变形区域Ⅰ、Ⅱ和Ⅲ(如图 6-22 的第 240 步、第 300 步)。和凹模接触的区域Ⅰ仍是最先变形，变形量最大；区域Ⅱ的金属由于受到凸模的摩擦力的作用，属于难变形区域，特别是和凸模接触的金属一般情况下是不变形的，但是由于凸模的工作面是楔形面，迫使金属向两端流动；毛坯整个中部的金属向两端流动，在两端的模腔聚集了大量的金属，使区域Ⅲ产生了较大的镦粗变形；在终锻时，使材料充满两端的模腔，成形合格的锻件。

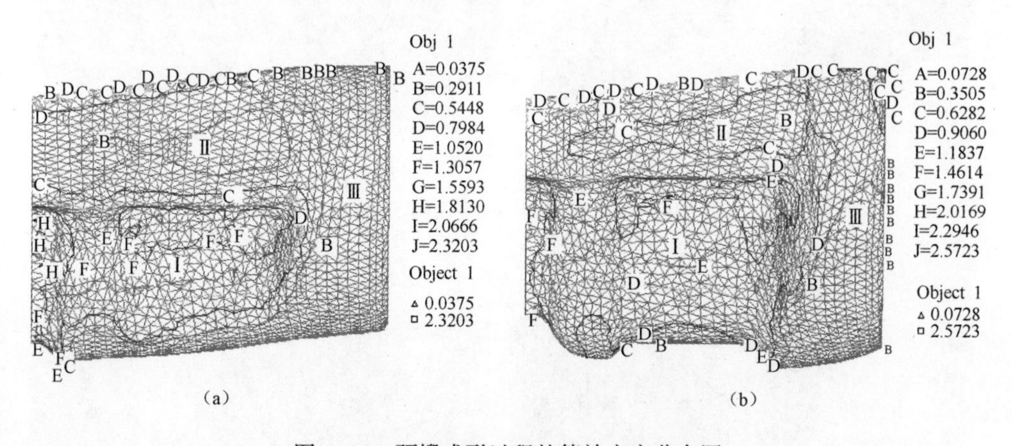

图 6-22　预锻成形过程的等效应变分布图

(a)第 240 步时等效应变分布图；(b)第 300 步时等效应变分布图。

4. 平面薄飞边阻尼式终锻成形模具设计及其应用

根据以上的工艺分析和活塞尾的有限元模拟,活塞尾的模锻工艺为预锻成形、终锻成形、切飞边。预锻成形和终锻成形布置在一套锻模上,实现一次加热完成锻件的成形。该锻件的锻模结构示意图如图 6-23 所示。

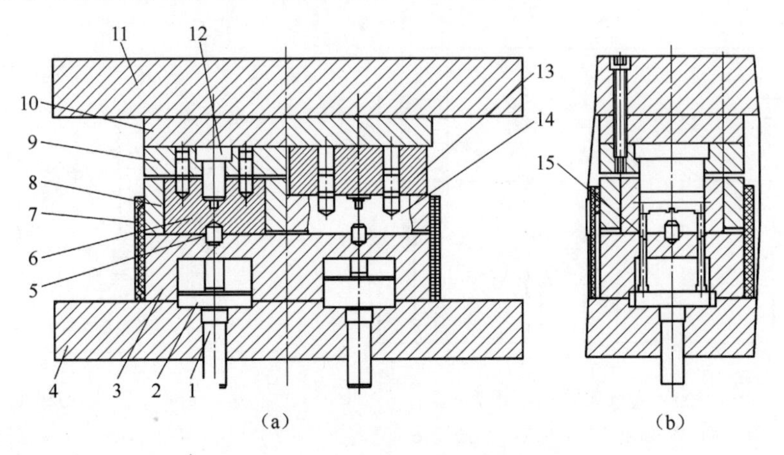

图 6-23 活塞尾锻模结构图

1—顶杆;2—顶杆垫板;3—凹模垫板;4—下模板;5—销顶;6—预锻凹模 7—加热圈;8—固定圈;9—固定板;10—垫板;11—上模板;12—预锻凸模;13—终锻凸模;14—终锻凹模;15—顶出器。

预锻模和终锻模分块设计,这样便于模具的装配调试和维修;为了使锻件顶出时受力均匀且不破坏锻件的型面,顶杆布置在模腔的两端,如图 6-23(b)所示。图 6-24 所示为使用该模具成形的预锻件和终锻件,锻件的表面精度和尺寸精度完全符合图纸设计要求,图 6-25 所示为切边后的锻件图。

图 6-24 预锻毛坯和终锻毛坯照片

图 6-25 切边后的锻件照片

5. 中高硅铝合金块状初晶细化机理研究

锻件的综合力学性能主要是由材料的性能和组织状态决定的,优质锻件通常具有组织致密、晶粒细小的特征。铝合金中的合金元素,如 Mn、Zn、Cu、Mg 等,主要作用是改善合金材料的性能和细化晶粒。但是对于中高硅铝合金,如 SC100-T6 材料中元素 Si 的含量在 9.5%~11.0%,超过了 α-Al 的固溶极限 1.65%,通常是 α-Al 和各种形态的初晶硅共存。铝合金 SC100-T6 铸造组织中通常存在大块或者针状的初晶硅,这会严重降低零件的综合力学性能。一般是希望通过各种工艺方法,获得到初晶硅细小、分布均匀的微观组织,得到性能优良的零件。由于锻造工艺通过大的变形量,打碎了铸造组织中大的晶粒,获得晶粒细小、均匀的组织是生产高质量零件常用的工艺方法。

对于活塞尾零件,采用闭式预锻和开式小飞边终锻成形,通过强大的三向压应力和大的变形程度,打碎大的初晶硅组织,获得组织均匀、细小的组织。图 6-26、图 6-27 分别为铝合金 SC100-T6 锻造前后显微组织的对比,可以看出锻造后的组织中初晶硅颗粒均匀地分布在铝合金基体中,原来大块初晶硅颗粒被打碎成细小的颗粒。该金相观测使用的腐蚀液为氢氟酸,浓度为 0.5%。

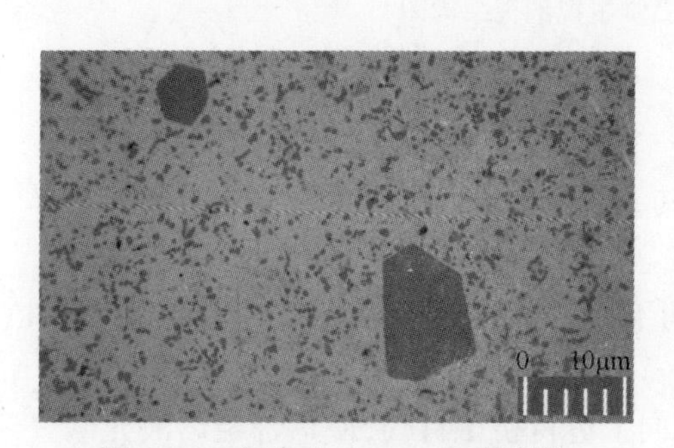

图 6-26　铝合金 SC100-T6 棒料的显微组织(×500,未腐蚀)

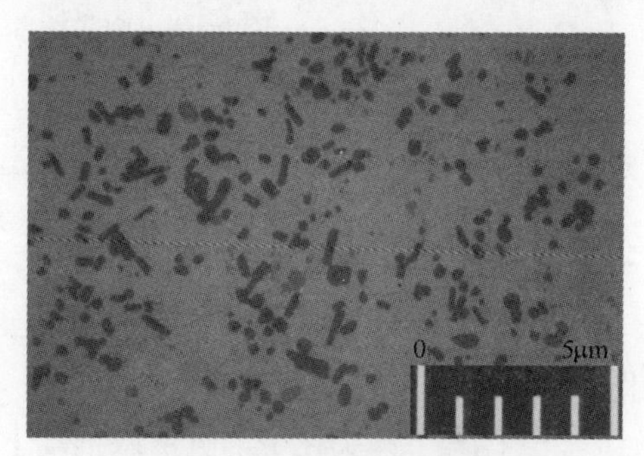

图 6-27　活塞尾终锻件的显微组织(×1000,未腐蚀)

6.4.3　斜盘挤压铸造与闭式精锻工艺

1. 斜盘在汽车空调压缩机中的工况条件及技术要求

汽车空调长期工作在振动、高温、灰尘、狭小的空间,压缩机在正常情况下转速为 4000~5000r/min,因此对于作为压缩机关键零件的斜盘就要求有高的强度和耐磨性,以适应长期高速运转和恶劣的工作条件,提高空调的可靠性和延长使用寿命,目前铝斜盘主要采用塑性成形。其技术要求如表 6-2 所列。

表 6-2　斜盘锻件技术要求

图纸技术指标	宏观质量	微观组织	抗拉强度 σ_b/MPa	布氏硬度
指标要求	无隔层、裂纹等缺陷	初晶硅<50μm 共晶硅点状或杆状	≥275	130~150

2. 挤压铸造成形工艺

图 6-28 所示为斜盘铸件二维主视剖视结构图,中心为 ϕ39mm×30mm 的圆柱体,圆柱体周转为 ϕ79mm 的斜盘,斜盘与轴线的交角为 68.5°。如上所述,斜盘的材料为高硅铝合金。其传统挤压铸造成形工艺有如下四种:

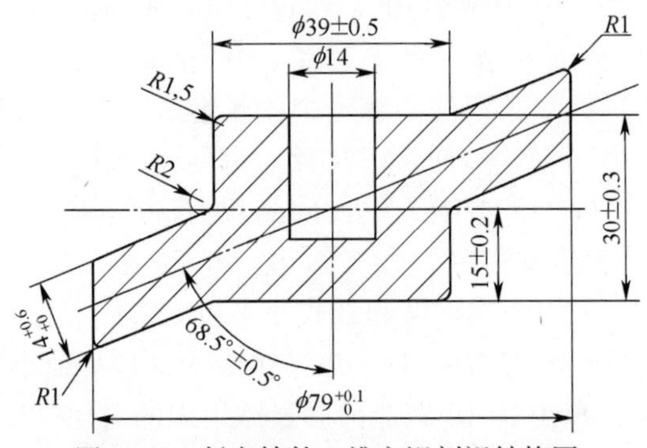

图 6-28 斜盘铸件二维主视剖视结构图

1) 单冲头挤压铸造

图 6-29 所示为斜盘单冲头挤压铸造工艺流程示意图,全过程分为 5 步。

第一步,铝合金熔液浇入静模型腔(其型腔由处于下限位置的下冲头顶部与静模孔壁构成),如图 6-29(a)所示;

第二步,动模在液压机滑块带动下向下行程与静模闭合形成封闭的型腔,如图 6-29(b)所示;

第三步,下冲头在下油缸活塞推动下向上进行挤压行程,使铝合金熔液充满整个封闭的凹模型腔,直到铝合金熔液在压力下凝固成形为斜盘铸件为止,如图 6-29(c)所示;

第四步,动模随油压机滑块向上行程回到初始位置,如图 6-29(d)所示;

第五步,下冲头在下油缸活塞向上作用下将铸件从静模型腔中顶出,如图 6-29(e)所示。

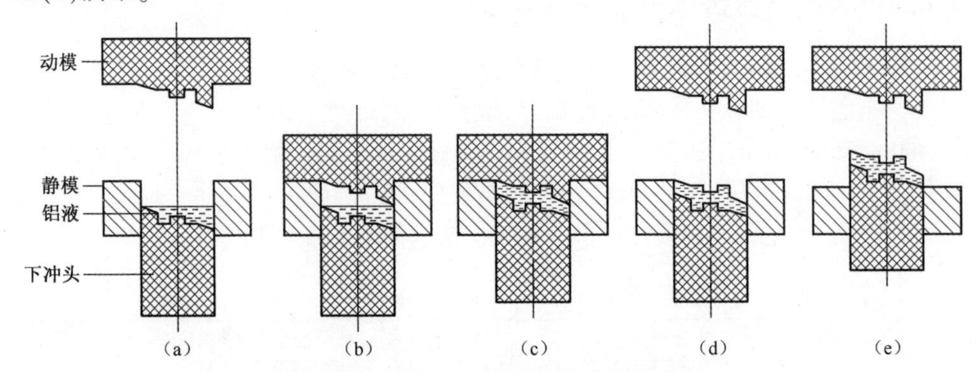

图 6-29 单冲头挤压铸造工艺流程示意图

(a)浇注;(b)合模;(c)下冲头挤压成形;(d)动模向上张开;(e)顶出铸件。

单冲头挤压铸件质量分析:采用单冲头挤压成形的铸件存在缩孔、冷隔等缺陷,如图6-30所示。经分析认为,斜盘边缘较薄部位即图6-30(a)中A处先凝固,使得冲头挤压力传递受阻,而中间厚大部位即图6-30(a)中B处后凝固得不到补缩,因此就形成了缩孔;另外,铝合金熔液直接浇入到模腔后,在模腔内停留的时间较长就会在模腔壁形成一层铝合金冷壳,而这层冷壳与后来凝固的铝合金不能熔合,便形成了冷隔(图6-30(b))。

这种方案所成形的零件缩孔、冷隔缺陷主要是由模具结构所造成的,不能通过调节挤压工艺参数来消除,必须对这种方案进行修改。

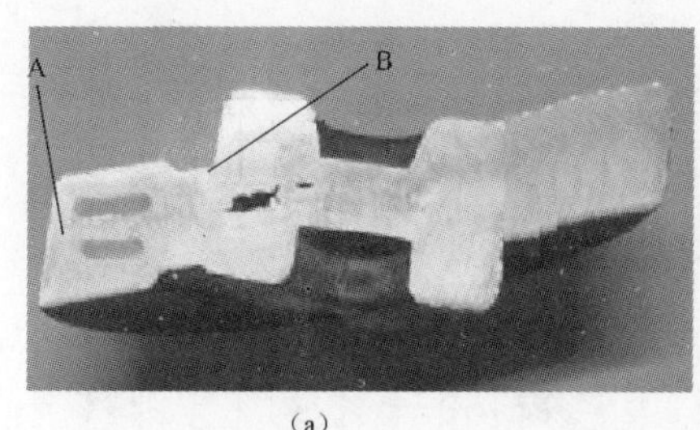

(a)

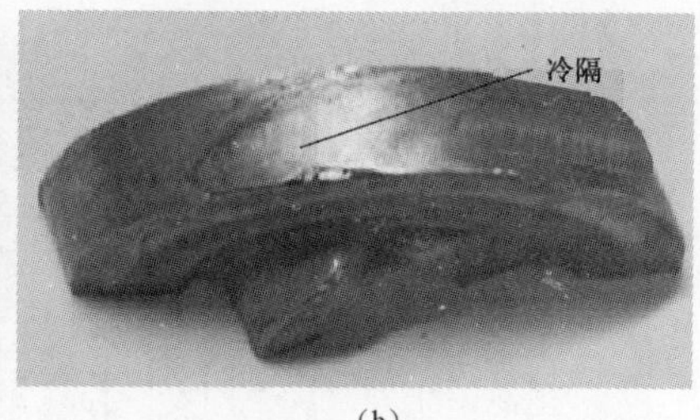

(b)

图6-30　单冲头挤压铸件的缺陷
(a)缩孔;(b)冷隔。

2) 双冲头挤压铸造

其工艺流程与图6-29所示工艺流程相同,在此不再重复。

双冲头挤压铸件质量分析:试验表明,小冲头的挤压深度,与中间厚大部位的缩孔有直接关系,如图6-31所示。当上冲头挤入的深度较浅时,中心出现较大缩孔;当挤压的深度为10mm时,剖面仍然有缩松存在;但当孔接近挤穿时,其剖面基本无缩孔缩松等缺陷产生。

(a)

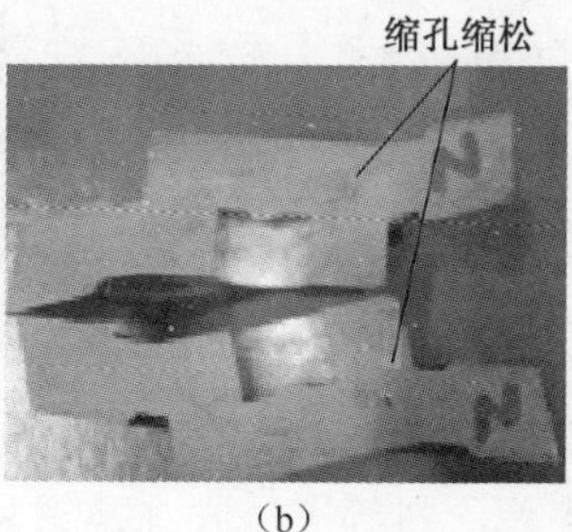

(b)

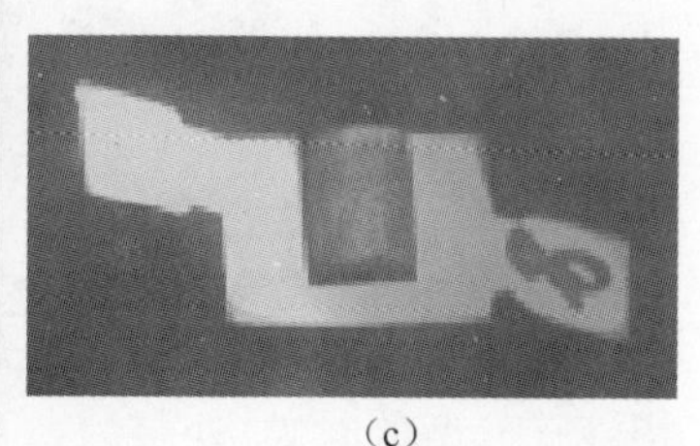
(c)

图6-31　小冲头挤压深度对缩孔的影响
(a)孔深8mm;(b)孔深15mm;(c)孔深20mm。

小冲头的挤压深度是由小冲头的开始挤压时间决定的。开始挤压时间越长,合金液凝固越多,冲头就越难挤下去,补缩作用就越弱。因此,要尽量把握好上冲头挤压时机。同时,小冲头要在适当的时间抽回来。如果抽芯过早,就会出现中心孔回缩现象，影响补缩效果；如果保压时间过长，上冲头就会与铸件粘在一起，造成脱模困难。本试验表明在铝液刚充满型腔时，上冲头开始挤压，保压 5~7s 后立即抽回，基本消除了铸件的缩孔缺陷，脱模也很容易。

3）间接挤压铸造

这种方案由上模、中模、下模三部分组成，并且在下模设计了一个储料室，仍然采用双冲头挤压，其工艺流程如图 6-32 所示。其挤压铸件如图 6-33 所示。

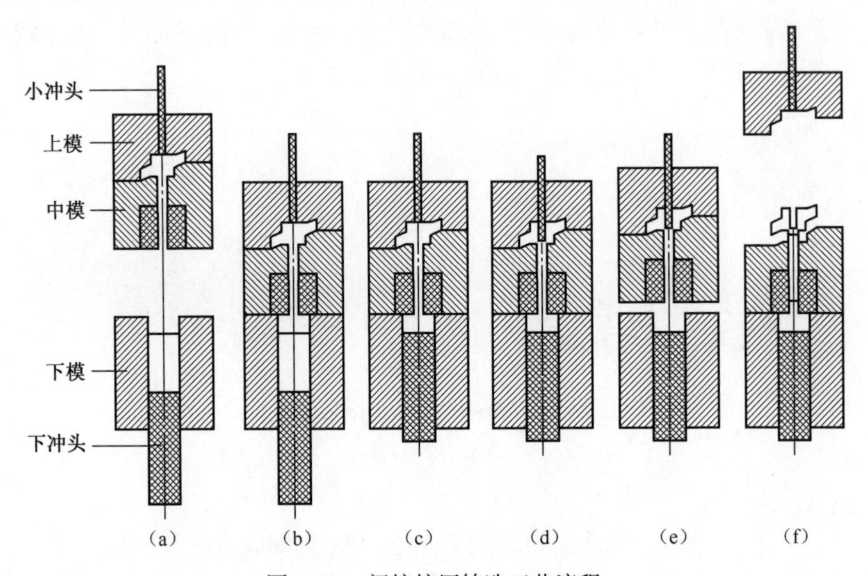

图 6-32　间接挤压铸造工艺流程

(a)浇注；(b)合模；(c)下冲头挤压充型；(d)上冲头挤压补缩；(e)拉断粒柄；(f)开模取出铸件。

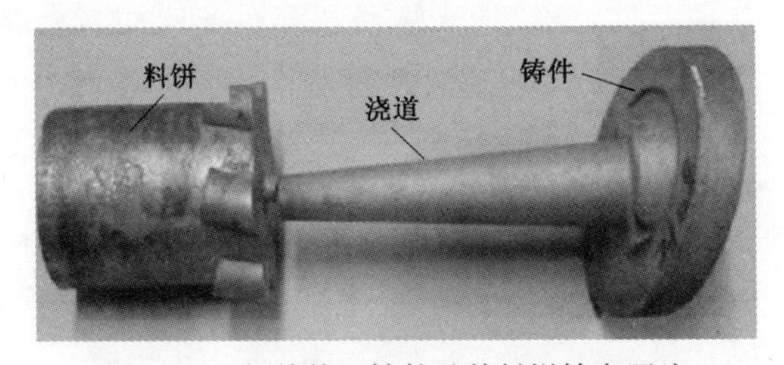

图 6-33　间接挤压铸件及其料饼铸态照片

在挤压铸造过程中，液态金属注入储料室后，即在其上面很快形成一层冷壳。铝液在充型的时候，外层的结壳及涂料等夹渣挡在浇道外，温度较高质量较好的铝液通过直浇道，在较短的时间内充满型腔，避免了因冷却不均匀而形成的冷隔。而剩下温度较低、含杂量较高的铝合金液在料缸中凝固形成料饼（图 6-33）。从图 6-33中可以看出，铸件的表面光洁无冷隔缺陷。成形铸件中附带的浇道比较长，料饼也很大，工艺出品率只有 30%~40%。

铸件经热处理后，表面起泡严重，断面存在气孔、起泡（图 6-34）等缺陷。这说明铝液在充型的过程中,卷入了大量的空气。分析原因,是由于浇道直径太小,铝液在浇道的中流速很快。当到达型腔时,流速突然减缓,呈现紊流充型特征,造成铸件中分布着很多弥散的气。这些气孔在热处理时急剧膨胀,造成铸件表面严重起泡。

当把浇道直径改大后,虽然卷气有所减弱,但铸件仍然存在明显的起泡、气孔等缺陷,不符合使用要求。另外,如果浇道改得太大,铸件上料饼末端的直径就会变粗,开模的时候料饼就可能拉不断。

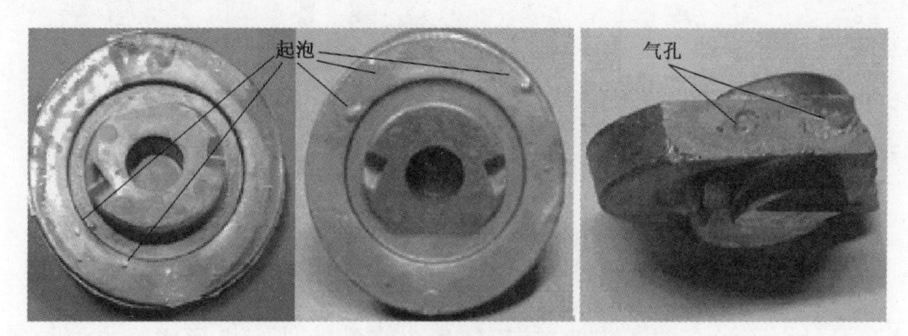

图 6-34　热处理后的间接挤压铸件照片

这套模具由于设计了一个较长的浇道,虽然能起到很好的挡渣效果,但模具的结构相对就比较复杂。从图 6-32 的模具工作过程来看,其操作过程比较烦琐,这直接影响生产率。另外,狭长的直浇道也不利于压力传递,压力损失很大。

4) 带储料室的双冲头挤压铸造

图 6-35 示出带储料室的双冲头间接挤压铸造模具结构及其工作过程。与间接挤压铸造方案相比,其省掉了狭长的直浇道。料室的外面设有一层保温套,这样铝液浇注在里面时将会得到一定的保温效果,减小了壳层的形成厚度。铝液在下

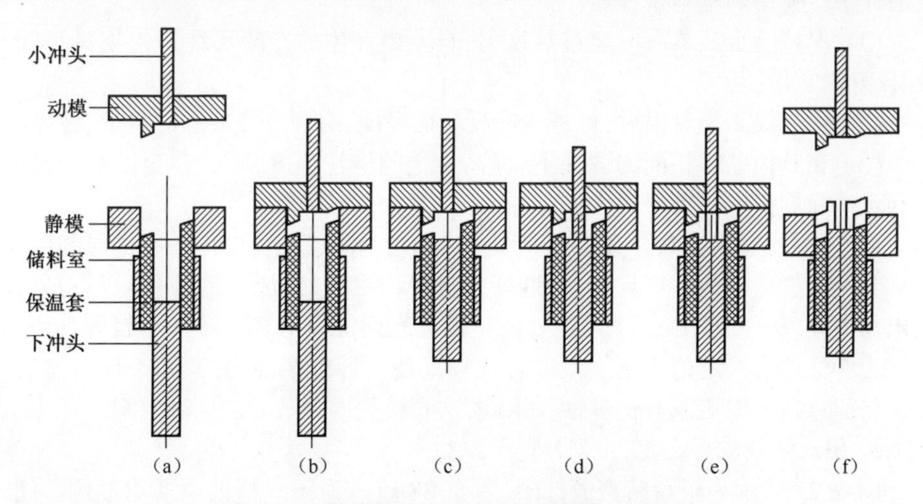

图 6-35　带储料室的双冲头挤压铸造工艺流程

(a)浇注;(b)合模;(c)下冲头挤压充型;(d)上冲头挤压补缩;(e)拉断粒柄;(f)开模取出铸件。

冲头的推动下，其充型的过程非常平稳，卷气的可能性大大减小。同时，温度均匀的铝液能在较短的时间内充满型腔，避免了低温模壁对其不均匀的激冷作用，提高整体冷却的均匀性，成形的零件表面无冷隔，内部无缩孔缩松（图 6-36）。

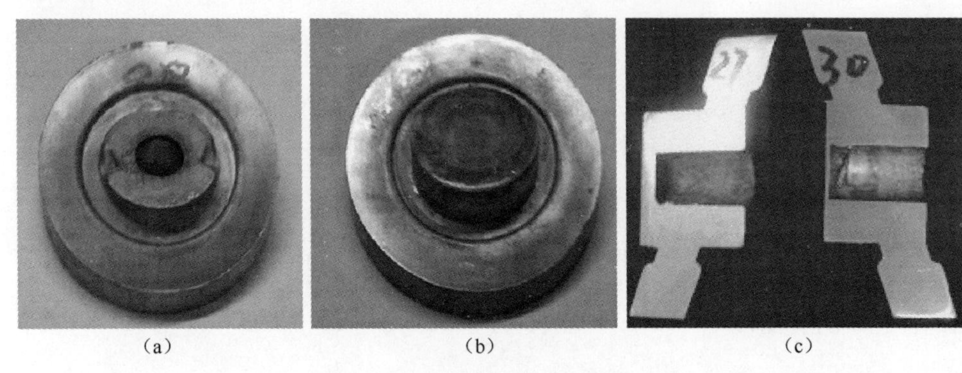

（a）　（b）　（c）

图 6-36　斜盘铸件及其剖面照片

（a）正面；（b）反面；（c）剖面。

这套模具由于没有挡渣装置，挤压铸造出来的铸件容易形成冷夹层缺陷。料室内壁的温度通常只有 200～300℃，当 800℃左右的合金液注入料室后，因料室的快速导热，在料室内表面形成一层极薄的激冷层，通常为 0.2～0.6mm。随着冲头顶出，该层部分或全部同合金液一道进入制件中，形成“冷夹层”。这种冷夹层不同于一般铸件中的冷隔、夹杂，它是一层晶粒极为细小的激冷组织。这种由激冷层导致的冷夹层在制件中将以独立的形式存在，像裂纹一样将制件基体组织割裂开，破坏了基体的连续性。合金液在凝固时，受冷夹层温度、表面高熔点氧化物等因素的影响，而不能相互形成晶粒间的结合，使得该处的结合强度接近于零。消除挤压铸造件中冷夹层的基本条件是：

（1）保持合金液具有一定过热度，将料室内产生的冷凝层在挤入模具型腔时使其破碎、重熔。

（2）适当提高模具温度，可减少冷凝层的厚度，有利于冷凝层的重熔、破碎。

（3）在其他条件相同的情况下，提高合金的浇注温度，延长合金的液态时间，有利于消除制件中冷夹层的生成。

（4）此外，适当提高合金液的充型速度均可消除或减少制件中冷夹层的形成。

与间接挤压模铸造模具相比，这套模具操作更方便，成形的铸件质量更好，工艺出品率高（大于 90%）。不足之处就是铝液充型过程中容易带入涂料等夹渣，对铸件力学性能有一定的影响。但综合比较其他三种方案，此方案即带储料室的双冲头挤压铸造方案更具有优越性。因此，这套模具成为最后的优选方案。

3. 闭式精锻成形工艺

图 6-37 所示为斜盘精密锻件图，图 6-38 所示为闭式精锻成形示意图。闭式精锻的毛坯为一阶梯棒料，它是将 ϕ65mm×53.6mm 的圆柱坯料挤出 38mm×15mm 的杆部而成的，相应的头部为 ϕ65mm×48.5mm，杆部用于在凹模 2 中定位。不难

看出，其闭式精锻成形过程开始时是镦粗和 ϕ39mm 局部反挤凸台，当反挤阶段完成后则转变为完全镦粗，当镦粗的鼓形与凹模 2(图 6-38)的模膛侧壁接触后，随着凸模 1 继续下行，其镦粗转变为斜盘的径向挤压直到成形结束为止。

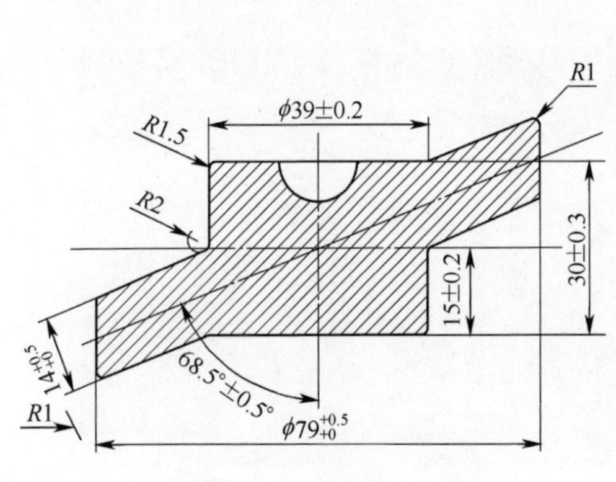

图 6-37　斜盘精密锻件图

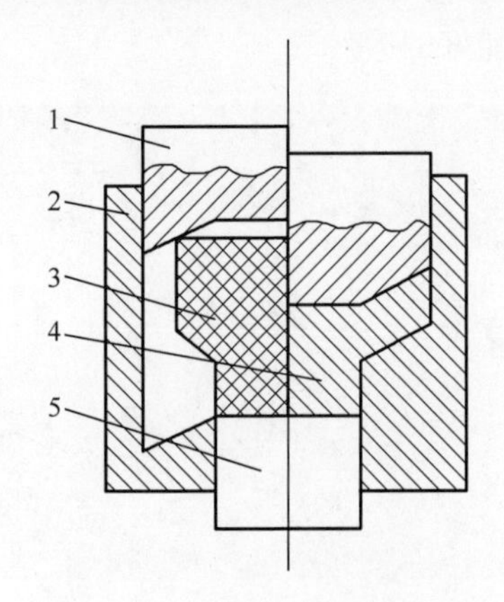

图 6-38　斜盘闭式精锻示意图

1—凸模；2—凹模；3—毛坯；4—锻件；5—顶杆。

将毛坯设计成带有 68.5°锥体的棒料，主要是为了减小被镦粗部分的高径比，使其在镦粗时尽快使鼓形部分与凹模模膛的侧壁接触，使变形金属内部产生强烈的三向压应力，可显著提高硅铝合金的塑性成形性能，避免内部裂纹的产生，达到提高锻件力学性能的效果。

4. 挤压铸件与精密锻件的金相组织与力学性能比较及应用选择

(1) 力学性能比较。以 A390 硅铝合金为材料，分别采用如上所述的带储料室的双冲挤压铸件工艺和闭式精锻工艺对斜盘进行试验。其中，挤压铸造的工艺参数为：A390 合金在 830℃时加入 1.0%(wt)的 P-10Cu 进行变质。为防止变质衰退的影响，控制在 3h 内浇完。采用带储料室的双冲头挤压铸造工艺，挤压工艺参数为：比压为 120MPa，浇注温度为 820~835℃，铸型预热温度为 150±10℃。铸件采用 T6 处理，其工艺参数为 490℃×8h+180℃×8h。闭式精锻时，将毛坯加热到约 480℃，模具预热到 200℃以上，采用挤压铸造相同的润滑剂(即脱模膏)进行润滑，采用油压机为模锻设备，所得精密锻件比挤压铸件的外观更好。

从图 6-39 示出的锻件和挤压件的金相组织中可以看出锻件和挤压件初晶硅尺寸在 30μm 以下，分布均匀，共晶硅细小弥散。表 6-3 列出的两种成形件力学性能表明，挤压铸件的抗拉强度接近精密锻件的强度值，但布氏硬度值比精密锻件高得多。经小批量生产验证，液态挤压成形的斜盘无隔层、裂纹缩孔等缺陷，符合锻件的图纸技术要求。

(2) 两种成形工艺的应用选择。汽车空调压缩是多种规格的系列产品，相应地其斜盘也是轮廓尺寸大小不同的系列产品。经分析不难判断，挤压铸造工艺比较适合于轮廓尺寸小的(即小规格的)斜盘生产，因轮廓尺寸小挤压铸造的压力传递衰减小,容易得到无内部缺陷、金相组织好,力学性能好的挤压铸件;闭式精锻适合于所有规格的斜盘,而用于生产轮廓尺寸大的斜盘其优点更明显。因为闭式精锻可通过大的变形程度来提高其塑性成形性能,得到初晶硅晶粒细化分布均匀力学性能好的锻件。

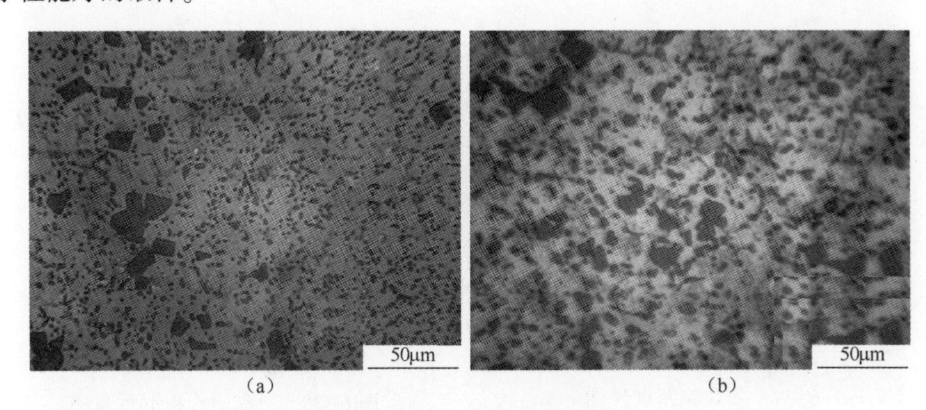

图 6-39 锻件和挤压件金相组织
(a)精密锻件;(b)挤压铸件。

表 6-3 两种成形工艺件力学性能

成形工艺	布氏硬度	抗拉强度 σ_b/MPa
重力金属型,T6	142	310
精密锻件,T6	140	342
挤压铸件,T6	146	334

5. 铸锻联合成形工艺方案

由上述可知带储料室的双冲头挤压铸造工艺是所有 4 种挤压铸造工艺中最佳的一种,但由图 6-35 不难看出,这种工艺的流程长,工艺适用范围较窄,而闭式精锻的工艺适用范宽,但随着变形程度的增大,在高硅铝液件内部出现裂纹等缺陷的风险也会增大。

作者提出一种铸锻联合成形的工艺方法,该方案的优点是对挤压铸造工艺的比压的选择可以适当降低,这样可使挤压铸造预成形件的成品率大为提高而使生产故障大为降低;对于闭式精锻可使挤压铸件的致密度和力学性能提高到接近图 6-39 所示闭式精密锻件的水平,同时因变形量减小而可避免锻件内部产生裂纹的危险。

参 考 文 献

[1] 齐丕骧. 我国挤压铸造机的现状与发展[J]. 特种铸造及有色金属, 2010, 30(4):305-

308.
[2] 涂卫军, 王刚. 铝合金汽车转向节挤压铸造工艺研究[J]. 铸造, 2015, 64(8):740-743.
[3] 张琦,曹苗,赵升吨,等. 汽车轮毂铸锻一体化制造工艺[J]. 塑性工程学报,2014(2):1-6.
[4] Muyali S,Yong M, Liquid forging of thin Al-Si sturctures[J]. Journal of Material Processing Technology, 2010, 210(10): 1276-1281.
[5] Zhang M, Zhang W, Zhao H D. Effect of pressure on microstructures and mechanical properties of Al-Cu-based alloy prepared by squeeze casting[J]. Transactions of Nanferrous Menferrous Metals Society of China, 2007, 17(3): 496-501.
[6] Kim M, Lim T S, Yoon K. Development of cast-forged knuckle using high strength aluminum alloy[R]. SAE, 2011.
[7] 程俊伟, 夏巨谌, 胡国安. 活塞尾锻造工艺分析及模拟[J]. 锻压技术,2006, 31(4):1-4.
[8] 戴护民, 程俊伟, 夏巨谌. 活塞尾锻造工艺实验研究[J]. 模具工艺, 2006, 32(7): 60-64.
[9] 兰国栋. 高硅铝合金零件挤压铸造技术的研究[D]. 武汉: 华中科技大学, 2007.
[10] 兰国栋, 万里, 罗吉荣. 液态加压成形高硅铝合金 A390 的组织与力学性能[D]//第八届全国 21 省(市、自治区)4 市铸造学术会议论文集,宜昌,2013.

第7章　大型筋板类铝合金锻件精锻成形工艺及模具设计

7.1　概　　述

随着我国交通运输业向现代化、高速化方向发展,交通运输工具的轻量化要求日趋强烈,以铝、镁、钛代钢的呼声越来越大,特别是轻量化程度要求高的飞机、航天飞行器、铁道车辆、高速列车、货运车、汽车、舰艇、船舶、火炮、坦克以及机械设备等重要受力部件和结构件。近几年来,大量使用有色金属及合金锻件替代原来的钢结构件,如飞机结构件几乎全部采用铝合金锻件,汽车(特别是重型汽车和大中型客车)轮毂、保险杠、底座大梁,坦克的负重轮,炮台机架,直升机的动环和不动环,火车的汽缸和活塞裙,木工机械机身,纺织机械的机座、轨道和绞盘线等都已应用铝合金锻件来制造,其中,从精密锻造工艺的角度考虑,以筋板类构件最具代表性。而且,这些趋势正在大幅度增长,甚至某些铝合金铸件也开始采用铝合金锻件来代替。

近几年来,由于铝材成本下降、性能提高、品种规格扩大,其应用领域也越来越大。主要锻造铝合金的特性及用途如表7-1所列。

表7-1　锻造铝合金的特性及用途

类别	合金	强度	耐蚀性	切屑性	焊接性	特　　点	主要用途
高强度铝合金	2024-T6、2014-T6、2424-T6	B	C	A	D	锻造性、塑性好,耐蚀性差是典型的硬铝合金	飞机部件、铁道车辆、汽车部件、机械结构件
	7075-T6、7175-T6、7475-T6	A	C	A	D	超硬锻造铝合金,耐蚀性、抗应力腐蚀裂纹性差	飞机部件、宇航材料、结构部件
	7075-T73、7475-T75、7175-T736	B	B	A	D	通过适当的时效处理改善了抗应力腐蚀裂纹性能,强度低于T6	飞机、船舶、汽车部件、结构件
		A	B	A	D	其强度、韧性、抗应力腐蚀裂纹性能均优于7075-T6	飞机、船舶、汽车部件、结构件

(续)

类别	合金	强度	耐蚀性	切屑性	焊接性	特点	主要用途
高强度铝合金	7075-T73、7150-T73、7055-T73	A	B	A	D	高强、高韧、高抗应力腐蚀裂纹的系列新合金，综合性能优于7075、7475-T73	用于高受力部件，特别是大型飞机关键部件及航空航天材料和重要结构材料
	7155-T79、7068-T77	A	B	A	B		
耐热铝合金	2219-T6	C	B	A	A	高温下保持优秀的强度及耐蠕变性，焊接性能良好	飞机、火箭部件及车辆材料
	2618-T6	B	C	A	A	高温强度高	活塞、增压机风扇、橡胶模具、一般耐热部件
耐热铝合金	4032-T6	C	C	C	B	中温下强度高，热膨胀系数小，耐磨性能好	活塞和耐磨部件
耐蚀铝合金	1100-0、1200-0	D	A	C	A	强度低，耐腐蚀，热、冷加工性能好，切削性不良	电子通信零件，电子计算机用记忆磁鼓
	5083-0、5056-0	C	A	C	A	耐腐蚀性强、焊接性及低温力学性能好，典型的舰船合金	液化天然气管道法兰盘和石化机械，舰船部件和海水淡化结构件
	6061-T6、6082-T6、6070-T6、6013-T6	C	A	B	A	强度中等、腐蚀、抗疲劳，综合性能好	航空航天、大型汽车车辆和铁道车辆材料及转动体部件
	6351-T6、6005A-T6	C	A	A	A	耐腐蚀性优良，强度略高于6061铝合金	增压机风扇、高速列车车厢材料及运输机械部件等
注：A—优；B—良；C——一般；D—差							

随着国防工业的现代化和民用工业特别是现代交通运输业的发展，有色合金模锻件的品种和产量不仅不能满足国内的市场需求，国际市场也有很大的缺口。

7.2 大型筋板类锻件结构特点与精锻成形过程及规律

7.2.1 结构特点及传统成形加工方法存在的问题

腹板加筋即筋板结构广泛应用于航空航天领域的结构件中，其长、宽方向尺寸大,高度尺寸小,具有大的水平投影面积、薄的腹板和纵横交错的筋条,能在保证构件强度的同时,节省材料和大幅降低飞行器重量。飞行器上的整体框、大梁、壁板、上缘条、下缘条及接头等支撑或连接构件大都采用这种结构,如图 7-1 所示,其中图 7-1(a)为舱门,图 7-1(b)为 F22 机身隔框,其投影面积达 5.53m^2。

(a)

(b)

图 7-1 典型筋板构件

(a)舱门;(b)隔框。

薄腹高筋的结构特点对构件成形时的金属流动提出了很高的要求。相对于固态金属,液态金属具有很好的流动性,能够完全充填局部尺寸较小的复杂筋板构件,但是铝合金采用铸造成形时,铸态晶粒尺寸比较大、组织不致密,产品力学性能较差,强度仅能达到 350MPa。为了降低整体固态成形时金属流动性不足的缺点,可以采用分体制造后再通过铆接或焊接的方式制造筋板构件,但连接部位强度低,带筋部位流线不完整,极大地削弱了承载能力和防护能力,而且焊接时受热影响变形量大,后续难以校正,不能满足精度要求。对于性能要求较高的筋板构件,通常采用锻造或轧制方法预成形出形状简单的毛坯,然后通过数控加工或化学铣加工的方法将筋条逐个加工,该方法材料利用率非常低、加工成本高、环境污染严重,更重要的是加强筋部位的金属流线被切断,使构件的抗拉强度和抗弯曲疲劳强度大大降低,影响构件长期服役的效果。

随着服役环境对飞行器构件强度、刚度、安全性和寿命等要求的不断提高,现代筋板构件的材料向轻质高强度方向发展,而制造则向大型整体模锻和精密模锻的方向发展。相对于铸造、焊接以及机械加工方法,模锻具有压实材料、焊合缺陷、保持流线连续、提高性能的显著优势。但由于筋板构件的变形抗力大,且铝合金、钛合金等航空材料在封闭型腔中流动时的摩擦阻力较大,导致大型筋板构件模锻成形时需要的设备吨位非常大。因此,为了提高金属流动性能,研究人员从改善工艺条件和分流降压两个方面考虑,采用等温精锻和局部加载模锻成形方式加工筋板构件。对于具有曲面腹板且无法分模的筋板构件,一般采用先成形出平面腹板再时效成形曲面的方式,或者先锻造再多轴数控加工的方式制造;具有圆周曲面腹板的筋板构件通常采用旋压成形或分瓣凹模挤压成形。研究人员对 Z 形、T 形、H 形、“王”字形等不同截面形状构件等温或热模锻成形进行了数值模拟和物理模拟研究,并对等温局部加载成形的模具应力进行了分析。

虽然这些先进的成形技术能够加工出筋板锻件,但是它们不是对辅助工艺装备要求较高,就是只能成形特定形状。所以,要获得具有整体均匀性能的大型筋板构件,必须具有大吨位的模锻设备。世界上的大型模锻压机主要建造在工业发达国家,如俄罗斯建有两台 7.5 万 t 模锻水压机、法国建有一台 6.5 万 t 多向模锻水压机、美国建有两台 4.5 万 t 模锻水压机等。这些设备主要用于航空航天、核能等重要领域的关键构件生产。近几年,在国家重大专项支持下,国内第二重型机械集团公司正建造世界上吨位最大的 8 万 t 多向模锻水压机,其垂直模锻力 800MN,水平模锻力 100MN(两个水平缸)量级,垂直穿孔力 100MN 量级;工作台面 4m×8m 量级;闭合高度(最大装模空间高度)4.5m 量级;活动横梁行程 2m 量级;分级压力与速度比分为三个量级:800MN、30mm/s,600MN、40mm/s,400MN、60mm/s 量级(可无级调压);压力机设有上、下顶出装置;控制与操作系统对压力、速度、时间及压下位置等参数进行在线精确监控与操作。这为国内制造大型整体模锻筋板构件提供了必要的硬件基础。同时,也提出了开展筋板构件模锻成形规律和结构优化设计研究的需求。

7.2.2 筋板结构精锻成形过程及规律

1. 筋板结构单元设计

针对筋板锻件水平投影尺寸大、高度尺寸小,且在投影面上具有垂直交错分布加强筋的结构特点,设计了开式断面结构单元和闭式断面结构单元(图 7-2)。开式断面结构具有两条等高且垂直交叉的筋条,四周与其他相似结构相连接,能够表征大型筋板构件中间部分的结构特点。闭式断面结构除了在中间位置具有垂直交叉筋条外,在四周也有一圈等高的筋条,可以反映筋板构件外围结构的特点。

(a)　　　　　　　　　　(b)

图 7-2　典型筋板结构单元

(a)开式;(b)闭式。

结构单元的主要结构变量有长度 L、宽度 W、筋高 h、筋宽 b、筋板过渡圆角半径 r、腹板厚度 S 和模锻斜度 α,如图 7-3 所示。为了研究结构参数对样件成形性能的影响规律,设计了系列试验样件,变化的结构参数如表 7-2 和表 7-3 所列。

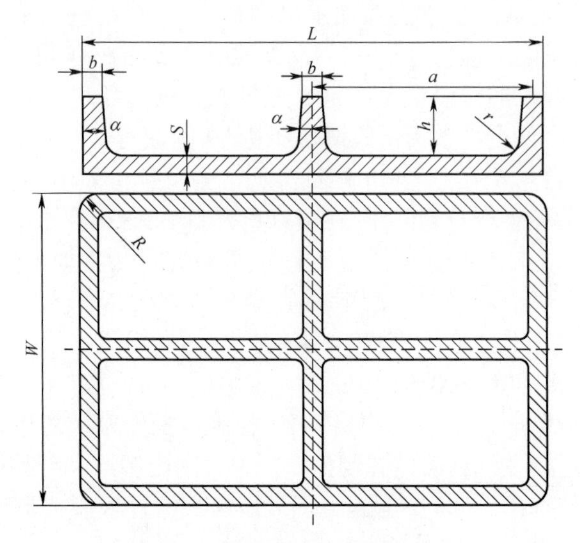

图 7-3 闭式筋板单元结构参数

表 7-2 闭式筋板构件系列试验

$L=120\text{mm}$, $W=80\text{mm}$, $h=14\text{mm}$, $R=4\text{mm}$, $\alpha=2°$

结构变量	腹板厚度 S/mm					筋宽 b/mm					过渡圆角 r/mm				
编号	1	2	3	4	5	6	7	4	8	9	10	11	12	13	4
S/mm	3	4	5	6	7	6	6	6	6	6	6	6	6	6	6
b/mm	3	3	3	3	3	2	2.5	3	3.5	4	3	3	3	3	3
r/mm	6	6	6	6	6	6	6	6	6	6	2	3	4	5	6

表 7-3 开式筋板构件系列试验

$L=120\text{mm}$, $W=80\text{mm}$, $h=14\text{mm}$, $R=4\text{mm}$, $\alpha=0°$

结构变量	腹板厚度 S/mm						筋宽 b/mm			过渡圆角 r/mm				
编号	1	2	3	4	5	6	7	6	8	9	6	10	11	12
S/mm	1	2	3	4	5	6	6	6	6	6	6	6	6	6
b/mm	3	3	3	3	3	3	2	3	4	3	3	3	3	3
r/mm	2	2	2	2	2	2	2	2	2	1	2	3	4	5

由于结构单元在整体构件变形过程中处于闭式模锻状态,因此流动规律研究采用一次闭式模锻成形,确定的工艺方案为:板状坯料加热(坯料预热至 450℃,模具预热至 250℃)→闭式模锻成形,材料为 2397 铝合金和 6061 铝合金。不同牌号的铝合金对充填效果和载荷规律等几乎没有影响,因此,采用 2397 铝合金分析筋板构件微观组织状态,采用 6061 铝合金用来研究工艺条件及结构参数对成形效果

和载荷的影响规律。

2. 筋板单元构件精锻成形过程有限元数值模拟

1）有限元模型的建立

刚塑性有限元数值求解模型能够准确地计算出材料变形过程中的速度场、温度场、应变场和应力场等物理量场的分布，预测成形载荷，相比于等比例试验或相似物理试验，能够节省研究时间和成本。因此，在开展物理试验前，首先进行了闭式结构样件和开式结构样件精锻成形过程的数值模拟。

采用刚塑性有限元模拟软件 DEFORM－3D 模拟筋板构件成形过程，有限元模拟模型如图 7－4 所示，坯料温度 450℃，模具温度 250℃，坯料与工具的剪切摩擦系数 0.4，传热系数 11W/(mm·℃)；主动模压制速度为 20mm/s，主动模行程根据坯料和构件腹板厚度确定；坯料采用与样件等投影面的板料，体积由体积相等原则计算确定，模拟时启动体积补偿；由于样件具有对称结构，取 1/4 进行模拟；模拟时应力、应变等物理量场前后继承；为了存储由于尺寸精度造成的坯料体积偏差，在凸模上设置一圈纵向飞边槽；微观组织演化研究时材料采用 2397 铝合金，成形规律研究采用 6061 铝合金，其双曲正弦型本构方程为 $\dot{\varepsilon} = 4.73 \times 10^{24} [\sinh(0.03618\sigma)]^{5.1}\exp\left(\dfrac{-369609}{8.3145T}\right)$。开式筋板样件表征的是筋板件内部的特征单元，因此，开式筋板样件的有限元模型中，坯料与挤压筒的摩擦因子为 0。

图 7－4　有限元模拟模型

2）金属流动规律分析

（1）闭式结构样件模锻时的金属流动分析。以编号 9 的闭式筋板样件为例说明其模锻流动规律，其成形过程中的凸模行程为 4.2mm。变形和速度场分布能够综合反映金属塑性变形过程中的流动规律，行程分别为 1mm、3mm 和 4.2mm 时的变形和速度场分布如图 7－5 所示。可以看出：变形初期，由于凹模中间交叉筋槽对金属产生的变形抗力低于四周筋槽对金属产生的变形抗力，因而中间筋条充填速度较快；当中间交叉筋槽充满后，金属流向四周筋槽，周边筋条逐渐成形；在金属充填终了阶段，中间筋条和周边筋条基本成形，腹板部位的金属在较大压力作用下流向矩形转角处的筋槽使其最终充满。

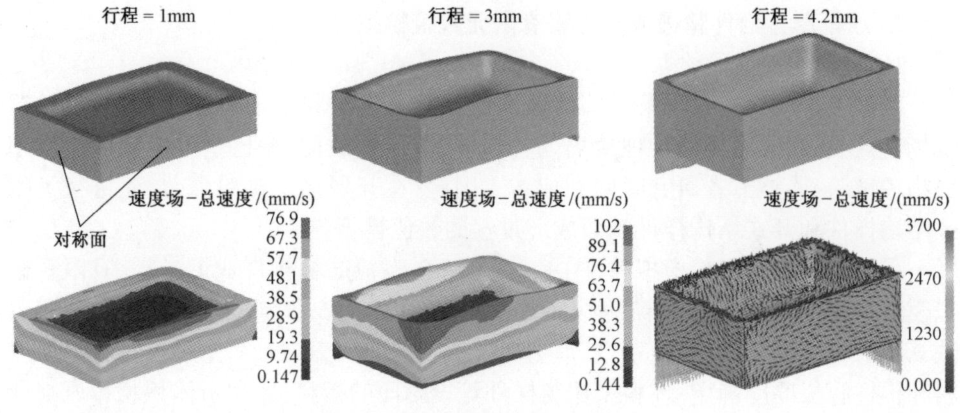

图 7-5　闭式筋板样件金属流动

成形载荷曲线可以分为三个阶段(图 7-6)：

第一阶段为中间筋槽充填阶段(行程 0~3.5mm)，载荷平缓增加；

第二阶段为周边筋槽充填阶段(行程 3.5~4mm)，载荷增速有所增大；

第三阶段为矩形转角处筋槽充填及形成飞边阶段(行程 4~4.2mm)，载荷快速升高。最后形成纵向飞边时，虽然压下位移非常小，但成形载荷急剧增大。

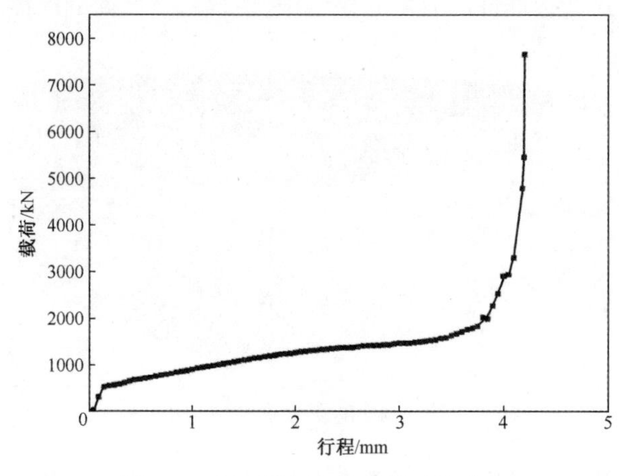

图 7-6　闭式筋板构件成形载荷曲线

(2) 开式结构样件模锻时的金属流动分析。以编号 6 的开式筋板样件为例说明其模锻流动规律，其成形过程中的凸模行程为 0.9mm。不同行程时的筋条成形情况和速度场分布如图 7-7 所示。压下量较小时，筋条的交叉部位和筋条端部流动速度较快，长边筋条的流动速度大于短边筋条的流动速度，并且在中间交叉位置和筋条两端之间形成一个凹陷，这种结构形状称为“鞍马”形。这与闭式筋板样件中间部位的充填规律一致。开式筋板样件成形的载荷曲线变化规律与闭式样件相近，如图 7-8 所示，同样可以分为三个阶段：

第一阶段为筋槽充填阶段,载荷平稳几乎保持不变;

第二阶段为中间交叉筋槽充填阶段,此时筋条的两端已经成形,金属主要填充中间交叉筋槽,成形载荷逐渐升高;

第三阶段为凹陷充填即最终成形阶段,成形载荷急剧上升。其不同之处在于,前者是4个角最后充满,后者是筋条的中间最后充满。

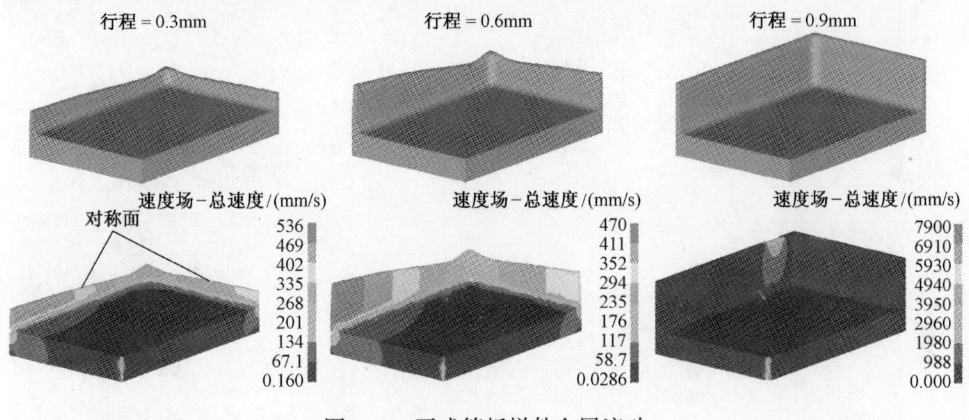

图 7-7　开式筋板样件金属流动

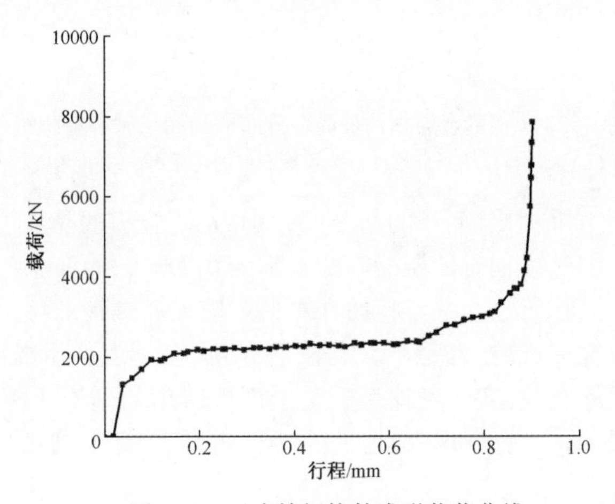

图 7-8　开式筋板构件成形载荷曲线

3）微观组织分布规律

以编号为4的闭式筋板样件为例说明微观组织分布规律,2397铝合金坯料的初始晶粒大小为20.9μm。图7-9展示了压制行程为3mm时沿长边30mm处的垂直截面上的晶粒分布的预测结果和金相照片。可以看出,筋条部位由于发生了剧烈的应变,组织已经发生完全再结晶,晶粒得到细化,平均晶粒大小约15.5μm;腹板部位由于受摩擦作用的影响,变形较小,应变速率较低,仅发生部分动态再结晶,平均晶粒大小16.5μm。从金相图片可以看出,锻件具有明显的流线组织,筋条部位的流线与筋高方向一致,腹板部位的流线向横向延伸;筋条和腹板部位的组织都发生了动态再结晶，筋条的再结晶程度高于腹板再结晶程度；筋条的平均晶粒大小约 13.5μm，腹板部位的平均晶粒大小约 17.5μm。

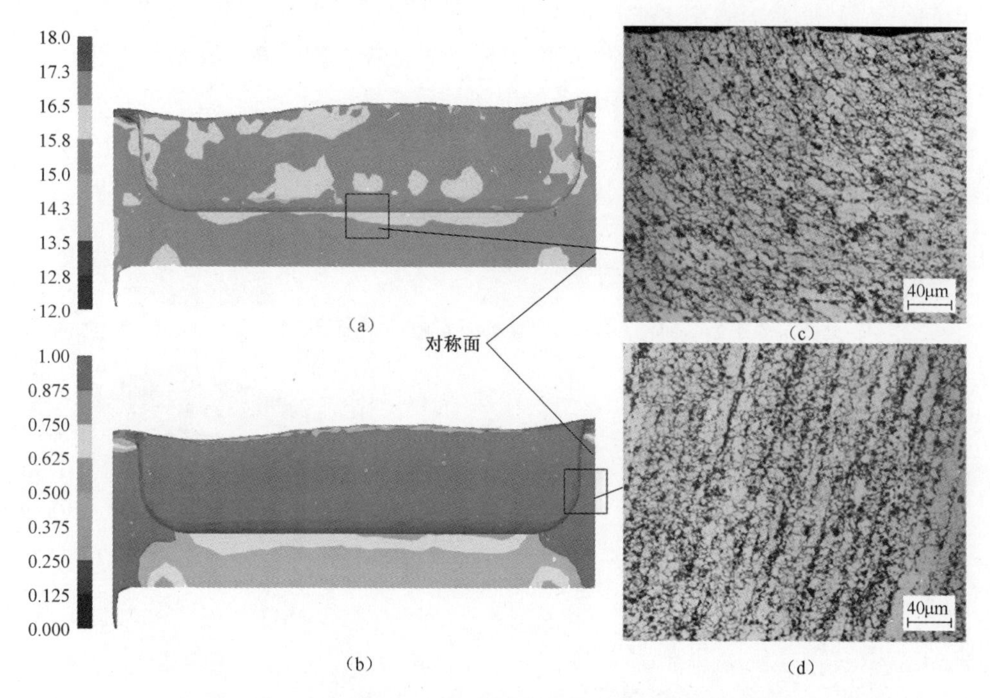

图 7-9　2397 铝合金筋板构件晶粒分布的预测结果和金相组织

(a)为平均晶粒大小；(b)为动态再结晶分数；(c)为腹板部位的金相组织；(d)为筋条部位的金相组织。

与晶粒的预测结果相比，筋条的晶粒尺寸小 2μm，腹板的晶粒尺寸大 1μm。这是由于建立动态再结晶方程时的压缩应变范围为 0~0.69，而筋条的平均应变达到 1.5，造成依据基本试验所建立的方程的计算偏差较大。腹板部位的偏差则是由试验中复杂的摩擦状况造成的，摩擦系数与润滑介质、模具表面粗糙度、模具和工件之间相互作用等因素有关，实际摩擦系数大于模拟所用的理论摩擦系数 0.4，造成腹板部位形成金属死区或小变形区，使得动态再结晶程度较小，平均晶粒尺寸偏大。

从模拟结果和试验结果对比可以看出，2397 铝合金微观组织预测模型能够较准确地预测出闭式筋板构件的晶粒分布状态，进一步验证了所建模型的准确性。另外，筋板构件成形时，筋条部位的金属变形剧烈，容易发生动态再结晶，并能获得细小的晶粒组织。

4）工艺及结构参数对成形的影响

由于开式结构样件和闭式结构样件的流动规律及成形载荷变化趋势较一致，因此采用闭式结构样件研究工艺及结构参数对成形的影响。通过改变 4 号闭式筋板样件有限元建模时的变形速度、坯料温度和模具温度，研究各因素对金属流动和成形载荷的影响。样件成形总的压制行程为 3.5mm，选取 1/4 闭式筋板样件的 4

条纵向棱的顶点跟踪观察不同压制行程时的筋高(图 7-10),点 a 为筋条交叉位置的顶点,点 b 为外围长边筋条中间位置的顶点,点 c 为外围宽边筋条中间位置的顶点,点 d 为外围筋条相交转角位置的顶点。

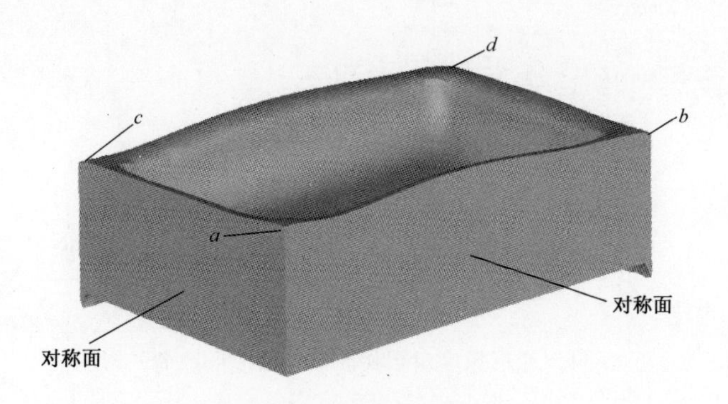

图 7-10　追踪点示意图

(1) 变形速度。变形速度分别选取 1mm/s、20mm/s、40mm/s、60mm/s 和 100mm/s,不同压制速度下的行程为 1mm、2mm 和 3mm 时成形的筋高数据列于表 7-4。从表中数据可以看出,a 点处筋的高度最大,b 点和 c 点筋高相近,d 点筋的高度最小。经历相同的压下量,如从行程 1mm 到 2mm,a 点的筋高增量大于其他位置,表明 a 点流动速度最大。变形速度越小,a 点筋高越大,而 d 点筋高却越小,造成筋成形的均匀较差。这是因为,高速有利于金属的纵向充填,体积均匀分布的坯料在高速作用下金属来不及横向流动,使得筋条成形的均匀性较好;而在低速时金属有足够的时间沿横向流到变形抗力小的筋条中间交叉区域,使得 a 的高度远高于 d 点高度,筋条成形的均匀性较差。

由 6061 铝合金的本构模型可知,为了具有高的应变速率需要施加更大的载荷,高速成形时载荷相对较高,其最大值接近 12000kN,如图 7-11 所示。需要指出的是,如果锻造速度非常慢,如 1mm/s 时,由于热量在压力作用下快速散失,会造成成形后期的载荷的大幅上升。

表 7-4　不同变形速度下不同行程时的筋高　　　　(mm)

行程 /mm		1					2					3				
速度 /(mm/s)		1	20	40	60	100	1	20	40	60	100	1	20	40	60	100
点的位置	a	3.2	3	3	3	3	9.6	8.8	8.8	8.7	8.7	14	14	14	14	14
	b	2.2	2.2	2.2	2.2	2.2	6.7	6.6	6.6	6.6	6.6	12.5	12	12	12	12
	c	2.1	2.1	2.1	2.2	2.2	6.5	6.6	6.6	6.6	6.7	12.7	12.2	12.2	12.2	12.2
	d	1.7	1.8	1.8	1.8	1.8	4.8	5.1	5.2	5.3	5.3	9	9.5	9.6	9.6	9.7

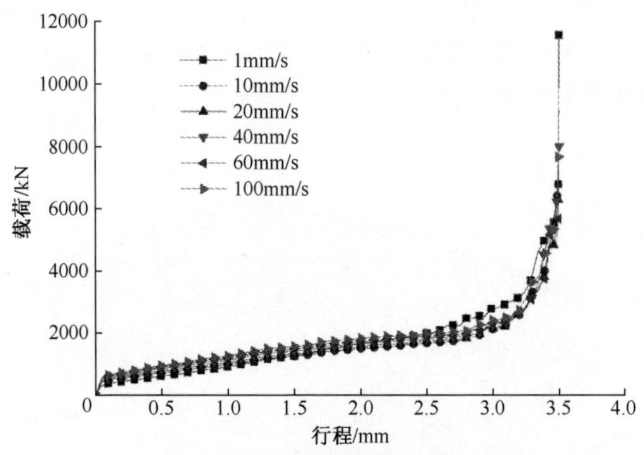

图 7-11　变形速度对闭式筋板样件成形载荷的影响

(2) 坯料温度。6061 铝合金锻造温度较窄，为 420～480℃，选择 360℃、390℃、420℃、450℃和 480℃进行分析。不同温度的坯料挤压时，在不同行程对应的筋高列于表 7-5。可以看出，不同温度时，各点的筋高几乎保持不变。由于温度场在坯料内均匀分布，高温引起的材料流动应力降低在各部位相同，因此温度对充填次序和均匀性几乎没有影响。温度对筋板构件的影响主要体现在成形载荷上，高温软化使成形载荷显著降低，如图 7-12 所示。

表 7-5　不同坯料温度、不同行程时的筋高　(mm)

行程 /mm		1					2					3				
温度/℃		360	390	420	450	480	360	390	420	450	480	360	390	420	450	480
点的位置	a	3.1	3.1	3	3	3	8.8	8.8	8.8	8.8	8.9	14	14	14	14	14
	b	2.2	2.2	2.2	2.2	2.2	6.6	6.6	6.6	6.6	6.5	12	12.1	12	12	12
	c	2.2	2.2	2.1	2.1	2.1	6.5	6.6	6.6	6.6	6.5	12.2	12.3	12.2	12.2	12.1
	d	1.7	1.8	1.8	1.8	1.8	5.2	5.2	5.2	5.1	5.1	9.4	9.7	9.5	9.5	9.4

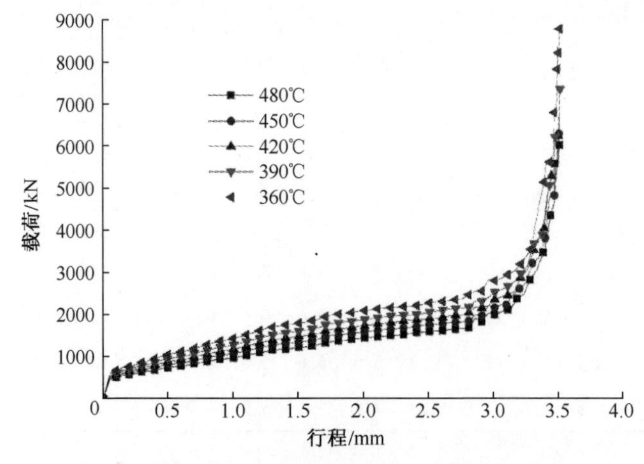

图 7-12　坯料温度对闭式筋板样件成形载荷的影响

(3) 模具温度。铝合金热模锻时,模具等外部装置的温度和散热能力对成形也有着重要影响。进入稳定工作状态的模具温度一般在 200℃左右,本书选取150℃、250℃、350℃和 450℃研究模具温度对成形效果的影响。当行程为 2mm 时,随着模具温度的升高,a 点和 d 点筋高的差值从 150℃时的 8.9−5=3.9mm 减小到450℃时的 8.7−5.4=3.3mm,筋条成形均匀性得到改善,如表 7−6 所列。较高温度的模具能够降低成形载荷,但减少数量有限,如图 7−13 所示。

表 7−6　不同模具温度、不同行程时的筋高　(mm)

行程 /mm		1				2				3			
温度 /℃		150	250	350	450	150	250	350	450	150	250	350	450
点的位置	a	3	3	3	3	8.9	8.8	8.7	8.7	14	14	14	14
	b	2.2	2.2	2.2	2.2	6.5	6.6	6.6	6.7	12	12.1	12	12
	c	2.1	2.1	2.1	2.2	6.5	6.6	6.6	6.7	12.2	12.3	12.2	12.1
	d	1.8	1.8	1.8	1.8	5	5.1	5.2	5.4	9.4	9.7	9.5	9.4

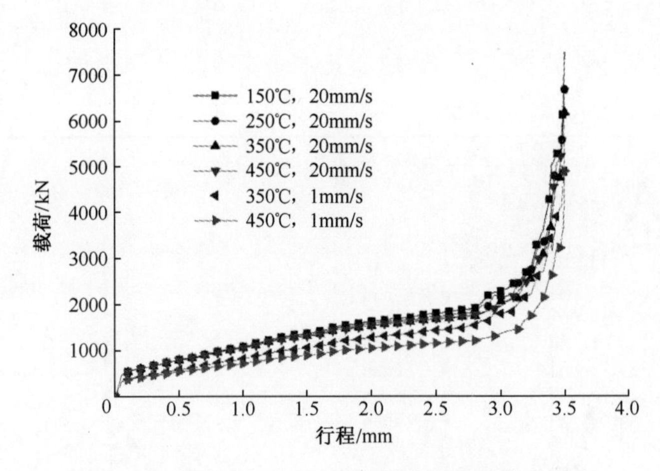

图 7−13　模具温度对闭式筋板样件成形载荷的影响

如果在保持模具较高温度的同时,降低变形速度,则成形载荷显著降低。当模具温度与坯料温度相同则为等温精锻。等温精锻对模具的热硬性和热疲劳性能要求较高,锻造生产效率非常低,仅适合于生产单件小批量关键零部件。

(4) 腹板厚度。腹板厚度不同,所需要的坯料厚度则不同,故腹板厚度的影响也就是坯料厚度的影响。设计的坯料厚度分别为 4.5mm、5.5mm、6.5mm、7.5mm和 8.5mm,满行程为 3.5mm。行程为 1mm、2mm 和 3mm 时,a、b、c、d 4 点的筋高值统计于表 7−7。一定行程时,随着坯料厚度的增加,各点的筋高增加,当坯料厚度大于 6.5mm 后,a 点的筋高几乎不随坯料厚度变化,b、c、d 3 点的筋高仍然增加,表明筋条成形的均匀性提高。

坯料厚度显著地影响成形载荷，当厚度小于6.5mm时，成形载荷随厚度降低急剧增大，如图7-14所示。薄板成形时由于摩擦作用引起强烈的剪切变形，与模具接触的金属死区增大，严重降低了金属的流动性能，因变形抗力急剧增加，而使得变形所需成形载荷迅速升高。但当厚度大于6.5mm时，成形载荷几乎保持不变。观察厚度为4.5mm坯料的载荷曲线可以看出，在0~1.5mm位移范围内，成形载荷与大于4.5mm坯料的载荷值相近，随着变形的继续，载荷开始升高，与其他板厚的载荷差距逐渐增大。这表明当坯料厚度被挤压至和筋宽相等时，载荷开始升高。在厚度为5.5mm坯料的载荷曲线中也可以观察到这种现象，即在位移为2.5mm时，载荷开始高于其他更大厚度坯料的载荷。

表7-7　不同厚度的坯料在不同行程时的筋高　　　　(mm)

行程/mm		1					2					3				
厚度/mm		4.5	5.5	6.5	7.5	8.5	4.5	5.5	6.5	7.5	8.5	4.5	5.5	6.5	7.5	8.5
点的位置	*a*	2.3	2.5	2.7	2.9	3	8.1	8.6	8.9	9	8.9	14	14	14	14	14
	b	1.5	1.7	1.9	2	2.1	5.7	5.5	6.1	6.3	6.5	14	12.7	12.3	12	12
	c	1.4	1.5	1.7	1.9	2	4.6	5.3	5.9	6.1	6.3	10.8	11.3	11.8	11.9	12
	d	1.3	1.4	1.5	1.6	1.7	3.3	4	4.4	4.7	5	7	7.3	8.5	8.8	9.2

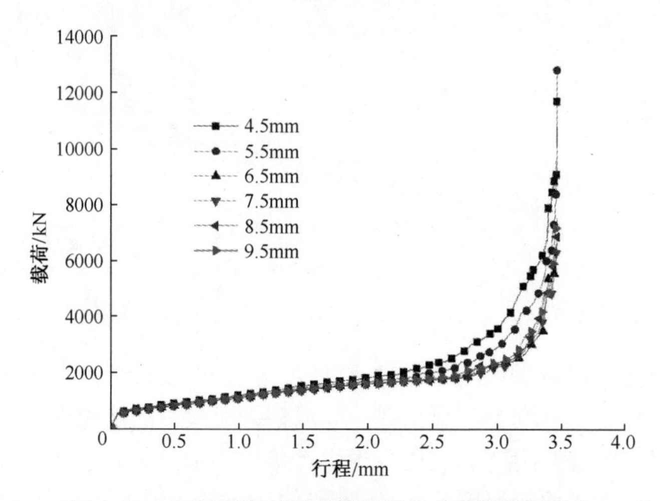

图7-14　坯料厚度对闭式筋板样件成形载荷的影响

坯料厚度为4.5mm时，在筋交叉处的腹板背面出现了凹陷，如图7-15所示。这种现象的产生与摩擦和板坯厚度有关。金属流动符合最小阻力定律，交叉处筋槽自由面相对要大，挤压变形时中心金属所受摩擦阻力小，流动速度明显大于周围与模具接触的金属，金属流动前端面呈倒“V”字形，因而在腹板背面形成了倒“V”

字形凹陷。如果板厚过小,金属因摩擦向交叉处流动困难,反而先流向其他阻力小的部位,不能及时补充交叉部位成形所需的金属,最终产生凹陷。如果筋条比较高,凹陷可能演化成折叠缺陷。

当坯料厚度为 5.5mm 时,筋板件成形过程中同样也出现了凹陷。在 6.5mm 和更大板坯厚度时则没有凹陷。可以得出,筋宽小于最终零件腹板厚度时才能避免产生此类缺陷。根据缺陷的形成原因,理论上可以从减小摩擦和增加板坯厚度两方面避免这种缺陷。实际生产中,显著降低摩擦是不易实现的,可以通过事先在坯料易产生凹陷的部位成形出一个尺寸合适的工艺凸台储存金属,或者设计双侧都有筋条的结构来避免此类缺陷的产生。

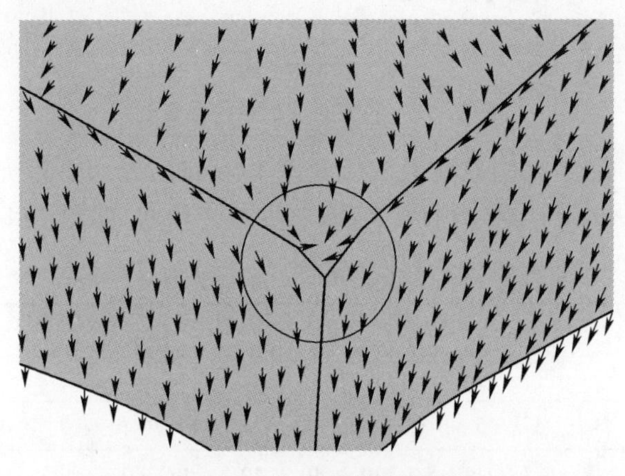

图 7-15 筋交叉部位的凹陷

(5) 筋宽。设计不同筋宽的样件进行成形过程模拟,根据体积相等原则,不同筋宽构件需要的坯料厚度差别较大,为了消除腹板厚度的影响,统计距离构件腹板成形尚差一定行程时的筋高。从表 7-8 可以看出,不同筋宽时,金属的充填次序和均匀性一样。筋宽对成形载荷影响较大,当金属进入稳态挤压时,较小的筋宽产生大的变形程度,导致成形载荷显著升高,如图 7-16 所示。

表 7-8 不同筋宽、不同行程时的筋高 (mm)

距离腹板成形的差值/mm		1.5					1					0.5				
筋宽/mm		2	2.5	3	3.5	4	2	2.5	3	3.5	4	2	2.5	3	3.5	4
点的位置	*a*	5.2	7.4	8.8	9.5	10.5	9.6	11.3	12.1	12.5	13.1	14	14	14	14	14
	b	3.7	5.4	6.6	7	7.7	6.8	8.3	9.2	9.3	9.8	10.7	11.5	12	11.8	12.1
	c	3.6	5.2	6.6	7	7.9	6.9	8.3	9.3	9.4	10	10.9	11.6	12.2	12.1	12.4
	d	2.9	4.2	5.2	5.5	6.1	5.2	6.5	7.3	7.3	7.8	8.3	8.9	9.5	9.4	9.5

(6) 筋板过渡圆角半径。表 7-9 列出了不同过渡圆角在不同行程时的筋高,

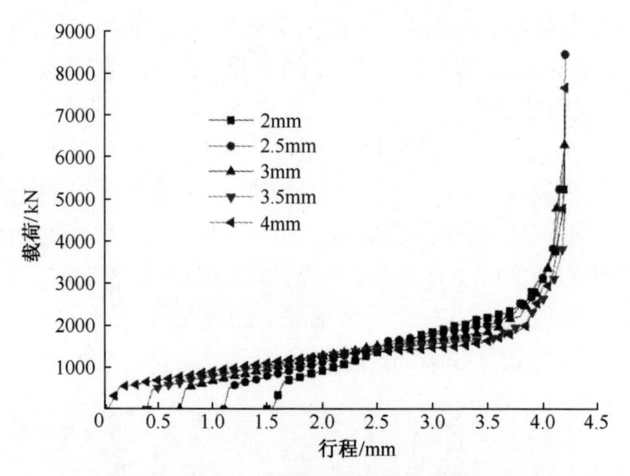

图 7-16　筋宽对成形载荷的影响

金属充满圆弧区筋槽后(距离腹板成形尚差 1.3mm),进入稳态挤压阶段,不同筋板过渡圆角半径对材料流动影响较小,载荷也几乎相同,如图 7-17 所示。这表明

表 7-9　不同过渡圆角、不同行程时的筋高　(mm)

距离腹板成形的差值/mm		2.1					1.3					0.5				
半径 r/mm		2	3	4	5	6	2	3	4	5	6	2	3	4	5	6
点的位置	a	6	5.2	5.2	4.9	5.1	10.7	10.2	10.2	10	10.1	14	14	14	14	14
	b	4.3	4	3.8	3.5	3.7	8.3	7.9	7.7	7.4	7.6	12.5	12.1	11.8	11.7	12
	c	4.3	3.9	3.7	3.4	3.6	8.4	7.9	7.7	7.4	7.6	12.9	12.4	12.1	11.8	12.2
	d	3.5	3.1	2.8	2.7	2.9	6.7	6.3	6	5.8	5.9	10.1	9.8	9.4	9.2	9.5

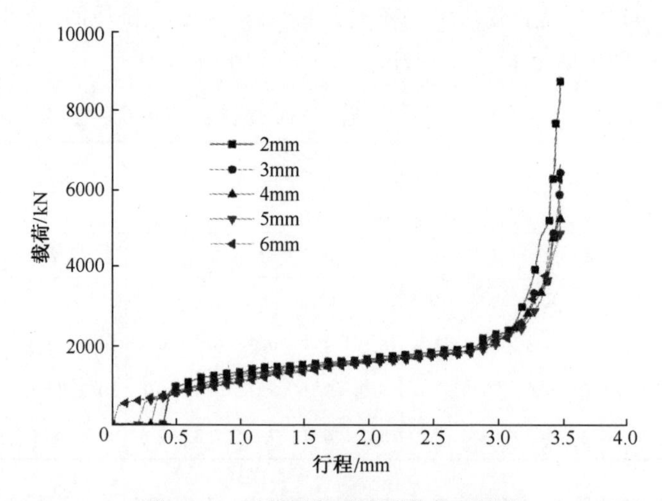

图 7-17　过渡圆角对成形载荷的影响

在闭式模锻时,过渡圆角对成形过程几乎没有影响。需要指出的是,当交叉部位的筋条成形以后,金属从板料的几何中心即交叉筋所在的位置向四周流动充填周围筋槽,此时过渡圆角越大,金属充填越容易。而在十字形筋板件开式挤压时,当圆角半径大于5mm以后,筋条的成形效果几乎无变化。圆角半径过小也会加快模膛的磨损。总体来说,小圆角不利于筋板件的成形。

3. 常规闭式筋板构件精锻成形试验

(1) 试验情况介绍。进行闭式筋板样件热模锻物理试验验证成形规律。为了方便换模,模具采用可分凹模结构,凹模结构参数按照表7-2中的闭式筋板构件设计参数确定,模具结构如图7-18所示。挤压筒外侧有护套式电阻加热器围绕,通过精确温控系统,对模具进行加热和控温,使其温度保证在250℃左右。

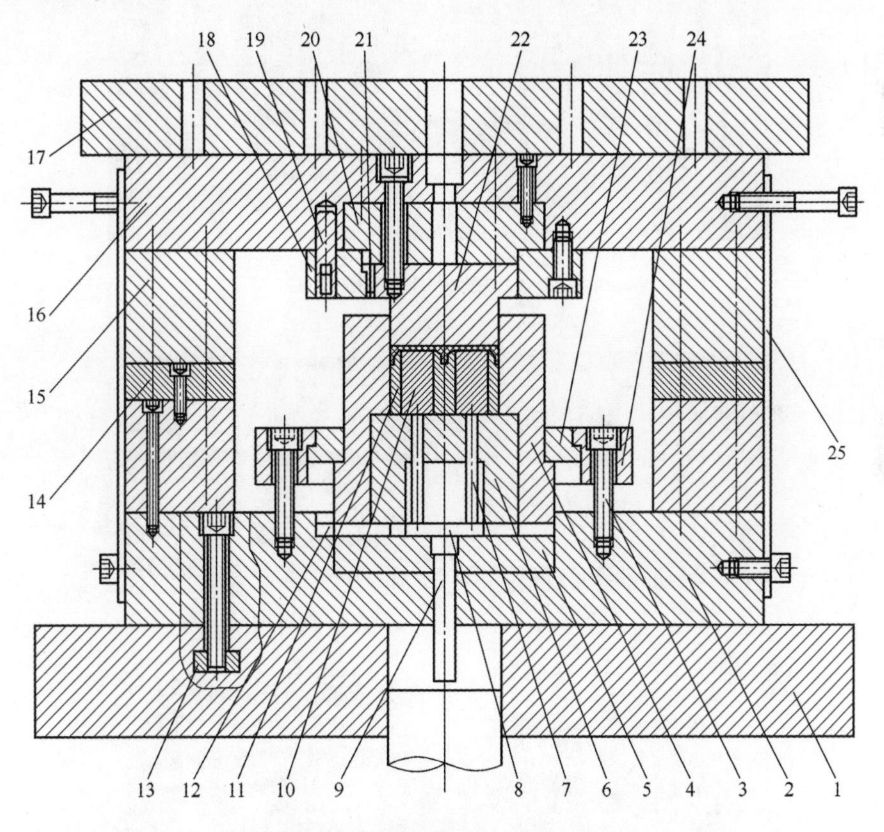

图7-18 筋板件模锻模具结构图

1—工作台垫板;2—下模板;3—内六角螺钉;4—挤压筒;5—下垫板;6—下凹模垫块;7—下顶杆;8—顶料板;9—顶出器;10—顶料杆;11—下凹模;12—凹模定位键;13—T形螺母;14—高度调节垫块;15—限位块;16—上模板;17—压力机滑块垫块;18—凸模定位圈;19—内螺纹圆锥销;20—凸模垫板;21—凸模定位键;22—凸模;23—1号凹模压圈;24—凹模压圈;25—连接板。

筋板构件模锻模具安装在 Y28-400/400 双动挤压液压机上进行工艺试验(图 7-19),变形材料为商用 6061 铝合金,坯料温度和模具温度与模拟情况一致,润滑剂采用高分子脱模膏。试验测试成形载荷为 4000kN。

试验所得样件如图 7-20 所示。图中分别展示了压制行程分别为 1mm、3mm 和 4.2mm 时的成形状态,可以看出,实际试验样件金属流动情况与前述模拟结果相符。

图 7-19　筋板构件模锻模具

(a)　(b)

(c)　(d)

图 7-20　闭式筋板样件

(a)板坯;(b)压制 1mm;(c)压制 3mm;(d)压制 4.2mm。

(2) 试验结果分析。图 7-21(a)为不同厚度的坯料(构件的腹板厚度分别为3mm、4mm、5mm、6mm 和 7mm),在 4000kN 锻造负荷作用下所挤压成形出的闭式筋板结构样件,图 7-21(b)为样件筋高及坯料厚度实测数据所描述的变化曲线。由图可以看出,坯料厚度对筋条的成形均匀性影响较大,坯料厚度为 6.5mm 的样件 a 点和 d 点的高度差达到 5.2mm,而坯料厚度为 10.5mm 时相应的高度差仅为 0.3mm。薄板的模拟值和实测值相差较大,厚板的偏差较小。实际压制过程中坯料与模具间的摩擦和传热随载荷的增加而增大,而这些物理量在模拟时作为常量考虑,因而造成模拟值和实测值的偏差过大。

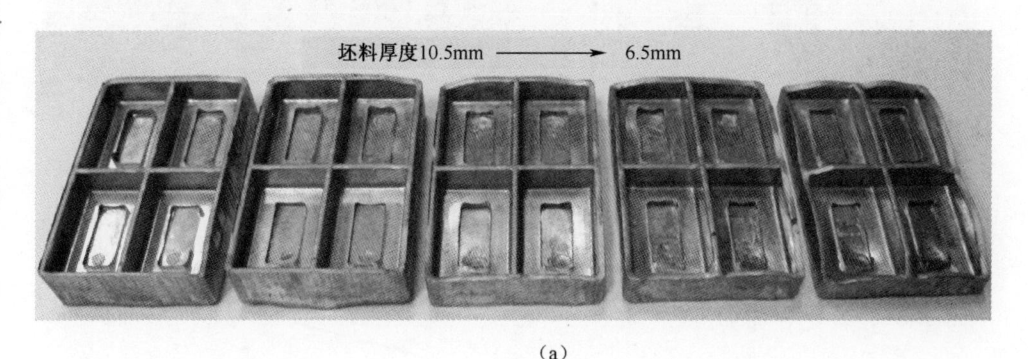

(a)

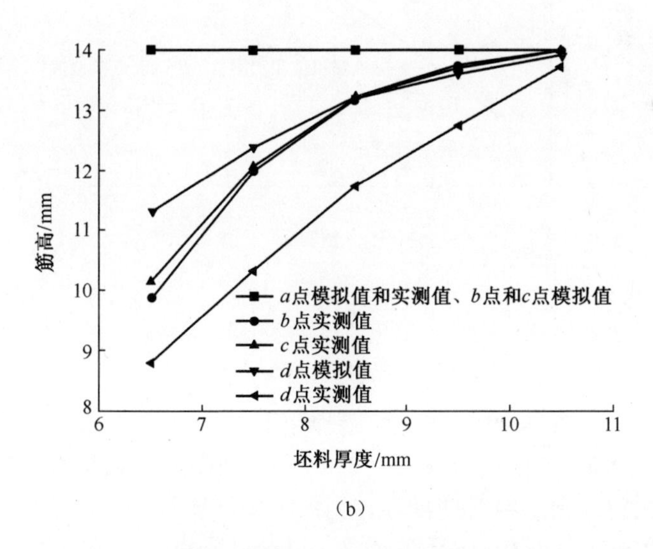

(b)

图 7-21　闭式模锻样件的不同坯料厚度时的筋高

(a)试验样件;(b)模拟值与实测值比较。

图 7-22(a)为在 4000kN 锻造负荷作用下所挤压成形出的不同筋宽的闭式筋板结构样件,图 7-22(b)为样件筋高实测数据所描述的变化曲线。随着筋宽的增大,成形均匀性增加,筋宽为 2mm 时的样件 a 点和 d 点的高度差为 2.7mm,筋宽为

4mm 时相应的高度差仅为 0.7mm。a 点、b 点和 c 点的实测值和模拟值偏差非常小，d 点偏差相对较大，最大为 2.3mm。随着筋宽的增大，实测值与模拟值的偏差逐渐减小。

(a)

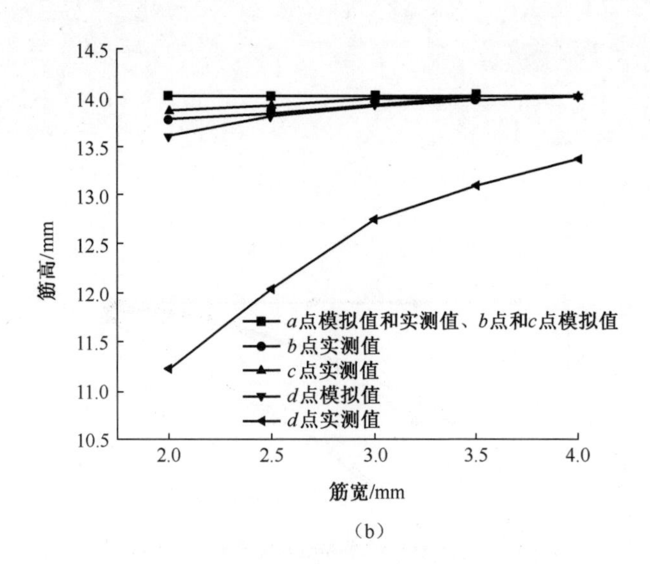

(b)

图 7-22 闭式模锻样件的不同筋宽时的筋高
(a)试验样件；(b)模拟值与实测值比较。

图 7-23(a)为在 4000kN 锻造负荷作用下所挤压成形出的不同筋板过渡圆角半径的闭式筋板结构样件，图 7-23(b)为样件筋高实测数据所描述的变化曲线。随着半径的增大，成形均匀性增加，半径为 2mm 时样件 a 点和 d 点的高度差为 1.2mm，半径为 6mm 时相应的高度差为 0.4mm。a 点、b 点和 c 点的实测值和模拟值偏差非常小，d 点偏差相对较大，最大为 0.7mm。随着半径的增大，实测值与模拟值的偏差逐渐减小。

从以上分析可知，腹板厚度对成形均匀性的影响最大，筋宽的影响次之，筋板过渡圆角半径的影响最小。总之，随着腹板厚度、筋宽和过渡圆角半径的增大，筋条易于充满成形；反之，则筋条充满成形困难。

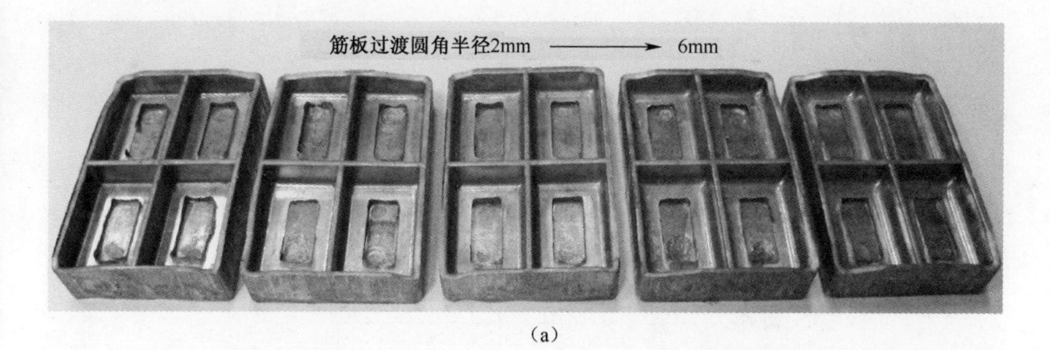

(a)

(b)

图 7-23 闭式模锻样件的不同过渡圆角半径时的筋高

(a)试验样件;(b)模拟值与实测值比较。

7.2.3 铝合金筋板构件结构参数的设计原则

根据有限元模拟和试验所获得的大量数据及结果,归纳出铝合金筋板构件的筋条高宽比 h/b、筋条间距 a、筋板过渡圆角半径 r、腹板厚度 S 和模锻斜度 α 等结构参数的设计准则。

1. 筋条的高宽比 *h/b* 和筋条间距 *a*

(1) 筋条的高宽比。筋条的宽度根据其所在的断面结构而定。忽略腹板厚度的影响,在开式结构中,筋条的宽度只取决于筋高;在闭式结构中,则取决于筋高和筋条间距,因为筋条间距决定了由腹板流向筋条的金属量。

筋条充填成形的工艺性主要取决于它的高度和宽度。图 7-24 所示为根据实际筋板锻件的最大高度和筋条最小宽度之比所绘制的高宽比关系曲线,图中实线为推荐采用的筋条最大高宽比 6,虚线表示高宽比的上限和下限分别为 8 和 4。本书物理试验设计的内外侧筋条高度均能够达到指定高度。图 7-22 所示的样件内外侧筋条达到 14mm 的结果很好地验证了这一准则。

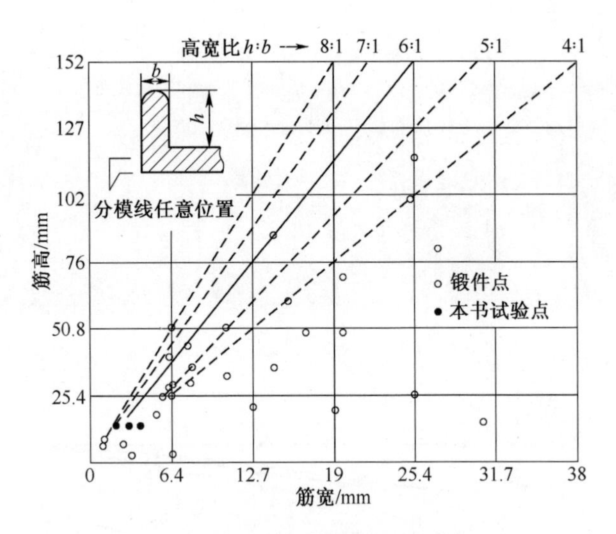

图 7-24 筋条高宽比关系曲线

(2) 筋条间距。由图 7-3 可知，筋条间距 a 应等于 $L/2-b$，因为金属沿 L 方向流动的距离比沿 W 方向的长。最小筋条间距 a_{min} 主要取决于筋条的高度 h，h 越高，a 应越大。最大间距 a_{max} 主要取决于两个筋条间的腹板厚度 S，S 越大，a 可以越大。两者的极限值如表 7-10 所列。

表 7-10 筋条间距 a (mm)

筋条高度 h	<5	>5~10	>10~16	>16~25	>25~35.5	>35.5~50	>50~71	>71~100
a_{min}	—	10	15	25	35	50	65	80
a_{max}	—	35S	35S	30S	30S	25S	25S	25S

(3) 圆角半径 r。该圆角半径是指筋条和腹板间的过渡处的圆弧半径 r。对于开式结构，若 r 偏小，凹模型槽容易压塌，且金属充填筋条型槽难度增大。r 值的大小取决于筋条型槽的深度即筋条高度 h，很明显，h 越深，r 应越大，推荐的对应关系如表 7-11 所列。

表 7-11 圆角半径 r 与筋条高度 h 的对应关系 (mm)

筋条高度 h	≤5	>5~10	>10~16	>16~25	>25~35.5	>35.5~50	>50
过渡圆角半径 r	3	4	5	8	10	12.5	15

(4) 腹板厚度 S。在铝合金筋板构件热模锻中最重要的问题之一是薄腹板的成形问题。厚度尺寸越小，变形抗力越大，腹板中心部分的单位变形抗力比周边的大，常常因模具的摩擦作用，在筋条反侧形成凹陷。因此，腹板的厚度不能太小。通常，腹板面积越大，其厚度也越大，开式和闭式结构的腹板厚度设计相同，图7-25所示为腹板最小厚度曲线。

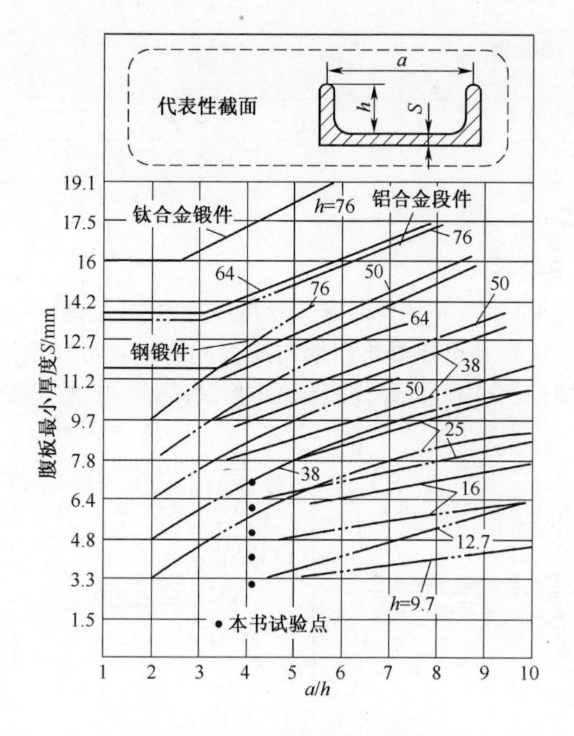

图 7-25　腹板最小厚度曲线

最小腹板厚度 S 可以根据其筋条间距 a 和筋条宽度 h 之比 a/h 来选择。本书物理试验设计的腹板厚度分别为 3mm、4mm、5mm、6mm 和 7mm，当腹板厚度为 3mm 和 4mm 时，筋条高度无法达到设定的 14mm；当腹板厚度大于 4mm 时，内侧和外侧筋条高度均能达到 14mm。图 7-21 所示的样件结果与此规律相一致。

（5）模锻斜度 α。对于筋板构件，其模锻斜度 α 主要取决于筋条的高度即相应型槽的深度 h，其实质是 α 随 h 的增加而增加。对于筋条高宽比，当 $h/b=1.5\sim5$ 时，α 取 7°；当 $h/b>5$ 时，α 取 10°。

7.3　锻件图设计

7.3.1　分模面的选择

液压机上模锻时分模面的设置原则与锤上模锻基本相同。但是在液压机上生产的模锻件有很大一部分是铝合金或镁合金模锻件，这些锻件对流线（金属纤维）分布有严格要求。因为锻件中流线形成方向性后将引起性能异向性，由表 7-12 中可见，材料为 7A09 合金的飞机接头锻件，在不同方向上的力学性能指标是有一定差别的。因此，在确定分模面的位置时应认真考虑这个问题。

表 7-12　7A09 合金三个方向的性能(T73 状态)

方向＼力学性能	σ_b/MPa	δ/%
纵向	50.4	10.8
横向	49.6	10
高向	46.5	8.6

1. 工字形截面锻件

对于工字形截面锻件,其分模面应选择在肋的顶端,如图 7-26 所示,若选择在中部(图 7-26(a)),则其金属纤维在肋与腹板的交接处形成紊流,乃至折叠和穿流。当飞边被切掉后,分模面处便露出流线的末端部位,在大气条件件下很易产生应力腐蚀。

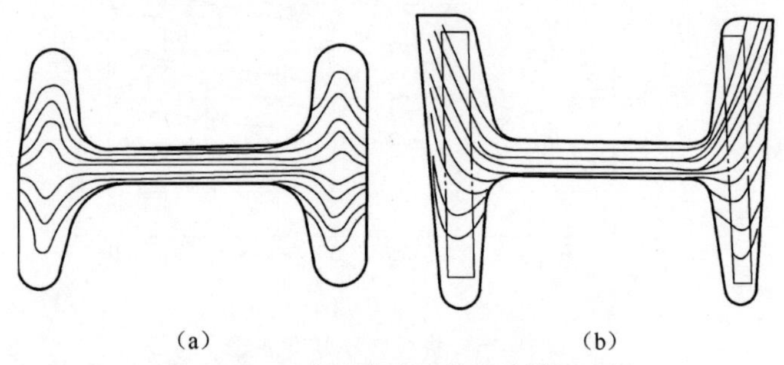

图 7-26　工字形截面锻件的分模面选择

(a)中间分模流线不顺;(b)肋顶分模流线顺畅。

2. 槽型或类似槽型截面锻件

对于这类锻件,当槽型口部向下时,其分模面应选择在肋底,如图 7-27 左图所示;当槽型口部向上时,其分模面应选择在肋的顶部,如图 7-27 右图所示。两种分模面均可使模膛全部设在下模,金属在模膛内流动和充填情况与中间分模相似。

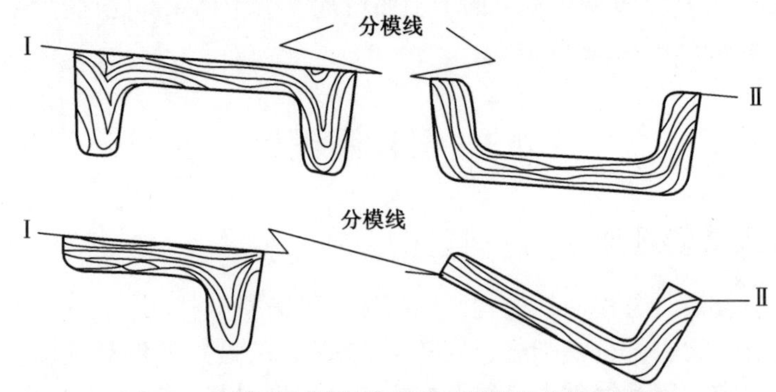

图 7-27　槽型和类似槽型截面锻件的分模面选择

3. 弯曲轴线的长轴类锻件

弯曲轴线的长轴类类锻件只能采用曲线分模面,对于空间曲线分模面。应使它的各部分与水平面的倾角不大于60°,如图7-28所示。这样布置分模面,可以改善模锻和切边条件。

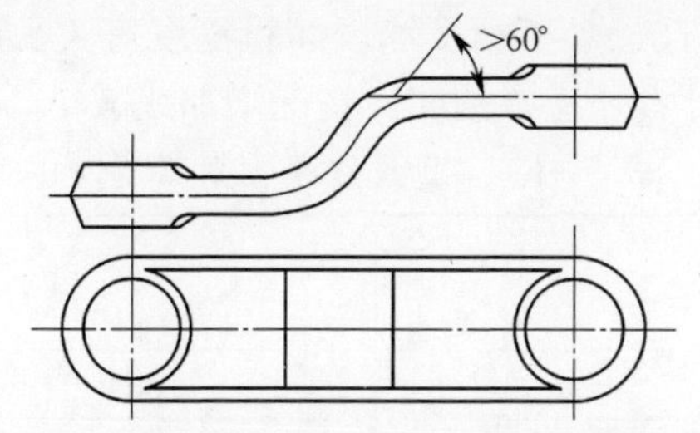

图7-28　弯曲轴线的长轴类锻件的分模面选择

对有些锻件,还可根据其具体形状选择折线或曲线分模面。例如图7-29所示的机翼翼肋锻件,如果以腹板中心线为分模面(图7-29(b)),结果在图7-29(b)A—A剖面A处产生流线不顺,飞边处流线被切断,使此处抗应力腐蚀性能显著降低。图7-29(a)A—A剖面是经过修改后的分模线,它位于肋的最顶处,避免了中间分模所带来的弊病。

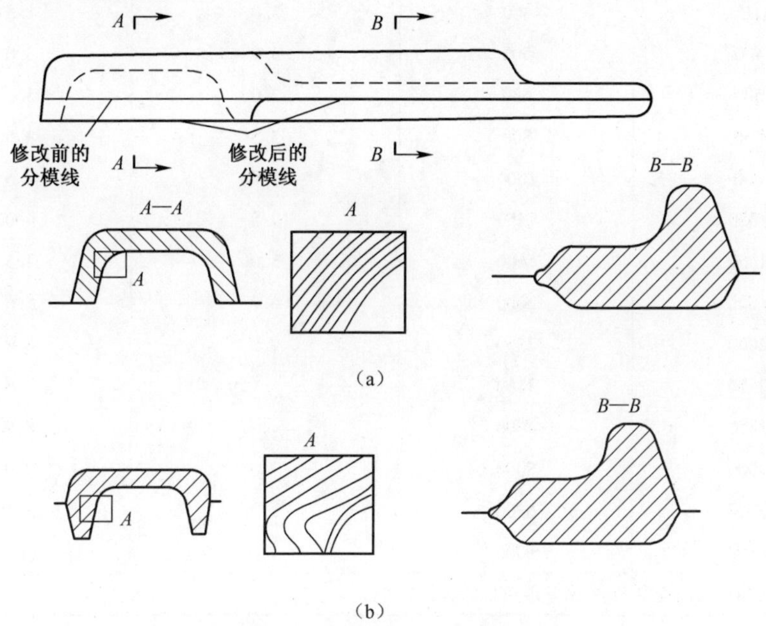

图7-29　7A04合金机翼翼肋锻件

(a)设计修改后的分模线;(b)设计修改前的分模线。

7.3.2　余量和公差的确定

1. 余量

(1) 工艺余量。工艺余量是由于模锻工艺的要求必须增加锻件某部位的结构尺寸。由于腹板太薄,肋与腹板圆角半径又太小不可能用热模锻锻出。在该情况下必须增加腹板厚度和圆角半径等；而这部分在以后必须用机械加工的方法除掉。

(2) 机械加工余量。机械加工余量的大小与所提供毛坯精度(如尺寸公差、翘曲、错移等)、机械加工方法、加工精度和表面粗糙度有关。因此除表 7-13 所提供的机械加工余量外，设计者还应根据实际情况增加或减小。

表 7-13 模锻件单面加工余量 (mm)

模锻件最大边长 \ 材料		单面加工余量	
大于	至	钢和钛	铝、镁、铜
	50	1.5	1.0
50	80	1.5	1.5
80	120	2.0	1.5
120	180	2.0	2.0
180	250	2.5	2.0
250	315	2.5	2.5
315	400	3.0	2.5
400	500	3.0	3.0
500	630	3.0	3.0
630	800	3.5	3.5
800	1000	4.0	3.5
1000	1250	4.5	4.0
1250	1600	5.0	4.5
1600	2000	6.0	5.0
2000	2500	7.0	6.0
2500	3150		7.0
3150	4000		8.0
4000	5000		9.0
5000	6300		10.0
6300	8000		11.0
注：根据切削加工的需要，表中余量值可以增大或减小			

2. 公差

1) 尺寸分类

(1) 不通过分模面的尺寸分为：

双面尺寸：两个面受相对磨损影响的尺寸(图 7-30，$L,L_1,L_2,$)；

单面尺寸：只受单面磨损影响的尺寸(图 7-30，d,d_1)；

同侧长度尺寸：两个表面受相同磨损影响的尺寸(图 7-30，尺寸 T_L)；

同侧高度尺寸：两个表面受相同磨损影响的尺寸(图 7-30，尺寸 T_h)；

中心距离尺寸：凸缘中心距离尺寸(图 7-30,尺寸 A)；

(2) 通过分模面的尺寸分为：

垂直尺寸：与成形模具打击方向相平行的尺寸(图 7-30,尺寸 h)；

倾斜尺寸：与成形模具打击方向倾斜的尺寸(图 7-30,尺寸 b)；

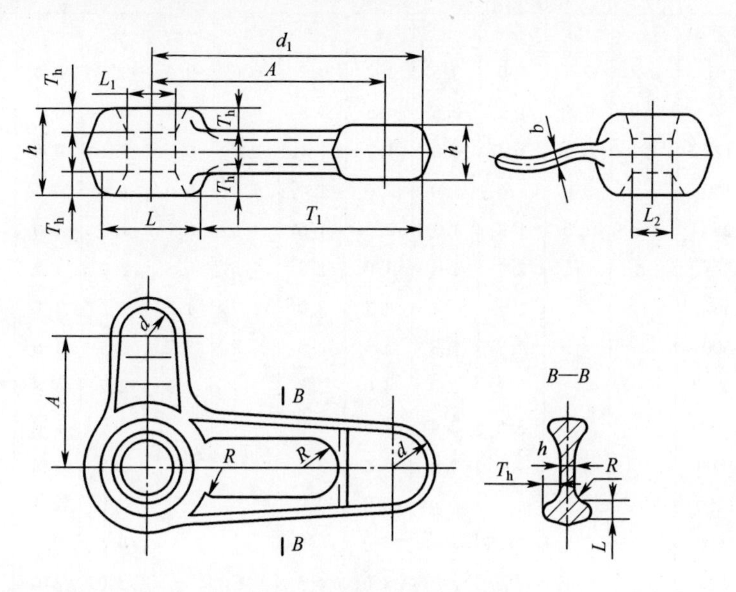

图 7-30　锻件尺寸分类示意图

2) 精度等级及用途

1 级精度：用于模锻件冷精压表面间的尺寸公差；

2 级精度：用于模锻件热精压表面间的尺寸公差；

3 级精度：用于精锻模锻件的尺寸公差；

4 级精度：用于一般模锻件的尺寸公差；

5 级精度：用于模锻件加工表面间(包括加工余量在内)的尺寸公差。

模锻件各种尺寸公差列于表 7-14~表 7-23,以供参考。

为了评定模锻件的精度,确定了 6 个等级：按 1~4 精度等级模锻时,锻后需要冷热平面校准锻件,按 5 和 6 精度等级模锻时,不需要校准锻件。在液压机上,一般按 4 和 5 精度等级模锻铝合金和镁合金锻件。

对于尺寸由 500~8000mm 的锻件规定了加工余量。铝合金和镁合金锻件的加工余量由 2.5~12mm,而钛合金的加工余量由 2.75~13mm。第一种加工余量值属于 4 级表面粗糙度,而第二种加工余量值属于 8 级表面粗糙度。公差是根据锻件平面面积而定的。当锻件面积为 800~25000cm^{2}时,铝合金和镁合金锻件垂直尺寸偏差的极限偏差为-0.7~+1.4mm 到-2.6~+5.3mm(4 级精度)和-0.8~+2.1mm 到-3.7~+7.8mm(5 级精度)。取模锻斜度为 3°~15°,而锻件截面的圆角半径为 2.5~40mm。

表 7-14　双面尺寸公差　(mm)

公称尺寸	精度等级	钢和钛						铝、镁和铜					
		3		4		5		3		4		5	
大于	至	+	−	+	−	+	−	+	−	+	−	+	−
	50	0.8	0.4	1.0	0.5	1.2	0.7	0.6	0.4	0.8	0.4	0.9	0.5
50	80	0.9	0.5	1.2	0.6	1.5	0.8	0.7	0.4	0.9	0.5	1.2	0.6
80	120	1.1	0.6	1.4	0.8	1.7	1.1	0.9	0.5	1.1	0.6	1.4	0.8
120	180	1.3	0.8	1.6	1.0	2.0	1.4	1.0	0.6	1.4	0.7	1.7	1.1
180	250	1.5	1.0	1.8	1.2	2.5	1.6	1.3	0.7	1.7	1.0	2.0	1.2
250	315			2.2	1.4	3.0	1.8	1.5	0.8	2.0	1.2	2.5	1.4
315	400			2.5	1.6	3.2	2.0	1.7	1.0	2.2	1.2	2.7	1.6
400	500			2.8	1.8	3.5	2.5	1.9	1.2	2.5	1.6	3.0	2.0
500	630			3.2	2.0	4.0	2.8			2.7	1.8	3.5	2.2
630	800			3.5	2.4	4.5	3.0			3.0	2.0	4.0	2.6
800	1000			4.0	2.6	5.0	3.5			3.5	2.2	4.5	2.8
1000	1250					6.0	4.0			4.0	2.6	5.0	3.0
1250	1600					7.0	4.0			4.5	2.8	5.5	3.5
1600	2000					8.0	4.5			5.0	3.0	6.0	4.0
2000	2500					8.5	5.0					6.5	4.5
2500	3150											8.0	5.5
3150	4000											9.0	6.0
4000	5000											10.0	7.0
5000	6300											12.0	7.0
6300	8000											13.0	8.5

注:1. 按图 7-30,L 尺寸公差取表 7-14 值;L_1 尺寸公差取表 7-14 值,但符号相反;L_2 取表 7-14 值 2 倍,但符号相反。

2. 同侧长度尺寸公差仅在需要时注出,其公差为表 7-14 双面尺寸公差之半,但符号相反

表 7-15　单面尺寸公差　(mm)

材料	精度等级 \ 公称尺寸	大于		25	40	60	90	125	157.5	200	250	315	400
		至	25	40	60	90	125	157.5	200	250	315	400	500
钢和钛	3	+	0.50	0.60	0.70	0.80	0.90	1.10	1.20	1.30			
		−	0.20	0.25	0.30	0.40	0.50	0.60	0.60	0.70			
	4	+	0.60	0.70	0.80	0.90	1.10	1.30	1.40	1.50	1.60	1.80	2.00
		−	0.25	0.30	0.40	0.50	0.60	0.70	0.80	0.90	1.00	1.20	1.30
	5	+	0.80	1.00	1.10	1.20	1.40	1.50	1.60	1.80	2.00	2.30	2.50
		−	0.35	0.40	0.55	0.70	0.80	0.90	1.00	1.25	1.40	1.50	1.75

（续）

材料	精度等级 \ 公称尺寸	大于		25	40	60	90	125	157.5	200	250	315	400
		至	25	40	60	90	125	157.5	200	250	315	400	500
铝、镁和铜	3	+	0.40	0.50	0.60	0.70	0.80	0.90	1.00	1.10	1.20	1.30	1.40
		−	0.20	0.20	0.25	0.30	0.35	0.40	0.50	0.60	0.60	0.70	0.80
	4	+	0.60	0.60	0.80	0.90	1.00	1.10	1.20	1.30	1.40	1.50	1.80
		−	0.20	0.25	0.30	0.35	0.50	0.60	0.60	0.80	0.90	1.00	1.10
	5	+	0.60	0.80	1.00	1.10	1.20	1.30	1.40	1.50	1.80	2.00	2.30
		−	0.25	0.30	0.40	0.55	0.60	0.70	0.80	1.00	1.10	1.30	1.40

表 7-16 中心距离尺寸公差

（mm）

材料 \ 公称尺寸	大于		50	80	120	180	250	315	400	500	630	800	1000	1250	1600	2000
	至	50	80	120	180	250	315	400	500	630	800	1000	1250	1600	2000	2500
钢和钛	+	0.20	0.25	0.35	0.40	0.60	0.80	0.90	1.10	1.30	1.60	1.90	2.30	2.60	3.20	4.00
	−	0.20	0.25	0.35	0.40	0.60	0.80	0.90	1.10	1.30	1.60	1.90	2.30	2.60	3.20	4.00
铝、镁和铜	+	0.15	0.20	0.30	0.35	0.50	0.60	0.80	0.90	1.10	1.30	1.60	1.90	2.10	2.50	3.30
	−	0.15	0.20	0.30	0.35	0.50	0.60	0.80	0.90	1.10	1.30	1.60	1.90	2.10	2.50	3.30

表 7-17 同侧高度尺寸公差

（mm）

材料	精度等级 \ 公称尺寸	大于		25	50	100	200	400	800	1000	1250	1600	2000	2500	3150	4000
		至	25	50	100	200	400	800	1000	1250	1600	2000	2500	3150	4000	5000
钢和钛	3	+	0.15	0.20	0.25	0.30	0.35									
		−	0.25	0.35	0.40	0.50	0.60									
	4	+	0.20	0.25	0.30	0.35	0.45	0.50	0.60	0.60	0.60	0.70	0.70			
		−	0.30	0.45	0.55	0.65	0.90	1.00	1.10	1.20	1.30	1.40	1.50			
铝、镁和铜	3	+	0.10	0.15	0.15	0.20	0.25	0.30	0.35							
		−	0.15	0.20	0.30	0.35	0.45	0.55	0.60							
	4	+	0.15	0.20	0.25	0.30	0.35	0.40	0.50	0.50	0.50	0.50	0.60	0.60	0.70	0.70
		−	0.25	0.35	0.45	0.55	0.70	0.70	0.80	0.80	0.90	0.90	1.00	1.00	1.20	1.30

注：同侧高度尺寸公差仅在需要时注出

表 7-18 模锻件垂直尺寸公差 (mm)

精度等级 / 材料 / 投影面积/cm²		钛和钢						铝、镁和铜					
		3		4		5		3		4		5	
大于	至	+	−	+	−	+	−	+	−	+	−	+	−
	25	0.5	0.3	0.6	0.4	1.0	0.5	0.3	0.2	0.5	0.3	0.7	0.4
25	50	0.7	0.4	0.9	0.5	1.4	0.7	0.4	0.3	0.7	0.4	1.0	0.6
50	100	0.8	0.5	1.1	0.6	1.8	0.8	0.6	0.3	0.9	0.5	1.2	0.7
100	200	1.0	0.6	1.3	0.7	2.4	1.1	0.7	0.4	1.1	0.6	1.6	0.8
200	400	1.2	0.7	1.8	0.9	3.0	1.2	0.9	0.5	1.5	0.7	2.0	1.0
400	800			2.2	1.1	3.5	1.8	1.1	0.6	1.8	0.9	2.5	1.2
800	1000			2.5	1.3	4.0	2.0	1.2	0.7	2.0	1.0	2.8	1.4
1000	1250			2.7	1.3	4.2	2.0			2.2	1.1	3.0	1.5
1250	1600			3.0	1.4	4.5	2.0			2.4	1.1	3.5	1.5
1600	2000			3.2	1.6	5.0	2.5			2.6	1.2	3.5	1.7
2000	2500			4.2	2.0	5.5	2.5			2.8	1.3	3.8	1.8
2500	3150					6.0	2.5			3.0	1.4	4.0	2.0
3150	4000					6.5	3.0			3.3	1.5	4.5	2.0
4000	5000					7.5	3.0			3.5	1.5	5.0	2.0
5000										5.0	2.0	7.0	3.0
注:倾斜尺寸公差可按表 7-18 取垂直尺寸公差值,也可按表 7-18 垂直尺寸公差值以集合关系计算得出													

表 7-19 无坐标工艺半径公差 (mm)

半径公称尺寸 / 公差	1	1.5	2	2.5	3	4	5	6	8	10	12	15	16	20	25	30	32	35	40	45	50
+	1	1	1.5	1.5	2	2.5	3	3	4	5	5	5	5	6	7	7	7	7	8	8	8
−	0.5	0.5	0.5	0.5	1	1.5	1.5	2	2	3	3	3	3	3	4	4	4	4	5	5	5

表 7-20 分模面上错移尺寸公差 (mm)

投影面积/cm²				大于		25	50	100	200	400	800	1000	1250	1600	2000	2500	3150	4000	5000
				至	25	50	100	200	400	800	1000	1250	1600	2000	2500	3150	4000	5000	
材料	钢和钛	精度等级	3、4	公差	0.3	0.4	0.5	0.5	0.6	0.8	1.0	1.0	1.2	1.2					
			5		0.5	0.6	0.7	0.8	1.0	1.2	1.4	1.4	1.6	1.6	1.8	2.0	2.5	2.5	3.0
	铝、镁和铜		3、4		0.3	0.3	0.4	0.5	0.6	0.7	0.8	0.8	1.0	1.2	1.2	1.5	1.5	1.5	2.0
			5		0.5	0.6	0.6	0.8	0.8	1.0	1.2	1.2	1.4	1.4	1.6	1.8	2.0	2.0	2.5
注:冲孔时孔的偏移公差按表 7-20 取 2 倍错移公差值																			

表 7-21　模锻斜度公差

(mm)

公差精度等级 \ 模锻斜度/(°)		1	2	3	5	7	10	12	15
3、4	+	0°30′	0°45′	1°00′	1°00′	1°30′	1°30′	2°00′	3°00′
	-	0°30′	0°45′	1°00′	1°00′	1°00′	1°00′	1°30′	2°00′
5	+	1°00′	1°00′	1°30′	1°30′	1°30′	2°00′	3°00′	3°00′
	-	1°00′	1°00′	1°30′	1°30′	1°30′	1°30′	2°00′	3°00′
顶出器		有				无			

表 7-22　残余毛边公差

(mm)

精度等级 \ 模锻件最大边长	大于		50	80	120	180	250	315	400	500	630	800	1000	1250	2000
	至	50	80	120	180	250	315	400	500	630	800	1000	1250	2000	
3、4	公差	0.6	0.6	0.8	1.0	1.2	1.4	1.6	1.8	2.0	2.2	2.5	3.0	4	5
5		1.0	1.2	1.5	1.8	2.0	2.3	2.7	3.0	3.0	3.5	4	4.5	5	6

注：在带锯上切边时的残余毛边值，模锻件最大边长在 1000mm 以下时，残余毛边应小于 4mm，模锻件最大边长超过 1000mm 时，残余毛边值应小于 8mm，在转角部位上残余毛边应小于 20mm

表 7-23　翘曲公差

(mm)

模锻件最大边长 \ 精度等级	材料	钢和钛			铝、镁、铜		
		3	4	5	3	4	5
大于	至	公差					
	50	0.30	0.30	0.40	0.20	0.30	0.40
50	80	0.30	0.40	0.50	0.30	0.40	0.50
80	120	0.40	0.50	0.70	0.30	0.50	0.60
120	180	0.40	0.50	0.80	0.40	0.60	0.80
180	250	0.50	0.70	1.00	0.50	0.70	0.90
250	315		0.80	1.20	0.50	0.80	1.00
315	400		0.90	1.40	0.60	0.90	1.20
400	500		1.10	1.50	0.60	1.00	1.30
500	630		1.20	1.70		1.10	1.40
630	800		1.40	2.00		1.20	1.60
800	1000		1.60	2.30		1.30	1.80
1000	1250		1.80	2.50		1.40	2.00
1250	1600		2.00	2.90		1.60	2.20
1600	2000		2.30	3.30		1.80	2.50
2000	2500		2.50	3.70		2.00	2.70
2500	3150					2.20	3.00
3150	4000					2.50	3.30
4000	5000					2.80	3.70
5000	6300					3.00	4.50
6300	8000					4.50	6.50
8000							

7.3.3 结构要素及其最佳比值的确定

在设计模锻件时,应力求截面之间过渡平滑,相距不远的各截面面积差最小。必须避免设计带有长而薄的突出部分的零件,因为这样会导致金属消耗增加,工具快速磨损以及毛坯精度降低。在绘制锻件图时,除了必须选定分截面,确定余量和公差外,还必须确定结构要素及其之间的最佳比例。此处所提结构要素及其最佳比例,是在综合 7.2.3 节铝合金筋板构件结构参数的设计准则,以及国内外相关文献及生产实践的基础上所提出的,故而更全面,更具有实用价值。

1. 模锻斜度

模锻斜度大小与模膛深度、锻件轮廓形状和材料、设备类型、模具特点(即是否有顶出器等)有关。

液压机上模锻件的模锻斜度,对于一般锻件可按表 7-24 选取,对有精度要求的模锻件,可按表 7-25 选用。对表 7-25 中带有顶出器的模锻件,所选取模锻斜度应使顶出时所产生的力不引起锻件的翘曲变形。从模膛中顶出锻件所需要的力 F 通常可按下式计算:

$$F = \sum A \cdot \sigma(\mu - \tan\beta)$$

式中:A 为模锻件内壁的表面积;σ 为冷收缩时,锻件与模具凸缘之间接触表面的应力;β 为内模锻斜度;μ 为在顶出温度时,变形金属与模壁的摩擦系数(当 $F=0$ 时,$\mu=\tan\beta$)。

3°模锻斜度在铝合金中广泛应用,但钢件用得极少。

表 7-24 各种合金锻件的模锻斜度值

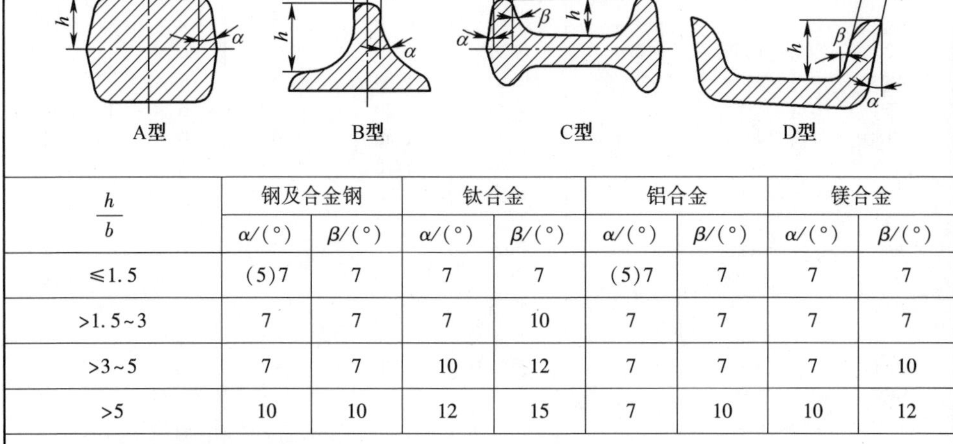

h/b	钢及合金钢		钛合金		铝合金		镁合金	
	α/(°)	β/(°)	α/(°)	β/(°)	α/(°)	β/(°)	α/(°)	β/(°)
≤1.5	(5)7	7	7	7	(5)7	7	7	7
>1.5~3	7	7	7	10	7	7	7	7
>3~5	7	7	10	12	7	7	7	10
>5	10	10	12	15	7	10	10	12

注:1. 对于闭式截面 D 型 α、β 取 5°或 7°;

2. 括号内数值不经常采用;

3. 各种合金在有顶出器模具内锻造时,模锻斜度为 1°或 3°

表 7-25　小斜度模锻件的模锻斜度值

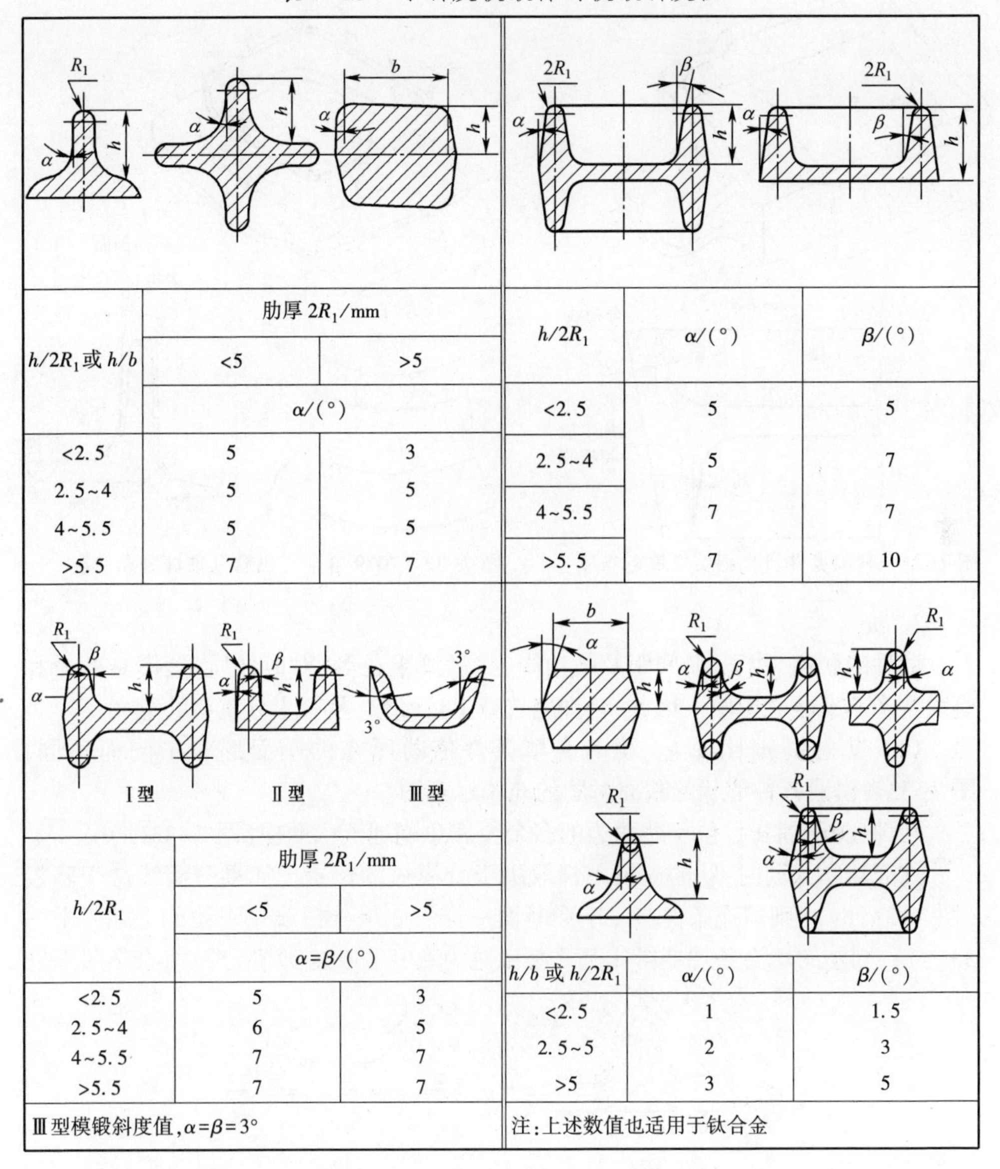

$h/2R_1$ 或 h/b	肋厚 $2R_1$/mm	
	<5	>5
	α/(°)	
<2.5	5	3
2.5~4	5	5
4~5.5	5	5
>5.5	7	7

$h/2R_1$	α/(°)	β/(°)
<2.5	5	5
2.5~4	5	7
4~5.5	7	7
>5.5	7	10

$h/2R_1$	肋厚 $2R_1$/mm	
	<5	>5
	$\alpha=\beta$/(°)	
<2.5	5	3
2.5~4	6	5
4~5.5	7	7
>5.5	7	7

Ⅲ型模锻斜度值，$\alpha=\beta=3°$

h/b 或 $h/2R_1$	α/(°)	β/(°)
<2.5	1	1.5
2.5~5	2	3
>5	3	5

注：上述数值也适用于钛合金

为减少由于模锻斜度大引起的锻件机械加工余量大可从如下几方面着手：对既定模锻工艺，将模锻件斜度减小到最小必须值；充分利用制件的固有斜度或自然斜度；倾斜模腔以达到利用固有斜度；采用顶出器时，设计无斜度模锻件。

如图 7-31 中 $A—A$ 剖面所示，零件斜度向外倾斜 8°，可利用它作为肋顶分模的模锻斜度，下模仅用 3°模锻斜度，这样可使模锻件仅留下很少的加工余量。

又如图 7-32 所示，圆周肋条深 38，模锻斜度 1°~1.5°，工艺上采用顶料杆顶出锻件。模锻件设有顶出垫，以防止顶坏锻件。

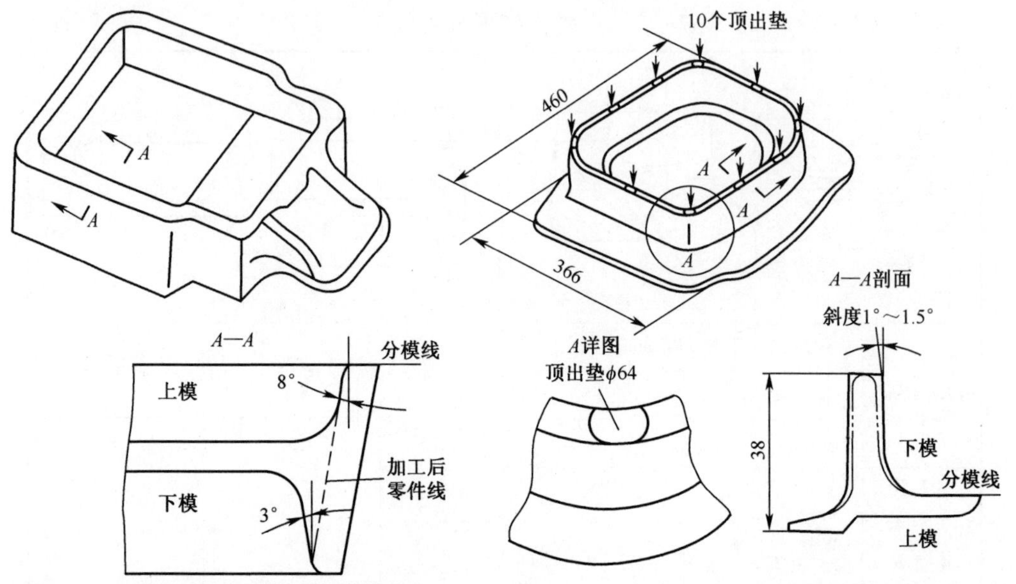

图 7-31　利用零件自身斜度作模锻斜度　　图 7-32　7079 合金飞机窗框顶杆分布情况

2. 肋

锻件的肋高、肋宽、肋间距及圆角半径、过渡半径等，对锻件质量、模具寿命和模锻生产率有很大影响。因此，合理地选择上述参数，具有十分重要的意义。

(1) 肋的高宽比 h/b。肋的充填条件依肋所在的端面形状不同而不同，图 7-33为模锻各种形状的断面时肋的充填示意图。

在填充开式肋时，位于肋两边的多余金属急剧地流入肋中(图 7-33(a))。

在充填闭式肋时，肋的充填条件取决于分模线的位置。如果分模线位于底板(图 7-33(b))，则填充条件与工字形断面一样。如果分模线位于肋的上端(图 7-33(c))，则肋的填充条件变得比开式断面更为有利。在这种情况下，多余金属不是

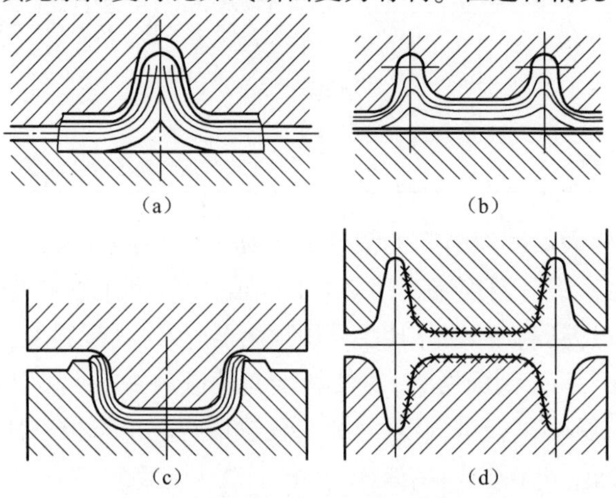

图 7-33　模锻时充填带肋模膛示意图

(图中带毛刺边缘处表示磨损严重之处)

垂直于肋流入飞边槽，所以在腹板向肋过渡的区域能保持很高的力学性能，并能预防在该区域产生各种缺陷。

肋的宽度依肋所在的断面而定。开式断面中，肋的宽度取决于肋高和肋间距，因为肋间距决定流向肋的金属量。

肋的工艺性主要取决于它的高度和宽度。图 7-34 所示为根据实际锻件的肋的最小宽度和最大高度之比绘制的肋的高宽比关系曲线。图 7-34(a)所示的斜实线为推荐采用的普通锻件的肋的最大高宽比($h:b=6:1$)，虚线表示肋的高宽比上限为 $h:b=8:1$ 和下限为 $h:b=4:1$。可锻性较好的材料如铝合金等，在 $h:b=6:1\sim8:1$ 范围内可以锻造。图 7-34(b)所示的数据适用于中小型铝合金精密锻件，建议采用最大高宽比为 15：1，常用的范围为 8：1~15：1。

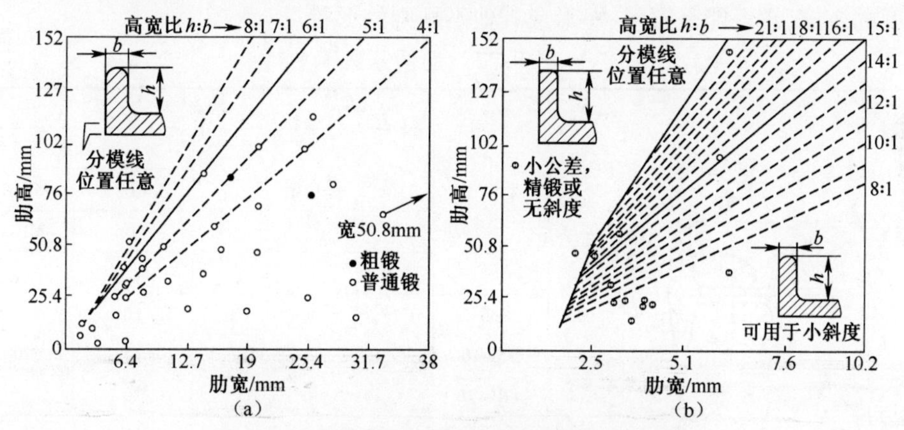

图 7-34 锻件的肋的高度、宽度和高宽比线图

(a)适用于铝合金、钢、钛合金和耐热合金的普通锻件；

(b)适用于由于面积小于 0.26m² 的铝合金精密锻件。

表 7-26 为在锤上和压力机上生产精密锻件的肋的尺寸数值。

表 7-26 在锤上和压力机上生产精密锻件的肋的设计参数

最小肋宽 b/mm	肋的最大高宽比 $h:b$	锻件投影面积/m²	锻件重量/kg
铝合金锻件			
2.0	23：1	0.13	4.6
2.5	17：1	0.0067	0.5
3.0	10：1	0.17	1.1
3.0	7：1	0.0052	0.1
3.2	17：1		0.9
3.3	6.5：1	0.0023	0.1
3.6	4：1	0.0063	0.1
3.8	6：1	0.304	4.4
3.8	5.5：1	0.0258	1.6
4.1	5.25：1	0.024	0.4
4.6	6：1	0.099	2.6
合金钢锻件			
25.4	3：1	0.0903	15.9

(2) 两肋间的间距 a,a 是一个很重要的构造要素。最小肋间距 a_{min},主要取决于肋高 h。肋越高,肋间距应越大,当两肋很高而间距又不足时(图 7-33(d)),由腹板形成的模具凸缘部分将很快磨损。

两肋之间的最大距离 a_{max},主要取决于连接两肋的腹板厚度 S。腹板越厚,肋间距就可以越大。

a_{max}和 a_{mix}极限值如表 7-27 所列。

当两肋之间的距离变化(即两肋不平行而成一定角度),而其高度相等时(图 7-35(a)则表 7-27 中的 a_{max}和 a_{min}可以相应地减小和增加 20%。

在腹板上有孔且孔的面积为腹板的 50%时,则两肋之间的距离将不受限制。

肋的长度一般超过其高度,并且大于其宽度的 3 倍。凸台的长度一般小于其宽度的 3 倍,它可能是圆形、矩形或其他不规则的形状。

表 7-27 肋间距 a (mm)

肋高 h	合金			
	铝合金		镁合金	
			MB2 MB5	MB15 MB7
	a_{min}	a_{max}	a_{min}	a_{max}
<5			10	
>5~10	10	35S	12	30S
>10~16	15		20	
>16~25	25	30S	30	25S
>25~35.5	35		50	
>35.5~50	50		70	
>50~71	65	25S	100	20S
>71~100	80		—	

3. 圆角半径

圆角半径是指肋与腹板之间的圆弧半径,它具有很大的工艺意义。对于开式断面,当肋根的圆角半径偏小时,型槽容易压塌(图 7-35(b))。压塌部分不仅削弱了肋的强度,而且使金属流入肋内的条件变坏。对于分模线位于肋顶的槽型断面,当连接半径偏小时,在肋根处也会使型槽产生类似的压塌(图 7-35(c))。对于工字形一类的闭式断面,当连接半径偏小时,除了使肋的充填变得困难之外,还会导致产生严重的折叠和穿流(图 7-35(d))。这是由于金属充满肋的型槽之后,多余金属便通过肋与腹板的交角处而直接流入飞边槽的结果。

无论何种形状的断面,连接处都是模膛磨损最厉害的地方,因为金属在充填模膛时沿该处流动最强烈半径。因而圆角半径不足,会加快模膛磨损。

圆角半径的大小取决于所模锻的材料的工艺性能和充填肋时流过圆角半径处

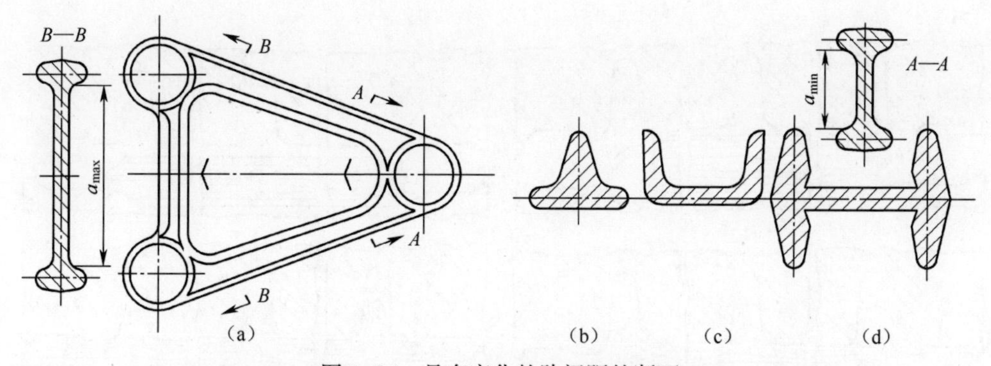

图 7-35　具有变化的肋间距的断面

(a)封闭式肋板结构;(b)T 形肋板结构;(c)U 形肋板结构;(d)H 形肋板结构。

的金属量。当其他条件相同时,对于开式断面,圆角半径之值取决于肋高;而对于闭式断面,则取决于肋高和肋间距。

圆角半径对于成形过程没有决定性的意义,然而在某种程度上对锻件质量的模具寿命也有一些影响。首先,过小的圆角半径容易使模膛内角产生热处理裂纹和疲劳裂纹;其次,肋顶的圆角半径过小,金属很难充满,这不仅需要增大模压力,甚至还需要增加模锻次数。

内圆角半径对产生折叠的影响,可借助图 7-36 所示开式模锻来说明。此锻件有 3 个肋,如图 7-36(a)~(d)所示,采用较短的坯料时,它只盖住了中心肋的模腔,模锻时金属产生很大的横向流动。由图 7-36(e)~(h)可见,若周边肋底部具有较大的内圆角半径 R_f,则金属能平滑地沿着模膛流动,不会形成折叠;而图 7-36(a)~(d)的周边肋,因其底部内圆角半径较小,使横向流动的金属越过内圆角,在肋的内壁附近形成一个空穴,当金属由顶部返流时即形成折叠。中心肋的底圆角虽然较小,但由于毛坯左边和右边部分的金属同时流入模膛,能良好充满成形。图7-36(e)~(f)所示是采用较长的坯料,它覆盖了 3 个肋的模膛,毛坯金属的横向流动不大,因此小的内圆角半径 R_f也可以使所有的肋很好地充满而不产生折叠。图 7-36(g)~(h)所示是采用带肋的预锻毛坯,此时金属主要是垂直流动充满模膛,所以内圆角半径 R_f可以大大减小。

外圆角半径对金属充满模膛的影响,可由图 7-37 所示金属充填圆顶和平顶肋时的流动情况来说明。如图 7-37(a)所示,由于变形金属受模壁的摩擦和冷却的影响,使金属的上升面与模膛顶部的形状不相似,金属将首先接触模膛顶部的中心,如要充满锻件的外圆角则需要增加模锻压力,从图 7-37 所示的模锻受力情况可以看出,锻造时模膛的圆角处会产生应力集中,锻件具有较大的外圆半径将减小模膛圆角处的应力集中,而较小的圆角半径将会使应力集中增大。因此,模锻如图 7-37所示小圆角的平顶肋,不仅要求较大的模锻力,而且模具也会较快地损坏。

圆角半径的大小取决于模膛深度。过渡半径的值取决于模锻件被连接部分的高度。

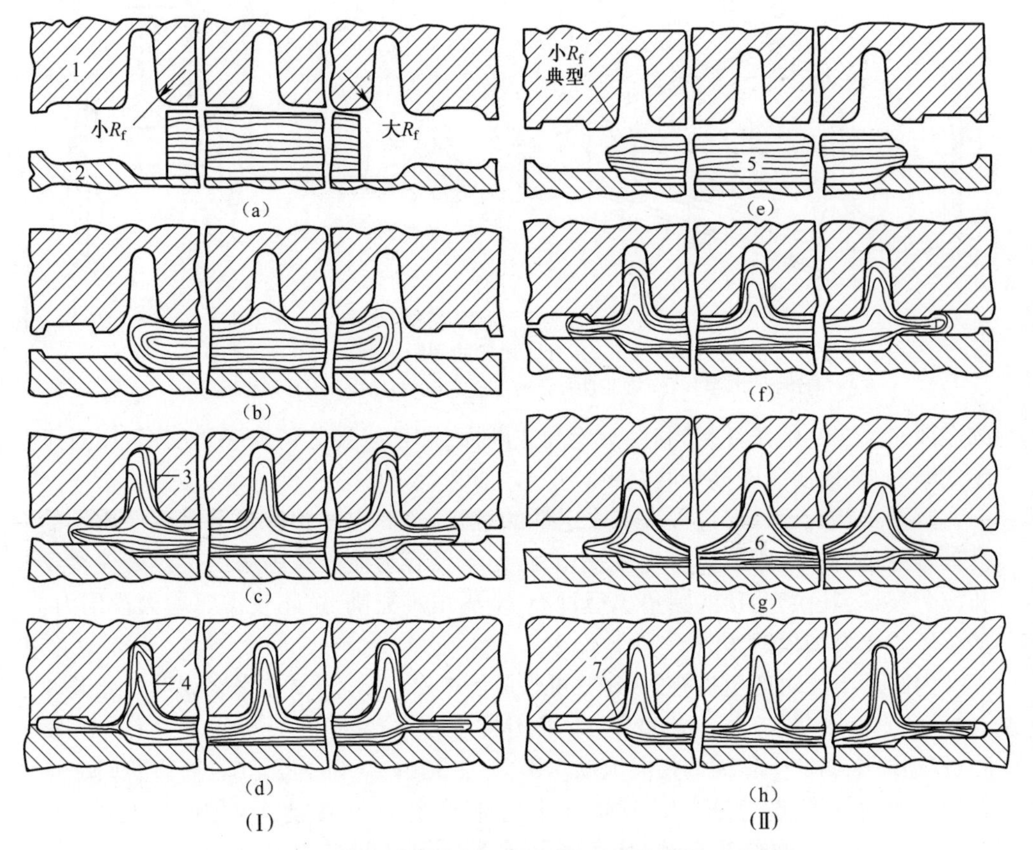

图 7-36　内圆角半径对产生折叠的影响的肋截面示意图

(Ⅰ)短坯料成形过程；(Ⅱ)长坯料成形过程。

1—上模；2—下模；3—空穴；4—折叠；5—坯料；6—预锻毛坯；7—预锻毛坯轮廓线。

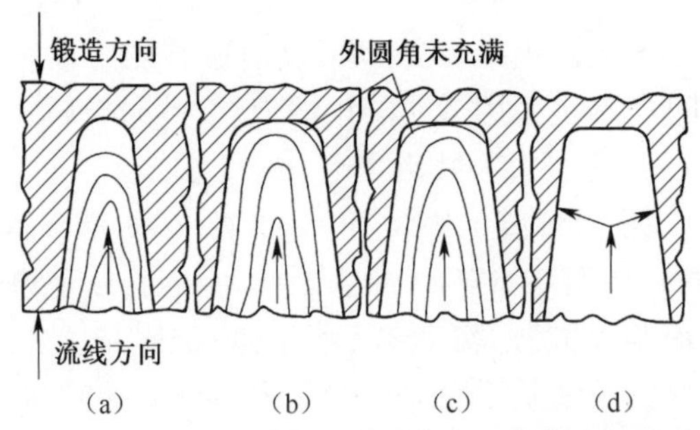

图 7-37　肋的外圆角半径对金属充满模膛的影响

(a)圆顶肋；(b)具有较大圆角半径的平顶肋；(c)具有较小圆角半径的平顶肋；(d)模膛受力示意图。

肋的宽度、圆角半径、过渡半径及腹板倾角分别如表 7-28～表 7-32 所列。前两表适用于普通模锻件，后三表适用于比较精确的模锻件。必须指出，如果在闭式断面上做有减轻孔，则其构造要素(肋宽、肋与腹板的圆角半径)的尺寸，可以比无减轻孔的类似断面的构造要素的尺寸小些，因为利用减轻孔来容纳多余金属，减小了经过肋而排除到飞边的金属量。

存在有减轻孔的腹板，则腹板上的肋的宽度、肋与腹板的圆角半径应按表7-31缩小一格肋间距来选取。

表 7-28 肋宽、圆角半径 (mm)

肋高 h	钢及合金钢、钛合金			铝、镁合金		
	b	R_1	R	b	R_1	R
≤6	3	1	3	2	1	3
>6~10	3	1	4	2.5	1	4
>10~18	3.5	1.5	5	3	1	8
>18~30	4	1.5	8	4	1.5	10
>30~50	7	2	10	6	2	16
>50	10	4	16	8	3	20

注：对于 MB15 合金 $b \geqslant 3$mm

表 7-29 圆角半径、过渡半径、肋宽和腹板倾角 (mm)

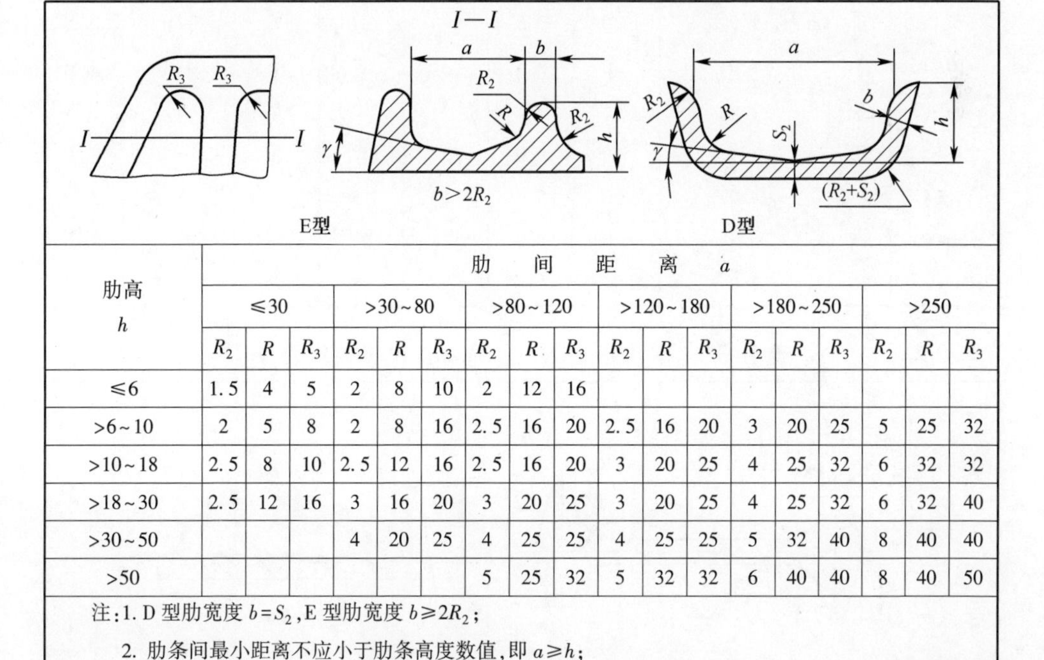

肋高 h	肋间距离 a																	
	≤30			>30~80			>80~120			>120~180			>180~250			>250		
	R_2	R	R_3	R_2	R	R_3	R_2	R	R_3	R_2	R	R_3	R_2	R	R_3	R_2	R	R_3
≤6	1.5	4	5	2	8	10	2	12	16									
>6~10	2	5	8	2	8	16	2.5	16	20	2.5	16	20	3	20	25	5	25	32
>10~18	2.5	8	10	2.5	12	16	2.5	16	20	3	20	25	4	25	32	6	32	32
>18~30	2.5	12	16	3	16	20	3	20	25	3	20	25	4	25	32	6	32	40
>30~50				4	20	25	4	25	25	4	25	25	5	32	40	8	40	40
>50							5	25	32	5	32	32	6	40	40	8	40	50

注：1. D 型肋宽度 $b=S_2$，E 型肋宽度 $b \geqslant 2R_2$；

2. 肋条间最小距离不应小于肋条高度数值，即 $a \geqslant h$；

3. 肋条间距大于 120mm 时，腹板倾角 $\gamma=1°$

表 7-30　铝合金和镁合金模锻件的圆角半径 R_1、R_2、R_3、R_4和 R_5以及肋宽 $2R_1$

(mm)

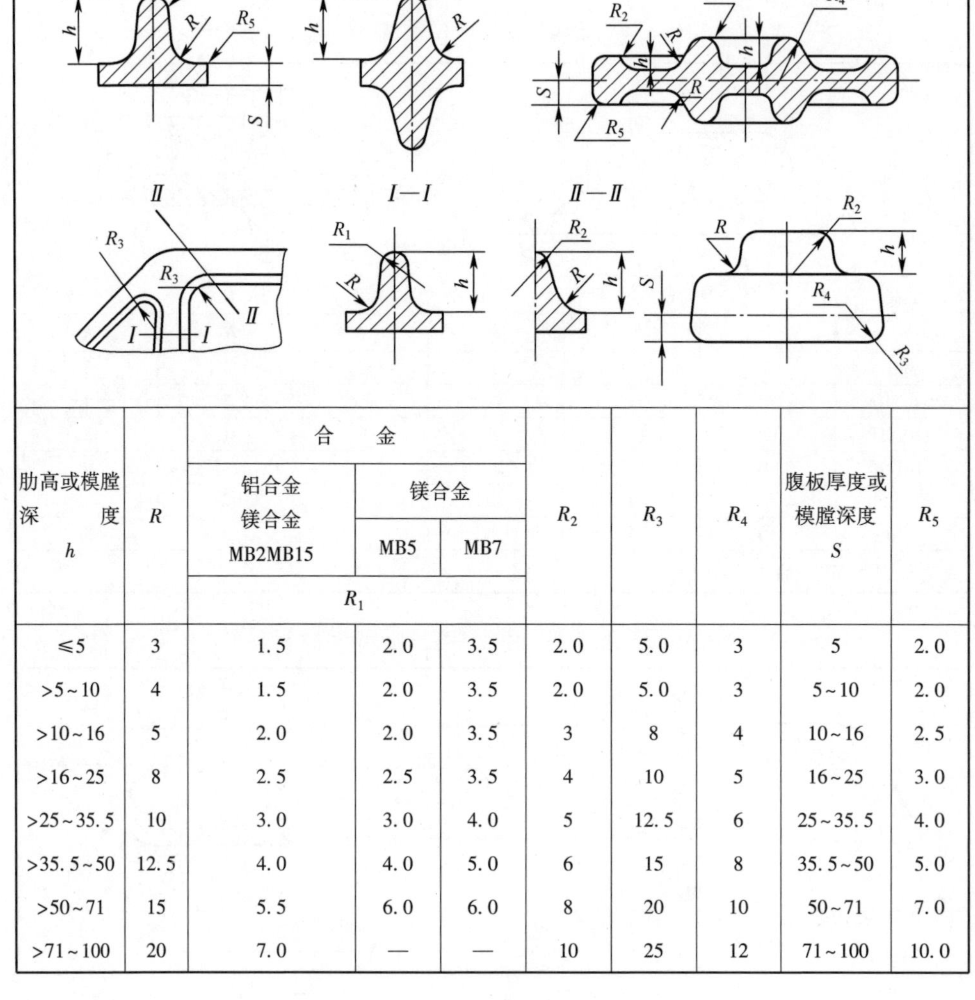

肋高或模膛深度 h	R	合金			R_2	R_3	R_4	腹板厚度或模膛深度 S	R_5
		铝合金 镁合金 MB2MB15	镁合金						
			MB5	MB7					
		R_1							
≤5	3	1.5	2.0	3.5	2.0	5.0	3	5	2.0
>5~10	4	1.5	2.0	3.5	2.0	5.0	3	5~10	2.0
>10~16	5	2.0	2.0	3.5	3	8	4	10~16	2.5
>16~25	8	2.5	2.5	3.5	4	10	5	16~25	3.0
>25~35.5	10	3.0	3.0	4.0	5	12.5	6	25~35.5	4.0
>35.5~50	12.5	4.0	4.0	5.0	6	15	8	35.5~50	5.0
>50~71	15	5.5	6.0	6.0	8	20	10	50~71	7.0
>71~100	20	7.0	—	—	10	25	12	71~100	10.0

表 7-31　圆角半径 R_1、肋宽 $2R_1$和腹板倾角 γ

(mm)

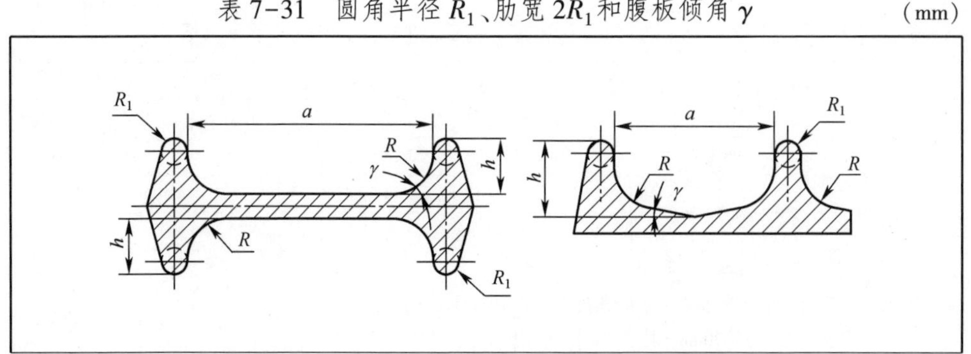

(续)

肋高 h	肋间距 a																	
	<40			40~80			80~125			125~180			180~250			>250		
	R	R_1	γ	R	R_1	γ	R	R_1	γ	R	R_1	γ	R	R_1	γ	R	R_1	γ
≤5	4	1.5	—	8	1.5	2°	10	2	2°	—	—	—	—	—	—	—	—	—
>5~10	5	1.5	—	8	2	2°	12.5	2	2°	12.5	2.5	1°	—	—	—	—	—	—
>10~18	6	2	—	10	2.5	2°	12.5	2.5	2°	15	3	1°	15	9	1°30′	—	—	—
>18~25	8	2.5	—	12.5	3	2°	15	3	2°	15	3.5	1°30′	15	4	1°30′	—	—	—
>25~35.5	10	3	—	15	3.5	2°	15	3.5	2°	15	4	1°30′	20	4.5	1°30′	20	5	1°30′
>35.5~50	12	4	—	15	4	2°	15	4	2°	20	4	1°30′	20	5	1°30′	25	6	1°30′
>50~71	—	—	—	20	4.5	2°	20	5	2°	20	5	1°30′	25	6	1°30′	30	7	1°30′
>71~100	—	—	—	25	5	2°	25	6	2°	25	6	1°30′	30	7	1°30′	30	8	1°30′

表 7-32　连接半径 R、圆角半径 R_1、R_2、壁厚 b 和肋板倾角 γ　(mm)

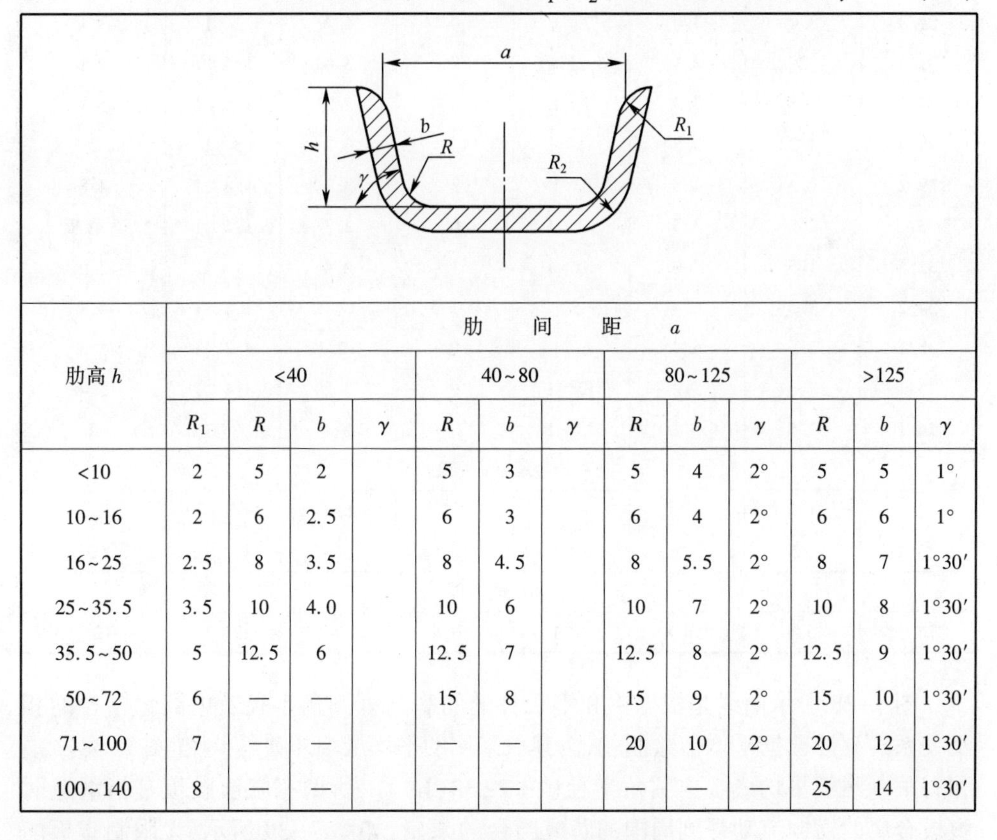

肋高 h	肋间距 a												
	<40				40~80			80~125			>125		
	R_1	R	b	γ	R	b	γ	R	b	γ	R	b	γ
<10	2	5	2		5	3		5	4	2°	5	5	1°
10~16	2	6	2.5		6	3		6	4	2°	6	6	1°
16~25	2.5	8	3.5		8	4.5		8	5.5	2°	8	7	1°30′
25~35.5	3.5	10	4.0		10	6		10	7	2°	10	8	1°30′
35.5~50	5	12.5	6		12.5	7		12.5	8	2°	12.5	9	1°30′
50~72	6	—	—		15	8		15	9	2°	15	10	1°30′
71~100	7	—	—		—	—		20	10	2°	20	12	1°30′
100~140	8	—	—		—	—		—	—	—	25	14	1°30′

表 7-33 为一些实际生产的精密锻件的圆角半径值。

表 7-33 一些实际生产的精密模锻件的圆角半径值 (mm)

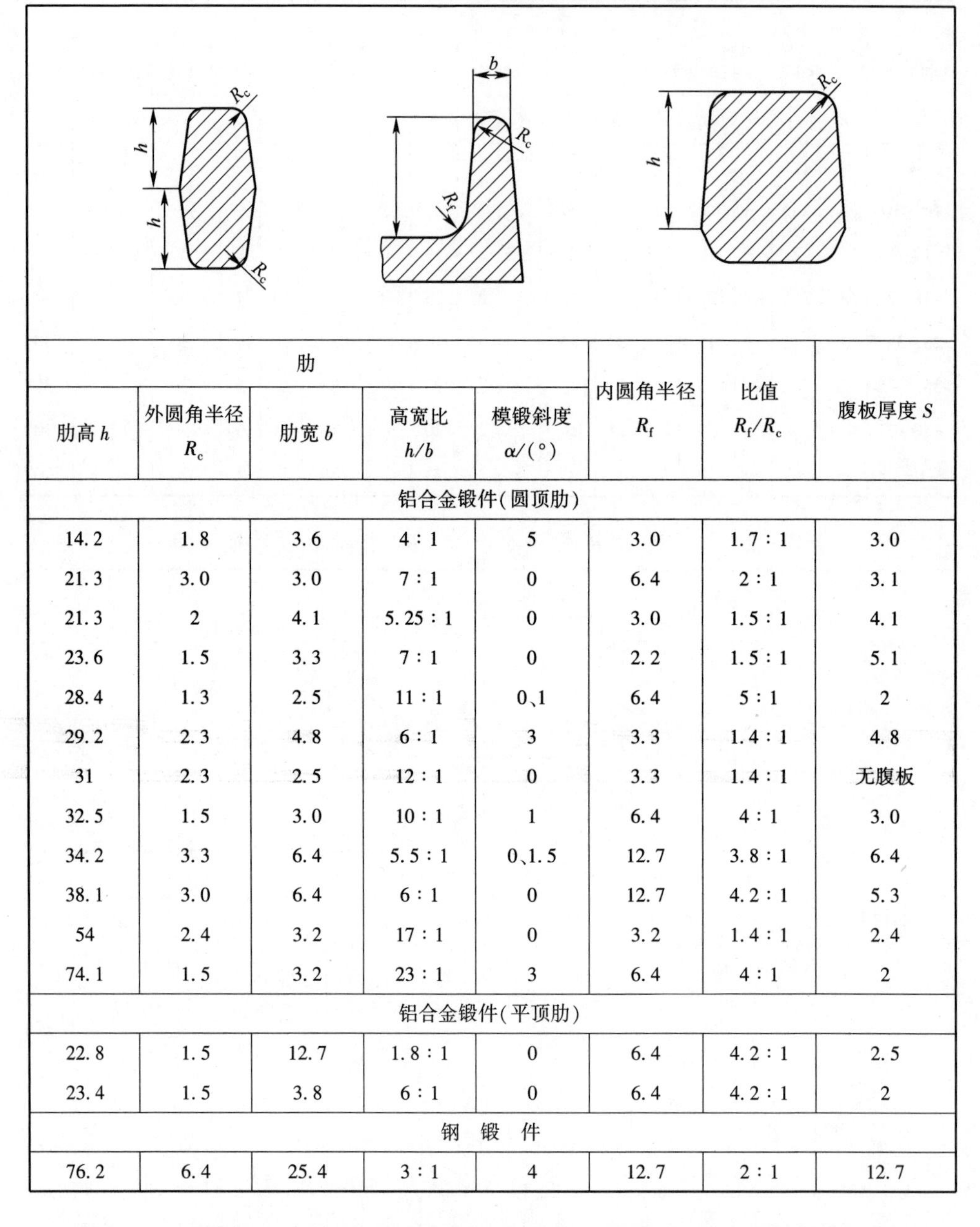

肋					内圆角半径 R_f	比值 R_f/R_c	腹板厚度 S
肋高 h	外圆角半径 R_c	肋宽 b	高宽比 h/b	模锻斜度 $\alpha/(^\circ)$			
铝合金锻件(圆顶肋)							
14.2	1.8	3.6	4:1	5	3.0	1.7:1	3.0
21.3	3.0	3.0	7:1	0	6.4	2:1	3.1
21.3	2	4.1	5.25:1	0	3.0	1.5:1	4.1
23.6	1.5	3.3	7:1	0	2.2	1.5:1	5.1
28.4	1.3	2.5	11:1	0、1	6.4	5:1	2
29.2	2.3	4.8	6:1	3	3.3	1.4:1	4.8
31	2.3	2.5	12:1	0	3.3	1.4:1	无腹板
32.5	1.5	3.0	10:1	1	6.4	4:1	3.0
34.2	3.3	6.4	5.5:1	0、1.5	12.7	3.8:1	6.4
38.1	3.0	6.4	6:1	0	12.7	4.2:1	5.3
54	2.4	3.2	17:1	0	3.2	1.4:1	2.4
74.1	1.5	3.2	23:1	3	6.4	4:1	2
铝合金锻件(平顶肋)							
22.8	1.5	12.7	1.8:1	0	6.4	4.2:1	2.5
23.4	1.5	3.8	6:1	0	6.4	4.2:1	2
钢 锻 件							
76.2	6.4	25.4	3:1	4	12.7	2:1	12.7

图 7-38 所示曲线是根据铝和钢锻件的肋高与外圆角半径及内圆角半径的相互关系的统计数据平均值绘制的,为建议采用的平均最小外圆角半径(图 7-38(a))和有限制腹板平均最小内圆角半径(图 7-38(b))。所谓有限值腹板是指锻造时腹板金属的横向流动受到周围的肋或凸台的限制,如图 7-39 所示,无限制腹板的内圆角半径可以略小些。

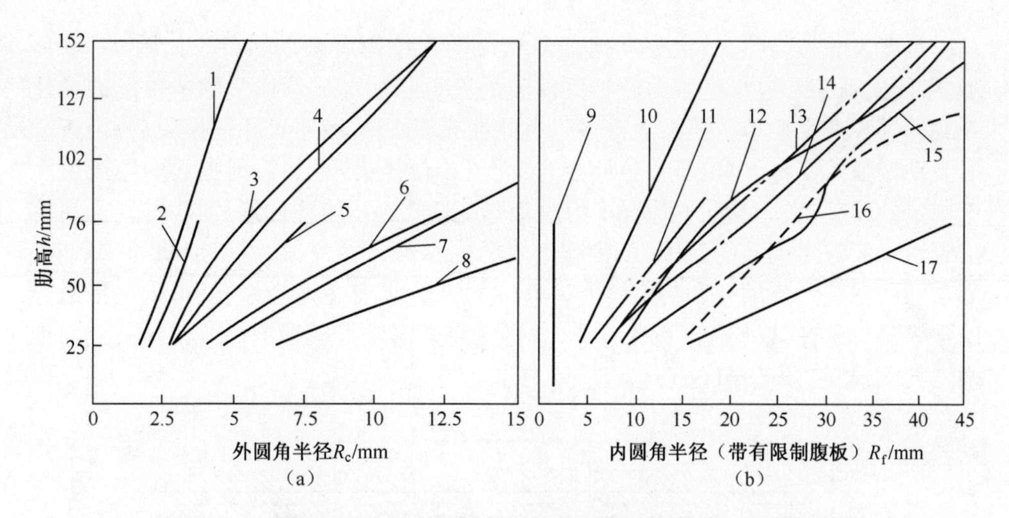

图 7-38　建议采用的最小圆角半径和有限制腹板的最小内圆角半径

(a)最小外圆角半径;(b)有限制腹板的最小内圆角半径。

1—铝合金小公差锻件;2—镁合金小公差锻件;3—镁合金普通锻件;4—铝合金普通锻件;5—钢普通锻件;6—钛合金普通锻件;7—铝合金粗锻件;8—耐热合金普通锻件;9—铝镁合金无斜度锻件;10—铝合金小公差锻件;11—镁合金小公差锻件;12—铝合金普通锻件;13—钢普通锻件;14—镁合金普通锻件;15—钛合金普通锻件;16—耐热合金普通锻件;17—铝合金粗锻件。

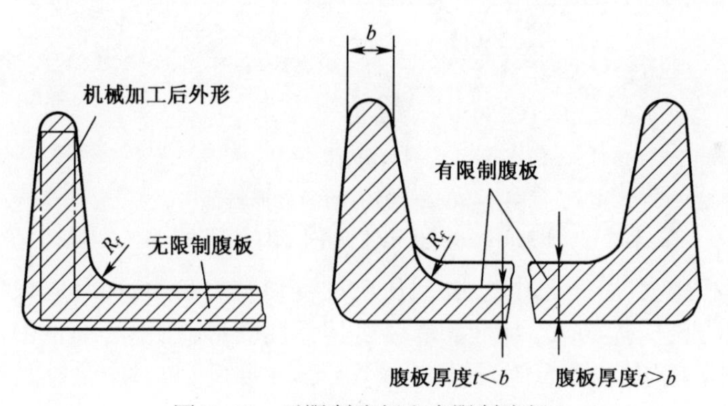

图 7-39　无限制腹板和有限制腹板

4. 腹板厚度

在热模锻难变形材料锻件中最复杂和最重要的问题之一是薄腹板的问题。薄腹板指的不仅是厚度不大的长方形截面的平面零件,而且还指零件截面较薄的部位、盒形或工字形截面的连皮、杯形件底部等,其位置均垂直于变形作用力的方向。

一般地,腹板是锻件上的薄板部分,位于肋、凸台或其他凸起部分之间。腹板通常是平的,当采用开式模锻时与分模面一致,也有非平板形的。对于带腹板盘类锻件,采用闭式模锻时,分模面选在与凸模相接触的端面上,在凸凹模之间间隙中形成较厚而不高的纵向飞边,以此调节坯料体积的变化,这种纵向飞边可在车床上加工端面时去掉。

难度大的是与肋、凸台等其他部分相连的大型薄腹板肋锻件。如图 7-40 所示,带闭式工字形或槽型截面壁板件模腔的充填和肋部成形产生的单位压力要比开式的模腔产生的单位压力大得多。为此在充满 b、b_1 和 h 尺寸的模膛后,由于金属流动特征的变化,单位压力急剧上升;而当单位压力不足时,则腹板的厚度就大于规定的厚度,在充满肋的情况下将腹板厚度调整到所需要的厚度尺寸时,金属将沿着水平面流出模腔的范围,于是就产生肋的穿流。此外,在模锻带肋的壁板时,沿着肋的轴线产生缩孔和折叠(图 7-41(a))。为了避免产生缩孔,可采用带鼓包的预模锻(图 7-41(b))进行预成形,这样在终锻模腔里模锻锻件时就能有效而准确地充满模腔(图 7-41(c))。

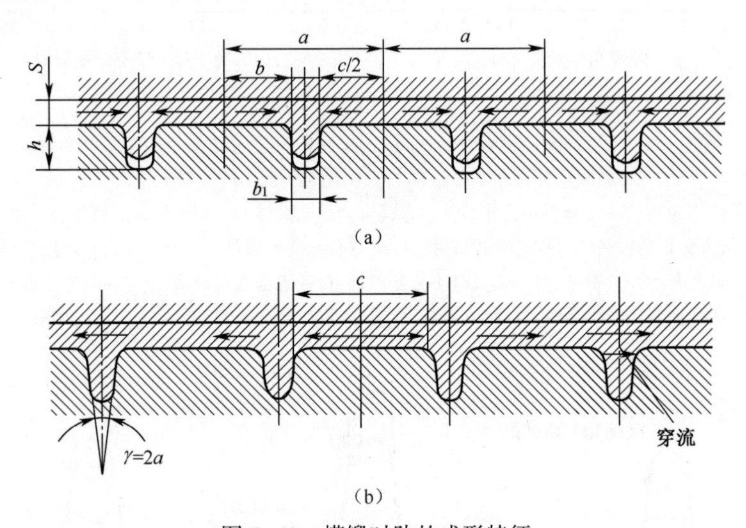

图 7-40　模锻时肋的成形特征

(a)肋的充填示意图;(b)模锻刚性肋薄平面锻件时的金属流动特征。

腹板面积越大,厚度尺寸越小,模压时的变形抗力越大,而且腹板中心部分的单位变形抗力比周边的大,因而常常因模具弹性变形,在中心部位形成凹陷。因此,锻件腹板的厚度不能太薄,其最小厚度(极限腹板厚度)应是模具钢许用压应力条件下的坯料中部变形厚度。

在某些情况下最薄的腹板厚度,与其说决定于工艺要求,不如说是由材料物理性能所确定的。如镁合金的最薄厚度是由抗腐蚀性能确定的。如薄腹板和模腔表面接触而变冷时,它的屈服强度就会提高。这对轻合金模锻来说不是主要的,因为锻模可以预热到接近于变形温度,并可以进行中心预热的多次模锻。对钢和钛合金来说,就完全不同了,它们的模锻温度很高。钛在此种情况下具有黏结的倾向和迅速冷却的特点,而加热钢的表面上易形成氧化皮。补充预热钛合金会增加 a 层的厚度。因此钛合金和钢锻件的腹板厚度应比铝合金厚 1~3mm,也就是说轻合金锻件的腹板可以做得薄一些。

因此,腹板厚度的确定,主要取决于材料的物理性能、工艺性能、腹板的宽厚比

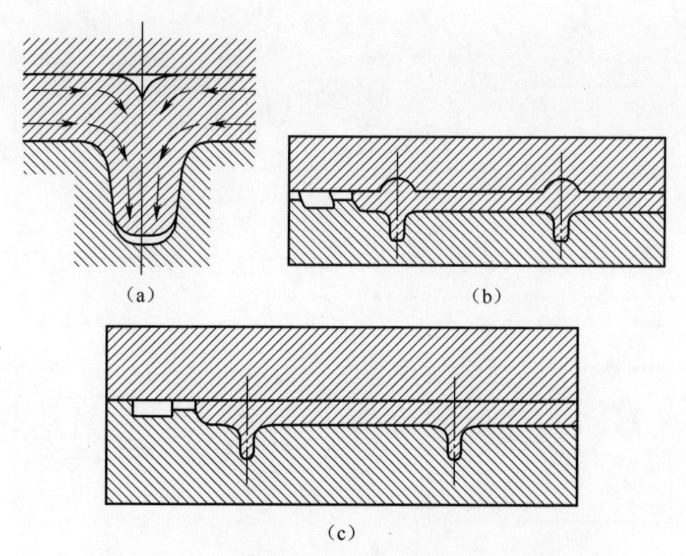

图 7-41　带有壁板形成缩孔和折叠的情况示意图
(a)带有壁板形成缩孔和折叠的原因;(b)消除措施;(c)终锻模膛结构。

和腹板的面积。在其他条件相同的情况下,腹板面积越大,其厚度应越大。

腹板与肋相结合,可以形成开式断面(图 7-42(a))或闭式断面(图 7-42(b))。断面形状对腹板厚度有极大的影响,在开式断面中,腹板宽度(图 7-42(c))因肋的存在而减小,实际宽度 $a_1=a-a_2$,所以,$\frac{a_1}{S}$ 小于同样宽度的平板断面 $\frac{a}{S}$。此外,开式断面上的肋有助于保持腹板的热量,因此改善了模锻件的成形条件。因此,在其他条件相同的条件下有肋的开式断面的腹板厚度可以比平板断面的腹板厚度小。

在闭式断面中,腹板厚度 a_1(图 7-42(d))也因肋的存在而减小,但其腹板的成形条件要比开式断面复杂得多。因为位于腹板边缘的肋使腹板上多余的金属很难从腹板流到飞边中去(图 7-42(e))。因此,在一定程度上可以认为,平板断面与闭式断面的腹板的成形条件是相似的。

闭式断面腹板上的减轻孔,可用做多余金属的补充容纳区(图 7-42(f)),从而实际上减小了腹板的宽度。在这种情况下,可以认为闭式断面与开式断面的腹板的成形条件是相同的。

为有效地利用减轻孔作为多余金属的容纳器,孔的面积应不小于腹板面积的 50%。

为使金属能在肋间距较大的闭式断面中容易流动,有时将腹板做成斜面,从腹板中心向肋的方向逐渐变厚(图 7-42(g))。此时,断面中心部分的腹板厚度分别按下列公式确定。

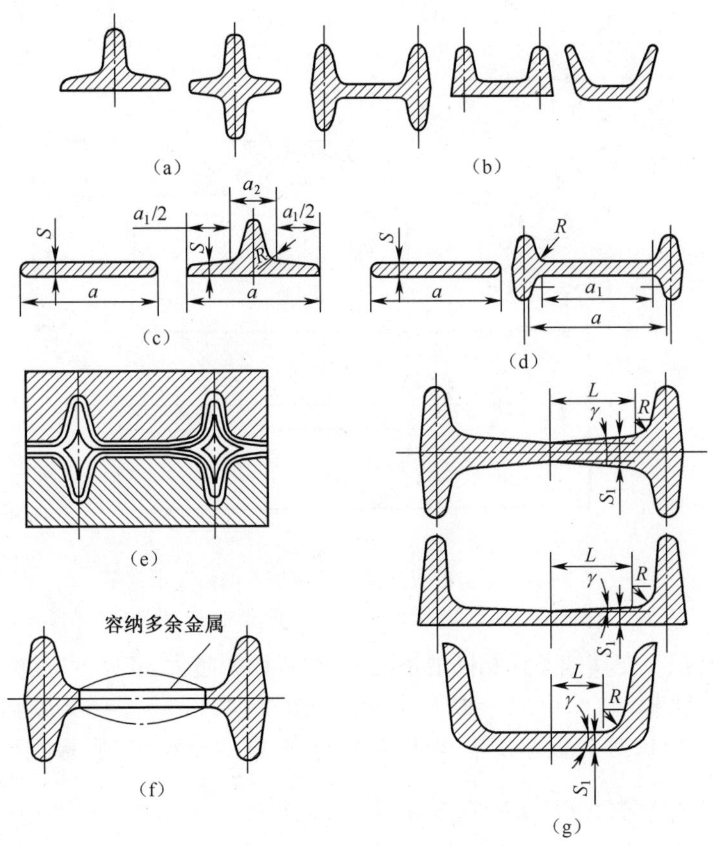

图 7-42　具有各种腹板的锻件的断面形状

对于工字形断面：

$$S_1 = S - (L + R)\tan\gamma$$

对于槽型断面：

$$S_1 = S - \frac{1}{2}(L + R)\tan\gamma$$

式中：S 为腹板厚度，可按表 7-34 或表 7-35 确定；γ 为腹板倾角，可按表 7-28 或表 7-30 和表 7-31 确定；L、R 为图样上已经指出的尺寸。

各种断面的腹板厚度值分别列于表 7-34 和表 7-35 中。前者适用于一般模锻件，后者适用于比较精化的锻件。当肋宽超过腹板的厚度时，腹板斜度要考虑肋"欠充满"情况。为了提供适量金属以充满肋，可使腹板两侧肋和腹板结合处小范围内具有斜度，如图 7-43 所示。

开式的、闭式的普通级及精密级模锻件其腹板厚度设计相同。图 7-44 为腹板最小厚度曲线。腹板最小厚度 S 是根据其宽度 B、宽高比 $B:h$ 和锻件投影面积来选择的。

例如，图 7-45(a) 所示的闭式断面没有减轻孔，当肋高 $h = 30\text{mm}$，肋间距 $a =$

130mm 时，按表 7-31 的肋间距 $a=125\sim180$mm，查得 $R_1=4.5$mm，$R=20$mm。若在该断面上做出减轻孔，如图 7-45(b) 所示，则按表 7-31 缩小一格肋间距 $a=80\sim125$mm，查得 $R_1=4$mm，$R=15$mm。

表 7-34　各种断面的腹板厚度 S　(mm)

开式断面　　闭式断面

模锻件在分模面上的投影面积 /cm²	钢及合金钢钛合金		铝合金		镁合金 MB2		镁合金 MB5	
	S_1	S_2	S_1	S_2	S_1	S_2	S_1	S_2
≤25	1.5	2	1.5	2	1.5	2	1.5	2
>25~50	2	3	2	2.5	2	2.5	2	3
>50~100	3	4	3	3	2.5	3	3	4
>100~200	4	5	4	4	3	4	4	5
>200~400	5	6	5	6	4	5	5	6
>400~800	6	8	6	8	6	6	6	8
>800~1000	8	10	8	8	8	8	8	10
>1000~1250	10	12	8	10	8	10		
>1250~1600	12	14	9	11				
>1600~2000	14	16	10	12				
>2000~2550	16	18	11	14				
>2500~3150	18	20	12	15				
>3150~4000	20	22	13	18				
>4000~5000	22	24	14	18				
>5000~6300			15	20				
>6300~8000			16	21				
>8000			18	22				

注：对于热强钢腹板厚度按钢增加 30%

表 7-35　各种断面的腹板厚度 S　(mm)

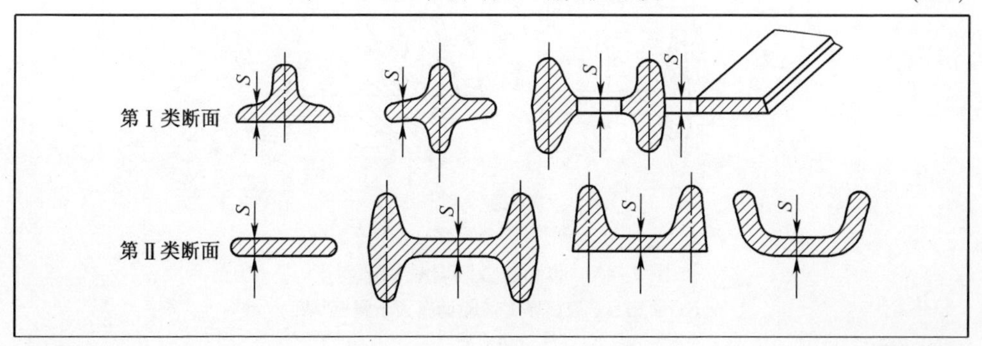

(续)

模锻件在分模面上的投影面积/cm²	合金									
	铝合金		镁合金							
			MB2		MB15		MB5		MB7	
	断面类别									
	Ⅰ	Ⅱ	Ⅰ	Ⅱ	Ⅰ	Ⅱ	Ⅰ	Ⅱ	Ⅰ	Ⅱ
	S									
≤25	1.5	2.0	1.5	2.0	1.5	2.0	4.0	4.0	7.0	7.0
>25~80	2.0	2.5	2.0	2.5	2.5	3.0	4.5	4.5	7.5	7.5
>80~160	2.5	3.0	2.5	3.0	3.5	4.0	4.5	4.5	7.5	7.5
>160~250	3.0	3.5	3.0	3.5	4.0	5.0	4.5	5.0	7.5	7.5
>250~500	4.0	4.5	4.0	4.5	5.0	6.0	5.0	6.0	7.5	7.5
>500~850	5.0	5.5	5.0	5.5	6.0	8.0	6.0	8.0	7.5	8.0
>850~1180	5.5	6.5	5.5	6.5	7.5	10.0	8.0	10.0	8.0	10.0
>1180~2000	7.0	8.0	7.0	8.0	9.0	12.0	10.0	12.0	10.0	12.0
>2000~3150	8.0	9.0	8.0	9.0						
>3150~4500	9.0	10.5	9.0	10.5						
>4500~6300	10.5	12.0	10.5	12.0						
>6300~8000	11.5	13.0	11.5	13.0						
>8000~10000	12.5	14.0	12.5	14.0						
>10000~12500	13.5	15.0	13.5	15.0						
>12500~16000	15.0	16.5	15.0	16.5						
>16000~20000	16.5	18.0	16.5	18.0						
>20000~25000	18.0	20.0	18.0	20.0						

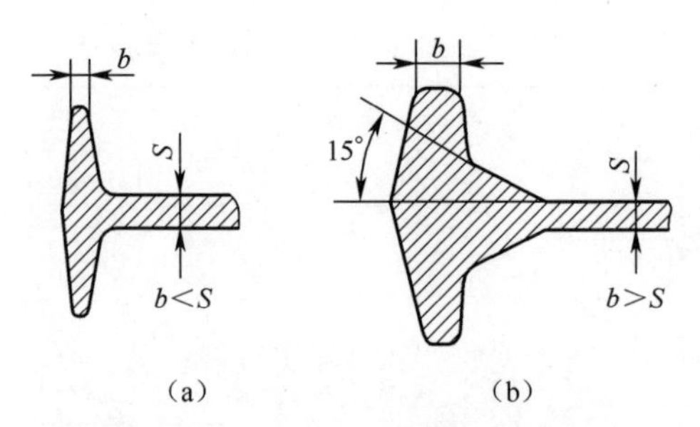

图 7-43　肋和腹板结合处局部斜度

(a)肋宽小于腹板厚度;(b)肋宽大于腹板厚度。

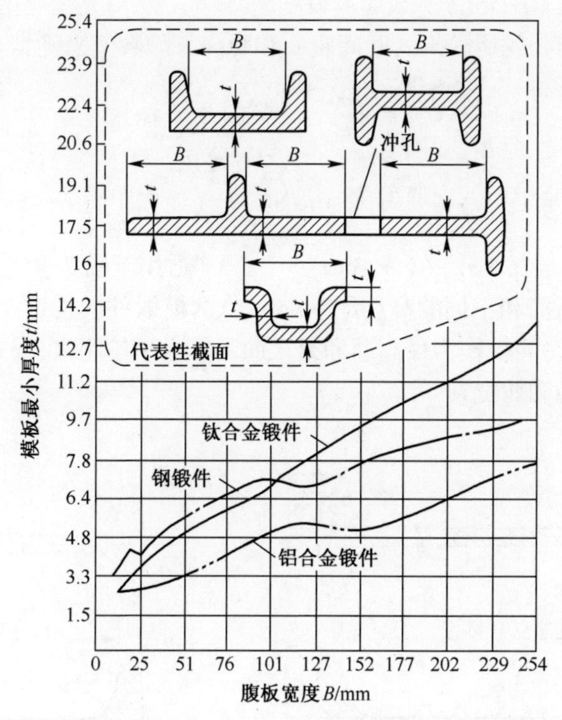

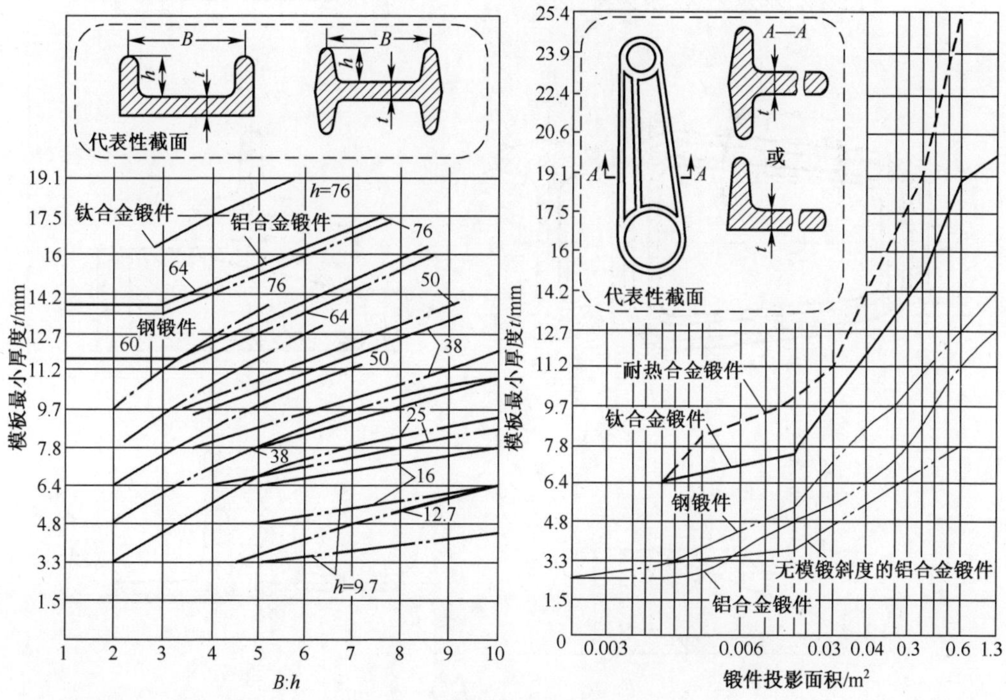

图 7-44　腹板最小厚度 S 的选择

当肋间距(图 7-45(c))或肋高(图 7-45(d)、(e))是变化的时,则断面的构造要素应根据下列公式所求出的肋间距 a 和肋高 h 的数值来确定:

$$a = \frac{a_{\max} + a_{\min}}{2}(1 + \sin\alpha)$$

$$h = \frac{h_{\max} + h_{\min}}{2}(1 + \sin\alpha) \qquad (适用于图 7-45(d))$$

$$h = 0.5\,h_{\max}(1 + \sin\alpha) \qquad (适用于图 7-45(e))$$

具有闭式断面和不同肋高(图 7-45(f))的模锻件的构造要素,可采用下列方法确定:取最小肋间距作为最高肋和最矮肋的算术平均距离,根据最高肋来选取与腹板的圆角半径和肋宽。

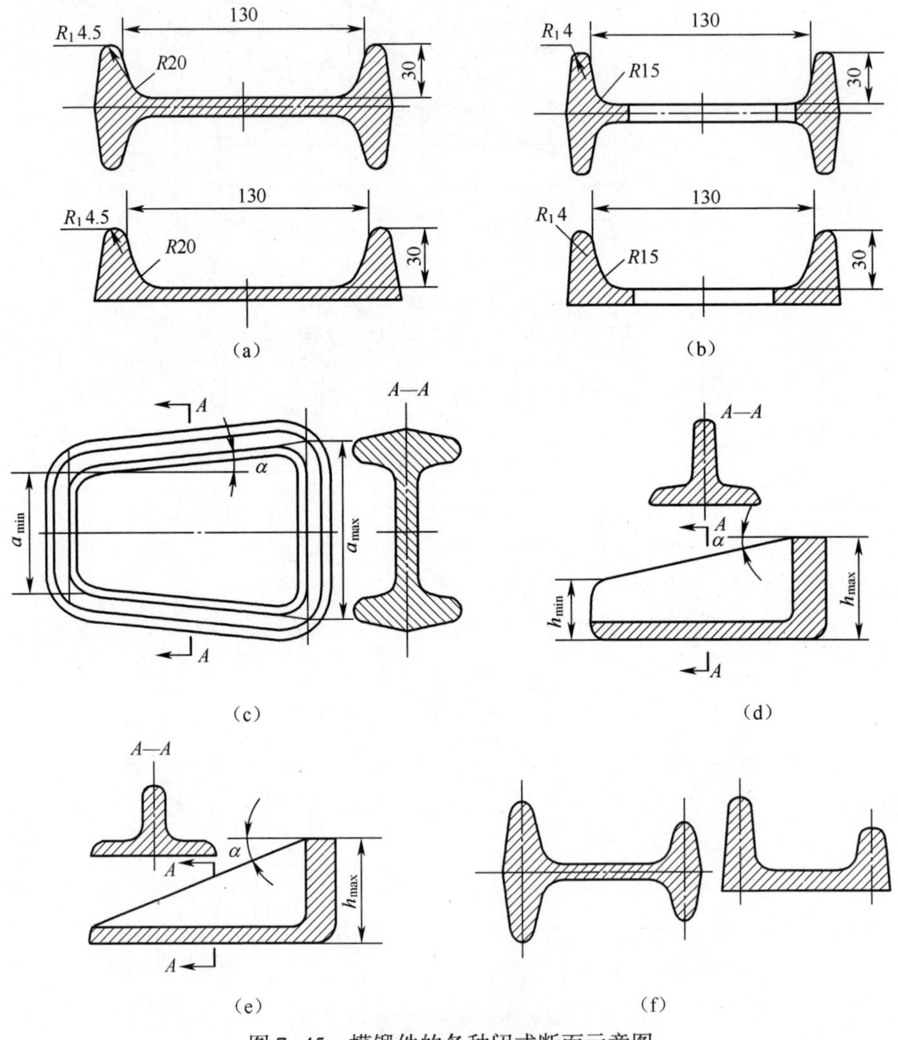

图 7-45　模锻件的各种闭式断面示意图

5. 冲孔连皮

液压机上模锻件的冲孔连皮有平底连皮、斜底连皮和带凹仓连皮等形式,各种形式的冲孔连皮的尺寸确定与锤上模锻相同。

除上述确定连皮厚度方法之外,也有推荐下列的形式和确定方法。

1) 对于不冲孔的情况

(1) 当 $h \leqslant 0.45d$ 时(图 7-46(a))

$$S \geqslant 0.1d, C \geqslant 0.078D, R = \frac{a^2}{8h} + \frac{h}{2}$$

图中 R_1 值按表 7-30 确定。

(2) 当 $0.45d<h<d$ 时(图 7-46(b))

$$S \geqslant 0.1d, R = \frac{d\cos\alpha - 2h\sin\alpha}{2(1 - \sin\alpha)}$$

式中:α 为模锻斜度。

图中 α 和 R_1 之值按表 7-25 和表 7-30 确定。

(3) 当 $d<h<2.5d$ 时(图 7-46(c))

$$c = L - 0.6d, S \geqslant 0.2d, R = 0.2d, R_2 = 0.4d$$

图中 α 和 R_1 之值按表 7-25 和表 7-30 确定。

2) 对于冲孔的情况(图 7-46(d))

连皮形式和厚度按表 7-36 和表 7-37 确定。

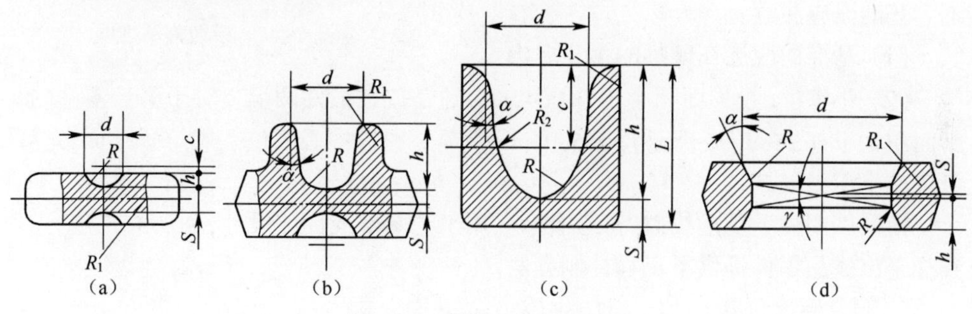

图 7-46 模锻件压凹和连皮

表 7-36 连皮厚度 (mm)

d	<50	50~80	80~120	120~160	160~200
S	4	6	8	10	12

表 7-37 压凹中连皮的连接半径 R 和斜角 γ (mm)

凹槽深度 h	d									
	<50		50~80		80~120		120~160		160~200	
	R	γ/(°)	R	γ/(°)	R	γ/(°)	R	γ/(°)	R	γ/(°)
<15	6		8	1	10	1	12	1	15	1

（续）

凹槽深度 h	d									
	<50		50~80		80~120		120~160		160~200	
	R	γ/(°)	R	γ/(°)	R	γ/(°)	R	γ/(°)	R	γ/(°)
15~30	8		10	2	12	2	15	1	20	1
30~50	10		12	2	15	2	20	2	25	2
50~80	—	—	15	2	20	3	35	2	30	2
80~120	—	—	—	—	25	3	30	3	35	3
120~160	—	—	—	—	—	—	35	3	40	3
160~200	—	—	—	—	—	—	—	—	50	3

7.3.4 设计锻件图的其他问题

1. 加工定位基准

为减小模具制造过程中各工序的误差(画线、机械加工、检验等)协同模锻件机械加工定位基准,需提供几个公共的面,把各个特定尺寸的公共面连接起来。这几个公共面就是工艺基准。工艺基准面通常选在易接触的地方,模锻件图样一般规定3个基准面(图7-47)。选择工艺基准面应注意:

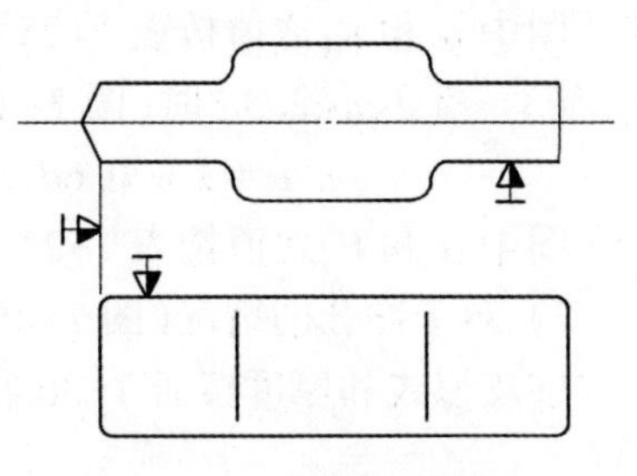

图7-47 模锻件基准线

(1) 基准面应选在模具的1/2之内。

(2) 小零件(投影面积小于0.0645m^2)通常放在锻件两端。对于窄长零件(投影面积大于0.258m^2或长度大于500mm)在靠近锻件中心部位上规定基准面,这样可以减小积累误差。

模锻件图样上基准线以$符号表示。用工艺基准线标注尺寸,为所有工序一直到加工出成品零件提供了工程控制办法。

2. 测量硬度位置

已经热处理的锻件,均应在锻件图上标出测定硬度的位置,并以HB表示。选定测量硬度位置如下:

(1) 硬度应打在平的表面上。

(2) 打硬度位置厚度一般不小于钢球的直径(通常钢球直径为10mm),最小不小于6mm。压坑(铝、镁合金压坑直径为2.0~6.5mm有效)离制品边缘应大于或等于钢球直径。

(3) 打在加工表面上。

(4) 打在容易磨、测的位置。

3. 确定性能试样位置

(1) 纵向拉力试样。纵向拉力试样为顺着金属流线方向切取的试样。如果取在肋上，其位置为 1/2 肋高处，肋的宽度一般不小于 12mm。模锻件肋的交叉处，金属纤维方向不明显，只能取横向试样。

（2）横向拉力试样。横向拉力试样为沿着与金属的纤维方向相垂直的方向切取试样。有些长形件腹板很薄，宽展变形很厉害，则沿腹板长度切取的试样也只能算横向试样。

（3）宏观组织（也称低倍组织）。宏观组织一般取在最能暴露内部组织缺陷的最大断面上，对于流线要求很高的受力结构件，也可取在最能反映金属流线的断面上。

4. 印记位置

在锻件上一般要打有锻件编号（或零件图号）、合金牌号、熔次号、批号和热处理炉号等标记，这些记号的位置如下：

（1）锻件编号和合金牌号最好在模膛中刻出，并且位于锻件不加工表面和易看的表面上。

（2）如果锻件编号和合金号没有刻出，则应和其他所有标志号打在一处，其位置在易看着和易操作的加工表面上。

在考虑了以上各节的所有问题后就可以画出冷锻件图。

图 7-48(a)所示为飞机上的铝合金框型筋板类零件，图 7-48(b)所示为根据前述锻件设计方法即零件图中的技术要求所设计出的精密模锻件图。具体设计计算过程极为烦琐，此处从简。

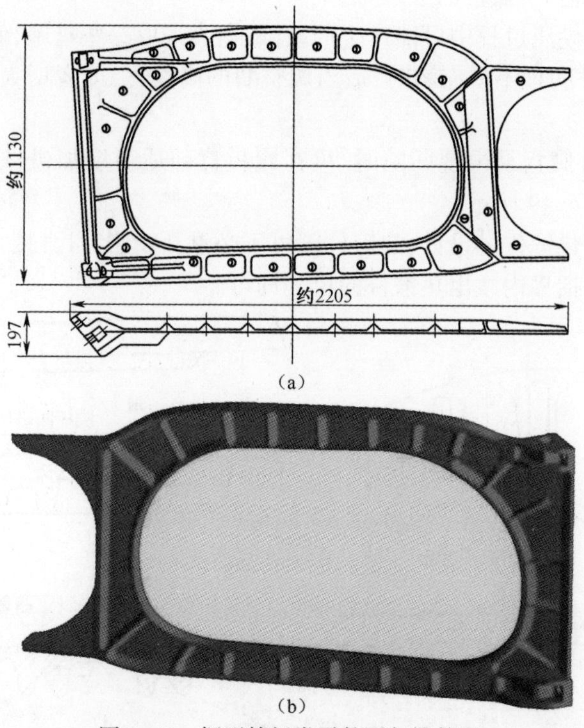

图 7-48　框型筋板类零件图与锻件图

(a)零件图；(b)锻件图。

7.4 模具设计

7.4.1 模膛设计

液压机上模锻常用的模膛有终锻模膛、预锻模膛和制坯模膛。

1. 终锻模膛

终锻模膛是模锻时最后成形模膛，它按热锻件图制造，其设计的主要内容是确定并绘制热锻件图以及选择飞边槽。

1) 热锻件图的制订和绘制

根据冷锻件图制订和绘制热锻件图，并应考虑以下几点：

(1) 铝、镁合金热锻件冷却时的线收缩率为 0.1%~0.3%，一般中小型件取 0.6%~0.8%。要保证模锻件尺寸，还需根据制件的断面形状、尺寸公差大小合理增大或较小收缩率。对精密锻件还需做辅助试验。

(2) 肋条厚度的收缩率，考虑到蚀洗的影响，一般应放大 0.2mm。

(3) 当设备吨位不足，上、下模不能压靠时，应使热锻件的高向尺寸为冷锻件尺寸的下限(即冷锻件名义尺寸减去欠压的下偏差)，或者更小，这样可以减少模锻次数，并保证得到所需要的欠压量。

(4) 应根据模压过程中可能产生的缺陷，适当采取一些措施，例如：

① 当模锻件肋顶不易充满时，适当调整肋的高宽比，或者增大肋顶圆角、过渡圆角和腹板厚度；

② 当模锻件腹板易出现凹陷时，可在腹板背部适当增加机械加工余量，或设计"凸起"，如图 7-49 所示。

(5) 为了简化锻件的设计，热锻件图可不必重新绘制，可直接在冷锻件图中的锻件尺寸之旁的括号内注出热锻件的尺寸即可。

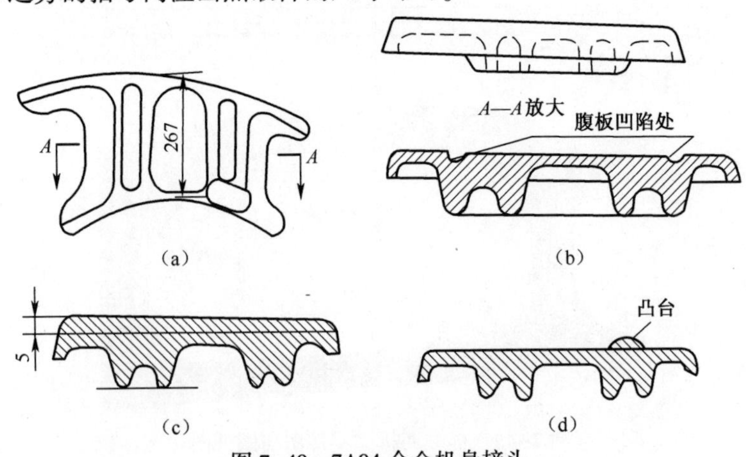

图 7-49　7A04 合金机身接头

(a)锻件；(b)腹板出现凹陷；(c)腹板增加余量；(d)腹板设计凸台。

2）飞边槽的选定

（1）飞边槽的形式(见表 7-38 附图)。

① 形式Ⅰ。适用于只有下模膛的锻件,或上模膛比较浅的锻件,其优点是减少了上模的机械加工量。其缺点是飞边仓部的深度较其他类型的更深,因而桥口容易被压塌。

② 形式Ⅱ。特点是仓部大,能容纳的余料多,适用于锻件尺寸大、形状复杂以及坯料比锻件体积大得多的情况。

③ 形式Ⅲ。适用于具有上、下模膛的锻件。

其他类型如图 7-50 所示。图 7-50(a)所示形式的飞边槽,桥口阻力和刚度均较大,图 7-50(b)所示的飞边适用于深而复杂的模膛。

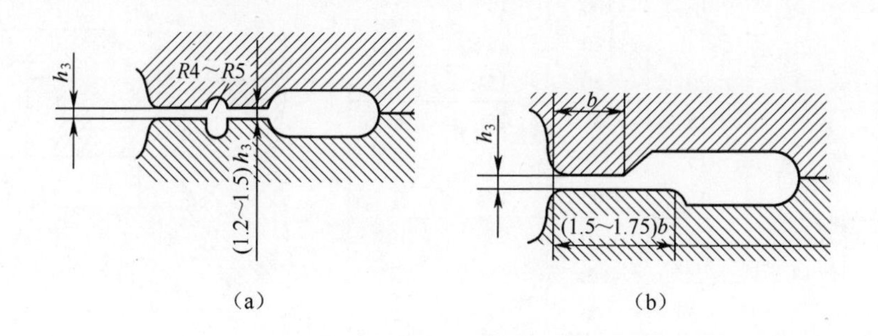

图 7-50　飞边槽

(a)增加模桥阻力和刚度;(b)增加金属流动阻力适用于深而复杂的模膛。

（2）飞边槽尺寸的选择(表 7-38)。飞边槽的主要尺寸是桥部的高度 h 和宽度 b。锻件的尺寸、形状复杂程度以及单位压力等是选定飞边槽尺寸的主要依据。目前尚无很好的计算方法,主要凭经验选定。也可按设备吨位或下列公式来确定 h(mm):

$$h = 0.015\sqrt{A_d}$$

式中:A_d为锻件在平面图上的投影面积(mm^2)。

模锻铝、镁合金用的模锻,其飞边槽的桥部高度 h 和桥部出口处连接半径 R 应比模锻钢锻件的锻模大 30%左右。如果 h 和 R 应同模锻钢锻件用的模锻的飞边槽一样,那么在模具上切边后就容易产生分模线裂纹(飞边裂纹)。因此,按上式计算出的 h 需要再加大 30%左右。

表 7-39 是目前某些工厂经常选用的数据,可供参考。

当同一锻件的不同部分充满模膛的难易程度不一样时,应在较难充满的部分增大桥口阻力,增加桥口宽度 b 或减小桥口高度 h,从便于模具制造出发通常是加大此处的桥口宽度,如图 7-51 所示。飞边槽的仓部尺寸根据排出金属量的多少进行选择。

表 7-38 飞边槽尺寸

飞边槽编号	主要尺寸/mm					简图
	h	b	B	H	R	
1	3	12	60	12	3	
2	3	12	80	12	3	
3	3	12	80	15	3	
4	3	12	100	15	3	
5	3	15	60	15	3	
6	3	15	80	15	3	
7	3	15	100	15	3	
8	5	15	80	15	5	
9	5	15	100	15	5	
10	5	15	120	15	5	
11	5	20	150	15	5	
12	5	15	70	25	6	
13	7	15	80	15	8	
14	7	15	100	15	8	
15	8	25	150	25	10	
16	3	15	80	15	3	
17	3	15	100	12	3	
18	5	15	80	15	5	
19	5	15	100	15	5	
20	5	15	120	15	5	
21	7	15	80	15	8	
22	7	15	100	15	8	
23	7	15	120	15	8	
24	8	25	150	15	10	
25	3	12	60	12	3	
26	3	12	80	12	3	
27	3	12	80	15	3	
28	3	12	100	15	3	
29	3	15	60	15	3	
30	3	15	80	15	3	
31	3	15	100	15	3	
32	5	15	80	15	5	
33	5	15	100	15	5	
34	5	15	120	15	5	
35	5	20	150	25	5	
36	5	15	70	15	6	
37	7	15	80	15	8	
38	7	15	100	15	8	
39	8	25	150	25	10	

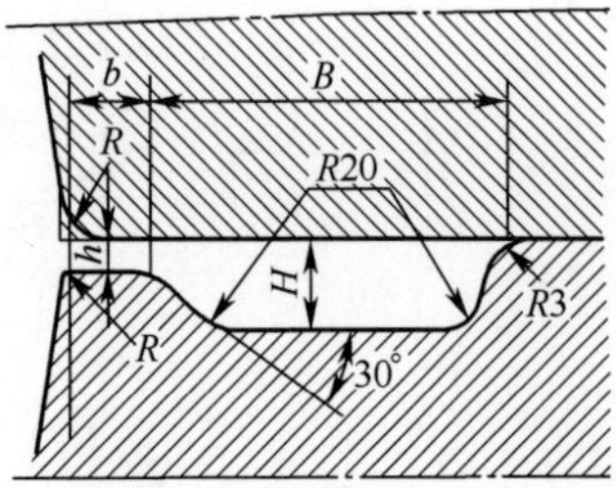

(a)

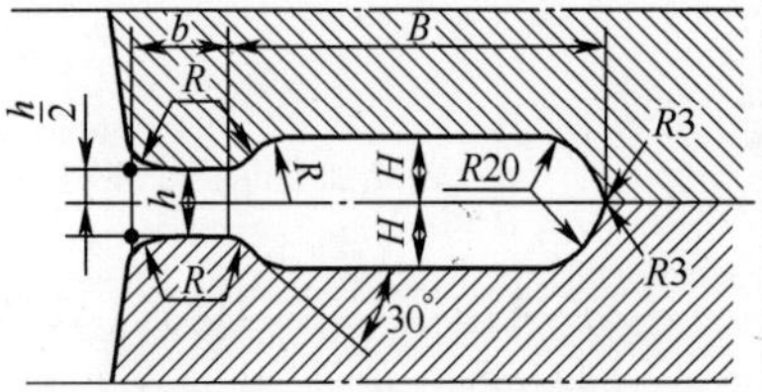

(b)

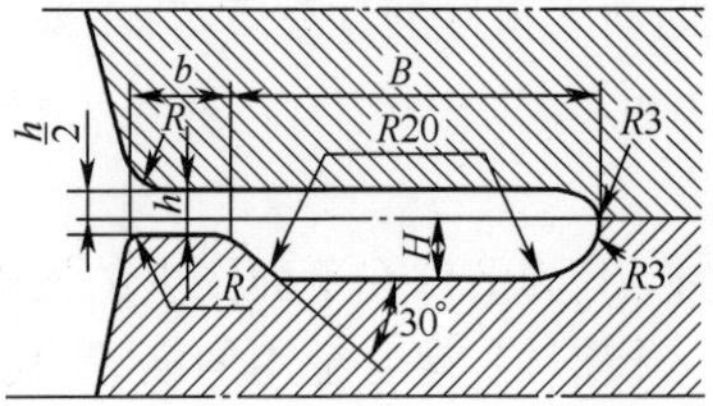

(c)

表 7-39　模桥常用 R、h、$h \times b$ 值

项目	范围	应 用 模 锻 件
R/mm	3	
h/mm	3,2.5,3	对于一般中小型件
	3,3.5,4	对于一般大中型件
h/mm×b/mm	2×10	一般简单较小的件
	2.5×10 2.5×12	一般小件都采用。两种的区别主要看形状复杂程度
	3×12 3×15	中等件,尤其是 3×12 用的特别多。形状特别复杂者用 3×15
	3×20	大的锻件形状又很复杂,尤其肋高达 150mm 以上者大锻件常用之
	3.5×20 4×20	大锻件常用之,3.5×20 指一般大锻件。4×20 指锻件大而形状又很简单,如汽缸、活塞等
	8×20	对于某些形状复杂,废料又多,需要做较大飞边槽,使金属排除,避免锻件产生折叠

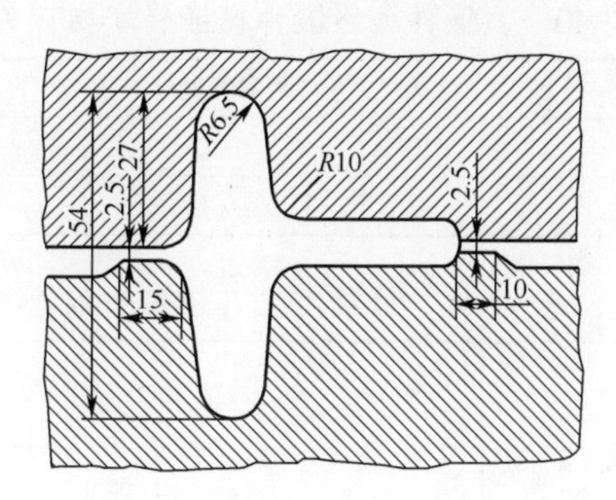

图 7-51　在分模面上不等宽飞边槽桥部

2. 预锻模膛

预模锻时用来改善金属在终锻模膛内的流动情况,使金属易于充满终锻模膛,减少终锻模膛的磨损情况。

(1) 当预锻模膛仅用来减少终锻模膛的磨损时,预锻模膛基本上设计的和终锻模膛一样,只是在模膛的凸角处和分模面的出口处将预锻模膛的圆角半径做得

比终锻模膛稍大一些。因为终锻模膛的凸圆角半径太小,金属流动剧烈,模具磨损严重,有时甚至压塌。

(2) 当预锻模膛用来改善终锻模膛的充满情况时,例如,当模膛中有较深较窄的部分,具有分支的部分和断面尺寸突然变化的部分,应考虑采用预锻模膛,这时预锻模膛的设计应考虑以下几点。

① 在终锻模膛中具有较深较窄的部分时(图 7-52(a)),为了易于充满终锻模膛,可将预锻模膛相应部分的宽度及长度减小一些,以减小金属流动的阻力,使金属易于充满模膛,如图 7-52(b)所示;也可采用增大该部分斜度的办法(表 7-40),并相应地减小其宽度,如图 7-52(c)所示。预锻模膛在该部分的高度不应加大。应增大预锻模膛凸圆角半径 R_1。R_1 按下式确定:

$$R_1 = R + C$$

式中:R 为终锻模膛上相应处的圆角半径;C 为常数,按表 7-41 确定。

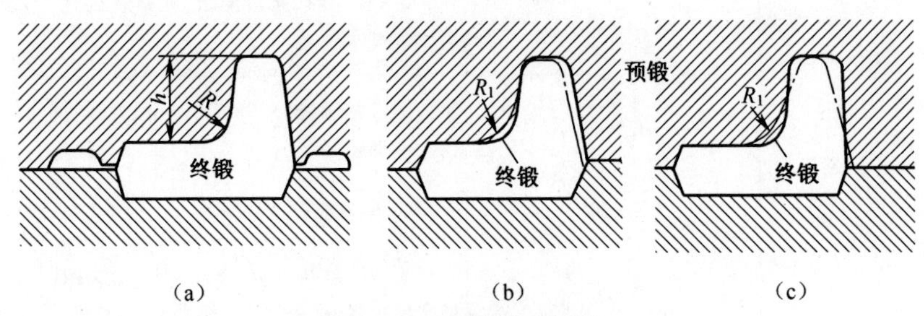

图 7-52 预锻模膛设计

表 7-40 预锻件和终锻件模锻斜度相应关系

锻件名称	模锻斜度/(°)				
终锻件	12	10	7	5	3
预锻件	15	12	10	7	5

表 7-41 预锻模膛 C 值的选取

模膛深度/mm	<10	10~25	25~50	>50
C/mm	2	3	4	5

② 对于在平面投影上具有分支的锻件和断面尺寸突然变化的锻件,在预锻时为了使金属易于向分支方向流动,应增大该处的圆角半径,简化形状,以减小其阻力。

③ 当锻件上高度较小的突出部分在终锻时充满并不困难时,预锻时可以简化或不锻。

④ 对于壁板类锻件,当肋的高度 h 大于其宽度 b 时,其预锻模膛上腹板与肋间的过渡处圆角半径及其他凸圆半径比终锻模膛相应的凸圆半径稍大 1~5mm,或按

如下式公式计算：

$$R_y = 1.2R_z + 3$$

式中：R_y为预锻模锻的凸圆半径；R_z为终锻模膛的凸圆半径。

（3）当预锻件模膛用来改善金属流动情况，以避免在锻件上产生折叠时，预锻模膛的设计与前两种不同。本节主要结合工字形截面的锻件介绍预锻模膛的设计。为避免产生折叠，关键要控制预锻后坯料的断面面积和形状，使该坯料（预锻件）再放到终锻模膛中成形时，而不致有大量多余金属流向飞边槽。因此，设计预锻模膛时关键要控制两点：

① 预锻模膛截面面积等于终锻模膛相应处的截面面积和飞边截面面积之和，即

$$A' = A + A_f + A_p$$

式中：A'为预锻模膛截面面积（mm^2）；A 为终锻模膛截面面积（mm^2）；A_f 为飞边的截面积（通常为模膛截面积的 15%）（mm^2）；A_p 为由于终锻模膛欠压增加的截面积（欠压量为锻件高度方向尺寸的上偏差）（mm^2）。

② 预锻件预锻模膛的截面形状有利于充满终锻模膛。预锻模膛的最佳截面形状与肋的高度比以及肋间距的大小有关，具体设计方法如下：

a）若肋的高度比大于 2，而肋间距不大时，预锻模膛的设计方法与锤上模锻相应的预锻模膛的相同。

b）若肋的高宽比大于 2 且肋间距又较大时，预锻模膛按图 7-53 中点画线所示的形状设计，模膛尺寸按下列公式计算：

$$x = (0.2 \sim 0.4)u$$

$$u = H - h_{np}$$

$$H_y = H - x = H - (0.2 \sim 0.4)u$$

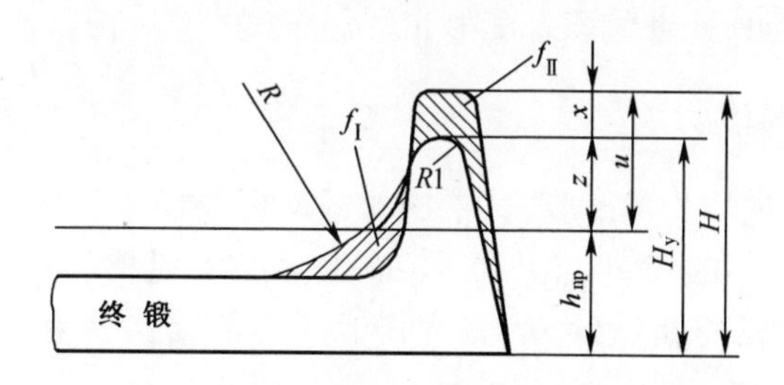

图 7-53 工字形断面的预锻模膛

T 确定后，在保证$f_{\mathrm{I}} = f_{\mathrm{II}}$ 的条件下，用作图法画出预锻模膛的截面形状。R、R_t为相切圆的半径。

为锻造腹板—肋类铝合金和钛合金零件，国外各公司推荐的预成形件和终锻件尺寸范围如表 7-42 所列。

表 7-42　预成形件与终锻件尺寸关系

终锻件尺寸	预成形件尺寸
尺寸名称	铝合金
腹板厚度 t_F	$t_p \approx (1 \sim 1.5) t_F$
平边圆角半径 R_{FF}	$R_{PF} \approx (1.2 \sim 2) R_{FF}$
棱圆角半径 R_{FC}	$R_{PC} \approx (1.2 \sim 2) R_{FC}$
斜度 a_F	$a_{PC} \approx a_F (2.5°)$
肋宽 b_F	$b_{PF} \approx b_F - 0.8$

液压机上的预锻模膛都设有飞边槽,其尺寸选择基本上与终锻摸一样,只是有关尺寸稍大些,以利于排出多余金属。

3. 制坯模膛

在液压机上模锻形状复杂、断面不均匀、变化剧烈的长轴类锻件时,常常要用到制坯模膛,以获得接近于计算毛坯形状的坯料。

制坯模膛是根据热锻件图和计算毛坯图设计的,一般应注意如下几点:

(1) 制坯模膛的水平轮廓基本上按照终压模,但是要平缓过渡,连接圆弧的要大一些。

(2) 高肋可以做出较矮的圆弧凸台,矮肋一律做成平的。

(3) 大的凸台处、十字交叉凸台处要增大金属量。

(4) 考虑到制坯模膛模锻时的欠压量大,制坯模膛各截面的金属量,一般等于终锻模膛相应各截面的金属量,但高肋的和难以成形的截面应适当增大金属量。

(5) 液压机上的制坯模膛,与终锻模膛和预锻模膛一样都设有飞边槽,但要增大桥部出口处的圆角,并且应该采用第Ⅱ型仓部大的飞边槽。

7.4.2　模具结构设计

液压机上的锻模均为单模膛,其结构比锤锻模要简单一些。液压机模具由模膛、飞边槽、导柱和锁扣、钳口、顶出器、起重孔、燕尾和键槽等要素构成。

模膛和飞边槽见模膛设计,下面对其他部分的结构特点和设计方法做简单介绍。

1. 模膛的布置

1) 模块中心、锻模中心和模膛中心

液压机用锻模的模块中心、锻模中心和模膛中心的概念及其他模锻设备用锻模的相同,其不同点如下:

(1) 如果模锻件上有高肋时,由于此处成形时变形抗力大,模膛中心线应向该处移动,如图 7-54 所示。

(2) 如果锻模件上有薄腹板部位,模锻时此处的变形抗力大,模膛中心线应向该处移动。例如,螺旋桨尾端腹板薄,中心线应向尾端移动,如图 7-55 所示。

(3) 模膛中心应移向难成形的部位。在模膛的一端有较深的肋槽,而另一端是腹板,这时压力中心线应靠近有肋槽的一端,如图 7-56 所示。

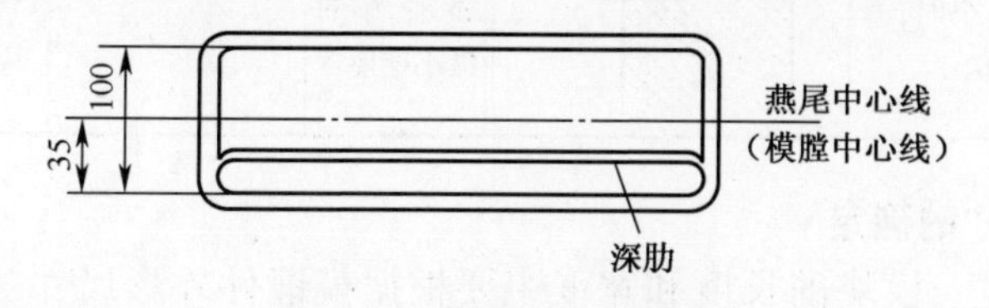

图 7-54 有高肋的模锻件

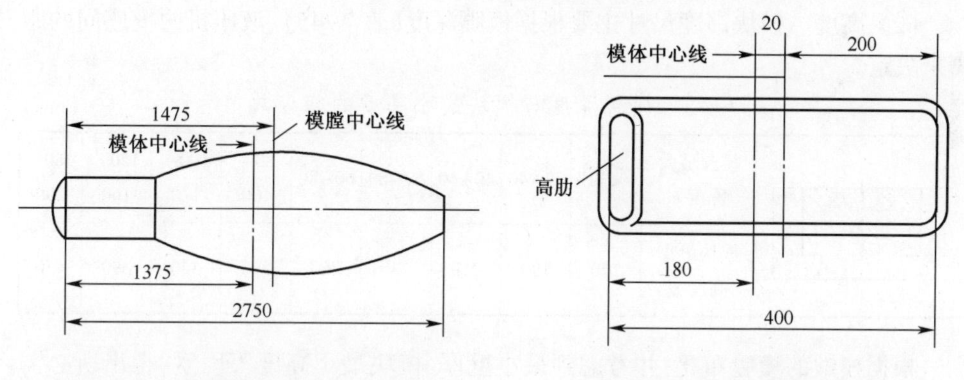

图 7-55 螺旋桨锻件压力中心线

图 7-56 高肋在锻件的一端

2) 模膛在模块上的布置原则

(1) 尽可能地使模膛中心与锻模中心重合,以减小压力机的偏心载荷,提高锻件高度方向的尺寸精度。模膛中心偏离模锻中心的距离不能大于压力机所允许的偏心距(表 7-43)。

表 7-43 各种液压机的允许偏心距

设备吨位/kN	30000	50000	100000
允许偏心距/mm	150	200	250

(2) 锻件的最大尺寸应布置在燕尾方向。

(3) 左右对称件以及其他轴对称件要尽可能采用一模多件,这样既能节约模具钢和提高生产率,又利于模具保温(因模块增大了),便于成形。

(4) 要根据设备、炉子的布置情况考虑生产过程中操作方便的问题。

2. 模膛壁厚的确定

模膛厚度在一般模具上可不考虑,唯有较深的模膛,或者一模双型模时才考虑。其决定方法如表 7-44 所列。

表 7-44　模膛最小壁厚

名称	公式	图例	名称	公式	图例
模膛的最小壁厚	$S=(1\sim2)h$ 式中，h 为模膛深度，h 小时，系数取大值	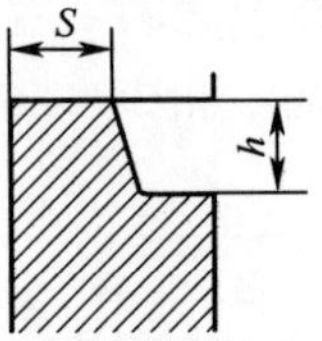	一模多件时，两相邻模膛的最小壁厚 S	$S=(0.5\sim1)h$	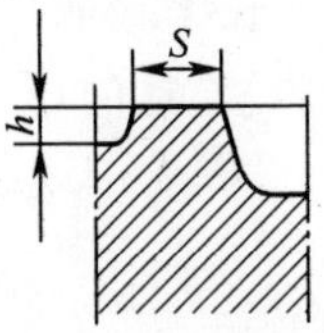

3. 模块尺寸的确定

(1) 长和宽。模块的长度和宽度主要根据模锻件外形尺寸、飞边槽、模壁厚度、导柱、锁扣等尺寸大小和锻件压力中心在模块上的布置结果来确定。

(2) 高度。模块高度尺寸主要根据模膛深度(表 7-45)、液压机两模座间的距离来决定。

表 7-45　模膛深度与模块最小高度的相应数值　(mm)

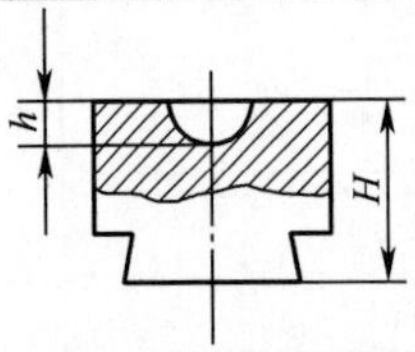	模膛最大深度 h	<32	32~40	40~50	50~60	60~80	80~100	100~120	120~160	160~200
	模块最小高度 H	170	190	210	230	260	290	320	390	450

根据模锻的模膛布置，并考虑到最小壁厚、模块最小高度等因素，得出所必需的模块最小轮廓尺寸，选取工厂标准模块中相近的较大值，最后根据设备的要求进行检验。

4. 钳口

液压机模具钳口专为锻件起模以及撬开模具等用。

钳口应根据模具大小、模膛形状和起料方法来确定其尺寸、位置和数量。

模锻件(或模块)越大，钳口尺寸就越大；起料越困难，钳口数量就越多。一般情况下为 4 个，布置在燕尾和键槽中心线上。但根据模锻件形状特点，其位置可以有所错动，数量可以有所增加。液压机上钳口按图 7-57 及表 7-46 选定。一般在下模上制出，但根据锻件粘模情况也可以在上模制出。

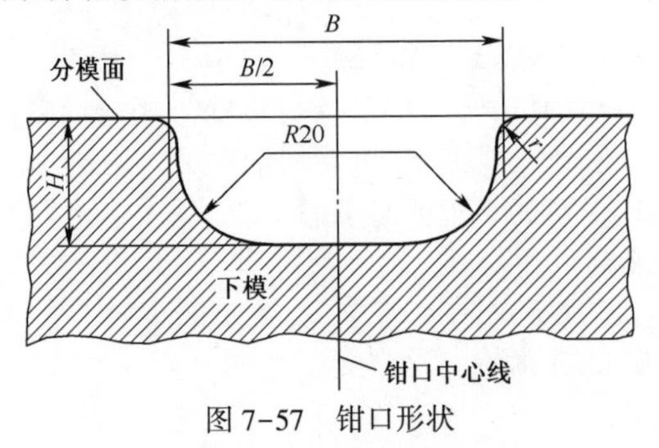

图 7-57　钳口形状

表 7-46　钳口结构参数

(mm)

钳口编号	B	H	r
1	40	18	3
2	40	22	3
3	60	22	3
4	80	22	3
5	100	32	3

5. 导柱和锁扣

导柱和锁扣的作用是防止上、下模错移，保证上、下模膛的对中，对于错移力很大的水平分模的锻件，模具除了应设有导柱之外，还要设置锁扣。

液压机上的模具凡具有上、下模膛的，都装有导柱，因此，没有必要设置检验角。

1) 导柱

图 7-58 和图 7-59 为液压机模具的导柱和导柱孔形式，其尺寸配合关系列于表 7-47 中。

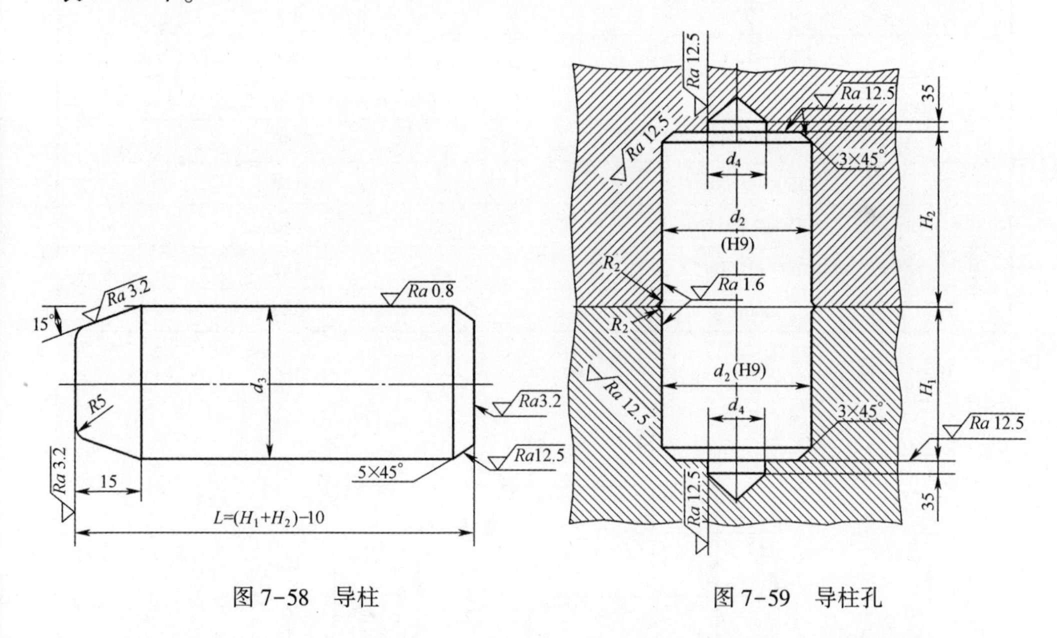

图 7-58　导柱　　　　图 7-59　导柱孔

模具的错移力不仅取决于锻件的大小(或锻件在分模面上的投影面积)，而且在很大程度上取决于锻件的形状。因此，在选取导柱直径时既要考虑到锻件在分模面上的投影面积，还要考虑到锻件形状。在一般情况下可根据锻件在分模面上的投影面积(表 7-48)来选择直径，对于错移力很大的锻件，可根据所选取的直径再加以修正。

表 7-47　导柱和导柱孔尺寸

(mm)

导柱直径 d_3	下模导柱孔直径 d_1	上模导柱孔直径 d_2	下模导柱孔深度 H_1	上模导柱孔深度 H_2
$60^{+0.135}_{+0.075}$	$60^{+0.06}_{0}$	$60.4^{+0.06}_{0}$	75	H_2 之值由模膛深度和原始坯料高度而定，即当上模模膛接触原坯料时，最好导柱能深入导柱孔 25~35mm
$80^{+0.135}_{+0.075}$	$80^{+0.06}_{0}$	$80.4^{+0.06}_{0}$	95	
$100^{+0.160}_{+0.090}$	$100^{+0.07}_{0}$	$100.6^{+0.07}_{0}$	120	
$120^{+0.165}_{+0.090}$	$120^{+0.07}_{0}$	$120.6^{+0.07}_{0}$	140	
$140^{+0.185}_{+0.105}$	$140^{+0.08}_{0}$	$140.8^{+0.08}_{0}$	165	
$160^{+0.200}_{+0.120}$	$160^{+0.08}_{0}$	$160.8^{+0.08}_{0}$	190	
$180^{+0.200}_{+0.120}$	$180^{+0.09}_{0}$	$181^{+0.09}_{0}$	215	
$200^{+0.230}_{+0.140}$	$200^{+0.09}_{0}$	$201^{+0.09}_{0}$	240	

表 7-48　导柱直径选取

锻件在分模面上的投影面积/cm^2	推荐所选取导柱的直径/mm
<400	60
>400~1000	80
>1000~2500	100
>2500~4000	120
>4000~5500	140
>5500~8000	160
>8000~10000	180
>10000	200

导柱在模具上的布置如图 7-60 所示。

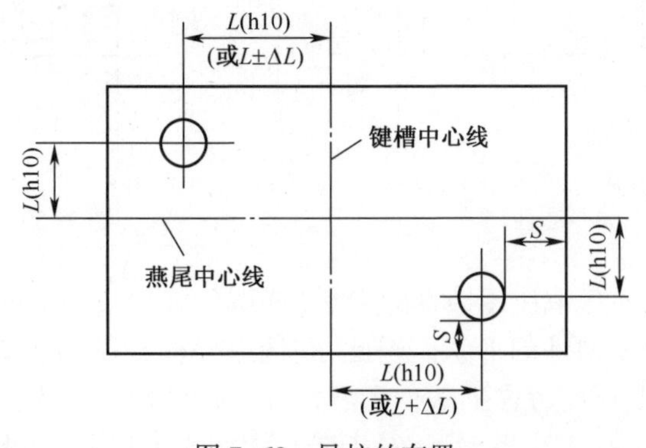

图 7-60　导柱的布置

导柱孔以燕尾中心线和键槽中心线作为定位基准，孔间距尺寸公差可按

表 7-49选取，或者按下式计算。

导柱孔和导柱的最小间隙：

$$S_m = d_0 - d$$

式中：d_0为孔的最小极限尺寸；d 为轴的最大极限尺寸。

尺寸 L 的公差 $\Delta L = \pm 0.0175 S_m$。对于 L 很长的大型模块，按表 7-49 查出的公差应根据该式计算值加以修正，否则会产生很大的装配误差。

表 7-49　导柱孔的定位尺寸公差

尺寸范围	偏差范围	尺寸范围	偏差范围
>18~30	-0.00~-0.084	>1000~1250	-0.00~-0.400
>30~50	-0.00~-0.1000	>1250~1600	-0.00~-0.450
>50~80	-0.00~-0.120	>1600~2000	-0.00~-0.500
>80~120	-0.00~-0.140	>2000~2500	-0.00~-0.550
>120~180	-0.00~-0.160	>2500~3150	-0.00~-0.600
>180~260	-0.00~-0.185	>3150~4000	-0.00~-0.700
>260~360	-0.00~-0.215	>4000~5000	-0.00~-0.800
>360~500	-0.00~-0.250	>5000~6300	-0.00~-0.900
>500~630	-0.00~-0.280	>6300~8000	-0.00~-1.000
>630~800	-0.00~-0.300	>8000~10000	-0.00~-1.200
>800~1000	-0.00~-0.350		

2）锁扣

液压机上模具的锁扣通常有两种：一种是平衡锁扣，用于锻件具有落差的锻模，这类锻件的分模面不在一个平面上，模锻时使锻模产生错移，设计锁扣以平衡其错移力；另一种是一般锁扣，用于防止错移，提高锻件精度。

锁扣的形式分为圆形锁扣、纵向锁扣、侧面锁扣和角锁扣等形式。图 7-61 是压力机上锻模的圆形锁扣的设计标准。图 7-62 是纵向锁扣的设计标准。其他锁扣的尺寸除宽度 b 在不同情况下有差别外其他尺寸基本相同。

6. 顶出器

图 7-63 是顶出器的装配工作图，其有关参数列于表 7-50 中。

图 7-63 示出顶出器结构参数，其确定方法如下：

材料：5CrNiMo 等合金模具钢；

$d_1 \geqslant \frac{1}{3}D$（用于直径小，模膛深的圆盘件）；

$d_1 \geqslant \frac{2}{5}D$（用于中型圆盘件）；

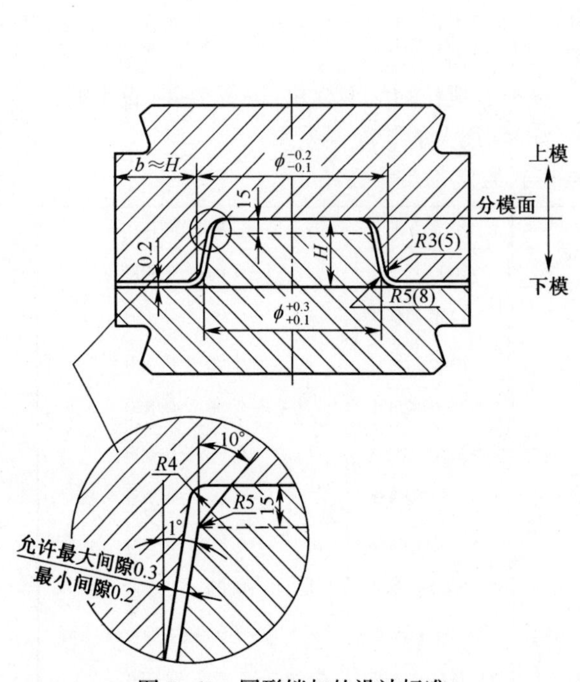

图 7-61 圆形锁扣的设计标准

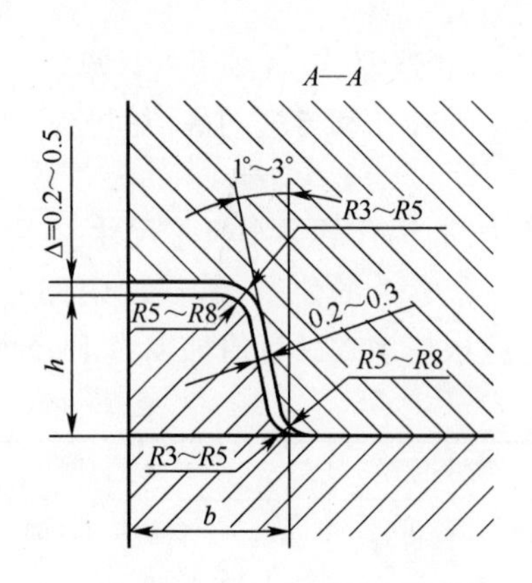

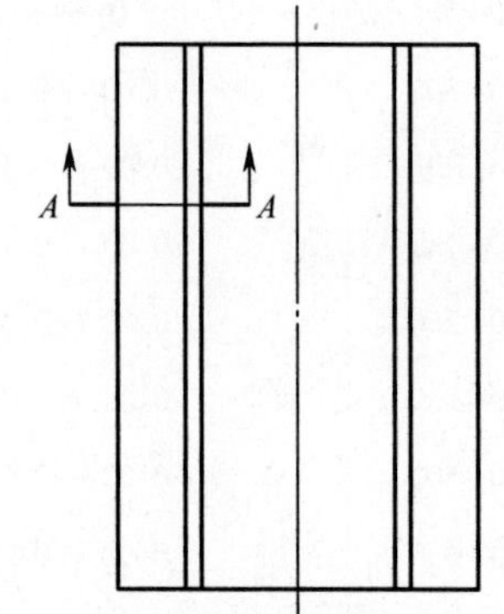

图 7-62 纵向锁扣的设计标准

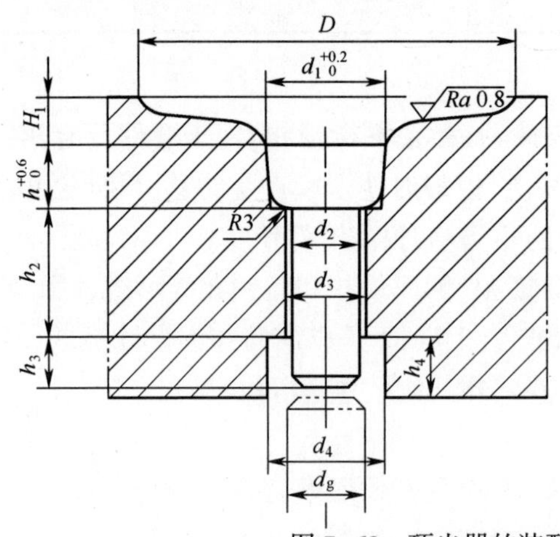

图 7-63 顶出器的装配工作图

表 7-50 各种吨位液压机有关顶出器的一些参数 (mm)

参数 / 设备吨位/kN	加长杆直径 d_g	顶出模座高度 H	顶杆行程	顶出力/kN
30000	90	60	750	200
50000	100	130	750	250
100000	125	150	1200	270

$d_1 \geqslant \frac{1}{2}D$（用于模膛浅，直径小于 500mm 的较大型圆盘件）；

$d_2 \geqslant 80\text{mm}$（用于 50000kN 液压机）；

$d_2 \geqslant 110\text{mm}$（用于 100000kN 液压机）；

$d_3 = d_2 + 2 \sim 3\text{mm}$；

$d_4 = d_3 + 25 \sim 35\text{mm}$；

$h_1 \approx 100\text{mm}$（用于 50000kN 液压机）；

$h_1 \approx 120\text{mm}$（用于 100000kN 液压机）；

$h_2 \approx 2d_3$；

$h_3 = h_4 - 5 \sim 10\text{mm}$；

$h_4 = H + 5\text{mm}$。

式中：D 为锻件最大外径（mm）；H 为加长杆的顶出高度（mm）；d 为加长杆直径；H_1 为模膛深度（mm）；d_g 为加长杆直径（图 7-63，表 7-50）。

顶出力为液压机吨位的 3%～6%，表 7-50 列出上式中有关参数。

顶出器有 4 类，如图 7-64 所示。其中图 7-64(a) 毛刺产生较小；(b) 容易机械加工；(c) 模孔 T 形肩部容易被压塌；(d) 可避免压塌缺陷。

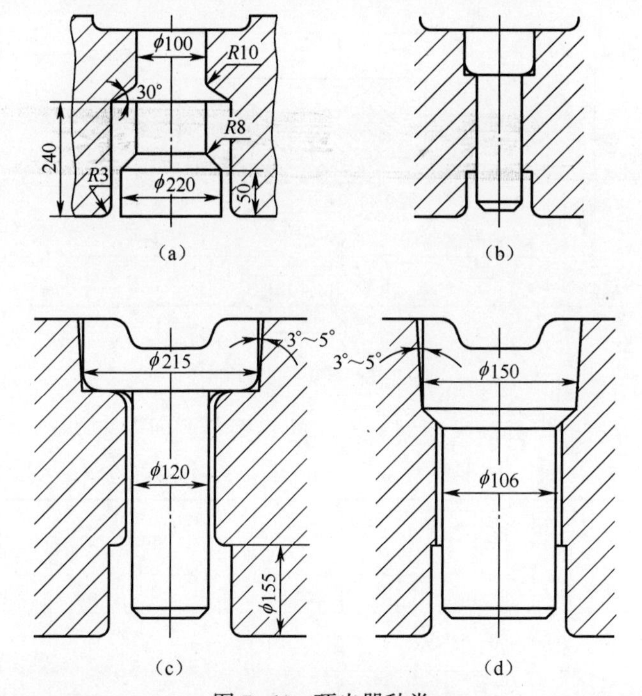

图 7-64 顶出器种类

(a) 小间隙顶出器；(b) 易加工顶出器；(c) 大截面顶出器；(d) 小截面顶出器。

7. 模具的固定

液压机上模具有两种固定方法：第一种是用楔子和键紧固；第二种是用卡爪和

键紧固。

1) 楔子和键紧固法(图 7-65)

这种紧固方法同锤锻模一样,结构比较简单,适用于小型设备上的模具固定。如果用于大中型水压机上则存在如下缺点:

(1) 一台设备需要多套模座,这不仅浪费钢材,而且更换极不方便。

(2) 装卸模具的劳动强度大,时间长,而且不安全。

(3) 由于模具燕尾尺寸的标准化,因此要把模具加工到规定的燕尾标准,就必然要增加切削加工量。

(4) 燕尾加工精度要求高。

(5) 这种装卡在多次重复载荷作用下,模具易松动,以致压坏导柱、导柱孔和锁扣。

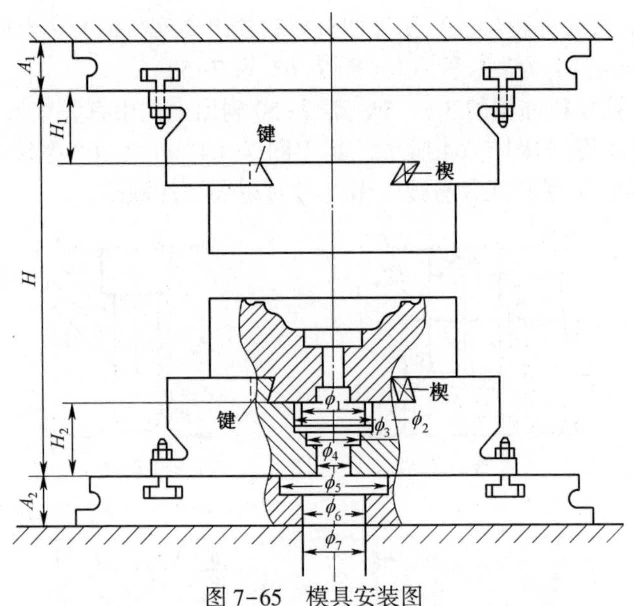

图 7-65　模具安装图

这种装卡方法的模具高度空间和模座的一些参数列于表 7-51。

表 7-51　用楔和键紧固的模座装配空间的有关尺寸　(mm)

液压机吨位/kN	H	H1	H2	A1	A2	顶出孔尺寸							备注
						工作台	下垫板		下模座				
						φ7	φ6	φ5	φ4	φ3	φ2	φ1	
30000 锻模	1850	400	400	400	350								
50000 模锻	2050	250	250	400	450			220	140	157	250	242	
100000 模锻	2400	335	335	500	500	220	220	320	165	180	310	302	
30000 自由锻	3850	500	500	260	—								

2）卡爪和键紧固法

图 7-66 是丝杠双动卡爪紧固法，该紧固法使用与中型液压机，其工作原理是：

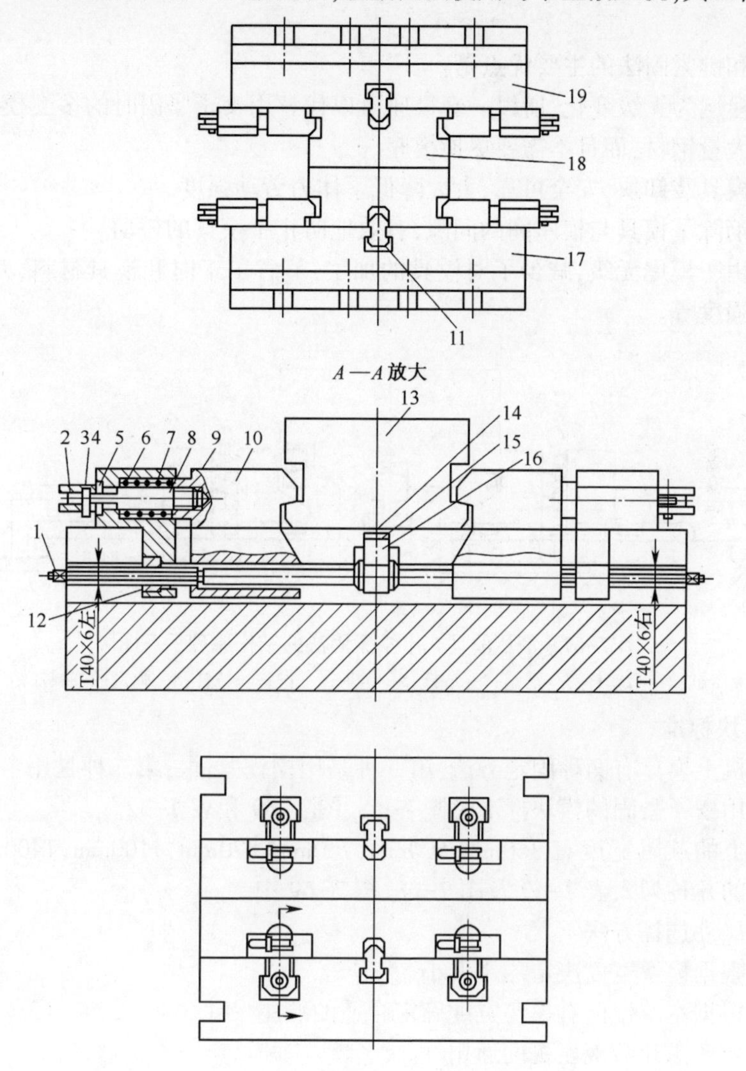

图 7-66　丝杠双动卡爪紧固法

1—左右旋丝杆；2—偏心手柄；3—销轴；4—开口销；5—凸轮垫；6—尾座；7—弹簧；8—拉杆；9—定位螺钉；10—卡爪；11—定位键；12—螺母；13—下模；14—盖板；15—螺钉；16—轴支撑；17—下座；18—上模；19—上座。

（1）扳动偏心手柄 2，使弹簧压缩，卡爪缩回，处于松开状态。

（2）旋转丝杠 1 的方头，使两卡爪间距等于索要装配的模具的模尾实际宽度加上 2~3mm（即 B+2~3mm，B—模尾实际宽度）。

（3）将所要装的模具放到下模座上（对正纵横方向键槽）后，将偏心手柄 2 转动 180°，弹簧 7 将卡爪 10 弹回，便是卡紧状态。

图 7-67 是液压驱动式卡爪紧固法的结构原理示意图。这种紧固法是按电钮自动卡紧,它适合于大型水压机,其缺点是易漏油、需要油压系统,且胶皮软管易断裂。

卡爪和键紧固法的主要优点是:

(1) 模尾为无级变化,所以一套模座可以代替用楔子紧固时的多套模座,这不仅节省了大量钢材,而且不需要更换模座。

(2) 模具装卸块,安全可靠,大大降低了体力劳动强度。

(3) 消除了模具与模座间的间隙,有效地防止了模具的松动。

(4) 由于模尾无级,减少了对模具的加工,节省了工时和模具材料,并相对提高了模具强度等。

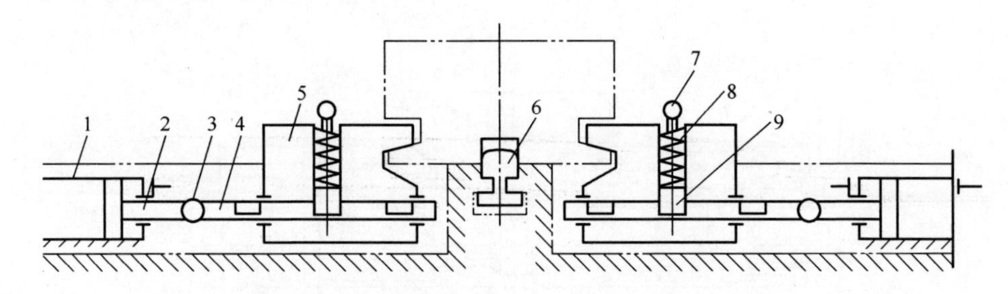

图 7-67 液压驱动式卡爪紧固法的结构原理示意图

1—液压缸;2—活塞杆;3—活结;4—爪杆;5—卡爪;6—键;7—拉杆;8—弹簧;9—圆柱销子。

8. 模块标准

液压机上模具有两种固定方法:第一种是用楔铁紧固 ;第二种是用卡爪紧固。采用楔块用楔子紧固的模块标准见图 7-68、图 7-69 和表 7-52。

模块上的燕尾宽度有 360mm,500mm,700mm,870mm,1100mm,1400mm 等几种。常用的几种列入表 7-52 及图 7-68、图 7-69 中。

燕尾尺寸选择方法:

(1) 根据模块宽度决定燕尾大小。

(2) 根据本单位已有模座宽度确定合适的燕尾尺寸。

(3) 要考虑几台液压机的通用性。

(4) 燕尾宽度不应少于模块宽度之半。

在图 7-68 和图 7-69 中还示出了键槽的尺寸。

表 7-52 各种燕尾尺寸公差 (mm)

b	$360_{-0.34}^{0}$	$500_{-0.38}^{0}$	$700_{-0.5}^{0}$	$900_{-0.6}^{0}$
$b/2$	$180_{-0.1}^{0}$	$250_{-0.12}^{0}$	$350_{-0.19}^{0}$	$450_{-0.23}^{0}$

用卡爪紧固的模块标准如图 7-70 所示。

在图 7-68～图 7-70 中还示出了键槽的尺寸和起重孔的位置、数量。起重孔的尺寸如表 7-53 所列。

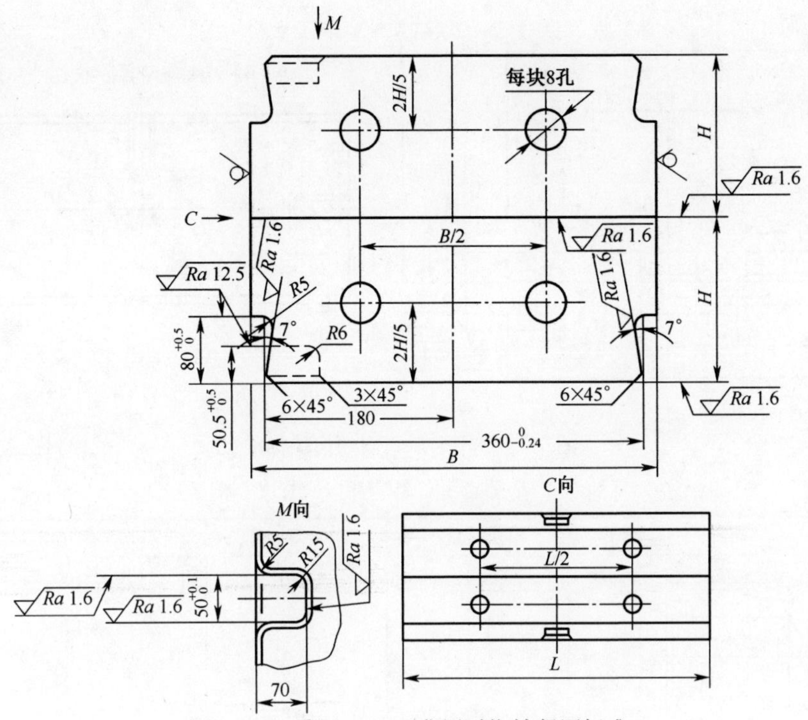

图 7-68　采用 360mm 燕尾时楔铁紧固标准

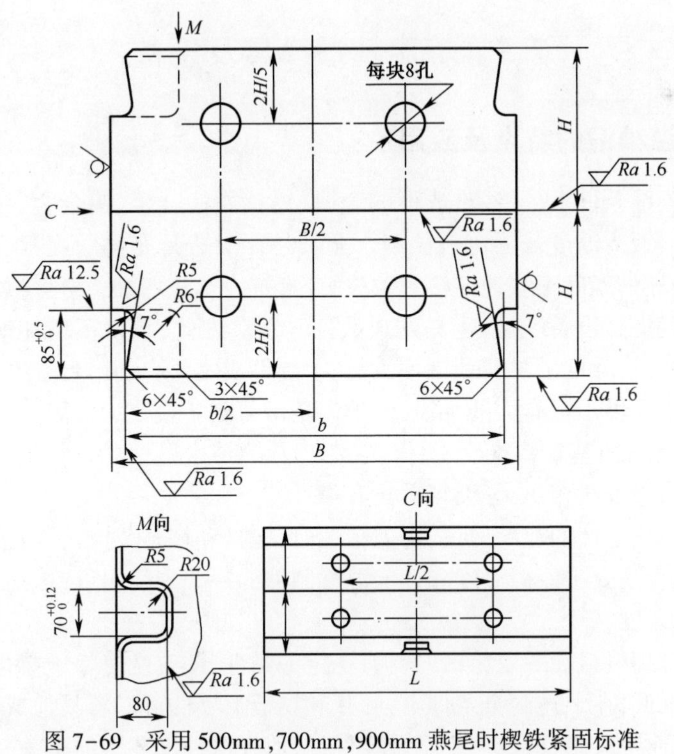

图 7-69　采用 500mm,700mm,900mm 燕尾时楔铁紧固标准

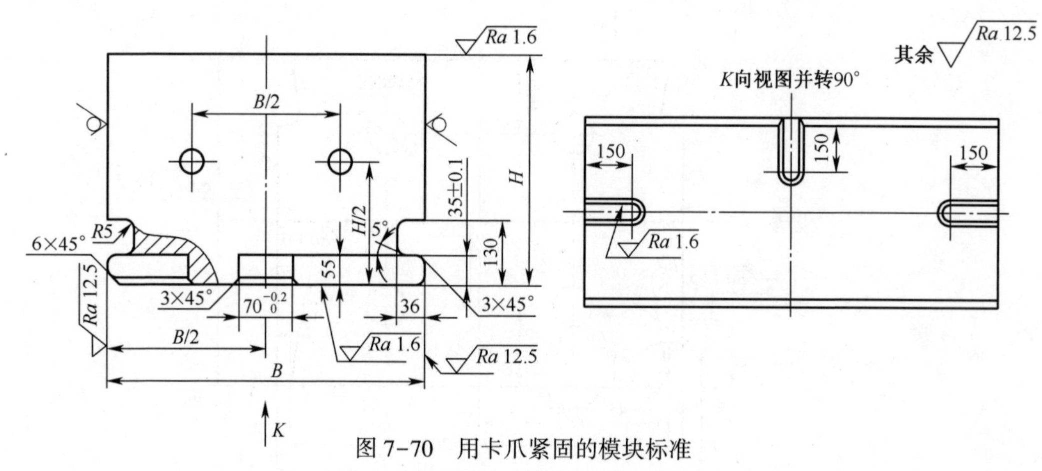

图 7-70　用卡爪紧固的模块标准

表 7-53　起重孔尺寸

简图	模块质量/t	D	H
H, 2×45°, 120°, D, Ra 12.5	<4	$\phi40$	100
	4~6	$\phi50$	120
	6~15	$\phi70$	140
	>15	$\phi80$	160

7.5　等温精锻模具及设备

7.5.1　等温精锻的特点及应用

在常规模锻条件下,一些难成形的金属材料,如钛合金、铝合金、镁合金、镍合金、合金钢等,锻造温度范围比较狭窄。尤其是在锻造具有薄的腹板、高肋和薄壁的零件时,毛坯的温度很快地向模具散失,变形抗力迅速增加,塑性急剧降低,这不仅需要大幅度提高设备吨位,也易造成锻件开裂。因此,不得不增加锻件厚度,增加机械加工余量,降低了材料利用率,提高了制件成本。自 20 世纪 70 年代以来为解决上述问题提供了强有力的手段,使等温精锻得到了较快的发展。

1. 等温精锻的基本特点

与常规模锻方法相比,等温精锻具有如下特点:

(1) 为防止毛坯的温度散失,等温精锻时,模具和坯料要保持在相同的恒定温度下,这一温度是介于冷锻温度和热锻温度制件的一个中间温度,或对某些材料而言,等于热锻温度。

(2) 考虑到材料在等温精锻时具有一定的黏性,即应变速率敏感性,等温精锻的变形速度很低,在上述两个条件下,叶片和翼板类零件可以容易地成形。尤其是航空、航天工业中应用钛合金、铝合金零件,很适合这种工艺。但是,在钛合金等温精锻温度下,所用模具材料镍基合金高温合金有蠕变特性强和高温抗拉强度陡降的特点,因而,又出现了模具温度稍低于毛坯温度的热模具锻造工艺。

2. 等温精锻的分类与应用

表 7-54 列出了等温精锻和等温挤压的分类、应用及其工艺特点。

表 7-54 等温精锻和等温挤压的分类、应用及其工艺特点

<table>
<tr><th colspan="3">分类</th><th>应　用</th><th>工艺特点</th></tr>
<tr><td rowspan="4">等温精锻</td><td rowspan="2">等温精锻</td><td>开式精锻</td><td>形状复杂零件,薄壁件,难变形材料零件,如钛合金叶片等</td><td>余量小,弹性恢复小,可一次成形</td></tr>
<tr><td>闭式精锻</td><td>机械加工复杂,力学性能要求高和无斜度的锻件</td><td>无飞边、无斜度、需顶出、模具成本高。锻件性能、精度高、余量小</td></tr>
<tr><td rowspan="2">等温挤压</td><td>正挤压</td><td>难变形材料的各种型材成形、制坯,如叶片毛坯</td><td>光滑、无擦伤、组织性能好,可实现无残料挤压</td></tr>
<tr><td>反挤压</td><td>成形衬筒、法兰、模具型腔等</td><td>表现质量、内部组织均优,成形力小</td></tr>
</table>

7.5.2 等温精锻的常用材料及工艺规范

1. 等温精锻常用材料

采用等温精锻的常用材料包括钛合金、铝合金、镁合金、合金钢等。等温精锻工艺规范的确定以材料流动应力低、塑性高、氧化少为原则,并要兼顾到模具材料的承受能力。材料在等温状态下的流动应力受温度、应变和应变速率的影响,即具有应变硬化特性,又具有应变速率强化特性,依材料品种、成形温度和应变速率不同,上述两种特性彼此消长。而材料的塑料也同样受上述因素的影响。

2. 等温精锻工艺规范

表 7-55 列出了部分铝合金的等温精锻温度、应变速率及在此条件下的流动应力。

表 7-55 部分铝合金的等温精锻规范

合金牌号	温度/℃	应变速率/s^{-1}	屈服点/MPa
2A50	360	4×10^{-3}	—
7A09	420	8×10^{-4}	30
2A12	420	8×10^{-4}	20~25
5A06	450~510	1.5×10^{-3}	20

7.5.3 壁板类零件等温精锻成形力的计算及设备吨位选择

1. 等温精锻成形力的计算

等温精锻的成形力受坯料组织状态、锻造温度、速度、成形方式(开式精锻、闭

式精锻、正挤压、反挤压、拉拔)、润滑状态、锻件形状的复杂程度等诸多因素影响。

(1) 锻件复杂程度对精锻成形力的影响。

许多航空、航天用壁板类零件具有薄的腹板和相对高的肋。采用传统模锻方法生产时,需通过一系列的制坯与预成形工步。当采用等温精锻时,其工步数将大为减少。铝合金零件形状复杂程度对锻造成形力的影响如表7-56所列。

表7-56　零件形状复杂程度对锻造成形力的影响

铝合金锻件 肋距:82.55mm,肋宽:8.13mm 斜度:5°		
锻造压力/MPa	肋高/mm	腹板厚度/mm
80.5	8.13	14
199.5	20.06	10.67
397.6	40.13	8.13

(2) 精锻成形力的计算。对于壁板类零件,其精锻压力总是随零件平面积的增加几乎成线性地增大。对于形状和尺寸因素,当肋的相对高度增加,腹板厚度减薄,锻造压力就增大,因为零件的单位体积具有更大的表面积,极大地影响了摩擦阻力和温度的变化。因此,锻件表面与体积之比和锻造成形的难度直接相关,此外,金属流动方向对锻造负载有时也产生较大影响。

因为一些主要影响因素的试验数据不很充足。通常,采用下式估算成形力:

$$F = pA$$

式中:F 为成形力(N);p 为单位成形力(MPa);A 为锻件的总成形面积(mm^2)。

单位成形力 p 是流动应力的2~4倍,闭式精锻、薄腹板件精锻、反挤压取较大值,开式精锻与正挤压、拉拔取较小值。

2. 等温精锻设备吨位选择

等温精锻在低速下进行,一般采用液压机。此种液压机应满足下述要求。

可调速:工作行程的速度调节范围在0.1~0.001mm/s。

可保压:工作滑块在额定压力下可保压30min以上。

高的封闭高度与足够的工作台面:为安装模具、加热装置、冷却板、隔热板等工装和便于操作,需要较大的封闭高度与工作台面,最好带有活动工作台。

带顶出装置:应具有足够的顶出行程与顶出力。

有控温系统:工作部分的加热温度控制是必需的。

在没有专用设备时,可采用工作行程速度较低的液压机。必要时,可在油路中安装调速装置,以降低滑块速度。

表7-57为几种等温精锻用液压机的技术参数。

表 7-57　等温精锻用液压机技术参数

液压机公称压力/MN	2.5	6.3	16
横梁最大行程/mm	710	800	100
横梁空载行程速度/mm·s^{-1}	63	40	25
横梁工作行程速度/mm·s^{-1}	0.2~2.0	0.2~2.0	0.2~2.0
闭合高度/mm	600	975	975
下顶杆顶出力/MN	0.25	0.63	1.6
上顶杆顶出力/MN	0.25	0.63	1.6
下顶杆顶出距/mm	250	320	400
上顶杆顶出距/mm	100	100	100
立柱左右间距/mm	1000	1250	1600
立柱前后间距/mm	800	1000	1250
液压机左右总宽/mm	2250	2580	4325
液压机前后总长/mm	2020	2180	2850
液压机总高/mm	5685	6900	9140

图 7-71 为表 7-57 所列三种等温精锻用液压机型号之一的 6.3MN 液压机图。图中固定的下横梁 21 是压机的基础,上横梁 18 与液压缸 16 做成一体,用 4 个立柱 19 连接在一块,滑块 20 沿立柱运动。垫板 5 上装有模具,并带有加热装置。为了滑块快速回程,设有液程缸 17。压力机具有锁紧装置,当液压系统关闭时,滑块停止在上方。锁紧装置由螺杆 11 和螺母 10 组成,滑块移动时,螺杆在螺母内旋转。螺杆不转动时,滑块即停止。在齿轮式半联轴器 14 与连接在螺杆 11 上的半联轴器 13 啮合时,螺杆就停止不动了。半联轴器 14 是不能旋转的,因为它处于外壳 12 的方形凹槽内。装置是这样工作的,工作液体进入定位液压缸心的活塞下部,将活塞杆和半联轴器 14 抬起,并压缩弹簧。同时,半联轴器 13 和 14 脱开,松开螺杆,并使滑块下移。当滑块开始加速空行程下行时(由于重力的作用),螺母 10 与滑块同时运动。因为螺纹的升角大于自锁角,因此,可使螺杆 11 转动。当工作也进入缸体时,滑块速度减慢,工作行程时,螺杆也旋转。当滑块快速提升时(工作液体进入液压缸 17 时),螺杆反转,在弹簧的作用下,半联轴器 14 向下移动,并与联轴器 13 啮合时,滑块会在预先固定好的位置上停止,并牢固地锁紧。联锁装置同时锁紧螺杆和滑块,工作液体不可能再进入液压缸 16 和 17 。液压机的特点是具有专门的可调限位器,可准确限制滑块的工作行程。限位器是由空心立柱 6 和固定其上的螺母 7 及支承螺杆 8 组成的,横梁 20 在下行程终了时的位置,取决于支承在螺杆 8 上的轴承 9,螺杆的下部做成花键槽,其上装有传动齿轮 4,由电机—减速器 22 通过一套齿轮 2 和齿轮 23、24、25、3 和 4,可使安装在下顶料器 1 的壳体上的可调限位器同时移动。

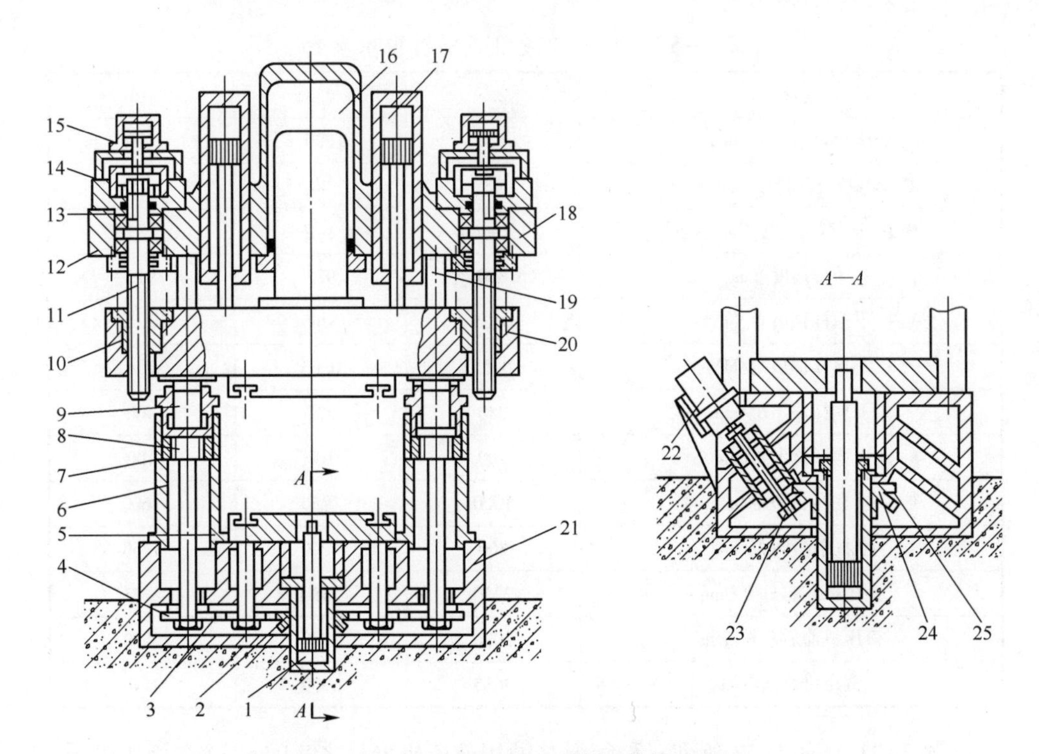

图 7-71　压力为 6.3MN 的等温精锻液压机

1—顶出器；2、3、4、23、24、25—齿轮；5—垫板；6—空心立柱；7、10—螺母；8、11—螺杆；9—轴承；12—外壳；13、14—半联轴器；15—活塞缸；16、17—液压缸；18—上梁；19—立柱；20—滑块；21—下梁；22—减速器。

7.5.4　等温精锻模具设计

1. 模锻结构及材料

等温精锻在锻件设计上与普通模锻有所区别，模具设计也应与此相适应，表 7-58所列为投影面积小于 645cm² 的钛合金锻件模锻时两种方法的比较。

表 7-58　模锻投影面积小于 645cm² 的钛合金锻件时两种方法的比较

比较项目	普通模锻	等温精锻
拔模斜度/(°)	5	0~1
外圆角半径/mm	22	10
内圆角半径/mm	10	3.3
欠压/mm	0.76~3.3	0~1
翘曲/mm	1.52	0.38
长度与宽度公差/mm	±1.0	±0.38
错移/mm	1.27	0.51
腹板厚度/mm	12.7	2.5~3.2

开式与闭式精锻锻模设计方面有同有异。

(1) 模具结构。闭式精锻用模具多采用如图 7-72 所示镶块组合式结构,便于模具加工与锻件顶出。开式精锻多用整体式结构。

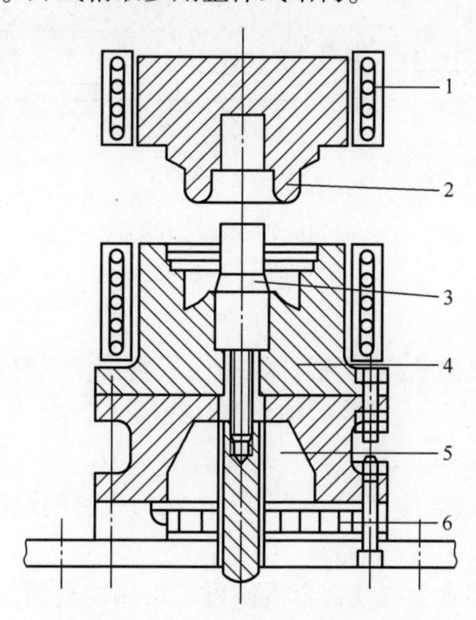

图 7-72　感应加热的等温精锻模

1—感应圈;2—上模;3—顶杆;4—下模;5—间隙;6—水冷板。

(2) 导向。闭式精锻多用凸凹模自身导向,间隙研配为 0.10~0.12mm。开式精锻可用导柱导向,导柱高径比不大于 1.5,导柱与导向孔的双面间隙,依导柱直径不同,取 0.08~0.25mm。

(3) 飞边槽。开式精锻带有飞边槽。在等温状态下,不存在飞边冷却问题。表 7-59 与图 7-73 所示为外径 Φ90mm 的 7A09 材料导风轮不同模锻方法的飞边槽比较。由表中可见,等温精锻飞边槽的桥部高度、宽度、仓部高度、宽度分别为普通模锻的 11%~12.5%、40%~60%、40%~42%、35%~40%,尤其是桥部宽高比达 12,是普通模锻所没有的。采用小飞边槽的目的是弥补等温条件带来的飞边阻力下降。

表 7-59　不同模锻方法的飞边槽尺寸

模锻方法	设备吨位/kN	飞边槽尺寸/mm			
		a	*b*	*l*	*L*
锤上模锻	30	4.5	8	15	45
热模锻压力机上模锻	25000	4	8	10	40
液压机上等温精锻	3000	0.5	4	6	16

(4) 模锻斜度。闭式精锻无拔模斜度。开式精锻斜度同常规锻造。

(5) 顶出装置。闭式精锻必须设顶出装置。开式精锻根据锻件情况决定顶出

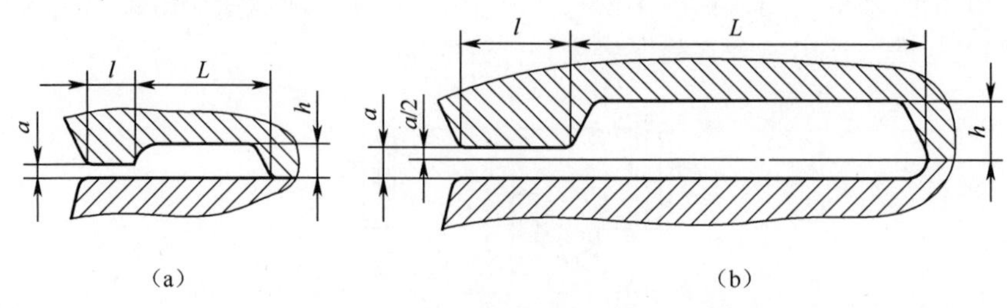

图 7-73　导风轮不同模锻方法的飞边槽
(a)普通模锻;(b)等温精锻。

机构的取舍。

(6) 收缩值。在等温状态下,锻件收缩值取决于模具材料与锻件材料线膨胀系数的差异,收缩值可用下式计算后加到模具线尺寸上:

$$\Delta = (t_2 - t_1)(a_1 - a_2)L$$

式中:t_1、t_2为室温与模锻温度(℃);a_1、a_2为坯料与模具的线膨胀系数(℃$^{-1}$);L 为模具尺寸(mm);Δ 为收缩值(mm)。

(7) 模具材料。铝合金与镁合金模锻可采用热模具钢。图 7-74 表示出了常规锻造、热模具锻造、等温精锻的模温与锻造时间的区别。

值得强调的是,等温闭式精锻比常规闭式精锻应用更广泛。常规闭式精锻主要用于轴对称锻件,而等温闭式精锻可用于长轴类锻件与异形锻件,如叶片。

闭式精锻也可分为精模锻与粗模锻,精模锻锻件一般不需要后续机械加工或仅需少量机械加工;但某些薄腹板,考虑成形的需要和避免在顶出时发生翘曲,宜增加机械加工余量,采用粗模锻。

闭式精锻为无飞边模锻,其高度方向(即加载方向)的尺寸取决于坯料大小,故下料重量公差较严。

2. 加热装置

等温精锻需要能在变形过程中保持恒温的加热装置。通常采用感应加热与电阻加热。

加热装置的功率可用下式计算:

$$P = (G(T_2 - T_1)c)/(0.21t\eta)$$

式中:P 为加热功率(kW);G 为被加热金属质量(kg);c 为被加热金属的比热容(J/(kg · K),钢的比热容,$c = 481.5$J/(kg · K);T_1 为加热前温度(℃);T_2 为加热后温度(℃);t 为加热时间(h);η 为效率,$\eta = 0.35 - 0.40$ 。

图 7-75 所示为封闭式等温精锻用模座示意图。下模 1 及上模 3 相应固定在模架 13 及模架 4 上,模架通过隔热装置 11 和 5 与支撑板 9 和 6 相连。模座有两个隔热保护套:下套 10 是不动的,上套 7 是活动的。在滑块向上移开时,上套 7 不从下套 10 脱出,从而使工作区的隔热不被破坏。模具借助感应器 12 加热,毛坯 2 通过下套 10 中的专用孔 8 送入及取出。模座的结构能以很高的加热效率将模具加

热至变形温度。

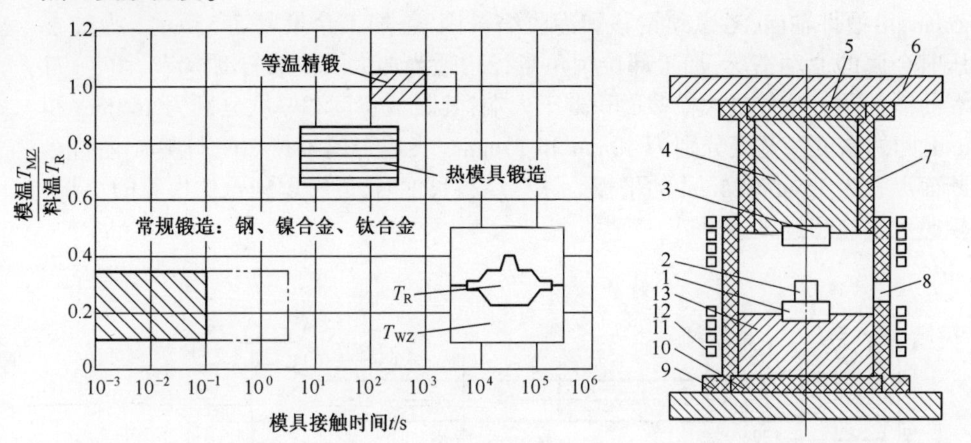

图 7-74 各种锻造方法的模温与锻造时间的比较

图 7-75 封闭式等温精锻用模座示意图

1—下模;2—毛坯;3—上模;4—上模架;

5、11—隔热装置;6、9—支撑板;7—上套;

8—专用孔;10—下套;12—感应器;13—下模架。

7.6 应用实例

7.6.1 中小型精锻模设计实例

1. 飞机翼肋精锻模

图 7-76 是翼肋的零件图,材料为镁合金,该件腹板周围有立肋条,横截面是“[”形。

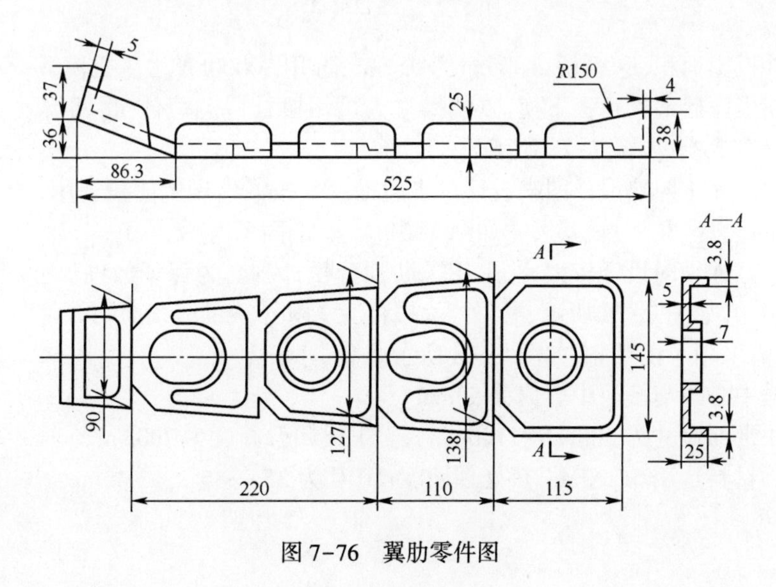

图 7-76 翼肋零件图

为避免肋根部出现折叠，分模面位置选在肋的顶部。加工余量按标准取4～6mm，沿锻件轴向，考虑到错移和冷收缩等因素，加工余量取5.55mm。为改善模压时金属的流动情况，加工部位圆角半径均适当加大。模锻斜度取7°，图7-77为翼肋锻件图。该件最大横截面积处于大端，其腹板宽度和厚度分别为153mm和14mm，肋的高度和宽度分别为40mm和15mm。飞边金属量按20%计算。坯料选用断面尺寸为15mm×25mm的平板。计算坯料长度时，应考虑到盖住模膛的小端，而模膛大端应超过飞边桥口。

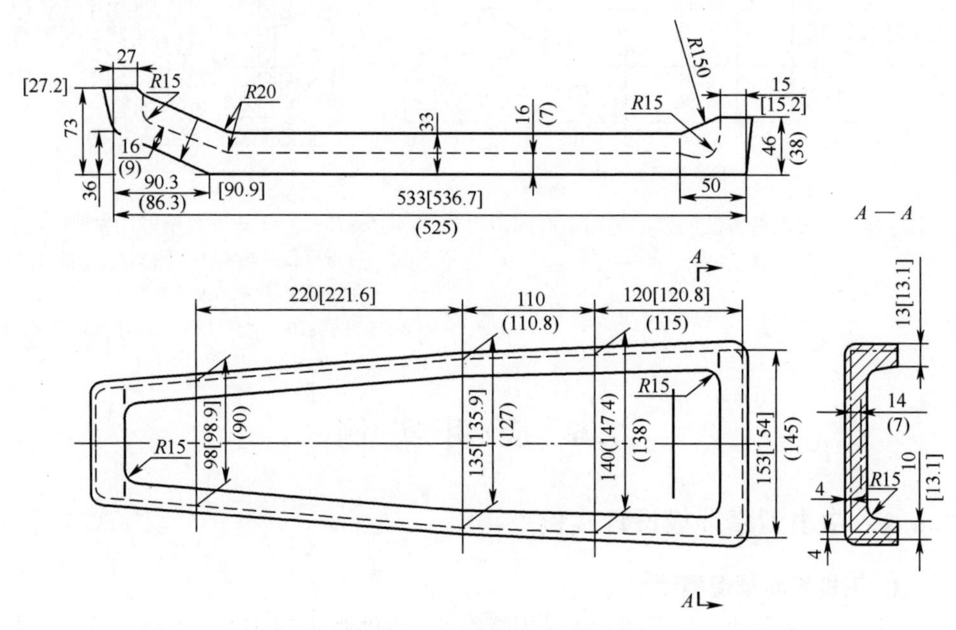

注：-----为零件线；[　]为模具尺寸；(　)为零件尺寸。

图7-77　翼肋锻件图

该件投影面积(包括桥口部分)为0.1m²，选用30000kN水压机模锻。

为使模压后锻件留在下模，以便操作人员用撬杠撬起锻件，将凹模置于下模，凸模布置在上模，如图7-78所示。

模膛尺寸按照热锻件图来设计没飞边槽尺寸按锻件投影面积选用，如图7-78所示。钳口设置在下模，其尺寸如图7-78*B—B*剖面图所示。

由于该件轴向尺寸较大，并采用了肋顶分模，因此，为保证锻件尺寸精度应采用纵向锁扣，如图7-78所示。另外，大锻件大头和小头的分模面间有落差，为平衡错移力，需采用平衡锁扣，如图7-78所示。

键槽中心线与模块中心偏移50mm。

模块平面尺寸为500mm×1100mm，上、下模闭合高度为700mm。

模具材料选用5CrNiMo，热处理硬度：HRC为35～38。

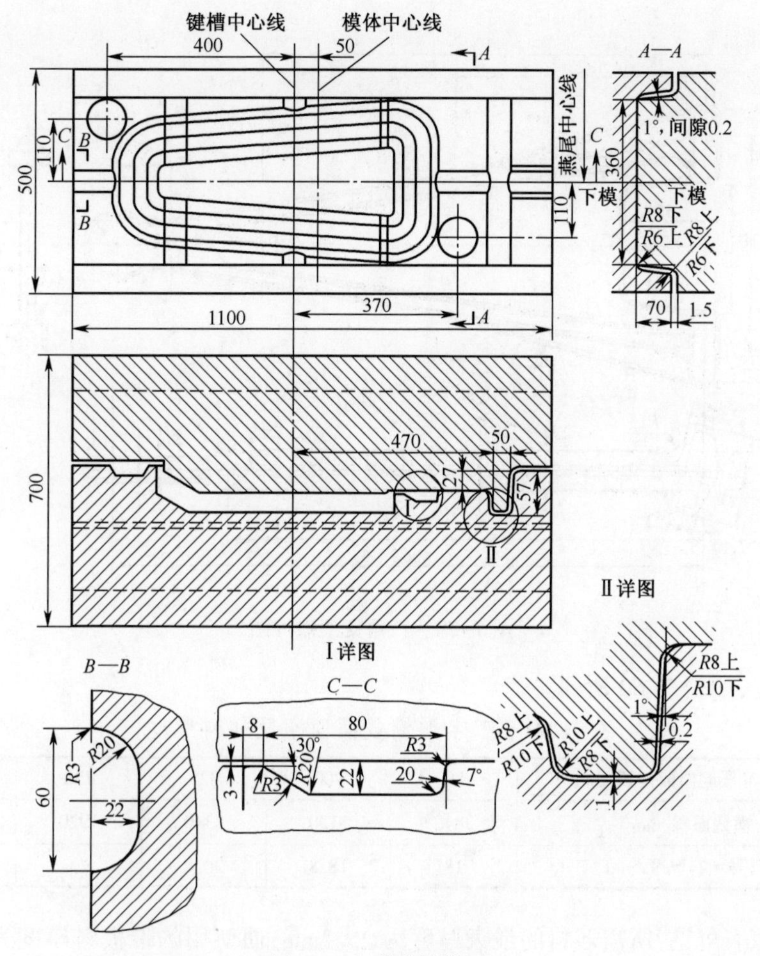

图 7-78　翼肋锻模图

2. 三角支架锻模

图 7-79 是三角支架锻件图，材料为 2A50 铝合金。该件在俯视图上呈三角形，其横截面为工字形，腹板较薄，大端还有两个凸包。除几个配合面需要加工（图中用双点画线表示的部位）外，其余是非加工面。因此该件对锻件表面质量和模具制造精度要求较高，需要顺序地采用制坯、预锻和终锻数套模锻。

该件投影面积（包括桥口）为 0.12m²，采用 50000kN 液压机模锻。

下面只介绍制坯横和预锻模设计要点。

坯料选择，以凸包高度 84mm 按 60%填充系数计算，坯料厚度约为 50mm，用 50mm×310mm 带板料斜切成与锻件外形近似的三角形坯料。

该件工字形截面部分的最大宽度比为 260mm，厚度 12mm，两侧肋的高度 42mm，厚度 12mm，肋的高宽比接近 1/3 。但肋高和腹板宽度比为 1/4，说明腹板宽度的影响大，因此采用适当的坯料厚度。从基准线开始取 5 个横截面，计算合理的

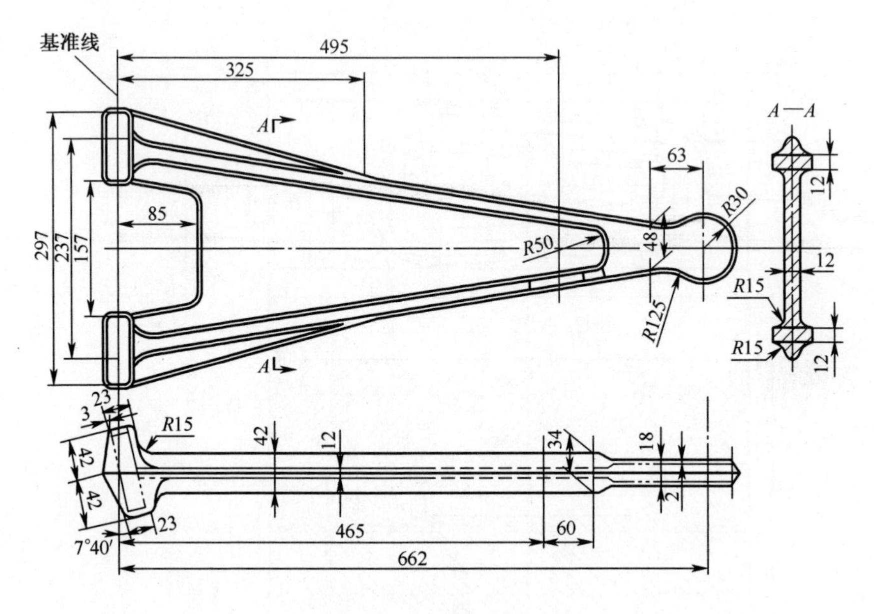

图 7-79　三角支架锻件图

坯料厚度,如表 7-60 所列。

表 7-60　工字形横截面面积及坯料厚度

由基准线起断面位置/mm	80	200	325	430	500
横截面积/mm^2	3840	3120	2340	1920	1680
所需坯料厚度/mm	18	18.8	20.8	23	25.2

由该表可见,所需坯料的最大厚度为 25.2mm,而使用的带板料厚度为 50mm。因此需采用制坯模进行制坯。

坯件的尺寸如图 7-80 所示。用制坯模只锻出锻件的轮廓和两个凸包。工字截面部分只压出平板,板厚为 25mm。两个凸包的高度较模锻件小 2mm,即为 82mm,宽度保持模锻件尺寸(23mm),以便于将坯料放入模锻模膛。在凸包处坯件的过渡圆角半径取 $R30$,以保证在模锻模膛中模压时,此处有足够的金属量。

预锻模的作用是对工字形截面部分进行预压,在预锻模上两个凸包的型腔尺寸与制坯模相同,图 7-81 是预锻件图。为避免终压时产生折叠,预锻件的肋高比终锻件小 4mm,两者的腹板厚度相同。为保证终锻时有足够的金属量充填肋顶,在预锻件上以大圆弧 $R60$ 和 R_a 与腹板和肋顶 $R6$ 相切。为便于放入终锻模膛和减小充填阻力,预锻件轮廓与终锻模膛间应留有 0.5mm 间隙。

3. 叶轮锻模

叶轮是航空发动机的重要受力件,材料为 2B50 铝合金,质量为 165kg。叶轮大锻件图如图 7-82 所示。图中的双点画线为其零件的轮廓尺寸,该件由 29 个肋

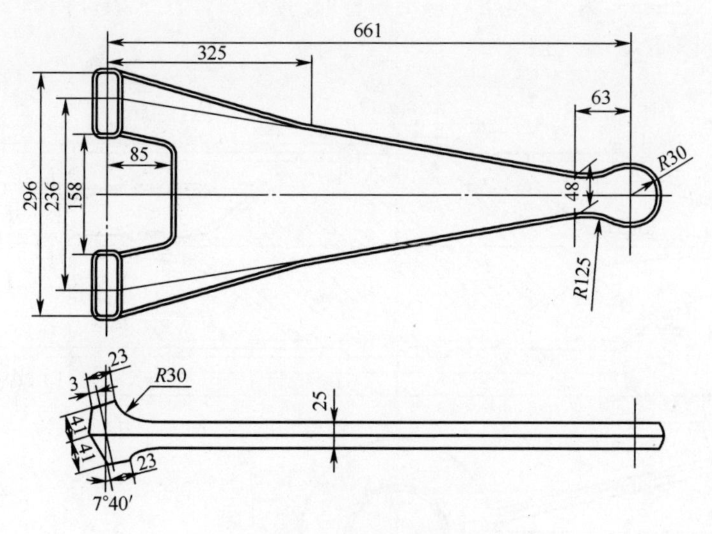

图 7-80　三角支架锻坯图

未注明圆角 $R=5$

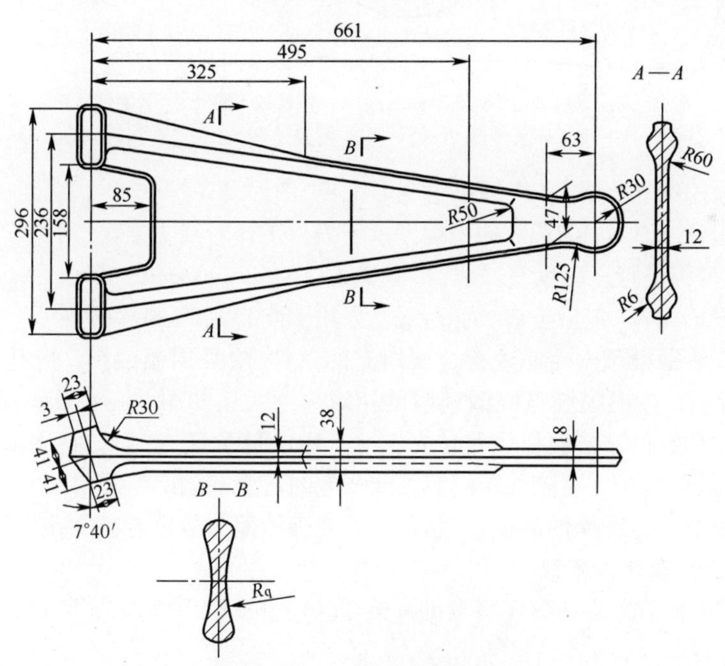

图 7-81　三角支架预锻件图

未注圆角半径 $R6$

条呈辐射状分布于曲面形状的腹板上，且将腹板分割成扇形区域。分模面取在锻件高度中间的平面上。由于该件重量大，肋条较高且薄，形状又复杂，容易产生折叠、变形和碰伤等缺陷，因此加工余量应适当放大。例如，锻件上直径为 ϕ56mm

处，余量取 8.5mm。另外，模压后顶出锻件时，顶杆可能压入锻件内部 2~3mm，此处余量也应该加大。

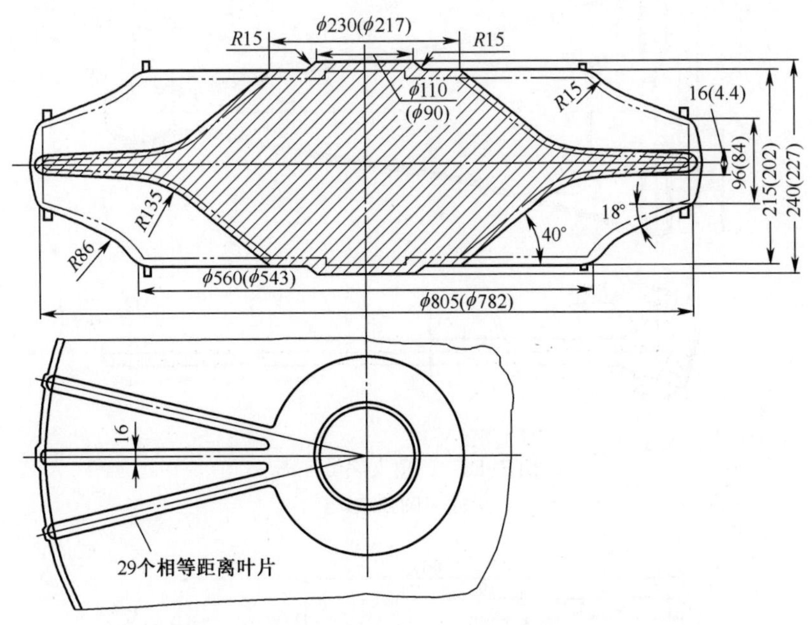

注：1. 未注圆角 $R5$，出模角 7°；2. —・・—零件加工线，（ ）为零件尺寸。

图 7-82　叶轮大锻件图

该件采用制坯、预锻和终锻三个变形工步。

毛坯为 ϕ310mm×830mm 的铸锭。由于该件工作时受力复杂，对力学性能要求较高，应对铸锭进行三向反复墩拔，再锻成 ϕ533mm×220mm 的锻坯。

该件投影面积（包括桥口）为 0.5m^2，采用 100MN 水压机模锻。

为提高终锻模膛寿命和改善金属填充的条件，应采用预锻模。叶轮预锻件如图 7-83 所示。预锻模膛与终锻模膛的相对尺寸关系如图 7-84 所示。由该图可见，终锻时，预锻件扇形腹板金属首先在靠近中心部位填充模膛，并逐步向外缘发展，这样可避免由于先充满外缘模腔可能产生的折叠缺陷。

终锻模膛按热锻件图制造，在肋条最后充满的地方应设置排气孔。

4. 飞机骨架零件精锻

图 7-85 所示为肋—腹板型飞机骨架零件精密模锻用模具，安装在 25000kN 液压机上用。

5. 肋—辐板型结构件预锻和终锻模

图 7-86 所示为肋—辐板型结构的精锻件，其平面积约为 762mm^2，零件含有周边肋，其肋厚的变化范围为 5.84~6.60mm。横向肋厚为 5.08mm，肋的高度为 9.4~43.7mm。当肋高为 43.7mm 时，肋的高宽之比 h/b=8.6。如果是铝合金锻件，建议 h/b=15。

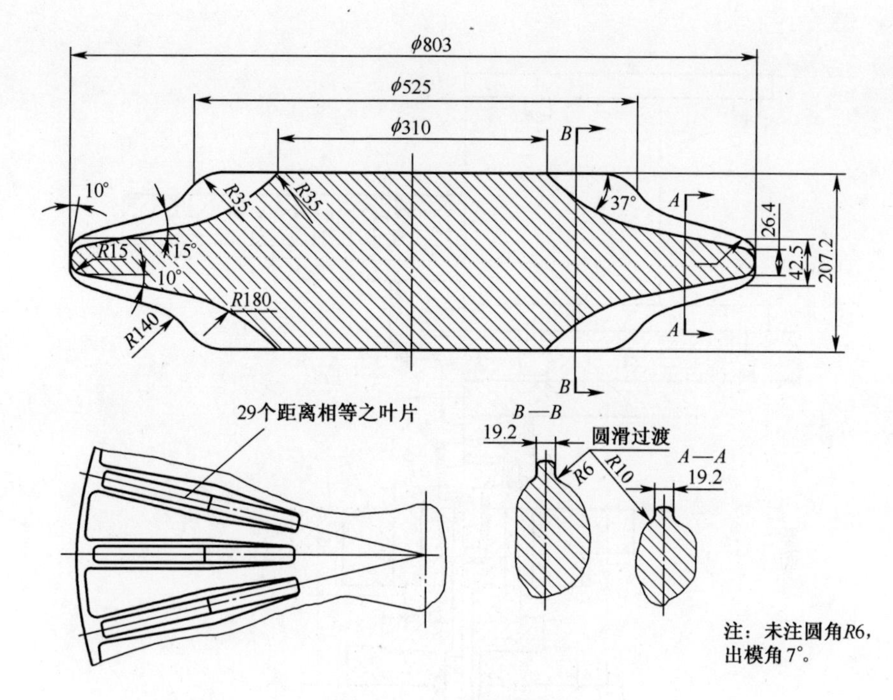

图 7-83　叶轮预锻件图

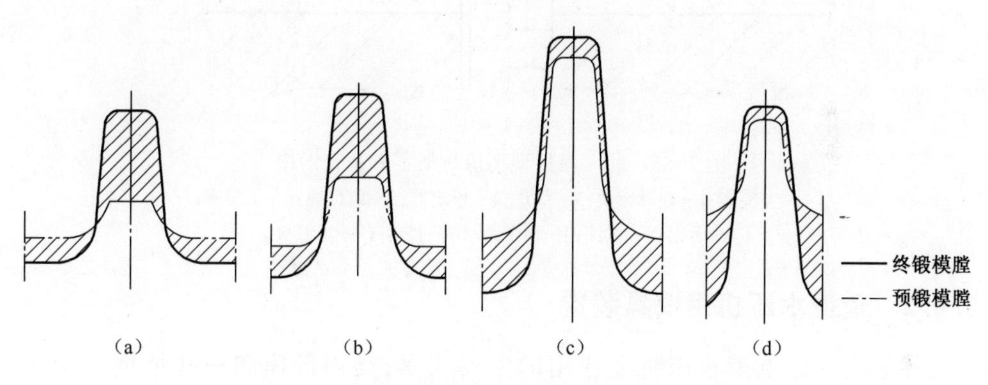

图 7-84　预锻模膛与终锻模膛的相对尺寸关系图

(a)φ700 断面;(b)φ600 断面;(c)φ500 断面;(d)φ400 断面。

图 7-86 所示锻件辐板厚为 5.08mm,与 ASM 设计手册上的资料相同。模具装配图如图 7-87 所示,模锻时分为预锻和终锻两步。预锻的作用是合理地分配金属体积,特别成形肋所需的金属体积,要求有相当合适的金属体积从预锻到终锻时其多余的金属成形飞边,然后切除。

图 7-87 所示孔径为 15.88mm 的空洞,图中:①、②是加热孔,通常将模具加热到 400~427℃即可。

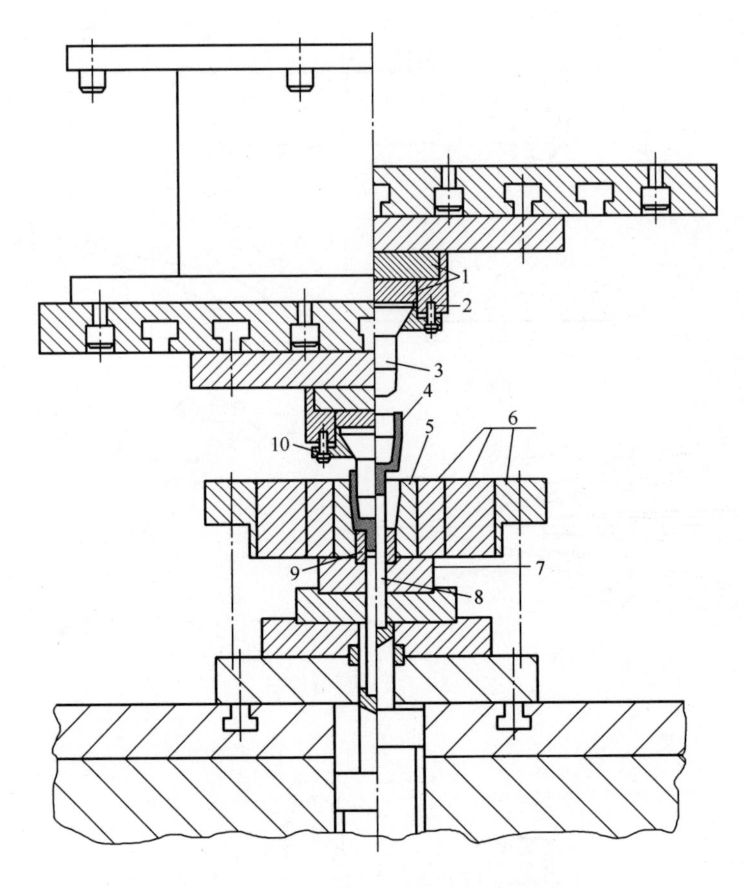

图 7-85　肋—腹板型飞机骨架零件精密锻模

1—上模作;2—模具镶块;3—垫片;4—顶出器;5—定位块;6—下模座;
7—下模;8—锻件;9—预金圈;10—上模;11—定位块。

7.6.2　重型水压机用模具装置

模具装置是重型水压机上使用的主要工具,是由锻模和一些垫板所构成(图 7-88)。垫板的作用在于把压力从锻件分散传布到工作台和活动横梁的尽可能大的面积上去。这样可使工作台和活动横梁在这些部分所承受的载荷不致太集中。这是由于与工具相接触的工作台和活动横梁的那些零件的尺寸比锻模大得多,而且是普通碳钢铸造后加工而成的,所以当水压力机加载时,这些零件宜承受较低的应力。这部分应力值通常为锻制高精度锻件所用锻模型腔上的单位压力的 1/10~1/5。

每块锻模(上模或下模)均为重 10~25t(取决于所锻工件的尺寸)的锻造方块。对于锻制双面带肋工件的锻模(图 7-89),模膛一般是铣在上模或下模的工作面上,这时分模线应处在工件厚度的正中间。

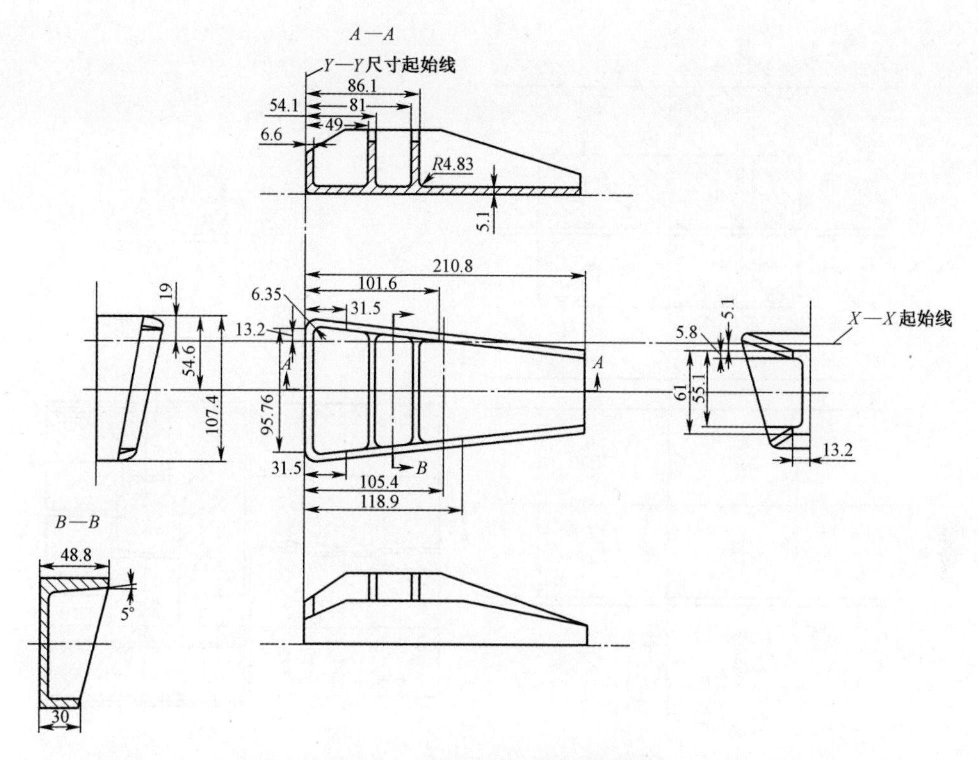

图 7-86　肋—辐板型结构锻件图

为获得一面带肋的工件,复杂的模膛应做在下模中突出来的工作面上,这时上模的工作面深入到下模并做成平滑的表面(图 7-90)。

为易于从锻模中取出锻成的工件,在模壁上要做出 3°~7°的拔模斜度。上模的拔模斜度比下模大,以防止在某些情况下可能发生锻件脱模时卡在上模的现象。

为使金属容易填满模膛,模膛中的拐角部位都要有圆弧过渡。圆角半径的大小受加工模膛所用铣刀的制约,而且与模锻件的尺寸及加工余量有关。外圆角半径为 1.5~6mm,内圆角半径为 3~15mm。

在重型水压机上采用预锻和终锻两种锻模,前者不带飞边槽,但圆角半径和拔模斜度均为终锻模大 1.2~2 倍。

为使上、下模相互间能导向和定位,锻模上装有 5XHB 钢制成的导柱,这些导柱以压配合装在下模上(图 7-89)。导柱进入上模的相应孔中。采用锁扣也是为了同样的目的(图 7-90)。导柱和锁扣可承受上、下模倾侧时所产生的的错移力。在下模支承面上备有特制的圆形或椭圆形孔(如图 7-90 中的部位 9),模座上的柱销进入该孔,从而可使全套锻模得以在模座中定位。锻模的侧面(沿纵向)铣有 T 形槽,以便在把锻模安装或紧固在模具装置的其他垫板上时插放螺栓。对于比较小的锻模,在少数情况下,也采用上、下模支承面上的燕尾型尾座来紧固。在锻模横向(有时是纵向)侧面制有插绳索起重销的孔 7,以便起吊和搬运锻模。

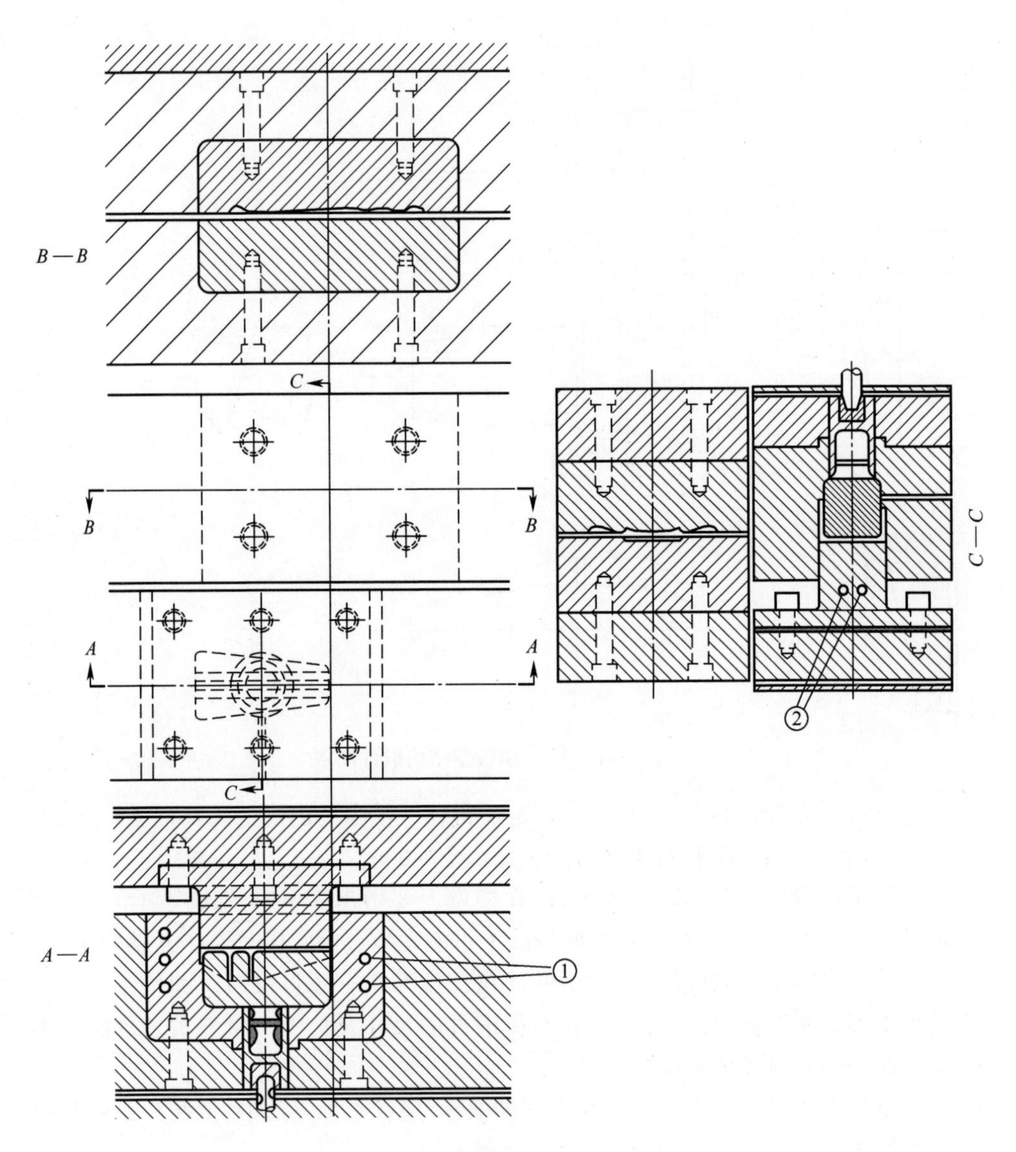

图 7-87　肋—辐板型锻件预锻和终锻模

为了测量温度，将铝合金塞头（如图 7-90 中的部位 3）压入上、下模所制的小孔里。

在下模中要制作出顶出器顶杆所需的孔，长方形锻件脱模时采用楔形顶杆（图 7-90）。为此，在下模支承面上要制作顶出器拉杆 6 所需的槽。

精密锻件的锻模，有时用高合金钢制成镶块，牢固地夹紧于模套中。在这种场合，采用一般的顶出器是不可能的，而是以上述镶块作为顶出器使用。但在配制镶块和模套的尺寸时要高度精确。

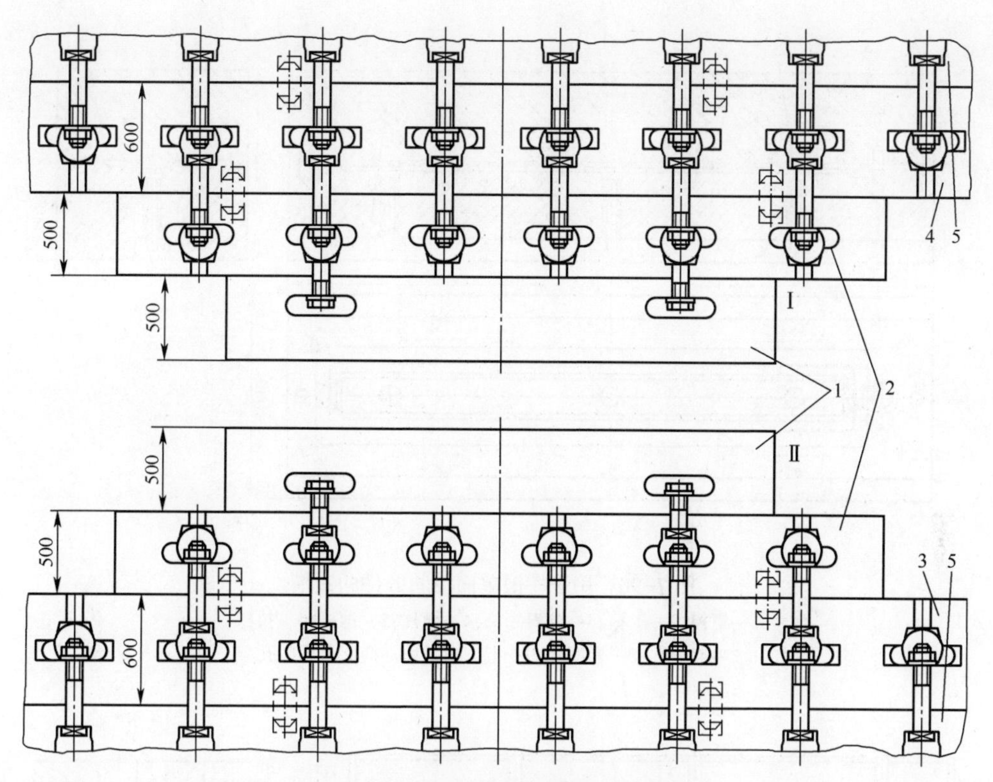

图 7-88　重型水压机用模具装置

Ⅰ—上装置；Ⅱ—下装置。

1—锻模；2—模座；3、4—中间垫板；5—工作台和活动横梁支承板。

图 7-89　用于模锻双面带肋锻件的锻模

30~35t 重的模座（图 7-91），用整块锻件制造。

较重的模具垫板（重达 85t）是由几个锻件用电渣焊焊在一起的（图 7-92）。

在模座上制有圆形和椭圆形的定位孔，还有为顶出器零件而开的槽 2 和通孔 3（图 7-91）。由于模锻件的形状和尺寸多种多样，因而顶出器及所设的孔的分布必

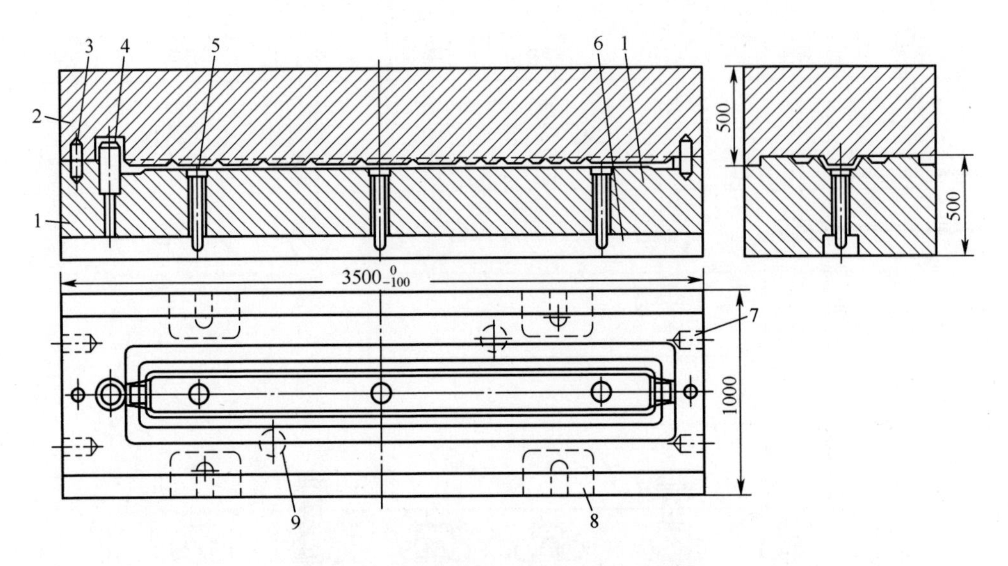

图 7-90　用于模锻单面带肋锻件的锻模

1—下模;2—上模;3—测温塞头;4—导柱;5—顶杆;6—拉杆;7—起重孔;8—紧固槽;9—把下模紧固在模座上用的孔。

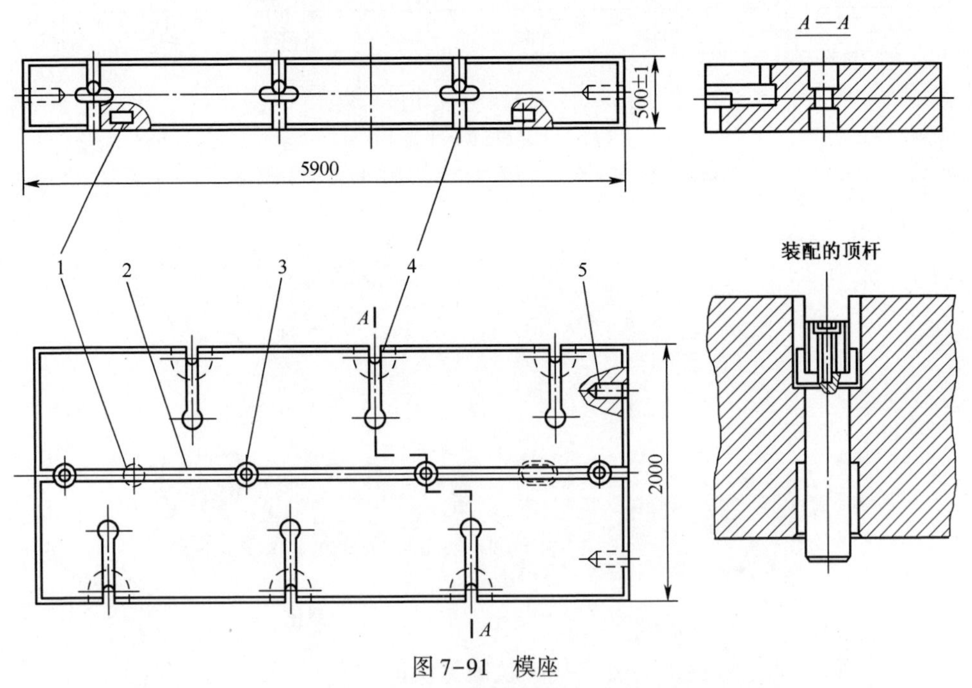

图 7-91　模座

1—定位孔;2—为顶出器机构所设的槽;3—为顶出器机构所设的通气孔;4—紧固槽;5—起重孔。

然也是各式各样的。所以当锻制多品种的工作时,全部垫板上为顶出器而设的各孔要布置均匀(图 7-92),尽可能不过分削弱垫板。锻模附近的顶杆所传递的运动，是靠垫板上的专用拉杆（平板）实现的，这些拉杆设在垫板中的纵向（图 7-91）或横向（图 7-92）槽内。

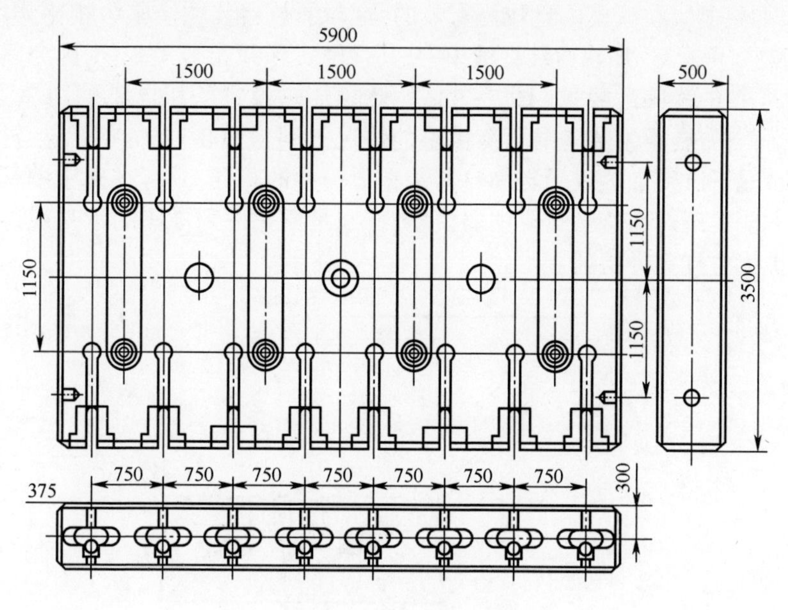

图 7-92　垫板

为固定模具垫板，在垫板中要铣制一些槽，如槽 4（图 7-91）。垫板工作面上的槽比支承面上的长，因为用这些槽装卡垫板时，靠近锻模部分的尺寸比较小，特别是在宽度方向。由于锻制多品种锻件所用的锻模种类繁多，因此模座上的固定槽有时几乎铣至垫板的中心部位。此外，由于锻模长度尺寸的多种多样，有时这些槽要开在垫板的全长上。后面这种情况加之顶出器零件下面有孔和槽的存在，就会使模座大为削弱，这种垫板的工作条件将比其他垫板繁重得多。

所以针对不同组别的锻模，考虑几种不同尺寸的模座较为适宜，这样做可以改善水压机和模具装置的载荷条件，并可把顶出器和紧固用的槽、孔限制到最少数量。至于模具垫板的通用性，在槽孔数量最少的情况下是完全可以保证的。

如果所锻锻件的尺寸很小，则相应辅助模座的尺寸将比与它接触的中间垫板的尺寸小得多。这时，在垫板和辅助模座间可附加主模座，但这要求水压机有足够的开启高度方可实现。

模锻过程中最好的变形条件是锻模和毛坯具有相同的温度。但炉中加热的锻模很快就会降温。欲使重型水压机上的大尺寸锻模保持恒温，通常用的镍铬合金电阻加热器的能量是不够的。所以，对于重型水压机上的锻模最好采用感应加热，这时热能可直接产生于锻模中。根据锻模宽度的不同，当宽度小于 1000mm 的锻模，热能从模块的侧向引入。这样可保证锻模均匀加热，其模膛表面的温度将不大于 60℃，而高度方向为 100～150℃（譬如在模锻铝合金中，当模膛温度达 400℃时，则锻模载波电流层的允许过热为 500℃）。

欲保持宽度大于1000mm锻模的恒温,仅从侧向供应热能是不够的。所以在锻模中或靠近锻模支承面一端的模座中应添置辅助感应加热器。从节约热量的观点来看,加热器装在锻模内是较为有效的,这与加热器装在模座中相比,电能的消耗几乎减少了2/3。加热器装在锻模中,其强度实际并无多大变化,因为只要在纵向上钻两个孔就满足要求(图7-93)。此时加热模锻所用电源的功率为200~250kW,而当加热器在模座中均衡扩温的情况下则是600~750kW。应当指出,在后一种情况下欲使加热效果与加热器装在锻模中的相同,只有在模座中具有大量的孔时方能实现。而这必然要削弱模座,特别是要考虑到模座的承受载荷次数远远超过锻模这样一种情况。

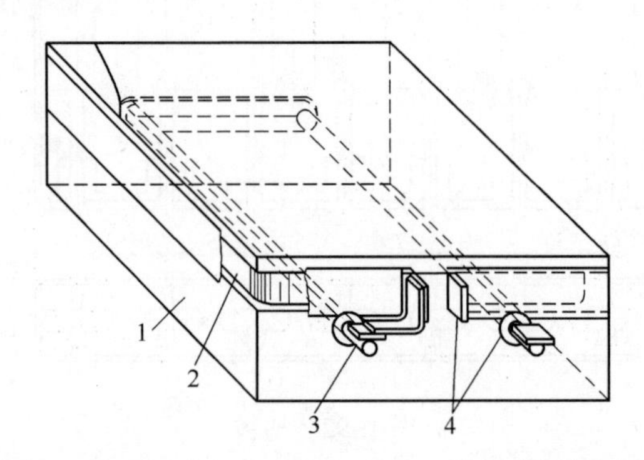

图7-93　模锻尺寸为3000mm×2000mm×500mm采用敷设线圈的加热示意图
1—锻模;2—侧向片式线圈(片的尺寸为150mm×20mm);
3—柱式线圈(柱的直径为60mm);4—供电输出端子。

7.6.3　圆筒形内筋板零件等温精锻成形

1. 零件结构特点及成形工艺方案的制订

如图7-94所示筋板构件,材料为防锈铝合金LF6。该件为纵、横内筋结构件,纵向有10条筋,横向有2条筋,宽度为10mm,突起为5mm,成网格状。成形该零件的工艺难点主要有:①网格状内筋不易成形,特点是纵、横筋交叉部位,筋的流线难以保持完善;②加载方式的确定;③模具结构的设计复杂,特别是如何脱模。

1) 加工方法的确定

目前,筋板类零件多采用分体制造后焊接或铸造方式加工,难以满足服役条件,无法达到预期的效果。采用焊接加工,焊接时变形量大,不能满足精度要求;采用铸造加工,铸造状态晶粒尺寸比较大、组织不致密,产品力学性能差,强度仅能达到350MPa;采用数控加工或化学铣加工,不仅材料利用率低、成本高、环境污染严重,而且加强筋部位的金属流线被切割,使构件的强度大大降低。

挤压生产的零件与其他方法如切削加工生产出来的零件相比,其优点在于保持了金属纤维的完整性,并使其沿零件外形轮廓分布,这样可显著地提高零件承载能力;另外,还可以改善锻件组织,使零件的韧性和塑性同时提高。根据生产实践,

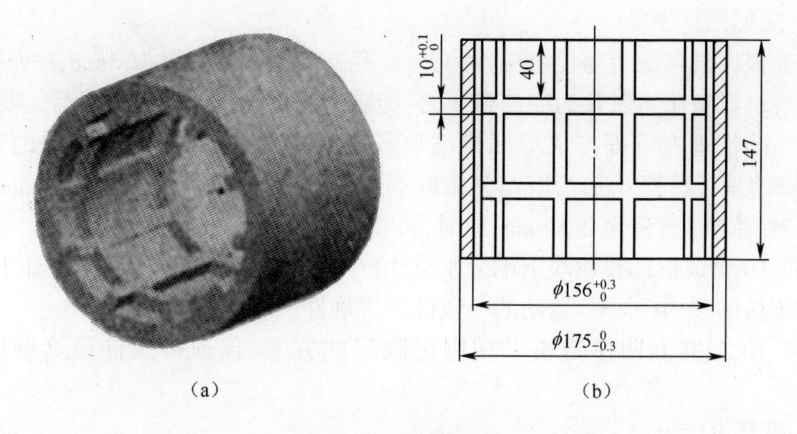

图 7-94　筋板构件
(a)圆筒形内筋板构件三维造形；(b)圆筒形内筋板剖面图。

采用挤压工艺生产带有薄腹板的筋类、盘类、梁类、框类等精锻件具有很大的优越性。该类零件采用挤压的方法加工，成形后的内筋不需要再进行切削加工，通过筋板与腔体的整体塑性成形，使金属流线沿零件的几何外形分布，保证了筋部位流线的完整，克服了焊接或铸造强度低的问题，同时提高了产品精度，改善了产品的内部组织和力学性能，提高了生产率，节约了金属材料。

2）等温精锻工艺的确定

等温精锻可以显著提高锻件的精度，这主要是因为：金属变形抗力和成形压力的降低减小了模具系统的弹性变形；变形温度波动范围的减小，使锻件几何尺得到稳定；锻件内部残余应力减小，锻件在冷却和热处理时变形减小。目前，普通模锻件筋的最大高宽比为 6∶1，一般精密成形件筋的最大高宽比为 15∶1，面等温精锻时筋的最大高度比达到 23∶1，筋的最小宽度为 2.5mm，腹板厚度可达 1.5~2.0mm。

根据该件的结构特点，成形过程比较复杂，变形量较大，宜采用等温精锻的工艺方法。

3）成形方案的确定

由于该零件网格状内筋不易成形，特别是纵、横筋交叉部位，对于这样复杂的零件，采用通常的整体模具不仅无法成形，而且挤压后也无法从模膛中取出，因此模具结构采用分瓣式。由于零件有 10 条纵筋，凹模镶块分为 10 瓣，每瓣上有两条横向的凹槽。又根据挤压时金属流动方向与凹模的运动方向之间的关系，本零件采用径向挤压方式。径向挤压是金属流动方向与凹模的运动方向相垂直的加工方式，用于制造某些在径向有突起部分的工件。因此采用轴向加载，通过斜楔机构转化为径向挤压成形该类零件。挤压加工时，凹模镶块通过转化的径向力产生径向位移，成形后瓣与瓣之间形成绷筋，两条凹槽形成两条横向的筋，纵、横内筋成形。这种成形方案可以使纵、横筋的流线保持完整。

4）成形原理

(1) 根据设备压力与径向压力的关系，径向压力=设备压力×tanθ，θ 为凹模的锥度。通过设备压力转化为径向挤压力，能满足零件挤压成形时的载荷需要。

(2) 凸模垂直行程与成形凹模镶块径向行程的关系为：凹模镶块的径向行程=凸模的垂直行程×tan1°，取凸模锥度为 1°。当凸模模垂直行程为 30mm 时，凹模的径向（水平）行程为 0.52mm，此时，可以使筋板突起 5mm。

(3) 10 个成形凹模镶块下端分别有 10 个导轨在下模座内滑动，保证 10 个成形凹模镶块的径向（水平）运动的一致性与准确性。

(4) 10 个成形凹模镶块采用固定限程的方案，保证挤压件最终壁厚的一致性。

2. 模具设计

模具总体结构如图 7-95 所示，此模具结构采用分瓣式，产品要求 10 条纵向筋，按照此要求凹模镶块分为 10 块，随着凸模 6 受轴向力向下压，凹模镶块 8 沿径向方向移动，挤压坯料，成形网格内筋。加工完以后，顶杆 19 通过顶板 17 把零件顶出去。

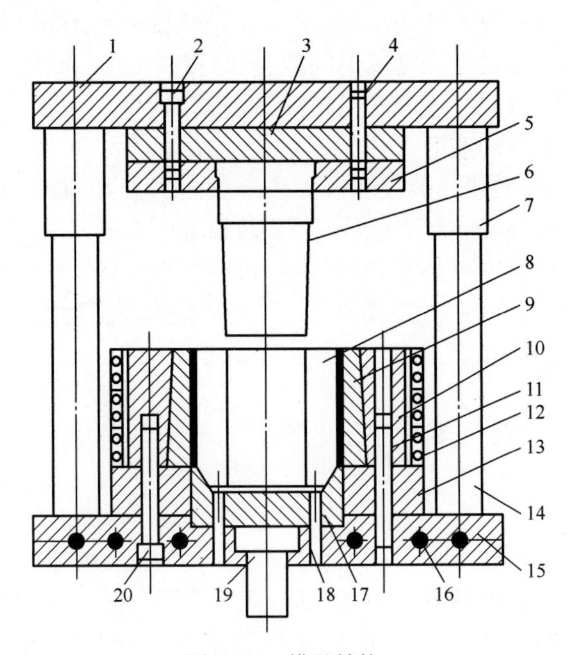

图 7-95　模具结构

1—上模板；2—螺钉；3—上垫板；4—销；5—凸模固定板；6—凸模；7—导套；8—凹模镶块；9—凹模；10—凹模固定板；11—销；12—电加热圈；13—凹模垫板；14—导柱；15—下模板；16—电加热圈；17—顶板；18—支杆；19—顶杆；20—螺钉。

1）工作部位设计

(1) 凸模设计。凸模采用 1°的锥度。根据成形原理，凹模镶块的水平位移=

凸模的垂直位移×tan1°。为了保证凸模装卸简便,紧固可靠,凸模的整体形状一般做成阶梯形,其下部呈截锥形状,是为了增大支承面积,以增加凸模的抗弯强度和凸模稳定,并通过带锥形孔的凸模固定板将凸模牢固地固定在上模板上。

(2) 凹模镶块设计。凹模镶块是这套模具中最关键的设计。凹模镶块分为10块,加工时先整体加工,如图7-96镶块内孔的锥度凸模保持一致,均为1°。每块凹模镶块底部加工一个槽,与顶板的导轨相配,来保证凹模镶块的运动方向和一致性。整体加工完之后,按图7-96所示角度用线切割加工为10块。

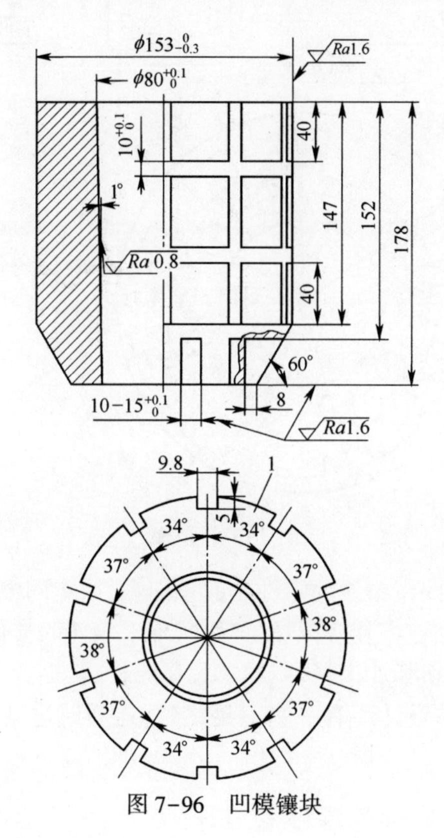

图7-96 凹模镶块

2) 凸模镶块导向部位设计

导向部位主要是通过顶板上的导轨来控制凹模镶块的滑动方向,顶板零件如图7-97所示,顶板按凹模镶块的角度凸起10块导轨,10块凹模镶块沿着导轨沿径向方向滑动。

3) 加热装置设计

等温精锻时,在整个成形过程中在使模具和坯料保持在一个较恒定的温度范围内,因此,模具需要设有加热和控温装置。模具采用电阻丝加热,利用石棉和硅酸铝毡进行保温,并且采用热电耦和控温装置进行测温和控温。

4) 顶出装置设计

由于成形的是网格状内筋,零件的脱模比较困难。采用整体式顶出装置,利用

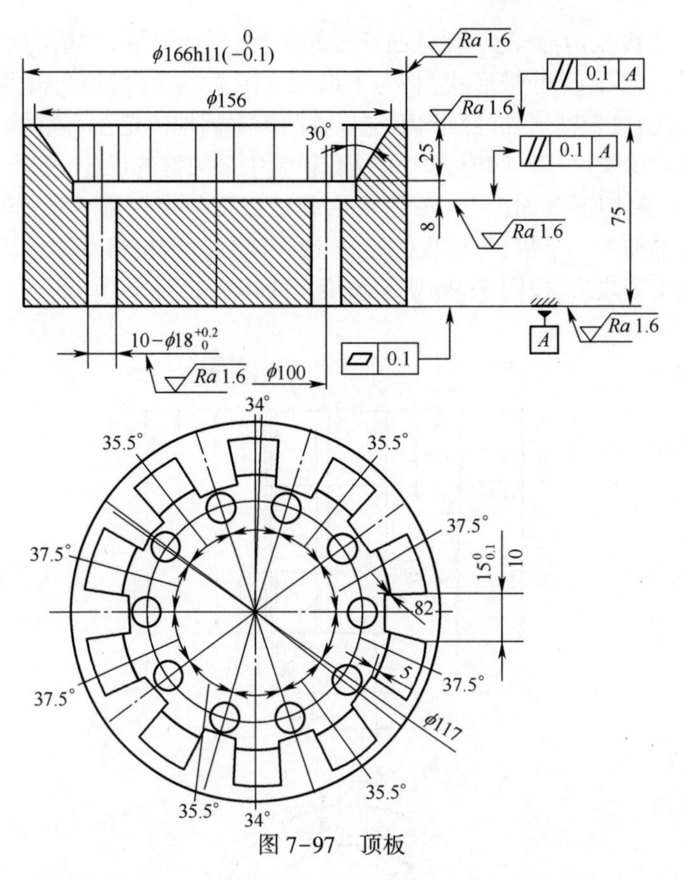

图 7-97　顶板

顶杆顶出支板，支板把凹模镶块的零件一起顶出去，取走凹模镶块后取出零件。

内腔筋板零件采用该模具挤压加工后，实现了零件的整体成形，提高了零件精度和表面质量，减少了切削加工量，节约了大量原材料，提高了生产效率，更提高了零件的力学性能。但本设计还有一些不足之处，还需通过理论分析与试验研究进行摸索，不断改进。

7.6.4　平板类筋板锻件等温精密成形

1. 平面类筋板类零件各种成形加工方法的比较

筋板类构件在航天、航空领域有着十分广泛的应用。为了满足减重的需要，这种构件通常被设计成薄腹板并带有纵、横内筋的结构，这种薄腹高筋结构给构件的加工带来很大困难。薄腹高筋类构件种类较多、应用范围较广，构件使用性能的要求各不相同，其加工方法和工艺区别也较大。对于使用性能要求不高的大型薄腹高筋类构件，美国、俄罗斯等国家多采用精密铸造的方法进行加工。目前，美国等先进国家批量生产的钛合金精密铸件直径已达 1300mm（最大可达 2000mm）、腹板壁厚 1~2mm（最薄 0.5mm），铝合金精密铸件的水平更高，精铸件的成品率可达 80%以上，材料利用率达 80%~90%。我国精密铸造技术与国外先进国家相比尚有一定差距，大型薄腹高筋类铸件的内部缺陷较多，加工成本较高和成品率较低，精密铸件废品率有的高达70%~80%、材料利用率仅有20%~30%。对于使用性能要求较高的大型薄腹高筋类构件，国内外多采用锻造或轧制方法预制简单形状的毛坯，再采用数控加工或化学铣加工的方法将高筋逐个加工。这引起加工方法的材料利用率低、加工成本高、环境污染严重。更重要的是加强筋部位的金属流线被切割，使构件的强度大大降低，难以满足构件使用要求。随着筋板类构件的广泛应用，寻找一种既能保证构件使用性能，又能节约成本、提高生产效率的加工方法成为迫切需要解决的问题。精密塑性成形技术的发展为这类构件的加工提供了一条重要途径。

对于带有纵、横交叉筋的薄腹板类构件，如果采用普通模锻工艺直接成形，薄腹板和高筋的圆角处均难以成形，往往需要大吨位的设备，过大的模压力往往会使模具的寿命受到损害。为了解决复杂形状锻件的充填问题等温精锻技术近年来发展迅速。等温精锻技术是在传统锻造工艺基础上发展起来的一项新工艺，与普通模锻技术不同，它是将模具和坯料都加热到坯料的锻造温度，并使坯料在变形过程中保持温度不变，可以显著改善坯料的塑性和流动能力，主要应用于航天、航空工业中的钛合金、铝合金和镁合金锻件的精密模锻。

采用等温精锻技术虽然可以解决薄腹板和高筋的成形问题，但是当高筋充填到一定程度后，筋的充填阻力增大，大量的金属会由中心向外部流动，往往会在筋的根部引起流线紊乱、涡流和折叠，严重的还会在筋的根部将筋切断。因此，该类件是无法采用通常的塑性加工方法成形的。

由于模锻通常是整体加载，薄腹高筋类锻件在成形过程中产生上述流动规律是必然的。但是，若改变整体加载方式为局部加载逐步成形，控制金属的流动方向，迫使金属充填筋部，减少金属的水平方向流动量和距离，从而可以避免大量水平方向流动的金属在筋的根部产生折迭或将筋切断的现象。

2. 等温精锻锻件及模具设计

1）典型筋板类锻件的设计

筋板类构件通常被设计成复杂形状并带有薄腹板和高筋，构件腹板厚度的减少可以有效地减轻构件的重量，而合理布置的高筋可以保证构件的强度。腹板和筋的尺寸和位置对锻件的成形难度和模压力影响非常大，这些影响因素在锻件设计时必须加以考虑。为了系统地研究筋板类锻件的精密成形，设计了一种典型结构的筋板类锻件，材料为2618铝合金。如图7-98所示，该件有一个薄的弧形腹板，腹板上有一系列纵、横相交的内筋，纵、横内筋的外侧是一个椭圆形外筋。腹板厚度为8mm，筋的高度和宽度分别为22mm和6mm，筋的高度比超过3.6：1，两条内筋的间距为68mm，筋的模锻斜度取为1.5°，对于椭圆形筋和平行于长轴的两条内筋的内侧拔模斜度将根据其要弧形腹板的位置计算后获得。此外，筋的圆角半径也是锻件设计的重要参数，综合考虑锻件成形及模具加工等因素，筋的圆角半径取为5mm，筋与腹板之间的过渡处圆角半径取为3mm。

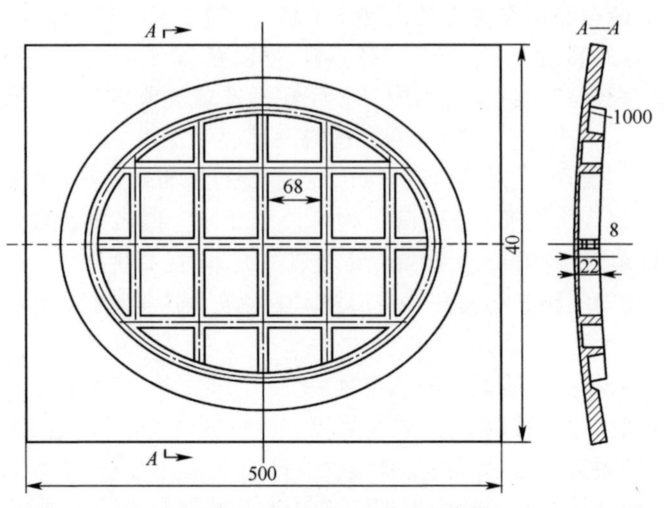

图 7-98　典型筋板构件的锻件图

2）等温精锻模具和局部加载垫板设计

等温精锻需要将模具加热到坯料的变形温度并在整个成形过程中保持等温条件。铝合金的变形温度一般不超过 510℃，考虑到高温条件下的模具强度和寿命，该等温精锻模具材料选为 5CrNiMo 模具钢。模具采用电阻丝加热，利用石棉和硅酸铝毡进行保温，并且采用热电偶和控温装置进行测温和控温，温度控制精度达到 ±5℃。

模具的分模具面选取在锻件弧形腹板的底面，上模型腔为弧形。筋板类锻件的弧形腹板给下模设计和制造带来困难，下模型腔需要数控加工才能完成。为了便于编制下模型腔数控加工程序，我们采用几何造型技术对典型筋板类锻件和下模进行三维造型，图 7-99 和图 7-100 所示分别是铝合金筋板类锻件和下模三维造型图。

图 7-99　筋板类锻件三维造型图

图 7-100　筋板类锻件下模三维造型图

筋板类锻件精密成形的关键是如何控制腹板处多余金属的变形流动。如果采用上模直接模压，腹板处金属在充满筋部后，多余金属将大量沿水平方向流向飞边处，非常容易在筋的根部产生折叠和穿筋等缺陷。为避免腹板的金属找距离流动，设计了如图 7-101 所示的局部加载垫板,模板过程中将该垫板放置在上模和坯料之间,就会在各条筋的背面聚集足够量的金属,将垫板去掉再进行模压,筋部聚集的金属就会充填到筋部模具型腔,而不会长距离流向飞边处。此外,为了保证椭圆形筋的充填,又设计了如图 7-102 所示的椭圆形局部加载垫板。

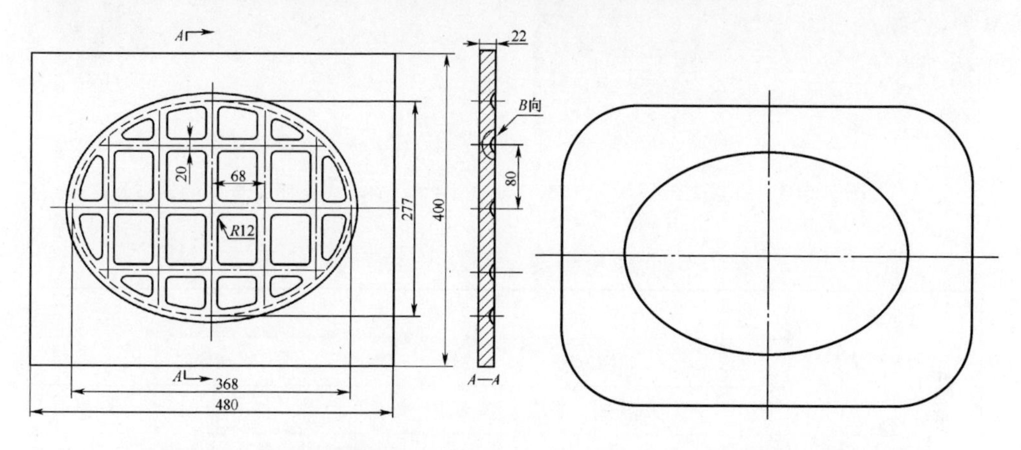

图 7-101　局部加载垫板　　　图 7-102　椭圆形局部加载垫板

3. 筋板类锻件局部加载等温精锻试验研究

局部加载等温精密成形试验在 50000kN 油压机上进行。考虑到等温精锻的特点,2618 铝合金的等温精锻温度取为 430℃。试验时采用水基石墨作为润滑剂。模压时根据筋板类锻件成形特点,分别施加局部加载垫板以控制金属的变形流动。

试验坯料选用 500mm×410mm×20mm 的铝合金厚板。首先将坯料放置在下模上进行整体模压,坯料先产生弯曲变形再充填筋部,当模压力达到 12000kN 时停止模压,将图 7-101 所示的垫板放置在上模和坯料之间继续模压,当模压力达到 14000kN 时停止模压并将垫板取出,此时在各个筋条的背面处聚集了相当数量的金属,继续整体模压至 12000kN 时停止模压,将图 7-102 所示的椭圆形垫板放置在上模和坯料之间继续模压以保证椭圆形筋和充填。图 7-103 所示是采用该项成形方案成形的筋板类锻件,各条筋基本充满,但是在内筋与椭圆形筋交汇处以及椭圆形筋由于远离压力中心仍未完全充满。在椭圆形筋和平行于长轴内筋的根部还有折叠,这主要是由于腹板处仍有部分金属长距离流动造成的。为此,我们修改了局部加载成形方案,在整个成形过程再增加一次局部加载,以避免腹板处金属长距离流动,图 7-104 所示是成形质量良好的锻件。

对筋板类锻件进行固溶时效处理,分别沿长轴(板料轧制方向)和短轴(金属纤维方向)方向各取两个试样,在 Instron5569 万能试验机上进行拉伸试验。表 7-61所列为拉伸试验结果,不仅所成锻件力学性能满足各项要求,而且长轴和短轴两个方向性能相差不大,这主要是长轴变形量不大,仍然保持原来的轧制方向,而沿短轴方向的变形量较大,形成了金属纤维方向。

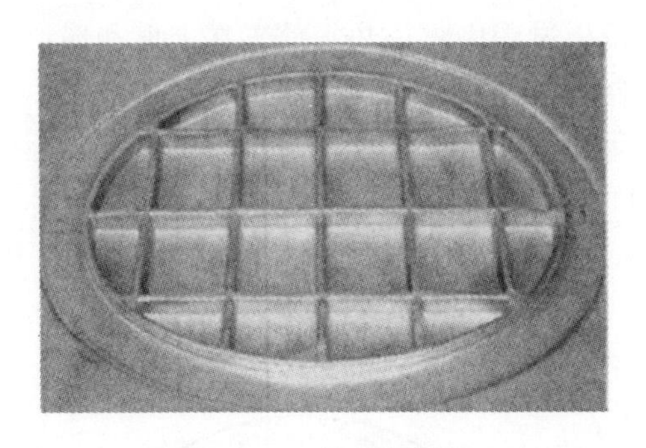

图 7-103　筋板类锻件

图 7-104　成形质量良好的筋板类锻件

表 7-61　铝合金筋板类锻件性能试验结果

力学性能	试样							
	长轴方向				短轴方向			
	1	2	平均	要求	3	4	平均	要求
抗拉强 σ_b/MPa	458.5	458.3	458.4	390	460.8	457.5	459.2	430
屈服强 $\sigma_{0.2}$/MPa	410	415	412.5	—	420	422	421	315
延伸率 δ/%	13.55	11.58	12.57	6	10.34	13.15	11.75	10

试验研究表明,采用等温精锻成形筋板类构件时,通过局部加载的方式控制金属的变形流动方向和距离,防止金属沿水平方向大量外流,变长程流动为短程流动,在坯料上筋的部位聚集金属,可以有效控制金属的变形流动,提高筋的成形质量,防止充不满、折叠等缺陷的产生;利用垫板可以实现筋板类锻件的局部加载,局部加载垫板的设计和合理应用是保证筋板类构件成形质量的关键。

7.6.5　2618 铝合金摇臂等温精锻成形

1. 模锻工艺分析及工艺方案确定

摇臂是直-9 直升机上的关键件,其材料是 2618 铝合金,如图 7-105 所示。它是直-9 直升机上的小型航空锻件,其形状特别复杂。该件原在 1t 锤上模锻,150kg 空气锤上制坯,在 1t 模锻锤上 3 火次锤击,每次锤击 5 次或 6 次,但由于其上带筋和腹板部位易出现粗晶,而且易穿筋,所以其晶粒度不符合相关技术条件要求。而等温模压时,在液压机上等温自由锻制坯,坯料形状和尺寸如图 7-106 所示。在液压机上等温模压时,只需一次等温模压成形。但是考虑到铝合金的外摩擦系数较大,一次等温模压时变形量较大,新生面较多,模具型腔表面粘着很多铝屑,因此起模困难,同时一次等温模压成形,易在锻件表面上形成折叠的缺陷,故分 3 次等温模压,每次等温模压时留一定的变形量,模压后锻坯上折叠缺陷用风铲清除掉。第 3 次等温模压后锻件表面上无缺陷产生。

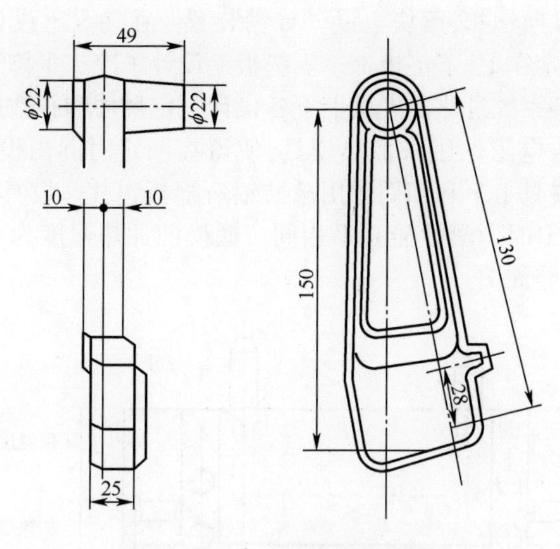

图 7-105　摇臂模锻件简图

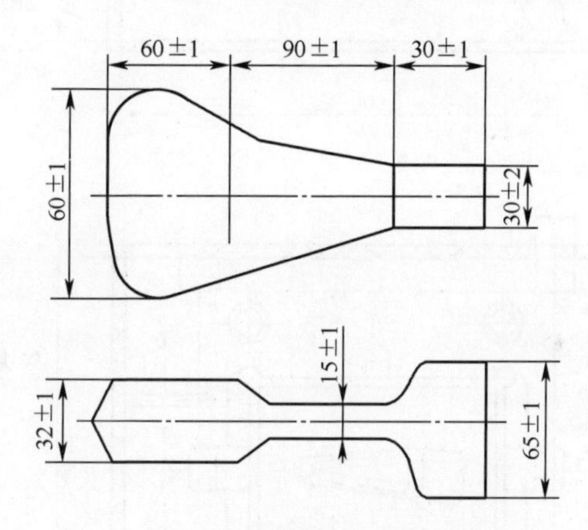

图 7-106　摇臂等温自由锻坯料简图

经过多方的论证和工艺试验，决定采用等温精锻新工艺以解决该件的粗晶问题。

采用等温精锻成形可极大地降低了金属的流变抗力，一般等温精锻的总压力相当于常规成形的几分之一到几十分之一，如 Z_{9-}360A 27- 3188- 90 摇臂锻件原在 1t 锤上紧固镶块模压，现在液压机上等温模压时，只需 3.1×10^{3} kN 左右成形压力。

但对于中高温的等温精锻，需具有高温强度和热稳定性好的昂贵模具材料；需要专门的加热装置和行程可调的适合慢速变形的液压设备。

2. 模具设计

等温模压摇臂时，因锻件批量小，采用一套开式的紧固镶块的终锻模具。其型腔按等温精锻的热锻件图设计，型腔中的粗糙度 $R_z\leqslant0.4\mu m$。为了减小上、下模的错移,夹具上设计导向锁扣,镶块上设计导销装置。在夹具上设计测温孔,以便于测温。夹具分别固定在上、下垫板上。下垫板上设计了冷却水槽,用以通过冷却水冷却垫板,防止设备系统过热。夹具上下各设计一定尺寸和孔数的加热孔,孔中插入瓷管,瓷管中通入电阻丝用来加热模具,使得在一定时间内模具达到预定的温度。为便于保温,夹具上下和四周皆用硅酸铝石棉板包扎。模具材料 5CrNiMo,它在室温和 500~600℃时力学性能几乎相同。锻模的加热温度为 450℃。图 7-107 为摇臂等温模压工装简图。

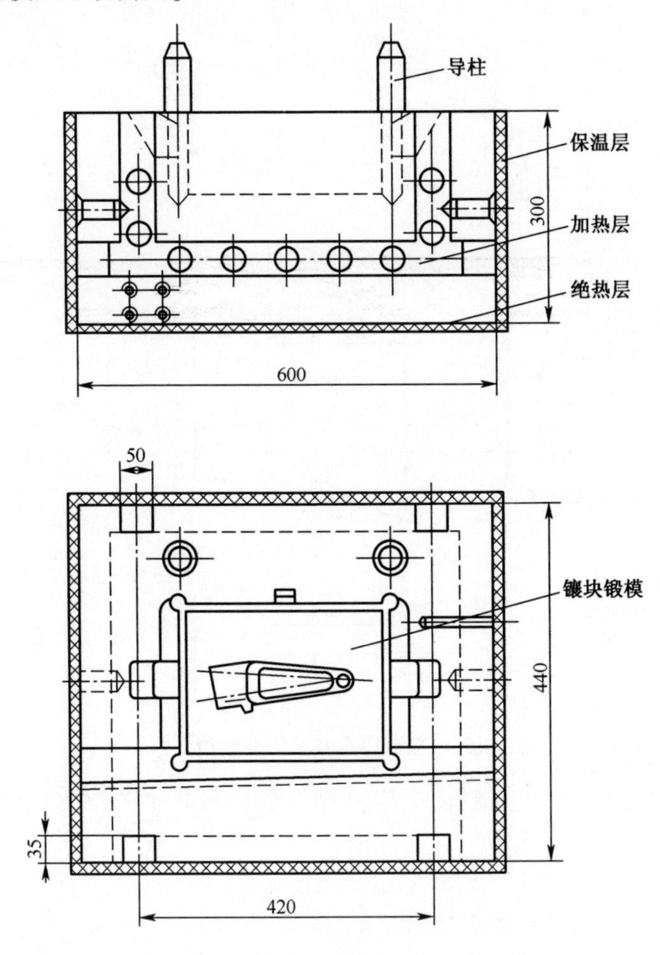

图 7-107　摇臂等温模压工装简图

3. 等温精锻工艺试验

1) 2618 铝合金特性分析

2618 铝合金与国产 LD_7 锻铝合金化学成分相近(表 7-62)。这种合金具有优良的热塑性,属耐热铝合金。Fe、Ni 对提高合金的耐热性是有益的,Si 是有害元素,但 Si 可降低合金的热膨胀系数。Ti 是细化合金组织的变质剂,对工艺性能和制件的横向性能均有好处。2618 合金与 LD_7合金不同之处在于 2618 合金杂质元素很少或没有,因此其再结晶温度比 LD_7合金高,故比 LD_7合金易形成粗晶。

表 7-62　2618 铝合金和 LD_7 铝合金的化学成分

合金	化学成分/%										
	Zn	Cu	Mg	Mn	Ni	Fe	Si	Ti	Ti+Zr	Al	杂质
LD_7		1.9~2.5	1.4~1.8		1.0~1.5	1.0~1.5	<0.35	0.01~0.02		其余	≤0.95
2618(要求)	≤0.05	1.8~2.7	1.2~1.8	≤0.25	0.8~0.9	0.9~1.4	0.15~0.25	≤0.20	≤0.25	其余	
仿 2618(结果)	≤0.06	2.3	1.7	0.10	1.2	1.0	0.19	0.06	0.06	其余	

2) 设备类型的选定

根据试验条件,用于成形的设备为 5×10^4kN 的液压机。该设备刚性好,行程速度低,在 0.05~0.5m/s 的范围内可调。该设备还有 1×10^4kN、3×10^4kN、5×10^4kN三级吨位可供选用,且设备有保险装置。

3) 工艺参数的控制

坯料形状和尺寸如图 7-106 所示,它是在 5×10^4kN 液压机上等温自由锻制坯的坯料。坯料加热选用 RJX- 75- 9 型高温箱式电阻炉,用 ULJ- 100 温控柜和 JNAN 型、EU- 2 型温控仪表控温,坯料自身控温仪器是 455℃,炉温为 460℃,到 460℃后再按加热时间 1.5mm/min 计算。模具加热到 450℃时所需加热时间为 4.5h 左右。模具加热功率为 40kW 左右,用可控硅温度控制器控温。

4) 等温精锻温度的确定

试验确定模具加热温度为 450℃,坯料加热温度为 455℃。

5) 等温精锻程度的确定

等温精锻时可一次等温模压成形,但成形件上有折叠等缺陷。为了减少新生面,可分 3 次等温模压成形(表 7-63),使锻坯每次变形程度小一些,以便于消除第一、二次等温模压后锻坯上的折叠等缺陷。为了避免粗晶的产生,要求每次等温精锻过程中的变形程度大于临界变形程度。经试验表明,分 3 次等温精锻后,最终锻坯充满模具型腔而且无缺陷,锻件的质量均达到或超过相关技术条件要求。

表 7-63　摇臂 3 次等温变形时的变形程度

次　　数	1	2	3
上、下模之间的间隙/mm	12	5	1(压靠)
等温精锻成形力/kN	2.5×10^3	3.1×10^3	3.1×10^3

6) 等温变形速度的确定

5×10^4kN 液压机工作行程速度在 0.05~0.5mm/s 范围内可调,在研制过程中选用工作行程速度为 0.05mm/s。在等温模压过程中,随着坯料变形量的变化,变形速度也随着发生变化。经计算,其初始应变速率和最终应变速率分别为 8.1 ×

$10^{-4}s^{-1}$、$5.5\times10^{-3}s^{-1}$。

7）润滑剂的选择和使用方法

铝合金的外摩擦系数较大，等温精锻时变形速度较低，而较低的变形速度增大了摩擦系数，给金属充填模具型腔带来不利因素，因此，润滑剂的选择是等温变形过程中的关键问题之一。本课题选用 MD-7 型水基石墨乳，它在 500℃以下长时间保温时脱模性和润滑性较好，使用时以一定比例将石墨和水混合，再加一定比例的水玻璃润滑剂。等温精锻前，先将锻坯和模具预热至 150℃左右，把调配好的润滑剂均匀地刷涂（或喷涂）在锻坯和模具型腔表面上，然后加热指定的变形温度。

8）等温精锻工艺试验

试验结果表明，当坯料被加热到指定变形温度后，迅速把坯料从电炉中取出放置在凹模型腔内，待温度稳定在 450℃时即可模压。第一、二次等温模压后取出锻坯，铣切飞边、酸洗和锻坯修伤，而后润滑锻坯和模具型腔，最终等温精锻后，切边、酸洗清理锻件。

4. 等温精锻工艺流程

等温精锻工艺流程如下：1 检查原材料；2 锯切下料；3 加热；4 制坯；5 酸洗；6 修伤；7 润滑、加热；8 第 1 次等温模压；9 铣、切飞边；10 酸洗；11 修伤；12 润滑、加热；13 第 2 次等温模压；14 铣、切飞边；15 酸洗；16 修伤；17 润滑、加热；18 第 3 次等温模压；19 铣、切飞边；20 酸洗；21 修伤；22 打炉批号；23 荧光探伤；24 热处理；25 超声波探伤；26 性能检查；27 金相组织检查；28 盖胶印；29 终检；30 转入机械加工车间。

5. 锻件的力学性能和金相组织检查

锻件经淬火+人工时效热处理后进行了超声波探伤、力学性能和金相组织检查，结果如表 7-64 所列。

表 7-64　锻件的力学性能与金相组织检查

力学性能	σ_b(MPa)	$\sigma_{0.2}$	δ/%	硬度(HB)(供参考)
试验结果	445、449	401、405	9、10	135、138
技术标准	≥410	≥340	≥6	≥100
金相组织检查	低倍未见缺陷，流线沿零件外轮廓方向分布。显微组织未见过热、过烧，晶粒度级别为 0-1 级			
结论	符合相关技术条件要求			

试验结果表明，在变形温度 450℃、应变速率为 $8.1\times10^{-4}s^{-1}$、$5.5\times10^{-3}s^{-1}$范围内分 3 次等温模压时，金属的流动性和充填性好，变形抗力小，可等温模压出形状复杂且满足尺寸精度要求的后摇臂，避免了锻件的外表面和内部的冶金缺陷。所研制的锻件，其质量达到或超过法国锻件的技术要求，符合相关技术标准。

7.6.6　上缘条精锻成形工艺及模具设计方案

飞机上缘条位于机翼，属于机翼的纵向骨架构件，是供飞机飞行时的关键传力构件。上、下缘条和腹板组成飞机翼梁,其中上、下缘条以受拉、受压的方式承受弯矩载荷。如机翼受到的弯矩向上,则上缘条受压、下缘条受拉。缘条内的拉、压应力(轴向正应力)形成平衡弯矩载荷的力偶。腹板则以受剪的方式传递切力载荷。翼梁是蒙布机翼上承受弯矩的唯一构件。因此,要求其构件具有高的损伤容限性能、高强度、高的韧性、良好的疲劳性能。

上缘条可以由铸造、特制型材机械加工或者激光成型获得,但是由于对性能的要求较高,通常由模锻制坯再机械加工获得。上缘条截面形状并不复杂,仅有一个T形筋条,但是整体长度方向是弯曲的,而且体积庞大,给模锻成形带来了一定的困难。由于模锻设备和工艺水平的限制,目前,上缘条终锻后的锻件只能是大余量的普通模锻件甚至是粗模锻件,存在锻件的表面质量差、组织晶粒粗大、金属流线不随形并且出现紊乱等问题。若采用闭式精锻成形工艺,则可显著提高质量。

1. 结构分析及精锻成形工艺方案制订

1) 上缘条锻件结构分析

图 7-108 所示为飞机上缘条锻件的二维图和三维图,可以看出为长条肋板构件。沿长度方向的尺寸为 5570mm,宽度方向尺寸为 726mm,板厚为 80mm,肋高 40mm,肋宽 65mm,肋条位于零件长度中心线偏右的位置,可近似认为是左右对称结构。

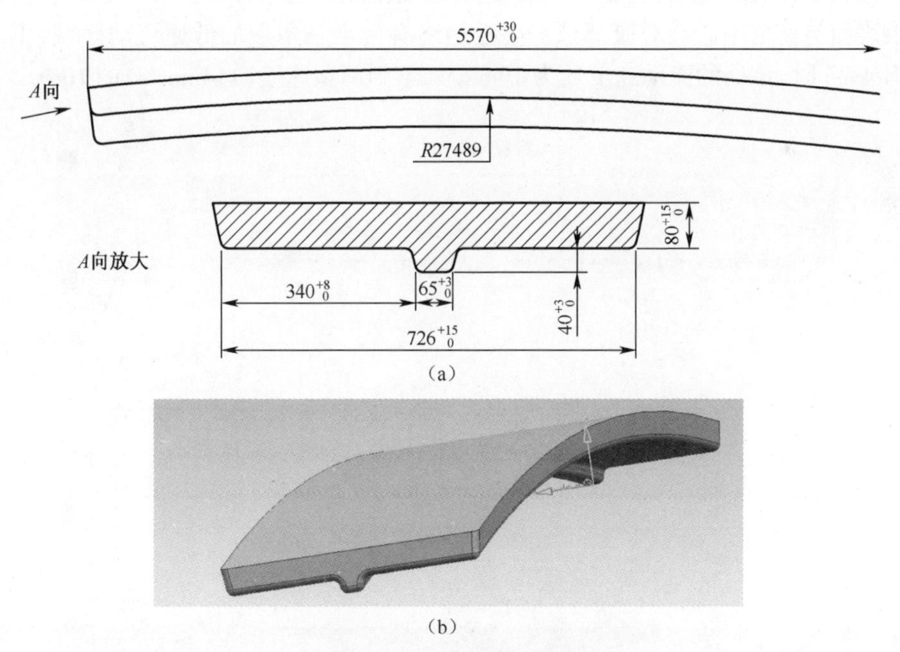

图 7-108　上缘条结构图

(a)上缘条几何尺寸;(b)上缘条三维造型图。

经测量计算,上缘条的长宽比 $L/B = 5570/726 = 7.67$,长厚比 $L/H = 5570/80 = 69.625$,肋条的高宽比 $h/b = 40/65 = 0.615$,肋宽与板宽之比 $b/B = 65/726 = 0.9$。

肋的工艺性能主要取决于它的高度和宽度之比，推荐采用的普通锻件的肋的最大高宽比为 $h:b=6:1$，上缘条上肋的高宽比为 $h:b=0.615:1$，远在允许的推荐值之内，可顺利成形。

上缘条的长度尺寸远大于其宽度和厚度尺寸，因此，在模锻成形时，毛坯金属沿长度方向仅作少量的弯曲变形而无沿长度方向的伸长变形，其变形主要是沿宽度方向和沿厚度方向进行，最终成形出的截面形状，即呈现平面变形的特点。

2）精锻成形工艺方案

根据上缘条的结构特点，初步将上缘条的工艺流程定为

下料 → 加热（420℃）→ 预锻 → 加热（420℃）→ 终锻

3）选择坯料

上缘条的下料方案有板料和棒料两种。为了比较两种不同下料方案对上缘条成形的影响，分别就两种坯料的压筋成形进行有限元模拟分析。

为了研究板料压筋成形特点，截取不同压下量下的速度场进行分析，如图 7-109所示，从上到下分对应的压下量分别为 0.5mm、2.5mm 和 4mm。箭头表示金属流动方向，右边的色条从上到下对应从高到低的速度值。可以看到在成形筋的过程中，两侧的金属向筋槽流动，越靠近筋槽流动越明显，速度越大。同时，板料上表面与筋槽中心线对应部位的附近始终有一个三角形的低速流动区域，压下量为 4mm 时，该处的流动速度约为 10mm/s，不到筋顶速度（114mm/s）的 10%。

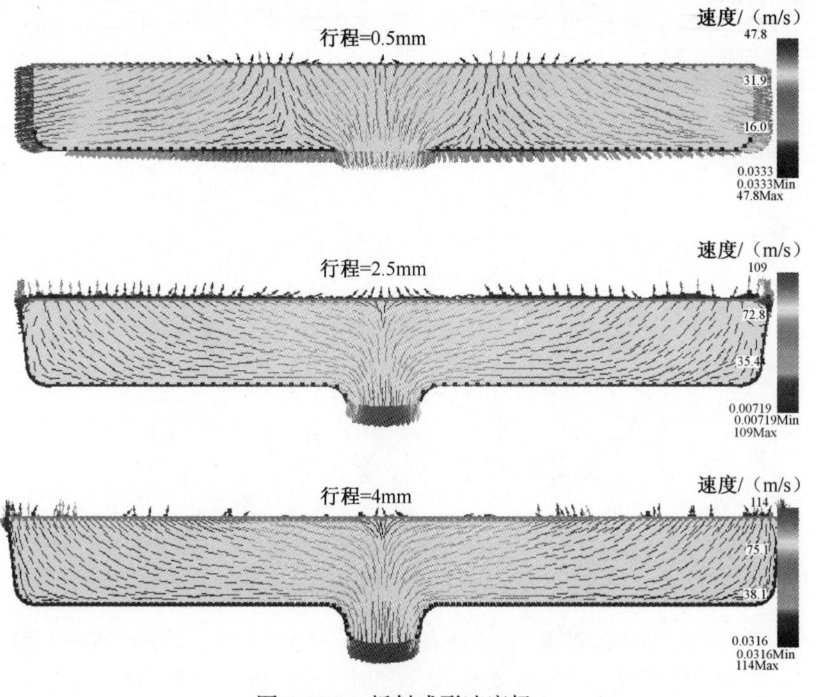

图 7-109　板料成形速度场

根据塑性成形时金属流动遵循最小阻力定律,筋槽处的自由面相对较大,中心部位的金属所受摩擦阻力小,流动速度明显大于周围金属,速度场呈“V”字形,当板料厚度较小或者筋的体积较大,板料上表面金属流动阻力较大且没有足够的金属及时填充的情况下,板料上表面将似“V”字坑加深,最终形成豁口或者缩孔缺陷。腹板厚度大于筋宽才能避免产生此类缺陷,而对于筋宽大于腹板厚度的筋板件需在筋背预成形出补料凸台。本例研究的上缘条筋根部宽度约为80mm,坯料原始厚度为84.5mm,筋板与板厚的比值接近1∶1,在实际生产中可能会出现豁口或缩孔缺陷。因此,在上缘条锻件设计时需在上表面加上足够的加工余量,余量的大小即厚度可通过有限元模拟进行预测。

图7-110是板料成形终了后的等效应变场,可以看到板料整体变形量很小,而且变形很不均匀,应变集中在筋槽附近,呈倒“V”字形分布。从板料中部等距离取点,将各点应变绘制成曲线,如图7-110所示,筋槽附近的应变达到0.5左右,其余各点应变量均在0.1左右。

图7-111是棒料成形上缘条的等效应变场,腹板两端和筋的应变稍小,其他部位变形较为均匀,腹板大部分区域的等效应变在1以上。塑性成形的目的之一是使零件材料发生均匀、充分的塑性变形,消除原有组织的缺陷并形成理想分布的流线。显然,与板料相比,用棒料成形的筋板件变形更充分、更均匀。

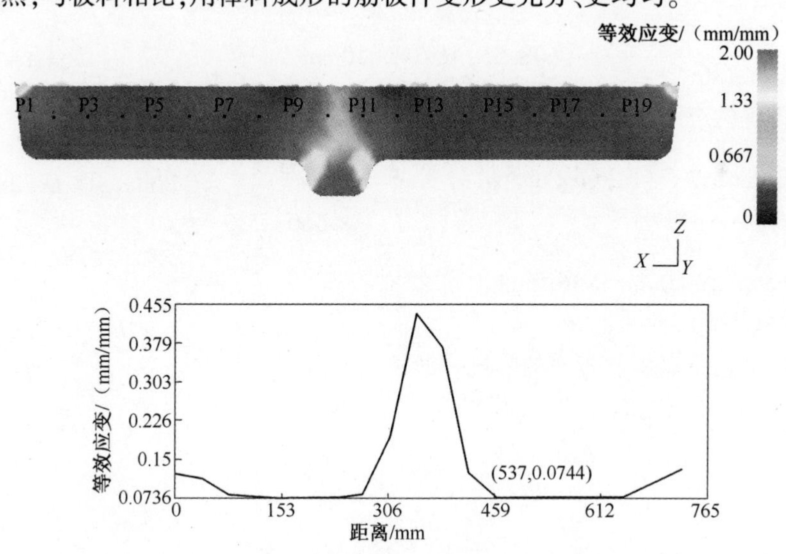

图7-110　板料成形应变分布

2. 工艺计算

1）坯料尺寸的确定

基于上缘条成形工艺特点分析,其模锻成形完全符合平面变形的特点,由此,坯料的长度应与零件的展开长度相等,其截面积与零件的横截面积相等。弧长

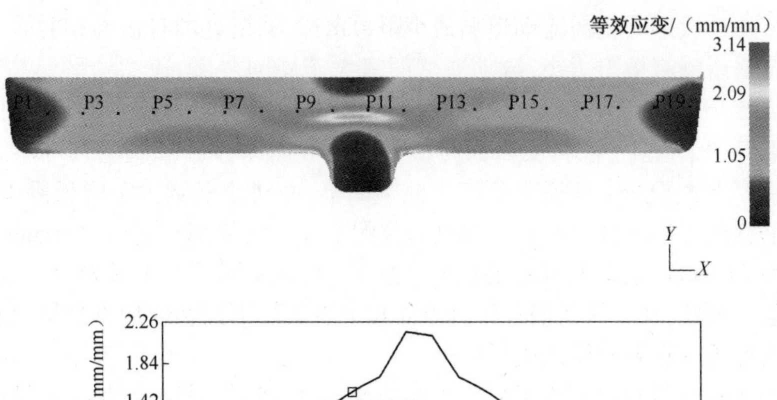

图 7-111　棒料成形应变分布

550,半径 $R24789$ 的圆弧对应的夹角 $\alpha = \arcsin\dfrac{5570}{24789} = 11.69°$，零件的展开长度 $L = \dfrac{\pi \times 27489 \times 11.69}{180} = 5608.55$，取 $L=5610\text{mm}$。

由零件的三维造型得到其体积 $V = 342646385\ \text{mm}^3$。

由 $V = \dfrac{\pi}{4}D^2L = 342646385$，得 $D = \sqrt{\dfrac{342646385}{\dfrac{\pi}{4} \times 5608.55}} = 278\text{mm}$，取 $D=280\text{mm}$。

得棒料尺寸：$\phi280\text{mm} \times 5610\text{mm}$。

2）模锻成形力的计算

（1）采用带有斜肋板条的闭式模锻模型计算。

单位压力计算公式：

$$p = \frac{p_{楔} A + p_c C}{B} = 2k\left[1 + \frac{1}{\alpha}\ln\frac{A}{a} + \frac{C^2}{4Bh}\right] \tag{7-1}$$

式中：$p_{楔} = 2k\left(1 + \dfrac{1}{\alpha}\ln\dfrac{A}{a}\right)$；$p_c = 2k\left(1 + \dfrac{1}{\alpha}\ln\dfrac{A}{a} + \dfrac{C}{4h}\right)$；$k$—材料常数。

（2）采用经验公式计算。

$$P = ZmAp \tag{7-2}$$

式中：Z 为考虑变形条件的系数。自由镦粗时 $Z=1.1$；模锻简单形状锻件 $Z=1.5$；模锻复杂锻件 $Z=1.8$；模锻各截面剧烈过渡外形很复杂的锻件，模锻时有大量金属流入飞边槽的锻件，模锻带压入成形的锻件 $Z=2.0$。m 为考虑变形体积影响的系数，其值如表 7-65 所列。A 为模锻件（不计飞边）在垂直于作用力方向的投影面积。p 为单位压力(MPa),根据合金种类及变形的最终条件来选取。例如,对于具有薄而宽的腹板的高强度铝合金模锻件可选取 $p=500\text{MPa}$;对于一般铝、镁合金模锻件可选取 $p=300\text{MPa}$。

表 7-65 系数 m 取值

模锻毛坯的体积/ cm^3	m 取值
<25	1.0
>25~100	1.0~0.9
>100~1000	0.9~0.8
>1000~5000	0.8~0.7
>5000~10000	0.7~0.6
>10000~15000	0.6~0.5
>15000~25000	0.5~0.4
>25000	0.4

根据上缘条的结构特点及 7050 铝合金特性,计算:

$$P = 1.5 \times 0.4 \times 5570 \times 726 \times 300 = 72788760\text{N} = 72788\text{t} < 80000\text{t}$$

理论计算的结果表明,该上缘条可以在 8 万 t 压力机上成形。

3. 预锻件设计

预锻的目的是在终锻前进一步分配金属,确保金属无缺陷流动,易于充填模腔;减少材料流向飞边槽的损失;减小终锻模膛磨损;取得所希望的金属流线和便于控制锻件的力学性能。根据预锻模膛设计原则,将上缘条预锻型腔设计步骤如下:

(1) 筋的顶部宽度与终锻相同, $a' = a = 65\text{mm}$,高度 $h' = (0.8 \sim 0.9)h = 36\text{mm}$。

(2) 圆角半径及出模斜度与终锻模膛相同,即 $R' = 20\text{mm}$,拔模斜度为 7°。

(3) 将棒料偏左放置,如图 7-112 所示。

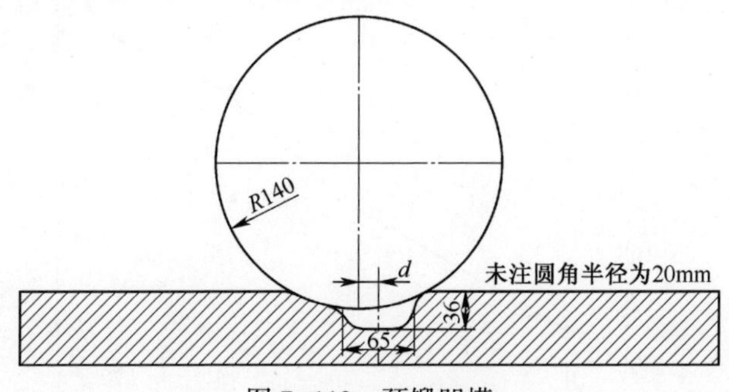

图 7-112 预锻凹模

图 7-112 中,d 表示棒料圆心与预锻凹模筋槽中心线的水平距离,参数 d 的值

将通过有限元模拟予以确定。这样设计的目的是为了合理分配金属,避免腹板两端成形不均匀造成穿筋。上缘条腹板左右宽度不等,如果金属分配不合理,那么腹板较窄的一端先成形,之后多余的金属会向未成形端流动,如图 7-113 所示。如果大量金属发生这样的横向流动,容易在筋根部形成穿筋,甚至将筋剪断。

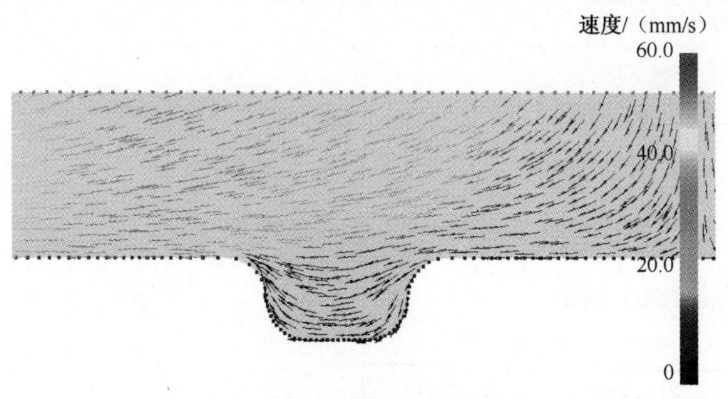

图 7-113 金属横向流动

对不同的 d 值进行成形模拟。将坯料一端跟凹模侧壁接触时另一端与凹模侧壁之间距离 s 作为衡量腹板成形均匀性的参数,正值表示左边先成形,负值表示右边先成形。模拟参数和结果如表 7-66 所列。

表 7-66 棒料位置分析

模拟序号	1	2	3	4
d 值/mm	0	10	15	20
s 值/mm	-17	-4.6	5.4	10.5

将 s 绘制成曲线,如图 7-114 所示。可以看到 s 随 d 值增大,大概在 $d=13$mm 时 s 值为 0。对此进行模拟,结果如图 7-115 所示,腹板两侧几乎同时充满。

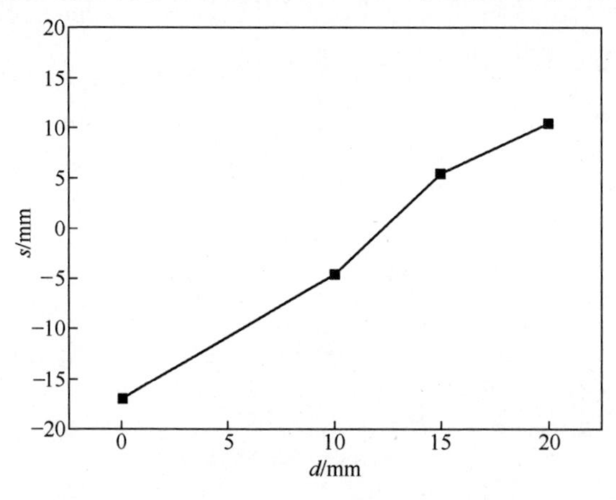

图 7-114 棒料位置对充填均匀程度的影响

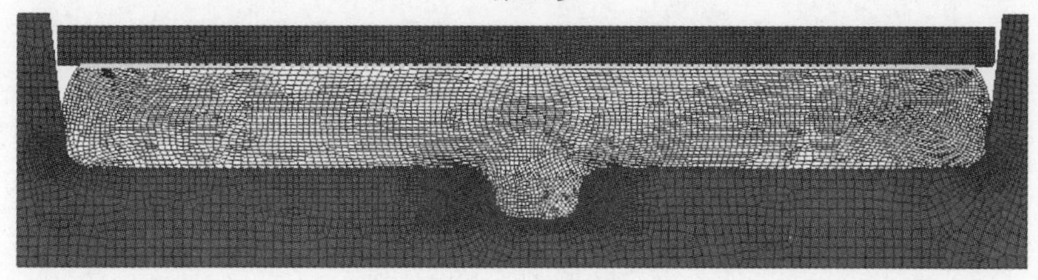

图 7-115　腹板充填均匀

金属高温模锻成形时,变形程度小于或者大于一定值时容易产生粗晶。使预锻和终锻有相同的变形程度,将预锻件高度设计为 150mm,则预锻镦粗比为 150/280=0.53,终锻镦粗比 80/150=0.53。

4. 上缘条终锻成形过程分析

上缘条终锻成形金属充填过程如图 7-116 所示。终锻过程金属流动如图 7-117 所示。从图中可以看出:预锻件筋根部圆角率先与凹模接触,预锻成形筋的部位被压入筋槽带动周围金属充填筋槽,其余金属向两端快速流动成形腹板。由于受摩擦力分布的影响,坯料截面呈鼓形,腹板沿高度方向的中部较先充满,之后,随着凸模向下移动,金属与凹模侧壁接触面不断增加,直至腹板截面完全成形,最后多余金属被挤入凸凹模两侧的间隙中形成飞边。

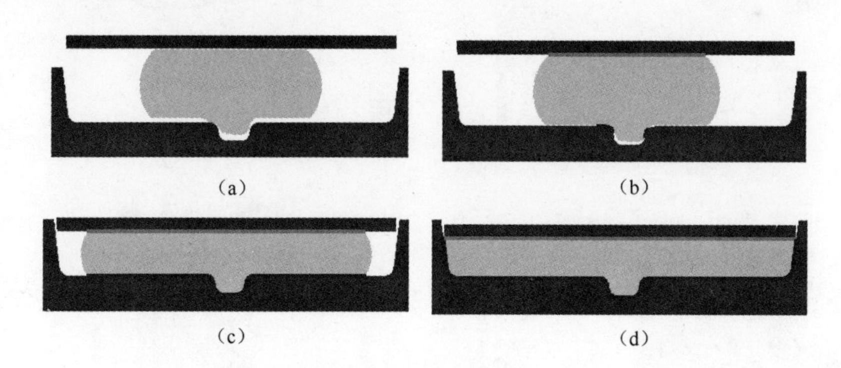

图 7-116　终锻过程

(a)第 233 步;(b)第 246 步;(c)第 366 步;(d)第 394 步。

从金属流动规律可以看出上缘条筋比较容易成形,腹板上缘是最难填充的部位。分别分析筋和腹板填充终了阶段的应变速率和温度分布,如图 7-118 所示,筋的自由面附近的应变速率为 0.01s^{-1}时,温度为 420℃;腹板自由面附近应变速率为 1s^{-1}时,温度为 428℃。

图 7-119 是与速度分布对应的锻件等效应变分布。从图中可以看出:筋部应

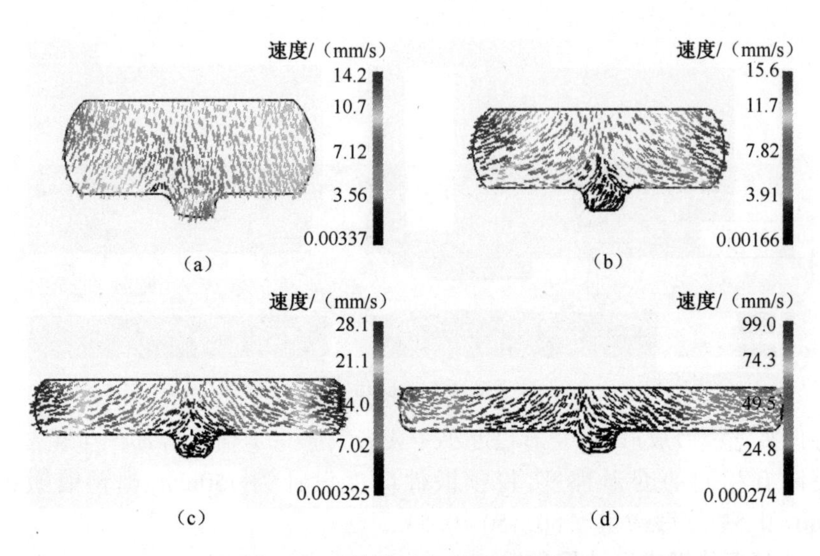

图 7-117　终锻过程金属流动分布

(a)第 252 步；(b)第 280 步；(c)第 350 步；(d)第 402 步。

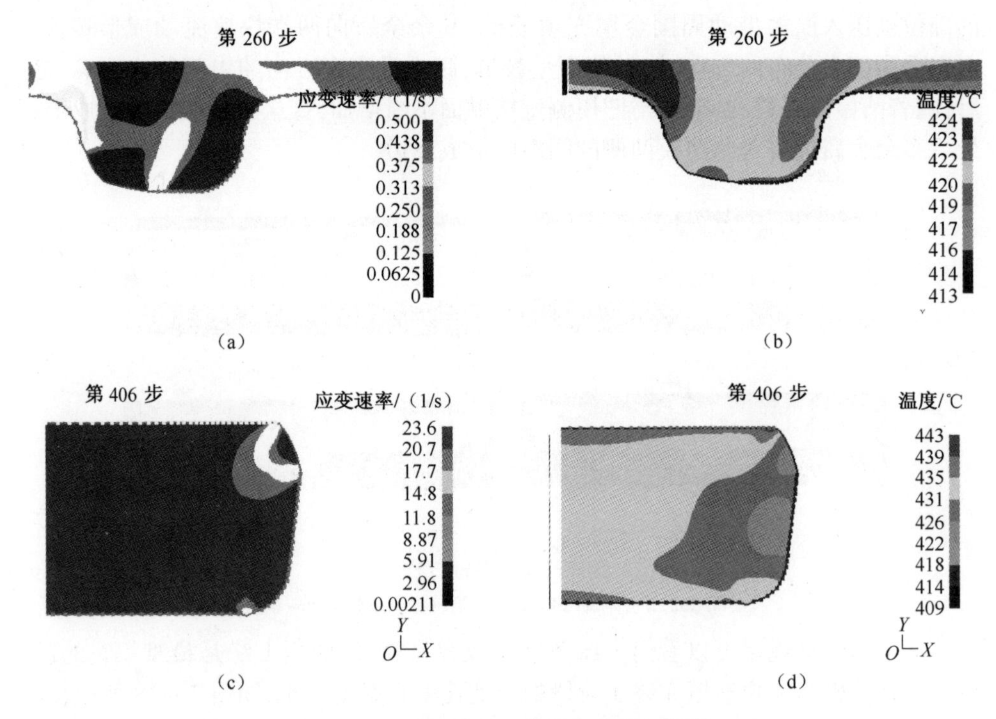

图 7-118　筋、腹板充填应变速率和温度

(a)筋成形末期应变速率；(b)筋成形末期温度分布；

(c)腹板成形末期应变速率；(d)腹板成形末期温度分布。

变较小且几乎不变,这是因为筋通过预锻已基本成形,在终锻中主要以刚性位移的形式填充筋槽;腹板是发生塑性变形的主要部位,随着上模压下量增大,腹板整体应变值增大,塑性变形区不断扩大,顶部和两端的变形死区面积缩小;心部的等效应变最大。

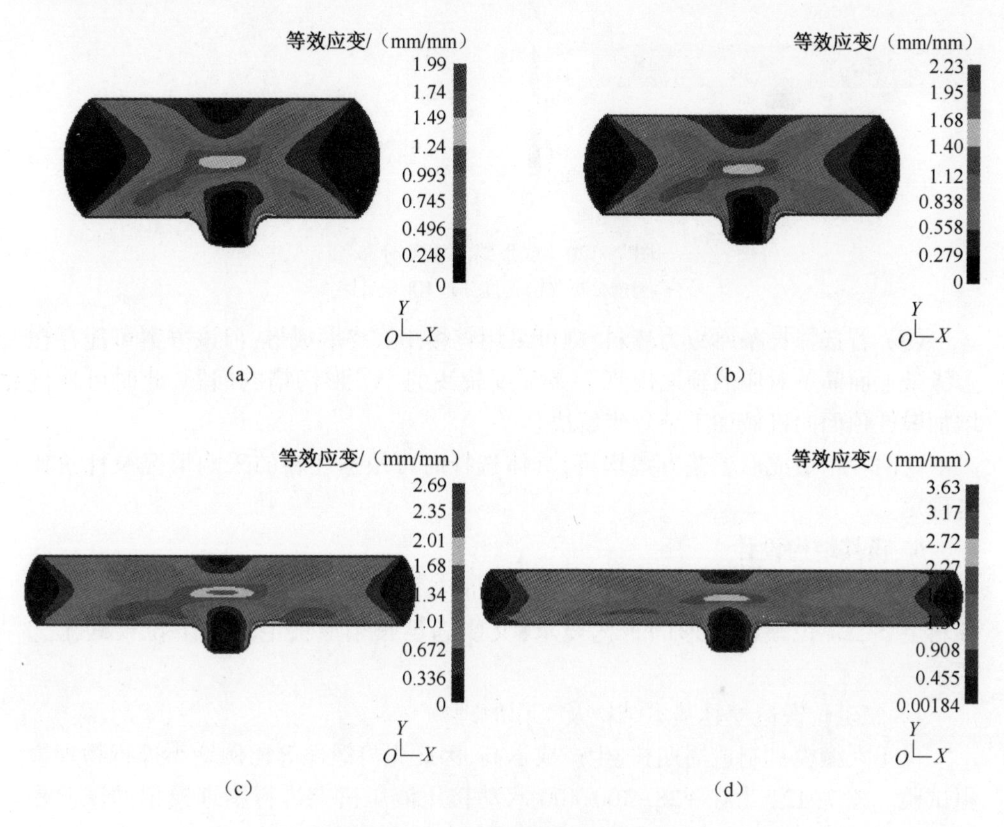

图 7-119　终锻过程等效应变分布
(a)第 252 步;(b)第 280 步;(c)第 350 步;(d)第 402 步。

图 7-120 是成形终了的温度分布。从图中可以看出:腹板温度分布较为均匀,在 425~430℃之间;筋较早成形,与凹模的热传导时间较长,温度为 409~420℃,较腹板略低;腹板上缘形成飞边的部位与模具发生剧烈摩擦,温度较高。

5. 模锻工艺方案的分析确定

(1) 根据上缘条闭式精锻成形具有典型的平面变形特征,因此,其坯料长度等于锻件展开伸直后的长度,其截面积与之相等的圆形棒料或截面为矩形的厚板。

(2) 若选择圆形棒料为坯料时,则应采用上述预锻与闭式终锻的精锻成形工艺方案,因采用直接闭式终锻成形时,横截面镦粗压扁的镦粗比等于 3.5,镦粗压扁时截面上金属横向流动剧烈而产生强烈的水平拉应力,存在着出现中间裂纹的危险;若预锻后工件的温度仍然较高,可直接进行闭式终锻而不必进行第二次加热;若预锻件温度较低,则需二次加热后再终锻。

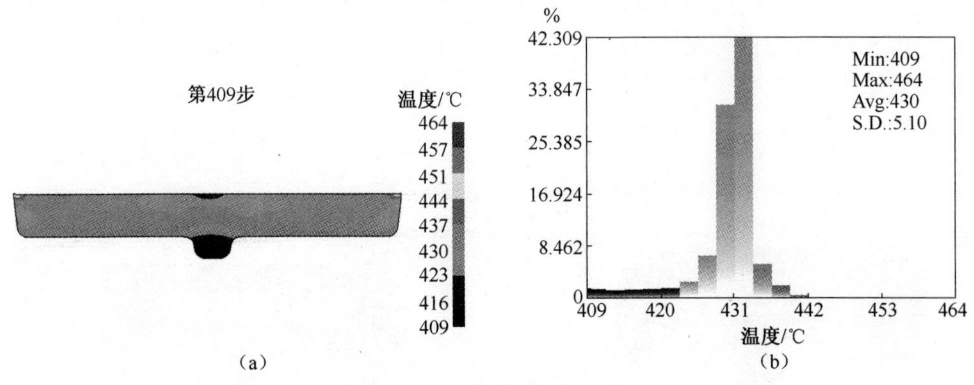

图 7-120 成形终了温度分布

(a)温度分布;(b)温度分布矩形统计图。

(3) 若选择长条厚板为坯料,则可采用直接闭式终锻成形,但该方案可能存在上缘条下面筋条对应的顶面出现一条深度较浅的"V"形沟槽的问题,此时可通过增加锻件顶面的机械加工余量来解决。

这两种精锻成形工艺方案均可,具体选择时可根据坯料的采购情况及性价比来确定。

6. 模具结构设计

根据上述两种精锻成形工艺方案,设计成二工位模锻成形模具,既能满足圆形棒料毛坯二工位模锻成形的工艺要求,又能满足长条厚板毛坯一工位模锻工艺要求。

1) 二工位锻造模具基本结构及工作原理

由于大型模具制造周期长、生产成本高,因此先将锻件等比例缩小进行物理模拟试验。图 7-121 为在 Y28-400/400 双动挤压液压机上进行物理模拟的试验模具。由于模具长度尺寸相对较大,因此仅采用横向剖视图来表示。从图中可以看出,模具由模架和工作部分组成:模架由上模座 5、下模座 1 和四组导套 6 及导柱 11 组成;工作部分由预锻上模块 4、预锻下模块 2、终锻上模块 8 和终锻下模块 10 组成。整副模具分为上模和下模两部分。

其工作原理和工作过程为:上模在上限位置时将加热好的铝合金坯料置于预锻下模块 2 上,开动压力机,上模随压力机和滑块下行,预锻上模块 4 压缩坯料使之变形,坯料高度减小宽度增大并预成形筋,变形结束时,上模随压力机滑块回程到上限位置并停止不动。再次加热后将预锻件置于终锻下模块 10 上,上模再次随压力机滑块下行,终锻上模块 8 压缩预锻件,直到终锻上下模沿横截面构成封闭模腔被完全充满为止,终锻成形终止后,上模随压力机滑块回程到上限位置并停止不动,取出锻件,一个工作循环结束。

2) 上缘条锻造模具设计要点

上缘条二工位锻造模具看起来结构简单,但是实际生产中为满足 8 万 t 模锻

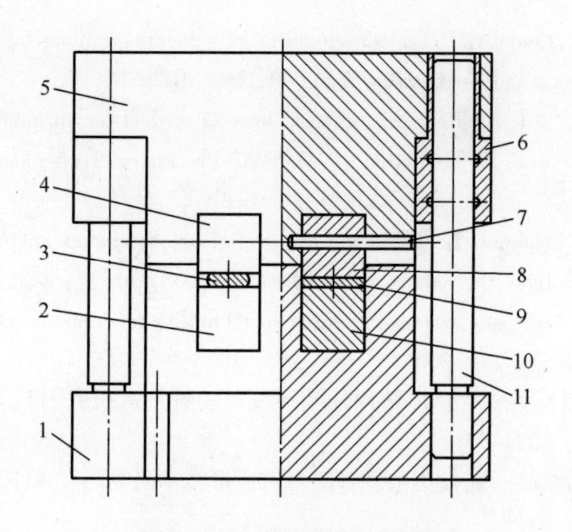

图 7-121　模具结构示意图

1—下模座;2—预锻下模块;3—预锻件;4—预锻上模块;5—上模座;
6—导套;7—柱销;8—终锻上模块;9—终锻件;10—终锻下模块;11—导柱。

液压机的装模要求,模具外形尺寸应为:长度≤8000mm,宽度≤5000mm,高度≥5000mm,模具轮廓尺寸极为庞大,模具设计方法与一般中小型锻模设计方法会有很大差别,综合考虑模具的加工、安装,上缘条锻造模具设计要点如下:

(1) 便于加工和装卸。模具结构应力求简单,由图 7-121 所知,预锻下模块 2 和终锻下模块 10 设计成直接装入下模座 1 的矩形截面型槽中;预锻上模块 4 和终锻上模块 8 装入上模座 5 的矩形截面型槽中,采用柱销 7 进行定位和连接。

(2) 便于调试并确保上下模的合模精度。设计四组导向装置,导柱 11 直接固定在下模座 1 上,导套固定在上模座 5 上,导柱导套采用间隙配合,其精度应高于预锻上模块 4、终锻上模块 8 之间以及下模座上对应的型槽之间的精度。

(3) 应遵循大型模块的分块原则。预锻与终锻上下模块长度均接近 8000mm,均应分成至少为三段来制造,且预锻上模块、终锻上模块间对应的下模块的分段线的位置应错开,不宜重合。

(4) 预锻、终锻模块和轮廓尺寸需考虑热胀冷缩问题。因铝合金模锻温度区间较窄,热导率高模锻时冷却快,所以将模具加热到 380℃。设计模具时要将热胀冷缩纳入考量范围。

(5) 模座应采用轻量化设计原则。上、下模座应设计成十字筋网格结构,一方面,可节约模具材料;另一方面,模座多采用铸钢,十字筋网格可改善铸造工艺提高钢件质量;还便于搬运和装卸。

参 考 文 献

[1] 谢水生, 刘静安, 杨文敏. 我国有色金属锻压技术的现状和发展趋势[R]. 北京:中国锻造行业发展研究, 2013:86-93.

[2] Heinz A, Haszler A, Keidel C. Recent development in aluminnium alloys for aerospace applications [J]. Materials Science and Engineering A, 2000, 280: 102-107.

[3] Shan D B, Xu W C, Si C H. Research on local loading method for an aluminum alloy hatch with cross ribs and thin webs [J]. Journal of Material Processing Technology, 2007, 187 - 188: 480 -485.

[4] Fratini L, Buffa G, Shivpuri R. Influence of material characteristics on plasto mechanics of the FSW process for T-joints[J]. Materials and Design, 2008, 30(7): 2435-2445.

[5] Smith S, Dvorak D. Tool path strategies for high speed milling aluminum workpieces with webs[J]. Mechatronics, 1998, 8: 291-300.

[6] 孙杰，柯映林．隔框类航空整体结构件变形校正关键技术研究[J]．浙江大学学报(工学版)，2004，38(3)：351-356.

[7] 杨平，单德彬，高双胜．筋板类锻件等温精密成形技术研究[J]．锻压技术，2006，31(3)：55-85.

[8] 邓磊．铝合金精锻成形的应用基础研究[D]．武汉：华中科技大学，2011.

[9] Chen F K, Huang T B, Wang S T. A study of flow-theough phenomenon in the press forging of magnesium-alloy sheets[J]. Journal of Materials Processing Techmlogy, 2007, 187-188: 770-774.

[10] 夏巨谌．中国模具工程大典第 5 卷锻造模具设计[M]．北京：电子工业出版社，2007.

[11] 夏巨谌．韩凤麟,赵一平．中国模具设计大典第 4 卷锻模与粉末冶金模具设计[M]．南昌：江西科学技术出版社，2003.

第8章 铝合金精锻件的热处理方法及设备

8.1 概 述

热处理是指材料在固态下，通过加热、保温和冷却的方法，以获得预期的组织和性能的一种金属热加工工艺。与其他加工工艺相比，热处理一般不改变零件形状和整体的化学成分，而是通过改变零件内部的显微组织，或改变零件表面的化学成分，赋予或改善零件的使用性能。热处理是顺利实现铝合金精锻成形并获得良好使用性能的重要手段之一。

8.1.1 热处理目的

铝合金精锻过程中，为了获得良好的组织均匀性、塑性变形性能和力学性能等，满足锻件成形和使用的性能要求，并充分发挥材料性能潜力，需要进行热处理。铝合金热处理状态很多，主要有退火、固溶淬火、时效等，其所能达到的目的如表8-1所列。

表8-1 铝合金热处理的目的

热处理工艺名称	目的
均匀化退火	提高铸锭热加工工艺塑性； 提高铸态合金固溶线温度，从而提高固溶处理温度； 减轻锻件的各向异性，改善组织和性能的均匀性； 便于某些铝合金获得细小晶粒
去应力退火	全部或部分消除在模锻、热处理等工艺过程中锻件内部产生的残余应力，提高合金的塑性和尺寸稳定性
完全退火	消除铝合金在冷锻或固溶+时效处理的硬化，恢复材料塑性，以便进一步锻造
不完全退火	使处于硬化状态的铝合金有一定程度的软化，以达到半硬化使用状态，或使已冷锻硬化的材料恢复部分塑性，以便进一步锻造
固溶淬火	获得亚稳定的过饱和固溶体，使塑性略微升高，并为时效析出强化创造必要条件
时效	提高锻件的性能，尤其是塑性和常温条件下的抗腐蚀性能
回归	使自然时效强化的铝合金性能恢复到固溶淬火状态，提高塑性；便于冷弯成形或矫形
形变热处理	使锻件具有优良的综合性能； 在保证力学性能的同时，大大消除残余应力

8.1.2 热处理分类

铝合金热处理在实际生产中按照生产过程、热处理目的和操作特点来分类，一般情况下,最常用的热处理方法可分为退火、固溶淬火、时效、回归和形变热处理五种基本形式。

(1) 退火指将铝合金缓慢加热到一定温度,保持足够时间,然后以适宜速度冷却,能够使铝合金在成分及组织上趋于均匀和稳定,消除加工硬化,恢复合金的塑性;并能够降低材料硬度,改善切削加工性,消除锻件残余应力,稳定尺寸,减少变形与裂纹倾向,细化锻件晶粒,调整组织,消除组织缺陷等。

(2) 固溶淬火指将铝合金加热至第二相能全部或最大限度地溶入固溶体的温度,保持一段时间后,以快于第二相自固溶体中析出的速度冷却,获得过饱和固溶体的过程。目的是改善铝合金的塑性和韧性,并为时效析出强化做好准备。

(3) 时效指铝合金锻件经固溶淬火处理后,在较高的温度(100~200℃)或室温放置一定时间,使其形状、尺寸、性能随时间而变化的热处理工艺。一般地,经过时效,硬度和强度有所增加,塑性、韧性和内应力则有所降低。

(4) 回归指经过时效处理的铝合金在低于固溶处理温度的较高温度下加热极短的时间(几分之一秒至若干秒),使强度与硬度下降,而塑性上升的热处理方法。回归后的铝合金性能与刚淬火时差不多,不论是保持在室温还是于较高的温度下保温,它的强度与硬度及其他性能的变化都和新淬火合金的相似,只是其变化速度较为缓慢。

(5) 形变热处理是锻造等压力加工方式与热处理相结合的热处理方法,有效地综合利用形变强化和相变强化,将压力加工与热处理操作相结合,使成形与获得最终性能统一起来的一种方法,是获得铝合金锻件良好性能的重要手段。形变热处理不但能够得到一般加工处理所达不到的高强度、高塑性和高韧性的良好配合,而且还能大大简化零件生产流程,带来相当好的经济效益。

8.1.3 热处理特点

(1) 由于铝合金表层氧化膜能起到保护内部金属的作用,铝合金锻件热处理时,除对表面有特殊要求外,一般不需要采取防氧化措施。

(2) 可热处理强化铝合金锻件的强化处理需经历固溶、淬火、时效三个步骤才能实现。

(3) 铝合金固溶处理温度接近合金熔点,温度波动大,易造成过烧,对加热设备、控制仪表和操作人员要求高。

(4) 铝合金人工时效的温度范围很窄,同样需要对设备、仪表等进行精确控制。

(5) 大多数铝合金会发生自然时效,因此,在人工时效时需尽量缩短淬火和时效间的间隔时间。

8.2 退火处理

根据目的和要求不同,退火可以分为均匀化退火、再结晶退火和去应力退火等。

8.2.1 均匀化退火

铝合金锻件锻造时,有时以铸锭作为坯料。而铸锭制备时经历快速冷凝及非平衡结晶,必然存在严重的成分及组织不均匀以及很大的内应力。为了改善这种状况,提高铸锭的锻造工艺性,一般需进行均匀化退火。

1. 均匀化退火的作用

铝合金铸造过程中凝固速度快、铸锭组织会不同程度地偏离平衡状态,使得合金铸锭中存在枝晶偏析和较多的非平衡共晶组织,这种成分和组织的不均匀性将使合金在锻造过程中坯料加热时容易发生过烧,导致塑性明显降低并形成带状组织,严重时会产生锻造开裂。铸锭的组织状态不仅直接关系到铸锭的塑性变形性能,而且对后续的锻造加工工序及最终锻件性能都有遗传效应。这是因为对铸锭进行锻造时,虽然使组织破碎,但不能完全消除成分的显微不均匀性。未经均匀化处理的铸锭,其铸造过程中产生的晶内偏析、区域偏析和粗大金属间化合物,以及铝基体中固溶的主要合金元素的过饱和状态、内应力等的影响会一直延续到锻件的性能上。均匀化退火就是为了消除这些非平衡结晶,使偏析和富集在晶界和枝晶网络上的可溶解金属间化合物发生溶解,使固溶体浓度沿晶粒或整个枝晶均匀一致,消除内应力。均匀化退火后的组织使铝合金塑性提高,并使冷、热锻造工艺性能改善,降低铸锭开裂的危险,提高锻件的成形速度。同时,均匀化退火可降低变形抗力,减少变形功消耗,提高设备生产效率。

2. 均匀化退火原理

(1) 均匀化退火微观机制。均匀化退火过程实际上是相的溶解和原子的扩散过程。所谓扩散就是原子在金属及合金中依靠热振动而进行的迁移运动过程。铝合金均匀化退火时,原子的扩散主要在晶内进行,使晶粒内部化学成分不均匀的部分,通过扩散而逐步达到均匀。由于均匀化退火是在不平衡的固相线或共晶点以下的温度区间进行,分布在铸锭中各晶粒间晶界上的不溶相和非金属夹杂物,不能通过溶解和扩散过程来消除,它妨碍了晶粒间的扩散和晶粒的聚集,所以,均匀化退火不能使合金基体的晶粒和形状发生明显改变。除了原子在晶内扩散外,还伴随着组织的变化,即在均匀化过程中,由于偏析而富集在晶粒边界和枝晶网格上的可溶解的金属间化合物和强化相,将发生溶解和扩散,以及过饱和固溶体的析出及扩散。

(2) 均匀化退火的扩散动力学理论。Shewmon 认为均匀化过程中合金元素的分布状态可以用余弦函数的傅里叶级数分量逼近:

$$C(x) = \overline{C} + A\cos\frac{2\pi x}{L} \tag{8-1}$$

式中:L 为基本波长(即枝晶间距);$\overline{C}$ 为完全均匀化后合金元素的平均含量,$A = \frac{1}{2}\Delta C_0$,$\Delta C_0$ 为晶界与晶内的合金元素差。

式(8-1)逼近的分布状态的每个基波分量都随加热时间按一定速度独立衰减,其基波衰减函数可描述为

$$C(x,t)=\overline{C}+\frac{1}{2}\Delta C_0\cos\left(\frac{2\pi x}{L}\right)\exp\left(-\frac{4\pi^2}{L^2}Dt\right) \tag{8-2}$$

式中:D 为合金元素在基体中的扩散系数。

图 8-1 为均匀化退火时浓度振幅的衰减曲线,由式(8-2)和衰减曲线可知,随着时间的推移,每一点的浓度 C 都在逐渐减小并趋于平均值。所以,只要知道浓度峰值的衰减过程,即在 $x=0$、$0.5L$、L 等处浓度的衰减过程就可以基本确定浓度振幅的衰减变化。而在这些点上,余弦函数 $\cos\frac{2\pi x}{L}$ 值都为 1 或-1,这时式(8-2)可变化为

$$C(x,t)=\overline{C}+\frac{1}{2}\Delta C_0\exp\left(-\frac{4\pi^2}{L^2}Dt\right) \tag{8-3}$$

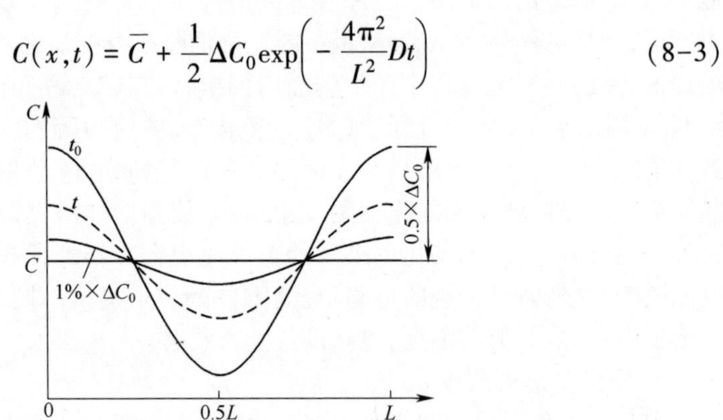

图 8-1　初始浓度是余弦分布,均匀化退火时浓度振幅的衰减曲线

由式(8-3)可知,只有当 t 趋于无穷大时,$C(x,t)$ 才会等于 $\overline{C}$,此时合金成分才能均匀。因此,扩散均匀化处理只具有相对意义。一般来说,只要偏析衰减到一定程度,即可认为合金成分均匀化了。在均匀化退火过程中,当合金元素浓度差衰减到 $\delta\cdot\frac{1}{2}\Delta C_0$ 时,则有

$$\delta\cdot\frac{1}{2}\Delta C_0=\frac{1}{2}\Delta C_0\exp\left(-\frac{4\pi^2}{L^2}Dt\right) \tag{8-4}$$

式(8-4)经简化后可得

$$\delta=\exp\left(-\frac{4\pi^2}{L^2}Dt\right) \tag{8-5}$$

考虑扩散系数与温度的关系:

$$D=D_0\exp\left(-\frac{Q}{RT}\right) \tag{8-6}$$

式中:D_0 为与温度基本无关的系数;Q 为扩散激活能;R 为气体常数;T 为热力学温度。

将式(8-6)代入式(8-5)中,整理后可得

$$\frac{1}{T}=\frac{R}{Q}\ln\left(\frac{4\pi^2 D_0 t}{L^2\ln\delta}\right) \tag{8-7}$$

令 $P=\frac{R}{Q}$, $G=\frac{-\ln\delta}{4\pi^2 D_0}$,由此得出均匀化动力学方程:

$$\frac{1}{T}=P\ln\frac{t}{GL^2} \tag{8-8}$$

一般地,当 $\delta=1\%$ 时,可认为均匀化过程结束,因此 $G=\frac{4.6}{4\pi^2 D_0}$ 。

(3) 均匀化退火对性能的影响。均匀化退火过程中铝合金的硬度和强度与基体的过饱和程度、第二相的粒度、形状和物相结构密切相关。合金在铸造冷却条件下,其组织主要为过饱和固溶体,由于过饱和程度较高,合金的硬度也相应较大。当均匀化温度很低时,过饱和固溶体逐渐分解,析出平衡相,这种平衡相粒子粗大,因此,这种情况下不但不能提高合金的硬度,相反,由于基体过饱和程度下降,会导致合金硬度降低。随着均匀化温度的升高,合金在升温过程中析出的第二相和晶界非平衡共晶组织会逐渐溶入到 α(Al)基体中,导致合金硬度显著升高。例如,6061 铝合金经 550℃均匀化退火后,枝晶偏析基本消除,晶界非平衡共晶组织也基本都回溶到基体中,同时第二相粒子的数量、大小、分布达到最佳,因此,这种条件下合金的硬度最高。随着均匀化温度的升高和保温时间的延长,由于晶粒粗化导致合金的硬度降低。

均匀化处理还可以消除铸造过程中产生的内应力,使铸锭内部的晶内偏析与晶间偏析得以减少或消除,达到改善合金的化学组织和组织不均匀性、提高合金的强度和塑性、降低变形抗力、改善铸锭的加工性能的目的;但均匀化处理对消除区域偏析作用不明显,区域偏析主要靠调整铸造工艺参数加以控制。

7A04 铝合金铸锭均匀化退火前后的力学性能变化如表 8-2 所列。由此可以看出,经均匀化退火后,材料的延伸率大幅提高,极大地改善了塑性变形性能。

表 8-2　7A04 铝合金铸锭均匀化退火前后的力学性能

铸锭直径/mm	取样方向	取样部位	力学性能					
			未经均匀化		445℃均匀化		480℃均匀化	
			σ_b/MPa	δ/%	σ_b/MPa	δ/%	σ_b/MPa	δ/%
200	纵向	表层	240	0.6	191	4.1	196	6.7
		中心	274	1.8	197	4.9	219.5	7.1
	横向	中心	265.5	0.6	216.6	4.4	218.5	7.9
300	纵向	表层	219.5	0.7	202	4.2	201	6.0
		中心	197	1.0	192	3.8	196	5.6
	横向	中心	218.5	0.4	205	4.2	222	6.4

3. 均匀化退火制度

均匀化退火制度的核心是保温温度、保温时间、冷却速度。制订均匀化退火制度时,先找出过烧温度,然后确定保温温度,通过不同保温时间样品的对比,得出最佳保温时间,最后找出合适的冷却方式和冷却速度。

(1) 铝合金过烧温度。铝合金在热处理过程中可能发生过烧,即复熔现象。过烧是铝合金热处理时易于出现的缺陷。轻微过烧时,表面特征不明显,显微组织观察可发现晶界稍变粗,并有少量球状易熔组成物,晶粒也较大。反映在性能上,冲击韧性明显降低,腐蚀速度大为增加。严重过烧时,除晶界出现易熔物薄层,晶内出现球状易熔物外,粗大的晶粒晶界平直、氧化严重,三个晶粒的衔接点呈黑三角,有时出现沿晶界的裂纹。

铝合金开始熔化时温度不是恒定的,它受合金化学成分、相颗粒大小和加热速度的影响。对处于不平衡组织状态的合金,受其影响更大。表 8-3 为常用铝合金的实测过烧温度。

表 8-3 常用铝合金的实测过烧温度

铝合金牌号	过烧温度/℃	铝合金牌号	过烧温度/℃	铝合金牌号	过烧温度/℃
1060	645	1100	640	1350	645
2A01	535	2A02	515	2A06	510
2A10	540	2A11	514	2011	540
2A12	505	2A14	509	2014	505
2A16	547	2A17	535	2017	510
2117	510	2018	505	2218	505
2219	543	2618	550	2A50	545
2B50	550	2A70	545	2A90	520
2024	500	2025	520	2036	555
3003	640	3004	630	3105	638
4A11	536	4032	530	4004	560
4043	575	4045	575	4343	575
5005	630	5050	625	5052	605
5056	565	5083	580	5086	585
5154	590	5252	605	5254	590
5356	575	5454	600	5456	570
5457	630	5652	605	5657	635
6A02	565	6005	605	6053	575
6061	580	6063	615	6066	560
6070	565	6101	620	6151	590
6201	610	6253	580	6262	580
6463	615	6951	615	7001	475
7003	620	7A04	490	7075	535
7178	475	7079	482	7A31	580

(2) 均匀化退火保温温度。均匀化退火温度稍有升高,原子扩散过程将大大加速。因此,为了加速均匀化过程,应尽可能提高均匀化温度,但温度的上限不得超过合金的过烧温度,即低熔点共晶的熔化温度。通常采用的均匀化退火温度为 0.9~0.95T_m。T_m为铸锭实际开始的熔化温度,它低于平衡相图上的固相线。由于不同牌号的铝合金的过烧温度不同,因此,均匀化退火温度需根据合金选定。均匀化温度的下限不能选得太低,因为原子的扩散速度是随加热温度的升高而强烈增加的,而且,金属必须加热到一定温度以上,其原子扩散过程才能显著加快。

实际生产中,均匀化退火温度一般应低于不平衡固相线或过烧温度 5~40℃。合理的均匀化退火温度区间往往需要通过试验确定。可先根据状态图和实际经验大致选择一个温度范围,然后在此温度范围内先选取不同温度(相同时间)退火后观察显微组织(是否过烧)及性能的变化,最后确定合理的温度区间。均匀化退火是各类退火方式中温度最高的一种。

(3) 均匀化退火保温时间。均匀化退火保温时间基本上取决于非平衡相溶解及晶内偏析消除所需的时间。试验表明,铝合金固溶体成分充分均匀化的时间仅稍长于非平衡相完全溶解的时间。多数情况下,均匀化保温时间依均匀化温度及合金成分而改变,随着均匀化过程的进行,晶内浓度梯度不断减小;扩散的物质量也会不断减少,从而均匀化过程有自动减缓的倾向。均匀化只是在退火的初期进行得最强烈,所以,过分延长保温时间不但效果不大,反而降低了热处理炉生产能力,增加热能消耗。均匀化退火保温时间一般为 12~24h。

实际生产中,均匀化退火保温时间还与铸锭形状、尺寸、加热设备特性、装料量及装料方式等因素有关。它必须保证在一定均匀化退火温度下,使铸锭各处的低熔点共晶体和进内偏析相获得较为充分的扩散,因此,保温时间一般是从铸锭表面各部温度都达到加热温度下限算起。最适宜的保温时间应依据具体条件由试验确定,一般在数小时至数十小时范围内。

(4) 冷却速度。冷却速度需要注意:冷却速度太快会产生淬火效应,大量溶质原子以固溶形式存在,固溶强化导致合金的变形抗力较大,不利于后续锻造加工;冷却过慢又会析出较粗大第二相,使锻造时易形成带状组织,且易成为裂纹萌生源。另外,锻件固溶淬火处理时难以完全溶解,减小了后续时效强化效应。

(5) 常用铝合金均匀化退火制度。表 8-4 列出了常用铝合金铸锭均匀化退火制度,以供生产中参考选用。

表 8-4 常用铝合金铸锭均匀化退火制度

铝合金牌号	退火温度/℃	保温时间/h
5A02、5A03、5A05、5A06、5B06、5A41、5083、5056、5086、5183、5456	460~475	20~24
5A12、5A13、5A33	460~475	22~24

（续）

铝合金牌号	退火温度/℃	保温时间/h
3A21	600~620	3~4
2A02	470~485	10~12
2A04、2A06	475~490	20~24
2A11、2A12、2A14、2017、2024、2014	480~495	10~12
2A16、2219	515~530	20~24
2A17	505~525	20~24
2A10	500~515	18~20
6A02、6061	525~560	12~16
6063	525~570	10~12
2A50、2B50	515~530	10~12
2A70、2A80、2A90、4A11、4032、2618、2218	485~500	12~16
7A03、7A04	450~470	20~24
7003、7020、7005	450~470	10~12
7A09、7A10、7075	455~470	20~24
7A15	465~480	10~12

8.2.2 再结晶退火

1. 再结晶退火的作用

再结晶退火是将锻件加热到再结晶温度以上，保温一段时间，随后在空气中冷却的热处理工艺，是一个晶粒形核长大的过程，常安排在锻件冷锻工序之前或冷锻工序之间，故又称为中间退火。目的是消除加工硬化，以利于继续冷锻加工。一般来说，经过变形前软化处理的铝合金在承受45%~85%的冷变形后，如不进行中间退火，则后续冷锻将会非常困难。根据对冷变形程度的要求，中间退火可分为完全退火（总变形量$\varepsilon \approx 60\% \sim 70\%$）、简单退火（$\varepsilon \leq 50\%$）和轻微退火（$\varepsilon \approx 30\% \sim 40\%$）三种。

2. 再结晶退火原理

（1）再结晶退火微观机制。冷变形后的金属加热到一定温度保温足够时间后，在原来的变形组织中产生了无畸变的新晶粒，位错密度显著降低，性能也发生显著变化，并恢复到冷变形前的水平，这个过程称为再结晶。再结晶的驱动力是预先冷变形所产生的储存能的降低。随着储存能的释放，新的无畸变的等轴晶粒形成并长大，使组织在热力学上变得更为稳定。再结晶经历了形核与长大两个阶段，首先在变形基体中形成一些晶核，这些晶核由大角度界面包围且具有高度结构完整性;然后,晶核以“吞食”周围变形基体的方式长大,直至整个基体被新晶粒占满为止。

再结晶晶粒形成后,若继续延长保温时间或提高加热温度,再结晶晶粒将粗化。再结晶晶粒粗化可能有两种形式:晶粒均匀长大和晶粒选择性长大即二次再结晶。晶粒均匀长大又称为正常的晶粒长大或聚集再结晶。在这个过程中,一部分晶粒的晶界向另一部分晶粒内迁移,结果一部分晶粒长大而另一部分晶粒消失,最后得到相对均匀的较为粗大的晶粒组织。由于一方面无法准确掌握再结晶恰好完成的时间,另一方面在整个体积内再结晶晶粒不会同时相互接触,因此,通常退火后的晶粒都发生一定程度的长大。在晶粒较为均匀的再结晶基体中,某些个别晶粒在具备了一定条件时,可能急剧长大,这种现象称为二次再结晶。发生急剧长大的晶粒可视为二次再结晶晶核。二次再结晶发生在较高的温度,晶粒直径可达数毫米。铝合金中的二次再结晶首先与合金元素有关。铝合金中含有铁、锰、铬等元素时,由于生成 $FeAl_3$、$MnAl_6$、$CrAl_3$ 等弥散相,可阻碍再结晶晶粒均匀长大。但加热至高温时,有少数晶粒晶界上的弥散相因溶解而消失,这些晶粒就会急剧长大,形成少数极大的晶粒。

(2) 再结晶退火动力学。再结晶形核率与温度有关,可用下式表示:

$$\dot{N} = \dot{N}_0 \exp\left(-\frac{Q_N}{RT}\right) \tag{8-9}$$

式中:$\dot{N}$ 为形核率;$\dot{N}_0$ 为常数;Q_N 为形核激活能。

与形核过程一样,晶粒长大也是热激活过程。长大速率与温度关系为

$$\dot{G} = \dot{G}_0 \exp\left(-\frac{Q_G}{RT}\right) \tag{8-10}$$

式中:$\dot{G}$ 为晶核长大速率;$\dot{G}_0$ 为常数;Q_G 为长大激活能。

3. 再结晶退火制度

发生再结晶的温度为再结晶温度。再结晶温度不是一个物理常数,在合金成分一定的情况下,它与变形程度及退火时间有关。若使变形程度及退火时间恒定,则再结晶既有其开始发生的温度,也有其完成的温度。再结晶终了温度总比再结晶开始温度高,但影响它们的因素是相同的。通常将变形程度在70%以上,在约1h保温时间内能够完成再结晶(>95%的转变量)的温度来表示金属的再结晶温度。

冷变形程度是影响再结晶温度的重要因素。铝合金的变形程度越大,铝合金中的储存能越多,再结晶的驱动力越大,再结晶温度越低。担当变形程度增加到一定数值后,再结晶温度趋于稳定值;当变形程度小于一定值(30%~40%)时,则再结晶温度将趋向于合金的熔点,即不会发生再结晶。

退火保温时间是另一重要因素。延长保温时间,再结晶温度降低。同时,若加热速度十分缓慢时,则变形合金在加热过程中有足够的时间进行回复,使储存能减

少,减少了再结晶的驱动力,导致再结晶温度升高,如 Al-Mn 合金缓慢加热时再结晶温度比一般的要高 50~70 ℃。

合金成分对再结晶温度的影响也非常显著。在固溶体范围内,加入少量元素通常能急剧提高再结晶温度。当加入铝中的元素浓度进一步提高时,合金中出现第二相,此时再结晶温度的变化较为复杂,因为第二相质点对再结晶温度的影响与它们的数量及弥散度有关。第二相数量不多且弥散度不大时,与单相合金相比,变形时金属流动更为紊乱,同时在质点周围形成位错塞积,有可能使再结晶温度降低。

为了获得性能良好的均匀细晶组织,再结晶退火应注意以下问题:

(1) 必须正确控制退火温度和保温时间,否则可能发生晶粒异常长大,形成粗晶组织,恶化合金性能。

(2) 应采用空冷或水冷,不采用炉冷。因为缓慢冷却时,5A02 铝合金等热处理不可强化铝合金容易析出粗大的 β 相,使合金塑性降低,抗蚀性变差。

(3) 应注意变形与退火之间的配合,才能获得高质量退火组织。

(4) 铝合金锻件退火可在空气循环电炉或硝盐槽中进行。

8.2.3 去应力退火

铝合金锻件往往有很大的残余内应力,使合金的应力腐蚀倾向增加,形状及组织性能的稳定性显著降低。因此,必须去应力退火。去应力退火是把合金加热到一个较低温度,保温一定时间,以缓慢速度冷却的一种热处理工艺。在加热保温过程中,由于温度升高,原子扩散能力增大,使晶体晶格中的某些缺陷消失或数量减少。同时,还会发生多边化过程,形成许多小角度亚晶,使晶格的畸变能降低,锻件的内应力大大减小。去应力退火后的锻件尺寸稳定,应力腐蚀倾向减小,但强度、硬度基本上不降低,仍保留锻造后的加工硬化效果,因此在工业上应用较多。影响去应力退火质量的最主要因素是加热温度。加热温度选择过高,则锻件的强度降低明显,影响产品质量;加热温度过低,则需要很长的加热时间才能充分消除内应力,影响生产效率。

8.2.4 退火注意事项

(1) 最好采用最快的速度加热锻件或半成品,以免晶粒长大。但对于形状复杂的精密锻件,在退火时加热速度应加以限制,以免加热不均匀引起翘曲。

(2) 退火后的冷却速度在下述情况下应当受到限制:一是必须防止合金局部淬火;二是急剧冷却会引起半成品或锻件的翘曲,并产生较大的残余应力。

(3) 退火一般使用有强制空气循环的电炉,保证炉料能迅速均匀加热。炉膛内的温度差异不应高于 20℃,炉子应装有温度控制表,用于检验和控制温度。用热电偶测温时,热电偶应放置在气流进口处和气流出口处的料上。

(4) 为了提高加热速度,可以让炉子的预加热温度超过退火温度。但预加热温度应比合金淬火的下限温度低40℃以上(对可热处理强化铝合金),或比合金开始熔化的温度低50℃以上(对不可热处理强化铝合金)。

8.3 固溶淬火处理

8.3.1 固溶淬火的作用

固溶淬火处理是将铝合金加热到固溶线以上某一温度并保温,使合金中的一个或几个相溶解,从而形成均匀的固溶体(即固溶化);然后快速冷却,将高温状态下的固溶体固定下来,形成过饱和固溶体(即淬火)的一种工艺过程。铝合金固溶淬火后,强度和硬度并不立即升高,至于塑性非但没有下降,反而略有上升。但淬火后的铝合金,放置一定时间(如4~6天)后,强度和硬度会显著提高,而塑性则明显降低。因此,铝合金固溶淬火处理是一种使合金发生沉淀强化的先行工序,其目的是为了将固溶淬火热处理时形成的固溶体以快速冷却方式获得亚稳定的过饱和固溶体,给自然时效和人工时效创造必要的条件,以求在随后的时效时获得高的强度和足够的塑性。

8.3.2 固溶淬火制度

1. 加热温度

加热的目的是使合金中起强化作用的溶质,如铜、镁、硅、锌等最大限度地溶入铝固溶体中。加热时,合金中的强化相溶入固溶体中越充分、固溶体的成分越均匀,则经淬火时效后的力学性能越高。一般来说,加热温度越高,上述过程进行得越快、越完全。因此,在不发生局部熔化(过烧)及过热的条件下,应尽可能提高加热温度,以便时效时达到最佳强化效果。

加热温度的上限是合金的开始熔化温度。有些合金含有少量的共晶,如2A12铝合金,溶质具有最大溶解度的温度与共晶温度相当,为防止过烧,加热温度必须低于共晶温度,即必须低于具有最大固溶度的温度。有些合金按其平衡状态不存在共晶组织,如7A04铝合金等,在选择加热上限温度时,有相当大的余地,但也应考虑非平衡熔化的问题。未经均匀化的7A04铝合金加热过程中在490℃出现吸热,这是在$S(Al_2CuMg)$相局部集中区域产生非平衡熔化所致。合金经均匀化处理后则不存在这种现象。晶粒尺寸也是确定固溶加热温度时需要考虑的一个重要因素。对铝合金锻件来说,固溶处理前一般为冷锻或热锻状态。固溶处理时的加热,除了发生强化相溶解外,也会发生再结晶或晶粒长大过程。过大的晶粒对性能有不利影响,因此,对高温下晶粒长大倾向大的合金如6A02等,应限制最高固溶加热温度。此外,加热速度、锻件尺寸规格、变形程度和性能要求等也会影响加热温度的选取。

总的来说,选择铝合金淬火加热温度的核心原则是:①防止过烧;②强化相最大限度地溶入固溶体。

部分铝合金锻件的固溶加热温度如表 8-5 所列。

表 8-5　部分铝合金锻件的固溶加热温度

铝合金牌号	固溶温度/℃	铝合金牌号	固溶温度/℃	铝合金牌号	固溶温度/℃
2014	496~507	2A14	465~475	2018	504~521
2024	487~498	2A12	492~498	2B50	505~525
2218	504~515	2A70	525~535	2618	524~535
2A80	525~535	2219	529~540	4032	504~521
6A02	510~530	6061	515~579	6066	515~543
6151	510~526	7049	460~473	7050	471~482
7075	460~476	7076	454~487	7A04	469~475
7A09	458~465	7A10	469~475	7A15	469~475

实际生产中,铝合金锻件的加热一般在箱式电阻炉或盐浴炉中进行。电阻炉必须具有强制热风循环装置,盐浴炉则要有搅拌装置,以便使锻件受热均匀,升温一致,温度波动范围为±5℃,对于要求高的锻件,波动范围应控制在±3℃。锻件装入或悬挂在料筐中,锻件之间的距离要比其截面厚度大一些,以确保热空气能够有效循环和淬火时冷却均匀。对于小的锻件,即厚度小于 25mm 的锻件,可以成层叠放,但其叠放厚度一般不得超过 75mm。每叠之间的距离也以 75mm 为好。料筐在炉膛内每边距离炉胆约为 100~120mm。

2. 保温时间

固溶处理保温时间是指在正常固溶热处理温度下,使未溶解或沉淀可溶相组成物达到满意的溶解程度和达到固溶体充分均匀所需的保持时间。保温的目的在于使锻件热透,并使强化相充分溶解和固溶体均匀化。保温时间长短取决于成分、原始组织、加热温度、装炉量、工件厚度、加热方式等因素。

加热温度越高,所需保温时间越短。例如,2A12 铝合金薄壁件在 500℃加热,只需保温 10min 就足以使强化相溶解,自然时效后获得最高强度达 440MPa;若 480℃加热,则需保温 15min,自然时效后最高强度只有 410MPa。原始组织对保温时间也有很大影响。例如,退火状态铝合金的固溶保温时间要比经淬火时效后的铝合金在重新淬火时所需的保温时间长得多。另外,装炉量越大,锻件越厚,保温时间越长。盐浴炉加热比气体介质加热速度快,时间短。

保温时间的计算应以铝合金表面温度或炉温恢复到淬火温度范围的下限时开始计算。在实际生产中,建议的铝合金锻件固溶处理保温时间如表 8-6 所列。

表 8-6　铝合金锻件固溶处理保温时间

锻件厚度/mm	保温时间/min	
	盐浴炉	循环空气电炉
2.1~3	10	15~30
3.1~5	15	20~45
5.1~10	25	30~50
11~20	35	35~55
21~30	40	40~60
31~50	50	60~150
51~75	60	180~210
76~100	90~180	180~240
101~150	120~240	210~360

3. 淬火转移时间

转移时间是指锻件经过加热、保温达到工艺要求后,从固溶处理炉炉门打开亮缝开始,到锻件料筐最上面进入冷却液的时间。如果使用盐浴炉淬火,其转移时间则为锻件出盐浴炉到完全进入冷却介质的时间。转移时间必须少于最大允许转移时间。而最大允许转移时间因周围空气的温度和流速以及锻件质量和辐射能力的不同而不同。

延长转移时间所造成的后果导致淬火冷却速度减慢,对锻件性能影响很大。因为锻件在转移到淬火槽过程中,与空气接触,相当于在空气中冷却。由于冷却速度慢,固溶体分解,降低后续时效强化效果,从而使锻件力学性能和抗腐蚀性能下降。为了保证淬火铝合金锻件具有最佳性能,淬火转移时间应尽量缩短。在生产中,Al-Cu-Mg 系铝合金不宜超过 30s,Al-Zn-Mg-Cu 系合金不宜超过 15s。建议的铝合金最大允许转移时间如表 8-7 所列。

表 8-7　铝合金最大允许转移时间

厚度/mm	最大转移时间/s	厚度/mm	最大转移时间/s
<0.4	5	≥2.3~6.5	15
≥0.4~0.8	7	>6.5	20
≥0.8~2.3	10		

4. 淬火介质及其温度

水是最广泛且最有效的淬火介质。铝合金锻件在室温水中淬火能得到大的冷却速度,但淬火残余应力也较大。提高淬火水温会使锻件冷却速度降低,残余应力减小,但水加热到汽化后冷却能力降低,导致锻件强度下降。同时,淬火介质应有足够的容量,以防淬火过程中温升过高,降低淬火冷速。水槽容积和水循环一般应保证完成淬火时的水槽温度一般不超过 40~80℃。但水的温度也不能过低。冬天,水温要高于 5℃。具体淬火水温应根据锻件厚度选取,可参考表 8-8。操作时,锻件在水中应反复升降，但锻件不得漏出水面。通常，锻件在水中的浸泡时间为 5～10min。

表 8-8 不同厚度锻件采用的淬火水温

最大厚度/mm	淬火水温/℃	最大厚度/mm	淬火水温/℃
≤30	30～40	76～100	50～60
31～50	30～40	101～150	60～80
51～75	40～50		

另外，水基有机聚合物溶液也常被用于铝合金锻件淬火。它的冷却能力可通过改变水基有机聚合物在水溶液中的浓度进行调节。浓度越低，冷却能力越强。常用的是聚乙醇水溶液。使用水基聚合物溶液时，溶液的容积和循环均应保证任何时候水温都不超过 55℃。

生产中，也可采用其他淬火冷却方式，如水雾及吹风冷却。该方式可用于对淬火速度不太敏感的铝合金，如 6061 铝合金。

8.3.3 固溶淬火注意事项

在实际生产中，固溶淬火处理还有一些其他事项需要注意。

(1) 锻件装入热处理炉之前，应仔细清洗表面上的油污，以免淬火时油污燃烧在表面留下烧痕。可采用汽油、丙酮、香蕉水等擦拭，也可在 50～60℃ 碱性溶液中浸泡 5～10min。

(2) 采用碱性溶液浸泡后，必须在热水或流动的冷水中清洗干净。

(3) 锻件入炉前必须烘干或晾干。

(4) 锻件装入热处理炉时，应使每件锻件都能受到热空气或熔融盐的自由环流。

(5) 形状简单的锻件可快速加热，形状复杂的锻件可阶梯升温，在 350℃ 左右可保温 1～2h，再加热到固溶处理温度。

(6) 锻件加热可用铝丝、铝带或铁丝捆扎，不能用镀锌铁丝或铜丝捆扎，以防铜、锌扩散到锻件中，降低锻件抗蚀性。

(7) 锻件重新热处理加热时间为正常加热时间的 1/2，重复热处理次数不得超过 2 次。

(8) 从盐浴槽出料时，如果挂料量很大，应在提起后停留 2～3s，使硝盐流掉，然后在迅速移到淬火槽中。

8.4 时效处理

铝合金与钢铁不同，其在淬火后，强度和硬度并没有提高，而塑性则较好，但放置一段时间后，强度和硬度会明显提高，塑性反而下降。这种锻件性能随时间增长而显著变化的现象称为时效。时效处理是可热处理强化铝合金的最后一道工序,时效的目的是为了提高可热处理强化铝合金的力学性能,它决定着锻件的最终性能。

8.4.1 时效强化机理

时效时,经固溶淬火处理的铝合金中存在的不稳定的过饱和固溶体会进行分解,第二相粒子从过饱和固溶体中析出(或沉淀),分布在 α(Al)铝晶粒周边,从而产生强化作用,称为析出(沉淀)强化。铝合金时效强化是强化相溶质原子偏聚形成强化区的结果。

铝合金在固溶加热时,合金中形成了空位,在淬火时,由于冷却快,这些空位来不及移出,便被"固定"在晶体内。这些在过饱和固溶体内的空位大多与溶质原子结合在一起。由于过饱和固溶体处于不稳定状态,必然向平衡状态转变,空位的存在,加速了溶质原子的扩散速度,因而加速了溶质原子的偏聚。硬化区的大小和数量取决于固溶温度与淬火冷却速度。固溶温度越高,空位浓度越大,硬化区的数量也就越多,硬化区的尺寸减小。淬火冷却速度越大,固溶体内所固定的空位越多,有利于增加硬化区的数量,减小硬化区的尺寸。

大多数可热处理强化的铝合金的平衡固溶度随温度而变化,即随温度增加固溶度增加。沉淀硬化所要求的溶解度-温度关系,可用铝铜系的 Al-4Cu 合金说明时效的组成和结构的变化。该合金在 548℃进行共晶转变 $L \to \alpha + \theta(Al_2Cu)$。铜在 α 相中的极限溶解度 5.65%(548℃),随着温度的下降,固溶度急剧减小,室温下约为 0.05%。在时效热处理过程中,该合金组织有以下几个变化过程:

(1) 形成溶质原子偏聚区-GP(Ⅰ)区。在淬火状态的过饱和固溶体中,铜原子在铝晶格中的分布是任意的、无序的。时效初期,即时效温度低或时效时间短时,铜原子在铝基体上的某些晶面上聚集,形成溶质原子偏聚区,称 GP(Ⅰ)区。GP(Ⅰ)区与基体 α 保持共格关系,这些聚合体构成了提高抗变形的共格应变区,故使合金的强度、硬度升高。

(2) GP 区有序化-形成 GP(Ⅱ)区。随着时效温度升高或时效时间延长,铜原子继续偏聚并发生有序化,即形成 GP(Ⅱ)区。它与基体 α 仍保持共格关系,但尺寸较 GP(Ⅰ)区大。它可视为中间过渡相,常用 θ''表示。它比 GP(Ⅰ)区周围的畸变更大,对位错运动的阻碍进一步增大,因此时效强化作用更大,θ''相析出阶段为合金达到最大强化的阶段。

(3) 形成过渡相 θ'。随着时效过程的进一步发展,铜原子在 GP(Ⅱ)区继续偏聚,当铜原子与铝原子比为 1∶2 时,形成过渡相 θ'。由于 θ'的点阵常数发生较大的变化,故当其形成时与基体共格关系开始破坏,即由完全共格变为局部共格,因此 θ'相周围基体的共格畸变减弱,对位错运动的阻碍作用也减小,表现在合金性能上为硬度开始下降。由此可见,共格畸变的存在是造成合金时效强化的重要因素。

(4) 形成稳定的 θ 相。过渡相从铝基固溶体中完全脱溶,形成与基体有明显界面的独立的稳定相 Al_2Cu,称为 θ 相。此时 θ 相与基体的共格关系完全破坏,并有自己独立的晶格,其畸变也随之消失,并随时效温度的提高或时间的延长,θ 相的质点聚集长大,合金的强度、硬度进一步下降。

铝-铜二元合金的时效原理及其一般规律对于其他工业铝合金也适用。但合金的种类不同,形成的 GP 区、过渡相以及最后析出的稳定性各不相同,时效强化效果也不一样。不同合金系时效过程也不完全都经历了上述四个阶段,有的合金不经过 GP(Ⅱ)区,直接形成过渡相。就是同一合金因时效的温度和时间不同,也不完全依次经历时效全过程,例如,有的合金在自然时效时只进行到 GP(Ⅰ)区至 GP(Ⅱ)区即告终了。在人工时效,若时效温度过高,则可以不经过 GP 区,而直接从过饱和固溶体中析出过渡相,合金时效进行的程度,直接关系到时效后合金的结构和性能。

8.4.2 时效制度

时效分为自然时效和人工时效两种。室温下进行的时效称为自然时效;在人为控制下,在一定温度范围内下进行的时效称为人工时效。

1. 自然时效

大部分热处理强化铝合金淬火后在室温下放置一定时间,表现出时效强化效应。自然时效强化是 GP 区形成所造成的。2×××系铝合金广泛采用自然时效,如 2A12 铝合金在室温下经过四昼夜可基本达到力学性能稳定的状态。7×××系铝合金自然时效时间很长,需要长期不断进行,所以很少采用自然时效。随着自然时效时间的延长,由于 GP 区造成晶体点阵周期性受到损害,铝合金的电导率和导热率减小。

自然时效使合金强化并降低塑性,所以锻件矫直或切边冲孔工序应在发生明显自然时效之前进行。如果工艺时间上不能实现,则应在淬火后冷藏(-50℃)或采用回归热处理使其性能恢复到新淬火状态。

2. 人工时效

有些铝合金(如 7075 等)在室温下时效强化不明显,而在较高温度(100~200℃)下的强化效果明显,因此,可以采用人工时效获得理想性能。例如,Al-Mg-Si 系的 6063 铝合金,自然时效进行得非常缓慢,在室温下停留半个月,甚至更长的时间,也达不到最佳的强化效果,而人工时效的强化效果要提高 40%~100%,所以一般采用人工时效。对于含有主要强化相 Mg_2Si、MgZn 和 $Al_2Mg_3Zn_3$ 的铝合金,只有进行人工时效才能获得最高的强度。含有主要强化相 $CuAl_2$ 和 S($A1_2CuMg$) 等相的合金,采用自然时效和人工时效两种方法都可以。如 2A11 和 2A12 合金采用自然时效和人工时效都可以获得最佳强化效果。究竟采用哪种时效方法,则需要根据铝合金的特性和用途来决定。一般在高温下工作的铝合金锻件多采用人工时效,而在室温下工作的铝合金锻件宜采用自然时效。

人工时效与自然时效在物理本质上并无绝对的界限,前者以过渡区沉淀强化为主,后者以 GP 区强化为主。自然时效后的锻件塑性较高,抗拉强度和屈服强度较低,冲击韧性和抗腐蚀性良好。人工时效则相反,锻件强度较高,但塑性、韧性和抗腐蚀性一般较差。

人工时效可分为峰值时效(完全时效)、欠时效(不完全时效)和过时效。峰值时效获得的强度最高,可达到时效强化的峰值。欠时效的时效温度稍低或时效时间较短,以获得较高的强度和良好的塑性及韧性。过时效的时效温度稍高或时效时间较长,时效程度超过强化峰值,相应综合性能较好,特别是抗腐蚀性能较高。为了得到稳定的组织和几何尺寸,时效应在更高的温度下进行。过时效根据使用要求通常也分为稳定化处理和软化处理。人工时效通常是在空气循环电炉中进行,失效后锻件要进行空冷。

根据时效过程的不同,时效还可以分为单级时效和分级时效。单级时效是在固溶淬火处理后,只进行一次时效处理。其优点是生产工艺简单,能够获得很高的强度,但缺点是显微组织均匀性较差,在拉伸性能、疲劳和断裂性能及应力腐蚀抗力之间难以得到良好的综合效果。分级时效是将锻件在不同温度下进行两次和多次加热的一种时效方法。与单级时效相比,分级时效不仅能够显著缩短时效时间,而且可以改善 Al-Zn-Mg 和 Al-Zn-Mg-Cu 等系合金的显微组织结构,在基本不降低其力学性能的条件下,可明显地提高合金的抗应力腐蚀能力、疲劳强度和断裂韧性,并对高温下的尺寸稳定性也有好处。

常用铝合金锻件时效制度如表 8-9 所列。

表 8-9　常用铝合金锻件时效制度

铝合金	时效种类	时　效	
		温度/℃	时间/h
2A02	人工时效(不完全)	165~175	16
	人工时效(完全)	185~195	24
2A06	自然时效	室温	120~240
2A11	自然时效	室温	96
2A12	自然时效	室温	96
	人工时效	185~195	6
2A14	自然时效	室温	96
	人工时效	150~165	4~15
2A16	自然时效	室温	96
	人工时效(不完全)	160~170	10~16
	人工时效(完全)	200~220	12
2A17	人工时效	180~190	16
2A50	自然时效	室温	96
	人工时效	150~160	6~15

（续）

铝合金	时效种类	时　　效	
		温度/℃	时间/h
2B50	人工时效	150~160	6~15
2A70	人工时效	185~195	8~12
2A80	人工时效	165~180	10~16
2A90	人工时效	155~165	4~15
2018	人工时效	165~175	10
2025	人工时效	165~175	10
2218	人工时效	165~175	10
2219	人工时效	160~170	18
2618	人工时效	193~204	20
4A11	人工时效	165~175	8~12
4032	自然时效	室温	96
	人工时效	165~175	10
6A02	自然时效	室温	96
	人工时效	150~165	8~15
6053	人工时效	165~175	10
6061	人工时效	160~170	8~12
6063	人工时效	195~205	8~12
6066	人工时效	170~180	8
6151	人工时效	165~175	10
7A04	人工时效	135~145	16
	分级时效	115~125	3
		155~165	3
7A09	人工时效	135~145	16
7049	人工时效	115~125	24
7076	人工时效	130~140	14

铝合金锻件的时效强化处理是在固溶淬火热处理后进行的。固溶后到时效处理的时间间隔越短越好。如6061铝合金淬火后必须立即进行人工时效，否则强度极限降低。又如7A04铝合金淬火后室温停留2~48h再人工时效，抗拉强度和屈服强度约降低15~30MPa。为了避免强度损失，应避免在上述时间范围内停留，淬火后立即人工时效。建议对所有铝合金锻件都限定在2h内进行人工时效。

实际时效处理中，时效的锻件需整齐地摆放或悬挂在通用或专用料筐中。对于工艺要求的取样件或试样，则放置或悬挂在炉料中间。锻件之间的间隙应保证在50mm以上，以有利于炉气循环。对于易变形的锻件，则要按照工艺要求来摆放或悬挂。如果是大型锻件,则可直接放入炉内。但其底部要以垫块支撑,使锻件底面与炉底之间具有 50~100mm 的间隙,以利于炉气循环。

8.4.3 时效注意事项

在实际生产中,时效处理还有一些其他事项需要注意:

(1) 锻件装炉前,热处理炉需要进行预热,预热温度与时效温度相同,达到指定温度后需保持 30min 待炉内温度稳定后方可装炉。

(2) 装炉时,时效料架与料垛应正确摆放在退料小车上,不得偏斜。

(3) 锻件尽可能沿着垂直于气流的流动方向堆放,使气流穿过锻件之间。

(4) 时效加热过程中因加热炉故障停电时,总加热时间按隔断加热保温时间累计,并需符合合金总加热时间的规定。

8.4.4 回归处理

经过自然时效强化的铝合金,快速加热至 210~250℃,然后快速冷却至室温,该合金重新软化,恢复至新淬火状态,如将其在室温下停放,仍能进行正常的自然时效,这种现象称为回归现象。如重复上述过程,则可以反复出现回归现象。回归现象实际上是经过自然时效后的铝合金生成的 GP 区或亚稳定相,在快速短时加热时发生迅速溶解,变成原有的淬火状态,合金性能也基本恢复到新淬火状态下的性能。

传统理论认为,由于自然时效以形成原子偏聚区(即 GP 区)为主,易于发生回归现象,而人工时效以过渡区沉淀强化为主,不易发生回归现象。1974 年 B. M. Cina 首次提出,对人工时效状态的铝合金也可进行回归处理,随后再重复原来的人工时效。这种处理较适用于 Al-Cu-Mg、Al-Mg-Si、Al-Zn-Mg-Cu 系合金。如 Al-Zn-Mg-Cu 系的 7075 合金,用单级峰值时效可达到最高抗拉强度,但应力腐蚀抗力降低。为改善应力腐蚀抗力采用分级时效,即用 110℃ 时效,保温 8h,再 177℃ 时效,保温 8h,结果提高了应力腐蚀抗力,但强度降低了 10%~15%。而采用回归再时效处理,可以保持 7075 合金的高强度,又具备了分级时效处理的优良应力腐蚀抗力。

回归处理具有下面几个特点:①回归处理可以多次重复进行,但每次回归处理后,铝合金的性能不能完全恢复到原有状态,总有一点差距;②回归处理的温度越高,回归过程越快,所需加热时间越短;③经回归处理后的铝合金,其耐蚀性能有所降低。

8.5 铝合金锻件热处理设备选用

铝合金锻件热处理时,强制空气循环炉应用最为广泛。其一般结构包括炉底支架、炉壳、加热元件、热风循环系统、移动淬火水槽车、料筐提升机构、控制系统等部分。

(1) 炉底支架可采用槽钢焊接而成,供搁置加热炉体之用。

(2) 炉壳采用型钢及钢板焊接成圆筒形或箱形,炉壳结构需牢固可靠,整体强度好,不易变形。内壁和导风板可采用 SUS304 耐热不锈钢板制成。炉衬可为全纤维结构,耐火钎维最高使用温度达 1100℃,采用耐火纤维叠压成形,压缩后密度约为 $230\mathrm{kg/m^3}$,这种结构能够保证气密性,具有牢固可靠、维修方便、使用寿命长、节能效果好、炉体重量轻、炉体外墙壁温升小等优点。另外,炉壳内表面需贴附一层高温石棉板,起到隔热作用并保护炉壳表面不被腐蚀。炉门安装在炉体下部采用槽钢及钢板焊接成形,内用耐火纤维填实,以保温和隔热,通过走轮搁置在支架上部的轨道上。炉门与炉体的密封通过斜面机构实现(即炉门运行到炉体下部时,受斜面机构作用而上升与炉门口吻合密封),炉门与炉体密封采用软密封,密封效果好。炉门启闭机构由电机、减速机、链条及链轮、钢丝绳及绳轮等组成。

(3) 加热元件采用高温电阻合金带,制作成波纹状,采用高铝质瓷螺钉挂在炉膛四周的耐火纤维上,更换和维修都比较方便。

(4) 热风循环系统由循环风机和导风板组成。循环风机安放在炉体顶部,风扇采用离心式叶片。导风板通过若干个搁杆固定于炉膛内壁上,通过热风循环系统将加热元件散发的热量进行热循环,使炉内温度均匀。循环风机需按炉膛容积制作,确保热风循环次数在 40 次/min 以上,保证炉内均匀性。

(5) 淬火时使用的移动式淬火水槽车一般由上料工位、淬火水槽、水槽车移动机构、水槽车加热系统、循环水泵等组成。淬火水槽的尺寸要足够大,既能完全浸泡锻件,同时还要具有使料筐上下往复升降的必要空间。淬火后,水槽内的温升不得超过 10℃,因此需要配置循环水泵,既能进水,也能排水,实现冷却水在槽内循环。如果在气温较低的场所进行热处理,需设计水槽车加热系统。

(6) 料筐提升机构一般由电动卷扬机、环形起重链、滑轮组及料筐等组成。

(7) 控制系统可采用 PID 过零触发可控硅、智能数显仪表控温,以实现炉膛内的升温和炉温控制。

铝合金热处理炉按工艺用途可分为均匀化炉、退火炉、固溶淬火炉、时效炉。

铝合金均匀化温度一般在 430~650℃范围内,均匀化保温时间为 10~40h。一般采用井式炉和箱式炉等周期作业炉,并采用强制空气循环。为了保证生产效率,其他退火工艺也最好采用周期作业炉。

固溶淬火加热广泛使用立式空气循环电炉。淬火水槽直接设在炉子下面,使锻件从炉中出来到进入淬火槽的转移时间最短。在立式炉中垂直吊挂锻件和使锻件垂直浸入淬火槽都比较容易实现,淬火后锻件产生的翘曲很小。近年来发展起来的连续式淬火炉逐渐推广应用,可实现连续生产,生产效率高,但要注意控制温度和转移时间。

由于时效周期很长,一般也采用井式炉和箱式炉等周期作业炉,并采用强制空气循环。时效炉的工作温度为 80~300℃,所以,其绝热层可以不要求很厚,炉架和鼓风机可用结构钢制造。

参考文献

[1] 刘静安，张宏伟，谢水生．铝合金锻造技术[M]. 北京：冶金工业出版社，2012.
[2] 吴生绪，潘琦俊．变形铝合金及其模锻成形技术手册[M]. 北京：机械工业出版社，2014.
[3] 王祝堂，田荣璋．铝合金及其加工手册[M].3 版.长沙：中南大学出版社，2007.
[4] 中国机械工程学会热处理学会《热处理手册》编委会．热处理手册[M]. 北京：机械工业出版社，2005.
[5]《有色金属及热处理》编写组．有色金属及热处理[M]. 北京：国防工业出版社，1981.

第9章 铝合金精锻配套技术及设备

9.1 概 述

实现铝合金精锻件的批量生产乃至规模生产，小则需建立精锻机组，中则需建立生产线，大则需建立生产车间乃至专业化精锻厂。要建立机组，或生产线，或车间乃至专业化工厂，除了数控液压模锻锤、热模锻压力机、摩擦离合器式螺旋压力机和数控电动螺旋压力机以及数控精锻液压机等精锻设备与精锻技术外，还必须有下料方法及下料设备、加热方法及加热设备、润滑剂及润滑技术，以及清理方法和清理设备等配套技术及设备，才能形成成套技术装备，构建起所需的生产能力。

9.2 下料方法及设备

9.2.1 坯料准备、下料方法及坯料的处理

铸锭、挤压棒材等原毛坯入厂时应附有铝合金牌号、化学成分、规格、均匀化退火、低倍及氧化膜检验等方面的资料和试验结果。其化学成分应满足 GB/T3190—2008 技术标准要求，低倍检查夹杂、粗晶环、缩尾和夹层等缺陷；高倍检查是否有过烧等缺陷。

1. 铸造棒料车去皮层

采用半连续铸造法生产的铝合金圆铸锭，其表面常存在偏析瘤、夹渣、冷隔和裂纹等缺陷，在锻造加工变形过程中易产生裂纹，严重影响锻件质量，必须采用车削方法消除铸锭表面缺陷。铸锭车去皮层的规定如下：

（1）车去皮层公差如表 9-1 所列。

（2）车去皮层的表面粗糙度 $Ra \leqslant 25\mu m$，精密模锻件用的坯料表面粗糙度 $Ra \leqslant 12.5\mu m$，且不得有车削造成的急剧过渡，端面边缘不允许有尖锐棱边，需倒角。

表 9-1 铸锭车去皮层尺寸公差及下料的切斜度

铸锭直径/mm	80~124	142~162	192	270	290	350	405	482	680	800	1000
铸锭直径公差/mm	±1	±2	±2	±2	±2	±2	±2	±3	±4	±4	±5
切斜度不大于/mm	4	4	5	7	8	10	10	10	12	12	12

2. 下料方法

下料是指截面为圆形、方形或矩形的棒材通过剪切、锯切、气割等方法达到所要求的规格的过程，在铝合金锻件生产厂，通常是在圆锯、车床、带锯、机械锯和专用快速端面铣床上下料。锯切的坯料，端面平整，垂直度较好，长度方向尺寸精确，但锯切有时会产生锐边或毛刺，通常在锻造前需要清理。目前，国外自动化锯切设备，往往具备自动倒角能力，能非常精确地控制坯料长度、坯料体积以及坯料质量。当下料精度要求高时，可用车床下料。有时还要在车床上车去表面皮层，以清除粗晶环或其他表面缺陷。由于铝合金坯料较软，使用剪床下料时不仅端面欠平整，而且容易产生裂纹、毛刺等缺陷，且不易清除，在随后锻造变形时有可能成为裂纹源，一般不采用。铝合金下料一般是在冷态下进行的。

下料时的注意事项：

(1) 下料的长度偏差为铸锭长度不大于500mm时，偏差为 $^{+5}_{-1}$mm，铸锭长度大于500mm时，偏差为 $^{+10}_{-2}$mm；端面应切得平直，具体切斜度如表9-1所列。

(2) 切成定尺寸坯料后要及时清除毛刺、油污和锯屑，并打上印记号；对于挤压棒材要打上合金牌号、批号；对于铸锭要打上合金牌号、熔次号、批号、铸锭根号、顺序号。

(3) 下料所产生的废料，应打上合金牌号，不得混料。

3. 坯料的断面处理

对于中小型铝合金锻件来说，如果使用带锯机下料，则坯料下料后的断面必须进行光整处理，因为坯料断面的锯痕很粗糙。所谓光整处理，就是将坯料上切断的两个断面去除毛刺、锯痕打光等。

通常，经过光整处理后，应使其下料断面的表面粗糙度 $Ra \leqslant 12.5\mu m$。之所以这样要求，是因为过于粗糙的断面，其锯痕将会印留在锻件的表面，严重的，即使是对锻件进行了表面处理，也难以消除锯痕残留在锻件上的现象。

若采用挤压型材作为坯料，因其表皮层可能会有粗晶环或成层，会最终影响锻件的质量。因此，应根据锻件的质量要求，对挤压型材的质量（包括挤压型材源头的铸棒质量）提出相应的技术要求。

4. 坯料的清洗

根据铝合金锻件的工艺要求，坯料在装炉加热之前必须是无毛刺、无水污、无油污、无碎屑及其他异物粘附的。因此，在锻前应对待加热的坯料按照工艺要求进行清洗。清洗可用超声波清洗机进行，介质为水，清洗完后要进行烘干处理。

9.2.2 下料设备

下料设备有车床、弓锯床、带锯床和圆盘锯床等，其中，以带锯床和圆盘锯床使用较多。近年来，随着航空、航天和汽车铝合金锻件需求的快速发展，下料设备也得到了快速发展。一是开发和应用了全自动带锯床和圆盘锯床；二是研制和推广应用了铝合金锯切专用自动化带锯床和圆盘锯床。

1. 带锯床

带锯床适用于锯切普通结构钢、不锈钢、钛合金、镍铬合金等难锯切金属材料，也可用于锯切铝合金等有色金属材料和各种非金属材料。

国产带锯床有立式、卧式、倾斜式、全自动和半自动等形式。其中，GZ4032 型全自动卧式带锯床使用最多，具有如下特点：

(1) 带锯床的生产率是普通圆锯床的 1.5~2 倍，锯切同样规格的材料时，其机床安装容量只是圆锯床的 1/2，锯切单位产品的动能消耗只是圆锯床的 1/4，锯带厚度一般为 0.9~1.06mm，切口损耗为 2.0~2.2mm，平均只有圆锯床的 1/5~1/4。

(2) 进给力在预选范围内可恒定。

(3) 液压张紧锯带。

(4) 锯带速度可无级调整。

(5) “无料”和锯条断裂及达到预定锯切件数均可自动停机。

(6) 自动送料可单程或多程。

(7) 数字式进料读出器。

(8) 自动计件装置。

(9) 硬质合金导向装置。

(10) 自动循环采用气动液压系统，不用油源。

目前，带锯床型号有 GZ4032 和 GZ4025-H，S 全自动卧式带锯床、G4025-1(原 GH5025F) 手动卧式带锯床等。其技术规格如表 9-2 所列。

表 9-2 全自动和手动卧式带锯床技术规格

技术规格		全自动		手动	
		GZ4032	GZ4025	GJ4020	G4025-1
最大锯切能力	圆料/mm	320	250	200	250
	方料/mm	320	250		
锯带规格/mm		4115×32	3520×25×0.9	2450×25×0.9	3350×25×0.9
锯带线速度(无级)/(m/min)		18~120	30,45,60,90	36,72	30,50,70
自动送料长度	单程/mm	0~380	380		
	多程/mm	>380			
送料工作台长度/mm		3000	1400		
电动功率	锯带/kW	4	2.4/1.5	1.1	1.5
	液压/kW	1.5	0.25	0.55	
	冷却/kW	0.125	0.09		
锯轮直径/mm		445			384

（续）

技术规格	全自动		手动	
	GZ4032	GZ4025	GJ4020	G4025-1
机床承载量/kg	2000			
外形尺寸(长×宽×高)/(mm×mm×mm)	2370×3790×1325	1800×2000×1700	1300×1400×1700	1880×1020×1395
机床净重量/kg	1900	1200	500	600

“利仕达”生产的 GZ4028 型全自动卧式带锯床如图 9-1 所示。

长沙中联锯业有限公司(原湖南机床厂)生产的 G42025D 型卧式带锯床如图 9-2 所示。其主要技术参数为:最大锯切直径 250mm,带锯条规格宽×厚×长=27mm×0.9mm×3420mm;工作台面高 700mm,带锯条线速度 30m/min、40m/min、60m/min、70m/min,无级进给,主电机功率 2.2kW,工作台承载能力 500kg,外形尺寸长×宽×高=1866mm×776mm×1235mm,机床净重 660kg。

图 9-1　GZ4028 型全自动卧式带锯床

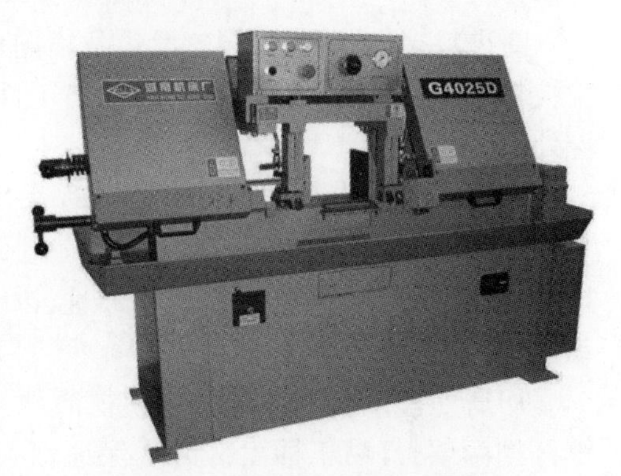

图 9-2　G42025D 型卧式带锯床

贝灵格 HBM 系列铝加工带锯床(图 9-3)具有超精密及高速切割的特性,这极大地满足了对铝材的切割要求,即使在切割范围极限时也能保持其特性。切割速度 300~3500m/min 无级可调,稳固的锯身确保在锯切过程中稳定、低震动及低噪声运转,可以轻松进行实心圆棒料、板坯料及型材切割。

HBM 系列铝加工锯床的锯片导向元件由减震灰铸铁制成,使机器即使在最大的锯片张紧力作用下也能保持良好的扭转刚性。

锯身的有意倾斜设计不仅极大地简化了锯条更换,也增加了对锯条的柔性,尤其是当锯片高速运转时产生的连续交替应变会显著降低。

伺服驱动及滚珠丝杠可确保快速进锯、恒定进锯及精确可调。恒定进锯,材料移除均匀,确保了锯切的高性能及长久的锯片使用寿命。精确的进锯控制可防止锯片过载。实际进锯速度在控制终端显示,可实现动态进出锯。该系列锯床可配置自动进出料装置来大大缩减非生产时间,使生产效率显著提高。

图 9-3　贝灵格 HBM 系列铝加工带锯床

在进料端，原料通过辊轮滑道及横向传输链条传送至机器，锯切之后，翻转机构将料头、料尾从辊轮滑道排出，合格工件通过桁架堆垛夹具进行称重、打标及堆垛处理。

锯切开始前的锯身快速下降过程采用了可靠的验证技术。通过机械方式的T-触料杆探触原料上表面，来停下快速下降的锯身。这一可靠性极高的设计显然比传统的电子系统具有更高的可靠性，因而可以很好地适应无人值守情况下全自动运行。

切屑处理系统的斗形基座使得清理、维护十分方便；排屑器本身有刮板型和螺杆型两款，且易于抽出。为了保证锯条清理效果，采用了电动双切屑刷设计，在锯切过程中同步清理黏滞的切屑。切屑刷快速更换设计极大地缩减了辅助时间。

机器有全封闭外壳，不但达到安全规范要求，同时也满足了客户对设计美观、操作安全、环境清洁的要求。避免环境污损、降低机器噪声，大尺寸玻璃窗又提供了良好内部视野。其技术参数如表 9-3 所列。

表 9-3　HBM 系列铝加工锯床技术参数

型号	90°圆形	90°矩形(宽×高)	单行程送料长度
HBM440ALU	440	440×440	600
HBM540ALU	540	630×540	500
HBM800ALU	800	800×800	3000
HBM1300ALU	1300	1300×1300	3000

2. 铝材加工圆盘锯床

贝灵格 VA-L 系列铝加工圆盘锯床(图 9-4)的全套锯切系统由气动或液卡

装、进锯系统上装机构及分检装置所组成。

图 9-4　贝灵格 VA-L 系列铝加工圆盘锯床

（1）气动或液压卡装。有气动卡装和液压卡装两种方式可供选择，气动方式适合轻柔卡装，而液压方式则能满足实材加工时的大功率锯切。对于平行切割，两种方式均可很容易地应付，即使原料上存在轻微扭曲。

（2）两种进锯系统。频率控制主驱动系统可使切割速度在很大范围内进行调整，适合高强度铝-硅合金及薄壁管材和型材的切割。有两种进锯系统可供选择：液压进锯方式为标准配置；伺服电机控制进锯可实现高效锯切，作为选项供用户选择。

（3）上料机构。所采用的上料机构为 KLM 链式装载机构如图 9-5 所示，该机构的特点是装载能力强；操作简单；不同规格、形状型材的自动装料；原料定位时，所有有接触支撑面的设计保证了轻柔处理，以防止原料表面产生刮痕。

（4）分捡传送带装置。带推料分捡传送带装置如图 9-6 所示，它由保护原料的尼龙纺织带和推料装置所组成，其优点是锯切的棒料其长短均能顺利地传递，并由推料装置推入不同的料筒。

图 9-5　HLM 链式装载机构

图 9-6　带推料分捡传送带装置

(5) 型号及主要技术参数(表 9-4)。

表 9-4 “贝灵格”自动圆盘锯床型号及主要技术参数

型　　号	VA-L350NC1	VA-L350NC2	VA-L560NC1	VA-L560NC2
进锯系统	液压	伺服驱动	液压	伺服驱动
切割范围	90°	90°	90°	90°
锯片标准/mm	350	350	560	560
圆形/mm	115	115	200	200
矩形/mm	200×70	200×70	300×150	300×150
方形/mm	105×105	105×105	170×170	170×170
转数/min^{-1}	800~4200	800~4200	800~3200	800~3200
驱动功率/kW	15	15	26	26
单行程送料长度/mm	970	970	970	970
最大进锯速度/mm/s	800	1000	970	970
进料端规格 长×宽×高/mm	1925×2600×2740	2460×2550×1850	2200×2650×2740	2460×2550×1850
质量/kg	约 1250	约 1550	约 1800	约 2100

系列圆盘锯床特色如下:

(1) 直观的控制系统。触摸屏的设计易于掌握和理解,操作也方便、简洁。任务存储器可反复存储工艺数据,节省时间,保证快速、准确地复制相同的锯切任务。工艺及任务数据可从客户网络通过控制系统的以太网接口输入。

(2) 带零基准线控制功能的原料进给系统。滚珠丝杠与伺服驱动的 NC 坐标轴,加之零基准线控制,极大地保证了原料的定位精度。零基准线控制有助于保证轻柔的物料输送。

(3) 维护及维修工作非常便利;外壳可打开,露出大部分机器;开放式的设计保证了所有易损件的可达性,方便了维护、清洁、修理以及锯条更换。

(4) 锯口自动扩展功能。锯口扩展功能是将锯片两侧的原料和切件分别向两侧移动,使锯片返程时没有阻挡。作用:增加锯片使用寿命,消除切件表面的刮痕。

9.3 加热方法及设备

铝合金坯料在锻造前必须加热,目的是降低变形抗力,提高合金塑性。铝及铝合金铸锭加热,通常是在辐射式电阻加热炉、带有强制空气循环的电阻加热炉或火燃加热炉内进行。由于铝合金的锻造温度范围较窄,必须保持精确的温度,因此最适合采用带强制循环空气和自动控温的电阻炉加热。这种加热炉的优点是易于精确控温,炉膛内温度较为均匀,炉温偏差可以控制在±10℃范围内。

9.3.1 加热温度与加热规范

为了确保铝合金坯料的加热质量,以满足锻造成形的工艺要求,必须针对坯料的截面大小,对加热升温时间和保温时间做出工艺规定。

铝合金导热性能非常优异,一般对各种形状和厚度的坯料都无需进行预热,可直接在加热炉中加热升温。

为了确保铝合金强化相充分溶解,其加热时间一般比钢质坯料的加热时间长,且要求坯料加热到接近锻造温度的上限,如果坯料在终锻成形前要进行自由锻制坯,且锻造变形比较大时,则其加热温度可在始锻温度的下限。这是因为铝合金在高速锤上锻造时变形速度大、内摩擦大、热效应大的缘故。

通常,在对铝合金坯料加热时,对于直径小于 50mm 的坯料,其加热时间可按每 1mm 的直径(或厚度)约为 1.2~1.5min 进行计算;直径大于 100mm 的坯料,可按每 1mm 约为 2min 进行计算;直径在 50~100mm 范围内的坯料,按下式计算:

$$T = 1.5 + 0.01(d - 50)$$

式中:T 为每毫米直径或厚度的加热时间(min);d 为坯料直径或存度(mm)。

如果坯料为挤压型材或轧制型材,其加热到始锻温度后是否需要保温,可以在锻造时不出现裂纹为准,但一般是需要保温的。若为铸锭坯料或压铸坯料,则必须对其进行保温。

表 9-5 为部分常用铝合金的锻造温度与加热范围,可作为生产中的参考。

表 9-5 部分常用铝合金锻造温度与加热范围

合金种类	牌号	锻造温度/℃		加热温度[①]/℃	单位厚度热透所需时间/(min/min)
		始锻	终锻		
锻铝	6A02、6061、6082	480	380	480	1.5
	2A50、2B50	470	360	470	
	2A70、2A80				
	2A14	460	360	460	
硬铝	2A01、2A11 2A16、2A17	470	360	470	
	2A02、2A12	460	360	460	
超硬铝	7A04、7A09	450	380	450	3.0
防锈铝	5A03	470	380	470	1.5
	A02、3A21	470	360	470	
	5A06	470	400	400	
①加热温度允许误差为±5℃					

铝合金的锻造温度范围很窄,通常在100℃左右。在合理的锻造温度范围之内对铝合金进行锻造,可获得均匀且细小的再结晶组织,保证锻件制品的物理、力学性能。

在铝合金模锻技术先进的国家,对铝合金的锻造温度范围限制得更窄。例如,美国对最为常用的铝合金其锻造成形的温度范围限制在55℃左右,最大的也不超过100℃,最窄的是2025铝合金,其锻造温度范围仅为30℃,如表9-6所列。与我国业内习惯相比,其始锻温度被降低,而终锻温度被提高。这样,在更窄的温度范围内进行锻造,无疑可以提高铝合金锻件的内在质量。日常常用变形铝合金的锻造温度范围如表9-7所列。

表9-6 美国常用变形铝合金锻造温度范围

牌号	锻造温度/℃	
	始锻温度	终锻温度
1100	405	315
2014	460	420
2025	450	420
2218	450	405
2219	470	427
2618	455	410
3003	405	315
4032	460	415
5083	460	405
6061	482	432
7010	440	370
7039	438	382
7049	440	360
7075	482	382
7079	455	405

表9-7 日常常用变形铝合金锻造温度范围

牌号	锻造温度/℃	
	始锻温度	终锻温度
2014	460	420
2219	470	430
2618	460	410
4032	460	415
5083	460	405

（续）

牌号	锻造温度/℃	
	始锻温度	终锻温度
6061	480	435
7075	435	385
7079	450	405

9.3.2 加热方法

加热方法包括铝合金坯料装炉、加热保温时间及其注意事项三个主要方面的方法和要求。

1. 坯料装炉

坯料在装入加热炉之前要进行必要的工艺处理。以箱式电阻炉为例，在对铝合金坯料进行锻前加热时，首先要对加热炉进行点检和定期校验，以使其处于完好和正常的工作状态。此外，每次生产时还要对炉膛，特别是炉底进行洁净清扫，去除其尘埃异物和金属碎屑，尤其是铁屑及氧化铁粉。这是因为铝屑碎末与氧化铁粉混于一起，易于产生程度不同的闪爆，甚至酿成事故。

不得将铝合金坯料与钢铁坯料混装在同一加热炉中加热。加热操作中所使用的辅助工具，如铁钩等物，最好使用不锈钢类材料制作。

对于已经清洗过的坯料，在装炉时不得再次沾染油渍、水渍等异物。如果污染，必须再次进行洁净处理。

坯料的放置应有利于炉内热风的循环，以利于对坯料进行有效加热。坯料距离炉胆壁约为100mm，距离炉门处约为250~300mm，以保证加热均匀。如果锻件坯料的形体大，则不可直接将其置于炉中加热。应当将坯料用垫块支撑起来，以便有利于炉内热风循环，使坯料均匀升温。

2. 加热保温时间

加热保温时间的确定应充分考虑合金的导热特性、坯料规格、加热设备的传热方式以及装料方式等因素，在确保铸锭达到加热温度且温度均匀的前提下，应尽可能量缩短加热时间，以利于减少铸锭表面氧化，降低能耗，防止铸锭过热、过烧，提高生产效率。

一般情况下，加热时间是根据强化相的溶解和获得均匀组织来确定的，因为这种状态下塑性最好，可以达到提高铝合金锻造性能的目的。按照生产经验，铝合金的加热时间可按坯料直径或厚度来确定，铝合金的单位厚度热透所需时间以坯料直径（或厚度）1.5~2min/mm来计算，或按前述经验公式来计算，合金元素含量高的取上限，厚度较大的取上限。重复加热时的时间可减半。加热到锻造温度后，铸锭坯料必须保温，锻坯和挤压坯料是否需要保温，则需要以在锻造时是否出现裂纹而定，加热的总时间最短不少于20min。铸锭坯料直径越大，所需的加热保温时间越长。铸锭坯料加热保温时间如表 9-8 所列。

表 9-8　铸锭坯料加热保温时间

铸锭直径/mm	162	192	270	290	310	350	405	482	650	720
保温时间/min	120	150	180	210	240	270	300	360	480	540

3. 坯料加热时的注意事项

装炉前应清除毛坯表面的油污、碎屑、毛刺和其他污物，以免污染炉气，使硫等有害杂质渗入晶界。

铝合金的导热性良好，热导率比钢大 3 倍以上，快速加热不会产生很大的内应力，所以为了缩短加热时间，避免晶粒长大，坯料不需要预热，可以在热炉中装料加热。装炉温度略低于合金的开锻温度即可。

7A04 铝合金铸锭锻造时容易开裂，应将铸锭加热到 450℃后保温一段时间，然后将温度降低到 390~400℃再保温一段时间出炉锻造，则可以避免出现锻造裂纹。

为使加热温度均匀一致，装炉量不宜过多，相互之间应有一定间隔，坯料与炉墙之间距离应不小于 50~60mm。

9.3.3　加热设备

用于铝合金锻造加热的设备有煤气、天然气或各种燃油等火焰加热炉、感应加热炉、电阻炉等。火焰加热炉不仅燃烧加热效率低，尤其是含硫量必须严格控制和环保问题，而且加热温度难于准确控制，其应用已逐渐减少；感应加热炉加热温度可准确控制，但其加热坯料的形状受到较大限制，仅适合于单一品种的大批量生产，且使用时必须调整好生产节拍。近年来，应用较多的是电阻炉。电阻炉利用电流使炉内电热元件或加热介质发热用于金属锻压前加热和热处理。电阻炉与火焰炉相比，具有结构简单、炉温均匀、便于控制、加热质量好、无烟尘、无噪声等优点，但使用费较高。

1. 电阻炉的加热原理及加热方式

(1) 加热原理。电阻炉以电能为热源，通过电热元件将电能转化为热能，在炉内对金属进行加热。电阻炉和火焰炉相比，热效率高，可达 50%~80%，加热规范容易控制，劳动条件好，炉体寿命长，适用于要求较严的工件的加热。

(2) 工作方式。按传热方式，电阻炉分为辐射式电阻炉和对流式电阻炉。辐射式电阻炉以辐射传热为主，对流传热作用较小；对流式电阻炉以对流传热为主，通常称为空气循环电阻炉，靠热空气进行加热，炉温多低于 650℃。

按电加热产生方式，电阻炉分为直接加热炉和间热加热炉两种。

用于铝合金锻造加热的电阻炉是间接加热电阻炉，其中装有专门用来实现电—热转变的电阻体，称为电热体，由它把热能传给炉中的铝合金毛坯。这种电炉炉壳用钢板制成，炉膛砌衬耐火材料，内放物料。最常用的电热体是铁铬铝电热体、镍铬电热体、碳化硅棒和二硅化钼棒。根据需要，炉内气氛可以是普通气氛、保护气氛或真空。一般电源电压 220V 或 380V,必要时配置可调节电压的中间变压器。小型炉(<10kW)单相供电,大型炉三相供电。对于品种单一、批料最大的毛坯,宜采用连续式炉加热。炉温低于 700℃ 的电阻炉,多数装置鼓风机,以强化炉内传热,保证均匀加热。

2. 中温箱式电炉结构及特点

铝合金模锻其始锻温度通常在 500℃ 以上,故加热采用中温箱式电阻炉。武汉工业电炉厂生产的 RX3 系列中温箱式电阻炉是国家标准节能型周期作业电炉,主要供合金钢制品,各种金属零件正火、淬火、退火等热处理之用,或金刚石等切割刀片进行高温烧结用途。RX3 系列箱式电阻炉,炉壳是由角钢及钢板焊接而成。炉衬是用 0.6/T/cm^3 微珠超轻质节能耐火砖筑成,外壳与炉衬之间采用了硅酸纤维和蛭石粉保温材料属典型节能炉衬结构。加热元件是用高电阻合金丝 0Cr25Al5 绕制而成,安装在炉膛两壁及炉底的搁砖上,加热工件放在炉膛内的耐热钢炉底板上,炉门的升降是通过手摇链轮来进行,在炉门上部有一断路装置,当炉门开启时,电炉电源即切断以保证操作人员的安全。炉顶上设有一热电偶孔,在使用时将热电偶插入炉膛,通过温度控制来控制炉温和超温保护。箱式电阻炉及温度控制系统如图 9-7 所示,外观和炉膛结构如图 9-8 所示。

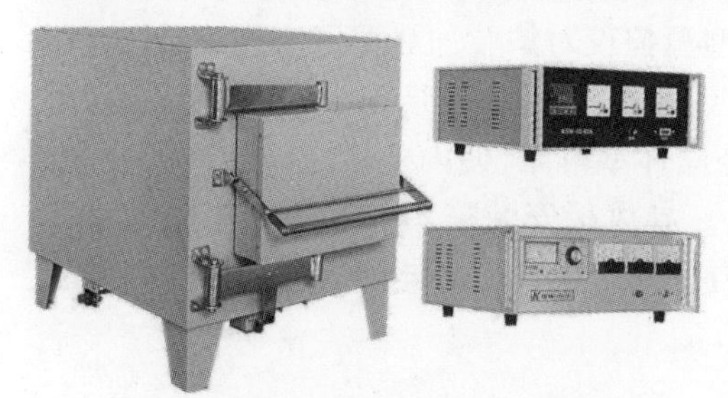

图 9-7 箱式电阻炉及温度控制系统

图 9-8 箱式电阻炉外观和炉膛结构

RX3 系列中温箱式电阻炉技术参数如表 9-9 所列。

表 9-9 RX3 系列中温箱式电阻炉技术参数(武汉工业电炉厂)

名称		型号				
		RX3-15-9	RX3-30-9	RX3-45-9	RX3-60-9	RX3-75-9
额定功率/kW		15	30	45	60	75
额定电压/V		380				
额定温度/℃		950				
相数		2	3	3	3	3
频率/Hz		50				
加热元件接法		串联	Y	Y	Y	Y
炉膛尺寸	长/mm	650	950	1200	1500	1800
	宽/mm	300	450	600	750	900
	高/mm	250	350	400	450	550

（续）

名称		型号				
		RX3-15-9	RX3-30-9	RX3-45-9	RX3-60-9	RX3-75-9
空炉升温时间/h		≤2	≤2	≤2.5	≤3	≤3
炉温均匀性(空炉)/mm		±10				
空炉损耗功率/kW		≤5	≤8	≤10	≤13	≤15
最大一次装载量/kg		80	200	40	800	1600
外形尺寸	长/mm	1447	1920	2220	2690	2990
	宽/mm	1291	1620	1930	2180	2230
	高/mm	1570	2140	2185	2240	2420
质量/t		1.1	2.0	2.6	3.7	4.8

专用铝合金锻造加热炉。适用于铝合金、铝棒在锻造前的加热。铝合金锻造加热炉主要由炉体、导风板、循环风机、加热元件、炉门和电器控制部分组成。该炉为多炉门结构,工作时可打开一个小门,用完后加上料关上再打开另一个小门,出料循环连续操作,热损耗少保温性能好操作方便。电器采用可控硅以及动作控制等部分组成。温度控制采用数显式智能型温控仪对炉膛加热温区实现连续的 PID 调节控制。炉体采用型钢焊成内外立体型框架,炉体主要结构由内、中、外三层立体结构,最内层导风板由不锈钢焊成内外立体型框架,使内外板之间形成一空间,在此空间内填充硅酸铝纤维作保温材料。导风板安装采用扣挂式便于安装和维修,炉顶部有离心风机,离心风扇在炉内导流系统的作用下能够有效地将热气流循环,确保温度均匀。

2. 网带式电阻炉

网带式铝合金锻造加热炉是用于铝棒、铝件在锻造前的加热,温度均匀、稳定,适用于批量生产。连续式加热炉内炉体、网带传动系统、电器控制系统等主要部位组成。

其结构及特点为:

(1) 炉体由进料台、加热段、出料台三部分组成。加热段的外壳由钢板和型钢焊接而成,炉膛与炉壳之间采用硅酸铝耐火纤维和轻质耐火砖作保温材料,炉体保温性能好,体积小,炉膛内装有不锈钢制成网带滑道,网带上滑动阻力小。加热元件采用高温铁铬铝电阻丝绕制而成,分别安装在加热区上侧,通过热辐射及强制热风循环风机,促使温度均匀,为了便于维修和更换电阻丝,炉顶采用分段,整体可拆形式,电阻丝可快速单一更换。

(2) 电炉的进出料均为网带传送,网带采用不锈钢丝编织而成。进料口均装有导向轮,传动机构在进料口的下端,网带速度无级可调。

(3) 电炉的温度控制,采用可控硅控制,并带有 PID 调节,控温精度可达 1℃,并配有自动记录及超温报警系统。

浙江鑫锋炉业科技有限公司生产的网带炉如图 9-9 所示。其型号主要技术参数如表 9-10 所列。

图 9-9 网带式加热炉

表 9-10 网带式加热炉主要技术参数

型号	额定功率/kW	最大产量/(kg/h)	额定温度/℃	有效工作尺寸/mm^3
RCW-25	25	40	600	300×200×100
RCW-35	35	60	600	4000×200×100
RCW-45	45	150	600	4000×300×150
RCW-60	60	200	600	5000×300×150

9.3.4 加热温度的测量

如前所述,铝合金的锻造温度范围窄,通常不超过 100℃,因而,对原始毛坯或中间毛坯加热温度的测量及控制极为重要。铝合金毛坯出炉至锻前温度的测量可以采用光学高温计、光电高温计、光电比色高温计和红外测温仪等。在锻造行业中,无论是锻造黑色金属还是有色金属,主要是采用红外测温仪。

红外线测温仪由光学系统、光电探测器、信号放大器、信号处理器、输出显示等部分所组成。光学系统汇聚其视场内目标(即被测物体)的红外辐射能量,红外能量聚集在光电探测器上并转换为相应的电信号,再将该电信号换算转变为被测目标的温度值。

国内外红外线测温仪的型号和性能参数如表 9-11~表 9-13 所列。其中,型号为 3M 的红外线测温仪,测温范围为 100~600℃,适合于变形铝合金锻造生产中毛坯加热温度的测量。

表 9-11 部分红外线测温仪型号和性能参数

型号	温度范围/℃	距离系数	响应时间/ms	光谱响应/μm	精度
MR1SA	600~1400	1/44	10（95%响应）	双色 0.75~1.1/0.95~1.1	满量程的±0.75%
MR1SB	700~1800	1/82			
MR1SC	1000~3000	1/130			
FR1A	500~1100	1/20	10（10s 可选）	双色 0.75~1.1/0.95~1.1	测验量值的±0.3% ±1℃
FR1B	700~1500	1/40			
FR1C	1000~2500	1/65			
MA1SA	500~1400	1/80	1 或 10 可选（95%响应）	1	测验量值的±0.3% ±1℃
MA1SB	600~2000	1/300			
MA1SC	750~3000	1/300			
MA2SA	250~1000	1/80	1 或 10 可选（95%响应）	1.6	测验量值的±0.3% ±1℃
MA2SB	300~1400	1/200			
MA2SC	350~2000	1/300			
FA1A	475~900	1/20	10（10s 可选）	1	测验量值的±0.3%或±3℃
FA1B	800~1900	1/100			
FA1C	1200~3000	1/100			
FA1G	750~1675	1/100			

注：使用环境温度为 23℃±5℃

表 9-12 雷泰 1M、2M、3M 红外测温仪的型号和性能参数

型号	测温范围/℃	光谱响应/μm	响应时间（95%响应）/ms
3M	100~600	2.3	20
2ML①	300~1100	1.6	2
2MH	450~2250	1.6	2
1ML	450~1740	1	2
1MH	650~3000	1	2
精度②	1M/2M：±（读数的 0.3%+1℃）；3M：±（读数的 1%+1℃）		
重复性	±（读数的 0.1%+1℃）		
光学性能③	70：1、160：1、300：1		
温度分辨率	在 4~20mA 输出时 0.1℃（2MH 型和 1MH 型为 0.2℃）		
发射率	0.100~1.100，步长 0.001		
信号处理	峰值保持，谷值保持，平均值，背景环境温度实时补偿		

① 2ML 型精度为±（读数的 0.3%+2℃）。

② 精度在环温 23℃±5℃下。

③ 在聚焦点处的光学系数

表 9-13 雷泰 1M、2M、3M 红外测温仪的电参数

供电电源	24VDC±20%,500mA
模拟输出	0~20mA,4~20mA,14 位分辨精度,环路最大阻抗 500Ω
继电器	触点最高 48V,300mA,响应时间<2ms(软件可编程)
显示	5 位带背景光 LCD 数字显示
外部输入电压	0~5VDC 功能:触发,背景环境温度补偿或发射率设定

通常,在使用红外线测温仪时应当注意以下几点:

(1) 视场。使用时要确保被测目标大于仪器所测圆点的大小。目标越小,则应使仪器距离目标越近。如果精度非常重要,则要确保目标至少是测量圆点大小的 2 倍。

(2) 目标尺寸。测量温度时,被测目标应大于或等于测温仪的视场;否则,测量数值的误差就可能比较大。一般地,建议被测目标的尺寸应超过测温仪视场的 50%为好。

(3) 距离系数。所谓距离系数是测温仪探头到被测目标之间的距离与被测目标直径之比。如果测温仪远离被测目标,而且目标又小,则应选择距离系数高的测温仪。

9.4 润滑剂及润滑方法

铝合金热精锻时,模膛表面承受的单位压力一般为 300~400MPa,除全闭式模锻之外,最高也不会超过 500MPa;模具温度一般也不会超过 250℃。但因其模锻温度范围窄,铝合金摩擦阻力大,流动性能差,所以,润滑剂及其润滑技术等显得尤为重要。

9.4.1 铝合金精锻成形润滑剂概述

1. 铝合金精锻成形用润滑剂特点

在铝合金加工过程中所使用的润滑剂属于档次较高的润滑油,其主要具有以下特点:

(1) 馏分区间较小。

(2) 其使用性质非常稳定。

(3) 具有非常强的抗氧化性以及抗腐蚀性能。

(4) 具有非常强的热稳定性。

(5) 具有非常强的黏温性以及良好的简缩性。

(6) 含有非常低的硫以及芳香烃。铝合金加工润滑剂的这些特点决定了深度精制的石蜡其中性油作为基础油是非常好的,如果选用不恰当的润滑剂可能会对加工材料的表面造成不好的影响。

如果使用单一的深度精制矿物质油作为润滑剂,其减缩性能相对较差,不能达

到现有的高速轧机的标准。所以为了有效地增强工艺润滑剂的减缩性能,同时需要增加压下道次,降低道次数量,提升轧机的通过速度,尽量控制耗能,一般都会在润滑剂中加入一些油性的添加剂。通常情况下,添加的主要有脂肪酸等,添加量在5%~10%,这样可以有效地增加油品的使用寿命,并且可以确保生产的安全进行。另外,还需要在其中加入抗氧化剂、抗静电剂等。

2. 国内外铝加工润滑剂的现状

就目前我国铝合金行业的加工来看,全国各地区有着极大的区别,生产所使用的设备也存在着较大的差距,在一些地区的生产厂,有不可逆低轧机也有整个生产设备都是进口的高速可逆轧机。一般来讲,不可逆的低速轧机所使用的基础油不够规范,经常用的有煤油,甚至在极个别的情况下会用汽油作为油性的添加剂,这样的组合方式将会极大地影响加工铝合金产品表面的质量,并且由于使用的基础油以及添加剂等具有很大的挥发性,这就会造成极大的损耗同时也非常容易燃烧。

在国外铝加工行业所使用的润滑油主要有两类:一类是全配方的复合油,也就是在基础油中混入一定量的浓缩复合剂;另一类铝加工润滑剂主要是中性油与浓缩复合剂构成的。在铝合金加工的过程中需要根据加工的要求加入一定量的浓缩复合剂,这样可以做到满足不同生产工艺的需求。

9.4.2 常用润滑剂

目前,国内铝合金热模锻采用的润滑剂几乎与黑色金属热模锻采用的润滑剂相似,主要是以黑色金属热模锻的润滑剂为基础,针对金合金的特性和铝合金热模锻工艺的特点,对配方作了适当调整。本节将常用的铝合金热模锻润滑剂配方及性能介绍如下。

1. 石墨润滑剂

目前,在铝挤压和模锻方面一般使用胶体石墨(天然的或人工的)润滑剂。当石墨表面上吸附水分和活性物质量,石墨之间显著地减少摩擦。石墨润滑剂有以下几种使用状态。

1) 在油中悬浮的胶体石墨

属于这种使用形式的润滑剂列举以下几种:

(1) 80%石墨+20%机械油。

(2) 75%~85%石墨+15%~25%锭子油。

(3) 3 号石墨+石油+锭子油(三种量均等)。

(4) 石蜡+石墨。

(5) 白节油+石墨。

(6) 80%~90%汽缸润滑油+20%~10%石墨。

(7) 6g 石墨+6g 汽缸润滑油+1g 锯末+1g 食盐。

(8) 62g 矿物油+25g 碳墨+10g 木锯末+3gMnO_2。

2）在水中悬浮的胶体石墨

属于这种使用形式的润滑剂列举如下：

（1）琼胶+亚硫酸盐废碱液+石墨。

（2）水+石墨。

（3）含 10%ОⅡ-10 的水溶液+20%热石墨。

（4）15%石墨+20 果胶+65%水。

（5）15%石墨+15%果胶+70%水。

（6）B-0(含 17.5%石墨)。

（7）B-1(含 21%石墨)。

（8）含银石墨+亚硫酸盐废纸奖(1：3)。

3）在其他介质中的胶体石墨

属于这种使用形式的润滑剂列举如下：

（1）二氯化乙烯+石墨。

（2）四氯化碳+石墨。

（3）白石墨+氮化硼(BN)。

（4）70%~77%乳浊液(3%)+20%~25%水玻璃+3%~5%石墨。

（5）由 0.4%~16%酯素、+3%~7%氯化钠+8%~16%石墨组成的混合悬浊液+0.5%~0.1%水胶。

使用胶体石墨作润滑剂时,润滑剂能保证铝合金均匀地模锻,模具寿命显著增长,金属所受氧化和摩擦显著地减少,但是石墨以在油中悬浮的状态使用时,会剧烈地燃烧并冒烟,因此模锻和挤压铝合金时尽可能使用水中悬浮的胶体石墨。使用此种润滑剂时,在金属毛坯装入挤压筒或锻模之前涂刷或喷在毛坯的表面上。虽然此种润滑剂的摩擦系数小,大约为 0.06,但是它在热锻件表面上干燥后其润滑性能经常变差。

当模锻铝合金时采用在白节油及石蜡中悬浮的胶体石墨作润滑剂,石墨膜可加热到 600℃以上不致破坏,而采用在三氯化乙烯中或在四氯化碳中悬浮的胶体石墨作润滑剂时,把它涂在锻模的工作面上,蒸发后在锻模上留有石墨膜。

用含 10%ОⅡ-10 的水溶液+20%热石墨组成的润滑剂模锻铝合金时润滑效果良好,但在锻件上出现条纹和划痕。

由粒状含银石墨与亚硫盐废纸将以 1：3 的比例混合成的润滑剂,经过 3 个月使用的结果证明,完全适合于工作要求。使用此种润滑剂时把它轻轻地涂在模具上,不着火,也不会放出对健康有害的气体和石墨粉尘。此种润滑剂比一般的石墨润滑剂便宜 1/2,因为亚硫酸盐废纸浆是造纸部门的废品。

白石墨-氮化硼具有很高的润滑性能,在 2200℃下一直保持有减少摩擦的性能。但是目前白石墨很少,因此在模锻生产中没有采用它。

2. 二硫化钼润滑剂

二硫化钼是一种黑而软的用手触之有油腻感觉的片状粉末,按其外观来看像石墨。精制和清洁的二硫化钼具有良好的润滑性能。其特点是,二硫化钼具有片状的分子结构,此结构是由钼原子和各面上的硫原子层组成的;硫原子层能与金属很好地结合,但是邻近的硫原子之间结合很弱,易产生滑移。如果硫在化学上像自由硫一样,则它与金属不发生化学反应。二硫化钼在空气流通的条件下,其分解点为420℃;在有惰性气体存在的条件下,其分解点在1000℃以上。二硫化用钼不与有机溶剂、油、强碱和不氧化的酸起反应。

一般二硫化钼的使用状态如下:

1) 干润滑材料

(1) 微粉状二硫化钼润滑剂,其成分为:99%二硫化钼(最低含量),0.4%铁(最高含量),0.2%氧化硅(最高含量),99%粉末的最大粒度为5μm。

(2) 细粉状二硫化钼润滑剂其成分为:98%二硫化钼(最低含量),0.4%铁(最高含量),0.2%氧化硅(最高含量),99%粉末的粒度为20μm。

2) 分散在油、水、其他介质中

(1) 悬浮状二硫化钼润滑剂。其成分为:20%微粉状二硫化钼(最低含量),0.2%水(最高含量),余量为含有稳定剂的透平油,24h后的最大沉淀量为5mL。

(2) 糊状二硫化钼润滑剂。其成分为L60%细粉状的二硫化钼(最低含量),0.4%水(最高含量),余量为含稳定剂的透平油。

(3) 注射剂状的二硫化钼润滑剂。其成分为:50g/L微粉状二硫化钼(最低含量),余量为工艺用丙酮(CH_3COCH_3)和稳定剂。

除上述状态外,还有软膏状的二硫化钼润滑剂,其成分为:5%细粉状二硫化钼(最低含量),余量为减磨的轴承轴。

当深拉铝时最好采用如下组分的润滑剂:56.7g干二硫化钼和3.7L油。当深拉有困难时,要涂上干二硫化钼。

另外,二硫化钨、二硫化钽及二硫化钛也具有相同的润滑性能,但是目前这些材料应用得不广。

3. 硬脂酸钠润滑剂

硬脂酸钠润滑剂在生产条件下热模锻铝和镁合金时效果很好,模锻件的表面质量高,变形所需要的压力低。在腐蚀方面这种润滑剂对任何金属及合金是中性的,用热水能很容易地把残渣从锻件的表面上洗掉。在250~450℃的范围内润滑剂不能燃烧,也不产生有害的析出物。

它粘附在被加热的锻模表面上,在工具和毛坯之间分布并形成有效的润滑层。

1) 润滑剂的成分、制作方法及其性能

硬脂酸钠是一种浅咖啡色的粉末。其成分含有86.7%的工业硬脂酸和13.3%的工业苛性钠。

润滑剂的制作方法如下:把工业硬脂酸和水装在金属锅内,将混合物加热到80℃后添加工业苛性钠,然后加热到260~290℃并急剧搅拌,使锅炉中内容物脱水。在上述温度下把熔融的润滑剂倒在冷却筒内液化和凝固,此后把混合物用螺旋破碎机和磨碎机磨成粉末。

标号 C_5C_6 和 $C_{17}C_{21}$ 的硬脂酸钠代用品是白色(C_5C_6)和黄色($C_{17}C_{21}$)的粉末，也是分子量不同的合成硬脂酸钠。

苏联谢别金斯基公司所供应的润滑剂成分如表 9-14 所列。

表 9-14　润滑剂成分

	C_5C_6	$C_{17}C_{21}$
游离有机酸的含量/%	—	4.1
游离碱的含量/%	0.15	—
水的含量/%	2.5	1.8
磨碎程度(通过 100 目筛子)/%	100	100

谢别金斯基公司的润滑剂比用天然脂肪合成的硬脂酸钠便宜。硬脂酸钠涂到 450℃的润滑表面上时就会熔化,同时变成暗棕色均匀流散的黏性液体。然后润滑剂开始燃烧,但是火焰随空气入口的减小很快地熄灭。润滑剂燃烧时放出的烟和轻微气味的气体比汽缸润滑油燃烧时放出的少得多。

润滑剂 C_5C_6 和 $C_{17}C_{21}$ 在上述温度下具有很大的黏度,因此涂抹得不太均匀。润滑剂 C_5C_6 不燃烧,但它的酸味保持时间很长。当涂抹润滑剂 $C_{17}C_{21}$ 时,它能燃烧,同时放出气味不大的浓烟。

谢别金斯基公司的润滑剂用油刷涂抹时,不能保证润滑剂沿润滑表面均匀分布,因而润滑效果显著地降低,在这种情况下,采用如下结构的喷雾器涂润滑剂是适合的。该喷雾器设有外周带孔的环形喷嘴,此喷嘴的直径比挤压筒衬套的内径小 10~15mm。

2) 润滑剂对单位压力的影响

通过对 AK_8 合金单位挤压力的测量得出如下的结果:

(1) 采用硬脂酸钠作润滑剂时挤压力(当挤压系数 $\lambda = 5.6$ 时)降低 30%~40%,而当 $\lambda = 21.3$ 时降低 15%~25%。

(2) 采用汽缸润滑油加石墨时可相应地降低挤压力达 13%~15%和 6%~8%。

3) 润滑剂对挤压制品的组织和力学性能的影响

为了验证硬脂酸钠润滑剂的效果,对 AK_8 合金挤压棒材的试样硬度作了测量并观察了宏观组织。测量的结果表明,使用工厂润滑剂时棒材断面上力学性能分布不均,棒材中心部分的硬度高于周边部分的,但是这种差异不大;当采用润滑剂 $C_{17}C_{21}$ 和硬脂酸钠时力学性能(硬度)沿棒材长度上分布得最均匀。而对 AK_6 合金棒材宏观组织分析的结果表明:当使用工厂润滑剂时,粗晶环由前端向挤压残料端逐渐增大;当使用硬脂酸钠时,随挤压系数的提高,获得的组织比不加润滑挤压和用工厂润滑剂挤压的组织均匀;当使用 $C_{17}C_{21}$ 润滑剂挤压时,获得的组织最好。

9.4.3 铝合金毛坯的表面处理及润滑剂涂覆方法

1. 铝合金毛坯的表面处理

工业用铝的毛坯退火后应进行清洗,以去除表面的氧化皮,随后进行润滑。硬铝坯料可用氧化处理(碱浸洗)方法进行表面处理。经过氧化处理的毛坯,其表面上生成一种灰色的氧化膜结晶。它具有较高的挤压、抗拉性能,并能随坯料一起变形。这层氧化膜多孔,能细致而紧密地贴附在坯料表面,形成与黑色金属磷化一样的润滑支承层,可以作为润滑剂的储存库。它在整个闭式模锻或挤压过程中均匀、连续不断地供应润滑剂,不致使润滑剂在变形过程中由于压力大而被挤掉,从而保证了变形金属与模具间始终良好的润滑状态。

2. 润滑剂涂覆方法

目前,大多数铝合金的润滑涂覆方法都是通过化学反应在试样表面形成润滑涂层来达到润滑的目的,如利用化学镀法在铝及铝合金表面形成优质、均匀、致密的 MoS_2 镀层;采用电化学原位合成法制备硬脂酸锌基自润滑阳极氧化铝膜、二硫化钼基自润滑阳极氧化铝膜;采用激光合金化处理得到高硬度强化层,改善铝合金的硬度和摩擦性能;采用微弧氧化技术在铝合金表面形成自润滑相的陶瓷涂层;利用微弧氧化处理后表面具有多孔的陶瓷结构,沉积聚四氟乙烯(PTFE)或喷涂含 MoS_2 的润滑介质等,其工序和流程一般都比较复杂。

9.4.4 润滑方法

铝合金热模锻时的润滑方法与钢质锻件热模锻时的润滑方法相似,也是分为专用喷涂装置手工操作润滑和自动喷涂装置与模锻设备联动实现自动化润滑。前者是每模锻一个锻件就润滑一次,较后者效率要低一些,且润滑质量也要差一些,在很大程度上取决于操作工的经验。

早在50年前,德国人就开发出热模锻压力机上铝合金模锻使用的自动喷涂润滑装置。该装置的基本结构及工作方法为,从压缩器或从中央压缩空气装置出来的压缩空气经过滤器脱去水分和机械杂质后,分配到两个管路中。一根管路经过调压器直接引到一混合阀门上,另一根管路引到装在润滑液体的高压油缸上。润滑剂在容器的压力力作用下被送到混合阀门,在这里使空气和液体混合。在混合阀门中形成雾状的液体直接引经喷嘴支架,并借助相应的喷嘴喷到待润滑的表面上。这种喷涂润滑装置的主要部件有:一个借助汽缸能运走锻件和吹去氧化皮后进行轴向移动的并没有喷嘴的喷嘴支架;每个汽缸行程在300~1000mm之间,因此喷雾嘴在喷雾时能将润滑剂准确地喷到上、下模之间。由于喷嘴支架在喷雾过程终了以后就立即回到原始位置,因此对装料、锻压或出料都绝不会妨碍。

还有一种与上述装置工作相似的喷涂装置。这种装置的喷嘴支架不能轴向移动,而能转动。转动设备系安设在这个装置旁边而紧紧靠在锻压机旁。喷嘴支架可向上活动。

上面所介绍的锻模喷涂润滑装置有下面三种操作的可能性：

(1) 人工操作。喷涂装置的所有作用点都可用人工单独控制。

(2) 半自动的工作方法。操作人员通过脚踏开关操动喷涂装置。

(3) 完全自动的工作方法。喷涂装置通过一个安装在机器上的末端开关进行自动控制。装有可调整的时间继电器和自动——手动转换开关。

上、下模不仅单独而且能同时进行喷雾润滑。润滑剂的浓度和用量可在较宽的范围内进行调整;此外,开始喷雾和喷雾过程中其浓度和用量都能均一。在喷雾过程中利用磁力阀能切断为吹去氧化皮用的压缩空气。

为供锻模喷涂润滑剂装置作业用的空气压力,根据喷雾介质的黏度和用量可以为 135MPa 和 270MPa。每次喷雾时间最短约为 3s;最长不限。

润滑锻模最主要使用疏散的胶质石墨;使用其他有水分或无水分的液体(如稀油、石油)作为润滑剂介质都是不行的,因为稀油的最大黏度在 50℃时仍为 12°(恩格)。通过安装一个用恒温器控制的喷雾用空气和液体加热装置,黏度较大的润滑剂也能喷出。由于喷雾介质的加热,因此能更有效地避免所不希望的冷却。

实践表明,由于使用完全自动的锻模喷涂润滑装置,不仅能节省润滑剂购置费用和工作时间,而且还能大大地提高锻模寿命和生产率。

近年来,武汉新威奇科技有限公司研制成的自动化润滑与冷却的喷涂装置,如图 9-10 所示。它是实现锻造自动化特别是使用机器人组成取料、锻打和拿走锻件全自动化生产线必备的辅助设备。图 9-10(a)(推车结构)和图 9-10(b)(侧装结构)所示即为 J58K 系列数控电动螺旋压力机上所使用的自动喷石墨装置。该自动喷石墨装置采用气动原理实现,由混合石墨、水和气的压力容器,气动马达,直线汽缸和平面喷头等主要元件组成。每次压力机滑块锻打工件完毕回程超过一定高度时,喷头自动进入上、下模膛之间,喷射石墨水达到设定的时间后自动退回。可由电气控制系统对喷涂时间进行调节,使喷涂更加均匀,对提高锻件质量有帮助,同时可减轻人工劳动强度,该自动化喷涂装置已在山东、江苏、浙江、安徽、重庆和湖北省市模锻生产企业共 60 余条黑色金属与铝合金自动化生产线上应用,效果显著。

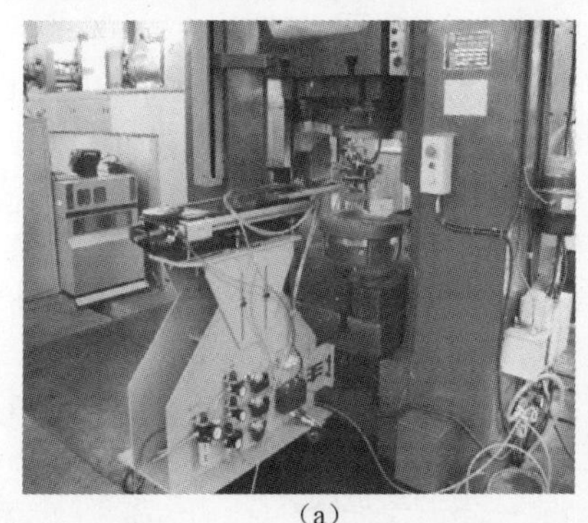
(a)

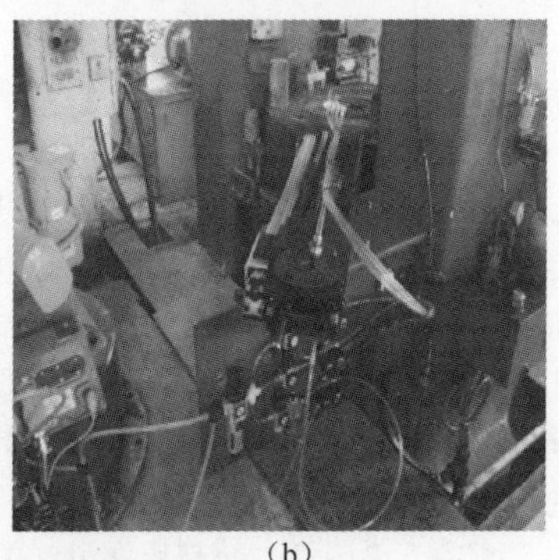
(b)

图 9-10　自动喷涂装置

(a)推车式;(b)机身侧装式。

9.4.5 润滑剂的改进

近年来,随着精密模锻的发展和温热模锻自动化生产线的不断建立,有效地推动了润滑技术的进步。

水基石墨润滑剂是目前热锻与温锻常用的润滑剂。石墨颗粒约为 1μm 的超微石墨润滑剂具有更好的润滑与脱模效果,还可提高模具寿命。国产超微石墨润滑剂经生产使用表明,其与进口的石墨润滑剂具有相同的润滑效果。国内研究的非水基石墨润滑剂也取得了类似的试验效果。

将采用化学共沉淀法制备的亲油性、粒径为 10mm 的球形 Fe_3O_4x 粒子加入到润滑油中,经过 2A12 铝合金冷挤压试验表明,可明显提高工件表面质量并降低挤压力。

添加纳米 Fe_3O_4 和 CuO 粒子的润滑油,经过对 2A12 铝合金热挤压试验表明,纳米粒子的存在可有效隔离挤压件与模具表面的接触,减少了挤压件表面的犁沟数量,降低了热挤压变形功。

9.4.6 铝合金锻件的清理工艺

铝合金锻件一般需在锻后立即进行表面清理。下述处理是一种标准的表面清理工艺,可以去除残留的润滑剂和氧化皮,并得到有自然光泽的光洁表面。

(1) 在含 4%~8%(质量百分比)NaOH 的水溶液中,于 70℃ 下浸渍 0.5~5min。

(2) 立即在 75℃或更高温度的热水下冲洗 0.5~5min。

(3) 浸入 88℃,10%(体积百分比)硝酸的水溶液中,以去除黑色沉淀物。

(4) 在 60~70℃的热水中漂洗 3~5min。

清理次数与锻件成形过程有关,有些锻件只是在最终检验前才需要清理。

参 考 文 献

[1] 吴生绪, 潘琦俊. 变形铝合金及其模锻成形技术手册[M]. 北京: 机械工业出版社, 2014.

[2] 刘静安, 张宏伟, 谢水生. 铝合金锻造技术[M]. 北京: 冶金工业出版社, 2012.

[3] 王哲, 杨树军. 铝合金压力加工用的工艺润滑[J]. 工业技术, 2015(2): 71.

[4] 夏巨谌, 王新云. 闭式模锻[M].北京: 机械工业出版社, 2013.

[5] Rutingen E K. 铝工业中锻压机锻模的自动喷雾润滑装置[J].朱立德,译. 国外轻金属, 1965(7): 48-50.

[6] 赵修臣, 刘颖, 叶萍. 冷挤压成形用纳米改性润滑油的润滑性能研究[J]. 润滑与密封, 2006(2): 90-92.

[7] 宣瑜, 赵修臣, 李国江. 热挤压润滑油用的纳米润滑添加剂润滑性能的研究[J].润滑与密封, 2009(4): 14-16.

第10章　铝合金精锻设备的种类及选用

10.1　概　　述

铝合金精锻设备与黑色金属精锻设备既有共同点又有不同点，都是在通用模锻设备的基础上，针对不同的铝合性能和不同的铝合金零件结构特点所发展起来的。目前，国内外使用较多的还是通用模锻设备。近年来，也研制成一些新型通用和专用精锻设备以及自动化生产技术与装备。

1. 铝合金精锻工艺对设备的要求

无论是选择通用模锻设备还是研制新型精锻专用设备，均应满足精锻工艺对设备的要求，其主要要求如下：

(1) 机身刚性好。机身刚度是指在精密模锻时设备在对毛坯金属施加作用力使其成形的过程中，机身所产生的弹性伸长变形。刚性越好，则产生的弹性伸长变形越小，锻件高度方向的尺寸精度就越高，且批量生产的锻件高度尺寸一致性越好，越有利用后续自动化机加工生产。

(2) 滑块与机身导轨导向精度高。导向精度越高，整体凹模闭式精锻时，其凸凹模的同轴度就越高；可分凹模闭式精锻时，其可分凹模的合模精度和凸模与闭合后整体凹模的同轴度就越高，所以锻件水平方向的尺寸精度和批量生产时锻件水平方向尺寸的一致性就越好。

(3) 滑块速度较快。对于机械压力机和螺旋压力机，滑块速度指的是滑块的平均速度，对于液压机，滑块速度指的是滑块的空程速度和模锻成形速度，即习惯上讲的工作速度。铝合金锻造温度范围窄，一般不超过100℃，滑块速度较快，一是有利于热精锻和闭式温锻时铝合金毛坯金属在始锻温度下成形，以免毛坯温度降低过快；二是对于热、温、冷锻均有利于提高生产率。

(4) 要有快速顶出装置。热精锻时，高温锻件对模具迅速传递热量而使模具温度升高。锻件在凹模中停留时间越长，给模具传递的热量越多，模具升温就越快且越高，容易导致模具软化而加快磨损。因此，模锻结束时，应迅速将锻件从凹模中顶出，为了能快速顶出锻件，除了顶出速度要快之外，应将顶出装置与压力机的滑块联动，即在压力机的滑块回程时，顶出装置随之将锻件从凹模中顶出。此外，也能起到提高生产率的作用。

(5) 要有足够大的装模空间。对于闭式精锻模具，特别是可分凹模模具，因为增加了合模机构，无论是水平可分凹模模具还是垂直可分凹模模具，其高度方向和水平投影方向的轮廓尺寸都有较明显的加大。因此,在选用或设计制造闭式模锻设备时,若仅从设备吨位来考虑往往会出现问题,应当同时考虑装模空间的尺寸是否足够。

2. 精锻设备的类型

目前,国内外所采用的铝合金设备有两大类:通用模锻设备和专用模锻设备。通用模锻设备如机械压力机、螺旋压力机等;专用模锻设备即各种类型的等温精锻液压机,双动、多向模锻和大型模锻液压机。这两大类设备按传动方式的不同,又可各自分为许多不同的类型。表10-1所列为可用于铝合金精锻的各种模锻设备的名称及分类。

表10-1　可用于铝合金精锻的各种模锻设备的名称及分类

<table>
<tr><th>大类</th><th>中类</th><th>小类</th><th>传动方式</th></tr>
<tr><td rowspan="7">通用模锻设备</td><td rowspan="3">机械压力机</td><td>通用曲柄压力机</td><td>曲柄连杆传动</td></tr>
<tr><td>肘杆式压力机</td><td>曲柄连杆传动</td></tr>
<tr><td>热模锻压力机</td><td>楔式传动、双滑块传动</td></tr>
<tr><td rowspan="3">螺旋压力机</td><td>离合器式螺旋压力机</td><td>带传动</td></tr>
<tr><td>非直驱电动螺旋压力机</td><td>齿轮传动</td></tr>
<tr><td>直驱电动螺旋压力机</td><td>电极转子传动</td></tr>
<tr><td>单动液压机</td><td>模锻液压机</td><td>液压传动</td></tr>
<tr><td rowspan="5">专用模锻设备</td><td rowspan="5">液压机</td><td>等温精锻液压机</td><td>液压传动</td></tr>
<tr><td>双动闭式模锻液压机</td><td>液压传动</td></tr>
<tr><td>多向模锻液压机</td><td>液压传动</td></tr>
<tr><td>大型模锻液压机</td><td>液压传动</td></tr>
<tr><td>挤压铸造液压机</td><td>液压传动</td></tr>
</table>

3. 精锻设备的研制与选用原则及方法

(1) 首先,在目前已有的通用模锻设备中选用,通过设计与制造具有精密导向装置的模具与所选择的通用模锻设备配套使用,使其达到铝合金精锻生产的要求。这样,一是准备精锻生产的周期短,见效快;二是设备投入费用较低,有利于减少锻件生产成本。

(2) 其次,改造已有的通用设备,如上所述,铝合金的模锻温度范围窄,一般不超过100℃,这不仅要求设备的成形速度快,而且也要求空程次数高,对于目前已有的液压机和电动螺旋完全可改造成基本满足精锻生产要求的设备。

(3) 研制新的精锻设备,针对铸造铝合金和硬铝及超硬铝合金的特殊性能,现有普通模锻设备即使经过改造也难于满足其精锻工艺要求,必须研制新的精锻设备,例如,目前国内外研制的各种新型快速精锻液压机。

4. 选用通用精锻设备的力、能特性条件

选用精锻设备,首先要计算锻件成形所需的工艺力 P_P 和工艺能 E_P。工艺力一般是指成形合格锻件所需的最大变形力,这可由第 2 章中所述的理论及经验方法进行计算。工艺能则是指变形力在工作行程过程中所做的功,这可由变形力—行程曲线所围的面积确定。图 10-1 所示为不同成形工艺的力—行程曲线。其中,m 为工艺特性系数,表示阴影面积相对于力—行程曲线所围的面积的比例。

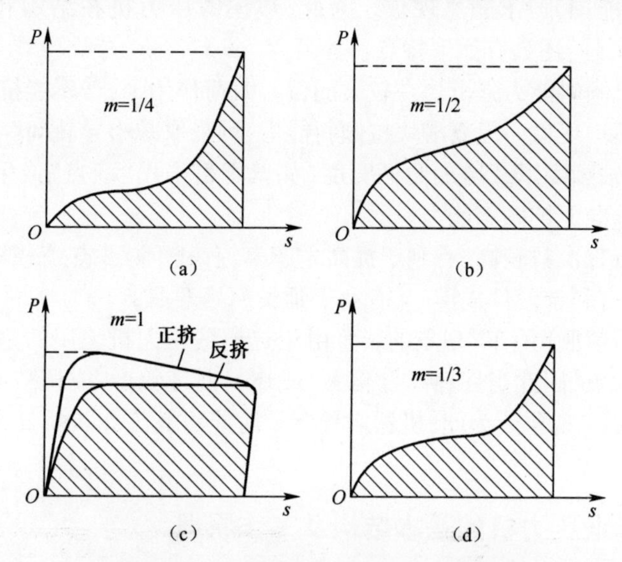

图 10-1　不同成形工艺的力—行程曲线

(a)开式模锻;(b)自由镦锻;(c)正、反挤压;(d)闭式精锻。

精锻设备工作时所能发出的可用于实现金属材料塑性变形的力 P_M 和能 E_M,称其为有效的机械力和能,简称为有效力和能。合理选用锻压设备,应保证以下条件,即

$$P_M \geqslant P_P \tag{10-1}$$

$$E_M \geqslant E_p \tag{10-2}$$

也就是说,在精锻过程中,设备的有效力在任何时候都必须大于或等于该工艺所需的最大变形力,设备的有效能必须大于或等于工艺所需的变形能。如果式(10-1)不能满足,机械压力机就要超载,如果没有保险装置,将导致机身或模具损坏,液压机将在没有达到预定的变形量下就停车。如果式(10-2)不能满足,机械压力机将减速成到不合格的速度,而螺旋压力机或锤将不能在一次打击行程中完全模锻出合格的锻件。

由此可见,选用精锻设备时,首先必须了解各类模锻设备的力、能特性。

下面分别对现有通用设备及其选用和新型精锻设备的研制及应用情况进行较为详细的介绍。

10.2 热模锻压力机

10.2.1 热模锻压力机的特点

在热模锻压力机上进行模锻,它可以实现多模膛模锻,锻件尺寸精度高、加工余量小,但有可能出现“闷车”现象。为此,热模锻压力机在结构和性能上除了10.1节所述要求外,还具有如下特点:

(1) 滑块抗倾斜能力强滑块在较大的偏心载荷作用下,若不能抗倾斜,则模锻件会产生厚薄不均现象。提高滑块抗倾斜能力,可采取减小导轨间隙、增长滑块导向长度、加强导轴刚度以及增加曲柄宽度(如奥姆科采用“双点”或采用“楔式”以提高滑块前后方向上抗倾斜能力)。

(2) 滑块行程次数较高,有利于提高生产率,有利于减少热态模锻件在锻模内的停留时间,既有利于锻件成形,又有利于延长模具寿命。

(3) 应具有解脱“闷车”现象的装置由于热模锻压力机采用的是刚性传动,并具有固定的下死点,因此当坯料尺寸偏大,或坯料温度偏低,或调整与操作失误都会导致发生“闷车”现象。为此,机器应具有及时能将其工作机构卸载,以解脱“闷车”状态。

10.2.2 热模锻压力机的基本结构及工作原理

1. 基本结构

1) 连杆式热模锻压力机

图10-2为连杆式热模锻压力机的结构原理图。由该图可知,其工作机构采用了曲柄滑块机构,机器具有两级传动,分别为皮带和齿轮减速。离合器和制动器分别装在低速的偏心轴的左右两端,离合器与制动器采用气动连锁。滑块采用象鼻式滑块,它具有附加导向面作用,可以提高滑块抗倾斜能力。封闭高度的调节是借助于双楔式楔形工作台。

沈阳重型机器厂生产的热模锻压力机采用了预紧机身,双支点连杆,具有较高的刚度。偏心轴的两端,分别装有用气—电控制的盘形摩擦离合器和制动器,能够很方便地调整,使它们协调工作。传动轴上的小齿轮和偏心轴上的大齿轮皆为人字形齿轮,能保证在高速下平稳运转。压机设有楔形工作台,用以调节封闭高度。压机还设有上、下顶出装置。为使压机安全运转,压机装有轴承温度检测装置。

MP型热模锻压力机也属连杆式热模压力机,该种压力机的基本结构为:

(1) 机架机架采用实心整体结构的铸件,机架是用有限元法进行计算,得到了理想的结构。实心整体机架与用拉杆预紧的空心式或组合式机架相比,其纵向与横向刚度均属最好,从而锻件精度提高。对于超过运输极限(桥梁的承载能力,铁路涵洞的高度)的较大机架,则采用组合式机架并用拉杆预紧,构成刚性机架。在机架的两侧设有侧窗口,其宽度和高度能适应工件的自动传送系统。

(2) 偏心轴偏心轴采用合金钢锻件,偏心部分特别宽,在过渡圆角处,其过渡圆弧选择合理,因而减小了应力集中,提高了偏心轴的使用寿命。

(3) 连杆连杆采用双连杆的合金锻钢件,连杆与偏心轴的宽度与滑块宽度相等,能承受较大的偏心载荷,提高了压机抗倾覆的能力。

(4) 滑块导轨滑块采用的是长方形的结构形式。滑块导轨采用对角线斜置式,在锻造过程中,热的影响对精确调节的导轨间隙几乎无所改变。若锻件精度要求更高时,还可使用滑块的水冷机构,来保持滑块导轨的精确间隙。

(5) 离合器与制动器在偏心轴的两端分别装有具有可靠性高而耐用的摩擦离合器和摩擦制动器。摩擦制动器设有水冷系统,能保证在极其恶劣的工作情况下稳定的工作。摩擦元件采用浮动摩擦块,便于维修和更换。

2) 楔式热模锻压力机

图 10-3 为 KP 型楔式热模锻压力机结构原理图。该种结构同连杆式结构多较具有如下优点:

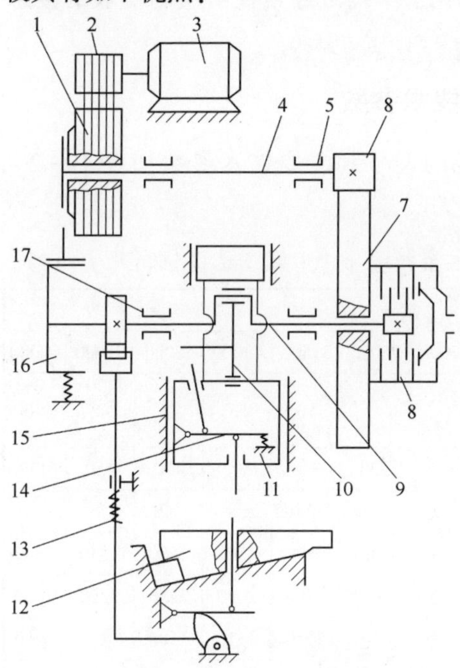

图 10-2 连杆式热模锻压力机结构原理图

1—大带轮;2—小带轮;3—电动机;
4—传动轴;5—轴承;6—小齿轮;
7—大齿轮;8—离合器;9—偏心轴;
10—连杆;11—滑块;12—楔形工作台;
13—下顶件装置;14—上顶料装置;
15—导轨;16—制动器;17—滑动轴承。

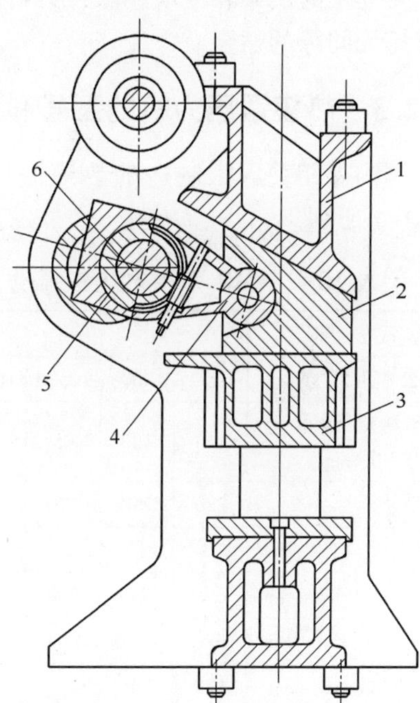

图 10-3 楔式热模锻压力机结构原理图

1—机身;2—传动楔块;
3—滑块;4—连杆;
5—偏心蜗轮;6—曲柄。

(1) 总的弹性变形小。

(2) 倾覆刚性与横向刚性大。

(3) 能承受较大的偏心载荷。

(4) 导轨负荷小。

(5) 装模高度调节方便。

由于该压机具有上述优点,因而它主要用于锻件公差要求严格的长轴类锻件的精密模锻,偏心杆件的模锻和自动传递的多工位模锻。

楔式压力机的传动系统是电动机通过三角皮带传动带动中间轴,中间轴一端为飞轮,另一端为小齿轮与装在曲轴上的大齿轮啮合。在该大齿轮中装有摩擦离合器,曲轴的另一侧装有制动器,离合器与制动器用电器控制,并用压缩空气接通。由于该压机结构坚固,因而离合器与制动器允许较高的接通频率。

曲轴传动装置置于楔式压力机的后侧,在曲轴与楔块之间的连杆是按压杆设计的,在压杆的曲轴轴承中,装有一偏心套,通过对它的调节,便可调节滑块的行程位置。

传动楔与机架和滑块相联,形成闭合结构。平衡缸经常使滑块和楔块的接触面维持无间隙的贴合。

10.2.3 热模锻压力机的型号和主要技术参数

国内外相关厂家制造的热模锻压力机的型号和主要技术参数如表 10-2~表 10-7 所列。

表 10-2 MP 系列热模锻压力机的主要技术参数(第二重型机器厂)

名称		量值										
公称压力/kN		6300	10000	12500	16000	20000	25000	31500	40000	50000	63000	80000
滑块行程次数/(次/min)		110	100	95	90	85、70	85、65	60	55	45	42	40
滑块行程/mm		220	250	270	280	300	320	340	360	400	450	450
装模高度调节量/mm		11	14	16	18	20	22.5	25	28	32	35	38
工作台尺寸	左右/mm	690	850	910	1050	1210	1300	1400	1500	1600	1840	1840
	前后/mm	920	1120	1250	1400	1530	1700	1860	2050	2250	2300	2400
最大装模高度/mm		630	700	775	875	950	1000	1050	1110	1180	1250	1350
额定传动功率/kW		37	45	55	75	90	110	132	185	230	300	370

表 10-3 KP 型楔式压力机的主要技术参数(第二重型机器厂)

名称	量值									
公称压力/kN	20000	25000	31500	40000	50000	63000	80000	100000	125000	160000
滑块行程次数/(次/min)	70	63	55	50	45	40	40	35	30	27
滑块行程/mm	270	290	310	330	360	390	420	450	500	550

（续）

名　　称		量　　值									
装模高度调节量/mm		10	12	12	15	15	20	20	25	25	30
最大装模高度/mm		890	1000	1050	1100	1200	1320	1420	1600	1800	2000
滑块尺寸	左右/mm	1170	1220	1270	1450	1550	1600	1650	1900	2190	2380
	前后/mm	1235	1300	1350	1500	1600	1650	1700	2300	2240	2440
工作台尺寸	左右/mm	1100	1260	1310	1500	1600	1700	1700	2000	2240	2440
	前后/mm	1420	1700	1750	1800	1900	2000	2000	2500	2800	3200
主电机功率/kW		90	110	132	185	230	300	370	450	530	630

表 10-4　热模锻压力机主要技术参数

名　　称		量　　值						
结构形式		曲轴纵放式		曲轴模放式				
公称压力/kN		10000	16000	20000	25000	31500	40000	80000
滑块行程/mm		250	280	300	320	350	400	460
行程次数/min^{-1}		90	85	80	70	55	50	39
最大装模高度/mm		560	720	765	1000	950	1000	1200
装模高度调节量/mm		10	上、下各 5	21	22.5	23	25	25
导轨间距/mm		1050	1250			1300		1820
工作台尺寸	左右/mm	1000	1250	1035	1140	1240	1450	1700
	前后/mm	1150	1120	1100	1250	1300	1500	1830
电动功率/kW		55	75	115	135	180	202	45×2（主）
重量/t		50	75	117	163	203	285	858
外形尺寸	长/mm	2600	3190	6900		4230	8100	6700
	宽/mm	2400	2680	5300		4870	8000	6700
	高/mm	5550	5610	9020		8700	10900	11350
生产厂		济南重型机器厂	太原重型机器厂	沈阳重型机器厂	沈阳重型机器厂	第一重型机器厂	沈阳重型机器厂	第一重型机器厂

表 10-5　CAH 系列热模锻压力机主要技术参数（日本小松）

名　　称		量　　值								
公称压力/kN		6300	8000	10000	16000	20000	25000	30000	40000	50000
滑块行程/mm		224	224	4240	280	300	320	360	380	400
最大装模高度/mm		550	600	650	760	900	900	1000	1100	1200
装模高度调节量/mm		10	10	10	12	14	16	18	20	20
滑块行程次数/（次/min）		115	115	100	70	60	55	50	50	45
工作台尺寸	左右/mm	720	770	900	1050	1150	1250	1350	1500	1750
	前后/mm	890	940	1000	1150	1250	1350	1450	1600	1800
滑块尺寸	左右/mm	650	700	800	950	1050	1150	1250	1400	1650
	前后/mm	650	700	800	900	1000	1100	1170	1300	1650
主电机功率/kW		37	37	55	75	90	110	150	220	300

表 10-6　C2S 系列热模锻压力机主要技术参数(日本小松)

名　称		量　值			
公称压力/kN		4000	6300	8000	10000
滑块行程/mm		250	270	280	300
最大装模高度/mm		850	850	900	950
装模高度调节量/mm		100	100	100	100
行程次数	可变速/min^{-1}	20~50	18~46	17~43	16~40
	定速/min^{-1}	45	40	38	35
模座面积	左右/mm	1100	1250	1450	1600
	前后/mm	600	800	850	900
滑块面积	左右/mm	1050	1200	1400	1550
	前后/mm	600	800	850	900
主电机功率/kW		37	75	90	130

表 10-7　热模锻压力机的主要技术参数

名　称		量　值							
型号		K8538	K8540	LKM630/750-c	LKM1000/1000-c	LZK 1000	LZK 4000	H 型 600	H 型 1000
公称压力/kN		6300	10000	6300	10000	10000	40000	6000	10000
滑块行程/mm		200	250	180	220	220	380	203	254
滑块行程次数/(次/min)		90	80	110	100	100	55	100	95
最大装模高度/mm		560	560	530	580	620	1000	508	622
装模高度调节量/mm		20	20	10	10	10	15	—	—
工作台尺寸	左右/mm	640	770	750	1000	1000	1520	—	—
	前后/mm	820	990	900	950	950	1600		
滑块尺寸	左右/mm	600	720	720	950	960	1450	609	762
	前后/mm	600	720	650	630	630	1300	660	762
电机功率/kW		567	56.7	30	55	55	—	25	50
制造国别		俄	俄	捷克	捷克	捷克	捷克	英	英

扬州锻压机床有限公司和“中北锻压”制造的热模锻压力机分别如图 10-4(a)、(b)所示,其主要技术参数分别如表 10-8 和表 10-9 所列。

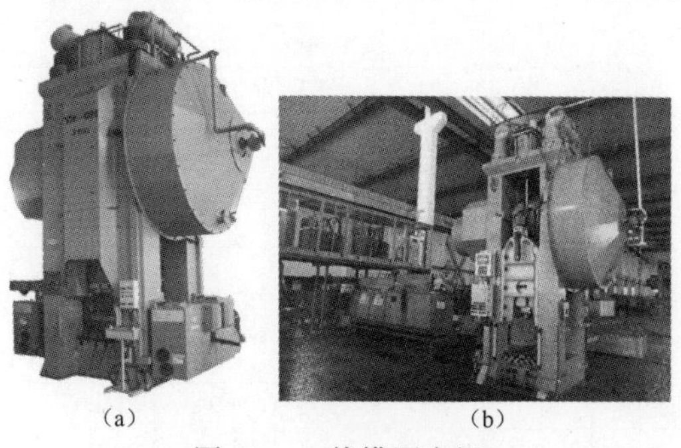

(a)　(b)

图 10-4　热模压力机

(a)“扬锻”压力机;(b)“中北”压力机。

表 10-8　MP 系列热模锻压力机技术参数(扬州锻压机床有限公司)

型号名称		MP-400A MP-400B	MP-630 MP-630B	MP-800A MP-800B	MP-1000 MP-1000B	MP-1250A MP-1250B	MP-1600 MP-1600B	MP-2000 MP-2000B	MP-2500A MP-2500B	MP-3150A	MP-4000A	MP-6300
公称压力/kN		4000	6300	8000	10000	12500	16000	20000	25000	31500	40000	63000
滑块行程/mm		180	220	230	250	250	280	300	320	340	360	450
滑块行程次数/(次/min)		110	110	100	100	90	90	85	70	60	55	35
有效作业行程次数/(次/min)		18	18	16	16	15	15	15	15	15	12	10
封闭高度/mm		600	630	750	700	800	875	950	1000	1050	1110	1615
封闭高度调节量/mm		10	10	10	12	12	16	20	22	25	28	35
工作台面尺寸	左右/mm	620	690	850	850	1100	1050	1210	1300	1600	1600	1840
	前后/mm	900	1000	1060	1120	1170	1400	1530	1700	1700	2050	2350
滑块底面尺寸	左右/mm	600	670	820	820	1070	1030	1180	1260	1550	1560	1800
	前后/mm	660	700	890	930	1010	1140	1260	1380	1480	1710	1925
主电机功率/kN		37	45	55	75	75	90	110	132	200	250	355
上顶出力/kN		25	32	40	50	60	80	100	125	150	200	300
上顶出行程/mm		20	24	26	30	32	37	40	44	48	52	60
下顶出力/kN		85	95	120	150	200	240	300	375	450	600	700
下顶出行程/mm		20	24	26	30	32	37	40	44	48/	62	0~150
外形尺寸	左右/mm	3500	3600	3700	3800	3900	4000	4300	5000	5500	6000	7520
	前后/mm	2900	3000	3000	3200	3350	3500	3900	4000	4520	4700	5650
	高/mm	5000	5200	5700	6070	7000	7050	7500	8000	8900	10000	10800

（续）

型号名称		MP630G	MP-800G	MP-1000G	MP-1250G	MP-1600G	MP-2500G
公称压力/kN		6300	8000	10000	12500	16000	25000
滑块行程/mm		220	230	250	250	280	320
滑块行程次数/(次/min)		80	70	70	70	70	60
有效作业行程次数/(次/min)		18	16	16	15	15	15
封闭高度/mm		630	700	700	800	875	1000
工作台面尺寸	左右/mm	690	850	850	1050	1050	1300
	前后/mm	1000	1060	1120	1250	1400	1700
滑块底面尺寸	左右/mm	670	820	820	1030	1030	1260
	前后/mm	700	890	930	1010	1140	1380
主电机功率/kN		55	55	75	90	110	160
上顶出力/kN		32	40	50	60	80	125
上顶出行程/mm		24	26	30	32	37	44
下顶出力/kN		95	120	150	200	240	375
下顶出行程/mm		24	26	30	32	37	44
外形尺寸	左右/mm	3600	3700	3800	3900	4000	5000
	前后/mm	3400	3450	3500	3500	3700	4300
	高/mm	5200	5700	6070	7000	7050	8000

表 10-9 MP 系列热模锻压力机主要技术参数(中北锻压)

型　　号		MP-630	MP-1000	MP-1600	MP-2000	MP-2600	MP-3150	MP-4000	MP-5000	MP-6300
公称压力/kN		6300	10000	16000	2000	25000	31500	40000	6000	63000
滑块行程/mm		220	250	280	300	320	340	360	400	450
滑块行程次数/(次/min)		110	100	90	85	80	60	55	50	50
封闭高度/mm		630	700	875	950	1000	1050	1110	1500	1615
封闭高度调节量/mm		11	14	18	20	22	25	28	32	35
工作台面尺寸	左右/mm	690	850	1050	1210	1300	1400	1500	1570	1840
	前后/mm	920	1120	1400	1530	1700	1860	2050	2250	2350
主电机功率/kN		55	55	95	132	160	190	250	320	355

两种热模锻压力的主要功能和特点综合如下:

(1) MP630~MP2500 采用分体式钢板焊接机身,MP3150~MP6300 采用分体铸造机身,MP(B)为整体铸钢机身。

(2) 飞轮惯量大,输出能量高,适合温热锻造成形。

(3) 双支点连杆和加长导轨,抗偏载能力强,可实现多工位锻造,与步进梁或机器人等组成自动化锻造生产线。

(4) 滑块速度快,与模具和工件接触时间短,延长模具寿命。

(5) "X"形导轨,导轨间隙热敏度小。

(6) 封闭高度调节电动调节。

(7) 离合器和制动器采用浮动镶块气动摩擦式结构。

(8) 具有润滑监控、吨位监控、轴温监控、故障显示、曲轴转角检测和系统运行状态显示功能。

(9) 触摸显示屏,便于操作和参数设置。

(10) MP-G 增加一级齿轮传动,速度降低,扭矩增大,适合铝合金类的锻件;可选配步进梁、机器人、减震垫等。

10.2.4 热模锻压力机公称压力(吨位)的计算

(1) 对于圆形锻件。

$$F = 8(1 - 0.001D)\left(1.1 + \frac{2D}{D}\right)^2 A\sigma_{0.2} \tag{10-1}$$

(2)对于非圆形锻件。

$$F = 8(1 - 0.001D)\left(1.1 + \frac{2D}{D_1}\right) \times \left(1 + 0.1\sqrt{\frac{L}{B}}\right) A\sigma_{0.2} \tag{10-2}$$

式中:F 为压力机公称压力(N);A 为锻件水平投影面积(cm^2);L、B 为非圆形锻件水平投影图上的长度与宽度(cm);$\sigma_{0.2}$ 为铝合金在终锻温度时的屈服强度(MPa),如表 2-7 所列。

10.2.5 肘杆式精压机

如前所述,精压主要是提高锻件的尺寸精度和降低表面粗糙度,对于铝合金锻件除了这个作用外,还起到对切边易于引起变形的校正作用。

1. 工作原理及结构特点

图 10-5 是营口锻压机床厂生产的 JA84-800 型精压机滑块及曲柄肘杆机构部件图,它由工作滑块 13,调整滑块 4,上下肘杆 3 和 2,上下连接环 7 和 10,上中下肘轴 5、9、12,上中下肘瓦 6、8、11,以及连杆 1 等组成。两个滑块通过肘轴、肘瓦、肘杆及上下连接环联在一起;上下肘杆和上下连接环分别用螺钉联在一起;中肘轴通过叉形连杆与曲轴联结。工作滑块及调整滑块都是实心体,上下肘杆是短而粗结构,它们在工作时虽然承受全部公称压力,但变形很小,刚性好,连杆在工作时只承受很小的拉力,因此,适合于精压工艺。其工作原理与曲柄连杆式热模锻压力机相似。

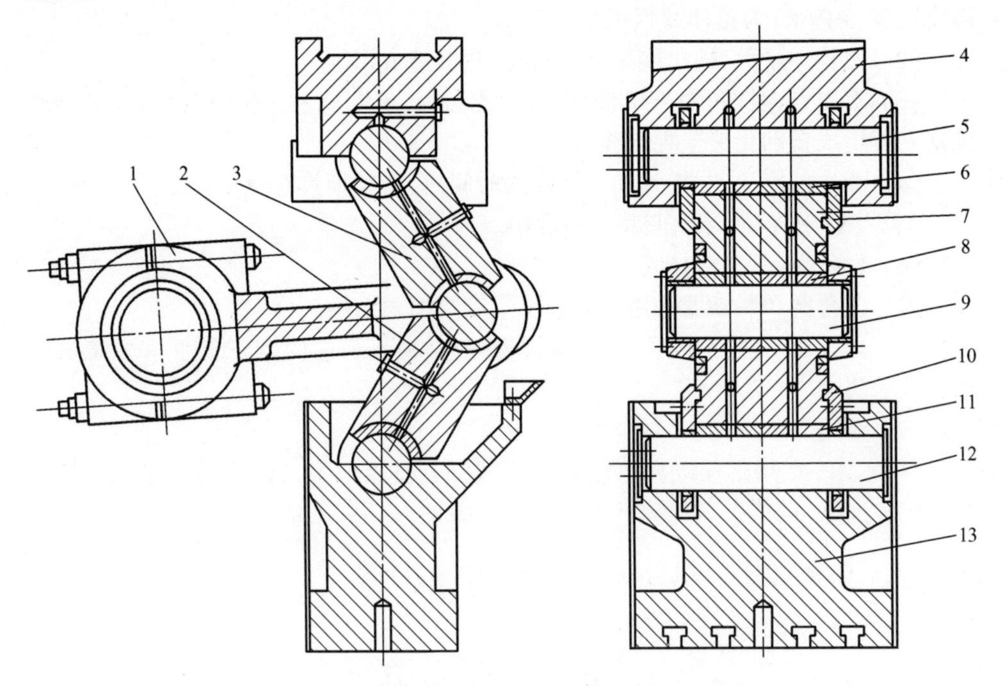

图 10-5 JA81-800 型精压机滑块及曲柄时杆机构部件图

1—连杆;2—下肘杆;3—上肘杆;4—调整滑块;5—上肘轴;
6—上肘瓦;7—上连接环;8—中肘瓦;9—中肘轴;10—下连接环;11—下肘瓦;
12—下肘轴;13—工作滑块。

因肘杆机构要承受很大的作用力,所以需要良好的润滑。在肘杆、肘瓦及滑块的相应部位,都有通油孔道,用稀油齿轮泵进行集中润滑,使肘杆系统的各肘瓦都得到良好的润滑。

2. 精压机型号及主要技术参数

国内外精压机型号及主要技术参数如表10-10和表10-11所列，山东金辰机械股份有限公司制造的精压机照片如图10-6所示，其型号及技术参数如表10-12所列。

图10-6 “金辰”精压机照片

表10-10 国产精压机主要技术参数

名　称	量　值							
公称压力/P_g/kN	4000	8000	12500	20000	35000	400	630	1250
公称压力行程/S_p/mm	2	1.5	2	3	5	—	—	—
滑块行程/S/mm	130	125	150	200	150	62	25	25
滑块行程次数 N/(次/min)	50	26	30	18	16	25	25	25
最大装模高度 H_1/mm	520	340	400	620	1600	323	283	335
装模高度调节量 ΔH_1/mm	15	15	15	15	15	5	5	5
生产厂	内江锻压机床厂	营口锻压机床厂	济南第二机床厂		齐齐哈尔第二机床厂	诸城锻压机床厂		

表10-11 部分国外生产精压机主要技术参数

名　称	量　值						
公称压力/P_g/kN	3500	4000	6300	20000	35000	20000	40000
滑块行程/S/mm	140	140	140	150	150	75	185
滑块行程次数 N/(次/min)	50	45	40	16	14.5	30	15
生产国	日本	日本	日本	捷克	捷克	英	俄

表 10-12 “金辰”J84 型精压机技术参数

型号		100	160	250	400	630	800	1000	1250	1600	2000
公称压力/kN		1000	1600	2500	4000	6300	8000	10000	12500	16000	20000
滑块行程/mm		100	100	120	140	160	125	125	150	200	200
滑块行程次数/(次/min)		60	60	50	40	35	40	25	25	20	18
最大装模高度/mm		290	300	340	370	390	340	400	580	500	620
装模高度调节量/mm		15	15	15	15	15	15	15	15	15	15
工作台面尺寸	左右/mm	460	500	560	650	700	720		980		1300
	前后/mm	400	440	480	550	600	800		1010		1280
滑块底面尺寸	左右/mm	300	340	380	450	500	500		970		850
	前后/mm	320	350	380	450	500	500		640		980
电动功率/kW		7.5	11	11	18	22	37		37		55
设备外形尺寸	左右/mm	1460	1520	1620	1780	1920	2220		2590		3600
	前后/mm	1420	1500	1600	1750	1900	2150		3200		4000
	地面以上高度/mm	2780	3000	3200	3600	4000	4890		5200		6760
整机质量/t		7	10	12	18	24	33	45	61		128.79

3. 精压机公称压力的计算

精压时所需压力主要与锻件铝合金材料种类、精压温度和受力状态等因素有关,其压力值可按下式计算:

$$F = p \cdot A \tag{10-3}$$

式中:F 为精压力(N);p 为平均单位压力(kN/cm^2),按表 10-13 确定;A 为锻件精压时的投影面积(cm^2)。

表 10-13 不同材料精压时的平均单位压力

材 料	单位压力(kN/cm^2)	
	平面精压	体积精压
LY11、LD5 及类似铝合金	100~120	140~170
10、15CrA、13Ni2A 及类似钢	130~160	180~220
25、12CrNi3A、12Cr2Ni4A、21Ni5A、13CrNiWA、18CrNiWA、38CrA、40CrVA	180~220	250~300
35、45、30CrMnSiA、20CrNi3A、37CrNi3A、38CrMoAlA、40CrNiMoA	250~300	300~400
铜、金和银		140~200
注:热精压时,可取表中数值的 30%~50%		

10.3 中小型精锻液压机

由于节约能源及昂贵的各种高强、高合金材料的需要,近年来精密模锻工艺发展很快。例如,常规模的拔模斜度为3°~7°,而在精密模锻中希望将拔模斜度降低到0.5°~1°,甚至是0°。由于液压机的加压速率易于控制,因此更适合于精密模锻。

10.3.1 精锻液压机的力、能特性

在液压机上工作,即没有固定不变的闭合空间要求,也不受能量不足的限制,其工作能力只受公称压力或有效压力的限制,因此它既可用于锻造,也可用于冲压和挤压。而且由于直接驱动的液压机在滑块全行程的任意一点上最大压力都是有效的,因此特别适用于需要变形量和变形能都大的挤压类闭式精锻工艺。

液压机是一种载荷限定设备,它的锻压能力是泵和蓄势器发出和限制的。液压机的有效力由下式计算:

$$P_{M} = pF_{a} \tag{10-4}$$

式中:p为工作液体的压力(MPa);F_a为工作缸或工作柱塞面积(cm^2)。

在泵直接传动的液压机中,最大液体压力是直接由泵站系统的压力确定的。这种液压机的力、能特点是:

(1) 消耗的能量可随锻件变形抗力的变化而变化,即模锻过程中需要多大载荷,它就给出多大载荷,工作效率高。

(2) 滑块行程速度与变形抗力无关,仅与泵的流量有关。

在泵—蓄势器传动的液压机中,高压液体在不工作时储存于蓄势器中,工作时工作压力由泵和蓄势器同时供给,因而能在短时间内供应大量高压液体。这种液压机的力、能特点是:

(1) 能量消耗与变形抗力无关,不管锻件变形是否需要,都给出固定的载荷,所以变形行程越大,消耗的能量也越大。

(2) 行程速度与变形抗力有关,变形抗力越大,行程速度就越慢。

10.3.2 精密模锻工艺对液压机的性能要求

(1) 机架应有足够的刚度,以便能够得到具有很小尺寸公差的锻件。

(2) 应具有很好的抗偏心载荷的能力,以便在偏心载荷时仍能得到精密的锻件。

(3) 滑块(活动横梁)的导向结构应能保证所需的水平方向的尺寸精度。

(4) 控制系统应能准确控制活动横梁的停位精度,以便保证垂直方向的尺寸精度。

(5) 应有模具预热装置,以便将模具温度调节到较优的水平,并能防止机架

受热。

下面介绍日本住友重机械工业株式会社推出的 HCF 系列中小型精锻液压机。

HCF 系列中采用长的 8 个平行平面的滑块导向机构,减少了偏心载荷引起的反作用力,导向间隙易于调整,导向面做成分段式,可以方便地更换容易磨损的导轨下部衬板。

模锻液压机的特点是一个小面积上施加比较大的作用力,因此必须把模锻力尽可能均匀地分布到机架上,减少应力集中。

HCF 系列采用了切换时间短而恒定的液压逻辑阀,从而保证了滑块停位精度。高压管道内液体(油)的可压缩性对阀的动作响应时间有影响,因此应尽量减少高压管道的长度。采取在液压机顶部安置充液油箱及液压逻辑阀集成块,充液阀与泄压阀组合在一起,安装于充液油箱中,可以在短时间内实现无冲击地泄压。把模锻终了时滑块停留时间缩短到最小,以提高生产率及锻件精度,并减少锻件温度的降低,改善锻件表面质量。

精锻液压机的停位精度比自由锻液压机高一个数量级,要求在±0.1mm 左右。为此,滑块行程位置检测系统应有高的检测精度,能经受住由于加压及泄压引起的振动,可靠性好,且安装方便,占空间不大。住友公司采用了发条传动装置的检测器,内部装有编码器,发条传动装置给绳索以恒定的张力,用液压机的转角来检测绳索端部的线位移,它可抗冲击、可靠性高。采用在滑块两侧检测行程位置的双侧量系统,以消除偏心载荷时滑块倾斜的影响。

检测出的滑块行程包含了由于以下变形引起的累积误差:

(1) 工作台的挠度。

(2) 模具的压缩变形。

(3) 滑块的压缩变形。

(4) 机架的伸长。

上述变形量的总和随施加的锻造变形力而变化,住友系统中包含有校正功能,它可以根据工作压力的变化来自动校正检测出的行程。

由于电气及液压系统的滞后,在设定停止位置后,滑块会超程。此超程量与停止指令给出时的加压速率及指令传递系统的滞后有关。住友系统将加压速率反馈回去并相应将加压速率减低到某一水平以减少超程。

这样,可以将停位精度控制到小于±0.1mm。图 10-7 为滑块停位附近的行程—时间曲线。

锻造过程模具的温度对锻件表面质量、金属的流动以及模具的强度和耐磨性均有很大影响。当生产批量很大时,依靠从毛坯传来的热量足以防止模具降温,但在小批量生产形状复杂的锻件以及模锻塑性成形性能不好的材料时,就需要有预热装置及保温装置。

采用装于模座中的加热器来预热模具并将模子表面温度保持在 150℃~300℃。为了保持模具表面温度在 300℃左右,模座本身也需要加热到比较高的温度。

为了减少热量传到液压机架上，在模座与滑块及工作台之间安装有隔热板及水冷却板。

中小型模锻液压机常用于小批量生产，因此应提高液压机工作的柔性。快捷更换及装卡模具是重要的措施，滑块及工作台内均应安装液压顶出装置。

住友重机械株式会社生产的 HCF 系列中小型模锻液压机的技术参数参见图 10-8及表 10-14。

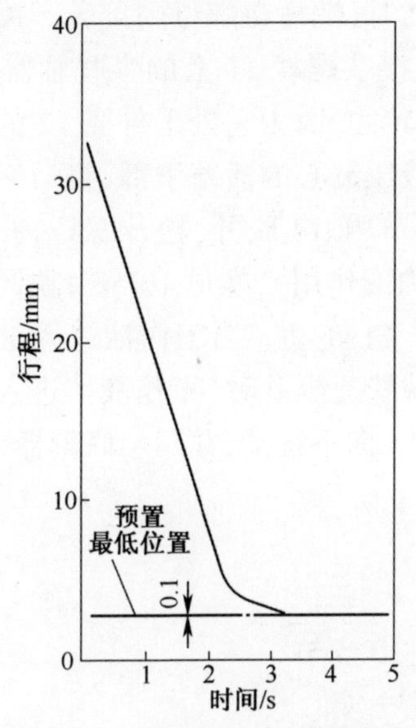

图 10-7　滑块行程—时间曲线

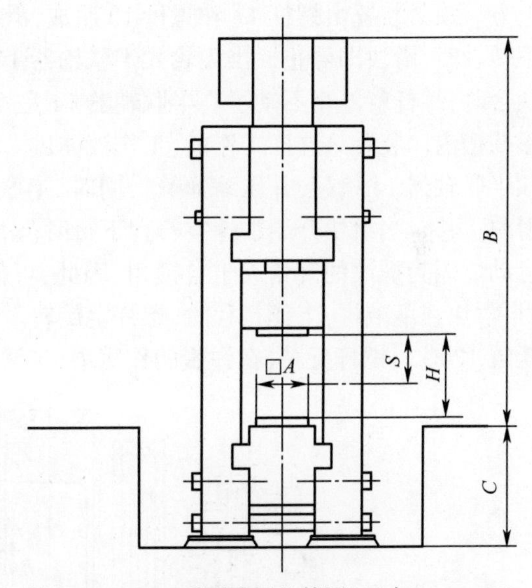

图 10-8　HCF 系列液压机简图(日本 Sumitomo)

表 10-14　HCF 系列模锻液压机技术参数(日本 Sumitomo)

名称及单位	量　值				
公称压力/MN	5.0	10.0	15.0	20.0	30.0
行程 S/mm	800	900	1000	1200	1500
开口高度 H/mm	1000	1200	1500	2000	2500
模座面积 A/mm	800	900	1000	1200	1500
地面上高 B/mm	5000	6000	7000	8000	10000
地坑深 C/mm	1600	1800	2000	2200	2600

10.3.3　等温精锻液压机

1. 等温精锻液压机的结构及性能特点

如前所述，等温精锻是在保持锻件的锻造温度基本不变的情况下在十分慢的变形速度下进行，变形速度约为 0.5~5mm/s，因此，等温精锻时要求保持模具的温度并使之等于锻件的温度,以补偿从锻件毛坯到模具的热传导。等温精锻技术内涵与等温精锻相同,主要是锻件尺寸精度更高。

1) 等温精锻液压机的结构

图 10-9 所示是公称压力为 6.3MN 等温精锻液压机的主机结构。图中固定的下横梁 21 是压机的基础,上横梁 18 与液压缸 16 做成一体,用 4 根立柱 19 连接在一起,滑块 20 沿立柱运动。垫板 5 上装有模具,并带有加热装置。为了滑块快速回程,设有回程液压缸 17。压力机具有锁紧装置,当液压系统关闭时,滑块停止在上方。锁紧装置由螺杆 11 和螺母 10 组成,滑块移动时,螺杆在螺母内旋转。螺杆不转动时,滑块即停止。当齿轮式半联轴器 14 与连接在螺杆 11 上的半联轴器 13 啮合时,螺杆就停止不动了。半联轴器 14 是不能旋转的,因为它处于外壳 12 的方形凹槽内。装置是这样工作的,工作液体进入定位液压缸心的活塞下部,将活塞杆和半联轴器 14 抬起,并压缩弹簧。同时,半联轴器 13 和 14 脱开,松开螺杆,并使滑块下移。当滑块开始加速空行程下行时(由于重力的作用),螺母 10 与滑块同时运动。因为螺纹的升角大于自锁角,因此,可使螺杆 11 转动。当工作液进入缸体时,滑块速度减慢,工作行程时,螺杆也旋转。当滑块快速提升时(工作液体进入液压缸 17 时),螺杆反转,在弹簧的作用下,半联轴器 14 向下移动,并与半联轴器 13

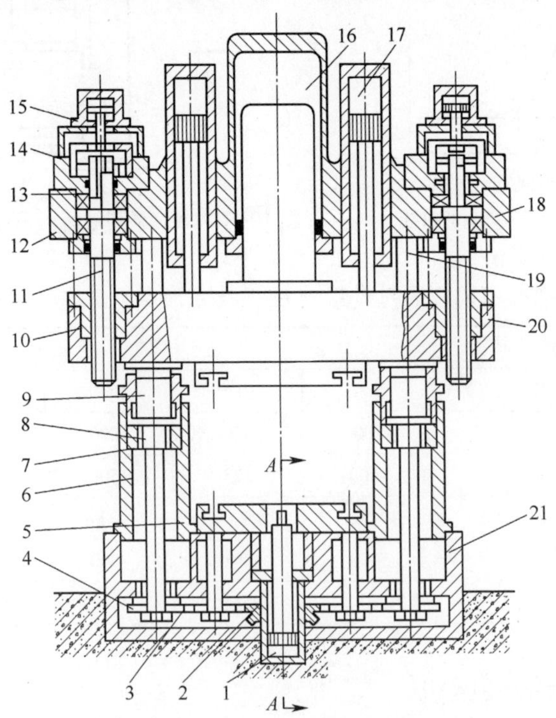

图 10-9 6.3MN 等温精锻液压机

1—顶料器;2、3、4—齿轮;5—垫板;6—空心立柱;
7、10—螺母;8、11—螺杆;9—轴承;12—外壳;13、14—半联轴器;
15、16、17—液压缸;18—上横梁;19—立柱;20—滑块;21—下横梁。

啮合时，滑块会在预先规定好的位置上停止，并牢固地锁紧。联锁装置同时锁紧螺杆和滑块，工作液体不可能再进入液压缸16和17。液压机的特点是具有专门的可调限位器，可准确限制滑块的工作行程。限位器是由空心立柱6和固定其上的螺母7及支承螺杆8组成的，滑块20在下行程终了时的位置，取决于支承在螺杆8上的轴承9，螺杆的下部做成花键槽，其上装有传动齿轮4，由电机通过一套齿轮2、3和4等，可使安装在下顶料器1的壳体上的可调限位器同时移动。

2）等温精锻液压机的性能特点

等湿锻造在低速下进行，一般采用等温精锻液压机，此种液压机应满足下述要求：

（1）可调速。工作行程的速度调节范围在0.1~0.001m/s。

（2）可保压。工作滑块在额定压力下可保压30min以上。

（3）高的封闭高度与足够的工作台面。为安装模具、加热装置、冷却板、隔热板等工装和便于操作，需要较大的封闭高度与工作台面，最好带有活动工作台。

（4）带顶出装置。应具有足够的顶出行程与顶出力。

（5）有控温系统。工作部分的加热温度控制是必需的。

在没有专用设备时，可采用工作行程速度较低的液压机，如型腔冷挤压用液压机和塑料液压机。必要时，可在油路中安装调速装置，以降低滑块速度。

3）等湿精锻液压机的技术参数

表10-15为几种等温精锻用液压机的技术参数。

表10-15 等温精锻液压机技术参数

公称压力/MN	2.5	6.3	16
横梁最大行程/mm	710	800	1000
横梁空载行程速度/(mm/s)	63	40	25
横梁工作行程速度/(mm/s)	0.2~2.0	0.2~2.0	0.2~2.0
闭合高度/mm	600	975	975
下顶杆顶出力/MN	0.25	0.63	1.6
上顶杆顶出力/MN	0.25	0.63	1.6
下顶杆顶出距/mm	250	320	400
上顶杆顶出距/mm	100	100	100
立柱左右间距/mm	1000	1250	1600
立柱前后间距/mm	800	1000	1250
压机左右总宽/mm	2250	2580	4325
压机前后总长/mm	2020	2180	2850
压机总高/mm	5685	6900	9140

4）等温精锻液压机公称压力的计算

等温精锻液压机主要用肋条高厚比较大的铝合金，壁板类零件和结构复杂的硬铝及超硬铝合金零件的精锻成形,其锻造压力是随零件平面积的增加几乎成线性地增大。对于形状和尺寸因素,当肋的相对高度增加,腹板厚度减薄,锻造压力就增大,因为零件的单位体积具有更大的表面积,极大地影响摩擦阻力和温度的变化。因此,锻件表面积与体积之比和锻造成形的难度直接相关,此外,金属流动方向对锻造负荷有时也产生较大的影响。

通常,采用下式估算变形力:

$$F = pA \tag{10-5}$$

式中:F 为变形力(N);p 为单位变形力(MPa);A 为锻件的总变形面积(mm^2)。

单位变形力 p 是流动应力的 2~4 倍,闭式精锻、薄腹件精锻、反挤压取较大值,开式模锻与正挤压、拉拔取较小值。

10.3.4 新型数控精锻液压机

针对硬铝、超硬铝等高强度铝合金塑性差,流动阻力大,速度敏感性强,成形困难,精锻温度范围窄,而成形速度过慢,模具长期处于高温状态而影响其使用寿命的问题,华中科技大学自 1998 年开始,同湖北三环(黄石)锻压设备有限公司和黄石锻压华力机械设备有限公司合作,研制成新型数控精锻液液压机已开发出 YK34J 型系列化单动、双动、三动和多向数控精锻液机,经国内同行专家鉴定及多家企业应用表明,其主要技术参数及性能指标接近国外同类精锻设备的水平。下面分别介绍这四种精锻液压机的工作原理、结构特点及主要技术参数,以便于应用选择。

1. 四种典型的数控精锻液压机

1) 数控单动精锻液压机

为了介绍数控单动液压机,首先介绍传动的单动液压机,传统单动液压机主要由本体和液压系统两部分组成,如图 10-10 所示。其本体是由上横梁、动梁(滑块)、下横梁及 4 根立柱所构成的,每根立柱都用螺母分别与上、下横梁紧固地连接在一封闭框架机身。液压系统由液压泵、溢流阀、换向阀、单向阀、充液阀等所组成。活塞液压缸固定在上横梁的中心孔内,活塞杆下端同动梁连接为一体,动梁通过 4 个孔内的导向套与立柱导向,下横梁中心孔内安装有顶出器。

工作时,首先是动梁空程向下:换向阀 14 置于“回程”位置,换向阀 11 置于“工作”位置。这时活塞缸 5 下腔的油液通过单向阀 10 和换向阀 11 排入油箱,动梁依靠自重快速下行,液压泵 17 输出的油液通过阀 14、13、11、9 进入活塞缸的上腔,不足的油液由充液罐 8 通过充液阀 7 补充,直到安装在动梁上的上模与被锻造的毛坯接触;动梁工作行程:上模接触毛坯后,动梁下行阻力增大,充液阀自动关闭,这时液压泵输出的油液进入活塞缸上腔且油压随阻力的增大而升高,动梁在高压油液推动下通过上、下锻模的作用使毛坯成形为锻件;动梁回程:模锻结束后,将换向阀 11 置于“回程”位置,换向阀 14 的位置不变,液压泵 17 输出的油液通过阀 14、13、11、10 进入活塞缸的下腔,同时,打开阀 9,使活塞的液压缸上腔卸压,然后打开

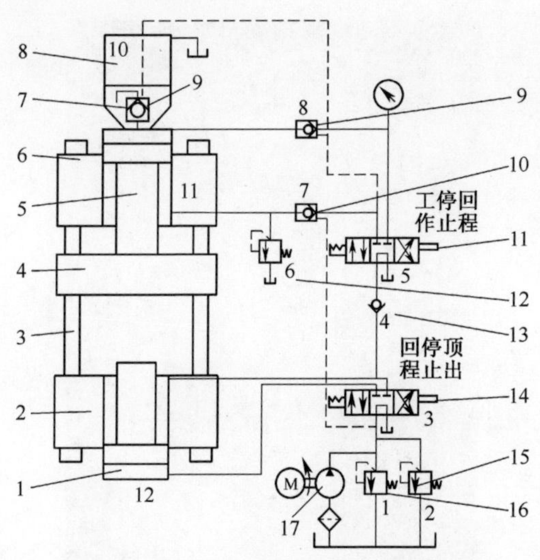

图 10-10　单动液机结构及工作原理

1—顶出器;2—下模梁;3—立柱;4—动梁;5—活塞缸;6—上横梁;
7—充液阀;8—充液罐;9、10—单向阀;11、14—换向阀;
12、15、16—溢流阀;13—单向阀;17—液压泵。

充液阀 7,在高压油的作用下,活塞缸带动动梁上行,上腔的油大部分排入充液罐 8,小部分油经换向阀 11 排入油箱。当需要从下模中顶出锻件时,则使顶出器下腔进高压油而上腔排油,顶出锻件后,使上腔进压力油而下腔排油。至此,一个工作循环结束。

传统的单动液压机作为通用模锻设备时,主要用于冷挤压和闭式冷精锻。存在的突出问题:一是导向精度与机身刚性差,影响锻件尺寸精度;二是空程与工作速度慢,影响生产效率。

数控单动精锻液压机同传统单动液压机的区别在于:

(1) 以框架式整体机身或预应力组合机身取代三梁四柱机身,以“X”精密导向装置与加长滑块导向取代动梁上的四孔通过四立柱导向,机身刚性与导向精度大为提高。

(2) 液压传动系统置于机身的顶部,以集成阀取代多个液压泵阀组合的地面液压传统系统,使管道系统的长度大为缩短,减少了压力油的沿程流动阻力、振动和噪声,有利于提高液压元器件的使用寿命。

(3) 以数字化控制系统取代手动控制,通过编程或触摸屏实现自动化操作,可有效提高生产率和锻件质量。

所研制的 YK34J-800 型数控单动精锻液压机如图 10-11 所示。

2) 数控双动精锻液压机

数控双动精锻液压机的基本结构及工作原理如图 10-12 所示。主机由 1 个液压缸、2 个侧液压缸、4 个快速液压缸,内滑块、外滑块、凹模浮动缸、顶出液压缸和

图 10-11　YK34J-800 型数控单动精锻液压机

整体焊接机身所组成,主液压缸活塞杆与内滑块连接,2 个侧液压缸的柱塞和 4 个快速液压缸的活塞杆同外滑块连接,凹模滑动缸和顶出液压缸安装在工作台的下面,上顶出器安在内滑块中心孔内;液压驱动系统由低压泵、高压泵和高压溢流阀、电磁换向阀、单向阀和充溢阀等液压元器件所组成;数字化控制系统由压力、位移、速度及温度等数据采集与处理系统,工控机或固定数字化编程及触摸屏等元器件组成。图 10-13 所示为 Y28-800(400/400)数控双动精锻液压机。

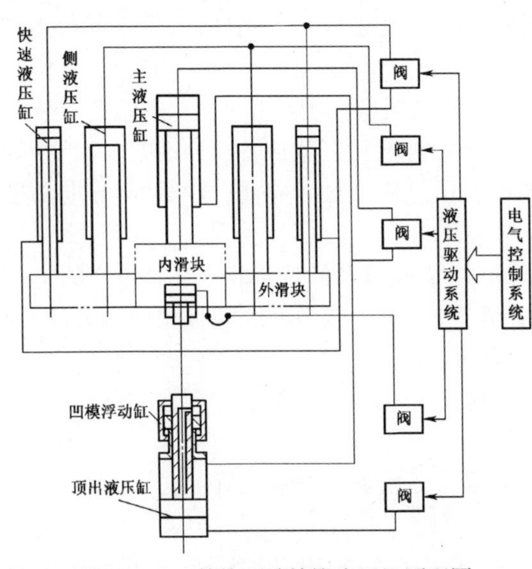

图 10-12　数控双动精锻液压机原理图

图 10-13　Y28-800(400/400)数控双动精锻液压机

该机主要用于高强度铝合金零件流动控制成形即一种闭式精锻成形。其工作过程为:精锻前,将可分凹模的下凹模安装在工作台面上,可分凹模的上凹模及凸模分别安装在外滑块和内滑块的下面。上凹模和凸模处于上限位置,将加热好的铝合金坯料放入下凹模,开动压力机,首先上凹模随外滑块下行同下凹模闭合并压紧,随后,内滑块带动凸模下行,对铝合金坯料施加作用力使其充满整个封闭的凹模模膛而成形为所需锻件,精锻成形结束后内滑块首先带动凸模从锻件和凹模中退出并向上回到初始位置,然后,4 个快速油缸活塞杆带动上凹模与下凹模张开并向上回到初始位置,顶出油缸的活塞杆通过下凹模内的顶杆将锻件以下凹模中顶出,一个工作循环结束。

当采用手动操作时,则采用单循环的操作方式,当建成加热→精锻成形→卸件并采用机器人或机械化操作机构的自动化生产线生产时,则采用往复式自动循环的操作方式。

该机的特点是,当内外滑块联锁时,可作为 800t 数控单动精锻液压机使用。

3) 数控三动精锻液压机

图 10-14 所示为日本 Nichidai 股份有限公司开发的数控自动锻液压机的基本结构及工作原理图。该机的主要组成部分为:由主滑块、内滑块、床滑块及框架机身组成的主机;油泵及各种控制阀组成的伺服控制液压传动系统;主操作台、辅导操作台和功能显示板等组成的电气控制系统;具有成形情况的图像显示和数据记录功能的计算机;带速比调节的模座及成套模具装置等。

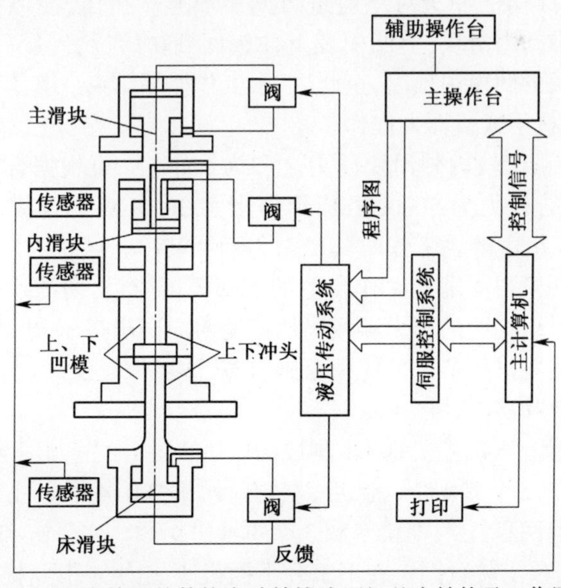

图 10-14　对向挤压的数控自动精锻液压机基本结构及工作原理图

图 10-15 所示为华中科技大学和湖北三环(黄石)锻压设备有限公司及黄石锻压华力机械设备有限公司合作研制的 YK34J-800(400/400)/200-型自动数控

三动精锻液压机，其主要结构及工作原理与图 10-14 相似。

图 10-15　YK34J-800(400/400)/200-型自动数控三动精锻液压机

该机在结构上的特点是，内滑块完全包容在外滑块内，其优点是结构紧凑。其工作过程为，当模具和压力机内、外滑块及床滑块均处在初始位置时，将加热好的铝合金坯料放入下凹模中，开动压力机，首先外滑块带动上凹模下行同固定在工作台上的下凹模闭合并压紧，外滑块下行时也带动内滑块一同下行；然后，内滑块带动上冲头，床滑块推动下冲头对坯料进行同步或异步挤压，使坯料成形为精密锻件，接着，外滑块带动内滑块、上凹模及上冲头回到初始位置；最后，床滑块推动下冲头上行将锻件从下凹模中顶出，至此，一个工作循环结束。其工作过程即可手工操作，也可采用机械手或机器人操作。

该机的压力特点是，内外滑块压力之和为 8000kN，可根据合模力和成形力的大小相互变化，如合模力为 5000kN，成形力则为 3000kN，当合模力与成形力均为 4000kN 为止；当仅由主滑块工作时其压力为 8000kN；下缸的压力也将为 4000kN；当主滑块带动上凹模与固定在工作台上的下凹模闭合后，内滑块带动上冲头与床滑块带动下冲头可以相同的压力和相同的速度对向同步挤压，也可以不同的压力、不同的速度异步对向挤压。工艺应用范围较宽，适当性较强。

4）数控多向精锻液压机

普通多向模锻液压机主机基本结构如图 10-16 所示，它由下梁即机座 1、顶出装置 2、下工作台 3，2 个或 4 个（前、后、左、右）水平缸 4、4 根立柱 5、上工作台 6、活动横梁 7、4 个快速回程缸 8、上梁 9 和 3 个主油缸组成。水平缸和下工作台固定在机床（下梁）上面，顶出装置固定在下工台下面机座之内，4 根立柱将上梁与机座固接为一体，活动模梁上分布在四角的圆孔通过四根立柱导向，4 个快速回程和 3 个主油缸同活动横梁与上梁连接为一体，上工作台固定在动梁下面。液压传动系统和数字化控制系统与前面三种数据精锻液压机的相似，只不过是更复杂。

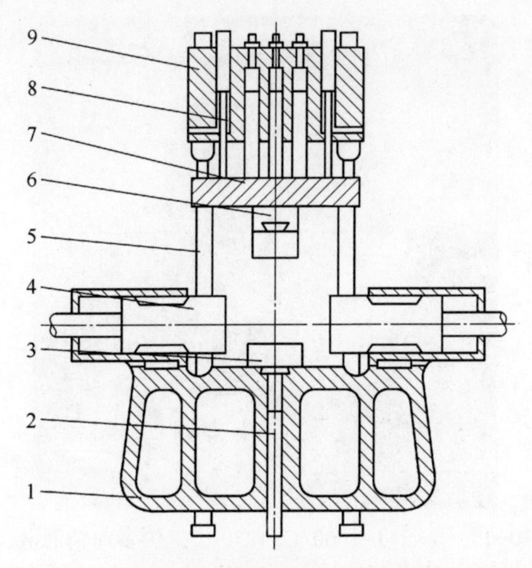

图 10-16 普通多向模锻液压机主机基本结构示意图

1—下梁；2—顶出装置；3—工作台；4—水平缸；5—立柱；

6—上工作台；7—动梁；8—回程缸；9—上梁。

这种数控多向模锻液压机可实现如下几种多向模锻工艺：

(1) 以主油缸产生的作用力作为水平可分凹模的合模力，4 个水平油缸进行同步或先后顺序完成侧向挤压，用于四通管接头和阀体等多孔类锻件精锻成形。

(2) 以主油缸产生的作用力作为水平可分凹模的合模力，任意 3 个水平缸完成侧向挤压动作，用于三通管接头或三通阀体类锻件成形。

(3) 以主油缸产生的力作为水平可分凹模的合模力，前后或左右两个水平油缸完成同步或异步侧向挤压动作，用于等径二通或异经二通类管接头精锻成形。

(4) 以左、右两个水平油缸产生的力作为垂直可分凹模的合模力，主油缸带动凸模完成模锻动作，用于双法兰和中部具有 2 个和 2 个以上环形槽的复杂筒类件的精锻成形。

(5) 以主油缸产生的作用力为水平可分凹模的合模力，第一步左边水平缸首先完成预锻成形，第二步右侧油缸完成终锻成形，用于复杂长条带“U”形槽类锻件的二工位精锻成形。

主机机身结构上的特点是，垂直框架机身和水平四拉杆机架采用非刚性连接，水平四拉杆机架中部支承在工作台上，这种结构在水平缸进行侧向模锻时，其成形力引起的水平机架伸长不会导致垂直框架机身产生水平方向的变形而影响滑块导向精度。

华中科技大学同湖北三环(黄石)锻压设备有限公司和黄石华力机械设备有限公司合作研制的 YK34J-1600/CX1250 型数控二工位多向精锻液压机就是基于上面工艺方案(5)的原理设计制造的，如图 10-17 所示。

图 10-17　YK34J-1600/CX1250 二工位多向精锻液压机

2. 四种数控精锻液压机的主要技术参数

上述四种数控精锻液压机的主要技术参数如表 10-16~表 10-19 所列。

表 10-16　YK34J-800 型精锻液压机技术参数

<table>
<tr><th>项　目</th><th colspan="2">技术参数</th><th>数　值</th></tr>
<tr><td rowspan="5">基本参数</td><td colspan="2">公称力/kN</td><td>8000</td></tr>
<tr><td colspan="2">回程力/kN</td><td>400</td></tr>
<tr><td colspan="2">滑块行程/mm</td><td>500</td></tr>
<tr><td colspan="2">最大开启高度/mm</td><td>1100</td></tr>
<tr><td colspan="2">工作台面尺寸/mm</td><td>1250×1000</td></tr>
<tr><td rowspan="3">滑块速度</td><td colspan="2">快进/(mm/s)</td><td>240</td></tr>
<tr><td colspan="2">工进/(mm/s)</td><td>13.1~20</td></tr>
<tr><td colspan="2">返程/(mm/s)</td><td>130</td></tr>
<tr><td rowspan="5">下顶出器</td><td colspan="2">顶出力/kN</td><td>200</td></tr>
<tr><td colspan="2">顶出回程力/kN</td><td>40</td></tr>
<tr><td colspan="2">顶出行程/mm</td><td>60</td></tr>
<tr><td colspan="2">顶出速度/(mm/s)</td><td>46</td></tr>
<tr><td colspan="2">顶出回程速度/(mm/s)</td><td>115</td></tr>
<tr><td rowspan="2">上顶出器</td><td colspan="2">顶出力/kN</td><td>100</td></tr>
<tr><td colspan="2">顶出行程/mm</td><td>30</td></tr>
<tr><td rowspan="4"></td><td colspan="2">主系统压力/MPa</td><td>28.5</td></tr>
<tr><td rowspan="2">电动机功率</td><td>主电动机/kW</td><td>55×2</td></tr>
<tr><td>辅电动机/kW</td><td>7.5</td></tr>
<tr><td colspan="2">机床质量/kg</td><td>58100</td></tr>
</table>

表 10-17　Y28-800(400/400)双动挤压液压机技术参数

技术参数		数　值
滑块压力	外滑块/kN	4000
	内滑块/kN	4000
顶出压力	工作/kN	2000
	回程/kN	500
内滑块行程/mm		600
外滑块行程/mm		600
顶出行程/mm		200
侧缸行程/mm		200
内滑块闭合高度/mm		500
外滑块闭合高度/mm		500
工作台有效尺寸	左右/mm	1000
	前后/mm	1250
内滑块有效尺寸	左右/mm	400
	前后/mm	400
外滑块有效尺寸	左右/mm	1000
	前后/mm	1250
内滑块速度	空程下行/(mm/s)	150
	工作/(mm/s)	20~40
	回程/(mm/s)	150
外滑块速度工作	空程下行/(mm/s)	150
	工作/(mm/s)	20~40
	回程/(mm/s)	15
顶出速度	工作/(mm/s)	40(可调)
	回程/(mm/s)	150

表 10-18　YK34J-800(400/400)/200 三动液压机技术参数

技术参数		数　值
滑块压力	外滑块/kN	~8000
	内滑块/kN	~4000
顶出压力	工作/kN	2000
	回程/kN	250
内滑块行程/mm		400
外滑块行程/mm		600
顶出行程/mm		200
内滑块闭合高度/mm		500
外滑块闭合高度/mm		500~1100

(续)

技术参数		数值
工作台有效尺寸	左右/mm	900
	前后/mm	1100
滑块有效尺寸	左右/mm	900
	前后/mm	1100
内缸速度	空程下行/(mm/s)	≥300
	工作/(mm/s)	20~40
	回程/(mm/s)	150
外滑块速度工作	空程下行/(mm/s)	≥300
	工作/(mm/s)	20~40
	回程/(mm/s)	150
顶出速度	工作/(mm/s)	50(可调)
	回程/(mm/s)	150

表 10-19　YK34M-1600/XC1250 型多向模锻液压机技术参数

项目	技术参数	数值
主缸参数	公称力/kN	16000
	回程力/kN	700
	滑块行程/mm	600
	最大开启高度/mm	1300
	快进速度/(mm/s)	250
	工进速度/(mm/s)	7.2~30
	返程速度/(mm/s)	250
左右水平缸参数	公称力/kN	2×12500
	回程力/kN	2×500
	滑块行程/mm	2×300
	左右滑块(液压缸)开启高度/mm	1000
	快进速度/(mm/s)	150
	工进速度/(mm/s)	7.5~30(速度分4级可调)
	返程速度/(mm/s)	200
	左右液压缸活(柱)塞同步精度误差/mm	≤0.2
下顶出器	顶出力/kN	500
	回程力/kN	80
	最大顶出行程/mm	200
	顶出速度/(mm/s)	50
	回程速度(两挡)/(mm/s)	120
上顶出器	主系统工作压力/MPa	28.5
	工作台有效尺寸(前后×左右)/mm	1500×1000

3. 四种精锻液压机的特点及设计思路

如上所述,四种精锻液压机包括数控单动、双动、三动和多向精锻液压机,其显著特点是结构比较简单,造价较低,使用维护比较容易,适用于多品种变形行程大的精密模锻件的批量生产。而肘杆式机械压力机的显著特点是刚度高,生产效率高,但传动系统复杂,制造精度要求高,造价高,适用于变形行程不大的齿轮类锻件精密模锻的大批量生产。

将精锻液压机的快速空程与慢速压制的液压传动系统同肘杆式机械压力机整体框架机身、滑块及导向机构相结合,既具有结构简单,制造使用维护较为容易,造价较低,工艺适应强,生产率较高的特点,又可保证压力机高的刚度和好的导向精度。

其结构及性能特点如下:

(1) 机身采用三维优化设计,并采取整体退火工艺,具有较高的刚度指标,等于同吨位热模锻压力机的刚度指标,最大限度地降低了构件局部的峰值应力,具有良好的精度保持性。

(2) 滑块采用加长的八面导轨导向,并采用逐点可调结构,具有良好的导向精度和刚性;导轨润滑采用集中式压力润滑,润滑可靠,润滑量小。

(3) 主液压缸采用柱塞液压缸结构,配以快速液压缸,快进空程速度快、稳定;滑块返程采用位置返程和压力返程两种方式;密封圈采用德国 MERKEL 产品,工作可靠,使用寿命长。

(4) 采用专用插装式集成液压系统,配以 ROXRLTH 先导阀,性能稳定,工作可靠,并可实现 2 种或 3 种工进速度,以满足模具调试和工艺试验的需要。

(5) 滑块行程采用德国海德海因公司的光栅尺全行程检测,并采用机械限位和软限位两种限位方式。软限位采用数字方式输入,通过软限位设定可方便地调节上死点、工进转换点及下死点位置。

(6) 控制系统采用工控机或 SIEMENS 公司 PLC10.7 人机界面通信的方式,配有高速计数模块和模拟量模块,能方便地显示滑块当前位置、工作力、当班计件、总产量等工作参数,并能预设滑块转换点及终点位置,从而实现机床主要工作参数程序化操作。

(7) 液压系统配置冷却装置,预留冷却水接口。

4. 其他精锻液压机

国内研制和应用液压机进行冷温挤压与模锻的厂家较多,因查询到的资料有限,下面仅介绍四川"江东机械"制造的 YJ61 系列金属挤压液压机的性能特点与规格及主要技术参数。

1) 性能特点。

(1) 通过计算机优化结构设计,四柱式结构简单、经济、实用,而框架式结构刚性好、精度高、抗偏载能力强。

(2) 液压控制系统采用插装式集成系统,动作可靠,使用寿命长,液压冲击小,减少了连接管路与泄漏点。

(3) 采用 PLC 控制的电气系统,结构紧凑,工作灵敏可靠,柔性好。

(4) 通过操作面板选择,可实现定程、定压两种成形工艺。

2) 规格及主要技术参数(表 10-20)

表 10-20 YJ61 系列金属挤压液压机规格及主要技术参数

序号	参数		规格										
			160A	200	200B	315	315A	400A	400B	400C	400D	400E	400F
1	公称力/kN		1600	2000	2000	3150	3150	4000	4000	4000	4000	4000	4000
2	液体最大工作力/MPa		25	25	25	25	25	25	25	25	25	25	25
3	主缸回程力/kN		300	470	470	300	300	500	500	510	500	500	800
4	顶出力/kN		250	400	400	630	630	630	630	500	630	800	630
5	开口高度/mm		840	1120	1120	1250	1250	1500	1000	800	800	1250	1800
6	滑块行程/mm		500	710	710	800	800	800	500	710	500	800	800
7	顶出活塞行程/mm		200	250	250	300	300	400	200	200	200	350	300
8	滑块速度	快下/(mm/s)	150	200	200	200	200	200	200	200	200	200	200
		压制/(mm/s)	10~25	15~38	15~38	10~25	10~25	10~25	10~25	10~20	10~25	10~25	20~50
		回程/(mm/s)	120	140	140	120	120	200	200	140	190	200	200
9	顶出活塞速度	顶出/(mm/s)	150	90	90	55	55	140	140	150	220	130	150
		回程/(mm/s)	220	140	120	110	110	250	250	170	300	200	250
10	工作台有效面积	左右/(mm/s)	690	690	780	1120	900	1200	800	850	800	1150	850
		前后/(mm/s)	660	660	660	1120	900	1200	800	850	800	1150	850
11	主电动机功率/kW		18.5	37	37	37	37	45	45	37	50.5	45	90
备注			四柱	四柱	框架	四柱	四柱	四柱	四柱	框架	四柱	四柱	框架

序号	参数		规格									
			400G	500	630A	630B	630D	630E	630H	800A	1000	1000A
1	公称力/kN		4000	5000	6300	6300	6300	6300	6300	8000	10000	10000
2	液体最大工作力/MPa		25	25	25	25	25	25	25	25	25	25
3	主缸回程力/kN		500	950	1600	1600	1600	1600	1250	1600	2100	2100
4	顶出力/kN		800	1000	1000	1000	1000	1000	1000	1500	1600	1600
5	开口高度/mm		1250	1300	1500	1300	1500	1500	1400	1400	1500	1500
6	滑块行程/mm		800	800	900	800	800	1000	800	800	800	800
7	顶出活塞行程/mm		350	300	400	400	400	500	350	350	300	300
8	滑块速度	快下/(mm/s)	200	200	200	200	250	200	250	250	250	350
		压制/(mm/s)	10~25	11~27	12~30	12~30	18~40	12~30	18~45	18~10	18~44	18~44
		回程/(mm/s)	200	140	125	125	125	125	180	180	200	200
9	顶出活塞速度	顶出/(mm/s)	130	140	100	100	100	110	110	135	130	130
		回程/(mm/s)	260	140	200	200	200	220	220	270	170	170

（续）

序号	参数		规格									
			400G	500	630A	630B	630D	630E	630H	800A	1000	1000A
10	工作台有效面积	左右/(mm/s)	1150	900	1300	1200	1200	1200	1200	1300	1200	1200
		前后/(mm/s)	1100	900	1300	1000	1000	1000	1200	1300	1200	1200
11	主电动机功率/kW		45	60	90	90	135	90	135	135	180	180
备注			框架	四柱	四柱	四柱	四柱	四柱	框架	框架	框架	框架

10.3.5 伺服液压机的研制

针对铝合金锻造温度范围窄,通常不超过100℃的特点,采用成形速度即工进速度较快且可在一定的范围内可变的伺服液压机最为合适。根据这一需求,武汉新威奇科技有限公司开始研制Y68SK系列精锻型伺服液压机。现将其基本结构、工作原理、主要技术参数、主要特点及工艺应用范围介绍如下。

1. 基本结构

(1) 主机。主机采用整体框架式焊接结构,材料为Q235,前后主板采用整板加工而成,经计算机有限元分析和优化设计,具有很高的强度和刚度,焊接后整体退火消除应力。滑块采用八面矩形导轨,导轨主承压面采用优质氮化钢耐磨材料,具有良好的导向性能和精度保持性;采用稀油集中润滑装置,对导轨进行供油润滑。

(2) 主油缸。主油缸为活塞缸,安装于机身上横梁孔下方;缸体和活塞体均采用45号锻钢件,缸体采用珩磨工艺确保内孔精度,活塞杆采用振动磨削工艺确保外圆精度;主缸采用全套进口密封件。

(3) 液压系统。液压系统由两套电液伺服驱动器、三相交流永磁同步电机、德国福伊特高性能专用伺服泵、压力传感器、集成阀、油缸及管道等组成。通过电气系统控制,可完成压力机的各种工艺动作要求。采用"泵控伺服"技术,实现了流量和压力的精确控制,柔性好、精度高、噪声低、节能省电、操作和维护使用方便。

(4) 控制系统。针对铝合金或黑色金属精锻工艺设计的控制系统和人机交互界面,可以方便地调整滑块运动曲线的设置。还可设计特殊的工艺曲线,进行高难度、高精度精密成形,实现高的柔性控制。

2. 工作原理

Y68SK精锻伺服液压机使用液压站采用"泵控伺服"技术,通过对泵的转矩与转速的精确控制,实现流量和压力精确控制。主要由电液伺服驱动器、三相交流永磁同步电机、德国福伊特高性能专用伺服泵、压力传感器等几部分组成。由于油泵的输出流量正比于电机的转速,油路内的压力正比于电机的输出扭矩,通过对系统压力、流量双闭环控制,采用矢量控制+弱磁控制+专用PID控制算法,完成对泵的转矩与转速的精确控制。按照实际需要的流量和压力实现精确供给,消除高压节流的能源损耗,克服了传统“阀控伺服”系统高压节流产生的油温升高过快的问题,达到节能省电的效果,同时降低系统油温,最高节能率达 70%,平均节能率达 30%。

3. 主要技术参数(表 10-21)

表 10-21　Y68SK 系列精锻型伺服液压机主要技术参数(武汉新威奇科技有限公司)

型　号		Y68SK-315	Y68SK-400	Y68SK-500	Y68SK-630
公称力/kN		3150	4000	5000	6300
开口/mm		750	1000	1100	1300
行程/mm		400	500	600	800
工作台尺寸(左右×前后)/(mm×mm)		700×800	1000×1000	1000×1000	1000×1200
		1000×1000	1000×1200	1000×1200	1200×1400
		1000×1200	1200×1400	1200×1400	1600×1800
滑块速度/(mm/s)	快下	400	400	400	400
	负荷 50%	50	50	50	50
	负荷 100%	35	30	30	25
	回程	300	300	300	300

图 10-18 为 Y68SK-315 型伺服液压机样机。

图 10-18　Y68SK-315 型伺服液压机

4. 主要特点

同普通模锻液压机比较,Y68SK 系列精锻型伺服液压机具有主要特点如下:

(1) 柔性高。滑块运动曲线可根据不同精锻工艺和模具要求进行优化设置,可设计特殊的工作特性曲线,进行高难度、高精度成形,实现滑块"自由运动"。滑块可以设置为自由工作模式,也可设定为下死点保压等功能模式,大大提高了液压机智能化程度和适用范围。

(2) 效率高。可以根据实际情况的需要,在较大范围内设定滑块行程次数,在很宽范围内调节滑块速度。此外,伺服液压机行程也可以方便地调整,能根据成形工艺需要,使液压机在必要的最小行程内工作,生产效率得以提高。

(3) 精度高。伺服液压机的运动可以精确控制,装有滑块位移检测装置,滑块的任意位置可以准确控制;滑块运动特性可以优化,例如拉伸、弯曲及压印时,合理的滑块曲线可减少回弹,提高制件精度。通过闭环控制,滑块的重复定位精度高,保证了同批制件的精度。

(4) 噪声低。伺服液压机在工作中能减少噪声 3~10dB,在滑块静止时可减少噪声 30dB 以上,大大减少了对操作人员及环境的影响。

(5) 节能省电。与传统液压机比较节能效果显著,根据精锻成形工艺和生产节拍不同,伺服驱动液压机比较传统液压机可节电 30%~70%。

(6) 成形性能好。伺服驱动液压机能很好地满足一些新材料的成形工艺要求。除了铝合金精锻成形外,还适合于镁合金精密成形,镁合金液压成形时需将其加热到 250~350℃,由于大部分镁合金产品为薄板结构,毛坯加热后在模具中的冷却速度非常快,因此,在传统的液压机上难以实现恒温液压成形。采用伺服驱动液压机,选用合适的滑块运动曲线,易于控制成形温度、防止工件表面氧化,并获得理想的高质量产品。

(7) 维护保养方便。由于取消了液压系统中的比例伺服液压阀、调速回路、调压回路,液压系统大大简化。对液压油的清洁度要求远远小于液压比例伺服系统,减少了液压油污染对系统的影响。

5. 工艺应用范围

(1) 各种铝合金、镁合金热精锻及热冲压精密成形。

(2) 黑色金属冷温精锻成形。

(3) 高强度钢板冲压成形。

10.4 大型有色金属模锻液压机

10.4.1 国外大型模锻液压机

大型有色金属模锻液压机主要用于模锻大型铝、镁合金以及钛和钛合金的模锻件,广泛用于航空工业中。国外吨位最大的模锻水压机为苏联的 750MN,它建成于 20 世纪 60 年代初期。

模锻高强度合金的显著特点是金属变形所需的单位压强很高，特别是精密锻件或模锻薄腹板或薄肋条的锻件时，单位压强将急剧上升，模锻铝、镁合金时，其单位压强约为 200~800MPa，最广泛应用的是 500~600MPa，但模锻钛合金时，单位压强可达 1000MPa 以上。

10.4.2 国产大型模锻液压机

我国第一重型机器厂自行设计制造的 300MN 大型模锻水压机的结构简图如图 10-19 所示，它用模锻各种铝合金锻件。

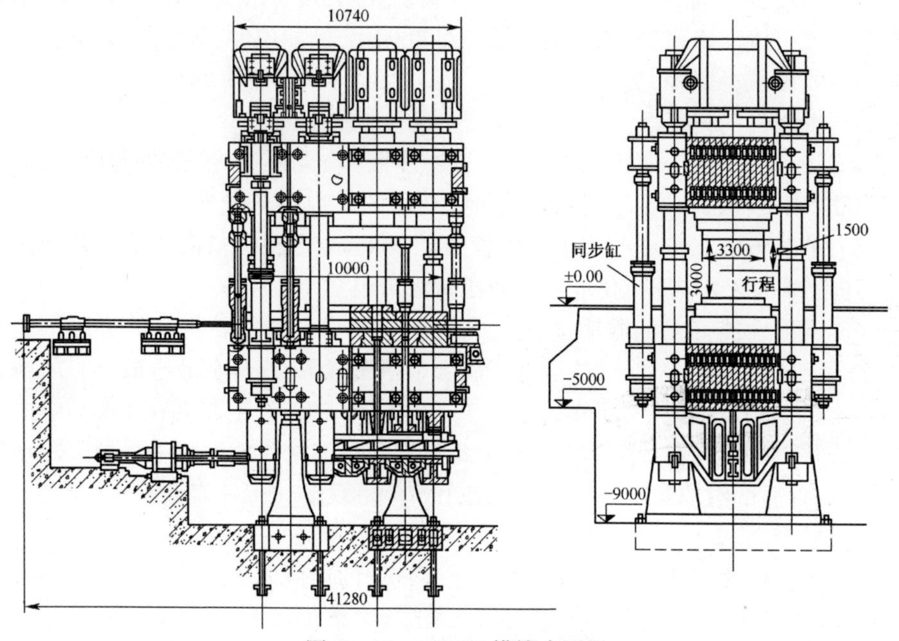

图 10-19 300MN 模锻水压机

300MN 模锻水压机为八柱八缸上传动结构。每两个立柱和一个上小横梁、一个下小横梁通过加热预紧构成一个横向的刚性框架。8 个工作缸成对地分别装在 4 个上小横梁内。4 个框架的上小横梁分成两组，成对地螺栓和键通过加热预紧组成一个整体，而 4 个框架的下部则以下横梁将 4 个横向框架构成一个刚性的整体。因此，相当于具有共同的活动横梁和下横梁的两台四柱式立式水压机。

活动横梁和下横梁均由纵向厚钢板和两侧的铸钢侧梁通守拉紧螺栓加热预紧组成。在活动横梁的下面装有垫板，其上也有垫板，用以固定下模座，工作台可向一侧移出 8m 行程。

工作缸的柱塞具有上、下球面铰接，下面再通过垫板支承在活动横梁上。4 个平衡缸、4 个回程缸及 4 个同步缸均按对称位置以球面支承于活动横梁和下横梁之间。

水压机下部有中央顶出器，5 个顶杆可同时或分别使用。

外侧的 4 个立柱下部装有立柱应力测量装置，当立柱应力超过额定应为(1200 $\times10^5$Pa)时，能发出声响信号，同时自动切断泵站的来水，并使水压工作缸卸压，以保证水压机安全。

目前 300MN 模锻水压机主要技术参数如表 10-22 所列。

表 10-22　300MN 模锻水压机主要技术参数

名　　称	量值
公称压力/MN	300
分级压力：第一级/MN 第二级/MN 第三级/MN	100 210 300
工作液体压强：泵站/$\times10^5$Pa 变压器/$\times10^5$Pa 充液罐/$\times10^5$Pa	320 150,450 5~8
工作液体：主系统 同步系统	乳化液 矿物油
活动横梁最大行程/mm	1800
行程速度：加压行程(m/s) 空程和回程(m/s)	0~30 ~150
净空距/mm	3900
允许偏心距：纵向/mm 横向/mm	400 200
工作台面尺寸/mm	3300×10000
工作缸：数量/mm 柱塞直径/mm	8 1030
回程缸：数量/mm 柱塞直径/mm	4 480
平衡缸：数量/mm 柱塞直径/mm	4 400
活动部分重量/t	2100
充液缸：容积/m^3 压强/$\times10^5$Pa	2×37 5~8
低压缓冲器：压强/$\times10^5$Pa 流量/(L/min)	4×6 5~8
同步系统主油泵：容积/m^3 压强/$\times10^5$Pa	200 3×200
轮廓尺寸：总高/mm 地上高/mm	36500 16100

名　　称	量值
总平衡力/MN	16.0
总回程力/MN	39.4
同步缸：数量/个 活塞直径/mm 初始压强/$\times10^5$Pa 最大工作压强/$\times10^5$Pa 缸间距离/mm	ϕ900/ϕ400 65 200 10000×8000
工作台移动缸：柱塞直径/mm 移动力/MN 行程/mm	320 2.5 8000
中央顶出器：顶杆数/个 顶出力/MN 行程/mm	5 7.5 300
侧顶出器：顶出力/MN 行程/mm	5.0 1000
立柱间距：横向/mm 纵向/mm	5600 3×2700
变压器：台数/台 行程/mm 下缸直径/mm 变压缸直径/mm 一次行程压出液体容积/L 相当于活动横梁行程/mm	2 2600 ϕ370,2×ϕ315 ϕ460 460 60
轮廓尺寸：地下高/mm 宽度/mm 长度/mm	10400 32645 49300
最重零件：上小横梁/t 立柱/t	单重 129 单重 101
本体部分质量/t	7100
总重/t	8067

在我国“十二五”~“十三五”期间，德阳二重集团公司的研发团队，经过长期攻关，成功研制出目前国内外吨位最大的 800MN 即 8 万 t 模锻液压机，其照片如

图 10-20 所示。

图 10-20　800MN 模锻液压机

主机由 C 形机架板框式机架,5 个主工作液压缸(中间缸兼作垂直穿孔缸),垂直穿孔系统、上板梁、组合式活动横梁、组合式固定下横梁、移动工作台、4 个回程液压缸、4 个同步缸和 2 个底座装置等组成。预应力组合机身采用直径为 ϕ160 ~ ϕ900mm 大小不等拉杆 60 多根;4 个主工作缸,其工作油压为 0 ~ 63MPa,单缸最大工作压力为 160MN(1.6 万 t);另有一个垂直穿孔缸(不作穿孔时也作为主缸),其压力也是 160MN,五缸总的压力共计为 800MN;工作台单缸抬升力为 2400kN,总的抬升力为 19200kN;主机地面高度为 27m,地下高度 15m,总的高度为 42m,机器总重 2.2 万 t。

该机的活动横梁重达 2600t 以上,主要由两片中梁、两片侧梁、4 根导向杆、两块上垫板、中间垫板、支柱、下板等组成。其中每片中梁重 379t,两片中梁由 10 根直径 ϕ450mm 的拉杆拉紧,每根施加的预紧力为 22000kN;每片侧梁重 232t,长 12.3m,宽 1.93m,高 3.6m,两片侧梁由 2 根 ϕ550mm 的拉杆与中梁锁紧,每根拉杆施加的预紧力为 2800kN。

该机的性能特点是,其控制系统可对压力、速度、时间、压下位置等主要参数进行精确监控。为适应多种模锻工艺要求,设计了可无级调节的三种压力及运行速度:

(1) 第一级压力为 400MN,动梁运行速度为 60mm/s。

(2) 第二级压力为 600MN,动梁运行速度为 40mm/s。

(3) 第三级压力为 800MN,动梁运行速度为 30mm/s。

压机工作台面尺寸的前后×左右 = 8×4m,最大装模空间高度为 4.5m,活动横梁行程 2m。800MN 大型模锻液压机的主要技术参数如表 10-23 所列。

表 10-23　800MN 大型模锻压机主要技术参数

名　　称	量　值	名　　称	量　值
工作介质及液体压力		平衡力/MN	4×20
工作介质压力（无级调控）/MPa	0~63	顶出器	
公称压力/MN	800	数量/个	3
最大垂直穿孔压力/MN	160	公称顶出力/MN	8
主工作缸		行程/mm	600
数量/个	4	主柱塞、垂直穿孔柱塞的工作行程速度/mm/s	0.2~30
柱塞直径/mm	ϕ1800	垂直方向压力 0~600MN 时的最大速度/(mm/s)	30
最大工作压力/MN	160	垂直方向压力 400~600MN 时的最大速度/(mm/s)	20
行程/mm	2000	垂直方向压力 600~800MN 时的最大速度/(mm/s)	10
垂直穿孔缸		垂直穿孔 160MN 时，最大速度/(mm/s)	50
数量/个	1	主柱塞、垂直穿孔柱塞的空程和回程速度/(mm/s)	150
柱塞直径/mm	ϕ1800	移动工作台行程速度/(mm/s)	50~250
最大工作压力/MN	160	顶出器行程速度/(mm/s)	150
行程/mm	2500	活动横梁行程/mm	2000
垂直穿孔回程缸		垂直穿孔最大行程/mm	2500
数量/个	2	垂直方向净空高度/mm	5000
柱塞直径/mm	ϕ780/ϕ450	水平方向净空距离/mm	5600
回程力/MN	10	工作台面尺寸/左右×前后/(mm×mm)	4000×8000
行程/mm	2500	允许最大锻造偏心距	
工作台移动缸		横向(左右)/mm	200
数量/个	1	纵向(工作台移动方向)/mm	300
推/拉力/MN	9/4.6	活动横梁平行度(同步精度)/(mm/m)	0.2
行程/mm	9500	活动横梁运动位置精度/mm	≤±1
回程缸		压制速度精度	
数量/个	4	0.2~5mm/s 时的精度/%	±50
柱塞直径/mm	ϕ900	5~50mm/s 时的精度/%	±5
回程力/MN	80(4×20)	下死点压力保压精度/%	±1.25
平衡缸		移动工作台运动位置精度/mm	≤±1
数量/个	4	外形尺寸(长×宽×高)/(mm×mm×mm)	31958×15900×41900
活塞直径/mm	ϕ1200/ϕ600	地面以上高度/mm	约 27150
		地面以下深度/mm	约 14900

将800MN模锻液压机的结构、性能及主要技术参数同国内外已有的大型模锻液压机进行比较,不难看出800MN模锻液压机具有如下特点:

(1) 公称压力为800MN超过苏联目前公称压最大750MN,成为目前国内外吨位最大的模锻液压机,可很好地满足我国航空、航天所需大型铝合金等轻金属模锻件生产的需求。

(2) 模锻成形力与成形速度配置合理,有利于适应不同材料特性和结构特点的锻件的模锻成形工艺的要求。

(3) 设备精度高,有利于实现大型锻件的精密模锻。

(4) 可实现以整体模锻代替分段或分块模锻机加工后焊接为一体的分体制造,不仅有利于提高材料利用率和生产效率,而且也有利于提高锻件质量。

10.5 螺旋压力机

1. 螺旋压力机的种类、基本结构及性能特点比较

目前使用较多的螺旋压力机主要分为离合器式螺旋压力机、非直驱及直驱电动螺旋压力机三种。下面分别介绍其结构、工作原理及特点比较。

1) 离合器式螺旋压力机

最早由德国辛佩坎公司研制成功的NPS型压力机的运动原理和结构如图10-21所示。离合器式螺旋压力机与传统的螺旋压力机的区别并不在于传动方式上(摩擦、液压、电机直接传动),而在于飞轮的工作方式完全变了。主电机通过三角皮带驱动飞轮9,使它单向自由旋转。工作时由液压推动离合器活塞10,使与螺杆连成一体的离合器从动盘与飞轮9结合,带动螺杆做旋转运动,通过固定连接在滑块上的螺母,使滑块向下运动,并进行锻击。随着锻击力的增加,使飞轮的转速降低到一定数值时,控制离合器系统的脱开机构将起作用,通过控制顶杆顶开液压控制阀使离合器脱开,飞轮继续沿原方向旋转, 恢复速度。与此同时, 利用固

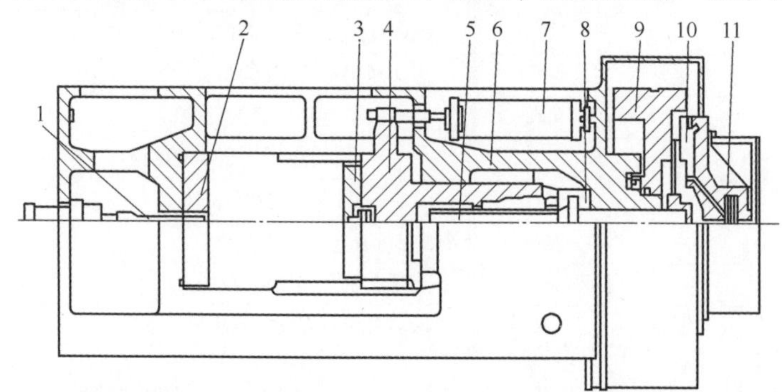

图10-21 NPS型离合器式螺旋压力机结构原理图

1—下模顶出器;2—台面垫板;3—滑块垫板;4—滑块;5—主螺杆;6—机身;7—回程缸;8—推力轴承;9—飞轮;10—离合器活塞;11—离合器油缸。

定在机身上的液压回程缸 7,使滑块向上回程,完成一个工作循环。

国内,北京机电研究所同青岛青锻锻压机械有限公司开发了离合器螺旋压力机系列产品,其主要技术参数如表 10-24 所列。

表 10-24　J55 系列离合器式螺旋压力机主要技术参数

型　号	公称力 /kN	最大打击 /kJ	滑块速度 (≥) /(m/s)	有效变形能量 /kJ	最大行程/mm	最小装模空间 /mm	工作台面尺寸 (前后×左右) /(mm×mm)	主电动机功率	主机质量/kg
J55-400	4000	5000	500	60	300	500	800×670	18	23000
J55-630	6300	8000	500	100	335	560	900×750	30	32000
J55-800	8000	10000	500	150	355	630	950×800	37	44000
J55-1000	10000	12500	500	220	375	670	1000×850	45	56000
J55-1250	12500	16000	500	300	400	760	1060×900	55	71000
J55-1600	16000	20000	500	420	425	800	1250×1000	90	110000
J55-2000	20000	25000	500	500	450	860	1200×1200	90	180000
J55-2500	25000	31500	500	750	500	960	1400×1400	132	250000
J55-3150	31500	40000	500	1000	500	950	1450×1450	132	290000
J55-4000	40000	50000	500	1250	530	1060	1600×1600	180	350000

2）电动螺旋压力机

电动螺旋压力机分为非直驱式和直驱式两种类型。图 10-22 所示是德国惠加顿公司制造的 PZS 系列重型非直驱式电动螺旋压力机结构原理图。其工作原理是,由电动机 11 经小齿轮 10 驱动,飞轮部件(大齿轮)9 及与其紧固为一体的螺杆

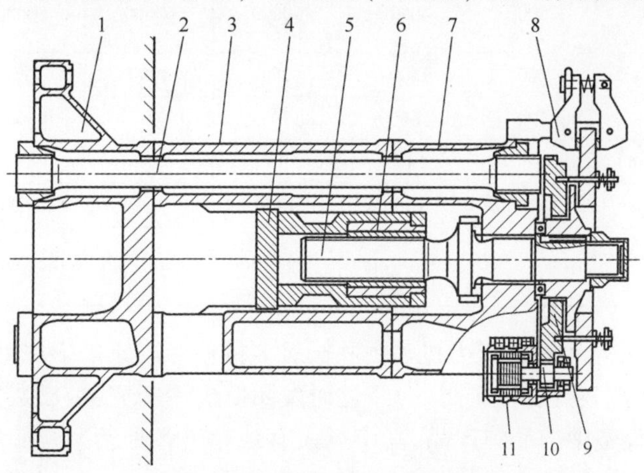

图 10-22　PZS 系列重型非直驱式电动螺旋压力机结构原理图

1—下横梁;2—拉杆;3—机身;4—滑块;5—螺杆;6—螺母;7—上横梁;
8—制动器;9—飞轮(大齿轮);10—小齿轮;11—电动机。

5 旋转储能,旋转的螺杆 5 通过与滑块 4 紧固为一体的螺母 6 带动滑块 4 做上下往复运动,实现锻造功能。当电机达到打击能量所要求的转速时,利用飞轮部件所储存的功能做功,使锻件成形。飞轮部件释放能量后,电机 11 立即带动大齿轮 9(飞轮部件)反转,反转一定转角后,电动机进入制动状态,滑块回到初始位置。

国内,青岛益友锻压机械有限公司、青岛锻压机械有限公司和武汉新威奇科技有限公司等开发了与此原理相同,但结构上各具特色的中小型电动螺旋压力机系列产品。其中,武汉新威奇科技有限公司开发的 J58K 型数控电动螺旋压力机系列产品的主要技术参数列于表 10-25,与湖北三环集团黄石锻压机床有限公司共同研制的 J58K-2500 数控电动螺旋压力机如图 10-23 所示。

表 10-25 J58K 数控电动螺旋压力机主要技术参数(武汉新威奇科技有限公司)

型 号	J58K-160	J58K-250	J58K-315	J58K-400	J58K-630	J58K-1000
公称压力/kN	1600	2500	3150	4000	6300	10000
长期运行许用压力/kN	2500	4000	5000	6300	10000	16000
运动能量/kJ	10	15	20	40	80	160
滑块行程/mm	300	320	380	400	450	500
行程次数/(次/min)	30	28	26	24	20	18
最小封闭高度/mm	500	500	550	570	720	750
工作台尺寸(左右/前后)/mm	600/560	600/560	700/640	750/730	820/900	920/1050
型号	J58K-1600	J58K-2500	J58K-3150	J58K-4000	J58K-5000	J58K-6300
公称压力/kN	16000	25000	31500	40000	50000	63000
长期运行许用压力/kN	25000	40000	50000	63000	80000	100000
运动能量/kJ	280	500	700	1000	1150	1650
滑块行程/mm	600	650	700	750	800	850
行程次数/(次/min)	16	14	13	11	9	8
最小封闭高度/mm	960	1050	1450	1460	1500	1700
工作台尺寸(左右/前后)/mm	1000/1250	1250/1400	1300/1400	1640/2000	1640/2000	2100/2000

J58K 型数控电动螺旋压力机是由我国著名机械专家原华中理工大学(现华中科技大学)黄树槐教授主持研制的,经过研发团队的不断完善,已成为我国螺旋压力机这一模锻设备中的品牌产品,其市场占有量超过各种新型螺旋压力机总量的 50%以上。同传统的摩擦压力机比较,其特点如下:

(1) 传动链短,以齿轮直接传动取代皮带及摩擦传动,且小齿轮为特制的具有较好自润滑功能的非金属材料制造,接触摩擦系数大为减小,因此转动惯量小,传动效率大为提高,其节省电能超过 30%,且随着压力机吨位的增大其节省电能的幅

图 10-23　J58K-2500 数控电动螺旋压力机

度也显著增加;基于上述原因的另一优点是打击能量可以准确控制,有利于提高锻模和压力机的使用寿命。

(2) 采用加长滑块与加长型精密导向装置,抗偏载能力显著增强,不仅有利于提高锻件尺寸精度,而且有利于实现多工位模锻,加上滑块行程不固定,因而工艺使用范围宽,是一种较为理想的温、热精锻和精压设备。

(3) 有利于与机器人联动建成由中频感应加热炉、制坯、模锻、切边及冲孔等工序组成的自动化生产线,不仅可提高生产效率,而且可有效提高锻件质量。

(4) 结构较为简单,使用维护简便。

近年来,该公司在国内率先开发出 J58K 型数控电动螺旋压力机自动化生产线,已在湖北、山东、浙江、江苏和重庆等地的汽车零部件行业建立了自动化生产线近 40 条,其中由德国马勒公司控股的马勒(湖北)气门驱动股份有限公司建立了汽车发动机气门锻件自动化生产线 28 条。表明所开发的电动螺旋压力机自动化生产线技术成熟,运行稳定,具有较强的市场竞争力。

直驱式电动螺旋压力机是电动螺旋压力机的最新发展。其基本结构及原理如图 10-24 所示,它由冷却电动机 1、主电动机定子 2、转子 3、螺杆 4、上横梁 5、推力轴承 6 和拉杆 7 等主要零部件组成。主电机定子 2 固定在上横梁 5 的上面,主电动机转子 3 固定在飞轮外圆柱面上,带有转子 3 的飞轮与螺杆 4 固结为一体,其余结构与非直驱式电动螺旋压力机相同。主电动机 2、3 正反通电时,与飞轮为一体的转子 3 在磁场作用下做正反快速旋转,带动螺杆 4 以相同的速度正反旋转,进而带动滑块向下与向上往复运动,从而实现模锻成形功能。

基于上述原理,武汉新威奇科技有限公司于2016—2017年研制成公称压力为5MN、6.3MN和10MN的J58ZK型直驱式电动螺旋压力机,其中5MN样机如图10-25所示,主要技术参数列入表10-26。

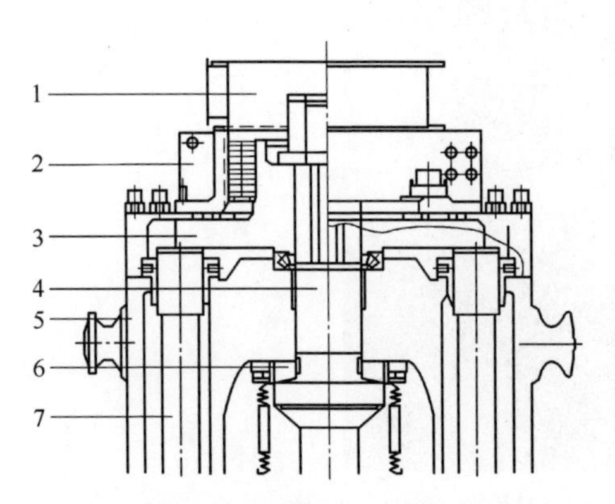

图10-24 直驱式电动螺旋压力机基本结构及原理

1—冷却电动机;2—主电动机定子;3—主电动机转子;4—螺杆;5—上横梁;6—推力轴承;7—拉杆。

图10-25 J58ZK-500型直驱式电动螺旋压力机样机

表10-26 J58ZK-500型直驱式数控电动螺旋压力机主要技术参数

公称压力	5MN
长期运行许用载荷	8MN
运动能量	50kJ
滑块行程	400mm
行程次数	22次/min
最小封闭高度	570mm(含下垫板厚度120mm)
建议装模高度	450mm±20mm
工作台尺寸(左右×前后)	750×730mm
电机功率	80kW
平均功率	≤40kW(全能量连续打击情况下)
整机尺寸(高度×左右×前后)	3930mm×2165mm×2115mm

直驱式电动螺旋压力机与非直驱式电动螺旋压力机比较,因传动链更短,所以结构更加紧凑,传动效率更高,节能省电效果更好;滑块行程次数和生产效率更高,总体性能更加先进。

2. 三种螺旋压力机同传统摩擦压力机的性能特点比较

为了便于对螺旋压力机进行选用,下面仍以摩擦压力机为比较对象,将离合器式、非直驱式电动螺旋压力机和直驱式电动螺旋压力机的结构、螺杆运动方式、能耗、长期运行许用压力 $P_{许}$ 与公称压力 P_g 之比 $P_{许}/P_g$，抗偏载能力等性能特点的比较如表 10-27 所列。

表 10-27　三种螺旋压力机和摩擦压力机的性能特点比较

种类	结构	螺杆运动方式	能耗*	$P_{许}/P_g$	抗偏载能力
摩擦压力机	简单	螺旋	1.0	1.6	差
离合器式螺旋压力机	复杂	旋转	—	1.25~1.30	好
非直驱式电动式螺旋压力机	较简单	旋转	0.597	1.6	好
直驱式电动式螺旋压力机	简单	旋转	0.495	1.6	好
*折合成相同行程次数和飞轮能量条件下电机功率之比					

3. 力、能关系特性

螺旋压力机的运动部分（飞轮、螺杆和滑块或飞轮和螺杆）在传动系统作用下，经过规定的向下驱动行程所蓄存的能量为

$$E_T = \frac{1}{2}mv^2 + \frac{1}{2}I\omega^2 = \frac{1}{2}\left(m + \frac{4\pi^2}{h^2}I\right)v^2 = \frac{1}{2}\left(\frac{h^2}{4x^2}m + I\right)\omega^2 \quad (\mathrm{J}) \quad (10-6)$$

式中：m 为飞轮、螺杆和滑块的质量（10N）；I 为飞轮、螺杆的转动惯量（$10\mathrm{N}\cdot\mathrm{m}^2$）；$v$ 为打击时滑块最大线速度（m/s）；ω 为打击时飞轮最大角速度（rad/s）；h 为螺杆螺纹的导程（m）。

在锻击终了时，滑块速度等于零，运动部分的能量 E_T 转化为：工件加压成形所需的变形能 E_p；螺旋压力机受力零件的弹性变形能 E_d；克服机构摩擦所消耗的能量 E_f，即

$$E_T = E_p + E_d + E_f \quad (10-7)$$

带有摩擦式过载保护装置的螺旋压力机的力—能关系曲线及能量分配情况，如图 10-26 所示。曲线 1 为没有过载保护装置的力—能关系曲线，曲线 2 为有过载保护装置的力—能关系曲线。图中 a 点相应于飞轮与摩擦盘开始打滑，打击力达到公称打击力 P_N 或 P_M（$P_N = b$）的点；c 表示许可打击力，一般可控制在公称打击力的 0.9~1.6 倍；P_{max} 表示冷击力，一般控制在公称打击力的 2 倍；E_f 为压力机运动部分消耗的摩擦能，E_{cd} 为机身和受力零件弹性变形消耗的能量；E_P 为锻件塑性变形所吸收的能量；E_c 为摩擦盘与飞轮打滑时消耗的摩擦能。由图可知，当螺旋压力机的打击能量 E_T 一定时，E_P 也一定，所以打击时的作用力 P_x 与锻件的变形量 s 成反比，与机身、螺杆的刚度成正比。也就是说，锻件的变形量越小，打击时的作用力 P_x 越大；打击时所需的变形力越大，锻件所吸收的能量 E_P 反而越小，这时大部分能量消耗于模具和机身的弹性变形，增加了模具和设备的磨损，并产生大的噪声。当 $s = 0$ 时，打击能全部被机身和零件的弹性变形所吸收，此时 P_x 达到

最大值,称为冷击力。所以,螺旋压力机兼有锤与机械压力机两者的优点,对于变形量较大的镦粗、挤压等工序可提供大的变形能量,对于变形量小的精压等工序则可提供大的工作压力。

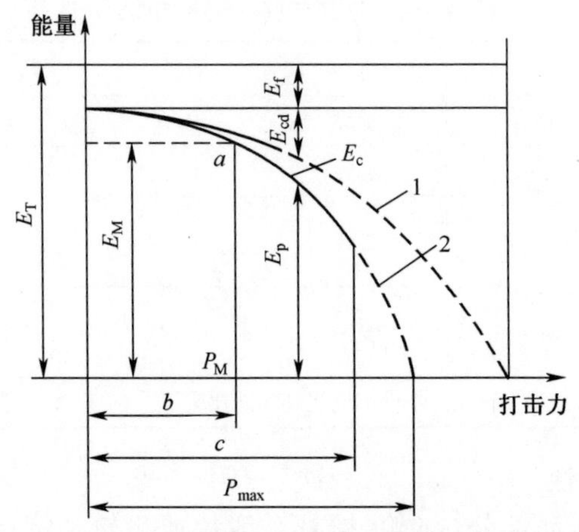

图 10-26　螺旋压力机力—能关系曲线及能量分配图

在螺旋压力机上模锻时的作用力—行程曲线如图 10-27 所示。由图可知,当打击力 P_{max} 大于锻件需要的变形力 P_p(图 10-43(a))时,锻件成形后还有大量的剩余能量被设备和锻模承受,这会引起设备和模具损坏等不良后果。当工作行程 s_P 正好等于锻件的变形量 s,或者锻件的成形力正好等于打击力时,则锻件成形后设备没有剩余能量,如图 10-27(b)所示,这是最理想的情况。因此,应当根据实际需要的变形力选用螺旋压力机吨位,或根据需要合理调节螺旋压力机的能量。

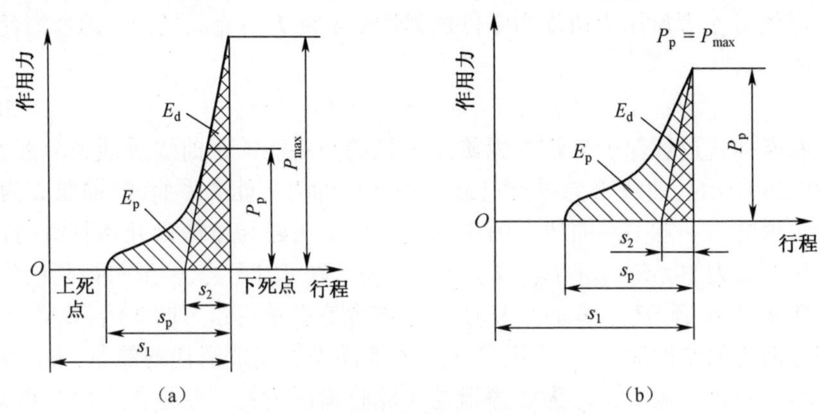

图 10-27　螺旋压力机力—行程曲线

(s_1—滑块行程;s_2—锻件、机身及模具的弹性变形行程)

4. 螺旋压力机公称吨位计算

(1) 确定锻件变形所需要的力(P/kN)可按如下经验公式确定。

$$P = KF \tag{10-8}$$

式中：F 为锻件水平投影面积(cm^2)；K 为系数。若锻造温度为 1200℃，当要求锻件轮廓清晰时，取 $K=80kN/cm^2$；当锻件具有圆角及光滑轮廓时，取 $K=50kN/cm^2$；对于厚度很薄的锻件(如叶片等)，取 $K=110\sim130kN/cm^2$。

(2) 确定压力机的公称压力(P_g/kN)可按如下经验公式确定。

$$P_g = P/q \tag{10-9}$$

式中：q 为系数。对于变形行程小的精压件，取 $q=1.6$；对于变形行程稍大的锻件，取 $q=1.3$；对于变形行程大、需要变形能量也大的锻件，取 $q=0.9\sim1.1$。

还可用如下公式计算压力机的公称压力(P_g/kN)：

$$P_g = a\left(2 + 0.1\frac{F_{锻}\sqrt{F_{锻}}}{V_{锻}}\right)\sigma_b F_{锻} \tag{10-10}$$

式中：$F_{锻}$ 为锻件水平投影面积(mm^2)；$V_{锻}$ 为锻件体积(mm^3)；σ_b 为终锻时材料抗拉强度(MPa)；a 为系数。对于闭式整体凹模中无飞边模锻，$a=3$；对于闭式可分凹模无飞边模锻，$a=5$；对于挤压，$a=5$。

5. 螺旋压力机承受偏载能力分析

为了正确使用各种类型的螺旋压力机，有必要对其承受偏载的能力进行分析。根据各种螺旋压力的不同结构特点和实际使用情况来看，对于承受偏载能力的主要影响因素是滑块的高宽 L 与宽度 B 之比 $K=L/B$ 的大小和导向精度即滑块与导轨的间隙 Δ 的大小。

对国产螺旋压力机的 K 值统计如下：

摩擦压力机系列(1~25MN) $K_1=0.95\sim1.05$；

电动螺旋压力机系列(1.6~25MN) $K_2=1.22\sim1.38$；

滑块采用导轨和圆筒组合导向的电动和离合器式螺旋压力机 $K=1.51\sim1.73$。

三种螺旋压力机的滑块导向结构如图 10-28 所示。为了比较三种螺旋压力机承受偏载的能力，假设在它们的公称压力、滑块宽度、机身刚度及滑块导向面与机身导轨之间的间隙均相同的条件下，当承受同样的偏心载荷时，滑块相对于导轨倾斜的角度 r 则可表示承受偏载的能力，即 r 角越大，承受偏载的能力越差。图 10-28很直观地表明：对于摩擦压力机，因 K 值小，滑块高度 L 小，滑块导向面同机身导轨接能长度小，因此，当滑块承受偏心载荷 P 时，其中心线相对于垂直线即相对于导轨的倾斜角度 r_a 就大，表明承受偏载的能力小(图 10-28(a))。

对于电动螺旋压力机，因 K 值越大，滑块高度 L 大，滑块导向面同机身导轨接触长度长，因此，当滑块承受偏心载荷 P 时，其中心线相对垂直线即相对于导轨的倾斜角度 r_b 就小，表明承受偏载的能力强(图 10-28(b))；

对于具有导轨和圆筒双重导向的电动螺旋压力机和离合器式螺旋压力机，因 K 值更大，滑块高度 L 更大，滑块导向面的接触长度更长，因此，承受偏载的能力更强(图 10-28(c))。

不难看出，在上述假设条件下，螺旋压力机承受偏载能力的规律是，当 $K_1<K_2<k_3$ 时，$r_a > r_b > r_c$，即随着 K 值的增加，承受偏载的能力不断增强。

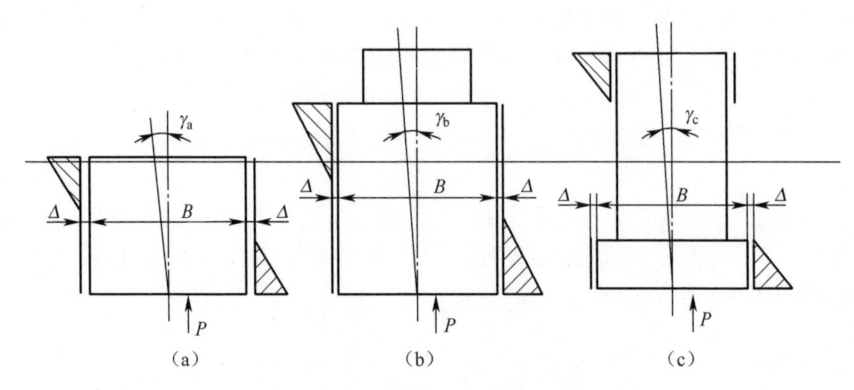

图 10-28　三种螺旋压力机的滑块导向结构

(a)摩擦压力机;(b)电动螺旋压力机;(c)离合器式螺旋压力机。

但随着 K 值的增大,滑块导向面同导轨的接触长度随之增长,则其相对间隙值大为减小,这必然使制造和安装调试成本增加。因此,在选用螺旋压力机时,除了遵循上述规律外,还应在锻模设计时对模膛的布置与压力机承受偏载的能力相符。

由于摩擦压力机承受偏载的能力差,故一般只采用单模膛模锻,当需要采用预锻和终锻两个模膛模锻时,其经验设计方法是,两个模膛分布在螺杆中心线的两边,两个模膛中心线间的距离不超过螺杆的半径 R,且终锻模膛尽量与螺杆中心线靠得近一些。

电动螺旋压力机和离合器式螺旋压力机承受编载能力大为提高,但必须注意只有中心打击时才能采用公称压力的 1.6 倍,即 $1.6P_g$;而在偏离螺杆中心线时,其打击力应相应减小。图 10-29 所示是锻造力同螺杆直径与滑块尺寸的关系曲

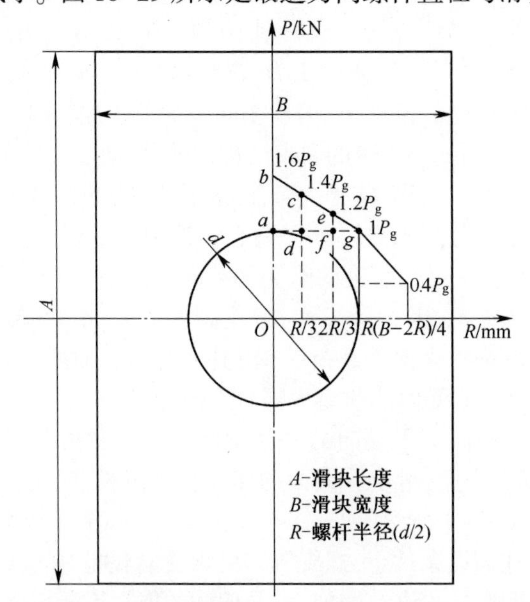

图 10-29　锻造力与螺杆直径及滑块尺寸的关系曲线

线，它是根据相关厂家生产实践及我国引进国外大型螺旋压力时供应商提供类似资料综合所绘制的，可供进行多模膛模锻时进行模具设计予以参考。

10.6 铝合金模锻成形设备与精锻生产线的设备配置

10.6.1 常用铝合金模锻成形设备的比较

表 10-28 是几种常用铝合金模锻成形设备的比较，为读者选择使用时提供参考。

表 10-28 几种常用铝合金模锻成形设备的比较

项目比较	液压机	机械压力机	螺旋压力机
设备工作原理	载荷限定	行程限定	能量限定
载荷性质	静态	准静态	准动态
变形力控制	压力可控	公称压力	取决于变形量
工作行程速度/(m/s)	0.06~0.3	0.06~0.2	0.6~1.2
空行程最高速度/(m/s)	0.3~0.6	1.5	0.6~1.2
锻件的应变速度/s^{-1}	0.03~0.06	1~5	2~10
合模时间	长(分秒计)	较长(约 1′)	较短(厘秒计)
工作频次/(次/min)	≤15	40~75	15~20
工作速度可控性	可控	不可控	不可控
保压时间可控性	可控	不可控	不可控
工作精度	较好	好	一般
抗偏载能力	强	强	差
模具合模冲击	小	较大	最大
模具安装空间	大	小	小
模具电加热装置	可以	不可以	不可以
机重指标	1	2	1.5

10.6.2 精锻生产线的设备配置

1. 长轴类铝合金锻件精锻生产线的配置

(1) 模锻锤为主机(方案 1)。卧式带锯机或高速圆盘锯下料→箱式电阻炉加热→模锻锤上制坯、预锻、终锻→冲床上切边、冲孔→电动螺旋压力机或精压机上校正精压。

(2) 热模锻压力机为主机(方案2)。卧式带锯机或高速圆盘锯下料→网带式电阻炉加热→辊锻机制坯→(冲床上弯曲)→热模锻压力机上(压扁、)预锻、终锻→冲床上切边、冲孔→电动螺旋压力机或精压机上校正精压。

(3) J58K型数控电动螺旋压力机为主机(方案3)。卧式带锯机或高速圆盘锯下料→网带式电阻炉加热→辊锻机制坯→小吨位电动螺旋压力机上弯曲或压扁→电动螺旋压力机上预锻→电动螺旋压力机上终锻→电动螺旋压力机或精压机上校正精压。

上述三种方案的比较如表10-29所列。

表10-29　三种长轴类铝合金锻件精锻生产线方案的比较

方案	优　点	缺　点	适用范围
1	仅需1台设备完成全部制坯与模锻工序,设备投资少,生产效率高	操作技术要求高,生产节拍和锻件质量一致性较难保证;产生振动和噪声;难于实现自动化	工艺适应范围宽,适合于工艺试验和批量生产
2	操作技术要求不高,可采用步进梁建立自动化生产线,生产节拍和锻件一致性好	需配备辊锻机制坯;设备投资大;工艺应用面窄	适于单一、少品种大批量生产
3	打击能量可准确控制,节能30%以上;可采用机器人建立自动化生产线;设备投资较方案二小;锻件质量好	需配备辊锻机制坯;适于单机连线,占地面积较大	工艺适应范围宽,尤其适于温/热精锻

2. 复杂回转体铝合金锻件精锻生产线的配置

以数控精锻液压机为主机,前后配置设备同上。

(1) 方案1。2台或3台单动数控精锻液压机,采用手工或机器人操作实现制坯→预锻→闭式终锻成形。该方案适合于轮廓尺寸较大的大中型件的批量生产。

(2) 方案2。1台单动数控精锻液压机和1台双动或多向数控精锻液压机,采用手工或机器人操作实现制坯→闭式终锻成形。该方案适合于中小型件的批量生产。

3. 枝叉类铝合金锻件精锻生产线的配置

(1) 方案1。坩埚精炼炉→数控挤压铸造液压机→修边、去冒口设备→热处理设备。该方案适合于采用含Si量≥6%的铝硅合金为材料、产品抗拉强度为180~200MPa的挤压铸件的批量生产。

(2) 方案2。在方案①的基础上增加1台数控电动螺旋压力机、1台精密切边、冲孔压力机。该方案适合于含Si量≥6的铝硅合金为材料、产品抗拉强度大于200MPa的铸锻件的批量生产。

4. 大型筋板类铝合金锻件精锻生产线的配置

宜采用技术参数变化范围宽的大吨位数控精锻液压机。

参考文献

[1] 夏巨谌，王新云．闭式模锻[M]．北京：机械工业出版社，2013.
[2] 汤达．锻压手册第3卷锻压车间设备第三篇第四章高速锤和液压锤[M]．北京：机械工业出版社,1993.
[3] 杨津光．锻压手册第3卷锻压车间设备第二篇第四章热模锻压力机[M].北京：机械工业出版社，1993.
[4] 林道盛，樊德书．锻压手册第3卷锻压车间设备第二篇第十章其他压力机[M].北京：机械工业出版社，1993.
[5] 俞新陆．锻压手册第3卷锻压车间设备第一篇第三章模锻液压机[M].北京：机械工业出版社，1993.
[6] 张凯锋，郭殿俭，海锦涛．锻压手册第1卷锻造第五篇第三章等温锻造与超塑锻造[M].北京：机械工业出版社，1993.
[7] 齐丕骧．我国挤压铸造机的现状与发展[J].铸造，2010，59(4)：305-307.
[8] 邓建新，邵明，游东东．挤压铸造设备现状及发展分析[J].铸造，2008，57(7)：643-646.
[9] 杨雪春．离合器式螺旋压力机的研究[J].南昌：南昌大学，2000.
[10] 杨艳慧，刘东，罗子健．离合器式螺旋压力机打击特性和锻造过程数值模拟[J].航空学报，2009，30(7)：1346-1357.
[11] 熊晓红，李宫超，冯仪．CNC电动螺旋压力机[J].锻压技术，2007，32(5)：110-113.
[12] 张元良，庄云霞，邢吉柏．电动螺旋压力机的研究与发展[J].锻压装备与制造技术，2008，43(1)：12-14.
[13] 冯仪，黄树槐，李军超．永磁交流同步电机驱动的电动螺旋压力机研究[J].锻压技术，2009，34(6)：112-116.
[14] 张长龙，孙国强．铝合金锻造成形工艺与设备，精密锻造技术研究与应用[M].北京：机械工业出版社，2016.

内 容 简 介

本书简要介绍铝合金作为目前首选轻量化金属材料的应用及需求分析和铝合金精锻成形技术的国内外发展动态;详细论述了铝合金精锻成形技术基础理论、有限元模拟与数字化精锻成形技术;进而系统论述了长轴类、复杂回转体、枝叉类与大型筋板类铝合金锻件精锻成形工艺、模具设计及应用实例,还论述了铝合金精锻配套技术及配套设备、精锻成形设备的种类及选用。

本书可供相关企业、研究院所从事铝合金零部件加工生产与科研工作的工程技术人员使用,也可供高等院校材料加工工程的研究生及本科生参考。

This book briefly introduces the application and demand analysis of aluminum alloy as the first choice of lightweight metal materials, and the domestic and international development trends of aluminum alloy precision forging forming technology. The basic theory of aluminum alloy precision forging forming technology, finite element simulation, and digital precision forging forming technology are discussed in detail. Then the precision forging forming process, mold design, and application examples of aluminum alloy forgings with long shafts, complex rotating bodies, branching forks, and large ribs are systematically discoursed. This book also deals with the matching technology and supporting equipment for aluminum alloy precision forging, and the types and selection of precision forging equipment.

This book can be used by engineering and technical personnel engaged in aluminum alloy parts processing and production and scientific research work of related companies and research institutes. It can also be used as a reference for postgraduates and undergraduates in material processing engineering of universities and colleges.